面向未来的土木工程人才培养与学科建设：

第十二届全国高校土木工程学院（系）院长（主任）工作研讨会论文集

顾祥林　赵宪忠　主编

同濟大學出版社
TONGJI UNIVERSITY PRESS

图书在版编目(CIP)数据

面向未来的土木工程人才培养与学科建设:第十二届全国高校土木工程学院(系)院长(主任)工作研讨会论文集 / 顾祥林,赵宪忠主编. --上海:同济大学出版社,2014.11

ISBN 978-7-5608-5679-7

Ⅰ.①面… Ⅱ.①顾… ②赵… Ⅲ.①高等学校—土木工程—专业设置—中国—学术会议—文集
Ⅳ.①TU-4

中国版本图书馆 CIP 数据核字(2014)第 252671 号

面向未来的土木工程人才培养与学科建设:
第十二届全国高校土木工程学院(系)院长(主任)工作研讨会论文集

顾祥林　赵宪忠　主编

责任编辑　高晓辉　马继兰　　责任校对　徐春莲　　封面设计　陈益平

出版发行　同济大学出版社　　www.tongjipress.com.cn
(地址:上海市四平路 1239 号　邮编:200092　电话:021-65985622)
经　　销　全国各地新华书店
印　　刷　常熟市大宏印刷有限公司
开　　本　787mm×1092mm　1/16
印　　张　25.75
字　　数　642000
版　　次　2014 年 11 月第 1 版　2014 年 11 月第 1 次印刷
书　　号　ISBN 978-7-5608-5679-7

定　　价　88.00 元

目　录

A　培养模式与专业综合改革

B　教学方案改革

C　课程与课程体系建设

D 实践环节建设

E　教学管理与师资建设

A　培养模式与专业综合改革

英国土木工程专业本科人才培养计划研究与启示

廖　娟[1]　魏新江[1]　余　茜[2]　金慧霞[1]　张世民[1]　黄英省[1]

（1. 浙江大学城市学院，杭州　310015；2. 浙江省淳安县城市管理与综合执法大队，淳安　311700）

摘　要　从学制、学分、课程、认证等方面研究了英国土木专业培养计划的特点。选取了英国土木工程专业排名前茅的赫瑞瓦特大学和国内具有代表性的高校进行培养计划的对比，综合比较了中英双方的专业培养计划。分析得出英国与国内高校土木工程专业培养计划中的知识体系、比例配置方面的异同点，提炼出英国高校土木专业培养计划在课程比重、未来重点发展方向、专业支撑方式、课程开设方式等方面的特点和先进之处，为今后改进培养计划、促进土木专业的国际认证及国际交流提供依据。最后从课程设置、教学支撑条件、认证要求等三方面提出了改进建议。

关键词　英国赫瑞瓦特大学，土木工程专业，培养计划，比较研究

一、引言

英国是现代大学的发源地，也是现代工业文明的发源地，英国大学的教育认证制度、教学水平、科研水平等均处于世界领先地位。英国赫瑞瓦特大学始建于1821年，与业界有着广泛而紧密的联系，在1971年建立了欧洲第一所高校科技园。该校在土木工程专业有着突出的科研和教学成就，它的土木专业排名为苏格兰第一、英国第三。赫瑞瓦特大学土木工程专业培养计划代表了英国土木专业的较高水平。

笔者自2012年至2013年到英国赫瑞瓦特大学建筑环境学院做访问学者，在此期间通过查看教学资料、听课、咨询和参加教学会议等方式详细了解了英国土木工程专业的教学管理、教学模式等方面的情况。在访学过程中体会到中英教育的种种不同，有两点感受很深：第一，英国土木工程专业以执业为目标，教学与工程实践做到了无缝对接；第二，英国土木工程专业实行的是学分制，有一套完整的认证系统，学生在各个高校的交流几乎无障碍。而我国由于缺少完善的评估和认证系统，各个高校之间在培养方面差异较大，学生难以实现学分互认、校际交流。经济全球化下高校国际化是必然趋势，实现国际化的基础是必须有符合国际权威认证标准的培养计划。本文分析研究英国赫瑞瓦特大学的土木工程专业培养计划，目的在于了解两国在培养方面的差异，为将来改进教学计划、开展培养计划的国际认证和国际合作交流清除障碍。

二、培养计划介绍

1. 学制、课程、学分和证书和专业认证

英国本科学位一般需时三年，三年后如果继续攻读的话还可以获得荣誉学士学位或更高级别的如硕士、博士学位。本科每个学年分为三个学期，第一和第二学期各有12周授课时间，第一学期和第二学期间设置寒假；第三个学期一般在暑假，主要安排大型实习实践和论文。

作者简介：廖娟（1976—），湖北人，副教授，主要从事土木工程专业教学改革及国际认证研究。

基金项目：（1）浙江省教育科学规划课题“土木工程专业本科教学模式国际化改革研究”（2014SCG213 ）。（2）浙江省教育科学规划课题“基于CDIO理念的土木工程专业能力培养体系研究与实践”（2014SCG211）。

课程分为必修课(mandatory course)、专业选修课(optional course)和通识选修课(elective course)三类。课程(course)的学分反映其在培养计划所占的比重。课程学分一般为15分,只有少量的课程为30或60学分,这类大学分课程一般是大型论文或实践等。学分中不区分实践环节和理论授课环节学分。

英国高校对学分的定义是:学分是对无论何时何地所取得的学习成果的认可及量化,是对不同情况下学习成果进行比较的工具。每门课程除了有学分外,还有对应的SCQF水平值。英国赫瑞瓦特大学属苏格兰地区,采用苏格兰学分和学历框架(Scottish Credit and Qualifications Framework,简称SCQF),它相应于英国的国家资格证书体系(NQF)。SCQF level值从1到11级,每门课根据其难度、重要程度等标准赋予一个值[1,2]。

学生完成相应的SCQF值和学分要求,即可获得相应的证书,而不一定非要修满所有学分才可获得证书。以国际土木工程研究专业方向(MEng Civil Engineering with International Studies)为例,如果学生完成了所有课程,则可以获得最高等级的证书——国际土木工程研究硕士学位;如果学生修满了SCQF规定的240学分,并且其中至少有90学分达到SCQF水平的8级的条件,可以获得高等教育文凭(Diploma of Higher Education);如修满SCQF规定的360学分,其中至少有60学分达到9级水平者,可以获得普通学位。获得的学分越多,达到的SCQF高水平的学分越多,获得的学位层次就越高。这样就方便了学生自由安排学习,如果学生中断学习,仍可以拿到相应的证书,之后还可以继续学习获得更高层次的学位。这样的好处是方便各个高校之间开展学分互认和学生交流,而且也利于学生根据需要安排学业的进程。

英国高校采取学分制,并由权威机构对培养计划等一系列教学基础文件开展认证。英国赫瑞瓦特大学的土木工程专业培养计划接受土木工程师学会和结构工程师学会联合鉴定委员会(Joint Board of Moderators of Institution of Civil Engineers and Institution of Structural Engineers)的定期鉴定。土木工程师学会和结构工程师学会联合鉴定委员会由行业权威、高校等方面组成,对高校的课程设置、课程内容、培养计划进行讨论并给予认证,认证的结果体现在教学计划、课程介绍等文件上。

2. 课程开设总体情况

英国大学土木工程专业的培养目标以大土木的概念来规范,虽然各学校根据自己的特点有专业方向的不同侧重,但基本上都要求毕业生既可以从事建筑结构工程,又可以从事桥梁隧道、道路交通、港坝水工工程等土木工程的设计、施工、管理等工作。本科阶段的培养对土木工程专业基础非常重视,有了专业基础知识,在实际工作中干什么再补学什么也容易做到[3]。

为方便说明英国赫瑞瓦特大学的课程开设特点,以下通过对比国内高校与赫瑞瓦特大学的培养计划来分析。国内一共选择三所高校,一所是"211"大学(简称A大学)、一所地方高校(简称B大学)、一所新兴学校(简称C大学)。之所以选取国内三个层次的学校,原因有二:其一,英国高校认证系统比中国完善,这意味着培养计划认证后,各校的培养水平比较接近;其二,国内培养计划校际之间缺少认证体系,高校与高校之间水平差异较大,因此,选择了三个层次各有特点的学校来综合体现国内高校的专业培养情况。以上中英高校的培养计划均为最新的版本。

表1是以上四所大学的培养计划中各类知识领域所占的比例。表格中的知识体系、知识领域的划分办法来自《高等学校土木工程本科指导性专业规范》(2011版)的分类方法。将课程知识分为四大体系:工具性知识、人文社会科学知识、自然科学知识、专业知识。每个知识体系又有细分的知识领域[4]。

表1　各类知识在培养计划中所占比例

知识体系	知识领域	赫瑞瓦特大学	A大学	B大学	C大学
工具性知识	外国语	0	3.98%	7.67%	8.25%
	信息科学技术	0	7.96%	2.88%	1.01%
	计算机技术与应用	0	1.11%	0.96%	0
人文社会科学知识	哲学	0	0	0	0
	政治学	0	3.76%	4.31%	5.15%
	历史学	0	1.11%	0.96%	1.03%
	法学	0	1.11%	1.44%	0
	社会学	0	0	0	2.06%
	管理学	0	0	0	1.03%
	心理学	0	0	0	0
	体育	0	0.44%	1.92%	1.03%
	经济学	0	0	0	1.03%
	军事	0	1.55%	0	0.52%
自然科学知识	数学	12.70%	10.18%	6.23%	7.22%
	物理学	0	6.19%	2.40%	3.09%
	化学	0	1.33%	0.96%	0
	环境科学基础	12.70%	4.20%	0	0
专业知识	力学原理与方法	19.05%	8.85%	9.20%	9.79%
	专业技术相关基础	25.40%	25.00%	25.64%	17.27%
	工程项目经济与管理	6.35%	6.86%	2.88%	18.81%
	结构基本原理和方法	19.05%	12.39%	24.20%	12.11%
	施工原理和方法	3.17%	2.21%	2.16%	3.61%
	计算机应用技术	1.59%	1.77%	6.23%	2.32%

三、培养计划特点分析

从表1可见，赫瑞瓦特大学土木工程的培养计划并不包含工具性知识和人文社会科学知识。而在国内大学，两块知识加起来约占20%以上，一般以课程的形式来完成，如英语、C语言、政治、历史等课程。而在英国，虽然没有开设相关课程，但学生可以通过公开课、讲座、各种类型的工作坊(workshop)或者图书馆培训讲座来训练相关能力。例如，如果学生要学习软件，他们可以通过参与部门开展的常年、定期的培训即可。学生可以根据专业或者个人的需要自主选择。笔者在英国半年期间，参加了Matlab、阅读、写作等多种workshop。这类常年定期举办的教学基本满足了学生的需求，且有的放矢，学习积极性也比较高。这样安排的好处可使专业培养的精力集中在专业及专业基础课上。学生围绕专业课程开展相关能力训练和技能培训。

在自然科学知识方面，赫瑞瓦特大学开设课程占到25.4%比例，国内大学占9.6%～21.9%。其中值得注意的是，在环境科学基础方面，赫瑞瓦特大学开设课程比例占到了12.7%，开设了建筑与自然环境监测、环境工程学、环境能源经济学等8门课程。而国内大学开设环境科学方面的课程很少，只有A大学开设了4.2%的课程。这与英国注重环境保护，发展低碳土木工程直接相关。而国内在环境保护方面的培养意识很淡，这也反映在培养计划中。

在专业知识方面，赫瑞瓦特大学开设课程比例占到74.6%，国内大学占57.1%～70.3%。其中，力学原理与方法类课程中，赫瑞瓦特大学占19.05%，国内大学在8.85%～9.79%之间；在专业技术基础类课程中，赫瑞瓦特大学占25.4%，国内大学在17.3%～25.6%之间；在结构原理和方法类课程中，赫瑞瓦特大学占到19.05%，而国内大学在这方面的变化较大，分别是12.11%、12.39%和24.2%。从这两组数据来看，赫瑞瓦特大学在本科培养上对基本的力学课程要求较高，非常重视基础知识和技能的训练。在工程项目经济与管理类课程中，赫瑞瓦特大学占

6.35%，国内大学的数据较为离散，分别是6.86%、2.88%、18.81%。这与每所学院的院系组成和专业建设理念有关，C大学把工程管理方向作为重点方向发展，因此，相应的课程开设就偏多一些。计算机作为日常生活不可或缺的计算学习工具，在土木工程学习中也被广泛使用，从表1来看，计算机应用技术类课程方面，国外的院校主要安排了一些研究性的软件学习，如将实际工程中结构通过计算机进行建模学习的"河流计算机模拟"；而在国内，这类课程既则多是一些应用型软件，包括计算机的绘图学习（PKPM、CAD）、概算应用软件等。国外院校在对学生软件应用操作方面更加注重研究性软件的学习，而在国内更加注重于实用性软件的学习。施工原理方法类课程不多，在国内、外高校的培养计划中占的比例也不大（占2.2%～3.6%）。

四、启示

从以上的分析来看，英国赫瑞瓦特大学的培养计划在以下方面具有先进性：一是培养计划必须经过权威机构认证，获得业界的认可；二是培养计划体现了土木工程的环境保护、低碳发展的理念；三是培养的支撑条件。如设置专门部门来培训应用软件的使用，方便学生根据需求选择软件的种类，减轻培养计划中这类课程的份额，可以在培养计划中突出在专业基础知识等重点，而国内的培养计划相比来说培养重点不突出，导致学生学习精力分散。

以上三方面也是国内高校目前比较薄弱的地方。为此需要针对性地采取对策，总结如下：

(1) 采用权威、专业的第三方对培养计划进行认证是英国大学培养体系的重要特点，培养质量起到了保障作用。对校际学分互认、学生流动、学生自主安排学习时间起到了较好的基础作用。我国科协于2013年6月加入了"华盛顿协议"，成为预备会员，这意味着我国的工程教育向国际化认证迈进了一大步。因此，对英国的认证制度的详细研究具有重要意义。虽然国内在培养计划上也会吸取业界的意见，主要采取专业调研、专家评议等方式，这些方式相对来说对培养计划的作用力比较弱，到最后培养计划的制定还是学院说了算。因此，我国需要加快相关制度建设。

(2) 英国培养计划重视专业基础的打造，课程体系整体性强。我国的培养计划要解决课程开设较多，知识点比较分散，应用类型课程偏多的情况。建议设立系或分院的计算机办公室，一方面管理维护全系的计算机安全，另一方面开展相关的应用软件技术的培训，以减轻这些课程在培养计划中的份额，把有限的学分进一步精炼，集中在专业基础课程上。

(3) 土木工程对环境影响巨大，应该在本科期间开设相关环境保护类课程，让学生获得相关素质、知识和能力的训练。在土木工程人才培养方面需要关注学生的环保意识、专业能力方面的培养。这主要应从两方面入手：第一，加强教师和领导层面的环保意识和环保紧迫性；第二，吸收、培养环保低碳方面的师资力量，开设相关课程。

参考文献

[1] 何娟.英国高等教育学分积累与转换系统研究[D].福州：福建师范大学物理与光电信息科技学院，2007.

[2] 胡雄斌.中英高校学分制系统的差异及其启示[J].武汉理工大学学报（社会科学版），2011(2)：136-140.

[3] 李先逵 姬旭明.英国土木工程教育与工程界的联系[J].高等工程教育研究，1997(3)：6.

[4] 高等学校土木工程学科专业指导委员会.高等学校土木工程本科指导性专业规范[M].北京：中国建筑工业出版社，2011.

基于工程本质特性的土木工程专业“卓越计划”人才培养模式研究

康俊涛　谷　倩　冯仲仁　张季如　李书进　范小春　王协群

（武汉理工大学土木工程与建筑学院，武汉　430070）

摘　要　土木工程是以科学为基础，综合应用各种技术手段创造各种“人工构造物”的过程，它具有实践性、整体性、协调性、人文性、伦理性等特征。基于工程的本质内涵及特性，在土木工程“卓越计划”培养方案的制定上更加注重实践性环节，提高工程实践的比重，注重学生人文素质的培养，改革培养方式与途径；建立健全各类保障体系，提高中青年教师的工程教育能力，积极推进本科阶段“卓越计划”。

关键词　工程本质，卓越工程师，土木工程，工程教育，人才培养模式

一、引言

“卓越工程师教育培养计划”（简称“卓越计划”）是贯彻落实《国家中长期教育改革和发展规划纲要（2010—2020）》和《国家中长期人才发展规划纲要（2010—2020）》的重大改革项目，也是促进我国由工程教育大国迈向工程教育强国的重大举措，旨在培养一大批创新能力强、适应经济社会发展需要的高质量各类型工程技术人才，为国家走新型工业化发展道路、建设创新型国家和人才强国战略服务，对促进高等教育面向社会需求培养人才，全面提高工程教育人才培养质量具有十分重要的示范和引导作用。本文基于工程的本质内涵及特性，在培养方案的制定上更加注重实践性环节，提高工程实践的比重，注重学生人文素质的培养，改革培养方式与途径；建立健全各类保障体系，提高中青年教师的工程教育能力，积极推进“卓越计划”。

二、工程的本质内涵及特性

1. 工程的本质内涵

工程是将自然科学原理应用到工农业生产部门中去而形成各学科的总称。土木工程是以科学为基础，综合应用各种技术手段创造“人工构造物”的过程。以前，人们习惯把工程、科学、技术相等同，统称为科学技术，却忽视了工程本身所具有的本质特性。科学是对未知世界的发现、理解和认识，科学知识的基本形式是科学概念和科学理论；技术是人们改造世界的方法、技巧和技能，技术知识的基本形式是加工、操作和使用各种材料、设备和装置的程序、规程和方法；“工程是实际的改造世界的物质实践活动”，“工程知识的主要内容是调查工程的约束条件、确定工程的目标、设计工程方案、做出明智的决策、预见工程的后果等”，并将工程一般地界定为“对人类改造物质自然界的完整的、全部的实践活动和过程的总称”。

作者简介：康俊涛（1978—），男，博士，副教授，硕士生导师，现任武汉理工大学土木工程系副主任。手机：13907132580，E-mail：jtkang@163.com，武汉理工大学土木工程与建筑学院，邮编：430070。

基金项目：①教育部教高〔2011〕1号，“卓越工程师培养教育计划”试点专业建设：武汉理工大学土木工程专业；②教育部“质量工程”建设项目，第六批高等学校特色专业建设点：武汉理工大学土木工程专业（编号：TS12276）；③湖北省高等学校省级教学研究项目（鄂高教函［2011］32）；④武汉理工大学教学研究项目（编号：2012022）。

2. 工程的基本特性

工程在本质上是多学科的综合体，是以一种或几种核心专业技术加上相关配套的专业技术所重构的集成性知识体系，是创造一个新的实体。工程活动就是要解决现实问题，是实践的学问。工程的开发或建设，往往需要比技术开发投入更多的资金，有很明确的特定经济目的或特定的社会服务目标，既有很强的、集成的知识属性，是整合与集成，又具有很强的经济属性。现代工程朝大型化、集成化方向发展，呈现技术高度集成化趋势，同时大型工程对环境生态、人文、政治经济活动产生显著的影响。因此，工程就是将科学、技术、经济融为一体的工程活动，它具有实践性、整体性、协调性、人文性、伦理性特征。

(1) 实践性。工程是改造世界的实践活动，其哲学箴言是“我造物故我在”。工程活动是创造一个世界上原本就不存在的存在物，是有目的、有计划、有组织地利用现有技术和物质资源，将观念的存在转化为现实存在的过程，其本质特征是超越存在和创造存在。

(2) 整体性。工程活动所创造的新的存在物，是各种因素的整合，包括规律、价值和理想。首先，要创造一个新的存在物，必然涉及不同方面的规律，如科学的、技术的、人文的规律等，一项新的建造活动，既要符合科学的规律，又要符合技术上的规律，更要符合人类社会需求和生态需求的规律。其次，创造一个新的存在物，将给社会不同主体带来不同的利益，必然会产生不同价值观的冲突，协调这些价值观的冲突是工程活动的重要内容。

(3) 协调性。工程通常是指具有一定规模的、有组织的建造活动，而不是手工业式的、个体的行为，像“跨海大桥”、“三峡工程”、“南水北调工程”等。它的首要表现是一个有组织、有结构、分层次的群体性活动，在群体内部有设计师、决策者、管理者和执行者，既要有分工，各施其能，又要有协作，彼此步调一致，以形成一个具有共同目标的团队。其次，工程活动，特别是特大型工程，往往对政治、经济和文化的发展产生深刻的影响，显著地改变当地的经济、文化和生态环境，协调各利益关系，人的不同利益诉求是工程活动的重要内容。此外，工程问题不仅仅是一个技术问题，还要受到经济、文化发展水平的制约。因此，在重大工程实践中，要集思广益，协调各方面的关系和利益，寻求“在一定边界条件下的集成和优化”。

(4) 人文性。工程虽然是物质领域的活动，但它绝不能“以物为本”，而必须“以人为本”，根本目的在于满足人的需要，以促进人类的发展，如果偏离了“以人为本”的宗旨，工程活动就会失去其本真的意义，甚至给人类造成灾难性的后果。在进行工程活动中，不仅要考虑当代人的要求，还要顾及子孙后代的需要，以促进人的全面发展为旨归。

(5) 伦理性。工程是人类改造自然满足自身需要的一种实践活动，任何工程的实施都要对自然界产生一定的影响。历史经验表明，人们在欢呼工程改造自然、征服自然取得的胜利成果的时候，自然却也在无情地报复人类。因此，工程活动不能无限度地索取、利用自然资源，而应从信奉“人是自然的主人”转变到“人是自然的一员”上来，既要满足人的物质和精神需求，也要满足伦理上的要求，顺应和服从自然生态规律，提高人类整体生活质量，实现社会、自然与人类可持续发展。

三、土木工程“卓越计划”培养方案的制定

土木工程“卓越计划”人才培养方案必须体现工程的本质内涵及特性，同时，要充分结合通用标准、行业标准以及各专业自身特点。这一本质内涵不仅仅是狭窄的科学与技术教育，而是建立在科学与技术之上的包括社会经济、文化、道德、环境等多因素的全面工程教育，工程的整体性、协调性意味着工程实践不单纯是科学技术问题，而是蕴含着社会、人文、生态因素，是科学技术、社会、人文、伦理等因素的集成。解决现代工程问题，工程师承担的是一种构建整体的任务，需要协调多种规律、多种目标，不是只具有狭窄的技术知识背景的工程师所能够胜任的，

这就要求“卓越计划”打破学科壁垒，把被学科割裂开来的工程再还原为一个整体，使受过高等工程教育的学生具有集成的知识结构。“卓越计划”要求科学教育、技术教育、人文学科教育、社会科学教育是工程综合性的必然要求，其中技术教育是主体，科学教育、人文社会科学教育是基础。从这个意义上说，“卓越计划”是科学教育与人文教育的融合，因此，课程设置也应充分考虑到多学科的交叉与融合，制定培养方案的时候应考虑以下问题：

1. 明确培养目标

把“培养面向土木工程生产第一线的高级工程技术人才”作为培养目标，土木工程专业可以根据各高校的特点设置多个培养方向，这样能更好地适应经济社会发展对人才的需求。在知识、能力方面，强调工艺及技术的掌握与运用，不断更新教学内容，让学生及时掌握新工艺及新技术。在教学过程中，坚持土木工程科学教育与实践训练并重，并通过产学研结合、校企合作的人才培养途径，加强学生的实践能力与创新精神的培养。

2. 构建三个教学体系

为实现人才培养目标，达到人才培养的基本规格要求，建立了以下三个教学体系：一是理论教学体系，包括通识课程（旨在夯实基础科学知识，开发学生心智，培养学生独立思考能力，拓宽知识面的课程）、土木工程学科大类课程、土木工程专业课程；二是实践教学体系，包括实验、认识实习、生产实习、毕业实习、课程设计、毕业设计。在课程体系的改革中，减少了验证性实验，增设了设计性、创新性和综合性实验。实践是创新之源，工程实践是创新的基础，没有工程实践的能力就谈不上创新能力。从土木工程实际应用出发，进一步注重土木工程基础知识和实践能力的培养，并充分利用近年来实践教学成果，改造、加强实验与实践环节，尽可能利用现代技术改造实验、设计训练以及生产训练，使学生通过实践培养，提高综合素质。三是课外科技活动，通过参与教师科研项目、各类大学生创新实践活动、各种主题的社团活动，营造浓厚的工程实践氛围，培养学生的团队合作能力，提高人文素质修养水平。

3. 优化课程体系

为保证上述三个教学体系的实施，改革了课程设置及其教学内容，优化了教学过程。以培养面向土木工程一线应用型高等工程技术人才为目标，以学科类别整体优化设计人才培养计划，按通识教育基础、学科大类基础与专业课程构建三级课程教学平台，模块化设置课群系列课程，优化专业方向。一是对学生的知识、能力和素质结构进行优化。二是综合设计课堂教学、实践教学、课外科技活动。三是优化课程体系、重组课程内容，加强通识教育基础，拓宽学科基础课，开展课群课程建设。四是采用“3＋1”模式，其中前 3 年主要在校内进行理论课和校内实践课程教学，第 4 年进行系统的工程实践能力训练和毕业设计。

4. 强化实践能力培养

为强化实践能力培养，构建了以工程应用能力培养为主线的三层次实践教学体系。它由基本技能层、专业工作能力层、工程实践与创新能力层组成。采用“三阶段能力培养”的实践教学模式：第一阶段，采用基础实验、工程训练培养学生的基本技能；第二阶段，采用综合性、设计性实验和基于项目的课程设计培养学生的知识综合应用能力和设计能力；第三阶段，通过课外科技活动、高新技术选修课、毕业实习、毕业设计等，培养学生的工程实践能力和创新能力。同时，改革实验教学方法，推行全开放实验教学模式，更好地培养学生独立工作能力，促进学生的个性发展。

四、改革培养方式与途径

1. 基于项目的“研中学”、“做中学”教学模式

在专业基础课和专业课教学过程中，全面探索基于项目的案例分析教学模式，采取以问题为导向，以工程案例、专题报告、文献综述、研究性实验报告等为载体的教学模式，培养学生从土木工程全局出发，综合运用多学科知识、各种技术和现代工程工具解决工程实际问题的综合素质，同时，将专业课程的课程设计内容进行系统的调整，将一个完整的工程案例分解成若干个与理论课程对应的课程设计原始资料，在做每门课程对应的课程设计时候，取其中某一部分来做，待学生做完全部课程设计后，就可以将整个项目设计完成。比如，将一条道路的设计资料可以分解为道路工程、桥涵工程、隧道工程等分项，将道路工程分解为道路勘测设计、路基路面工程等课程的课程设计资料，将桥涵工程分解为基础工程、结构设计原理、桥梁工程等课程的课程设计资料，等等。

2. 实行双导师制

实行学校导师＋企业导师联合指导模式，使学生尽早接触工程实际和参与到导师的科研课题研究工作中，发挥校内外导师各自的优势，共同对学生进行学业、课题研究、企业现场实践和职业生涯发展规划方面的指导，使学生能够参与企业工程方案的设计和开发，有机会提出、审查、选择为完成工程任务所需的工艺、步骤和方法，培养学生独立解决工程实际问题的能力、科学研究能力和科技开发及组织管理能力。

3. 实行产学研一体化培养

一是校外产学研结合，充分调动企业界、工程界和国内外各种资源。“卓越计划”实行“3＋1”模式，即3年在学校学习，1年参与企业生产、设计、检测等实践，部分专业课程在企业学习；同时聘请企业富有工程经验的工程师到学校开设部分课程。毕业设计结合企业生产实际进行，包括工程设计、生产管理、方案改造、检测报告等环节。与传统的工程教育相比，合作企业在人才培养环节中起到了十分重要的作用，工程人才实现了校企联合培养，学生能够得到在校园学习过程中得不到的实践经验，能够在一定程度上提高学生的工程实践水平，更符合现代企业对人才的要求。二是校内产学研结合，充分利用校内研究基地、工程中心、重点实验室以及校办产业的资源。三是教师课堂讲授，将自己从事科学研究、服务社会过程中的经验与成果融入教学。通过这样的产学研结合的教学方式，强化学生工程意识、工程素质和工程能力的学习和锻炼，培养具有“卓越工程师”素质的专业人才。

五、建立健全保障体系

要长期有效实施“卓越计划”，必须建立健全保障体系，在师资队伍、教学管理、政策和经费等方面得到有效保障。

1. 提高中青年教师工程教育能力

实施“卓越计划”的一个重要决定因素是教师，尤其是中青年教师的工程教育能力。教育部关于“卓越计划”的实施方针中对各试点专业有工程经历的教师有明确的规定，究其原因，主要是由于现阶段中青年教师的工程教育能力现状不能满足要求，也可能由于近年来高校在职称评定过程中，一直追求科研硬指标，而忽视教学软指标，还可能是由于绝大部分工科专业教师均不是师范类毕业生，教学方法掌握不够，教学经验缺乏。另外一点，也是约束中青年教师提高工程教育能力的关键点，中青年教师的工程实践经历较少，特别是缺乏企业生产的经验。中青年教师基本是从学校到学校，缺乏实际生产锻炼的经历，在实施“卓越计划”过程中，中青年教师需要发挥主要作用，为学生开设课程、指导学生实习和毕业设计等均需要有较丰富的工程实践经验。为此，学校需制定专门的政策，鼓励中青年教师脱产参加工程训练，同时，要不拘一格地将企业有工程专业经验的人才，特别是高级技术骨干聘任为教师，建设好工程教育师资队伍，提高工程教育水平。

2. 加强实验实践条件建设

当前，工程教育的实验实践教学现状不容乐观，学校的实验、实践条件建设不足，实验设备条件参差不齐，实验教学场地不足，实验、实践环节的开放度不够，不能满足学生对实验、实践教学的要求，也不能有效支撑学生创新性、综合性、设计性实验的开展。学校对实验教学队伍的投入和建设，远远不能适应工程教育的需要。与理论教学和科研的师资力量相比，实验、实践教学师资力量极为薄弱，师资短缺，不能满足工程教育需求。虽然正在实施"卓越计划"的试点高校与企业联合建设"国家级工程实践教育中心"的项目，能够在改善试点专业学生实践条件、提高生均实践教学资源上能够起到重要作用，但是不能从根本上转变实验实践条件的硬件与软环境状况，教育行政管理部门和高校需要在实验条件的硬件上投入更多，做到升级换代，不留死角；同时，还需要在实验教学人才引进及其激励措施方面制定倾斜政策，改变实验师资短缺的现状。

3. 教学管理保障

为了培养学生的创新和实践能力，必须在学籍管理、师资队伍建设、课程体系建设、课程内容、教学评价等方面进行改革，形成合力。学籍管理上，选拔热心参与此计划的优秀学生参加，形成良好的氛围。师资队伍建设上，不仅仅要把中青年教师派到企业进行生产锻炼，还要把企业富有经验的工程师请到学校来授课。课程体系建设上要重视数学、物理、化学等基础科学课程，基于项目的教学方式，加大工程实践环节，提高管理、人文等课程的比例，改变死记硬背的考试模式为工程设计式、团队项目考核等教学评价方式。

4. 政策和经费保障

实施"卓越计划"是国家中长期高等教育改革的重要举措，其范围已经超出了教育领域，高校在建设过程中能够协调和动用的社会资源十分有限，亟待教育部积极协调其他部委，尽早制定针对企业的激励措施，充分发挥企业的社会责任感，创造试点工作的政策环境和社会环境。学校要集中实验室、创新实践中心等资源，优先面向试点专业学生开放，要求具有丰富工程经验的教师指导实践教学活动。通过财政拨款、学校自筹、企业资助等形式建立一种长效的资金保障机制，保障"卓越工程师教育培养计划"的有效实施。

六、结语

实施"卓越计划"是一项系统工程，高校应根据自身条件，认真做好培养方案的制定、学生选拔、教师评聘、建立健全保障体系等工作，积极推进本科阶段"卓越计划"，进而向研究生阶段"卓越计划"推进，为社会培养更多的合格人才，探索出具有中国特色的卓越工程师培养之路。

参考文献

[1] 王宏波.简论工程哲学的基本问题[J].自然辩证法，2002(6)：85-86.

[2] 袁广林.高等工程教育的理性回归——基于工程本质特性的思考[J].辽宁教育研究，2008(9)：18-21.

[3] 谢笑珍."大工程观"的含义、本质特征探析[J].高等工程教育研究，2008(3)：35-38.

[4] 叶志攀，金佩华.中国工程教育实践教学研究综述[J].高等工程教育研究，2007(4)：74-77.

[5] 张安富，刘兴凤.实施"卓越工程师教育培养计划"的思考[J].高等工程教育研究，2010(4)：56-59.

[6] 龚克.关于"卓越工程师"培养的思考与探索[J].中国大学教学，2010(8)：4-5.

土木类“双主”特色创新人才培养模式建设与实践

沈　扬[1]　刘汉龙[1,2]　高玉峰[1]　吴宝海[1]　蒋　菊[1]　刘　云[1]

(1. 河海大学土木与交通学院,南京　210098;2. 重庆大学土木工程学院,重庆　400044)

摘　要　河海大学土木与交通学院为进一步深化土木类优势学科的专业建设和发展,在本科人才培养理念构建和实践探索中不断寻求突破,逐步建立并实践了“教师为主导,学生为主体”理念指导下,面、线、点三层次并举的土木类“双主”特色创新人才培养模式。积极实行大学生质量工程项目(体制)建设,制定在河海大学首创的专业类教学管理制度和办法,编写河海大学第一套本科教学指导蓝皮书,发挥名师和精英学生作用,开设面向全院本科生的“土木大讲堂”和“土木微讲堂”活动;积极实行大学生推优工程项目(体制)建设,构建创新人才和项目培育储备机制;积极实行大学生精英计划项目(体制)建设,建立学生与导师双向互选的本科生导师制,促进本硕接力培养落于实效和高效。一系列举措全面推动了教师积极参与学科人才培养与储备服务,强化了本科生自主学习意识和实践创新能力,土木类人才培养质量得到显著提高。

关键词　教师主导,学生主体,创新人才培养模式

一、引言

近年来国家建筑工程行业在国民经济领域所发挥的重大基础性影响不断向纵深发展,同时因时代变革引起受教育群体的精神特质产生显著改变,迫使土木专业本科人才培养的理论与实践也面临着新的必要转变。如何更好面向社会和行业需求,输送具备良好实践创新能力和不断自主学习意识的土木类人才,成为当下相关高校的主要着力点。而与之对比的是传统人才培养模式中,提出问题和解决问题多立足于教师诉求,较少主动关注作为大学教育主体的学生随时代的发展特征,致使灌输式的教育方式多于引导式的教育模式,从而易导致在人才培养工作中,提出的问题可能有失针对性,解决问题的策略与方法也无法取得明显成效,更无从解决因社会变革、教育理念更新所衍生出的新的问题和需求。

根据教育部《关于“十二五”期间实施“高等学校本科教学质量与教学改革工程”的意见》,人才培养模式变革是深化教育改革关键。要求注重学思结合和过程管理;注重知行统一,坚持教育教学与实践及创新创训相结合;注重因材施教,发展每一个学生的优势潜能。

河海大学土木工程专业是国家一类特色专业、江苏省首批品牌专业和江苏省十二五重点专业类建设点,2013 年又成功入选教育部卓越工程师教育培养计划。针对教育部规划纲要的方针政策,同时为进一步深化传统优势学科的专业建设和发展,满足国家对高质量多样化人才的新需要,河海大学土木类相关专业(土木工程、交通工程)在本科人才培养理念构建和实践探索中不断寻求突破,积极转换视角,探索求变,在制度建设和实施中走出一条特色之路,逐步建立并实践了以“教师为主导,学生为主体”的理念为指导,面、线、点三层次并举的“双主”特色创新人才培养模式。

作者简介:沈扬(1980—),浙江人,副院长、副教授,主要从事土木工程方向的教学与科研。

基金项目:住建部高等教育教学改革项目土木工程专业卓越计划专项。

二、"面上"措施——积极实行大学生质量工程项目(体制)建设

1. 创新型培养方案与教学管理体制的完备

河海大学土木工程专业于2009年通过国家高等教育教学第3轮专业评估，并获8年有效期资格，针对评估中专家提出的问题，以及顺应时代发展和社会需求，学院近年来特别进行了新的本科培养方案制定，并推出和完善了一系列人性化的专业类教学制度，旨在更大程度发挥教师引导作用，将学生主体学习意识激发出来，取得更好教学效果。

2012年，河海大学土木与交通学院结合国家、学校、学科发展的三重需要，以学校改革培养方案为契机，完成土木工程、交通工程人才培养方案修订工作，并开始"卓越工程师教育"人才培养模式探索。新方案中提高实践教学比重：实践教学课时比重增加到25%，包括教学实验、技能训练、工程训练、科研训练、社会实践与创新训练等模块，大力推进"卓越工程师培养计划"。而在课程设计中，强化基础训练，增加英文授课，加强研究性、研讨性课程建设，并将选修课分为学术研究、应用技术设计类和应用技术建造类三个模块，供不同需求学生选择。该方案已在2012级及以下各年级中予以实行。

2013年开始，学院又相继制定了一系列院级专业类教学管理制度和办法，包括院级层面的《毕业设计工作管理规定》、《毕业实习工作管理办法》、《班导师管理条例》、《体验实习管理办法》等，并全部予以实施。很多举措属于河海大学学院层面的原创制度。以毕业设计工作为例，2013年6月，学院推出了河海大学第一个学院层面的毕业设计与论文过程管理办法，该办法自2014年3月开始施行，并伴以《土木院本科毕业论文过程管理手册》(黄皮书)的使用，严格掌控毕设各个环节的质量，强化设计期间学术与指导教师的交流频率与质量，使得学院整体的毕业设计(论文)质量有了显著提升，指导教师在管理中的难度也明显下降。相关管理办法亦被学校教务处作为范本在全校毕设管理系统网站推荐展示。

2. 土木类本科教学系列蓝皮书的发行

随着高校素质教育和专业化教育向纵深推展，本科生的专业培养方案趋于专业化和多元化，与本科培养有关的学籍管理、教务管理等环节也呈现出复杂多变的特点。作为教学培养对象和教育管理对象的学生，往往对这些繁复多变又略显生涩的信息无法理解甚至无从了解，导致部分学生在课程考试、选修、重修以及培养方案履行上屡屡出现问题，严重的甚至因一个学分的选课不当或漏选而无法毕业，从另一角度，问题的存在也明显制约了学生主体学习意识和能力的发挥。

图1 《河海大学土木与交通学院本科教学系列蓝皮书》系列丛书

为此，2013年学院组织部分教师编写了《河海大学土木与交通学院本科教学全程导引》(以下简称《导引》)如图1所示，并向全院本科生免费发放。该书是河海大学唯一一部专业层面的、详细指导本科生大学四年全程学习生活的辅助用书。全书共分十三个部分，不仅深入解析了土木与交通学院各专业方向的培养方案和相关注意事项，说明了课程学习、实习实践、毕业设计、出国交流、升学保

研等重要教学环节的特征要情，还就学院所创设的本科生导师培养体制、创训竞赛培育、土木大讲堂、学院最喜爱教师和班导师评选等特色教学活动，以及每学年中重要教学事件和对应时间节点进行了全面介绍。使用一年以来，同学们普遍反映，《导引》对他们了解所在专业教学情况、培养方案实施有极大帮助，实实在在地为他们解答了很多培养环节的疑难困惑，并将其称作是“我们土木的蓝宝书”，教务工作者也认为极大地提高了教学管理效率，学生的自主关注和学习意识得到明显增强。与此同时，《导引》也受到了全国兄弟院校的关注，不少院、校负责人和专家对之做出了高度评价，并在所在单位予以积极推广。为能使《导引》的编写更加规范，发行形成定制，并加强其推广作用的发挥，2014 年 9 月，《导引》由河海大学出版社正式出版。

2014 年，学院又组织土木类各专业高年级精英学生编写了河海大学第一部详细指导本科生专业课程学习的辅助用书《河海大学土木与交通学院本科专业课程攻略词典》(以下简称《词典》)，列出土木和交通工程 40 门专业课的学习方法，而且由学院每年组织新一届学生对《词典》内容进行修订。学生全程参与了书稿的编写、学习乃至反馈修订的过程，对增进本科生了解课程教学模式、提升专业课程成绩都起到重要作用，而且也非常有利于学生在学习过程中主体作用的发挥，教师则作为顾问，通过与编写学生的交流答疑直接发挥引导作用。

此外，为了提高学院教学管理的有序性、延续性和高效性，2014 年学院又组织教务管理人员编写了河海大学第一本用于院级教学、教务管理工作的《河海大学土木与交通学院教学教务工作实用手册》，以此引导教师和教务工作者做好相关工作，促进其主导作用更好发挥。

河海大学土木类本科教学系列蓝皮书的编写与发行，充分践行了“教师为主导，学生为主体”的人才培养理念，是深化教学体制和管理方法革新的一种积极探索，在激发学生主体学习意识和能力以及提升学院整体教学管理水平方面均发挥了重要作用。

3. 土木大讲堂的深化与土木微讲堂的创设

2009 年开始，为拓宽学生视野和学习思路，拓展前沿专业知识，发挥教师的引导作用，学院开设“土木大讲堂”活动，每年邀请多名校内、外教学名师、专家为全院本科生做讲座，目前已开设 20 多讲。该活动日趋规范化和多元化，满足了不同年级层面学生需求。

同时为了更好发挥学生的主观学习能动性，激发其主体地位，2014 年，学院开设了“土木微讲堂”。该活动则完全依据学生需求来确定主题，并以优秀本科生或研究生为主讲人，向土木类本科生专业知识、课程拓展、创新实践、竞赛培训、升学出国等方面的宝贵经验，并与听讲学生进行交流，为有特殊需求的学生群体提供一个提前学习与交流的平台。

通过近年来学院积极实行的大学生质量工程项目(体制)建设，学生自主学习的意识和能力稳步提高，河海大学土木工程专业毕业生供需比达到 1∶6，毕业生能力与清华大学等 8 家具有土木工程专业的国内知名高校被评为 A＋级，升学率稳定保持在 35％左右。同时在与基础课程相关的竞赛方面，亦取得出色成绩，仅 2013 年一年，土木院本科生在全国和省级大学生力学、数学及数学建模、人文等竞赛中有超过 40 人次获奖。

三、“线上”措施——积极实行大学生推优工程项目(体制)建设

在确保专业整体教学质量的基础上，学院还通过加强学院、教师、学工、学生多点串联方式，构建以持续发展、传承接力为目标的创新人才培育储备机制。特别针对“全国土木工程创新实践成果竞赛和国家、省、校级创训计划”、“全国、华东杯和省级结构设计大赛”及“全国交通科技大赛”等三类创训竞赛项目，制定不同管理体制与办法，遴选优质生源和项目予以培育，力争取得佳绩。

1. 实践创训成果的培育体制

实践创训成果一般基于导师引导的科研项目，因此相关的培育体制，立足于土木院特点，从创训活动的前期准备，到中阶推评，再到结题验收，建立一套完备的“过程管理＋结果督导”机制。

首先，在整个创训过程中，学院始终以主导角色掌控关键节点的进程，创建创训指导教师库，组织学生进行申报和联系导师工作，实行学生、导师双向选择。既有效解决了学生难找指导教师的问题，也为创训申报、开展打好了准备基础，扭转了之前创训申报“饥而无食”、“饥不择食”的尴尬局面。

其次，加强院级评审推荐，严格结题考核验收，促进良性竞争淘汰，保障创训落到实效，例如在校级创训项目的考核验收上，增加了院级跟踪考核和配套奖励惩处机制。校级以上创训项目，在学校进行中期检查和结题考核的基础上，学院配套了相应的跟踪措施，对学校考核为优秀项目的指导教师，予以适当奖励，对于被责令中止或考核为不合格项目的指导教师，原则上不允许其指导次年的创训项目。此外，在相对应的保研政策上也出台了一系列政策，对于到期不能结题的敷衍项目，项目相关人员在保研时还要扣分，并且只有结题才能领取学位证。而对于大三下申请的项目，如在保研申报环节时已取得显著成果，虽然项目未结题，仍给予一定加分。通过以上措施，有效缓解了“执行虎头蛇尾”、“申报年级段倒挂”等典型问题。

最后，建立优秀创训项目储备机制，对于历年优秀项目记录在档，跟踪调查，并从中遴选合适项目重点扶植资助，作为全国土木工程创新实践成果竞赛和江苏省优秀本科毕业论文的选拔梯队，促进项目质量的进一步提升。

2. 结构类竞赛的培育体制

结构类竞赛的特色是模型制作，而参加预赛学生多，选送省赛或全国的则只有1～2组，因此该类活动的培育体制基于初赛由学生自由组队，自由发挥，土木实验中心老师协助配合，并启动学长辅助计划，让很多前期参加过相关竞赛的学长加入到活动中来予以支持，待选拔后，再进行点对点的专业老师指导。通过几年的实行，学院形成了相对稳定的指导教师组和一批较有经验的教管人员，更加难能可贵的是，学生的主体地位逐步激发，往届的参赛学生都乐意投入到后届比赛的指导工作中去，这种正能量的发挥，也使得结构类竞赛的培育体制凸显出学生的地位与作用，让其效能得以更大程度的传承。

3. 交通类竞赛的培育体制

交通科技竞赛的特点介于创训类和结构类竞赛之间，为正确引导和鼓励学院相关教师和大学生积极参加该类竞赛活动、取得好成绩，并确保赛事准备资源的合理使用，2014年特别制定了《土木与交通学院师生参加全国大学生交通科技大赛及备赛工作的相关规定》，对参赛对象的选拔，参赛项目的选题都做出了明确的规定——其中要求竞赛申报项目一般与创训项目挂钩，必须有成形或即将成形的具体成果为基础，并在强调学院组织作用的同时，强化教师主导地位，特别发挥年轻教师作用，规定新引进交通系的教师，在2年内至少指导1项大赛的校级选拔赛项目，并将工作业绩列为教师年终考核评优及晋升职称的重要参考业绩。

通过建立和贯彻落实上述培育机制，学院的创训活动成效显著，2012年、2013连续两年在全国土木工程创新实践成果竞赛中获得一等奖，2014年在华东地区高校结构设计邀请赛中也获得了一等奖，而学院的本科毕业论文也连续多年获得江苏省优秀毕业论文。国家、省、校各级创训项目的结题质量明显提高，延期率显著下降。

四、“点上”措施——积极实行大学生菁英计划项目(体制)建设

河海大学土木工程专业本科生的整体素质较好，但近年来在研究生生源遴选上，却有不尽如人意之处，例如很多具有保研资格学生选择填报外校，而考研的学生，也有相当的部分并未填报本校，究其原因，很大因素是源自本科期间，缺少与导师良好互动的机会，较少提前介入学生的学习，未能建立一定的情感和学术联系，从而无法吸引并留住优秀本科生读研。少数存在本科生导师制培养的方向(例如河海大学由拔尖生所组成的大禹学院中推行导师制)，总体上还较缺乏整合与规范化。更多优秀年轻教师，因在校资历浅，较少有与学生接触的机会，难以

得到来自河海本校的研究生生源，这些问题，暴露了现有本科生导师制的一些弊端，也明显制约着本硕培养衔接工作的顺利性。

2013年，学院制定了严格规范的《土木院本科生专业导师制实施办法》，通过协议制的双向选择方法，从大三学生中选拔有志于开展科研创新并攻读研究生的学生进入各学科相关教师的课题组实施导师制管理，并在大四上，由学院设立考核小组，对导师制培养情况予以量化指标考核，对优秀学生给予一定奖励和保研优惠政策。具体做法如下：

首先，出台《本科生专业导师制实施办法》和《本科生专业导师制培养考核标准》，明确了导师制的开展时间（大三上学期）、选拔范围、选拔原则、各专业方向的名额分配、考核形式、赋分标准、各种加分细则以及考核结果的适用原则等内容，确立了导师制培养的竞争选拔、滚动进出、量化考核等支撑和落实本科导师制成效的重要机制。通过制度体系的建立，本科生导师制活动上升为一项学院的统一工作，其规范性和可行性得到大力提升。

其次，在具体遴选和培养过程中，将培养关系的建立交由师生双向选择。导师和符合基本选拔条件的学生分别填写“本科生专业导师制实施意向表”，经由学院组织，辅导员、教学秘书中间协调，在有意向的学生和教师之间进行双向的面试选择，最终确立培养关系，双方通过签订的“本科生专业导师制培养协议”确保所享有的权利和应履行的义务，并在学院本科导师制的制度框架内进行培养和指导，学院则作为管理主体，对导师制的确立、开展、落实予以组织、督促和推动，保障导师制的切实施行。

土木院本科导师制施行一年，有近100名同学选到了导师，很多年轻教师也得到了指导学生的机会，同学们普遍反映较之往年未有严格程序的导师制管理效率更高，更加规范。试行的2011级本科生考研意向较之往届显著提升，保研留校的意愿也得以增强，创训项目申报和完成质量以及发表论文、申请专利数亦明显增加。也正是因为相关举措的实效，河海大学拔尖生源所在的大禹学院学生对土木院及土木工程专业的认同感逐级提升，2014年大禹学院排名在前三分之二的学生中，有19.1%进入土木班，而前两届，则只占9.1%和10.2%。

五、结语

河海大学土木与交通学院创设了以“教师为主导，学生为主体”理念指导的“双主”特色创新人才培养模式，并积极实践，推行的系列举措有效推动了教师积极参与学科人才培养与储备服务，强化了本科生自主学习意识和创新能力，使土木类人才培养质量得到显著提高。学院后期还将继续通过全体师生合力，推动模式建设向深度发展，进一步提升土木类本科人才的综合竞争力。

参考文献

[1] 潘云鹤，路甬祥，等. 拔尖创新人才培养二十年的探索与实践[J]. 中国大学教育，2005(11)：21-23.

[2] 沈扬等. 河海大学土木与交通学院本科教学全程导引[M]. 南京：河海大学出版社，2014.

[3] 王勃，杨艳敏，郭靳时. 国外土木工程专业创新人才培养研究[J]. 东南大学学报(哲学社会科学版)，2012，14(s2)：65-66.

[4] 吴萱，董俊. 土木工程专业人才培养模式研究[J]. 高等建筑教育，2009，18(3)：30-34.

[5] 杨德森，朱志伟，夏虹. 重质量显特色着力培养创新型人才[J]. 中国大学教育，2013(4)：29-30，64.

以特色培育卓越　以卓越彰显特色

王明生　宋玉香　曹立辉

（石家庄铁道大学土木工程学院，石家庄　050043）

摘　要　以石家庄铁道大学土木工程专业“卓越工程师教育培养计划”的实施情况为例，探讨了基于院校特色和优势，借鉴人才培养的成功经验，着力探索突出院校特色的卓越工程师培养模式，以造就特色鲜明、创新能力强、适应经济社会发展需要的高质量土木工程技术人才。

关键词　院校特色，卓越工程师，人才培养模式

一、引言

伴随国民经济和社会发展，教育部为贯彻落实党中央制定的国家发展战略部署，贯彻落实《国家中长期教育改革和发展规划纲要（2010—2020）》和《国家中长期人才发展规划纲要（2010—2020）》而提出“卓越工程师教育培养计划”。

石家庄铁道大学土木工程学院为了适应国家基础工程建设对土木工程人才培养的需要，正式申报获批土木工程专业（交通土建）本科“卓越工程师教育培养计划”（以下简称“卓越计划”），并于2012年正式招生。石家庄铁道大学土木工程学院基于院校特色和优势，借鉴人才培养的成功经验，着力探索突出院校特色的卓越工程师培养模式，对造就特色鲜明、创新能力强、适应国家和区域经济社会发展需要的、具有实践能力的高素质应用型卓越工程技术人才进行了卓有成效的工作。

二、石家庄铁道大学办学特色

石家庄铁道大学创建于1950年，前身为中国人民解放军铁道兵工程学院，1979年被列为全国重点院校，1984年转属铁道部，2000年划归河北省，现为省重点骨干大学。

经过60多年的建设与发展，学校虽经多次体制转换，但始终如一地坚持为国家基本建设培养人才的办学定位，在磨炼砥砺中形成了“严谨治学、勇于创新、精心育人、志在四方”的优良校风和“军魂永驻，校企结合，育艰苦创业人”的办学特色，始终坚持“质量第一，内涵发展，特色取胜，追求卓越”的办学理念。

学校在国防交通应急保障、大型结构健康诊断与控制、交通安全与环境控制、智能材料与力学行为演变、长大隧道施工通风、地质超前预报、虚拟现实技术研究等领域和学科方向，形成了实力较强的研究团队。近5年来先后承担“973”、“863”等国家级和省部级项目800多项，近10年来先后荣获国家科技进步特等奖1项、一等奖2项、二等奖5项，国家自然科学二等奖1项，中国卓越研究奖1项，军队和省部级科技奖123项。

土木工程学院于2000年成立，学校建校初期即设有铁路桥梁、线隧专业，1961年开始招收本科生，陆续开设铁道工程、桥梁工程、隧道工程、建筑工程、道路工程专业。1998年，上述专业合并为土木工程专业，三次通过住建部专业评估，2007年被批准为国家级特色专业，2012

作者简介：王明生（1964—），男，石家庄铁道大学土木工程学院教授，主要从事铁道工程研究，E-mail：tmxy@stdu.edu.cn。

基金项目：河北省高等教育教学改革研究项目：基于大工程观的土木工程专业课程研究型教学改革实践研究。

年被批准为国家“卓越计划”试点专业和教育部“专业综合改革试点”专业。

土木工程学院拥有一个国家级教学团队，一个国家级实验教学示范中心，一门国家级精品课程，一个省部共建教育部重点实验室，两个省级重点学科，具有土木工程一级学科硕士学位授权点和一级学科博士学位授权点，以及建筑与土木工程领域工程硕士点。

经过长期的努力和多年来的持续建设，土木工程学院仅自 2007 年以来，就先后承担了厦门翔安海底隧道关键技术研究，青藏铁路西格段新增第二线关角隧道地质超前预报及变形控制研究，京石、石武高铁路基与桥梁沉降控制与预测研究，石太客专地质超前预报研究等多项国家重点工程的科技攻关项目。在桥梁结构力学行为及状态评估、长大隧道施工安全与环境控制技术、轨道交通基础稳定性与变形控制、应急工程结构理论与技术领域形成了鲜明的研究特色。

可以看出石家庄铁道大学及土木工程学院行业特色鲜明，突出表现在学校“立足河北、服务交通、面向全国、办出特色”的办学思想，突出服务铁道和交通，服务河北区域经济。

三、土木工程专业“卓越工程师教育培养计划”实施情况

1.“卓越工程师教育培养计划”办学思路

石家庄铁道大学土木工程专业立足于国家需求、地方需求、行业需求，根据国家基本建设的发展形势，通过大量的调研，紧紧抓住国家深入进行城市化建设的机遇，决定依托学校及土木工程学院在交通土建领域强大的实力将土木工程专业“卓越计划”立足于交通土建方向，以高速铁路建设为核心的交通体系作为切入点，形成贯穿规划—设计—施工的专业知识体系，培养具有深厚土木工程专业背景，在交通土建建设中具备规划、设计、施工和管理等能力的专业技术人才，将土木工程专业“卓越计划”建设成为具有鲜明特色的品牌专业。

2. 土木工程专业“卓越计划”培养目标

土木工程(交通土建)专业实施“卓越计划”的指导思想是：围绕国家重大基础设施建设对交通土建行业的人才需求，秉承石家庄铁道大学“艰苦创业、志在四方”的优良传统和“走校企结合路，育艰苦创业人”的办学特色，突出行业特色，充分发挥在专业师资力量、实践教学经验以及行业企业资源等方面的优势，培养基础扎实、实践能力强、富有创新意识、具有一定国际视野的高素质应用型工程技术与管理人才。

培养目标是：培养具有扎实的理论基础知识和宽厚的土木工程专业知识，熟练掌握交通土建工程的设计、施工、检测监测、运营管理、养护维修等相关技能，善于分析和解决工程实际问题，满足涉外土木工程项目经营、施工、管理等要求，具有良好的工程实践能力和工程创新意识，以及良好的职业精神和团队协作能力的应用型卓越工程技术与管理人才。

3. 土木工程专业“卓越计划”培养模式

土木工程(交通土建)专业“卓越计划”采用“3＋1”培养模式，其中 3 年以在校理论学习与基本能力培养为主，累计 1 年以上到企业学习实践。企业学习阶段，校企联合构筑一个开放式培养体系，学生在本专业教师和企业工程师联合指导和培养下，深入到工程建设的勘测、设计、施工和运营管理等整个工程生命周期中，完成在企业实训阶段的学习任务。具体采用“2＋1＋1”的方式分阶段进行，其中：2 年(基础及专业基础能力培养)：对数学、物理、化学、力学、计算机和外语等基础课程进行整合优化，加强数学建模能力和基础科学实验能力的培养；开设创新教育系列课程，促进学生创新思维的形成和创新方法、创新工具的掌握；开设土木工程概论等系列课程，让学生更早了解工程背景和学科前沿信息，为工程能力培养打好基础。

1 年(专业能力培养):改革专业课程体系,将与工程紧密相关的工程施工技术、工程测量等课程的部分内容安排到企业学习阶段。在校内学习阶段,主要使学生掌握土木工程设计施工的基本原理、基本方法,培养工程师的基本素质和熟练的专业技能。

1 年(工程实践能力培养)(0.5+0.5):将企业实践贯穿于 4 年学习过程中,使企业熏陶与实践 4 年不断线。第一个“0.5”是指学生至少累计半年时间到企业进行工程训练,分别在第 1 学年、2 学年、3 学年的夏季学期及第 7 学期组织不同内容的企业实践,使学生们认识和感知工程师的工作,锻炼工程测量、工程制图等基本工程技能,结合工程中的实际问题进行系统化学习与实践。第二个“0.5”是指学生结合企业实际,“真刀真枪”地做毕业设计,培养学生解决工程实际问题的能力,提高综合设计能力和工程创新意识。

4. 土木工程专业“卓越计划”专业课程设置

依据学校办学特色,在课程安排上依托土木工程,以培养具有深厚土木工程背景,从事交通土建工程工作的规划、设计、施工和管理能力的人才为目标,以大工程观为指引,在开设相关力学课程、结构工程课程、规划设计课程、地下结构课程、地质科学课程等的基础上开设土木交通类课程,学生的知识面得到拓宽,知识结构更趋合理。课程体系的构成及学分分配比例如表 1 所示。

表 1　　课程体系构成及学分分配比例

<table>
<tr><th colspan="2">课　程　类　别</th><th>总学分</th><th>学位课学分</th><th>必修课学分</th><th>选修课学分</th></tr>
<tr><td rowspan="2">通识教育与基础课程</td><td>通识教育课程</td><td>35</td><td>17</td><td>14</td><td>4</td></tr>
<tr><td>基础课程</td><td rowspan="3">112</td><td>9.5</td><td>19</td><td rowspan="3">14</td></tr>
<tr><td rowspan="2">专业课程</td><td>专业基础课程</td><td>29.5</td><td>21.5</td></tr>
<tr><td>专业课程</td><td>11</td><td>7.5</td></tr>
<tr><td colspan="2">合　　计</td><td>147</td><td>67</td><td>62</td><td>18</td></tr>
</table>

(1) 土木工程(交通土建)专业实施“卓越计划”的指导思想是,实行“大土木”的培养理念,按照线、桥、隧并重的培养理念,开设通识教育课程、基础课程和专业基础课程。

(2) 课内总学分为 184.5 学分,课外总学分为 10 学分。其中理论教学 147 学分,以企业实践为主集中实践环节 37.5 学分。一般春季、秋季学期周期为 16 教学周+2 考试周,每学年第 2 学期后为以实践教学为主、5～9 周的夏季学期。理论和实验课程每 16 学时计 1 学分;校内集中实践每周计 1 学分;部分企业集中实践每两周计 1 学分,其中毕业设计每周计 1 学分。

(3) 第 7 学期的专业课程设计由任课教师在学期初下发设计任务,然后按照课程进度逐步进行,最后利用集中的 3～4 天时间整理并绘图后完成。

(4) 实践类课程:与企业实习实践紧密结合,安排 4 类、总学时不少于 30%的实践性课程。独立的实验课程和课程内实验,在校内各基础和专业实验室进行基本技能训练;校内集中实训,包括计算机基本技能和工业技能的实训,主要在校内实训基地进行;企业实践包括认识实习、专业基本技能实习(跟班)、专业技能实习(轮岗)、毕业实习与毕业设计(顶岗),进一步锻炼学生的工程实践能力和独立工作能力;课外实践活动,学生参加创新性计划项目和学科竞赛、工程素质训练等。

根据学生培养的需要安排预习型实验、验证性实验、实践性实验、综合性实验、设计型实验、创新性实验,倡导“做中学,学中做”的知识获取途径。进一步完善了实验实践教学的体系和模式,充分发挥学生的主体作用,营造学生主动学习、实践的氛围,在质量保证措施和监控上更加重视知识和能力获取过程即重视过程培养,树立“再现科学发现,加强综合实验,突出学生主体，强化能力训练”的实验实践教学理念。

在学期安排上，第1—4学期主要完成通识教育课程、基础课程和专业基础课程的学习，为后续专业课程的学习打牢基础；第5—7学期主要学习土木工程的专业基础课程和专业课程。

通识教育与基础课程课群组包括：①基本理论和政治素质课群由毛泽东思想和中国特色社会主义理论体系概论、思想道德修养与法律基础、中国近现代史纲要、马克思主义基本原理、外语、高等数学、线性代数与几何、概率论与数理统计、大学物理、程序设计、大学计算机基础、体育等课程组成；②素质基础拓展课群由100余门选修课程构成的通识教育课程，和基础选修课构成。

专业基础课课群组包括的学位课有画法几何、理论力学、材料力学、工程测量、结构力学、混凝土结构设计原理、钢结构设计原理；必修课有建筑材料、计算机绘图、工程地质、土力学、水力学、工程抗震原理与技术以及13门选修课。专业课及专业特色课群组包括的学位课有铁道工程、隧道工程、桥梁工程；必修课有涉外土木工程、土木工程实验、土木工程结构检测与监测、土木工程经济与项目管理以及19门选修课。

实践教学体系，共安排实践教学科目10门，总计48周。

在进行专业课程设置时，遵循专业特色课程一定要精干、要突出特色，在反映专业特点的基础上，还要反映出学科特点。

四、土木工程专业“卓越工程师教育培养计划”实施特点

(1) 立足院校优势，特色鲜明。经过60多年的建设与发展，石家庄铁道大学土木工程专业在铁道和城市轨道交通建设领域卓有声誉，院校特色鲜明，在轨道交通土建建设方面优势明显。卓越工程师计划的实施充分立足于这一优势，特色十分鲜明。

(2) 发挥院校优势，坚持“校企合作，产学研结合”。学校在长期办学过程中与铁路建设和运营企业形成了良好的协作关系。新时期开放办学的要求和协同创新的需要，又为“校企合作，产学研结合”注入了新的活力。目前，学校董事单位已达到55家。在卓越工程师计划实施中，学校充分利用这些优势，工学并举，将企业培养落到实处。例如，卓越工程师班的认识实习完全在企业进行，分别在在太原铁路局大同工务段、秦皇岛西工务段和中南铁路通道(山东段)实习学习。土木工程学院与中铁第五勘察设计院集团有限公司等9家单位共建的“大型基础设施防灾减灾协同创新中心”，也已正式获批，必将为培养学生创建更好的环境。

(3) 更新教学理念，优化人才培养模式。学校一贯重视教育教学理念的更新，一方面立足自身，坚持开展教育教学研究，并及时将成果应用到教育教学中；一方面走出去，不断学习和追踪国内外先进理念。在卓越工程师计划制定与实施中，质量工程建设项目“国家级实验教学示范中心建设”、“国家级精品课程建设”、“高等学校土木工程专业特色专业建设”、河北省教学成果一等奖等大量教育教学研究成果均融入其中，人才培养效果明显。

(4) 抓好课程体系建设，立足自身专业特色。在卓越工程师计划实施中，以大工程观为指导，全面优化了课程体系，特别对专业核心课程进行了重新规划。核心课程反映了专业的最基本原理，涵盖交通土建方面的专业内核，体现宽厚的基础性，讲求精华，讲求实效，反映出专业特点。以此为核心，围绕工程建设的各方面来进行专业特色课程的安排。

专业基础类课程：理论力学、材料力学、工程测量、结构力学、混凝土结构设计原理、钢结构设计原理铁道工程；专业课程：隧道工程、桥梁工程、土木工程实验、土木工程结构检测与监测、土木工程经济与项目管理均立足于行业特色，以研究性教学理念重组了课程教学内容，改革了课程教学方法，将创新能力培养与课堂教学有机融合，针对卓越工程师班单独组织课堂教学。

同时加强开设工程前沿及新兴方向课程，积极开发这类新兴课程，给专业教学内容和课程体系注入新的活力，可以提高专业教学效率和效益，进一步满足社会需求，促进自身的专业特色发展。

(5) 注重综合能力培养，加强工程训练，通过实践教学、开放实验、各类竞赛使学生理论知识和工程实际相结合，进一步扩大他们的知识面，培养他们逻辑思维能力、文字表述能力、创造性思维能力，以及分析和解决实际问题的能力等综合能力，为毕业后参加实际工作打下坚实的基础。

五、结语

通过努力，土木工程专业"卓越工程师教育培养计划"以初步形成了自身的专业建设特色：立足院校特色与优势，以"立足河北、服务交通、面向全国、办出特色"为指导，以社会需求为导向，充分利用院校在工程建设领域的优势，以交通基础设施建设为特色，坚持理论与实践相结合，创办特色品牌专业，以院校特色培育卓越人才，以卓越人才彰显院校特色。

参考文献

[1] 蒋葛夫，阎开印，韩旭东，等. 以探索引领世界高速铁路发展的人才培养为契机改革行业院校工程人才培养模式[J]. 中国大学教育，2010(8)：6-8.

[2] 段晓峰，韩峰. 突出职业素质的铁道工程卓越工程师培养模式研究[J]. 高等建筑教育，2012(2)：25-28.

[3] 王正洪，陈志刚. 大工程观的教育理念与工科本科院校的办学特色[J]. 中国高教研究，2006(1)：29-31.

[4] 林健. "卓越工程师教育培养计划"学校工作方案研究[J]. 高等工程教育研究，2010(5)：30-36.

[5] 陈启元. 对实施"卓越工程师教育培养计划"工作中几个问题的认识[J]. 中国大学教学，2012(1)：4-6.

土木工程“茅以升班”拔尖工程人才的核心能力与培养

王生武　江阿兰　李　炜

（大连交通大学土木与安全工程学院，大连　116028）

摘　要　拔尖工程技术人才，或将成为大型高技术工程项目的顶级工程技术专家，或将成为相应的高级管理技术人才，对我国高新技术项目的组织实施具有举足轻重的作用。结合国内外目前国际化高级工程技术人才的标准、理念、培养模式等，以优秀本科生源组建的土木工程专业“茅以升班”为对象，对拔尖工程技术人才所具备的核心能力构成、有效实施拔尖人才培养的重要举措等进行了有益探讨。

关键词　拔尖工程人才，核心能力，培养，重要措施

一、拔尖工程技术人才培养的时代性和意义

在全球经济一体化以及科学技术快速发展的21世纪，各国间的技术经济竞争实质上已经转为人才竞争。而且随着这种竞争的日趋激烈，人才培养越来越成为国家经济技术发展的重要战略举措，而对于社会所需求的人才类型、特点的科学预见、准确把握，及其培养模式的探索与实践，对于培养出社会急需并具有国际竞争力的高端人才具有举足轻重的作用。

我国的经济技术保持了近30多年的举世瞩目的快速发展。为了不断加强我国的经济技术在国际社会上的竞争力，并在未来的国际社会的激烈竞争中立于不败之地，近10年来我国明确提出并实施科教兴国、人才强国和建设创新型国家的战略国策。这势必需要培养大批具有创新意识和创新能力的科技人才。特别是不但需要大批的应用型工程技术人才，同时也急需一批杰出的工程技术领军人才。

我国《国家中长期教育改革和发展规划纲要（2010—2020）》进一步指出：“建立高校分类体系实行分类管理，发挥政策指导和资源配置的作用，引导高校合理定位克服同质化倾向，形成各自的办学理念和风格在不同层次不同领域办出特色争创一流。”这一方面给我国高等学校提出在新形势下根据自己的优势和特色培养出一流拔尖人才的重要任务，另一方面对各类高校培养出相应的拔尖人才培养的可能性提供了依据。

我国铁路现在正处于大发展的时期，“十二五”末将新建铁路3万公里，全国铁路运营里程将增加到12万公里，其中快速铁路4.5万公里，总投资达2.8万亿元；而全国各城市地铁、轻轨建设里程将达到2600公里，城市轨道建设投资将达1.27万亿元。而在现代高速铁路、地铁、城市轨道交通的建设过程中，将是一个现代科技含量高、多专业学科技术交叉并用的系统工程，同时需要大批工程技术人员以及在工程技术大军中发挥领军作用的拔尖工程技术人员。

然而，与国外发达国家相比较，我国现代拔尖工程技术人才的培养历程较短，关于“茅以升班”拔尖工程人才培养模式，无论在教育理念、培养目标，到培养过程、质量评价、管理制度等方面，尚未形成成熟的体系，仍然处于摸索的阶段。因此，“茅以升班”拔尖工程人才培养模式也成为高校所必须探索解决的重大课题。

作者简介：王生武（1960—），内蒙古人，教授，主要从事疲劳与断裂研究。

基金项目：2014年辽宁省教育教改项目“土木工程‘茅以升班’拔尖工程人才培养模式研究懒惰实践”。

二、拔尖工程技术人才核心能力

1. 国内外工程技术人才培养模式的现状

科技发展的加速化、综合化、产业化、国际化和一体化，进一步推动了全球经济的快速发展，更加迫切地需要高校能够培养出更多的工程技术领军和拔尖人才，同时，对拔尖工程技术人才也提出了新的更高的要求，传统人才培养模式也面临着巨大冲击 。因此，近 20 年来发达国家都在系统和综合的视野下，从教育理念 、目标 、教育内容到教育方法对工科教育进行整体改革。

进入 21 世纪以来，国外形成了基于工程项目全过程的 CDIO，即构思(Conceive)、设计(Design)、实现(Implement)和运作(Operate)的工程人才培养新模式，对工程技术人才的能力、素质和标准规格等赋予了新的内涵。它以产品研发到产品运行的生命周期为载体，让学生以主动的、实践的、课程之间有机联系的方式学习工程。CDIO 培养大纲将工科毕业生的能力分为工程基础知识、个人能力、人际团队能力和工程系统能力四个层面，这也是 21 世纪拔尖工程人才必须具备的能力。大纲要求以综合的培养方式使学生在这四个层面达到预定目标。国内外教育实践的结果表明，按 CDIO 模式培养的学生深受社会与企业欢迎。

我国教育工作者十几年来也积极探索实践了 CDIO 的教育模式，凝练总结出了“做中学”的工程技术人才培养的先进教学理念。而这一理念与我国著名工程教育家、科学家茅以升老先生在优秀工程人才培养中提出的在参与和解决工程实际问题中学习的“习而学”的理念相吻合。

近 10 年来我国部分高校以培养国际化拔尖人才培养为目标，开始尝试在本科生中选拔一批优秀生源组成“创新班”，提供更优质的教育资源和更加开放的发展空间。2003 年西南交通大学率先在全国开设了创新班——“茅以升班”。随后，北京交通大学、天津大学、东南大学、大连交通大学、重庆交通大学、石家庄铁道大学、中南大学、兰州交通大学、唐山学院 9 所高校也相继成立了“茅以升班”。但是，由于我国的新时期下拔尖工程技术人才培养的历程较短，从教育理念、培养目标，到培养过程、质量评价、管理制度等方面，都始终存在模糊不清问题，尚未形成成熟的体系，甚至仍然存在一定的误区。以下列举几个在这方面存在的几个主要问题：

(1) 我国工程技术人才及其领军人才培养的能力与国际人才标准存在差距。与国际优秀工程人才的能力标准相比，我国工科的教育实践中仍然存在重工程科学轻工程实践，强调个人学术能力而忽视团队协作以及对团队的领导能力，重视知识学习而轻视开拓创新意识的培养等问题，同时注重专业知识的传授而忽视了人文素质的培养。相比之下国外发达国家学生却在这些方面具备更全面的素质和明显的优势。

(2) 在教学模式方面仍然普遍沿用知识传授型的传统教学模式。虽然广大高校和教师在观念上也开始意识实践教学的重要性，但是由于教学内容方面仍然保持着传统的琐细重复、内容与所要解决的问题的脱节，导致教学过程中仍然保持着过去“满堂灌理论教学＋验证性实践教学”的模式。因此教学实际上所发挥的作用仍然是主要是传授知识，而弱化了对实践能力、创新意识、自主学习新知识能力等能力方面的培养。

(3) 在教学质量评价与考核上，“期末一卷定乾坤”方式教育弊端明显。目前在给学生留下的课后学习任务和考试形式和内容方面，都往往是以小题的形式进行，其危害是将系统而有机的课程知识体系分割、孤立，并致使学生为考而学，同时大大弱化了课程体系知识解决工程实际问题的作用，也加剧了学生的厌学现象，更重要的是学生失去了在自主学习能力和开拓探索意识的锻炼环境。

显然，与此相应的教学质量监控体系、管理制度方面，也需要有相应的系统性的改革和完善。这些问题“茅以升班”拔尖人才培养模式研究与实践过程中必须解决的重要问题。

2. 土木工程拔尖技术人才的核心能力

根据著名桥梁学家、工程教育家茅以升先生在长期的工程实践和教育实践中形成的“习而学”的工程教育思想及方法，以及结合国外 CDIO 工程人才培养模式等先进的理念和方法的理念与模式，并在对大连交通大学杰出人才培育与成长跟踪调研，以及对同类院校的走访调研的基础上，凝练提出了杰出工程技术人才所必须具备的关键“五要素”的核心能力。即：以工程项目为中心的工程实践能力，以创新意识、创新思维和创新实践能力为特点的创新能力，强调培养以终身教育为目标的新知识新技术的学习能力，项目组织管理与团队协作能力，见闻广博的人文素质与学术道德。其中，工程实践能力中必然包括吃苦耐劳的精神和坚忍不拔的毅力，而人文素质中也必然包括很强的进取心和事业心。这将是工程技术领军人才的必备的重要能力构成因素。

3. “茅以升班”拔尖人才培养的理念、培养目标

培养理念：①坚持“主动贴近铁路企业、主动融入地方经济、主动服务社会”的“三主动”，突出轨道交通特色的比较优势；②积极发挥地方高校的特点和优势，适应区域经济发展需求；③突出“习而学”，实施实践为先的工程人才教育理念；④紧密跟踪国外 CDIO 先进培养模式的国际化工程人才培养理念与内涵。

培养目标：立足于轨道交通行业，服务区域经济建设服务，具有国际竞争力的，土木工程专业拔尖工程技术人才。

三、拔尖工程技术人才核心能力培养的关键问题及重要举措

1. 核心能力培养必须解决的关键问题

(1) 要理顺通才教育基础上的宽基础教育与拔尖工程技术专门人才教育之间的关系，“茅以升班”拔尖工程技术人员的培养，虽非造就精通理论的万能通才，而是训练见闻广博的熟练专家，但又必须具有牢固的理论基础，同时具有很强的工程实践能力和创新精神和创新实践能力；

(2) 要解决传统的教学内容、教学模式与创新性人才培养目标相背离的矛盾，这是实现培养目标重要途径；

(3) 需要解决突出自主学习的宽松学习空间与严格质量评价的矛盾。

2. 拔尖工程技术人才核心能力培养的重要举措

明确了土木工程拔尖工程技术人才核心能力及其培养目标，还需相应的切实可行的举措，这无疑是决定能够真正实现培养目标的重要保障。而这些举措，除了首先具有科学合理的培养理念、明确的培养目标、规格定位外，还体现在培养过程、培养制度、培养质量评价等方面，这里主要针对我国高等教育的突出问题进行探讨。

3. 课程体系的设置与改革

(1) 加强工程实践教学比例，构建和创新“茅以升班”人才培养的课程体系。

新的课程体系需要充分体现“做中学”和“习而学”人才培养理念。而过去“系统全面”、“详尽周到”、“由浅入深”等注重理论知识的系统性、完整性、全面性的课程模式的效果已然受到了现代国际教育模式的挑战。而只有在实践中学、在解决问题的过程中学，才能更好地培养和强化学生的工程实践能力、工程设计能力以及工程技术的开发能力，同样能更有效地培养学生的

创新意识、创新思维、创新实践能力。

在专业主干课程中，教学内容的组织上要突出以“小桥工程”为典型案例的工程问题、工程案例和工程项目的教学内容。同时，需要下决心精炼教学内容，杜绝繁琐堆砌、课程间内容重复，还自由学习时间于学生。需要做好相应的课程教学内容的设计与更新，由此来进一步落实知识能力大纲中的各要素。在教学内容选择上要注重知识

(2) 实行教学方法创新，以学生为中心，着力推行自主式学习方法。

积极实践自主式学习方法，就是强化教师在自主式学习教学中的导演作用：紧密结合工程实际设置学习研究专题；讲授相关的重要知识点并提出研究的问题；启发性地提示解决问题的切入点与研究路径的提示；提供主要学习资料和参考文献以及获取的途径；提出学习与研究的要求和学习评价的标准；组织学生学习研究和安排进度。

强化学生在自主式学习中“演员”的主体作用，包括：根据教师提出的问题，培养和锻炼学生主动查阅相关资料、学习补充新知识；自主寻找解决问题的理论依据、途径和方法；在与教师和同学讨论过程中改进和完善方案与建议；对方案和建议进行分析、评价、改进。学生通过这样一个过程，循序渐进地完成相关知识的学习与研究的训练任务。自主式型学习突出自主学习空间与时间，凸显自主探究与探索、讨论互动，最终在解决问题的过程中自主取舍学习内容以及对知识理解掌握的程度。

同时，以社会需求为导向，以实际工程为背景，以工程技术为主线，坚持人文精神与科学精神融合、通识教育与专业教育整合、个性培养与社会责任并重，强化学生工程能力的培养和综合素质的养成，也是我国目前人才培养中十分短缺的也是拔尖人才必备的重要素质构成。

(3) 改革课程考核方法，构建突出能力和素质考核的课程考核体系。

改变以往死记硬背式的知识性考核的痼疾，加大对学生学习过程、探索实践能力、创新意识和创造能力、人文素质与科学精神等方面的综合考核成绩的比例。而通过大型作业和来源于工程实际的大项目参与及完成效果等，来考核学生的课外查阅资料、搜集信息、解决问题、提高能力；教师评价与学生互评、自评相结合以便了解同学对自己的评价，自评发觉自身的优缺点；学校考核与企业考核相结合，聘请企业一线技术人员和企业专家参与教学过程，从工程技术人员的视角对学生进行评价。

(4) 构建高素质优秀教学团队。

要以具有工程实践或科研素质高、具有优良职业道德的教授、副教授、博士学历的教师，构成优秀教师团队。同时，建立兼职教师的聘任制度，以充分发挥他们在工程师培养上的重要作用。要走出校门，面向社会、行业和企业聘请高水平的具有丰富工程实践经验的专家，特别是具有博士学位或高层管理人员担任计划的兼职教师，担任本科生的联合指导教师。

四、结语

拔尖工程技术人才，或将成为实施和引领工程技术项目的核心专家技术力量，或将成为具有承揽完成大型高科技项目的高管人才，这都将是我国土木工程特别是今后铁路建设发展中的不可缺少的重要技术力量。过去 30 年的历程，无论是我国教育部高校和地方普通高校，都培养出了许多都这种拔尖工程技术人才，为我国工程领域新技术的引进吸收和再创新发挥了举足轻重的作用。为培养出更多更好的工程技术杰出人才，很有必要密切结合现在国内外经济技术发展的新趋势，总结前人的成功经验的基础上，进一步研究和完善杰出工程技术人才的培养理论和模式。

基于产学研相结合的卓越土木工程师培养方案探讨

杨　俊

（三峡大学土木与建筑学院，宜昌　443002）

摘　要　卓越土木工程师人才培养是一个新兴的人才培养计划，针对目前对这一培养模式存在的问题，结合卓越计划的培养宗旨，提出了一种基于产学研相结合的本科硕士一体化的新型卓越土木工程师培养方案，对课程的设置、授课的内容进行了深入细致的介绍，构建了一整套卓越计划本硕人才培养方案，为卓越计划的实施提供了理论支撑。

关键词　卓越土木工程师，卓越土木工程研究生，人才培养方案

一、引言

近些年来，全国各类高校都在大力开展校企合作产学研结合人才培养模式研究与探讨，取得了一系列的成果。在众多的模式当中，最成功的要数以某些职业技术学院为代表的高职高专院校开创的“校企联合订单式培养”模式。该模式能使学生通过一年半的理论学习再加上一年半的企业实训，动手能力得到极大提高，顺利完成从课堂到企业的过渡，为企业培养了大批的应用型人才。其次是以一批“985”、“211”院校为代表开创的“××大学高科技产业园”培养模式，即依靠本校开办的产业园实体为依托，开展产学研结合，既培养了学生的实践动手能力，又缓解了产业园人力资源短缺的矛盾。然而上述两种人才培养模式均有其不足：前者重实践轻理论，所培养的人才在短期内的确能适应工作，但后续发展的潜力受限；后者培养的人才虽然具备了一定的动手能力，但因为总的学习时间较短，将会导致培养的人才在理论和实践方面均达不到“卓越”的标准。鉴于此，本文提出了一种基于产学研相结合的，本科与硕士学位一体化培养的新型卓越土木工程人才培养方案。

二、基于产学研相结合的本科硕士一体化卓越土木工程师培养方案

目前各高校有关卓越土木工程师培养方案的拟订，主要集中在本科阶段，试图通过优化出一套合理的人才培养模式，使得学生的动手能力得到极大提高。事实上，在目前的教育大环境下，光靠优化四年的本科课程来培养和提高学生的实践能力，从而达到“卓越”工程师的标准，这是远远不能实现的。本科就只有四年的时间，除开教育部规定的公共基础课、专业基础课等课程，真正属于专业课的学分，只有 13 分，很难在这么有限的学分里去翻花样动脑筋来培养“卓越”工程师，很显然是不切实际的。本科阶段的学习本来就是打基础的阶段，需要掌握大量的基本概念、基本方法、基本原理，没有多少时间去进行实践，或者说即使能抽出一点时间来实践，学生大多也是云里雾里，知其然不知其所以然。

本文提出了一种基于产学研相结合的本科硕士一体化的人才培养方案。在本科阶段，以基础理论及基本概念为主，注重基础而不盲从实践；硕士阶段则有别于学术研究型人才培养，实行以国家土木工程执业资格考试为导向，以培养高水平应用型专业技术人才为目标，以土木

作者简介：杨俊（1976—），湖北人，副教授，主要从事路基与路面工程的相关研究。

基金项目：湖北省教育厅 2013 年度教学研究项目。

工程专业技术规范为依托，构建一套全新的卓越土木工程硕士研究生培养模式。

1. 本科培养阶段

现在很多高校提出要注重实践能力培养，于是纷纷在课程设置上面做文章，有时候甚至弄巧成拙，轻理论重实践，看似学生能动手增强了，但走上工作岗位后，学生遇到具体问题时，随机处理问题的能力很差，这就是轻视理论轻视基础学习所造成的后果。本科阶段本来就是一个打基础的重要阶段，这些专业理论、基本概念、基本方法等虽然在短期内并不能立马解决工程问题，但解决问题的思路、方法和手段却在潜移默化中得到了提升。因此，要培养卓越土木工程师，在本科阶段，就应该以基础知识学习为主，要注重对基本理论、基本方法和基本原理的掌握和理解，不能盲目地为了挤出更多实践时间而挤压理论知识的学习时间，这样做只是舍事逐本[1]。

2. 硕士培养阶段

卓越土木工程师在硕士阶段的培养是以实践为主，突出产学研相结合，以对本科阶段基础知识的应用为主要目标，具体设想如下：

(1) 卓越土木工程研究生的培养目标。卓越土木工程研究生在入校之前，基本掌握了本专业的基本专业述语、基本原理及方法，具备了与同行进行专业技术交流沟通、协作的能力，但不具备独立开展工作的能力。产生这一现象的最主要的原因是，本科生培养阶段强调的是对专业的基本概念、方法、原理的理解，而真正的工程实践，则是在这一基础上，更注重对专业技术规范的掌握与应用。企业需要的是一名能熟练使用专业技术规范解决工程问题，为企业创造利润的工程技术人才，而学校对本科生的培养要求是掌握本专业系统的专业技术知识，对研究生的培养要求一直是偏重于专业理论知识及创新能力。卓越土木工程研究生在研究生阶段继续加深理论知识的学习，必然会使学生成为研究型人才而不是工程师，更不是一名卓越的工程师。实际上，卓越土木工程研究生人才培养起了一个连接理论到实践的纽带作用，让一部分相对较优秀的本科生，通过至少三年的专业技术规范学习、专业技术实践锻炼，毕业后能熟练使用专业技术规范开展土木工程各方面的技术工作，其培养的目标应定位在应用型的高水平技术人才上面。这包括两方面的含义：首先是应用型人才。卓越土木工程研究生以应用为主，即毕业后的学生能独立主持土木工程的勘察、设计、施工、监理、检测等工作（虽然在各高校的本科生培养方案里也这样写明了，但目前的大环境下，本科生是无法达到这一要求）；其次是高水平。一般来说，一个优秀的本科生，在工程单位至少要培养一两年才能独立开展工作，至少要培养 3～5 年才能成为单位的技术骨干。卓越土木工程研究生的培养目标应该是力争三年之内，把学生培养成能独立主持工程建设工作，同时又具有较高专业理论水平，学生进入用人单位之后，能明显优于本单位同级本科生（已工作 3 年），并表现出良好的专业发展潜能[2]。

(2) 卓越土木工程研究生的培养年限。由于卓越土木工程研究生培养，更强调工程实践能力，故在培养环节中实践应占相当大的部分。卓越土木工程研究生在校期间，除了完成教育部对研究生的公共基础课程要求，如英语、政治、数学等课程，还要完成土木工程的勘察、设计、施工、监理、检测等专业技术规范的理论学习，最后还要进行勘察、设计、施工、监理、检测等环节的专业实践锻炼。因此，在卓越土木工程研究生的培养年限上，至少需要花 3 年的时间，毕竟培养 1 名卓越的土木工程师不是一件容易的事情。

(3) 卓越土木工程研究生的课程设置。由于卓越土木工程研究生是一个新兴事物，关于其课程设置，一直也没有明确的规定。很多高校在实际的课程设置上面，依旧采用了学术型硕士研究生的课程，只是在基础英语的学习方面，进行了区别。卓越土木工程研究生课程的要紧密围绕培养目标来设置，与学术型硕士研究生相比，存在着明显的差异，故应形成卓越土木工程研究生独特的课程设置模式。其课程的设置应体现两个特点：理论教学方面，应以土木工程的各种专业技术规范为依据，将勘察、设计、施工、监理、检测、计价等专业规范汇编成卓越土木工程研究生的专门教材；实践教学方面，应以人事部的注册岩土工程师、一级注册结构师、注册监理工程师、注册造价工程师、一级注册建造师、试验检测工程师等案例考试为指导，要求卓越土木工程研究生在校期间，要在企业导师的指导下，深入企业、深入工地现场，完成勘察、设计、施工、监理、检测等各单元的实际操作[3]。课程设置分为三个组成部分：第一部分为公共基础课程(12 学分)，主要由研究生英语、政治、数学组成；第二部分为专业基础课程(18 学分)，主要由岩土工程师实务、结构工程师实务、造价工程师实务、监理工程师实务、建造师实务、试验检测工程师实务等课程组成；第三部分为专业实践环节(12 学分)，主要由工程勘察实操、工程设计实操、工程施工实操、工程监理实操、试验检测实操、造价咨询实操等环节组成。

(4) 卓越土木工程研究生的教学内容。卓越土木工程研究生公共基础课的教学内容可以与学术型研究生相同，亦可在英语方面降低要求，并无太大影响。卓越土木工程研究生专业基础课的教学内容则主要是以专业技术规范及通用分析软件为主了。如岩土工程师实务这门课，授课内容以“岩土工程勘察规范”、“建筑地基基础设计规范”、“建筑地基处理技术规范”等为核心，同时兼顾理正等岩土工程专用分析软件，合并教学；结构工程师实务这门课，授课内容以“建筑结构荷载规范”、“混凝土结构设计规范”、“建筑抗震设计规范”、“钢结构设计规范”等为核心，同时结合迈达斯软件，一并作为教学内容；造价工程师实务这门课，以“建设工程工程量清单计价规范”及同望工程造价专用软件为核心内容；监理工程师实务这门课，以“建设工程监理规范”及“房屋建筑监理规范”、“公路工程施工监理规范”等相关专业技术规范为核心内容；建造师实务这门课，以“公路路基施工技术规范”、“公路桥涵施工技术规范”、“建筑施工技术规范”等为核心教学内容；试验检测工程师实务课程以“公路路基路面现场检测规程”、“建筑工程检测试验技术管理规范”等为主要教学内容。卓越土木工程研究生在修完专业基础课之后，或者与专业基础课学习同步进入专业实践环节。工程勘察实操，要求学生能在三年学制中，作为主要成员参与岩土工程勘察项目至少一次，并要求撰写岩土工程勘察报告，由校内导师、工程单位导师、岩土工程师实务课教师联合评定；工程设计实操，要求学生在三年学制中，作为主要成员参与完成结构主体设计项目至少一项，并利用有限元分析程序，形成一套完整的计算说明书；工程施工实操，要求学生在三年学制中，在施工现场工作时间不少于三个月，并撰写施工日志及施工组织设计、施工方案等主要施工现场文件；工程监理实操，要求学生在三年学制中，深入监理单位工作时间不少于三个月，并编写监理日记、监理大纲、监理细则等监理单位文件；试验检测实操，要求学生在三年学制中，完成土工试验、集料试验、水泥混凝土试验、沥青混合料试验各一项及道路或房建或桥梁检测项目至少一个；造价咨询实操，要求学生在校期间，参与施工单位投标报价或造价咨询单位工程概(预)算项目至少一个[4]。

(5) 卓越土木工程研究生的授课方式及考核办法。从上述卓越土木工程研究生的课程设置及授课内容可以看出，卓越土木工程研究生对实践要求是很高的。在授课方式上，可以把室内的教学，即专业基础课程与实操课程结合起来，让学生在企业进行岩土师、结构师、建造师等单元训练时，定期或不定期集中进行相关专业技术规范的讲解，真正做到理论教学与实践环节相结合，学以致用，边学习边实践。专业基础课，即规范的学习，由校内导师负责；工程单位的实际操作环节，由工程单位导师负责。考核的方法也必须做出相应的改革：专业基础课程即专业技术规范的学习，可以采用闭卷考试的方式进行，卓越土木工程研究生必须完成专业基础课程的所有学习并通过闭卷考试合格后，才能取得毕业证书。实际操作环节则采取考评的办法，学生在工程单位导师的指导下，结合专业基础课老师的理论教学，提交各实操环节的如施工日记、施工组织设计、勘察报告、结构计算书、监理实施细则、试验检测报告等作为该课程结业的依据，由工程单位导师、校内导师及各门相关课程的理论教师联合组成考评小组，采取各自打分，最后综合平均的方式，按优、良、中、及格、不及格进行评定。对于卓越土木工程研究生，可以取消硕士学位论文，因为学生在三年的学习过程中，偏向于专业技能，主要是应用而不是研究创新，实操环节占用了很大一部分时间，故卓越土木工程研究生可以在整个研究生期间，按要求完成各个环节的实操训练，提交每一个单元合格的报告，即可获得硕士学位。

(6) 卓越土木工程研究生校内、校外导师的选聘。由于卓越土木工程研究生的实践性很强，要想达到理想的培养效果，对校内及校外的导师提出了更严格的要求。对于校内导师，除了要求学历学位、职称之外，还必须要有企业工作经历或与企业合作科研项目的经历或者具有国家注册执业资格证书；校外导师，必须要具有本科及以上学历、从事专业工作的年限要求、职称至少为副高及以上。

(7) 卓越土木工程研究生实践基地的建设。卓越土木工程研究生的培养过程中，学生要有相当一部分时间用在实践环节，甚至会有大部分的时间待在工程单位。因此，卓越土木工程研究生的实践基地建设尤其重要。由于卓越土木工程研究生在学习过程中，要经历勘察、设计、施工、监理、试验检测、造价等全方位的工程训练，单一某个实践基地是满足不了要求的。所以，必须同时与相应的工程单位签订合作协议，比如勘察设计院可同时提供勘察和设计的实操、监理单位、施工单位、造价咨询单位、试验检测公司等都可以提供相应的实操训练。总之，要培养卓越土木工程研究生，学校必须同时要和数家单位签订合作协议书。

(8) 卓越土木工程研究生培养质量保障措施。卓越土木工程研究生的培养模式与学术型研究生的培养模式相比，有着极大的差别。它涉及学校和各工程企业之间的关系、校内导师和校外导师之间的关系、理论教学和实践环节之间的关系，是一个非常复杂的系统。要想达到理想的效果，培养出高水平的应用型人才，必须从如下几个方面加强保障：①校内及校外导师的选聘标准的制订；②实习实训合作企业的遴选；③对校外导师及实习基地的管理；④建立健全的规章制度，并提供足够的经费保障。

三、结语

卓越土木工程师培养计划是一个新兴的人才培养模式，通过对现行培养方案存在的不足，结合卓越计划的宗旨，本文提出了一整套基于产学研相结合的本科硕士一体化人才培养模式，从培养年限、课程设置、教学内容、授课及考核方式、导师选聘、基地建设等几个方面进行了深入阐述，为卓越计划的实施提供了一定的参考。

参考文献

[1] 杨晓华.土木工程专业应用型人才培养模式研究初探[J].高等建筑教育，2005，14(4)：28-30.

[2] 曹露春.执业资格与卓越工程师培养相结合的实践教学研究[J].高等建筑教育，2011，20(3)：30-34.

[3] 张福昌.建设类专业人才培养与执业资格制度关系研究[J].高等建筑教育，2008，17(3)：1-4.

[4] 张志军，殷惠光.论土木工程专业实践教学研究体系的构建 [J].徐州工程学院学报，2006(5)：101-104.

校企联合培养土木工程卓越工程师的实践探索

卢红琴　李雪红

（南京工业大学土木工程学院，南京　210009）

摘　要　创立高校与行业企业联合培养人才的新机制是实施“卓越工程师教育培养计划”的关键。南京工业大学与相关企业共同制定了“卓越工程师教育培养计划”试点专业土木工程本科培养方案，并针对培养方案里不同教学环节研究确定相应的校企联合培养模式。详细介绍了各教学环节的校企联合培养模式，以期为其他高校和企业合作开展卓越工程师培养提供参考。

关键词　卓越工程师教育培养计划，校企合作，实践环节

一、引言

“卓越工程师教育培养计划”（以下简称“卓越计划”）是教育部为主动服务国家“走新型工业化道路”和“走出去战略”目标，培养造就一大批创新能力强、适应经济社会发展需要的高质量各类工程技术人才而制订的，是贯彻落实《国家中长期教育改革和发展规划纲要（2010—2020年）》的重大改革项目，也是促进我国由工程教育大国迈向工程教育强国的重大举措。卓越计划的实施要求创立高校和企业联合培养机制，即高校和企业共同制订培养目标、共同建设课程体系和教学内容、共同实施培养过程、共同评价培养质量[1,2]。

南京工业大学土木工程专业被教育部列为卓越计划首批试点专业。从2010级开始，采用在每个年级中选拔60人，组成“土木工程卓越计划”试点班，按照南京工业大学卓越工程师教育培养计划试点专业土木工程本科培养方案进行培养，至2014年7月，2010级“土木工程卓越计划”试点班已顺利毕业。经过三年多的努力，学校土木工程专业卓越工程师培养在专业课程的整合、教学方式方法的改革、校企联合培养方案的制定，实习基地的建设、教学（检查、考核、激励等）制度管理办法的制定等方面做了大量工作，本文主要介绍南京工业大学土木工程专业在校企联合培养方面进行的探索实践。

二、校企联合培养实施模式

自2010年6月教育部“卓越计划”启动以来，南京工业大学土木工程专业与南通四建集团有限公司、通州建总集团公司、南京大地建设集团有限责任公司、江苏省建筑设计研究院有限公司等企业紧密合作，积极开展各种形式的研讨会，探索校企联合培养人才之模式，共同制订土木工程专业“卓越计划”工作方案、培养方案，校企联合实施“卓越计划”培养方案。针对学校“卓越工程师教育培养计划”试点专业土木工程本科培养方案中的相关教学环节，制定具体校企合作实施模式。

1. 课程、课程设计类教学环节

学校对“土木工程卓越计划”试点班的课程教学非常重视，除要求由工程实践经验丰富或具有注册师资格的教师担任主讲教师外，还邀请企业专家走进课堂，补充与实际应用联系紧密

作者简介：卢红琴（1974—），女，副教授。研究方向：钢筋混凝土结构及土木工程专业实践环节教学研究。

的内容。如“执业资格考试概论”课程，参与授课的校内老师均为注册土木工程师，在课程开设过程中定期邀请企业界注册师作关于注册师需具备的基本品质与责任等相关讲座；“基础工程”课程邀请具有丰富设计经验的结构设计师针对基础工程设计过程中的几个典型问题进行剖析，并尽量与教材内容相联系；“土木工程施工”课程邀请具有丰富施工经验的工程师结合实际工程介绍新的施工工艺；“土木工程造价”针对课程当中与实际应用联系紧密的重点和难点部分邀请企业从事工程造价的工程师结合实例进行补充讲解；“建设工程监理”聘请企业界工程总监就工程监理师在工程建设中的作用和责任作相关讲座等。

土木工程专业主要课程设计采用校内老师、企业老师共同指导的模式进行。要求课程设计选题需与实际工程结合，针对每项课程设计内容，请企业工程师结合具体工程介绍各设计部分的主要问题和设计时的注意事项，组织学生去具体工地参观。房屋建筑学课程设计、基础工程课程设计、混凝土结构课程设计、土木工程施工课程设计、土木工程造价课程设计基于同一实际工程进行选题、安排任务，这五门课程的联动设计，使单纯的课程设计内容跟实际工程相联系，便于学生将这几门课程融会贯通，增强了学生的工程意识，也提高学生进行课程设计的兴趣。

2. 实习类教学环节

认识实习，主要采用学生在企业指导教师带领下参观、学习有关材料、讨论交流的方式。在此阶段学生以技术访问人员的身份参加企业的有关活动，结合企业的项目施工进度，了解不少于 2 个工程的较全面的情况，主要从项目整体和宏观方面有一个初步的整体印象，在后续学习过程中，针对主干课程亦增加了课程实习的内容，学生将带着问题去实习，更具体和更有针对性。

生产实习，历时一个月，是土木工程专业最重要的实习环节。学校针对土木工程卓越试点班制定了生产实习工作方案，成立了生产实习工作小组，确定生产实习指导老师负责制。60 名学生分成 7 组，7 名校内指导老师负责所带组学生实习工地安排、校外指导老师沟通等各项事宜，考核环节增加 15 分钟 PPT 汇报。学生以施工员、技术员、工程师、项目经理助手、监理人员的身份深入施工现场，以一个工程项目为实习场所，在企业实习指导老师的指导下，参加工程施工现场管理或监理工作，在实际中得到综合训练。在此阶段学生作为企业的技术人员参与各项工作，深入了解企业，学习相关工程科技和管理知识，培养团队协作和综合能力。

毕业实习阶段，主要采用在毕业设计校外指导教师指导下，结合毕业设计课题进行现场实习，在此阶段学生作为企业的技术研发人员参与企业的科技开发或技术难题攻关，培养学生创新能力和独立工作能力。

3. 毕业设计教学环节

毕业设计要求结合企业实际设计项目“真刀真枪”地做。学校毕业设计采用“双导师”制模式，即每个同学的毕业设计由一名校外导师和一名校内导师共同指导。两名导师根据毕业设计要求结合实际设计项目制定毕业设计任务书。学生主要由校外指导老师指导，在企业完成整个毕业设计任务；同时要求校内指导老师每周去企业与学生见面，掌握学生的设计情况、把握设计进度，及时解答学生疑问，确保毕业设计符合学校相关要求。

2014 年学校迎来首届土木工程专业卓越班（2010 级土木工程卓越试点班）的毕业设计，我们将 60 名卓越试点班学生安排在江苏省建筑设计研究院有限公司、南京工业大学建筑研究院、江苏省交通科学研究院、南京铭方工程咨询有限公司、北京世纪千府国际工程设计有限公司南京分公司等南京市相关设计院进行毕业设计。2013 年下半年，学校和企业就卓越试点班毕业设计相关问题进行了多次讨论交流，成立了 2014 届土木工程专业“卓越计划”毕业设计校企联合培养工作小组，制定了2014届土木工程专业“卓越计划”毕业设计校企联合培养工作方案，确定了校外及校内指导老师名单。在校企双方的共同努力下，2010级60名卓越试点班学生按质按量顺利完成毕业设计。通过在企业“真刀真枪”做毕业设计，学生工程实践能力得到显著提高。

三、结语

“行业指导、校企合作、分类实施、形式多样”是卓越计划遵循的基本原则，卓越计划要求本科及以上层次学生要有一年左右的时间在企业学习，创立高校和企业联合培养机制是实施“卓越计划”的关键[2,3]。南京工业大学针对不同教学环节，采用邀请企业工程师走进课堂、“双导师”制等校企联合培养实施模式，取得了较好的教学效果。在校企联合培养卓越工程师过程中，高校面临着诸多困难，需要教育部及各级政府支持，如：企业参与“卓越计划”的积极性不高，缺乏具体的优惠政策来调动企业参与培养学生的积极性和热情；缺少对参与“卓越计划”教师的具体鼓励政策，造成教师参与“卓越计划”的积极性不高；对参与“卓越计划”人才培养的学生没有具体的激励政策，学生参与的积极性和主动性不够等。希望通过国家立法、各级政府建立系统完整的我国校企合作教育的法律、法规和政策体系，为校企联合培养卓越工程师可持续发展提供支撑条件。

参考文献

[1] 国家中长期教育改革和发展规划纲要（2010—2020年）[S/OL].[2013-07-29]. http://www.gov.cn/jrzg/2010-07/29/content 1667143.htm.

[2] 教育部关于实施卓越工程师教育培养计划的若干意见[EB/OL].[2011-01-08]. http://www.moe.gov.cn/publicfiles/business/ htmlfiles/moe/s3860/201102/115066.html.

[3] 林健.校企全程合作培养卓越工程师[J]. 高等工程教育研究，2012，(3)：7-23.

土木工程专业学生工程素质培养的改革与探讨

杜喜凯[1]　孙建恒[1]　杜　瑶[2]

(1.河北农业大学城建学院,保定　071001,2.清华大学建筑设计研究院有限公司,北京　100084)

摘　要　为了适应卓越工程师培养计划的要求,使学生通过教学实践环节达到提高实践能力的目的,河北农业大学对传统的教学模式和培养方法进行了改革,将多门课程的课程设计有机地联系起来,形成一个完整的建筑结构设计,即通过几个课程设计来完成一个完整的建筑结构设计工作,整个设计过程全部用手算计算和手工绘制施工图,从而达到综合设计训练的目的。毕业设计中可以用通用软件来进行结构计算和绘制施工图。将传统的集中实习改为分散实习,大学三年级开始利用课余时间、休息日或假期到建筑工地实习,以了解一个建筑物完整的施工过程,避免了传统的集中实习或1年集中企业学习只能看到部分施工工序的问题。

关键词　工程素质培养,课程设计,毕业设计,毕业实习

一、引言

随着我国高等教育从精英教育向大众教育的发展,土木工程专业培养目标也从培养研究型人才转变为培养应用型人才。而随着卓越工程师培养计划的实施,明确要求工程教育要以培养各类工程型人才为主,树立“面向工业界、面向未来、面向世界”的工程教育理念。以社会需求为导向,以实际工程为背景,以工程技术为主线,着力提高学生的工程意识、工程素质和工程实践能力。卓越工程师培养计划要求本科阶段为“3+1”学习模式,3年在校学习,累计1年在企业学习或做毕业设计。相对于传统教学模式,这种培养模式对学生实践能力的培养非常有利,但不利于理论学习的系统性和基础知识应用的基本训练。为了在校学习期间完成系统性的理论学习和基础知识应用的基本训练目的,并且能够在企业实习期间真正达到培养工程素质、提高实践技能的目的,就需要改革传统的教学模式和培养方法。

二、现行教学模式和培养方法存在问题

1. 课程设计相互独立,无关联

目前大部分高校土木工程专业的主要专业课程设计有房屋建筑学课程设计、混凝土结构课程设计、钢结构课程设计、砌体结构课程设计、建筑施工课程设计等。这些课程设计本身之间以及与其他课程的设计之间没有任何关联,都是分别设置题目,分别完成。学生完成这些课程设计之后,仍然对不能建立一个完整的建筑结构设计的概念。一个完整的建筑结构设计过程要等到毕业设计来完成,而卓越工程师培养计划中,要求第四学年去企业完成毕业设计或毕业论文工作,无论是去设计院还是施工单位,都不能保证学生能完成一个完整的建筑结构设计过程。即使在建筑设计院进行实习,完全是用计算机来进行结构计算,自动生成结构施工图,没有手算和手画建筑结构施工图的过程,达不到基本训练的目的。即使目前在学校进行毕业设计,为了使学生毕业进入设计院之后能够尽快熟悉设计工作,大部分院校也是使用计算机软件来进行结构计算和画结构施工图,使学生对建筑结构计算的基本知识和基本概念难以深入

作者简介:杜喜凯(1962—),男,教授,博士,主要从事混凝土及组合结构的教学和科研工作。E-mail:duxk126@126.com。

掌握。虽然大部分本科生现在主要的就业方向是施工管理类，设计单位主要招收研究生，但研究生目前的课程设置里面没有综合设计的训练，所以研究生的设计能力训练是在本科期间完成的。

2. 毕业实习时间过短，与毕业设计不协调

土木工程专业具有很强的实践性，因此卓越工程师的培养强调加强实践教学。而土木工程专业实践性教学有别于其他工科专业，土木工程施工周期较长，一个建筑物的工期至少要2年，所以1年的企业学习，学生也只能看到部分工序的施工，难以了解建筑工程施工的完整过程。且企业学习时间还与研究生复试及找工作的时间冲突，导致企业学习时间很难保证。另外受在建工程种类的限制，难以保证实习工程与毕业设计工程的结构形式相同。

河北工业大学也在积极准备参与卓越工程师计划，为了能够使学生通过课程设计、毕业设计和企业学习环节真正达到培养工程素质、提高实践技能的目的，我们对传统的教学方法和培养模式进行了综合改革。

三、教学方法和培养模式改革

1. 综合课程设计

为了适应卓越工程师培养计划的要求，使学生通过课程设计达到基本训练的要求，我们将多个课程设计有机地联系起来，形成一个完整的建筑和结构设计过程，学生通过完成几门课程的课程设计，来掌握一个完整的建筑和结构设计过程，从而达到综合训练的目的。

教学计划中，在原有课程设计的基础上，增加了"建筑结构抗震设计"、"地基与基础工程"、"建筑工程概预算"等课程的课程设计，在课程设计内容上进行了统一布置。将"房屋建筑学"、"混凝土结构"、"建筑结构抗震设计"和"地基与基础工程"课程设计综合成一个完整的建筑物设计，在各门课程设计中分别完成设计的各个部分工作。在"房屋建筑学"课程设计中，对一个多层框架结构的办公或教学楼进行建筑方案和建筑施工图设计；在"混凝土结构原理"的课程设计中，应用"房屋建筑学"课程设计的建筑设计成果，对这个建筑物的楼盖进行结构计算和施工图设计；在"混凝土结构设计"的课程设计中，进一步应用前面的设计成果，对这个建筑物的框架结构进行结构静力计算和施工图设计；在"建筑结构抗震设计"的课程设计中，继续应用前面的前面3门课程设计的成果，对设计建筑物进行结构抗震设计；在"地基与基础工程"的课程设计中，根据前面上部结构的设计成果，对设计建筑物的基础进行计算和设计。从而使学生通过这5个课程设计完成一个建筑物完整的建筑和结构设计工作。在接下来的"建筑工程施工技术"课程设计中，完成自己设计工程的施工组织设计；并在"建筑工程概预算"的课程设计中完成这个建筑物预算工作。

由于每门课程的设计资料都是前面课程设计中自己完成的成果，避免了课程设计中学生相互抄袭的现象。整个设计过程全部采用手算计算和手工绘制施工图，但为了减小计算工作量，在结构内力计算中，也可以采用结构力学求解器进行计算，截面配筋计算可以通过自己编制的配筋计算程序进行计算。

2. 课程设计与毕业设计的关系

目前学校还未实施卓越工程师教学计划，现阶段只是为加入卓越工程师计划的准备阶段，将教学计划做了微调，以形成系统的课程设计。实施新的教学计划后，为了不与目前的毕业设计发生冲突，第八学期的毕业设计可以根据学生的就业方向，从事相关的论文或设计工作。即使是毕业设计中还是选择的框架结构设计，其结构设计部分可以用PKPM软件来进行结构计算，以达到熟悉结构设计软件的目的。还可以将手算结果与计算机软件计算结果进行比较，以加深对结构设计的理解。这种培养方法解决了多年以来一直存在的毕业设计过程中结构计算是采用手算计算还是采用计算机软件进行计算的问题。

3. 分散实习或企业学习

大学三年级就已进入专业课程学习，学生对土木工程专业专业知识已具备初步的了解。将学生分为 5～10 人一组，由具有实践经验的教师和企业技术人员担任指导教师，利用课余时间、休息日或假期到建筑工地进行企业学习，到毕业前即可了解一个建筑物完整的施工过程，这样可以避免传统的集中实习或 1 年集中企业学习只能看到部分施工工序的问题。

分散实习还可提高学生主动学习的兴趣。在学校学习期间，学生对专业课程的学习不感兴趣，主要原因是对课程的重要性和课程的应用不了解，缺乏学习的热情。提前进入工程实习可以使学生了解各门专业课程在实际工程中的作用，从而激发学生主动学习的兴趣。

这种分散实习符合卓越工程师培养的理念，可以构建校企合作培养平台，利用学校和企业两种不同的环境和资源，把学校教育教学与企业生产实践和岗位技能需求紧密结合起来，通过与企业紧密合作，既解决了实习的难题，又达到培养学生工程素质、提高实践技能的目的，从而培养出生产、管理、服务企业一线需要的工程技术人员。

四、结语

河北农业大学校教学方法和培养模式的综合改革已部分实施，已完成了教学计划修改工作，以配合教改工作的顺利进行。完成了综合课程设计的对接工作，相对于往届学生，这批学生的对设计基础知识的掌握和综合应用得到了很大的提高。分散实习由于受到在建工程情况的限制，只是部分学生进行了试行，取得的效果也非常良好，学生带着问题去学习，在施工现场又可以应用掌握的基础知识解决工程中的问题，有效地激发了学生的学习兴趣及对本专业的热爱。

对于土木工程本科生来说，课程设计、毕业设计和实习不仅仅是大学期间的一个教学环节，它更是提高学生实际应用能力必要手段。虽然目前我校还不是卓越工程师计划的培养学校，但我校正在积极准备加入卓越工程师计划。我们对传统的教学方法和培养模式的综合改革，也是加入卓越工程师计划准备工作之一。要达到培养学生工程素质、提高实践技能的目的，满足卓越工程师培养目标的要求，还需要不断转变教育思想和观念，在实践中去探索、总结，进一步完善教学方法和培养模式的改革。

参考文献

[1] 杜喜凯，朱剑波，郝文秀，等. 混凝土结构课程设计教学改革与探讨[J]. 东南大学学报（哲学社会科学版），2012，10：115-117.

[2] 赵均，李永梅. 混凝土结构课程“课设结合”的教学改革尝试[J]. 烟台大学学报，2010，3：103-105.

[3] 杜喜凯，朱剑波. 卓越工程师教学计划的课程设计改革与探讨[J]. 武汉理工大学学报（社会科学版），2013，10：39-41.

土建类专业人才培养模式的探讨与实践

李自林　乌　兰　陈　烜　董　鹏

（天津城建大学土木工程学院，天津　300384）

摘　要　为了进一步推进“卓越工程师计划”的实施，提高人才培养的效率和质量，以校企合作为依托，深入探讨了土建类专业人才培养模式。针对现行土建类人才培养与社会需求的脱节、学生实践能力的缺乏及个性发展的制约等问题，通过校企合作模式，开展实习基地、强化实践能力等人才培养的改革与探索。实践表明，校企合作模式能够有效改善人才培养的弊病，大力促进卓越工程师计划的推行。

关键词　土木工程，人才培养，校企合作，实践

一、引言

随着社会经济的发展，社会对人才的需求不再局限于适用当前工作的需求，而是把目光更多地放在未来发展的需要，因此，培养高层次人才成为目前人才培养的首要任务。土木工程专业作为社会基础建设的关键性人才，人才质量直接关系人们生命财产的安全，因此摆脱“实践能力差”、“创新能力差”的人才培养瓶颈，提出新的人才培养模式亟待解决。在国外，许多国家在人才培养模式探索上早于中国。美国对工科人才培养模式就提出了 ABET EC2000 工程教育认证体系，旨在提高知识运用能力、强化学习观念。德国则通过延长学制的办法培养高层次人才。法国制定详细的实习计划，从而是提高实践能力。而在我国对人才培养模式研究起步较晚，发展较慢。土木行业中，建筑从业人员数量庞大，知识程度偏低，工程质量问题突出。

为了解决人才培养问题，贯彻落实走中国特色新型工业化道路、建设创新型国家、建设人力资源强国的战略部署，落实《国家中长期教育改革和发展规划纲要（2010—2020 年）》，教育部提出“卓越工程师教育培养计划”，创建高校和企业联合培养人才的新机制。本文以天津城市建设学院在与中铁十八局集团有限公司长期开展产学研合作的基础上，研究人才培养计划，为卓越工程师计划的推行提供重要基础。

二、建设目标和思路

实践教育中心总体目标为：深化卓越工程师教育培养计划，在天津市品牌专业“土木工程”的基础上打造覆盖其他专业的实践教学平台，将中心建设成为一个集教学改革、技能培训、服务教学、校企合作为一体的开放共享的工程综合实践教学平台，实现为区域建设服务，培养满足行业需求的高素质应用型土木工程人才。

中心的建设思路概括为：① 研究高校与企业联合培养模式，建立有企业参与的人才培养及评价办法。企业由单纯的用人单位变为联合培养单位，高校和企业共同制定培养目标、培养方案，共同实施培养过程；② 建立实践教学师资培训体系，积极培养和建设一支专兼结合的“双师型”实践教学团队；③ 深入开展学校人才培养与企业实践的交互，以培养卓越工程师工程实践能力为目标，丰富实践教学形式、优化实践教学内容。生产实习、课程设计、毕业设计的

作者简介：李自林（1953—），河北成安人，教授，从事桥梁工程设计理论研究。

选题由企业提供部分实践教学场地和工程师指导，创造出理论与生产实践相结合的工程环境，使学生学以致用，提高学生工程实践能力。

三、实施方案

1. 实践形式

实践教学形式除常规的实习（包括认识实习、生产实习、毕业实习）和设计（包括课程设计和毕业设计）外，还涉及施工类课程的现场教学及大学生课外科技创新活动。

认识实习主要采用观看工程图片、录像并参观已建、在建工程现场的方式，学生在实践中心教师的指导下，初步了解土木工程专业各个领域的基础知识，使学生对专业内容及发展方向有感性认识，增强学生的学习兴趣和学习动力，并为专业课程学习奠定基础。生产实习采取安排学生直接参与土木工程生产建设实践的方式，使学生按照培养目标，全面理解、熟悉、掌握土木工程生产建设全过程或部分过程的各方面工作，包括材料检验、设备操作、施工工艺、组织安排等。通过参与生产实践，学生可以巩固和加深在课堂上所学的相关知识，使理论与实际相结合；实习还可以拓宽知识面，提高专业水平，提高分析问题、解决问题的能力以及创新能力，为后继课程的学习乃至今后的工作打下良好的实践基础。

课程设计与毕业设计均采用相关工程的真实条件与资料，使学生根据实际情况进行设计，并进行方案比选，在教师指导下，充分利用相关资料，密切结合现场情况，依托企业的人才、技术资源，完成一个单位工程或分部工程的设计。

2. 实践内容

在实践教学内容上，实践中心的建设将整合土木工程学院的实践教学资源及中铁十八局工程案例资源，使之符合实践教育中心校企双方共同制定的创新型人才培养目标要求，奠定"教"与"学"的坚实保障。

1）实践教学点选择

根据创新型人才培养目标，选择实践教学点，丰富实践教学形式、优化实习教学内容、强化师资培训，建设规范化的实践教学平台。以中铁十八局下属的设计部、工程部和设备厂为依托，建立涵盖设计、施工和预制构件加工等教学内容的实践教育中心。其中设计部和工程部为基地建设的重点。中铁十八局在津有多个工程建设项目，中心将选择国家或地方重点工程项目，以其结构设计、施工工艺、设备配套以及建设管理制度为具体的案例展开实践教学，为学生提供接触最先进的结构设计理念和工程施工技术的实习机会，拓宽视野，满足高起点的培养目标要求。对于预制构件厂，则重点选择构件设计及加工的工作环节作为实践教学点。教学内容按照工程案例的各个阶段进行选取和安排，使学生在实践教学中能够全面了解一项建设工程从立项、勘探、设计、建设、调试、验收、运行的各个环节，掌握各个环节的注意事项，并能得到实践训练，掌握基础操作技能。此外，还将利用实践教育中心作为教学科研发展的基本条件，在专业建设、师资队伍建设、学生实践技能方面充当教学改革、科学研究的硬件设施，充分发挥其示范作用，把中心建设成为一个集教学改革、技能培训、服务教学、校企合作为一体的平台，实现为区域建设服务，培养高素质的应用型建筑人才的总体目标。

2）承担的教学内容

（1）承担常规实习教学活动。按照现行土建专业教学大纲的基本要求，常规的实习教学环节包括认识实习、生产实习及毕业实习等。认识实习安排在专业理论课程之前，主要是增加学生对建设工程项目的感性认识；生产实习安排在完成部分专业理论课程之后，增加学生对工程理论知识的认识和了解，深化工程实践意识；毕业实习则安排在所有理论课程结束之后，主要起到联系理论与实践的作用。中心的建设可对上述实习教学环节起到有力的支撑作用。

(2) 支撑工程设计教学。依托企业承建的工程项目,从中分解出难度适中且适于本科毕业生完成工程设计要求的内容作为设计类的课题(课程设计或毕业设计)。中心所依托的企业承担了天津市及周边地区大量的工程建设项目。这些工程建设项目设计新颖、结构合理、施工技术先进,且多项工程获得各级政府的优质示范工程。这些业绩为本科毕业设计(论文)的选题提供了丰富的素材,而这些工程的建设实例也可启发学生的思维,为完成高质量的设计实训奠定基础。

(3) 支撑创新型人才培养的实践教学活动。中铁十八局在天津市及周边地区有多个工程项目,还有即将开工建设的工程项目。对于其中一些设计新颖、工艺先进的工程项目将挑选出来作为典型案例分别建设成为实践教学点,制定教学大纲,按照教学计划的需求分期分批进行实践教学。根据所选择的工程项目,编制实习指导书,增设创新性实践教学环节,逐步落实创新型人才实践教学模式,增加实地操作的时间,让学生有更多的机会接触实际工程项目建设全过程,培养其创新能力,为卓越工程师项目的实施提供便利的条件。

3. 实践条件

1) 天津城市建设学院土木工程学院实践教学条件

天津城市建设学院是一所以城市领域为主要服务对象的普通高等院校,土木工程学院是承担土建类本科专业人才培养的二级单位。学院现有土木工程、交通工程、港口航道与海岸工程、城市地下空间工程、道路桥梁与渡河工程 5 个本科专业。上述 5 个专业目前设置的实践教学环节包括实验、设计和实习。除实习环节以外,学生实验环节的教学都能在校内实验室进行。土木工程学院现有土木工程基础实验中心、结构工程实验中心、岩土工程实验中心,并成立了具 CMA 资质、服务于工程建设的天津城市建设学院土木工程检测中心,现有 DH3816 电阻应变仪(共 120 个测点)、INV306 数据采集系统、941B 拾振器、位移传感器、千分表、2000KN 拉、压试验机、2000kN 液压伺服作动器、土体压力试验机及测量控制系统、土水特征曲线压力板仪等仪器设备。学院所属实验室除能满足在校本科生及研究生的实验教学工作外,还能承接各类大型、复杂的工程实验与检测项目,完成桥梁健康检测,如结构基频测定、位移控制、混凝土强度检测、预应力张拉控制等,桩基沉降观测与控制,完成校企合作科研项目的工程试验,为企业建筑科技发展提供技术支持。

2) 中铁十八局实践教学条件

中铁十八局集团有限公司是世界 500 强企业中国铁建的核心企业。作为全国首批具有施工总承包特级资质的企业,具有雄厚的施工经验与水平,能够承担铁路工程、公路工程、水利水电工程、市政公用工程、房屋建筑工程等施工,具有隧道、桥梁、地质灾害防治工程施工等相关资质,同时能够承担建筑行业甲级设计资质经营范围的设计任务。集团下辖十个全资子公司(国际工程公司、第一、二、三、四、五、六工程有限公司、建筑安装工程有限公司、中铁大都工程有限公司、房地产开发有限公司),四个专业分公司(科研设计院、隧道工程公司、轨道工程公司、路桥工程公司)以及若干个工程指挥部。在五十多年的历程中,中铁十八局在全国各地承担了大量工程建设任务,为我国的社会、经济发展做出了卓越的贡献。截至 2010 年度,集团公司累计获得国家级优质工程奖 83 项,省(市)部级优质工程奖 160 余项。在津完成或在建重点项目主要包括京津城际、天津滨海新区中央大道海河隧道、天津彩虹大桥、滨海新区冬旭路跨京津塘高速公路桥梁工程、天津开发区净水厂、天津轻轨、天津地铁工程,天津华林小区、天津滨海新区远洋城工程、开发区御景园、南开大学泰达学院等。诸多不同专业的分公司及在建工程项目能为土木工程各专业方向实践教学提供良好的实践平台。

四、主要成效及展望

多年以来，中铁十八局集团有限公司一直为天津城建大学人才培养提供就业实习机会，也是学校多项科研项目来源、成果转化基地。同时，天津城建大学在桥梁健康检测、桥梁施工过程控制、地铁盾构掘进技术与质量控制、桩基沉降观测与控制等方面为中铁十八局集团有限公司提供了有力的技术支持，解决了企业技术难题。中铁十八局集团有限公司作为土木工程学院的校外实习基地，接待学院学生实习、实训 2000 人次。为了进一步推动校企深度融合，双方于 2011 年签订了校企产学研全面合作协议。学校为企业的长远发展、自主创新能力的提高提供全面的技术支持，根据企业提出的技术项目需求和企业技术难题，进行研究开发、成果转化、技术攻关，支持企业技术创新。

可以预知，随着校企合作人才培养计划的推进，为卓越工程师培养计划的实现提供有力的支持，对工程类教育改革具有重要意义，同时该计划的科学性、系统性也将在实践中不断完善。

参考文献

[1] 李雪华，杨湘东，朱光. 土建类专业人才实践能力培养模式研究[J]. 高等建筑教育，2009，18(3)：35-38.

[2] 许成祥，曾磊，刘昌明. 土建类专业“工学交替”校企合作人才培养模式实践[J]. 高等建筑教育，2011，20(5)：9-12.

[3] 罗三桂. 专业教育评估背景下的人才培养方案特征分析——以土建类专业为例[J]. 高教发展与评估，2009，25(1)：111-114.

[4] 吴书安，王兵，邹厚存. 紧密型校企合作人才培养模式的研究与实践——以扬州职业大学土建类专业改革为例[J]. 中国职业技术教育，2011，(26)：39-43.

[5] 刘运林，方潜生，丁克伟. 设计院模式下土建类专业人才培养改革与创新[J]. 高等建筑教育，2011，20(2)：22-24.

土木工程专业因材施教分类培养模式的研究与实践

崔诗才

（聊城大学建筑工程学院，聊城　252000）

摘　要　针对我国高等教育本科人才传统培养模式存在的问题及社会对人才需求的变化，从受教育者不同的学习基础和毕业愿望出发，针对学生个性差异、目标追求、岗位取向、发展潜力等，将土木工程专业人才培养分为应用技术型、创新研究型以及特殊需求型三种类型。确定相应的培养目标，制定相应的培养方案，构建相应的课程体系，在分类培养阶段进行分类教学和管理，通过不同的教学内容和教学方法，达到不同的培养类型要求，实现不同的培养目标。这样既能激发学生的学习兴趣，提高学生的专业素质，适应学生未来的发展需求，又能够适应社会、行业、企业对同一专业人才的多元化需求，受到用人单位和研究生培养单位的积极评价。

关键词　土木工程，因材施教，分类培养，研究实践

一、引言

长期以来，我国高等教育本科人才培养工作基本上是用统一的模式去塑造所有的学生，主要表现为对同一专业所有学生确定统一的培养目标，提出统一的培养规格，实行统一的教学计划，采用统一的教学模式，执行统一的评价标准。这种传统的培养模式与高等教育的大众化、学生群体价值取向的多元化以及社会对专业人才需求的差异化的发展形势越来越不相适应。

为了解决这种矛盾，很多高校进行了培养模式的改革尝试，但基本未能摆脱传统的单一培养模式的框架的束缚。如有的高校强调就业导向，片面强调培养学生的专业技能，把本科教育当成了“职场培训基地”；而有的高校则强调考研导向，片面强调学生的学习能力，把学校或学院变成了“考研基地”。这两种做法的要害在于只重视培养学生的单一能力，而忽视学生综合素质能力的协调发展，其最终结果是顾此失彼，难以实现与社会需求相适应的人才培养要求。

据统计，截至 2010 年，全国开设土木工程本科专业的高等学校已达到 420 多所，在校生人数已达 30 万余人，大多数高校土木工程专业的培养方案是按照培养研究型、设计型人才制定的[1]。近年来，高等学校、建筑科研院所、建筑设计院所等对研究型、设计型人才的需求已经偏向于研究生层次，有的甚至转向博士，而对本科生需求已经很少，土木工程专业本科毕业生的出口已转向应用型工程技术和工程管理岗位为主。近年来土木工程专业毕业生（考取研究生的除外）的就业去向主要分布在施工、监理、工程咨询等单位，其中又以在建筑施工企业从业的比例最高，约占 80%，主要从事。这种需求形势的变化要求高校尽快将土木工程人才培养设计型、研究型为主转向培养工程施工、工程管理和结构设计相结合的应用技术型转变。但是，在注重培养应用技术型土木工程专业人才的同时，也不能忽视对研究创新型土木工程专业人才的培养。这是因为今后相当长一个时期，全球人口压力将持续增长，城镇化幅度、进程具有巨大的空间，基础设施需大量更新，人类要应对各种自然灾害的侵扰，交通、桥梁、地下、水利、海洋等空间的开发、利用，所有这些都对创新研究型土木工程专业人才提出新的挑战，迫切需

作者简介：崔诗才（1965—），山东阳谷人，副教授，主要从事土木工程专业教学与研究。

教改项目：2012 年度山东省高等学校教学改革立项（2012215）。

要高校培养大量的设计、研究、开发、检测、修复等方面的人才。

总之，由于用人单位性质不同、规模不同、岗位不同，导致对土木专业人才的需求也不尽相同，各高校按照统一的人才培养标准进行培养，已经无法适应社会、行业和企事业的需求。聊城大学建筑工程学院自2009年开始研究制定基于考研和就业两种不同出口的土木工程专业分类培养方案，并从2009级学生开始试行，2010年与鲁西集团股份有限公司和中通钢构建筑股份有限公司合作为其订单培养土木工程专业本科生，按照特殊需求型人才进行培养。之后培养方案经过不断修订，逐步形成了较为完善的土木工程专业因材施教、分类培养人才培养模式。经过五年的实践，无论在考研、就业和订单培养各方面的培养质量均有不同程度的提高，为聊城大学全面推进"三二三"人才培养模式改革提供了重要经验，同时受到毕业生就业单位积极评价和省内外同类院系的借鉴。

二、研究方法

1. 针对社会需求和学生实际情况确定分类培养类型

根据社会和科技发展对相同专业不同规格人才的需求，从受教育者不同的学习基础和毕业愿望出发，针对学生个性差异、目标追求、岗位取向、发展潜力等，将土木工程专业人才培养分为应用技术型、创新研究型以及特殊需求型三种类型，以利于激发学生的学习兴趣，提高学生的专业素质，适应学生未来发展的不同需求。

2. 针对培养类型确定分类培养目标和分类培养方案

培养目标和专业培养方案是本科教育的顶层设计，为了培养适合我国建设行业发展需求的不同类型专业技术人才，解决高等教育产品供应与市场需求的合理对接。创新研究型学生应加强科学素养，提高科学研究能力；工程技术型学生应加强工程实践能力的培养，实现专业教育与社会需求的零对接；特殊需求型学生根据订单式培养单位或部门的特殊需求，与企业或部门制定相应的联合培养方案，使其成为具体企业或部门所需的专门人才。依据三种培养类型分别确定相应的培养目标。根据专业培养目标的要求，统筹培养全过程，整体优化培养方案，兼顾德、智、体、美的全面发展。

3. 针对分类培养目标确定分类培养课程体系和教学内容

构建适应不同类型人才培养的课程体系是提高人才培养质量的关键。分类培养方案由通识教育、专业教育和分类培养教育三个部分构成，在完成通识教育、专业教育学段后，分类培养教育主要由分置不同类型的专业选修课程体系包括分类培养实践课程体系来实现。根据不同类型人才培养规格要求，研究课程结构、内容与体系的内在联系，明确每门课程在人才培养中的地位、作用，对基础课程、专业基础课程、专业核心课程以及实践课程等在多维度上开展整合，使课程体系设置体现教学全过程的整体优化。一方面为应用技术型人才提供更多的实践和能力提高的机会，努力探索本科生与未来就业创业相衔接的课程体系；另一方面为创新研究型人才奠定更加坚实的理论基础，构建本科生与研究生教学相贯通的课程体系。

4. 针对课程体系和教学内容确定分类培养的机制方法

在课程体系与教学内容上改革，首先是引导学生根据个性特点、学习兴趣、职业规划、人生志向，尽早自主选择培养类型，并实行动态管理；二是重新修订与分类培养目标相一致的课程教学大纲；三是对一些主要基础课制定分层次教学的实施方案，对材料力学、结构力学等专业基础课程制定了分层次教学的实施方案，即不同层次的同一门课程的学习目标、学习内容、课外作业有所区别，以满足不同层次学生的需求；四是完善学分制选课制度，分置分类培养专业课程模块，供学生选修。

三、研究实践内容

1. 研究实践了土木工程专业因材施教、分类培养模式

因材施教、分类培养是相对于过去整齐划一的传统单一培养模式而提出的一种新的模式，它是根据社会和科技发展对相同专业不同规格人才的需求，从受教育者不同的学习基础和毕业愿望出发，针对学生个性差异、目标追求、岗位取向、发展潜力等，将人才培养分为应用技术型、创新研究型以及特殊需求型三种类型。制订确定相应的培养目标，制定相应的培养方案，构建相应的课程体系，将学生分成不同班级进行分类教学和管理，通过不同的教学内容和教学方法，实现不同的培养目标，达到不同的培养规格的要求。能够使学生在夯实学科专业基本知识的前提下，分别着重提升学生的科研创新能力、工程实践能力和特殊需求能力，对不同类型的学生统筹兼顾，共同成长。该模式充分体现了的教育思想。这样既能激发学生的学习兴趣，提高学生的专业素质，适应学生未来发展需求将发挥积极作用，又能够适应社会、行业、企业对相同专业人才的多元化需求，同时能适应学生差别化发展，全面提升人才培养质量，充分体现以学生为本，因材施教、因需施教的教育思想。

2. 制定并逐步完善因材施教分类培养的专业培养方案

针对应用技术型的学生，以"工程教育回归工程实践"为主线，以"强专业"为培养出发点，充分考虑毕业生到工作岗位后的实际需求，通过增开专业选修课程或提高与就业密切相关的专业课程学时学分，并强化实习、实训等实践教学环节，提升学生的工程实践能力和就业适应能力。培养目标由原来的培养建筑工程设计人才为主转变为培养建筑工程施工、工程项目管理、建筑结构设计相结合的应用技术复合型人才转变。

针对创新研究型的学生，以"厚基础、宽口径、高素质"为培养出发点，通过增设部分学科专业基础课或增加部分专业基础课程的内容、学时和学分，通过参与教师科研项目、开放实验室、参加大学生科技创新项目、专业技能竞赛等科研训练环节，促进学生在知识、素质和能力多方面的协调发展，促进学生在创新思维、创新方法和创新能力的综合提高，培养学生发现问题、分析问题、解决问题的能力和科学研究的基本能力，并为继续学习和后续发展打下基础。

针对特殊需求型的学生，在确保专业培养知识体系系统性和完整性的前提下，根据订单式培养单位或部门的特殊需求，与企业或部门制定相应的联合培养方案，使其成为具体企业或部门所需的专门人才。

3. 优化分类培养课程体系与教学内容

在完成通识教育学段、专业基础学段的学习后，在分类培养学段，为不同培养类型的学生设置不同的课程体系，教授不同的教学内容，搭建差异化的素质、能力提升平台。

对于应用技术型学生，通过开设"工程概预算"、"工程建设法规"、"工程监理概论"、"工程经济学"、"工程项目管理"、"工程招标投标管理"等课程，构建本科生与未来就业创业相衔接的理论课程体系；同时通过加强实习、实训等实践课程教学，为学生提供更多的实践能力和动手能力提升的机会。

对于创新研究型学生，通过增设"C语言与程序设计"、"材料力学Ⅱ"、"结构力学Ⅲ"、"流体力学"、"弹性力学"、"建筑结构试验与检测"、"文献检索和科研论文写作"、"工程软件应用"等理论课程，同时增加结构抗震等专业基础课程的内容和学时，使其奠定更加坚实的学科专业理论基础，构建本科生与研究生教学相贯通和衔接的课程体系；另一方面通过大学生科技创新

活动、参加结构设计竞赛、参与教师科研课题等实践教学环节，培养其科研和创新素养。

特殊需求型的分类培养阶段的课程体系根据需求单位具体情况和要求具体制定。如为鲁西化工集团股份有限公司订单培养本科生 20 名，课程体系中增设"暖通空调"、"建筑给排水工程"、"化工设备安装"等课程，以满足工作特殊需求。

4. 探索实施分类培养措施

针对应用技术型学生，第七学期增加工程实践环节，将生产实习由 4 周延长至 8 周，并增设施工员、造价员等资格证书培训，还可根据就业意向与企业合作进行专项实训，提高工程实践能力；第八学期紧密结合工作单位实际自主选择选择施工组织、工程概预算或工程项目管理方面的毕业设计或毕业论文题目，并鼓励在签约单位或意向签约单位进行，实现由大学生到工程技术或管理人员的无缝对接。对于学术研究型学生，第七学期适当减少课程数量，为考研备考提供尽量充足的学习时间，第八学期结合研究方向选择毕业论文或设计课题，为后续研究和学习进行全面的热身，培养学生的创新能力和科学研究能力。

5. 创新和完善分类培养的管理机制

在完成课程体系调整的同时，创新和完善管理制度，制定相应的学生分流标准及分类考核管理方法、核心课程分级教学规则等等，并区别考研大学生与就业大学生在分类培养学段进行分班分类教学。对于研究创新型学生，按照"学院＋研究所"模式，强化科研方法、课题研究、论文写作和团队协作的教育。对于应用技术型学生，按照"学院＋企业"模式，通过组织开展工程案例分析、情景训练模拟、实地考察、就业信息采集、应聘简历撰写、应聘面试技能等教学实践活动，提高实践能力、就业能力和岗位工作需求。

6. 搭建学生分类能力提升平台

分类培养模式根据社会对学生的工程能力、科研能力、特殊能力的需求，本着以人为本，按需设计，分类培养，分向发展，按照能力成长规律搭建通识教育平台、学科基础教育平台、专业核心能力培养平台和专业提升能力平台。在教学过程中，根据不同学生的认知水平、学习能力以及自身素质，教师选择适合每个学生特点的学习方法来有针对性地教学，发挥学生的长处，弥补学生的不足，激发学生学习的兴趣，树立学生学习的信心，从而促进学生全面发展；同时在培养目标和培养方式上，让学生认识自己的个性特征，扬长避短，引导学生朝着最能发挥自己优势的方向发展。

7. 构建了校企深度合作的人才联合培养机制

通过为鲁西化工集团股份有限公司、中通钢构建筑有限公司等企业订单式培养学生，构建起共商制定培养方案、共同开发课程、共享教师和科技人员、共建实习实训基地、联合技术研发的校企深度融合的人才联合培养机制，同时搭建了学生专业能力、社会能力和自我发展能力全方位发展的立体培养平台，在尊重学生个性发展的同时，全面培养学生的综合素质。

四、实施效果与结论

近三年，学生研究生报考率平均在 48%左右，考研录取率平均达到在 22%，位居全省高校前列，其中 51%被"985"、"211"或国内建筑名校录取，学校该专业考取的研究生以基本理论和基础知识扎实、学习能力和科研能力强、具有团队精神和创新能力而受到重庆大学、西安建筑科技大学、山东大学等研究生培养高校的认可。

毕业生就业率连续四年达到 98%以上，位列全校 80 余个专业的前列，建筑工程学院 2010—2013 年连续 4 年被评为学校就业工作先进单位。2013 年土木工程专业学生获得第七届全国大学生结构设计竞赛二等奖1项，获得山东省大学生结构设计竞赛一等奖1项，获得山东省大学生测量技能大赛二等奖1项。毕业生以作风朴实、专业扎实、实践和动手能力强而受到用人单位和业界好评。

总之，本项目针对当前高校中较为突出的忽视学生的个性差异和社会需求的传统人才培养方式进行了深入的的改革、探索和实践，确定了分类人才培养目标、培养方案、建立起分级能力培养平台，调整优化了课程体系，创新了基于校企深度融合的立体人才培养机制与运行机制。尊重学生个性发展，兼顾学生就业、升学、终身可持续发展等多重需求，全面培养学生的综合素质，实现学生综合协调发展。

参考文献

[1] 全国高等学校土木工程学科专业指导委员会.高等学校土木工程本科指导性专业规范[M].北京：中国建筑工业出版社，2011:39-40.

[2] 赵桂龙，缪培仁，丁为民.本科生分类培养模式的探索与实践[J].高等农业教育，2012(1):40-42.

[3] 唐毅谦，陈琳等.构建分类培养体系培养高素质应用型人才[J].中国大学教学，2010(1):34-36.

[4] 王磊，曾榕.面向就业市场的土木工程专业教学体系的构建[J].中国电力教育，2010(30):52-54.

[5] 方高倪，丁克伟，刘运林.土木工程专业应用型人才培养专业规范研究[J].高等建筑教育，2010(1):29-31.

[6] 蒋志明，沈文君.因材施教分类培养全面提高本科教学质量[J].化工高等教育，2004(3):15-16.

土木工程专业综合改革研究与实践

杨建中　时　刚　陈　淮

（郑州大学土木工程学院，郑州　450001）

摘　要　土木工程专业综合改革是一个复杂的系统工程，借鉴高等教育改革成果，结合土木工程专业的特点，以国家本科质量工程专业综合改革为契机，通过对教学团队、核心课程群、教学方式和方法、实践环节等方面的进行改革探索，突出学生实践能力的培养，取得了较好效果。

关键词　综合改革，实践，能力

一、引言

根据《教育部 财政部关于"十二五"期间实施"高等学校本科教学质量与教学改革工程"的意见》（教高〔2011〕6 号）和《关于启动实施"本科教学工程""专业综合改革试点"项目工作的通知》（教高司函〔2011〕226 号）文件精神，对国家战略需求急需紧缺专业人才专业实施"专业综合改革试点"项目，旨在充分发挥高校的积极性、主动性、创造性，结合办学定位、学科特色和服务面向等，明确专业培养目标和建设重点，优化人才培养方案。按照准确定位、注重内涵、突出优势、强化特色的原则，通过自主设计建设方案，推进培养模式、教学团队、课程教材、教学方式、教学管理等专业发展重要环节的综合改革，促进人才培养水平的整体提升，形成一批教育观念先进、改革成效显著、特色更加鲜明的专业点，引领示范本校其他专业或同类高校相关专业的改革建设。

郑州大学土木工程专业根据文件精神，结合土木工程专业的优势特点，全面实施突出实践能力培养的土木工程专业综合改革项目工程。

二、专业综合改革的目标

在现有国家"卓越工程师"试点专业、"校级名牌专业"和河南省特色专业的基础上，立足于中原经济区建设，积极推进"工程型、创新型"工程技术人才的培养模式，推进新型教学团队建设，大力加强实习基地建设，构建适应新的人才培养模式的课程体系内容和实践教学环节，更新教育理念和改革教学方法，积极推动现代教学管理制度建设，不断提高教学管理水平和保障能力。以培养社会需要人才为核心，以行业企业需求为导向，通过校企密切合作，把土木工程专业建设成为国内有一定知名度和影响力的品牌专业，引领示范同类或相近工科专业的改革建设，整体提升我国高等工程技术人才的培养水平。

三、土木工程专业改革实践

土木工程专业是培养适应社会主义现代化建设需要，德智体美全面发展，掌握土木工程学科的基本原理和基本知识，经过工程师的基本训练，能胜任房屋建筑、道路、桥梁、隧道、铁道等各类工程技术与管理工作，具有扎实的基础理论，宽广的专业知识，较强的实践能力和创新能力，一定的国际视野，能面向未来的高级专门人才[1]。对本专业的毕业生要求有合力的知识结构，较强的能力结构和扎实的人文、科学与工程的综合素质。因此，专业教育改革应该突出工

作者简介：杨建中（1969—），河南人，副教授，主要从事施工技术、高等工程教育研究。

基金项目：国家专业综合改革试点项目。

程实践能力的培养，在学校对学生进行工程师的基本训练，使学生达到能设计、会施工、懂管理的基本工程能力，更好地适应社会对专门人才的需求。

1. 建设一流的土木工程教学团队

卓越工程人才的培养离不开卓越教学团队的建设与发展，根据突出工程实践能力的培养要求，需要建设具有先进教育理念和工程实践能力强的教学团队。

(1) 建设以"教学理念研究及实践"为先导的教学团队。以高等工程教育研究为主导，以土木工程专业建设为核心，以精品课程建设为依托，坚持基础理论与工程实践相结合、理论教学与实践教学相结合、教师理论水平与工程素质相结合的教育理念，建设具有超前意识的教学团队。目前已和企业联合建设成郑州大学"土木工程专业卓越工程师实践教育"教学团队。强化以青年教师骨干为主的教学团队建设，以课程建设目标为牵引，培训主讲教师及青年骨干教师。

(2) 建设"双师型"教学团队。工程实践教育教学师资队伍是建设高水平实践教学的基础，也是取得高质量教学实效的核心。依据建设一流的土木工程教学团队的建设目标、基本任务和教学定位，建设一支理论与实践相结合的高水平"双师型"师资队伍，构建有特色的实践教学团队建设模式。一方面，针对专业教师工程实际能力弱，开展专业教师专项培训，增强专业教师动手能力；另一方面，针对企业工程师表达能力弱，开展企业工程师授课的专项培训，提高工程师授课水平，并使之制度化。

(3) 建设具有"科学研究和工程技术"双重特长的教学团队。随着科学技术的不断发展，土木工程"四新"技术不断涌现，对教学的前瞻性要求也越来越高。在师资队伍建设中，注重引进具有工程背景的优秀青年教师和企业工程经历丰富的高级工程技术人员，增加具有丰富工程技术经验的教师比例。同时，在科学研究方面，以土木工程为主要研究领域，实行跨学科、跨专业组合，进行学科之间的交叉和渗透。

2. 形成特色鲜明突出的专业核心课程群

土木工程专业的教学内容分为专业知识体系、专业实践体系和大学生创新训练三部分。其中，后两部分是在课堂相关知识课程完成之后，进行的实践教学和课外活动，培养学生的理论与实践相结合的能力。因此，专业知识体系是基础，需要形成特色鲜明突出的专业核心课程群，强化学生的知识结构培养。

(1) 基于用人单位对人才的要求和学生就业去向，编制具有针对性的教学计划。根据对用人单位的调查研究和土木工程专业学生就业去向，编制出切实可行、符合学生实际的专业教学计划。

(2) 根据专业培养方案，建设专业核心课程群。适应社会需要，培养具有"立体化"知识结构的人才。土木工程专业培养的不是单一的知识型人才，而是多维度、全方位、知能并重的应用型人才，充分符合信息社会的需求。根据专业特点筛选专业核心课程群，结合集成创新课程建设平台，建设以国家级精品课程为先导，省、校精品课程为基础的核心课程群。

(3) 实施课程责任制制度，明确负责人职责。选择学术学科带头人和骨干教师担任各门课程的负责人，并签订责任书，将课程建设任务和目标作为岗位考核的内容。

3. 探索先进的教学方式方法

转变教学思路和教学观念，开展启发式、探寻式、引导式等多种课堂教学模式实践，增强服务意识，为学生提供最优质的教学环境和教学内容。研究并实施本科生创新培养导师负责制计划活动，遴选部分优秀学生直接参与该计划，鼓励教师特别是中青年教师担任创新培养导师，动态管理参与该计划的学生数量，进一步激励其他学生自觉投入自身创新能力的培养。

(1) 积极开展课堂教学模式及教学效果评价体系研究与改革。结合各门课程的教学内容及特点，采用不同程度的开放式课堂教学模式，根据学生学习反馈动态调整"教"与"学"所占比例，引导和激励学生自主学习。

（2）强调创新思维与创新能力的培养。通过大学生创新实验、结构设计竞赛、大学生创新活动小组等多种渠道、多种模式的培养，激励学生积极参与创新性教学、科研活动。

（3）注重学生工程素养方面的培育。组织多层次、不同规模的认知实习与工程实践，提供多种渠道鼓励学生在专业课程体系之外，积极参与工程实践活动，充分利用课堂之外的实践性学习提高学生的工程素养。

4. 强化实践环节的改革

深化专业培养模式与培养体系改革，进一步增强实践类课程教学环节，加大实践类课程在培养方案总体学时中所占比例，积极引导，大力培养学生动手实践能力。

（1）在现有培养计划基础上制定全新的工程师企业培养模式。研究企业参与学校教学环节的实施方案，探索学生在企业学习阶段的培养模式。

（2）构建新的学校与企业联合实施教学计划的模式，解决学校与企业合作中存在的问题，例如校企合作模式、学生在企业阶段的安全管理责任、学生完成企业培养任务后的评判条件与学分认定等。

（3）制定出具有适用和推广意义的新的土木工程专业卓越工程师企业教师参与本科实践教学的制度与标准；探索企业人员参与本科教学的模式，探讨并制定与培养计划相适应的土木工程专业卓越工程师企业教师参与本科实践教学的制度与标准。

（4）对现有的实践教学环节在内容、手段和方法上进行全面优化与调整。通过卓越工程师培养计划的实施和本课题的研究，结合学生在企业参与的培养模式，对现有的实践教学环节在内容、手段和方法上进行全面优化与调整，制定出符合卓越工程师培养目标的企业培养模式。

（5）探索企业工程实践中心的建设模式。在现有的国家已经审批的 3 个工程实践中心的基础上，进行服务于本科教学的建设模式，协调做好硬件建设和软件建设工作。

四、结语

土木工程专业综合改革是高等学校本科教学质量与教学改革工程重要内容，在现有的土木工程专业培养方案基础上，结合卓越工程师培养方案，在强化实践教学，建立有企业教师参与的特色教学团队；形成以特色核心课程群为主导的教学培养方案方面进行了研究。通过项目的实施，对于提高教学质量，培养符合社会需求的高级专门人才提出了有特色的建设方案并进行了实践，取得良好的效果。目前，土木工程专业综合改革教学改革项目方面，“土木工程施工”获得国家级精品资源共享课程建设立项资助，《工程测量》获得国家十二五规划教材立项，“基于卓越工程师培养的土木工程专业实践教学体系改革”项目获得 2013 年度土建类高等教育教学改革项目土木工程专业卓越计划专项资助。土木工程专业是国家第一批“卓越工程师教育培养计划”建设项目，有 3 个国家级工程实践教育中心。毕业生受到社会用人单位的欢迎，就业率达到 98%以上。

参考文献

[1] 高等学校土木工程学科专业指导委员会. 高等学校土木工程学科专业指导性专业规范[M]. 北京：中国工业出版社，2011.

[2] 林健. “卓越工程师教育培养计划”专业培养方案研究[J]. 清华大学教育研究，2011(2)：48-55.

[3] 周晓洁，陈培奇，崔金涛. “工程教育”理念下土木工程专业建设的探索与实践[J]. 天津城市建设学院学报，2013(3)：226-230.

五邑大学土木工程专业综合改革试点的实施方案

周　利　王连坤　刘红军

（五邑大学土木建筑学院，江门　529020）

摘　要　在专业综合改革试点的实施方案的制定过程中，首先对人才培养系统进行了科学规划，建立了人才培养系统的人体结构形式的网络关系。然后对各子系统的功能结构和实施路径进行设计。具体内容包括："企业嵌入式"人才培养模式；"能力导向型"人才培养方案；"PBL主导型"教学方法；"面向全寿命周期"的实践教学体系；"信息化、开放型"教学资源；"聚焦学业发展"的学生服务体系；"双师型"专业教学团队；"全面、全程、全员"教学质量管理体系。最后给出了综合改革试点的进度安排和保障条件。

关键词　综合改革，人才培养系统，实践能力，实施方案

一、引言

五邑大学土木工程专业于2009年10月提出的"企业嵌入式多目标应用型人才培养模式"(Enterprise Embedded Multi-object Education，简称"EEME模式")[1]，其核心思想是通过企业嵌入人才培养系统，按多目标加强培养学生的工程实践能力。5年来，本专业以EEME人才培养模式的创新为特色，以加强学生实践能力的培养为目标，逐步建立了能力导向型的人才培养方案[2]、面向全寿命周期的实践教学体系[3,4]，形成了一套学生实践创新能力的培养方法[5]，专业建设和教学改革取得了一些初步的成效[6]。学校土木工程专业2010年7月荣获国家特色专业建设点，2013年6月又被教育部批准为地方高校第一批"专业综合改革试点"项目。目前五邑大学已决定在土木工程专业建立"特区"，大力推动本科专业综合改革的探索实践。本文拟介绍土木工程专业综合改革试点实施方案的主要内容。

二、人才培养系统的规划

1. 指导思想

根据教育部《关于启动实施"本科教学工程""专业综合改革试点"项目工作的通知》(教高司函[2011]226号)的要求，充分发挥一线教师的积极性主动性和创造性，围绕广东省珠三角现代化建设和经济发展的需要，结合学校办学定位、服务面向和专业建设基础，以提高人才培养质量为主题，以加强实践能力培养为主线，以创新校企协同育人机制为重点，按照准确定位、注重内涵、突出优势、强化特色的原则，通过自主设计建设方案，推进人才培养模式、培养方案、教学资源、教学方法、教学团队、教学管理和学生学业发展等专业发展重要环节的综合改革，促进人才培养水平的整体提升。项目的实施拟按照总体设计、分类推进，综合改革，全面提升的原则，创新驱动、实践为先，为学校各专业的综合改革、提高人才培养质量等教育事业发展进行探索与实践。

2. 系统规划

人才培养系统是一个网络系统，各个子系统存在相互作用。土木工程专业人才培养系统包括

作者简介：周利(1961—)，陕西人，教授，博士，主要从事钢结构设计理论与土木工程教育研究工作。

教育部本科教学质量工程项目：本科专业综合改革试点——土木工程专业(ZG0417)。

人才培养模式、人才培养方案、实践教学体系、教学方式方法、教学资源建设、教学团队、教学质量保证和学生学业发展等子系统。各子系统在人才培养系统中的地位、作用及其相互关系可以用人体结构形式的网络关系来描述，如图1所示。其中“人才培养模式”和“培养方案”分别相对于人的“大脑、小脑”，在整个人才培养系统建设中发挥思想源泉和统揽全局的作用；“教学资源”和“教学方法”分别相对于人的“左手、右手”，是项目建设的两个主要实体内容；“教学团队”和“学生学业发展”相对于人体的心脏，“教学团队”反映了心脏的生物功能，主要负责向系统提供营养和循环的动力，在项目建设中发挥着人力资源保障作用，“学生学业发展”则反映心脏的精神功能，强调“以学生学业发展为关注焦点”的人才培养理念；“质量管理体系”和“实践教学体系”则相对于人的两只脚，是项目建设成功与否的关键基础。人才培养质量管理体系是落实专业综合改革成果的主要措施，其建设和实施的内容涉及人才培养系统的各个环节；而实践教学体系的优化和落实是应用型人才培养的难点和重点，历来是工科专业建设的重要内容。

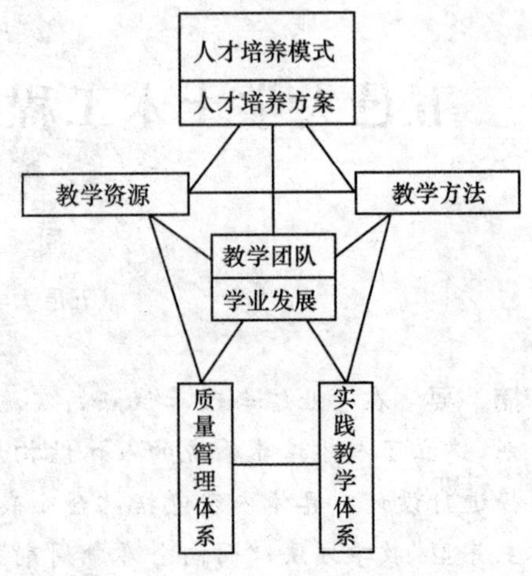

图1 人才培养系统的结构图

3. 改革目标

以加强学生实践能力培养为主线，以“双师型”教学团队建设为基础，创新和完善EEME应用型人才培养模式，通过综合改革，优化“培养卓越土木工程师”的人才培养系统和环境，建立一套完善的“能力导向”型人才培养方案和“全面、全员、全程”教学质量管理体系，提升土木工程专业应用型人才的培养质量，争取四年内把本专业建成“EEME培养模式”特色鲜明的国家特色专业，并通过全国高校土木工程专业评估认证，成为地方院校培养高素质应用型人才的示范基地，在同类院校的专业综合改革中发挥引领作用。

三、改革与建设的内容

1. “企业嵌入式”人才培养模式

EEME人才培养模式的运行是一个闭合反馈控制系统，运行程序是：①组建以行业协会为平台的企业嵌入系统，并根据实践教学的需要，重点与部分典型企业建立产学研合作关系；②实时深入企业嵌入系统调研人才需求情况，明确人才培养目标；③修订专业培养方案，改进教学方法；④产学研合作、创造条件让学生在企业生产岗位上从事一定时间的实践训练，实现实习就业一体化；⑤企业将毕业生使用情况反馈，改进人才培养工作。

2. “能力导向型”人才培养方案

课程体系建设主要有三步：

（1）人才“知能素”指标的逐级分解。将“知能素”大纲中的三级指标继续进行逐级分解，直至分出各个知识点（或能力点或素质点）。

（2）按学习领域聚合课程体系。根据土木工程专业知识能力素质大纲的要求，将已经分解出的知识点（能力点和素质点）按学习训练规律和工程活动过程，划分成各个综合的、跨学科的教学单元，即“学习领域”，从而促进学习效率的提高和活动能力的发展。

（3）课程集成拟采用模块化＋自主选择相结合的模式，以满足不同就业意向学生的学习需要。

其中，“钢筋混凝土及砌体结构设计”、“钢结构设计”、“建筑工程专项施工方案设计”等专业设计课程的教学进行了改革，将传统上单列的课程设计环节与专业课的作业合并，教学过程边讲边练，既节约了课时，又加强了专业课的实践设计训练。

3. “PBL主导型”教学方法

PBL教学方法运用在工程学中是以案例为先导，以问题为基础，以学生为主体，以教师为导向的启发式教育，以培养学生的能力为教学目标。PBL教学法的精髓在于发挥问题对学习过程的指导作用，调动学生的主动性和积极性。

学习领会PBL教学法的基本思想和实践经验，结合中国的国情和学校的现实条件，研究不同课程的教学特点，努力探索以PBL为主导的多元化教学方法体系。例如：

（1）“土木工程概论”和“科技交流”课程以激发学生学习兴趣、培养创新精神为目标。课堂教学中除教师进行宏观、系统的讲解外，要鼓励学生在某一具体的技术方面进行深入的学习或研究，作业的成果可以是文献综述或研究的开题报告，考核内容不仅包括论文或报告，还要上台演讲，介绍研究学习的成果。

（2）专业基础课教学宜采用启发式讲授方法，要注重双基、启发思维。训练方式宜采用课外习题的方式，着重培养学生综合分析问题、解决问题的能力，改革的目标是减轻学生负担，提高训练的效率，与注册工程师考试的内容和方式接轨。

（3）专业课教学方法的改革是土木工程专业综合改革的重点之一。发挥“双师型”专业教学团队的优势，推行“研讨式”和“边讲边练”的专业课课堂教学方式，提倡采用现场教学、项目驱动等教学模式。如“施工技术”，宜安排适当的课时组织学生到施工现场进行讲解，还可以选拔个别的优秀学生参加一些项目的施工方案的论证会等。

（4）项目驱动式实践教学。鼓励本科生从二年级起参加课外科技活动小组，逐步让更多同学参加到老师的工程项目或科研课题中，加大对“大学生创新性实验计划”的实施与管理，培养学生创新精神和工程实践能力。

（5）校企协同进行毕业设计。积极吸收企业一线的工程师，以校外兼职教师的身份，参加指导毕业实习与毕业设计工作，努力提高毕业设计真题真做的比例。

4. “面向全寿命周期”的实践教学体系

土木工程实践教学的根本任务在于培养学生的实践能力和创新精神，帮助学生建立工程背景知识，增强工程实践能力，提高综合素质。在学生实践能力培养中，实验测试与计算分析具有同等重要的地位。实验测试、计算分析与实践能力之间是“一体两翼”的关系，如图2所示。理论教学与实验教学统筹协调，相互补充，相互促进。例如，桥梁健康状态的检测就需要有限元计算的配合。“一体两翼”的实践教学理念就是：计算与实验相结合，强化实践能力，启迪创新思维，知能素协调发展。

图2　“一体两翼”实践教学理念

土木工程专业实践教学体系包括基础实践、专业实践、综合实践三大模块。其中，基础实践模块包括军训、劳动、语言训练和计算机应用训练等科目；专业实践模块包括实验、实训、实习和课程设计类科目；综合实践模块包括社会实践、科技训练和工程实践类科目。专业实践教学的内容涉及工程建设项目全寿命周期的各个阶段，包括可行性研究、规划、勘察、设计、施工、使用、维护等。不同就业意向的学生，选择不同的环节作为训练的重点。

5. “信息化、开放型”教学资源

教学资源建设包括数字化教学资源、校内实验室和校外实训基地三部分内容。三者统筹建设、协调发展，互为一体，实现教学资源“信息化、开放式”。

数字化教学资源建设拟采取引进、改造和制作相结合的办法，分期分批有计划地进行。基础课的数字化教学资源主要采用引进消化办法；专业基础课主要采用引进＋改造办法；专业课则主要采用自主编制，使教学内容充分反映最新建筑业的新发展、新要求，教学方式更能满足EEME人才培养模式的要求。

6. “聚焦学业发展”的学生服务体系

学院学生服务工作的总负责人是学院党总支书记，院长负连带主任。学生服务工作体系包括在院长、书记共同负责下的思想政治指导群、学业发展指导群和学生事务服务群，如图3所示，三位一体、各有分工、相互支持，共同形成学生服务工作网络体系。其中，学业发展指导工作是处于中心地位。

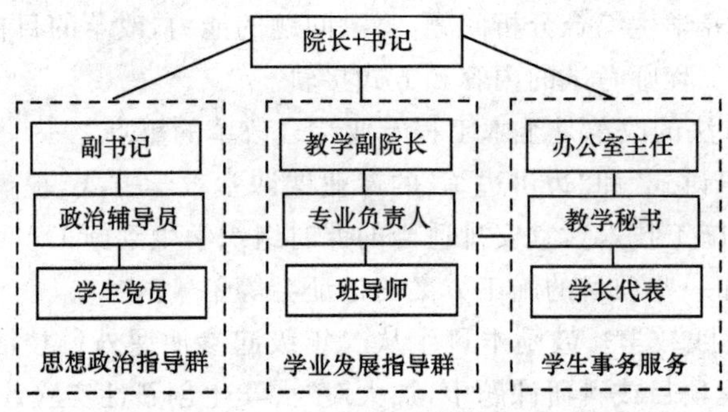

图3　学生服务工作体系

7. “双师型”专业教学团队

“双师型”专业教学团队的建设要“两条腿走路”。一要采取措施提升在编年轻教师的工程实践能力教学水平，鼓励教师参加国家注册工程师的考试，鼓励教师到企业产学合作，提高专业实践教学能力。二要大力吸收企业的工程师作为学院的兼职教师，走专兼职相结合的道路。兼职教授和兼职教师具体承担人才培养过程中的实践教学任务，如认识实习、毕业实习、课程设计和毕业设计的指导工作。

8. “全面、全程、全员”教学质量管理体系

人才培养质量管理体系包括专业人才质量标准体系、专业人才质量的保证体系、教学过程质量标准体系、教学过程动态监控系统和人才质量培养评价系统。

(1) 专业人才质量标准体系要执行专业指导委员会制定的《土木工程专业指导性规范》，努力达到《高等学校土木工程专业评估标准》的要求，并通过国家的专业认证。

(2) 专业人才质量的保证体系是质量管理体系中最重要、最细致的工作，也是本项目建设任务的重点工作之一。

(3) 教学过程质量标准体系。其中包括课件质量标准、课堂教学质量标准、作业批改质量标准，实验课质量标准、实习环节质量标准、课程设计质量标准、毕业设计质量标准、成绩考核环节质量标准等。也是本项目建设任务的重点工作。

(4) 教学过程动态监控系统。建立多层面、立体化、运行有效的教学质量监控体系，完善了从理论教学到毕业设计的整个教学过程的监控，推动本科教学质量的稳步提高。

四、组织与实施

五邑大学已决定在土木工程专业建立“综合改革试点特区”，大力支持土木工程专业进行综合改革的探索实践，以发挥示范引领作用。学校专门成立了由校长任组长、以教学副校长和土建学院院长为副组长，学校教务处、学生处等部门参加的领导小组，统一领导和协调综合改革试点工作。土木建筑学院也成立了人才培养模式、人才培养方案、教学方法改革、教学资源建设、实践教学体系、学生学业发展、教学团队建设、质量管理体系等 8 个项目工作小组，分别开展工作。到目前为止，《专业综合改革试点的实施方案》已在 2013 级土木工程专业班级部分实施，并将在 2014 级全面实施。做到边实践、边总结、边完善。

参考文献

[1] 周利，李本强，蒋启平. 按 EEME 培养模式建设土木工程专业[M]//高等学校土木工程专业建设的研究与实践. 北京：科学出版社，2010：77-82.

[2] 蒋启平，周利，李本强. 实施 EEME 模式的土木工程人才培养方案[M]//高等学校土木工程专业建设的研究与实践. 北京：科学出版社，2010：117-119.

[3] 周利. 基于 EEME 人才培养模式的土木工程实验教学体系[J]. 武汉理工大学学报（社科版），2013，26(9)：148-151.

[4] 王连坤，李本强，周利. 地方高校土木工程专业实践教学体系改革研究[J]. 武汉理工大学学报（社科版），2013，26(9)：35-38.

[5] 刘红军，周利，王连坤. 土木工程专业学生实践创新能力培养研究[J]. 武汉理工大学学报（社科版），2013，26(9)：228-231.

[6] 周利，李本强，王连坤. 土木工程专业的 EEME 人才培养模式与质量[J]. 中国建筑教育，2012(5)：16-20.

以行业需求为导向的土木工程专业人才培养模式研究

周晓洁　刘金梅　杨德健

（天津城建大学土木工程学院，天津　300384）

摘　要　人才培养是高等学校的基本功能之一，从土木工程建设人才的行业需求出发，指出人才培养必须符合社会发展需要。提出企业深度参与的土木工程专业人才培养及持续改进有机体系，该体系与国际通行的工程教育认证标准相符合，有利于保障土木工程人才培养质量及可持续健康发展。

关键词　行业需求，土木工程专业，工程教育，人才培养，持续改进，企业深度参与

一、引言

高等学校具有人才培养、科学研究、社会服务和文化传承等基本功能，其中人才培养处于四大基本功能的核心地位。在当今政治、经济、文化快速发展的时代，人才是社会发展的动力和保障，高校人才培养必须与社会及行业需求高度一致，紧跟时代发展步伐，拥有国际视野和发展眼光，以行业需求为导向确定高等教育的专业设置、培养目标及人才培养模式。

二、土木工程建设人才行业需求调查

土木工程专业以"工程应用性"为典型特征和人才培养方向，负有为土木工程界输送高级建设人才的重大使命。目前，随着社会经济体制的转变，工程建设规模的扩大，新材料、新技术和新方法的应用，土木工程专业行业需求发生了重大改变，主要体现在以下几个方面。

1. 由"专业对口型"人才需求转变为"宽口径通才型"人才需求

纵观社会发展的不同阶段，土木工程建设人才的行业需求各不相同，总体来讲分为两个阶段：一是专业对口型人才需求；二是宽口径通才型人才需求。专业对口型人才需求强调计划性，强调专业对口，与此相对应的专业设置划分过细、口径太窄、缺少专业交叉。而目前土木工程行业中多学科间的交流合作成为普遍现象，这就要求我们培养的学生既要具有扎实的基础理论知识，又要具有较宽的专业知识面，因此"厚基础、宽口径"的通才型教育思想及社会需求成为主导。

2. 善于理论联系实际，学以致用，综合素质高，动手能力和实践能力强

如果教师在授课中只注重传授理论知识和计算技巧，忽视学生综合素质、实践能力和创造能力的培养，所培养的学生就会缺乏动手能力和实践能力，不善于理论联系实际，不懂得学以治用，学生入职后的工作适应能力差，不能很快进入工作状态，这样的学生不符合当今行业对人才的要求。土木工程专业教师应该在提高自身工程素质的基础上，注重理论教学和实践教学的同步进行，通过各种方式努力为学生营造工程环境，坚持工程教育理念，重视学生工程素质和职业道德的形成，提高学生岗位适应能力和入职能力。

3. 具有创新精神和创新能力

传统的土木工程专业在人才培养上比较注重基础知识和专业知识的系统性，但在学生应

作者简介：周晓洁（1972—），天津人，副教授，主要从事工程结构抗震研究。

基金项目：天津市普通高等学校本科教学质量与教学改革研究计划（C03-0810，B01-0810）；

天津城建大学教育教学改革与研究项目（JG-1004）。

用能力,特别是创新意识和创新能力培养等方面存在明显的差距。借鉴其他国家的发展历史,知识创新和技术创新是一个国家的立国之本和强国之路,建设创新型国家需要大批具有创新精神和创新能力的优秀人才,他们通过科学发现、知识创新、技术创新和知识传播服务于社会,是国家和社会发展的宝贵财富[1]。我们要加大应用型创新人才培养力度,以高等学校作为重要基本建设点,不断增强我国创新能力和水平。

4. 应用型、复合型和研究型等多样化土木工程建设人才

面对社会对土木工程建设人才需求的改变,土木工程专业人才培养应定位于"多学科、宽口径;厚基础、高素质;重实践、求创新",各高等学校应根据自身发展现状和未来发展空间对学生因材施教,进行应用型、复合型和研究型等多样化人才培养,满足社会发展的需要。

三、土木工程专业人才培养及持续改进有机体系

土木工程专业人才培养思路应具有系统性、互动性和开放性[2],在不同历史发展时期,充分调研人才市场需求,不断地、科学地对土木工程专业进行定位,及时调整专业培养目标、培养方案、课程体系与课程内容,适应社会发展对人才的需求。

天津城建大学土木工程专业以社会和行业需求为切入点,以工程能力和创新意识培养为主线,以培养工程设计、施工和管理第一线需要的高级技术应用型人才为根本任务,明确了培养目标。同时,注重专业与社会发展的高度契合,以科学发展观为指导思想,以专业建设持续发展及人才培养质量持续提高为出发点,形成了土木工程专业人才培养及持续改进有机体系。

1. 总体思路

依据工程教育认证标准以及土木工程专业评估标准,建立了土木工程专业人才培养及持续改进有机体系,总体思路如图1所示。整个培养结构主要由两大部分组成:一是人才培养体系,二是培

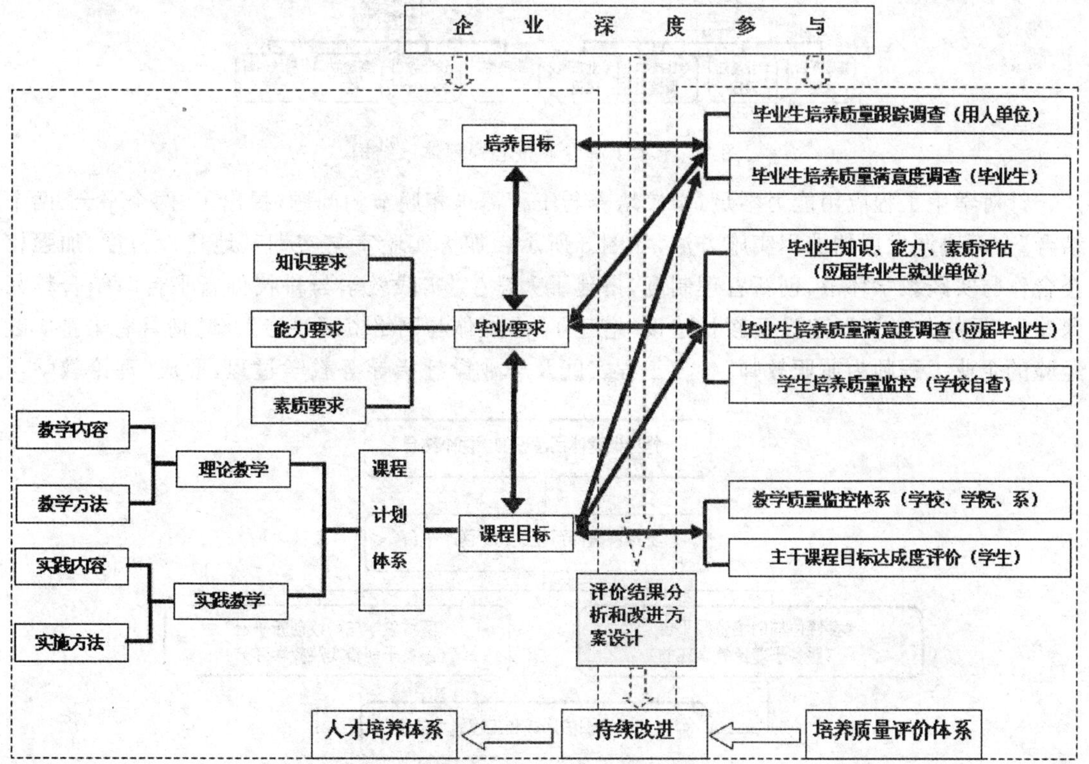

图1　土木工程专业人才培养持续改进结构图

养质量评价体系。人才培养体系的核心为培养目标的达成，达成递进层次为课程目标、毕业要求和培养目标。培养质量评价体系主要指人才培养体系组成内容及实施方式的有效性评价，分别为课程目标达成度评价、毕业要求达成度评价和培养目标达成度评价等。贯穿于两大部分之间的是持续改进机制，即根据培养质量评价结果分析得到的人才培养改进方案及方案落实。为保证所培养的应用型人才及应用型创新人才的社会适应性，我们坚持校企合作办学，企业深度参与人才培养、培养质量评价及持续改进过程，保证了人才培养的可持续发展和健康发展。

2. 课程设置、毕业要求和培养目标

培养目标是对毕业生在毕业后5年左右能够达到的职业和专业成就的总体描述。培养目标是专业人才培养的总纲，是构建专业知识结构、形成课程体系和开展教学活动的基本依据。毕业要求是对学生毕业时所应该掌握的知识和能力的具体描述，包括学生通过本专业学习所掌握的技能、知识和能力，是学生完成学业时应该取得的学习成果[3]。

天津城建大学土木工程专业经过近40年的建设和发展，经过教育部本科教学水平评估和住建部专业评估的历练，逐步形成了明确的培养目标和毕业要求，二者相辅相成，涵盖关系明确，内容全面，符合专业评估标准。专业课程体系以实现毕业要求和培养目标为目的进行规划和设置，同时又以行业需求为导向进行实时的调整和修订，具有合理性、科学性、完整性和实效性。

3. 课程计划体系和实施方法

基于土木工程专业培养目标，提出“强调工程概念，加强实践环节，重视能力培养，激发创新意识”的教育教学理念，以培养学生创新意识和工程能力为核心，构建了符合学科发展和工程教育认知规律的土木工程专业核心课程体系，如图2所示。

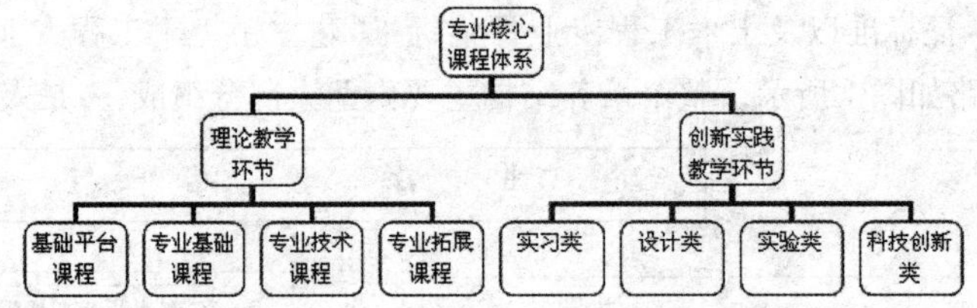

图2　土木工程专业核心课程体系结构

针对学生工程应用能力不足，学校培养与工程需求相脱节的问题，提出了“两个平台、两个结合”全面协调发展的课程实施方法，如图3所示。加大实验室与实训基地建设力度、加强校企合作与实践教学环节，创新管理制度，搭建了大学生“实践教学与科技创新平台”；结合精品课建设、网络教学资源建设及教材建设，搭建了“多媒体与网络资源平台”。聘请具有丰富实践经验的企业工程师为兼职教师，参与工程实践及毕业设计指导等教学过程，形成“理论教学与

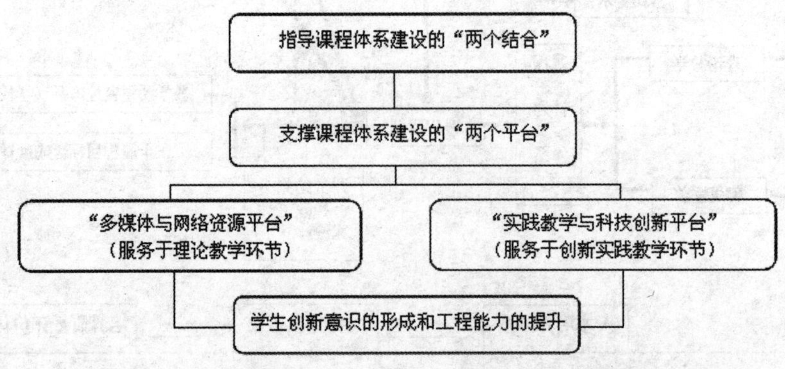

图3　基于创新意识和工程能力培养的有机教学体系

工程实践相结合，校内教师与工程技术人员相结合”的培养机制，将创新意识与工程能力培养的理念，落实在专业教学与人才培养的全过程。

4. 培养质量评价及持续改进

1）教学质量监控及课程目标达成度评价

学校教学质量监管机制包括监控机制和反馈机制。教学质量监控体系如图 4 所示。校级教学检查结果在教务处网站上以简报的形式反馈，同时召开主管教学院长及教学秘书专题会议，通告检查情况，对发现问题限期整改。学院（部）级和系（教研室）级质量监控结果直接反馈给教师本人。

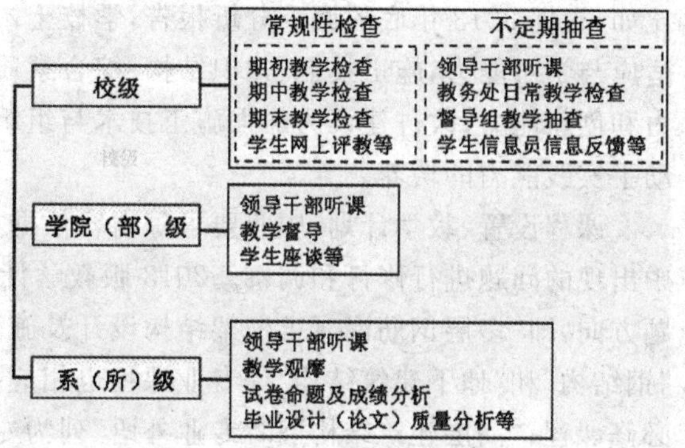

图 4　教学质量监控体系

课程目标的有效达成是培养目标达成的基本单元和根本保障，为掌握主干专业课程的实施效果，采取问卷调查、学生座谈等形式，对主要课程进行不定期抽查，及时发现问题和解决问题。

2）学生培养质量实时监控及毕业要求达成度评价

为探究学校土木工程专业人才培养与社会及行业需求的契合度，每 2～3 年对应届毕业生进行一次毕业要求达成度的社会评价，包括用人单位评价和毕业生评价。

为便于对学生培养质量进行纵向或横向比较，寻找教学计划和培养方案实施过程中的优势与不足，学校每学年对土木工程专业在校生进行培养质量校内评价或实时监控，根据数据统计结果，形成分析报告，及时对相关工作进行总结和改进。在校生培养质量评价指标如表 1 所示。学生得到 7.5 分及以上分数者为优秀、7.4～6.5 分为良好、6.4～6 分为中等、5.9 以下为较差，对于分数较低的学生，班主任应予以关注，采取措施促进其学业能力的提高。

表 1　在校生培养质量评价指标

指标	子指标	得分档次（满分为 10 分）
学习能力	课程平均学分成绩	按学分成绩档次得分： 3.31～4 为 7 分；2.81～3.30 为 6.8 分； 2.11～2.80 为 6.5 分；1.51～2.10 为 6 分； 1.50 以下为 5 分
研究能力	承担科研项目	省部级科研项目 1 项及以上：0.5 分 校级科研项目 1 项及以上：0.4 分 院级科研项目 1 项及以上：0.3 分 无：0 分
	发表学术论文	公开发表学术论文 0.5 分；无：0 分
实践创新能力	参加各类竞赛：如数学建模竞赛、力学竞赛、CAD 制图大赛、结构设计大赛等	国家级 1 项及以上：1.5 分； 省部级 1 项及以上：1.3 分； 校级 1 项及以上：1 分； 院级 1 项及以上：0.5 分； 无：0 分
荣誉与奖励	荣誉称号和奖励：如三好学生、优秀学生干部、比赛获奖等	省部级荣誉：0.5 分； 校级荣誉：0.3 分； 院级荣誉：0.2 分； 无：0

3）学生培养目标达成度评价

与前述类似，采用行业论坛、问卷调查、企业访谈等多种形式构建完善的社会评价机制，包括用人单位评价和毕业生评价。学院建有毕业生联络网、用人单位联络网，有专门工作小组进行反馈数据采集和分析，提交分析报告。

4）持续改进

在广泛调研和分析论证的基础上，对学校人才培养工作的认识和评价更为客观和公正。比如，根据2013年底的调查分析报告，学校土木工程专业毕业生的优势项为敬业、踏实肯干、适应与学习能力，施工技能、知识结构、综合素质和独立工作能力；不足项为外语能力、研究能力和创新能力；改进建议为加强施工技术与组织类课程、专业软件应用课程，进一步注重学生动手实践能力的培养。

课程设置、教学计划、毕业要求等内容依据社会需求、调研结果及原教学计划在实施过程中出现的问题进行修订和调整。2013版教学计划修订主要内容如下：毕业设计增加了1个选题方向，即"多层钢筋混凝土框架结构设计及施工组织设计"；力学类课程普遍提前一个学期，"钢结构"和"地下建筑结构"等专业课程也相应提前一个学期；"土木工程施工组织"列为专业必修课程；"高层建筑结构"和"专业外语"列为专业选修课程等。

5. 企业深度参与

为保障人才培养质量以及人才培养与社会需求契合度的稳步提高，需要企业深度参与人才培养及持续改进的全过程。企业深度参与不仅体现为产学研合作教育，更体现在工程教育理念上的校企融合、与时俱进。前者指校企利用各自不同的教育资源和教育环境，将课堂传授理论知识为主的学校教育与直接获取实际经验和能力为主的生产现场教育结合[4]，后者则是驾驭工程教育教学的指导思想，建立健全校企合作办学的相应机制和体制，对中国工程教育事业意义深远。

为落实校企合作办学思想，学校建立了27个校外实习基地，与实力雄厚的几个民营企业签署了"定向培养及合作办学"协议，增强校企互动，实现互利双赢，同时成立了企业参与的"土木工程专业校企合作工程教育教学指导委员会"，加强对工程教育教学的指导。

四、结论

（1）提出的土木工程专业人才培养及持续改进有机体系符合国际通行的工程教育认证标准，为实现工程教育国际互认和工程师资格国际互认打下重要基础。

（2）以行业需求为导向的土木工程专业人才培养模式保障了土木工程教育教学与时俱进的无限生命力。

（3）形成的培养目标、毕业要求及课程目标达成度评价及持续改进机制是专业及课程设置与社会高度契合的有力保障。

（4）完善的校、院、系三级教学质量监督、评价、反馈及持续改进机制是确保土木工程专业人才培养质量的有力保障。

（5）企业深度参与人才培养全过程是保障工程教育质量、满足社会发展和行业需求的有效方式。

参考文献

[1] 王勃，杨艳敏，郭靳时．国外土木工程专业创新人才培养研究[J]．东南大学学报（哲学社会科学版），2012，14（增刊）：65-66．

[2] 陈媛婧，曲贵民．试析专业设置与社会发展的契合——以土木工程专业为例[J]．黑龙江高教研究，2010（7）：153-155．

[3] 中国工程教育认证协会秘书处．工程教育认证工作指南[M]．北京：[s. n.]，2013．

[4] 孙伟民，董军，陈新民．企业参与下的高校专业评估和人才培养——以土木工程专业为例[J]．中国大学教学，2013（4）：40-42．

土木工程专业应用型工程人才培养模式探索与实践

江阿兰　王生武　李　炜

（大连交通大学土木与安全工程学院，大连　116028）

摘　要　先进的教育思想和教育观念，是人才培养模式之魂。大连交通大学土木工程专业，充分发挥行业院校工程教育的特色和优势，借鉴国际上工程教育的先进经验，结合自身优势和特点，跟踪社会经济和铁路发展形势，创新构建了应用型工程人才的培养理念。并在广泛深入的调研与实践的基础上，探索适应于高速重载铁路和城市轨道交通建设发展的应用型工程人才培养模式，提出了“工程实践能力、学习新知识新技术的终身学习能力、工程技术的应用与开发能力和创新精神、项目管理与协调能力”的“四位一体”工程人才核心能力体系；构建了“科研实践＋高水平实验教学中心＋企业实训基地＋系列创新大赛”的“四位一体”实践教学体系。

关键词　应用型工程人才，教育理念，培养模式

一、应用型工程人才教育思想

先进的教育思想和教育观念，是人才培养模式之魂。大连交通大学土木工程专业，结合自身优势和特点，根据社会经济和铁路发展形势，进行了广泛深入的调研分析，创新构建了应用型工程人才的培养理念：

（1）采取不同于研究型大学的差异化发展的战略，不断地探索和完善地方普通高校培养一流应用型人才的目标定位和质量标准；

（2）坚持“服务铁路行业和区域经济，应用为本、能力为上、重在实践、全面培养”的应用型工程人才的培养理念；

（3）坚持“特色化办学，凝练核心能力”的理念，全力打造出独具特色和优势的工程人才的培养模式；

（4）坚持“主动贴近铁路企业、主动融入地方经济、主动服务社会”的“三主动”，努力培养出符合铁路行业和辽宁经济发展需求的有用人才。

二、人才培养模式改革与创新

1. 完善培养目标与要求——强化工程实践能力、工程设计能力与工程创新能力

培养目标遵循工程的实践、集成与创新的特征，以强化学生的工程实践能力、工程设计能力与工程创新能力为核心，将培养标准细化为知识能力大纲，将知识能力大纲落实到具体的课程和教学环节。总体思路上，以社会需求为导向，以实际工程为背景，以工程技术为主线，坚持人文精神与科学精神融合、通识教育与专业教育整合、个性培养与社会责任并重，强化学生工程能力的培养和综合素质的养成，培养复合型、高素质、满足未来需要的优秀工程型人才。

在操作层面上，要以应用型、复合型高级工程人才培养为目标，将专业培养标准细化为知

作者简介：江阿兰（1975—），内蒙古人，教授，主要从事土木工程专业教学及科学研究。

基金项目：2012年度辽宁省普通高等教育本科教学改革研究立项项目“强化工程实践能力、设计能力和创新能力的土木工程专业卓越人才培养模式改革研究”资助。

识能力大纲(或矩阵),重新设置、整合和优化课程体系,确保培养目标的实现,如图1所示。

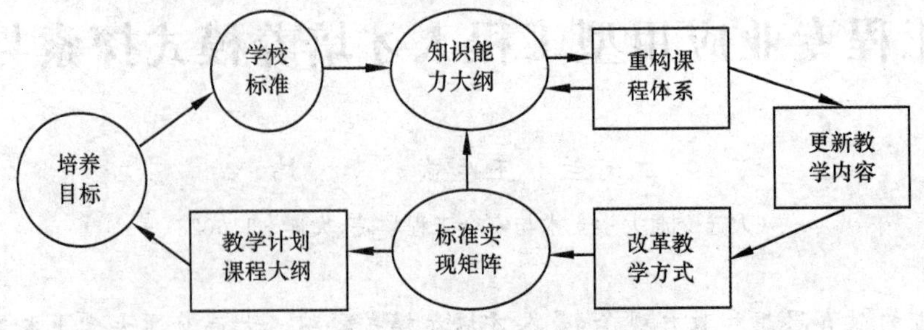

图1　核心能力的培养目标实现过程

2. 课程体系的改革与重组——与培养目标相适应,重构课程体系

为了进一步适应社会经济发展的新要求,深化教育教学改革,提高人才培养质量,依据办学和人才培养目标定位,结合社会经济发展对多样化人才的需要,建立高等教育与职业、创业教育相结合的本科人才培养模式,通过设置合理的课程体系,培养学生的学习能力、实践能力、创业能力和职业能力,提高学生的综合应用能力和创新能力,提升学生的社会竞争力。课程体系设置遵循"夯实基础、注重应用、突出能力、培育特色"的思路,以学生就业知识结构的社会要求为导向,从培养目标规格和学生基础条件的实际出发,制定专业课程体系,优化符合学生特点和人才培养目标的教学内容。课程设计以"启发思维,强化能力"为主线,确保理论知识够用的前提下,突出实践教学环节,适当增加职业素质和创业能力培养的课程或教学内容,使学生始终能够接收到适应个体知识基础、认知水平和能力的教育,促进学生全面可持续发展。

(1) 注重通识教育与专业教育的融合。通识教育与专业教育的融合是现代高等教育在课程体系改革方面的一种发展趋势,也是我专业实现应用型、复合型高级工程人才培养目标的一种有效途径。将通识教育与专业教育进行有效的融合,不仅能提高每门课程及其他教学环节功效,而且能够使得通识教育和专业教育之间相辅相成、相得益彰,更好地实现人才培养目标。

(2) 校企合作开发课程和进行教材建设。在总学时不变的情况下,企业学习阶段的设立和加强实践教学和创新教育的要求,使得课程体系必须进行根本性的改革与重组。这方面不仅要大刀阔斧地摒弃陈旧的、脱离实际的课程和教材,而且要开发一些具有综合性、实践性、创新性和先进性的课程和教材。这类课程的开发和教材的建设需要学校与企业的密切合作,这是因为企业及其高级工程技术人员不仅最了解工程人才需要学习什么知识、应该具有哪方面的能力以及如何获得这些知识和能力,而且拥有高校所没有的大量工程教育的宝贵资源和素材,例如先进的生产设备和技术、实用的工程知识、丰富的实践经验、很强的研发能力、充足的实验场地等。因此,企业参与开发课程和进行教材建设是至关重要的,直接关系到人才培养的实施的效果。

(3) 构建与国际接轨的课程体系。注重构建与国际接轨的课程体系和相应的课程内容。这一方面是为了更好地学习和借鉴发达国家先进的教育理念和教育经验,另一方面是为日后参与专业申请国际化的工程专业认证、得到国际互认打好基础。

3. 教学内容不断更新——优化课程内容,加强实践环节

在对课程体系进行改革和重组的同时要做好相应的课程教学内容的设计与更新,由此来进一步落实知识能力大纲中的各要素。在教学内容选择上要注重知识的长效性、新颖性和不可替代性,在教学内容的组织上要按照工程问题、工程案例和工程项目进行,同时还要彻底改变因人设课的现象,杜绝课程间内容的重复。

在培养工程技术人才的过程中,以促进学生知识、能力和素质的全面提高为出发点,整体优化课程结构,科学构建课程内容;开发体现学科前沿知识的新教材,力求在课程教学中将学生带到专业技术发展的前沿,将传授的知识与技能培养有机结合;充分利用现代化教学手段和网络课程资源,减少课程理论教学学时数,增加实践教学学时数;专业核心课程增加实验内容,设置设计性、综合性实验,使理论与实践密切结合,提高学生应用知识的能力。在课程设置方案中,贯穿“模块式课程组合,复合式能力培养”的理念,将具备共同教学规律的若干课程作为一个系统加以规划调整,形成课程群,建立了由通识课程、学科核心课程和实践课程组成的课程体系,实现了课程结构的整体优化。课程设置模块化促进了实践教学的平台化,在整合课程的基础上,将基础实验室联合成一个平台,从而为培养学生创新精神和实践能力创造了优良环境和条件。

4. 教学方法的改革创新——以学生为中心,着力推行研究型教学、自主式学习方法

教师采用启发式和研究型教学,采用任务驱动、项目化教学法,把学习设置到复杂、有意义的问题情境中,培养自主学习的能力。具体讲,就是紧密结合工程实际设置学习研究专题;讲授相关的重要知识点并提出所要研究的问题;提示解决问题的切入点与研究路径的提示;提供主要学习资料和参考文献以及获取的途径;提出学习与研究的要求和学习评价的标准;促使学生进行探究式、发现式和疑问式的学习。

学生自主式学习的基本过程是:提出问题;寻求解决问题的理论、方法和途径;学习相应的理论、方法和技术;找到解决问题的方案和建议;对方案和建议进行分析、评价、改进。学生通过这样一个过程,循序渐进地完成相关知识的学习与研究的训练任务。

5. 课程考核体系——基于知识、能力、素质协调发展的课程考核体系改革

鼓励教师课程考核形式多样化、考核内容工程化、考核对象个性化、考核评价等级化。不同课程类型如专业基础课、专业课和综合实践课的考核标准应有所区别;考核内容尽可能与工程实际案例联系,增加综合应用类考题的比重;基础、能力有差异的学生进行分类考核,引导拔尖的学生勇于攀登高峰,不放弃基础差、能力弱的学生,让他看到成功的希望;淡化分数的影响,采用 5 分制或 ABCD 四级来评分,减少标准答案式的评分标准,鼓励学生的创新性思维,提倡讨论式或提问式学习。

建立如图 2 所示的课程考核体系。以课程考核为中心,二级学院教学管理提供制度保障和平台保障,并通过考核数据库对考核过程实施过程监控。教师、学生作为考核主体动态地参与整个考核过程。教师工作繁忙,学院要为教师实时、充分、客观地评价每一个学生提供一个平台。

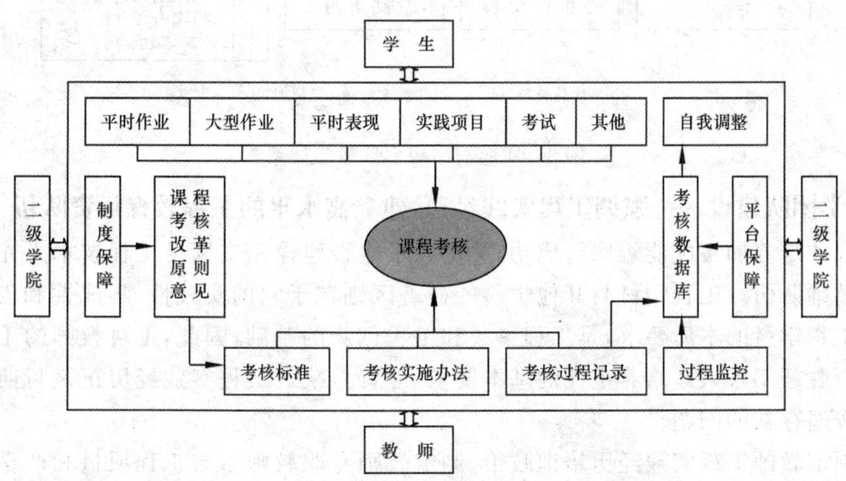

图 2 课程考核体系模型

6. 实践教学——到企业去学习，在真实环境下培养卓越工程师

工程实践是工程教育的灵魂，工程教育的人才培养必须面向工程实际，加强工程训练。为了回归工程教育的本真，在工程人才培养模式上采用分段衔接模式，学生在校期间的学习分为校内学习和企业学习两个部分，企业学习目的是为了加强学生工程实践的效果和质量。

工程实践能力的培养，主要通过实验、实习、课程设计和毕业设计等实践性教学环节来实现。根据知识逻辑系统和学生认识发展的顺序，工程实践能力培养可以分为三个阶段：① 基础工程训练阶段。着重培养学生的基本操作技能，接受工程实践的目的、意义、重要性教育，建立工程背景，初步确立工程精神和意识。学生按照实践教学要求完成规定内容，掌握实验基本技能和方法，具有很强的"操作性"。② 专业技术应用能力训练阶段。与专业课理论知识紧密结合，着重培养学生知识应用与拓展能力和现代工程应用能力，也就是说，在一定工程环境下运用一门或几门课程知识和操作技能解决技术问题，具有一定的"应用性"。③ 工程综合能力训练阶段。以实际或模拟(仿真) 工程对象为背景，着重培养学生在更真实的工程环境下，综合运用相关知识解决综合性工程问题，形成分析和解决问题能力、科学研究的初步能力，具有较强的"实践性"。由此分为认知层次、基础层次、拓展层次和创新层次四个层次，如图 3 所示。

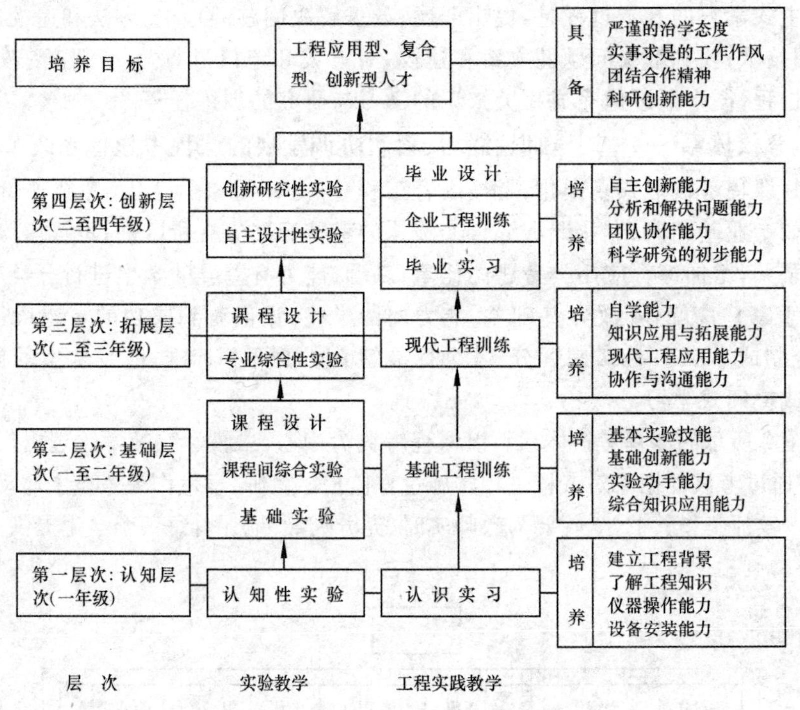

图 3　实验与工程实践教学体系

7. 教学团队建设——强调工程实践经历，建立高水平的工程教育师资队伍

工程人才培养的实施能否取得成功，关键在于能否建设一支满足工程技术人才培养要求的高水平教师队伍。工程学科与其他学科的显著区别在于它的实践性、集成性和创新性。工程实践是工程学科的本质要求，是工程集成和工程创新的基础，因此，工科教师的工程实践经历是其能否胜任工程人才培养重任的基本要求。然而，缺乏工程实践经历正是目前高校工科教师队伍普遍存在的问题。

通过制定教师工程实践经历培训政策，制定鼓励专职教师参与工程项目和产学研合作项目的制度，建立兼职教师的聘任制度等一系列措施，大大地增强了教师实践培训环节，有效促进了教师工程实践能力的提高。

三、探索与实践的成果特色

1. 凝练了“工程实践能力、学习新知识新技术的终身学习能力、工程技术的应用与开发能力和创新精神、项目管理与协调能力”的“四位一体”工程人才核心能力体系

能力是应用型工程人才的培养重点，其核心能力则是能够适应行业和区域经济发展需求的多元性能力特征。突出了对应用型人才核心能力的培养，即知识结构的多样性、工程实践能力、学习新知识新技术的终身学习能力、工程技术开发和创新能力，以及项目管理与团队协调能力。而工程实践能力，是确保应用型工程人才质量的关键所在，如图4所示。因此，坚持了实践性教学必须贯穿于人才培养的全过程。这些能力特征一方面很好地适应了我国现代铁路行业和地方经济建设中对应用型人才的能力要求，形成了独特的核心能力的优势，同时也恰好是国际化应用型工程人才能力的主要构成元素，具有国际化的特征。

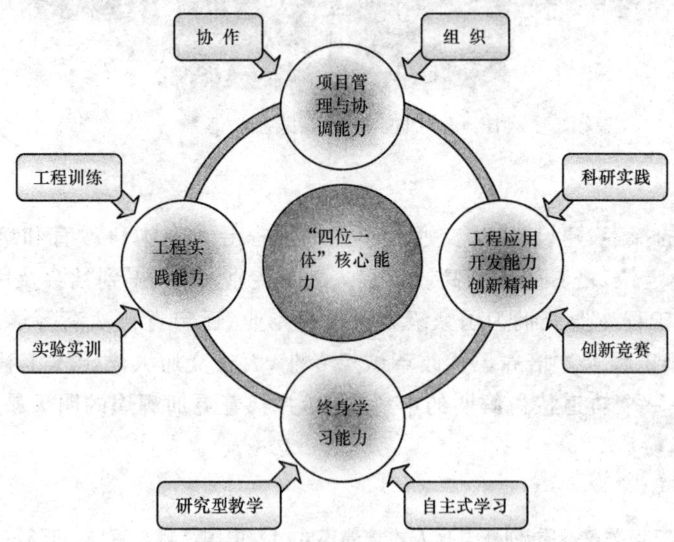

图4 “四位一体”工程人才核心能力体系

2. 构建了“科研实践＋高水平实验教学中心＋企业实训基地＋系列创新大赛”的“四位一体”实践教学体系

科研实践：以高铁、快速铁路、城市地铁等大量工程实际项目为背景，设立了300余个毕业设计真题。真题性的毕业设计，大大地激发学生的学习兴趣，也有利于培养学生认真负责、踏实求真的优良的岗位素质。一方面，由于具有理论与实践密切结合的特点，十分有利于锻炼学生独立思考、理论联系实际、分析和解决实际问题的能力；另一方面，特点不同的毕业设计题目，能够很好地适应不同特性和能力特点的学生，是实现多层次创新能力培养的重要实践环节。

高水平实验教学中心：建设了国内领先的“隧道结构加载系统”和较高水平的“桥梁强度性能检测系统”、“材料性能实验分析系统”等为代表的高水平实训中心，并采取开放式实验教学模式，培养学生实验动手能力的同时，有利于培养学生创新能力和团队协作精神。

企业实训基地：积极开展校企合作，与沈阳地铁、大连地铁、中铁第九工程局、中铁第十工程局、中铁十三工程局、中铁十七工程局、中铁十九工程局等企业建立稳定的合作关系及校外实习就业基地。通过企业实训，既强化锻炼学生工程实践能力，也训练了学生吃苦耐劳的精神，培养了良好的岗位意识和素质，有利于缩短应用型工程人才的岗位适应期。

系列创新大赛：每年举办大学生结构设计竞赛、积极组织学生参加各类创新创业竞赛，每年参赛学生平均达到200余人次，跨越四个年级，十分有效地调动了学生的学习、求知的积极性和自觉性。从准备到最终参赛的历时数周的创新设计竞赛实践，强化学生创新精神的同时，也十分有效地训练了学生的团队协作能力，如图5所示。

图5 “四位一体”实践教学体系

四、结语

经过近20年的探索、建设，大连交通大学土木工程专业在本科教育和培养方面明确了轨道交通特色的专业定位，培养应用型高级工程人才的专业目标，得到社会及用人单位的认可和好评，2010年土木工程专业获批为国家级本科特色专业、辽宁省普通高等学校本科特色专业；2012年获批为省级工程人才培养模式改革试点专业，大连交通大学土木工程专业真正意义上成为东北地区唯一一个轨道特色鲜明的本科专业，并朝着更加辉煌的明天昂首前进。

参考文献

[1] 林健.注重卓越工程教育本质 创新工程人才培养模式[J].中国高等教育，2011(6)：19-21.

[2] 林健.“卓越工程师教育培养计划”专业培养方案再研究[J].高等工程教育研究，2011，(4)：10-17.

[3] 陈长冰，胡晓军，夏勇，朱涛.卓越工程师计划中核心能力的培养探讨[J].廊坊师范学院学报(自然科学版)，2011，11(6)：111-113.

[4] 蒋葛夫，阎开印，韩旭东，等.以探索引领世界高速铁路发展的人才培养为契机改革行业院校工程人才培养模式[J].中国大学教学，2010，(8)：6-8.

[5] 吴绍芬.校企深度合作培养卓越工程人才的思考[J].现代大学教育，2011，(6)：100-104.

[6] 王宝玺.关于实施“卓越工程师教育培养计划”的思考[J].高校教育管理，2012，6(1)：15-19.

[7] 扶慧娟，辛勇.推行“卓越工程师计划”培养实践型工程人才[J].实验技术与管理，2011，28(11)：155-158.

[8] 魏干梅.教学管理体制与运行机制创新研究[J].山西财经大学学报，2011，33(4)：129-130.

[9] 刘文清，赵俊岚，乔晓华.基于“卓越工程师教育培养计划”的我校工程教学改革构想[J].内蒙古财经学院学报(综合版).2010，8(5)：1-4.

[10] 王少怀，刘羽，黄培明，等.实施“卓越工程师教育培养计划”打造“双师型”教学团队[J].中国地质教育，2010(4)：63-65.

[11] 陈满干，尹敏.“卓越工程师教育培养计划”的实践与成效[J].中国电力教育，2011，(25)：14-15.

[12] 刘俊，杜伟明，张晓青.改革课程考核体系探索工程素质培养途径[J].机械职业教育，2012，(2)：14-16.

[13] 林健.注重卓越工程教育本质 创新工程人才培养模式[J].中国高等教育，2011，(6)：19-21.

应用技术大学土木工程专业人才培养模式的思考

王逢朝　杨　焓

（三明学院建筑工程学院，三明　365004）

摘　要　以土木工程专业为例，通过对应用型技术大学的办学定位进行分析，提出适合应用型人才培养的校企合作办学模式、三位一体的实习模式、课程与教学资源建设等一系列人才培养模式的构建方法，以期实现应用型人才培养的科学性、可操作性和创新性。

关键词　应用技术大学，土木工程，人才培养模式

为了探索新建地方性普通本科高校转型发展后人才培养的模式，在《国家中长期教育改革和发展纲要（2010—2020年）》、《国家中长期人才发展规划纲要（2010—2020年）》及《关于加快发展现代职业教育的决定》等方针政策的指导下，本文结合学校在转型发展期的办学定位，对人才培养问题进行研究，以三明学院土木工程专业为例，探究应用技术大学土木工程专业人才培养模式。

一、明确应用型办学定位

新建的地方性本科院校是伴随着高等教育大众化兴起的，自1999年后，大部分完成了从专科院校到本科院校的转型，但在转型过程中，相当一部分学校存在着办学定位不清、攀高求大等问题，培养出来的毕业生竞争力不强，低就业率和低就业质量的状况严重影响了高校内涵式发展。因此，我们需要学习借鉴发达国家应用型高校发展的经验，加快地方性本科院校转型发展的步伐，明确转型发展后的学校办学定位。

应用技术大学立足地方，它要求站在地方经济社会发展对大学人才培养要求的角度来审视学校的办学定位，是经济社会发展对人才需求的积极回应，是面向就业、服务一线的。这就与研究型大学区别开来：它不是以培养学术型或研究型人才为主，而是培养地方区域需要的生产、建设、管理、服务一线的应用型、复合型、技能型人才。同时，它又与高职院校区别开来：它是定位于本科层次的高等教育，对受教育者专业素养和专业技能的要求要高于高职院校。

三明学院自2004年升本以来，目前仍处于转型发展阶段，2014年初，三明学院明确将技术应用型高校转型写入《三明学院工作报告》，并向应用技术大学（学院）联盟递交入盟申请书，坚定走转型发展之路。[1]近年来，学校加强与政府及企业联系，合力推进校县、校企合作，形成“一院一县（市、区）”的合作格局，融入三明经济社会发展，当“产业伙伴”、做“地方智库”，努力走出一条有特色、谋发展的应用型大学转型之路，多方位加强创新、创业实践教育，提高学生就业能力与质量，实现毕业与就业的无缝对接，毕业与创业的零距离过渡。

二、构建应用型人才培养模式

1. 人才培养模式改革

（1）校企合作的办学模式。立足地方经济特色，开展深度的校企合作，依托省市建筑设计院、工程建设公司、工程监理公司等实力雄厚的大中型企业共同建设土木工程专业，使其成为

作者简介：王逢朝（1963—），福建人，教授，主要从事教育管理研究。

应用型人才培养的参与者。合作可以是以学校为主、企业为辅的形式，也可以是学校、企业共建的双主体形式。学生的学习进程可以是“7＋1”形式，也可以是“6＋2”形式。

(2) 课程设置的逆向思路。应用型大学的课程设置，需颠覆传统的“课程—学科—专业—就业”思路，面向就业，遵循“就业岗位—专业设置—学科—课程”的逆向思维。[2]它不要求专业课程体系的完整性和系统性，而是以职业和岗位的需求来选择专业基础课程和专业方向课程。专业课程的内容体系同样遵循“职业(岗位)—能力—知识点”的逻辑要求构建。

(3) 三位一体的实习环节。国务院颁发的《关于加快发展现代职业教育的决定》指出，要“加大实习实训在教学中的比重，创新顶岗实习形式，强化以育人为目标的实习实训考核评价”。因此，需要进一步强化教学过程中的认识实习、生产实习和毕业实习。就土木工程专业来说，认识实习的目的在于让学生了解行业现状、熟悉生产流程和工程特点，建立专业概念，为专业课的学习打下基础，一般安排在专业基础课程开始的第三学期；生产实习是让学生参与施工单位的施工技术和施工管理工作，强化对理论与实践关系的认识，一般安排在专业课程基本结束的第六学期暑假，为期 6 周；毕业实习主要结合就业工作，鼓励学生提前与就业的工作单位签约，进行岗位锻炼，尽快适应由学生到工程技术人员角色的转化，一般安排在最后一学期进行，为期 12 周。为此，要建立完善的实习基地制度，为学生提供实习平台，让学生从实践中学，推动各个实习环节顺利开展。

2. 课程与教学资源建设

(1) 建立能力本位的课程体系。学科专业建设与地方成长互动、院系与企业(社区)互动，主动对接地方产业，以地方特色为办学特色。[3]在促进学校专业建设的基础上，围绕产业需求展开系统深入的研究，使之既能满足现阶段区域产业的生产要求，又能铆足后劲，为企业的研发发展提供储备人才。学校根据职业(岗位)对人才的能力结构需求，划分培养方向，建立相应的专业课程体系。以土木工程专业来说，除必修的土木工程专业基础课程(专业必修＋专业选修)外，还根据市场需求，设建筑工程、道路与桥梁工程两个培养方向分别开授专业方向课；同时，从人的全面发展和终身教育观念出发，以工程基础教育代替专业基础教育，实现自然科学、人文社会科学、工程技术三类基础课的通识教育(通识必修＋通识选修)，如图 1、图 2 所示。

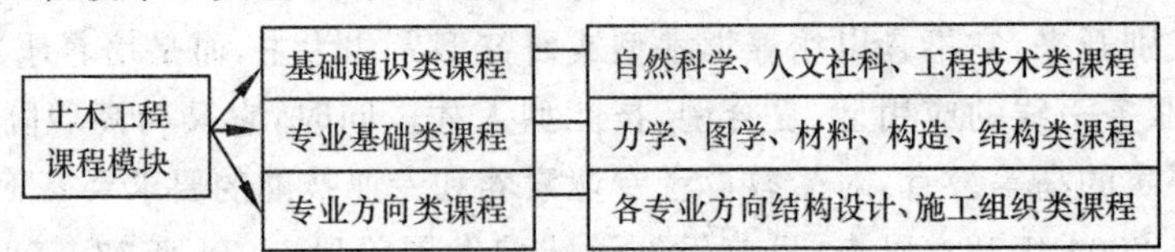

图 1　土木工程专业课程三模块体系

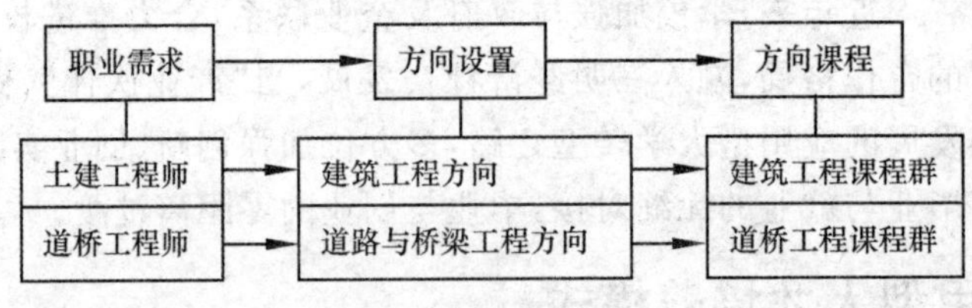

图 2　土木工程专业方向课程

(2) 探索多样化的教学形式。培养应用型的高层次人才，应当反思过去“教师中心、教材中心、课堂中心”的教育思想，改变传统教学过于微观的教学思想，改革长期以来普遍采用的单向灌输式的教学方式。对于精简整合后的课程体系，教师要能从宏观上把握其内容，注重思想、思路的点拨，跳出教材的框框，视教材为参考书，紧密联系生产实际，采用问题导向、案例分析、任务驱动等适合应用型人才成长的教学方式，将现代化的教育信息技术融入教学过程，使学生能更加生动、形象、直观地掌握知识技能。在课堂教学之外，还要重视学生实验环节和实习环节的实践教学。实践教学是土木工程专业教学的重要环节，要改变过去重理论轻实践的观念，在有限的实践教学时间中，使学生有机会接触生产一线，了解工程建设和施工过程的各个环节，接受企业的职业培训，有意识地锻炼学生实践能力，提高实践教学质量，建立与理论教学体系紧密联系、相互渗透的实践教学体系，避免培养“眼高手低的书呆子”、“一窍不通的门外汉”。

（3）做好实践类教学场所和基地建设。产教融合，学校要面向社会办学，积极探索建立与区域经济社会发展相协调的教育环境，三明学院创建了福建省高校重点实验室——结构与工程加固，还建立了若干相对稳定的校外实习基地。重视实践活动对培养应用型人才的重要作用，加深课内基础性实验，使学生理解基本概念，获得规律性认识；增加设计性实验，培养学生创新意识和探索精神；开放实验室，提高学生动手能力和动手积极性。在实验教学环节中形成学生的工程意识，在实习基地锻炼学生的工程应用能力。实习基地教学是“基于项目学习”的载体，是“基于案例的学习”。[4]合理利用学生的认识实习、生产实习和毕业实习三个时间段，组织学生到一线生产场所，逐步参与到工程项目的设计、施工、组织和管理中，加深工程意识，形成分工合作意识、质量效益意识、安全生产意识、环境保护意识等，使学生走出校园能具备相应的知识、能力、素质结构。做好实践教学场所和教学基地建设，既要数量，也要质量。学院在充分调研的基础上，要尽可能保证校内实践教学场所与生产一线相一致，形成真实或仿真的工程环境；在选择校外实习基地过程中，考虑其行业发展的前景与接纳学生的容量，在基地建设的基础上进一步密切校企间联系，探索校企联合办学的路子。

3. 土木工程专业培养方案设计

根据土木工程专业未来发展的趋势和新一轮培养方案制定要求，对2013级新生培养方案进行了以下调整。

（1）稳妥地压缩大学英语、大学物理、大学计算机基础、高级程序语言设计等公共课程的教学课时和学分，整合思政方面的课程，改变思政类课程的教学方式，删减过于烦冗的课程教学内容，提高教学效率。

（2）优化专业基础课程内容：在对“地方性应用型本科”学生就业方向调查、分析的基础上，以必需够用为原则，充分论证专业基础理论课程的授课内容、授课深度和广度，删减原有多余的课程，消除不同课程之间重复的内容，优化学生的知识结构。

（3）增加实验实践类教学环节和学时：增加工程测量、土木工程材料、土力学、工程结构实验等课程的实验学时；加大专业软件应用方面的教学与训练力度，开设了土木工程CAD、工程设计软件、工程管理软件、工程造价软件课程，使学生的计算机实际应用能力大为提高；增加工程实务方面的内容，以专题讲座、工程参观的形式开展教学，拓宽学生的专业知识面；延长专业实习的时间，在第三学年结束后，将暑期的时间利用起来，安排学生生产实习，以巩固学过的基础理论和专业知识，提高学生的专业技能，增强社会适应能力。

（4）创新专业导论课形式、建立各类学习地图：专业导论课采用课程地图、证照地图、竞赛地图、软件地图和个案地图等“五图结合”的模式，反映专业学习发展方向，通过介绍各类竞赛、证照补充完善第二课堂教学，深化教学中的实践能力和应用能力的培养。

（5）拓宽第二课堂内容、转变第二课堂教学模式：使第二课堂向项目化、课程化、学分化转变，改变过去第二课堂组织松散、内容不明、界定不清的状态，使学生有充分的时间参与项目活动，保证第二课堂常规化，促进实践教学体系进一步完善。设计方案见图3。

应用技术大学办学需立足地方社会经济发展，为此，要充分发挥学校的区域优势，推进建

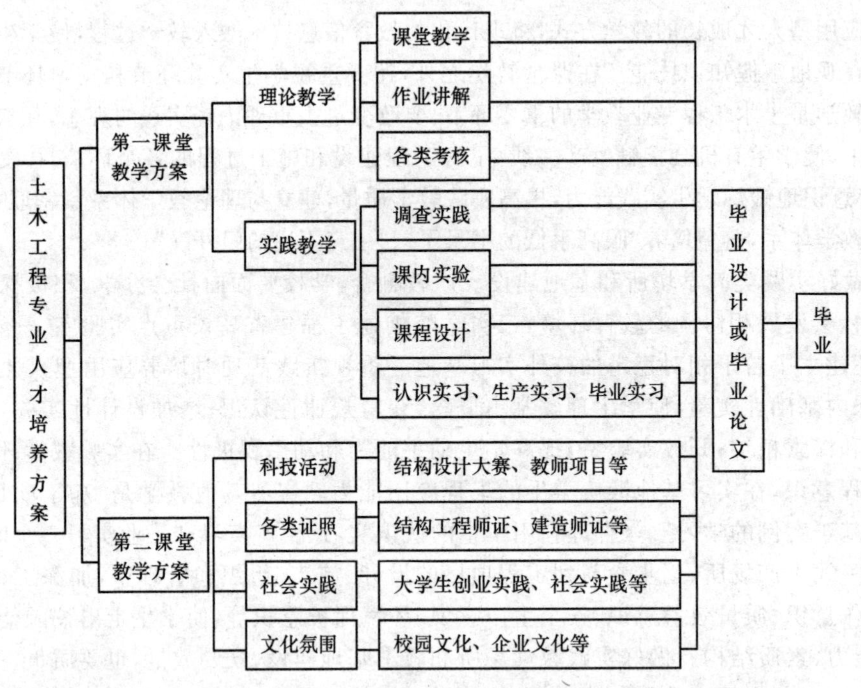

图 2　土木工程专业人才培养方案设计

立在校本科生在培养过程中到基层单位实习的机制，即"7＋1"模式。该模式将本科阶段学习分为前 7 个学期和最后 1 个学期两个阶段：前 7 个学期在校内进行，完成专业课程学习、毕业设计、毕业论文撰写和毕业答辩等专业培养任务，最后 1 个学期进行集中实践，以准员工身份参与实践单位的工作。联系实践单位可以是学校(院)推荐，可以是第三方提供，也可以是学生自行联系等方式。主要内容包括学习了解实践单位工程概况、规章制度、作业流程等；进行跟班作业(或顶岗)、熟悉操作规范等；在一定阶段后进行自我总结、评价与反思。主要目的是让学生对已学知识及知识在实践中的应用有全面了解，能发现自身的知识及能力的不足，找到纠正办法，对自己的能力有准确的评价，为顺利就业增强信心。

三、应用技术型人才培养趋势展望

随着福建省经济的快速增长和海峡西岸经济带的形成，全省每年的建设规模将保持在一个较高总量水平上，《福建省国民经济和社会发展第十二个五年计划纲要》指出，要建设包含南三龙铁路在内的"三纵六横九环"铁路网、厦沙公路在内的"三纵八横"高速公路网等重大工程项目。同时，随着经济的发展，房屋建筑工程的投入规模不断扩大，市县级对土木工程建设的人才都有一定量的需求，就 2013 年看，三明市全年全社会建筑业实现增加值 132.50 亿元，比上年增加 17.8%；房屋施工面积 3897.16 万 m^2，增长 32.7%；房屋竣工面积 1252.40 万 m^2，增长 20.5%。[5]可见，在未来的一段时间内，这些领域需要大批面向基层、服务生产一线的包括土木工程专业在内的应用技术型人才。

应用技术大学土木工程专业培养的土木工程人才就是这类工程应用型人才，他们应具有务实的态度，能迅速适应岗位要求(适应期短)，有所作为；他们应具有扎实的理论基础、丰富的工程背景知识、较强的知识应用意识和应用能力，能独担一面；他们应有较强的组织管理能力，面向市场、不断学习，勇于创新、敢于创业，成为行业中的佼佼者。为了实现这一目标，我们需要贴近并了解社会需求，以此作为教学改革的依据；需要进一步优化课程体系，完善实践教学体系；需要融入科研项目，实现项目带动教学；需要加强对外合作、建立需求—服务对接机制；需要加深闽台交流，以职业教育为突破口，推进两岸教育开展实质性合作等。

土木工程专业历史悠久，对于研究型大学来说，已有较成熟的教学科研体系；对于高职院校来说，也有较成熟的实践教学体系。唯有处于转型中的本科应用型土木工程专业，可供借鉴的教学体系少之又少。因此如何准确定位，如何培养适应经济社会发展需要的高素质工程应用型人才，如何完善教学体系，是目前亟待研究的课题，本文以此为切入点进行探索，希望能对应用技术大学人才培养模式的构建有所借鉴。

参考文献

[1] 张君诚，许明春.地方本科院校向应用技术大学转型"三落实"研究[J].三明学院学报，2014，(6)：5-8.

[2] 练玉春.准确定位：建设基础应用大学[N].光明日报，2014-6-3.

[3] 许青云.转型发展：明确应用技术人才培养定位[N].中国教育报，2014-2-27.

[4] 孙路等.应用型土木工程专业创新人才培养模式探析[J].哈尔滨学院学报，2014，(6)：136-138.

[5] 三明市统计局.2013年三明市国民经济和社会发展统计公报[N].三明日报，2014-2-28.

用应用技术型定位发展土木工程专业

郑　毅

（长春建筑学院土木工程学院，长春　130607）

摘　要　土木工程专业定位是应用技术型，对应的要求是模块化的人才培养方案；建立相适应的校内外人才培养基地；建一支与其相适应的双师型教师队伍。上述三个问题解决好专业发展就有了保障。

关键词　应用技术型，土木工程专业定位，模块化的人才培养方案

长春建筑学院土木工程学院的土木工程专业是2000年建校初期就成立的专业之一，到目前为止已为社会输送近4300名毕业生，在校四届学生近2100人。在高等教育大众化发展的今天，如何发展土木工程专业，是一直没有解决的问题，曾经追求过老牌高校，走过的搞科研平台，发展学科的路子，由于师资队伍等原因，这条路越走越困难。最近教育部提出地方高校转型发展的意见，通过学习我们找到了该专业发展的定位——应用技术型。通过应用技术型定位发展土木工程专业。

一、应用技术型定位及其要求

对于一所高校其发展必须有明确的定位，那么对于一个专业来说，也同样要有其发展定位。那么土木工程专业的发展定位应该是应用技术型。

1. 土木工程专业的定位是应用技术型

专业是在一定的学科知识体系的基础上由课程构成的。专业的目标是为社会培养各级各类专门人才。专业建设的内涵是教学。

就本科生而言，可分专业型与学术型两种，这两种处于同一层次，但培养规格有侧重，在培养目标上有明显差异。专业型所培养的是具有扎实理论基础，适应特定行业或职业实际工作需要的生产一线的应用型专业人才。长春建筑学院土木工程专业就定位在这种为生产一线培养应用型的专门人才。

2. 应用技术型定位的要求

应用技术型的定位，要求做多方面的工作，但主要应该做如下三方面的重点工作：其一是实行模块化的人才培养方案；其二是建立与专业发展相适应的校内外人才培养基地；其三是建立一支双师型的教师队伍。

二、模块化应用技术型人才培养方案

人才培养目标是通过人才培养方案来实现。应用技术型人才培养目标，靠什么样的人才培养方案是我们研究的问题。

1. 人才培养方案的思路

首先，我们针对土木工程专业的学生的就业去向，到企业进行调研，找出专业所服务的岗

作者简介：郑毅（1944—），黑龙江人，主要从事建筑工程、岩土工程设计、施工教学与研究。

位或岗位群，并对每个岗位或岗位群分析岗位能力要素，确定能力培养目标，然后根据培养目标进行具体的能力培养方案设计，把每一项能力转化为一个个的教学模块。每个模块都是围绕特定主题的教学单元，可能是一门课或一门实验，也可能是几门课或几门实验的整合。将该思路用如下流程表示：确定专业培养目标和人才培养目标规格→确定专业对应的岗位或岗位群→根据岗位群特点和能力要求确定能力结构→根据能力模块构建细化的教学模块→指定模块描述，确定教学目标、内容、方法及考核方式。

2. 模块化人才培养方案的优点

模块化人才培养方案最大的优点是突出了学生应用能力的培养，把教师要讲什么变成学生能干什么；把由知识传授为主转向能力培养为主，重在培养学生的知识应用能力，实践能力和创新能力。归纳起来模块化人才培养方案有以下优点：第一，打破了长期以来各门学科自成体系，各自为政的局面，在内容上突出应用能力培养，把"教师要讲什么，"变成"学生能干什么"；第二，把实践教学与理论教学相结合是模块化教学的一大特色；第三，模块化教学给学生的个性选择和自主学习留下了空间。

三、校内外实践教学基地建设

教育部教思政【2012】1号文件中指导："加强实践育人基地建设。实践育人基地建设是发展实践育人工作的重要载体。实践教学是学校教学工作的重要组成部分，是深化课堂教学的重要环节，是学生获取掌握知识的重要途径。"

1. 基地群建设的基本思路

(1) 基地群建设必须体现"校内、校外相结合"的"双向布局"。由于建筑工程施工周期长，季节性强，实践教学的许多基本条件都要靠校内基地群来提供。因此，应充分重视校内基地群的建设，对其项目、结构、内容要有科学的规划和思考。必须坚持以校内为主，校外和校内基地群互为补充，以满足实践教学的多重需要。

(2) 基地群建设必须着眼于打造功能全的基地。"功能全"，是指学院建成的基地群，一是拥有培养学生工程实践能力的功能；二是拥有培养学生行业素质的功能；三是拥有支撑教学改革的功能；四是拥有培养学生创业、创新能力的功能。

(3) 基地群建设必须强化"两种功能"。基地群的建设应该体现两种功能：首先应当具有培养学生不断提高工程实践能力的功能；其次，它必须具有、引导教师开展系统教学改革功能。

(4) 基地群建设必须体现培养"两用"的本科专业人才。基地群建设的最终落脚点是为培养具有独立学院特点的"应用型"人才服务，我们概括为"两用"：一是"理论应用"，即能应用所学理论知识创造性地解决一线工作中出现的困难和问题；二是"技术实用"，即能掌握工程一线的实用技术，做到上手快，适应性强。

2. 基地群建设的内容及结构

布局合理，设备先进，功能齐全，在同类学校中处于领先地位的实践教学基地群，其内容组织结构如图1所示。

四、双师型教师队伍建设

培养应用技术型人才，教师队伍是关键。它要求教师具备宽厚的专业基础知识，扎实的行业实践知识；又要具备较强的专业应用能力、实践教学能力、应用研究能力和社会服务能力。这个要求目前学院只有少部分教师能达到，大部分教师都缺乏专业应用能力和社会服务能力，

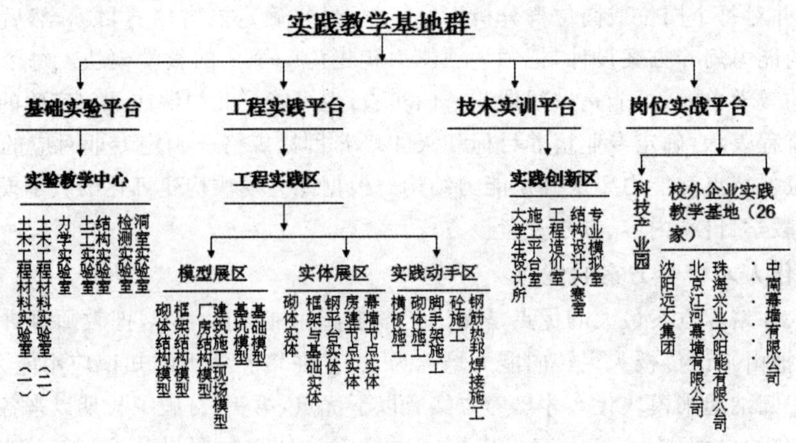

图 1　其他群建设的内容组织结构

因此，要解决这个问题，就要让教师每年 1～2 个月或集中半年时间到企业实践，或在企业边带学生实践边提高自己的能力。同时还可以聘一部分企业的工程师补充教师队伍，这样在短时间内就可以形成以双师型教师为主体的教师队伍。

五、结论

一个专业人才的培养首先要抓住专业方向的定位。在这个前提下结合专业和学校的实际情况，主要是解决三个问题：一是模块化的人才培养方案的制定；二是校内外实践教学基地群建设；三是双师型教师队伍建设。

参考文献

[1]　郑毅，杜春海. 土木工程专业实践教学基地群的建设与应用[J]. 武汉理工大学学报（社会科学版），2013，10：189-190.

西部地区土木工程应用型人才培养模式改革与实践

雷劲松　姚　勇　简　斌

（西南科技大学土木工程与建筑学院，绵阳　621010）

摘　要　为了适应社会对土木工程专业人才需求的变化，结合自身西部区域特点，从人才培养方案入手，调整培养目标和优化教学模式，及时更新教学内容和教学方法，注重实践环节，加强“双师型”师资队伍建设；同时注重学生个性发展，根据不同学生的兴趣特点分类培养，结合教师的工程和科研项目，为学生提供科研和实践锻炼的平台，培养学生的动手能力。通过系统培养，使学生专业基础扎实，动手能力强，很好的适应社会对土木工程专业人才的需求。

关键词　西部区域，应用型，培养模式，分类培养，实践环节

一、社会对土木工程人才的需求现状

我国目前正经历着经济社会的高速发展阶段，在整个经济结构升级过程，除需要大量研发型科技精英人才外，更急需大批高素质的具有全面综合职业能力、直接服务于生产一线、从事技术和管理的应用型工程人才[1]。

土木工程是国家的基础产业和支柱产业，是开发和吸纳我国劳动力资源的一个重要平台，对国民经济的消长具有举足轻重的作用。我国国民经济持续高涨，土建行业的贡献率达到1/3，近年来，我国固定资产的投入接近甚至超过GDP总量的50%，其中绝大多数都与土建行业有关。现代化的铁路、公路运输网络，跨江越海的桥梁和隧道，高耸的电视塔和高楼大厦，人口聚集的城市居住群等巨大工程随处可见，我国正处在工程建设的高潮，处在有史以来最大规模的基本建设中，因此，对土木工程专业的人才需求非常旺盛，而且，我国城市化进程才刚刚开始，与发达国家相比，城市配套基础设施还很落后。随着新材料、新结构、新工艺、新施工方法的出现，人类将有可能从事更大规模的土木工程建设。因此，可以预见，在今后相当长的一段时期，社会对土木工程专业的人才需求依然十分旺盛。土木工程是实践性极强的应用型学科，因此，对从业人员的专业素质和解决实际问题的能力要求很高。

二、现行人才培养模式存在的主要问题

为了适应社会对土木工程应用型人才的迫切需求，作为人才培养基地的高校也主动适应社会需求，调整培养目标和优化教学模式。由于土木工程涵盖范围非常宽，包括房建、交通、城建、市政、水利、机场、港口等，并且我国幅员辽阔，不同地域和自然条件的土木工程也千差万别，因此，各地方高校也在探索如何结合所在区域的特点，培养出具有鲜明特色和较强适应能力的一线工程技术人才。但是，总体来讲，我国高校培养的土木工程人才离社会需要的应用型高级工程技术人才还有一些差距，毕业生整体动手能力和解决实际问题能力欠佳[2]。笔者从事土木工程教育十多年，也多次组织和参加了本校土木工程专业培养方案和教学大纲的修订

作者简介：雷劲松（1971—），四川人，教授，主要从事土木工程专业教学和科研工作。

基金项目：面向西部区域特色的土木工程卓越计划人才培养模式研究（住建部高等学校土木工程学科专业指导委员会教改项目）。

工作，结合自身的工作体会，笔者认为，我国现行土木工程人才培养模式存在一些共性的问题，具体如下：

1. 人才培养目标定位模糊，缺乏特色

现在应用型本科院校通常提“重基础、宽口径、强实践、擅应用”的教学指导方针或人才培养模式，但事实上技术性、实践性和综合性的内容被不断削弱，学术性和理论性的内容不断增加，应用型、教学型工程教学院校的人才培养模式都参照高等学校土木工程专业本科教学培养目标和培养方案及课程教学大纲，与研究型、学术型工程教学院校的人才培养模式没有太大的区别，人才培养定位模糊，导致培养的人才与社会需求脱节[3]。

2. 个性教学缺乏

专业面窄，专业划分较细，培养模式单一，学生知识面狭窄，难以成为学科交叉的复合型人才[4]。严格按照专业设置的课程体系及课程教学大纲，教学内容偏旧，教学方法过死，制约个性发展，脱离了工程实践的需求，应用型土木工程师所必需的经济、管理、社会、法律等多方面的课程不足。

3. 实践性教育缺位

一方面，目前我国工科高校与企业的联系不够密切，企业不愿也没有义务提供实习和见习场所，缺乏足够有效的实践基地；另一方面，学校管理难到位，教师管理不到位，普遍见习变成了参观，实习变成了见习，课程设计题目尽管一人一题，但仍显老旧单一，融入最新科技成果不够，一些大四学生急于找工作，毕业设计时间无法保证。实践的缺位，土木工程的教育也就没有灵魂，导致学生毕业时缺乏解决实际问题的经验和能力[5]。

4. 教师队伍的非工程化趋向严重，缺少“双师型”教师

目前我国高校教师的教学评价体系、职称晋升体系、科技成果奖励体系，多以研究类型的人才为目标，以文章数量为标准，这种纯科学导向扼杀了工科特色，其实是把工科教师置于一个非常尴尬的境地，很多教师尤其是青年教师从学校到学校，缺乏动手实践能力及工程设计和组织管理的实践经验，高校严重缺乏“双师型”教师。

三、我校土木工程应用型人才培养模式改革与实践

西南科技大学位于中国的科技城——四川省绵阳市，土木工程专业有较悠久的办学历史，经过几十年的建设和发展，办学实力不断增强，实验条件、师资水平、科研能力显著增强。2001年成为四川省土木工程专业本科人才培养基地，2008年土木工程专业成为四川省特色专业建设项目；2010年获土木工程硕士学位一级学科授予权点，是学校博士点建设支撑学科之一；毕业生大部分分布在西部地区工程一线，为我国西部地区基础设施建设做出了重要贡献。这些成绩的取得，得益于西南科技大学一直坚持以社会需求为导向，不断调整人才培养目标和培养模式，深化教学改革，走出了一条适合我校土木工程专业发展的道路。在人才培养模式改革方面，主要做了以下一些工作：

1. 明确人才培养目标，有针对性地制定人才培养方案

培养方案是办学思想和人才培养目标的集中体现[6]。本专业始终把立足四川、面向西部、服务全国，为国家基本建设、西部大开发提供人才和技术支撑作为办学宗旨。通过四年的本科教育，努力将学生培养成具有较高的思想道德素质，身心健康，知识、能力、素质协调发展，工程实践能力、技术创新能力、组织管理能力和团队协作能力突出，既能胜任工程一线施工、基层管理和设计工作，又具有一定创新能力和国际视野的应用型高级工程技术人才。根据这一人才

培养目标，本专业进行了多次调研与研讨，并对培养方案进行了反复修订与完善，根据国家西部大开发和建设绵阳科技城的需要，结合自身实际，坚持观念创新、体制创新、机制创新，实施联合办学、开放式办学、产学研紧密结合，逐步形成了自身的特色，即：在总体把握“厚基础、宽口径、高素质、强能力”的基础上，实行厚基础加专业方向的教育模式，即除完成土木工程学科基础平台课程外，至少选修一个主要专业方向模块课程，同时允许学生选修另一个或一个以上专业方向的主干课程，满足一专多能和学生自主学习、发展的需要。

2. 根据社会需求变化，适时调整培养方案

本专业一直坚持根据社会人才需求变化，适时调整培养方案。随着社会对宽口径、厚基础人才需求的增加，本专业十分重视对专业教学计划中人才培养模式和教学内容的及时调整与完善，不断把教学改革、科学研究的新成果反映到教学计划和教学内容中，使学生能及时了解学科前沿、工程技术发展前沿和行业发展动态，主动适应经济社会发展的需要。分别在2003年、2005年、2009年、2012年进行了人才培养方案的修订，始终保持培养方案与社会需求同步。经过几次修订，逐渐形成了促进学生知识、能力、素质协调发展，具有“四用”特色的课程体系，即基础理论课“适用”、专业基础课“够用”、专业课“实用”、实践环节“管用”。

3. 重视实践环节，确保质量

根据培养应用型高级工程技术人才的总目标，本专业高度重视实践环节教学工作。在实践环节安排上，采取课内实践与课外实践相结合，注重增强学生实践能力与创新能力，除了安排一些必要的课程设计实践和常规的实验项目外，还分专业方向安排了相关的自主实践项目。实践环节的教学内容除一般的实习、课程设计及毕业设计（论文）外，还安排了2周的思想政治理论课社会实践，2周的军训实践。另外，结合课程教学，专门安排了工程训练实践和创新实践。

同时，加强实践环节过程监控，确保达到预期目标，防止走过场和形式。学院制定了详细的实践环节管理规定，对实践项目、实践时间、师资配备、实践成果等都做了明确规定，并发挥联合办学优势，邀请部分科研院所和设计院、施工企业的高级工程师共同参与指导学生实践，确保实践教学质量。

4. 加强“双师型”师资队伍建设

本专业高度重视师资队伍建设，鼓励教师参与工程实践锻炼，服务地方经济建设，同时也提升教师的工程素养。本专业积极鼓励教师参与报考各类注册工程师，目前，专业教师中持有国家各级、各类执业注册师证的占40%以上。本专业在引进师资时，优先考虑有工程背景的教师，定期安排教师到企业锻炼。校内教师通过承担解决企业工程实际问题的科研项目、现场挂职锻炼、与学生一起到现场实习等积极参与工程实践。努力培养一支基础理论扎实、实践经验丰富的“双师型”师资队伍。

5. 根据学生特点，有针对性的分类培养

本专业注重学生个性发展，据学生的兴趣特点、分类培养。如对于基础扎实、有志于从事科学研究的学生，安排专门的导师进行指导，学生主动参与导师科研项目，并积极报考研究生。对于性格外向、动手能力强，喜欢参与工程实践的学生，学校开办了“卓越土木工程师班”，采用“3＋1”的培养模式，最后一年全部派往企业进行实践锻炼，提前与社会接触，这种模式有利于学生就业，也有利于学生工作后尽快进入角色，受到用人单位的普遍欢迎。

四、结语

经过不断的改革与实践，西南科技大学土木工程专业不断发展和完善，已形成了自己的办学理念和办学特色，办学条件不断改善，教学水平和质量不断提高，师资队伍不断壮大，教师的职称、学历和学缘结构进一步完善；专业根据社会对人才需求的变化，及时调整教学内容和教学方法，注重实用性，结合丰富多彩的课外科技活动，提高学生的动手能力。通过到实践教学基地锻炼并参与教师的工程和科研项目，为学生提供实践锻炼的平台，使学生尽可能缩短与工程实践对接的时间，以达到参加工作后尽快上手的目的。经过系统培养，学生专业基础扎实，动手能力强，深得社会好评。2012 年，土木工程专业获批成为四川省高等教育质量工程“专业综合改革试点”专业，并于当年 6 月通过住建部土木工程专业本科教育评估，成为学校第一个通过行业认证的专业；2013 年被教育部批准为“卓越工程师教育培养计划”。近年来，土木工程专业已有 6 名学生获得“中国土木工程学会高校优秀毕业生奖”，毕业生一次性就业率均保持在 95%以上。毕业生大部分分布在工程一线，他们吃苦耐劳，不怕环境险恶，为国家基础设施建设做出了重要贡献，他们当中很大一部分通过自己努力，逐渐成了单位的技术骨干和高层管理人员。

参考文献

[1] 许明，刘在今. 土木工程专业应用型人才培养方案研究[J]. 南昌工程学院学报，2008，27(2)：21-23.

[2] 易成，刘晓强，王家磊，等. 新时期高校土木工程专业教学中出现的问题与对策研究[J]. 南昌教育学院学报，2011，(1)：50-51.

[3] 郝贠洪，曹喜，曹玉生，等. 土木工程专业特色人才培养方案研究[J]. 高等建筑教育，2012，(1)：20-23.

[4] 刘勇健，吴炎海，韦爱凤，等. 土木工程人才培养方案研究[J]. 高等建筑教育，2010(6)：13-17.

[5] 卿静. 强化实践教学，构建多样化、创新型土木工程专业本科人才培养方案[J]. 中国西部科技，2010，9(4)：78-79.

[6] 白国良，梁兴文，姚继涛，等. 土木工程专业人才培养方案和课程设置体系研究与实践[M]//第九届全国高校土木工程学院院长工作研讨会论文集. 北京：科学出版社，2008，381-385.

地方高校土木工程专业卓越计划的实施探索

——以沈阳建筑大学为例

李　兵　贾连光　孙　东

（沈阳建筑大学土木工程学院，沈阳　110168）

摘　要　对比国外的卓越工程师教育的培养模式，结合国内目前进行的卓越工程师教育培养计划，指出现行土木工程本科人才培养模式存在的问题。为提高学生工程能力，沈阳建筑大学在土木工程专业做了卓有成效的尝试，详细介绍了土木工程专业卓越工程师教育培养的具体做法和特色，为一般工科院校土木工程专业学生培养提供借鉴经验。

关键词　改革，实践，工程能力，卓越工程师

一、引言

土木工程是一门实践性很强的工科专业，实践应用是土木工程专业本科教育的核心与关键，也是土木工程专业本科教育的科学定位和办学立足点。毕业生就业渠道多为上述领域的设计、施工、监理、工程咨询等单位和企业。培养一名卓越的土木工程师，使之具有较强的解决工程实际问题的能力是现在一般工科院校在教学过程中所必须完成的目标。按照国家“卓越工程师教育培养计划”的基本要求高校必须克服在教学过程中实践环节的问题，加强改革和建设。培养具有较强适应工作岗位能力的卓越工程师是现在需要加强探讨的课题。

二、美欧卓越工程师的培养模式

发达国家工程师培养分两大模式：以美国为代表的《华盛顿协议》成员国模式和以德法为代表的欧洲大陆模式。其特点体现在培养目标、招生要求、学制、课程与教学实践等方面。

从培养目标上来看，美国模式注重知识的全面性和实践创新性，本科培养集管理、人文、经济、生态、伦理、工程、技术于一身的工程人才毛坯；大学生就业后，企业安排一段时间，对新参加工作的毕业生进行工程师综合素质与能力的培训。德法模式则注重工程实践能力的培养，培养工程师成品；其工科学生毕业后被授予大学文凭工程师，高等专科大学学生毕业后被授予高专文凭工程师。法国公立综合类工程师学院都是相对独立的工程学院，在这些工程师学院毕业的学生都会获得一个公认的研究生文凭和工程师文凭。从招生来看，美国工程本科入学要求较低，直接招收高中毕业生。工程硕士要求则较高，学生必须具备工程本科专业背景，本科培养计划必须达到美国工程技术鉴定委员会（ABET）的认证标准，对本科阶段所学课程也有规定。在法国，高中成绩优秀的学生（约占会考合格的10%）进入预科班学习2年后才能参加工程师学校入学考试，录取比例仅为10%。从学制来看，美国工程本科学制四年，硕士教育分“五年本硕贯通制”、“单独设置一年制”、“远程教育三年制”等模式。德国、法国本科工程师教育则至少需四年以上，文凭工程师学制至少五年。法国工程学士四年，分两阶段培养，第一

作者简介：李兵（1974—），沈阳建筑大学土木工程学院副院长，副教授，博士，硕士生导师。研究方向为教育研究、结构工程。

基金项目：辽宁省高等教育学会“十二五”高等教育科研课题 GHYB110026，住建部土建类高等教育教学改革项目，辽宁省普通高等教育本科教学改革研究项目。

阶段两年,其文凭相当于美国的副学士;第二阶段两年,所获学位相当于我国的学士学位。

从课程设置来看,美国模式采用"核心课程+主修课程+ 选修课程"的形式,设置内容体现"宽口径、跨领域、重实践"的特点,以生产过程的顺序来组织课程教学。欧洲模式则体现企业需求的特点,以若干模块组成为教学系统。在实践教学方面,美欧两大模式的学生都较早开始工程综合训练。一是通过实践课程或项目开发,将工程实际问题带入课堂,并由企业工程师和高校教师共同带领学生进行分组设计方案、成本估算、生产、检验等一系列工作;二是学生在企业进行为期一年的实践操作技能培训,学习加工方法、加工技术,进行工程师岗位能力必需的训练等。

三、现行土木工程本科人才培养模式存在的主要问题

土木工程专业本科学生毕业后成为一名具有创新精神的卓越工程师,是中国工程教育的终极目标,也是中国进行现代化建设的迫切需要。卓越工程师不仅在于其专业知识更丰富,综合素质更高,更在于其解决实际问题的能力更强。如何锻造一名卓越的土建工程师,使之具有更强的解决实际问题的能力,实践环节的教学是关键,因此必须克服目前实践教学中存在的弊端,对此我们必须有清醒的认识。

1. 人才培养目标定位模糊

现在应用型本科院校通常提"重基础、宽口径、强实践、擅应用"的教学指导方针或人才培养模式,但事实上技术性、实践性和综合性的内容被不断削弱,学术性和理论性的内容不断增加,应用型、教学型工程教学院校的人才培养模式都参照高等学校土木工程专业本科教学培养目标和培养方案及课程教学大纲[1],与研究型、学术型工程教学院校的人才培养模式没有太大的区别,人才培养定位模糊,导致培养的人才与社会需求脱节。[2]

2. 个性教学严重缺乏

专业面窄,专业划分较细,培养模式单一,学生知识面狭窄,难以成为学科交叉的复合型人才,严格按照专业设置的课程体系及课程教学大纲,教学内容偏旧,教学方法过死,制约个性发展,脱离了工程实践的需求,应用型土木工程师所必需的经济、管理、社会、法律等多方面的课程严重不足。

3. 实践性教育严重缺位

一方面,目前我国工科高校与企业的联系不够密切,企业不愿也没有义务提供实习和见习场所,没有了实践基地,另一方面,学校管理难到位,教师管理不到位,普遍见习变成了参观,实习变成了见习,课程设计百人一样,抄袭严重,急于找工作,毕业设计时间无法保证。实践的缺位,土木工程的教育也就没有灵魂,导致学生毕业后缺乏解决实际问题的经验和能力。[3]

4. 教师队伍的非工程化趋向严重,缺少"双师型"教师

目前我国高校,包括高职、高专,的教师的教学评价体系、职称晋升体系、科技成果奖励体系,多以科学家类型的人才为目标,以文章数量为标准,这种纯科学的导向扼杀了工科特色,其实是把工科教师置于一个非常尴尬的境地,很多教师,尤其是青年教师从校门到校门,缺乏动手实践能力及工程设计和组织管理的实际经验,高校严重缺乏"双师型"教师。[4]

四、沈阳建筑大学土木工程专业卓越工程师教育培养计划的实施状况

在充分认识自身人才培养优势和特色的基础上,土木工程专业进一步明确了卓越工程师培养目标,要求突出知识体系的完整性、人才培养的渐进性、知识能力素质的融合性、校内和校

外教学的统一性、教学内容和方式的开放性、学生学习的主体性、校内和企业学习实践的贯通性，提出要以诚信力、自信力培养为主线索，把培养敢创新、能创业、会创造的拔尖人才作为根本使命[5-7]；要打破传统的知识学习、被动学习观念，树立知识学习、能力培养和素质养成三位一体、教师主导和学生主体辩证统一；实现学习、研究和工作一体化，开展以解决前沿工程科学问题或解决重大工程技术问题为导向的探究式学习；倡导学生之间互相交流学习，提倡“走出去”和“走回来”相结合的学习的培养思路。

1. 建立组织管理体系

学院设立了“卓越工程师教育培养计划”项目组，由学院院长、主管本科的副院长，资深教授和企业专家组成。项目组负责组织实施培养方案、课程设置、学生管理、校内教学和校外教学。企业师资的聘任和管理，以及利用企业的设备、环境和先进技术资料作为培养条件，确保在学生企业培养阶段的学习效果。

2. 科学制订专业培养方案

2011年下半年，土木工程学院启动了土木工程专业培养方案的制订工作。学院高度重视，组织了由校内外和行业、企业专家共同组织的方案起草专家组，在认真学习教育部文件精神，深入学习“卓越工程师教育培养计划”通用标准和行业标准的基础上，借鉴发达国家工程师培养模式和经验，吸收教育教学改革的最新成果，树立“以学生为主体”的现代教育理念，强调前沿意识、开放意识和国际意识培养，科学定位人才培养目标，注重打造学生的学习能力、创新能力、管理能力、沟通能力、社会适应能力和工程实践能力，贯彻“面向工程、宽基础、强能力、重应用”的培养方针，认真规划培养方案和课程体系。此外，还从组织管理、学生选拔、培养模式、培养方案、学籍管理、质量保障体系等方面对实施卓越计划进行了详细规划，最终形成了专业培养方案。

3. 系统整合课程体系

要落实卓越工程师培养理念，实现卓越工程师培养目标，实现知识—素质—能力完美结合，就必须把知识—素质—能力要求按照矩阵对应的方式落实到各个课程中，这就必然要求各专业结合自身特点对课程体系进行科学整合，对教学内容、教学方法进行系统设计和深入改革。

土木工程专业教学计划按“基础平台＋专业理论教学＋企业实训”设置课程体系，具有统一的基础平台课程体系；在学校学习期间，突出理论教学的重要性。课程的实训和实践以及实践性强的专业课尽量在企业的实训基地完成，有利于增强学生的社会适应性和实现个性化发展。

4. 综合开展教学方法改革

各专业对卓越计划试验班的教学方式进行了一系列综合改革，鼓励采用启发式、研究型、案例教学等方式，从而实现由知识传授为主向能力培养为主转变，由教师为主导向以学生为中心转变，由以授为主向以导为主转变，学生由被动依赖向研究型学习转变的“四个转变”。

主要的改革措施包括：

(1) 改革教学方法，促进自主学习。注重给学生提供更多的自由发挥、自主学习的机会，在课堂上老师更多地与学生进行讨论，启发学生去探究问题。

(2) 压缩专业学分要求和专业课学时，给学生留出更充分的课余时间，以便更多地参加自主学习和创新实践。

(3) 通过大型综合性作业，提高学生分析问题和解决问题的能力。原有部分课程的作业比较简单、综合性较差，距离工程实际要求较远。改革后专业主干课的作业更多地要求学生提供技术报告或课程论文，综合性、设计性变强，也提高了学生的中文写作和语言表达能力。

(4) 满足学生个性化、多元化的创新意愿和复合型人才的培养需求。通过教学与科研、理论与实践、创新活动与科学研究的有机结合，培养学生创新、务实、灵活、应变的能力。实验班全部学生都能参加科技创新活动，参加本科生与研究生组成的跨学科跨年级的创新团队，参与教师科研活动，还可以利用暑期学校等时段灵活安排实习教学创新活动。

(5) 对主干专业课程的校外实习与设计教学进行探索。在课程学习中期或末期，根据课程内容安排学生到企业进行针对性的工艺设计实习。既强化课程学习效果，又做到学以致用，并能及时找到学习中欠缺的环节，最终形成课程实习、生产实习、毕业设计逐步加深，各有侧重的实践教学体系。

5. 教学条件建设

建成校内学生实训基地3个，分别是土木工程实训中心、道桥工程实训中心、地下工程实训中心。与中铁九局合作建成国家级实践教育中心，与中建钢构合作建成辽宁省大学生实践基地，并申报教育部大学生实践基地。土木工程专业为辽宁省综合改革试点专业。获得辽宁省支持资金120万元。卓越工程师班学生的实践环节，教学条件完全满足。

6. 试验班学生选拔

从大学一年级期末结束开始选拔，1个班型，30人。选拔过程主要包括：

(1) 条件审核，符合报名条件的学生可填写《沈阳建筑大学2012年卓越工程师计划选拔申请表》，在规定日期报教务处基地和专业管理办公室，由学校组织专家进行审核，确定合格人选。

(2) 笔试考核。由教务处考试管理科统一组织命题和考试，由选拔领导小组负责画线确定进入面试的人选。

(3) 面试。由学校负责组织知名专家组成“卓越工程师选拔专家组”负责面试工作。面试结束后，按照笔试占70%、面试占30%的比例计算综合成绩，而后由选拔领导小组画线确定预录取名单，经过公示后公布。同时，建立学生综合评价和滚动淘汰机制。

7. 继续深化校企合作

校企合作是“卓越工程师教育培养计划”的关键和核心。为了落实和推进学生企业学习经历，创建高校和行业、企业联合培养人才的新机制，学校在与相关企业良好合作的基础上，进一步提升与行业、企业、研究机构的合作的层次和水平，先后与中铁九局、中建钢构、韩国乐天集团等签订了面向卓越工程师培养的校企合作协议，建立了多个国家级、省级、校级工程实践教育中心，进一步明确了双方在创新型高级工程技术和管理人才培养中的权利和义务。

在落实和增加实习实训基地建设的基础上，校企之间进一步完善了教师聘任、科研合作、人员挂职锻炼等事项，并就合作建设适应未来需要的专业基础课程、独立开设的专业课程与实践项目、毕业生项目设计内容、学生创新活动计划、学生评价方法和考核机制、学生在企业期间有关人身安全保护、知识产权保护管理办法等方面进行了深入探讨，拓展和深化了与企业的实质性合作，为学生高质量企业学习经历提供了有力保障。

8. 积极支持学生创新活动

土木工程专业以开展科技活动为载体，探索通过科技活动提升学生的知识、素养以及工程实践和创新能力的新方法。学院建立了大学生创新活动的“一体化”保障模式，由学院配备专业实验教师指导学生开展科技活动，配备专人对学生科技活动进行过程管理。学院成立了卓越实验中心，为学生提供活动场地、图书资料、开放设备，为学生开展科技创新活动提供了有力的支撑平台。学院通过“导师＋项目”的运作方式，充分发挥了导师在学生成长过程中的作用。需要对创新活动采用立项管理，学生经过答辩争取项目，实行过程监督，通过答辩与项目展示进行考核。

9. 存在的问题

（1）国家级实践基地建设需要与企业进一步沟通，企业参与不够，基地建设需要资金支持。

（2）学生在企业实训，基地容量有限，学生交通、管理、安全保险等需要专门人员管理，同时需要资金支持。

五、结语

对于土木工程专业，一般高校现有的教育体制应加强改革和建设，应从实际出发，着重培养学生解决工程实际问题的能力。培养应用型人才是体现了社会主义市场经济对人才的需求。学校应以培养土木学生的工程应用能力和基本素质为主线，构建相互贯通的理论与实践相结合的教学体系，充分挖掘学生个人能力，因材施教，强化学生对以后工作实践技能的培养[7]。完善教师队伍，通过与企业单位联合培养的模式，使学生更早地接触实际工作。改革教学内容，让学生掌握更加实用的专业知识。只有这样才能把国家的“卓越工程师培养计划”落在实处，为我国的经济建设培养更多的实用型人才。

参考文献

[1] 中华人民共和国教育部高等教育司. 普通高等学校本科专业目录和专业介绍[M]. 北京：高等教育出版社，1998.

[2] 杨晓华. 土木工程专业应用型人才培养模式研究初探[J]. 高等建筑教育，2005，14(4)：28-30.

[3] 田跃平，陈志聪. 土木工程专业应用型人才的定位与培养模式探讨[J]. 皖西学院学报，2006，22(5)：131-134.

[4] 曹露春. 执业资格与卓越土木工程师培养相结合的实践教学研究[J]. 高等建筑教育，2011，20(3)：30-34.

[5] 金凌志，曹霞，李豫华. 土木工程专业应用型人才培养探讨[J]. 高等建筑教育，2008，17(2)：16-18.

[6] 陈爱玖，霍洪媛，郑志宏. 土木工程专业人才培养模式的研究[J]. 高等建筑教育，2005，14(1)：1-3.

[7] 阮建凑，陈颖. 基于卓越土木工程师培养的实践教学研究[J]. 重庆科技学院学报（社会科学版），2011，17：166-179.

地方院校土木工程专业的工程教育改革与实践

鲍文博　金生吉　黄志强　白　泉

（沈阳工业大学建筑工程学院，沈阳　110870）

摘　要　地方院校土木工程专业的工程教育改革相对滞后，在思想观念、激励机制、改革实施等方面普遍存在不足。结合土木工程专业工程教育改革经验，阐述了基于地方院校土木工程专业的改革思路，提出重构课程与实践教学体系、改革教学内容与教学方法、“五位一体”的人才培养模式和教学团队及实践基地建设等改革举措，为地方院校土建类专业工程教育改革提供参考。

关键词　工程教育改革，土木工程专业，地方院校

一、引言

现代经济的发展和生产力水平的提高越来越依赖于以工程素质和创新能力培养为核心的高等工程教育，成为高等工科教育改革和发展的巨大动力，正在对高等工程教育产生着重大影响。目前，中国正处于建设创新型国家的决定性阶段，只有把工程教育摆放在工科教育的重要位置，把大学生培养成为满足现代经济社会发展需要的高素质工程创新型人才，中国“科教兴国、人才强国”的伟大战略才会落到实处，中华民族的伟大复兴才有可能实现。然而，与国外发达国家相比，国内高等院校的工程教育相对落后[1]，工程教育改革将是国内高等工科院校特别是地方院校在相当一段时间内面临的重大课题[2,3]。

二、地方土建类专业工程教育存在的不足与改革的必要性

1. 思想观念陈旧

随着中国高等教育改革的推进，高等学校对于工程教育改革的必要性和紧迫性的认识正在不断深化，从 2005 年起汕头大学工学院开始探讨引进 CDIO 工程教育模式，到 2010 年 CDIO 试点工作组已扩大到 39 所高校[4]，教育部于 2010 年启动的“卓越工程师教育培养计划”至今已有 300 多所高校参与，充分反映了中国工程教育改革的大趋势。然而，由于观念、体制等多方面的原因，中国工程教育的改革仍然面临许多问题，首先是思想深处的认识问题。这种认识的根源来自中国传统观念的束缚，从漫长封建社会的科举考试制度，到如今的学术至上思潮，无不强化着教育的等级观念，技术和工程始终被排挤在学术之下。特别是不甘心“落伍”的地方院校，不敢理直气壮申明作为工程师的培养目标，而是一味强调“深理论、宽基础”，一心专注与“研究型”挂钩，忽略或削弱了地方院校应有的人才培养特色。

2. 激励机制不尽合理

目前，高等院校重学术轻教学的现象普遍存在，在一些地方院校尤其严重，科研取代教学成为潜在指挥棒的情况比较普遍[2,3]。评价教师的学术标准通常是论文水平而不是或不主要是教学水平，评价教师的业务能力通常是科研成果而不是或不主要是教学成果，教学能力很强

作者简介：鲍文博（1958—），教授，沈阳工业大学建筑工程学院院长，主要从事结构工程和工程教育研究。

基金项目：辽宁省普通高等教育本教学改革研究项目。

而科研成果一般的教师与科研成果突出而教学很一般的教师通常是不能相提并论的。前者一般被认为是“低水平”教师，其发展自然堪忧；后者往往被认为是“高水平”教师，在评职、晋级等方面将享受到特别关照，教学被降为次要地位。即便同样是做科研，也要区分三六九等，做工程的、做实际项目的通常被认为水平不高，评职晋级时也只能往后排，至于在工程人才培养中的作用很少会有人关注。与科研成果相比，教师个人在人才培养质量方面的成绩显得无足轻重，至今缺少相应的评价体系和应有的待遇。如此机制，必然导致所有或大部分的教师把主要精力尽量地投入到科学研究中去，对于教学难免不会产生冲击。

3. 工程教育改革落后

我国近代的工程教育从新中国成立开始起步，经历了结构调整、体制改革期和质量提升期等阶段[5]，但在这个过程中各个高校工程教育改革的进程中是不平衡的[6]。清华大学、北京航空航天大学、上海交通大学、同济大学等一大批著名学府率先开展工程教育改革试验，取得了很好成绩，已经形成了完整的高质量工程人才培养体系。而更多的高校特别是一些地方院校，虽然也按照全国教育工作会议精神和《教育规划纲要》要求开展了工程教育改革，但落实远远不到位。主要问题有，对工程教育的内涵理解不深刻，没有把工程教育当作人才培养的系统工程来做，仅仅是简单地强调加强基础、拓宽口径或增强实践能力，没有从根本上解决工程教育的发展与科学、技术、工业和工程实践发展不协调的问题。课程体系设置不尽合理，一是课程比例不够合理，课堂教学比重偏大而实践教学比重偏小，基础理论份额偏多而专业课程份额偏少，工程创新能力以及职业道德、诚信和职业素质方面的培养所占比例一般都很少；二是结构不够合理，理论课程、专业课程、实践教学、综合素质培养等教学环节彼此分割，相互之间缺乏有机联系，远未形成以工程项目设计和研发全生命周期为背景环境的相互支撑和有机联系的一体化课程体系。工程教育实践教学的不足尤其突出，实践教学目标不明确或不合理、实践教学体系不完善、实践教学保障体系不健全、实践教学方法不得当、工程教育师资队伍不尽如人意，特别是一些地方本科院校土建类专业，资源、名气和社会影响力有限，加之土建类专业工程实践的特殊性，如果对于工程教育实践教学不加以特别设计，是难以真正地把工程实践作为工程教育的背景环境而将整个工程教育融于工程实践之中的[7,8]。专职师资队伍建设一直是省属工科院校办学的软肋[2]，无论是教师的质量还是教师的数量，都无法与“985”学校相提并论，大多数青年教师从学校到学校，缺乏工程经验和必要的工程教育从业训练，工程意识和工程素养差，对相关企业的管理运作和企业文化缺失。企业兼职教师待遇差，教育热情和技术能力有限，企业兼职教学团队建设困难重重。此外，教学管理落后、教学方法僵化、课程建设滞后、缺乏工程教育国际化平台等问题也比较突出。

综上所述，地方所属高校作为我国高等教育的主力军，着力为地方培养高素质人才，在国家和地方经济建设和社会发展中发占有重要地位，但是目前工程教育的现状不能很好地满足新时期高层次人才培养这一使命的要求。土建类专业是实践性非常强的工程类专业，工程教育是该类专业教育的最佳选择，工程教育改革是地方土建类专业的必由之路。然而，绝大多数地方院校土建类专业虽然已经按照工程教育改革的基本要求进行了人才培养方案和教学计划的改革或调整，但由于观念认识、激励机制以及办学水平、师资力量和社会资源等方面的不足，严重阻碍了工程教育改革的落实，制约了工程教育质量的提高，一些学校甚至流于形式。因此，深入推进工程教育改革势在必行，地方院校土建类专业应当抓住当前工程教育改革的有利时机，借鉴工程教育改革试点单位已取得的经验和国外工程教育的成功案例，从源头抓起，层层推进，把工程教育改革做深做透。

三、地方院校土建类专业工程教育改革总体思路与探讨

新中国成立以来，我国高等工程教育始终处在改革与发展之中，为社会主义建设培养了大批工程科技人才，特别是改革开放以来的 30 多年里成绩巨大，为国家经济社会的快速发展提供了重要的人才支撑。但与国外发达国家相比，我国工程教育总体上还处于比较落后的状态，包括卓越工程师教育培养计划在内的许多工程教育改革仍处于探索之中。那么，作为地方院校的土建类专业，应当如何开展工程教育改革呢？

首先，要解放思想认同改革。要从思想观念入手，深入学习和理解工程教育的核心思想和基本理论，充分认识到现代工程教育是经济社会发展到今天对高等工科教育的必然诉求，是高等工科院校教育教学改革的大势所趋。纵观国内外的工程教育改革，世界著名学府和国内“985”高校尚且如此重视，作为地方院校还有什么理由无动于衷呢？在高等教育竞争如此激烈、工程人才培养形式如此严峻的今天，对于地方院校的土建类专业，是否实施改革，轻者殃及发展，重者决定生存，只有坚持工程教育改革才可能求得生存、获得发展，要充分认识到工程教育改革的严峻性、紧迫性。通过工程教育改革的大讨论、大辩论，理清思路、达成共识，从思想深处获得绝大多数人的理解和支持，为工程教育改革铺平道路。

其次，要科学地制定人才培养方案。人才培养方案是人才培养目标与培养规格的具体化，是学校实施人才培养工作的纲领性文件，主要包含培养目标、培养标准、培养模式、课程体系和培养计划等内容。地方院校的土建类专业目前的人才培养目标趋同，一般能够包含工程教育的三要素即“知识、能力、素养”，但在人才规格上通常笼统地描述为“土木工程专业高级应用型专门人才”，至于高级到什么层次通常没有明确说明。在实施工程教育改革时，人才培养规格是不可回避的，因为后面的培养标准、培养模式、课程体系等等的制订均要以此为依据。至于采用什么规格，不能好高骛远，一定要实事求是、量力而行。在确定人才培养标准时，国内外有不少典型的资料可以参考，但不宜全盘照抄，实施时要注意两点：一是要密切结合本专业的人才规格，二是不要脱离教育部关于高等教育人才培养的基本要求。培养模式是工程教育改革的难点，在很大程度上决定改革的成败，尽管国内外已经提高了许多成功经验，但他们提供的只是一个原则、一个思想、一个开放式的方案，没有模式可以原封不动地直接挪用，均需要在有选择引进的基础上重新设计，只有下大力气、深入研究、反复实践，才可能逐渐建立起适合自己需要的模式。课程体系的制订需要在培养目标的指导下围绕培养标准来展开，要充分考虑基础与专业、理论与实践、素养与创新为核心的课程结构的设置，努力建立起各课程体系之间的相互联系使之成为一个有机整体。

第三，基础设施及机制建设。工程教育涉及的设施很多，除了校内的常规教学设施外，至少还需建设具有一定规模的校外实习基地和企业兼职教学团队，这是工程教育实现工程实践教学、工程技能学习、团队协作精神、企业文化素养和创新能力培养的根本保证。工程教育不同于传统的工科教育，教育工作者需要在教师、工程师和学生三个角色中不停地转换，需要不断地奔走于学校与企业之间以组织和协调教学活动，需要不断地修改教材或讲义以补充最新技术成果及发展，教师的工作量和付出将会大幅度增加，应当对教师建立新的考核考评机制，如果没有相应的激励机制作支撑教师的积极性则很难保证。工程教育还必须对学生建立新的多元化成绩评价体系，根据学习、能力、素质、表现综合评价，彻底改变一卷定论的做法。

四、基于工程教育的土木工程专业教学改革与初步实践

笔者所在的土木工程专业成立于 1994 年，经过 20 年的建设与发展有了长足的进步，但与

学科发展相比本科专业建设相对滞后，特别是在工程教育改革方面还有大量工作亟待完成。根据本专业的具体情况和定位，确定了工程教育改革规划，预计用十年左右的时间完成。开展的工作主要有：

1. 以工程教育为主线，重构课程与实践教学体系

以应用型土木工程专业工程人才培养目标为依据，以培养土木工程素养和工程意识，强化工程实践能力、工程技能和工程创新能力为主线，重构课程体系。按照大土木、宽基础、深专业的总体要求形成必修课程平台化、选修课程系列化、专业课程方向化的“三化”课程体系，增加工程类课程比重，强化外语、计算机、人文社科和专业技能以及创新能力培养。以工程能力和工程创新能力培养为主线，构筑“实践教学、工程能力培养、理论实践相结合”的工程教育教学模式，全面推进开放式教学、工程项目设计、顶岗实践、素质拓展等工程人才培养模式。

2. 围绕工程人才培养教学体系，改革教学内容

依据工程型人才的定位，面向土木工程学科的基础理论、专业知识和先进技术等现代工程体系的构成和需求，逐步引入土木工程注册师资格教育，改革课程内容。优化课程结构，精简理论教学内容，强化工程基础、工程实践和工程技能内容，增设土木工程案例教学内容。课程设计、毕业设计等教学环节中全面引入实际工程问题或工程项目，强化开放式工程设计，提高学生的实战能力。紧跟专业发展更新教学内容，及时反映土木工程领域的科学发展、技术进步和最新成果，开阔学生在本工程领域的视野，了解学习先进技术和先进手段。把拓展素质教育纳入教学内容，引入工程项目和科技活动，培养学生的团队精神、工程能力和创新能力。

3. 构建“五位一体”的人才培养模式，改革工程教育教学方法

以工程能力和工程创新能力培养为指导，构筑以“基础理论、工程知识、企业文化素养、工程技能、创新能力”为核心的“五位一体”人才培养新模式，全面改革重理论轻实践、重知识轻能力的理念，将土木工程专业的人才培养模式引向工程创新培养。围绕“五位一体”人才培养模式，改革教学方法，依托校企合作及科研项目，实现毕业设计工程化。强化课外科技活动，推进创新能力培养。改革学习成绩考评机制，建立“知识、能力、素质”相结合的开放式、多元化的工程人才质量评价体系。

4. 教学团队及实践基地建设

围绕专业核心课程群和实践教学环节，以土木工程专业骨干教师和企业专家为核心组建专兼职教学团队，并逐步在学生中推行“双导师制”。按照“专职教师工程化、兼职教师专业化”的目标，加强专兼职教学团队的建设。在学校配套政策的支持下，坚持青年教师实践锻炼常态化，加强“双师型”队伍建设；优化校企合作人才培养机制，推进兼职教师队伍建设。通过“整合资源、转变功能和改革机制”的校内基地构建模式和多形式、多元化的校外基地开发策略，构筑了具有一定规模的土木工程专业实践教学平台。

五、结语

工程教育改革是高等工科学校永恒的话题，时代总是在发展、技术总是在进步，要跟上社会发展的脚步高等教育就必须不断地调整、完善、进步。时至今日，地方院校土木工程专业在工程人才培养方面做了许多努力和尝试，但是限于观念、条件等多方面原因，在工程教育改革方面总体上落后于一些“985”院校，需要引起重视并能奋起直追。笔者所在土木工程专业，在工程教育改革方面做了有益的探讨并取得了一些初步成果，提出来供大家讨论、参考。需要说明的是，我们的改革还在进行中，改革的思路和模式仍在试验摸索，文中提道的一些观念、思想和做法并不成熟，仍有待于实践的检验。

参考文献

[1] 吴启迪.提高工程教育质量，推进工程教育专业认证——在全国工程教育专业认证专家委员会全体大会上的讲话[J].高等工程教育研究，2008，(2)：1-4.

[2] 王存文，韩高军，雷家彬.高等工程教育如何回归工程实践——以省属工科类高校为例[J].高等工程教育研究，2012，(4)：3439.

[3] 张大良.贯彻落实《教育规划纲要》加快高等工程教育改革和发展[J].中国高教研究，2011，(1)：16-19.

[4] 顾佩华，包能胜，康全礼，等.CDIO在中国(上)[J].高等工程教育研究，2012，(3)：24-40.

[5] 陈敏，李瑾.30年来中国工程教育模式改革背景研究——基于多重制度逻辑的分析[J].高等工程教育研究，2012，(6)：59-67.

[6] 吴启迪.中国工程教育的问题挑战与工程教育研究——在清华大学工程教育研究中心成立大会上的讲话[J].清华大学教育研究，2009，(2)：4-8.

[7] 李培根，许晓东，陈国松.我国本科工程教育实践教学问题与原因探析[J].高等工程教育研究，2012，(3)：1-6.

[8] 鲍文博，宁宝宽，金生吉.地方高校土建类专业产学研实践教学模式研究[J].高等建筑教育，2011，(6)：137-141.

石油院校土木工程专业的教学改革研究

管友海　张艳美　杨文东

（中国石油大学（华东）储运与建筑工程学院，青岛　266580）

摘　要　对于土木工程专业人才的培养，关键在于合理地设置专业课程体系，并实现与实践教学的有机结合，从而根据不同的办学层次而采用不同的办学模式。在《高等学校土木工程本科指导性专业规范》的基础上，结合中国石油大学（华东）土木工程专业自身的特色，在课程体系、实践教学以及专业特色等方面对石油院校土木工程专业提出了教学改革建议。

关键词　石油院校，土木工程，教学改革

一、引言

作为我国传统的工业类专业，土木工程专业一直备受我国各大高校的重视，它不仅具有很强实践性，也具有很高的科研价值。土木工程专业是一门综合性的学科，它涉及多个领域，涵盖了桥隧工程、建筑工程、给排水工程、市政工程、港口工程等工程的设计、施工和管理方面[1]。

近年来，随着石油石化行业对土木工程专业人才的极大需求，石油院校土木工程专业的建设也得到了很大进步，取得了不少的成果，但是与其他石油类主干专业相比，土木工程学科的发展仍旧有所欠缺。与其他土木类高等院校不同，石油院校努力追求的目标是不断培养具有石油特色的土木类人才。

二、石油院校土木工程专业特色

中国石油大学是教育部直属的全国重点大学，是国家“211工程”重点建设和“985”工程“优势学科创新平台”建设的高校，也是建有研究生院的56所高校之一。中国石油大学（华东）是教育部和四大石油石化企业集团、教育部和山东省人民政府共建的高校，是石油、石化高层次人才培养的重要基地，被誉为“石油科技人才的摇篮”，现已成为一所以工科为主、石油石化特色鲜明、多学科协调发展的大学。

中国石油大学（华东）土木工程专业成立于1986年（原名工业与民用建筑专业），研究方向主要是工业与民用建筑工程的勘察、设计、施工、监理及工程造价管理等方面。近几年，随着高水平师资的不断引进，研究方向趋于多元化，已经开始向道路、桥梁、隧道、地下工程等方向延伸。目前，在原有教学基础上结合本校实际情况，在油气田地面工程、油气储运工程等方向已形成了自己的办学特色。

1. 现有课程体系的评述

1）人才需求情况

（1）通过对近年来毕业生就业信息的统计分析，可知大多数毕业生更倾向于从事与工程管理和工程设计相关的工作，这些工作主要需求应用型人才。

作者简介：管友海（1975—），男，山东临沂人，中国石油大学（华东）储运与建筑工程学院土木工程系副教授，土木工程系教学主任，博士，从事土木工程专业教学和科研工作。

基金项目：山东省重点教学改革项目（2012017）；中国石油大学（华东）教学研究与改革项目（JY-B201212）。

（2）从企业需求来看，比较看重工程人员的工作经验，要求在相关领域至少工作2年。

（3）从工作方面来看，工程人员的执业资格是比较被看重的，而扎实的理论基础是学生顺利通过这些职业资格考试的必备条件。

（4）从企业技术需求来看，比较看重能进行技术创新，在工程应用上有自己独特见解的高级人才。

2）课程体系设置情况

在学分制培养计划中，课程体系设置包括作为主干专业课的必修课程和依据专业方向进行设置的其他专业课程[2]。以上课程体系的设置有助于专业理论、实践能力等方面的培养，基本满足了国家对土木工程专业人才的需求，然而，在实施该计划的过程中很多问题依然存在[3]。

（1）由于学生培养学期有限，而总专业课占据大量学时，导致大部分课程课时不够，为赶进度，较难完成规定教学内容。

（2）少量课程在教学中内容交叉重复，这不仅是对教学资源的浪费，更是对学生学习的积极性产生不好的影响。

（3）课程设置没有达到人才培养的要求，尤其在培养应用型人才方面还应加大力度。

（4）专业特色不鲜明，没有结合石油院校优势，突出土木工程专业在石油行业中的应用与特色。

三、课程体系的改革思路

1. 优化课程的设置

（1）合理地设置好专业必修课，统筹本专业的性质并兼顾其他专业方向的需要。

（2）删繁就简，对部分课程进行整合，精简交叉或重复的课程内容。

（3）为了让学生有更多的时间来按照自己的需要选修不同方向课程，除了精选出每一个专业方向所必需的课程作为该方向的必修课程外，减少这个方向学分比重也是非常可行的。

（4）增设技能教学内容。主要课程包括工程造价软件应用技巧、结构设计软件应用技巧、施工现场安全知识、土木工程测试技术、专项施工方案编制方法、工程应用研发技术专题讲座、施工现场资料收集与处理等。这些课程的设置有利于学生更好地把理论与实践结合起来，避免了以往死记硬背的学习方式，为以后的就业奠定坚实的理论和技术基础。

（5）发挥石油院校的优势，结合地区和行业的特点来发展专业特色。如为发展专业特色，学校土木工程专业结合油气储运工程，增设有关油气储运工程软土地基处理等相关讲座；完善课程大纲，合理增加与油气储运工程相关的教学内容。

根据《高等学校土木工程本科指导性专业规范》，土木工程专业的教学内容分为专业知识体系、专业实践体系和大学生创新训练三部分[4]，按此调整后的课程设置如表1和表2所示。

表1　专业知识体系中的核心知识及课程学时

序号	知识领域	核心知识单元（个）	知识点	课程设置	学时
1	力学原理与方法	36	142	理论力学、材料力学、结构力学、土力学、流体力学	256
2	专业技术相关基础	33	125	土木工程材料、土木工程概论、工程地质、土木工程制图、土木工程测量、土木工程试验	182
3	工程项目经济与管理	3	20	建设工程法规、建设工程项目管理、建设工程经济	48
4	结构基本原理和方法	22	94	工程荷载与可靠度设计原理、混凝土结构基本原理、钢结构基本原理、土力学与基础工程	150
5	施工原理和方法	12	42	土木工程施工技术、土木工程施工组织	56
6	计算机应用技术	1	2	土木工程计算机软件应用	20
总计		107	425	21门	712

表 2　　实践体系中的领域和核心实践单元

序号	实践领域	核心实践单元/个	实践环节	学时
1	实验	2	土木工程基础实验	54
2		6	土木工程专业基础实验	44
3		1	按方向安排的专业实验	8
4	实习	3	土木工程认识实习	1周
5		2	按方向安排的课程实习	3周
6		4	按方向安排的生产实习	4周
7	设计	7	按方向安排的课程设计	8周
8		1	按方向安排的毕业设计(论文)	14周

2. 强化工程应用性与特色教学

1）应用型教学

工程应用型教学主要包括专业选修课和其他课外实践。就现有的学生就业状况分析来看，学生毕业后主要从事与设计和工程管理等相关的工作[5,6]。因此，在校期间，掌握一技之长对于学生非常重要，作为培养人才的摇篮，学校应鼓励学生重点发展自己的优势学科，积极为学生创造条件，对学生进行专项强化训练。比如：在建筑工程施工与工程管理方向，在掌握好基本的管理课程基础上，还应加强学生施工组织专项方案的编制和工程预算软件的应用等方面的训练。另外，依据现有的工程及以后的发展趋势，建筑物的地下空间将应用更加普遍，为此，对于建筑工程管理和设计方向，在教学大纲中，应增加深基坑的支护设计和施工方面等内容。

2）特色专业教学

办学理念特色：以培养高素质、高水平的土木人才为目的，以服务地方经济为宗旨，注重培养人才的实践能力和执业能力。为顺应土木工程行业的需求，在本科这一最佳阶段注重学生执业资格能力的培养。注重师资队伍建设，尤其是双师型教师的培养，合理课程体系设置，在教学内容中增加各类工程师的元素，使培养的学生在掌握公共基础和专业基础的同时，重视实践能力的培养，进而毕业后能够较快地适应行业需求，并获得执业资格。

教学模式特色：与以往的大土木教育观念不同，本专业人才培养模式重点突出特色培养，加强学生在某一专业方向的能力培养，不断完善知识体系，使学生的实践能力得到有效提高。

课程体系特色：淡化专业方向，代之以模块化课群组，使知识紧密联系起来，便于学生对其整体把握。构建具有学校特色的实践教学体系，并将其分为实验、实习和设计三大类，不断培养具有较强的实践能力和能够进行创新性研究的应用型高级人才。在常规教学实验的基础上，开展创新性实验项目，充分发挥实验室仪器设备的价值，鼓励学生积极参与，勇于发表自己独特的见解，培养其创新能力，在学生中形成了“热爱学习，勤于动手，敢于创新”的良好氛围。

与行业和区域经济相结合特色：随着石油行业的高速发展，本专业从本地区油田的地理优势中寻找发展自身特色的契机，不断规划、凝练、稳定学科方向，探索发展具有油田地面工程和油气储运工程特色的土木工程专业。以结构工程、岩土工程和防灾减灾工程学科为基础，服务地方经济，大力发展油田土木工程，建设与油田土木工程相应的科学研究基地。积极进行土木工程实验室建设，将其与社会服务相结合，为学生创造实践搭建平台。

3. 实践教学

1）实习条件

实习条件为学生提供了良好的实习环境，让学生亲身参与各种实习操作，弥补了课堂教学的不足，切实提高学生的实践能力，它主要依托于实习场地和设备等，包括：

(1) 结合学校的具体情况，加强实习硬件设施建设。在公共基础课基础上，增建专业基础课必修课相关的实习基地，如结构试验室、土力学试验室、土木工程材料试验室等，为学生提供现场施工操作的场地和必要设施。

(2) 实习基地的建设离不开社会大众的支持。实习基地的建设需要投入大量的人力、财力和物力，这是一个逐步完善的过程，而且由于条件限制，某些实习任务需要到本校外才能完成。因此，必须面向社会，通过本校和社会力量的结合来完成实习的目标。在此基础上，学校积极开展各项工作，与本地多家企业，如工程监理单位、施工单位、设计单位展开有关教育、技术和用人等方面的双向合作，不但解决了企业对人员进行技术培训问题，而且借助地方企业资源完成了校外实习任务，并为部分学生的就业问题提供了解决的途径。

(3) 建立一支综合素质高、教学能力强的师资队伍，切实有效地培养学生的操作技能。在专业建设方面，除了专业基础课外，还应注重配备专业技术课和实习指导教师，加强其队伍建设，尤其是双师型队伍的建设。

2) 专业认识实习的教学

专业认识实习是必不可少的实践性教学环节，能够使学生具体地了解所学专业有关的材料、设备，对专业课程学习产生初步的感性认识，进而提高学习本专业知识的积极性和主动性。通常将其安排在后第一学年最后的短学期，时间约为一周。为了达到理想的教学效果，使实习的各项环节有条不紊地进行，组织者应提前规划并做好准备工作：

(1) 在保证现场安全的前提下，有针对地精选在建或已建的用途不同的建筑物。

(2) 指导教师最好事先进行现场勘察，对指导讲解做好充分的准备，并与现场指导人员共同做好各项工作安排。

(3) 带领学生参观认识的同时，对学生应布置实习任务，如写实习日记、思考问答题、写总结报告等，记录每天的所见所想。

3) 各专业课程实习和课程设计教学

多方面加强专业课程教学。在专业范围内，为增加学生的行业选择弹性，使其成为能够适应多种岗位的复合型人才，把与课堂理论相关的实践性教学贯穿到每门课程中，加强学生实际技能训练，把理论教学与见习、课程设计、实验等有效穿插、紧密结合，为学生今后的毕业设计和就业做好全面的准备。

4) 生产实习的教学

生产实习是土木工程专业一个重要的理论联系实际的教学环节，有助于学生有助于学生，在实践中亲身体会所学专业课程，更好地掌握专业知识。这项教学工作被安排在第三学年结束的暑期，时间为四周，实习采用“大分散、小集中”相结合的方式，实习地点主要选在已建或在建的工程现场。生产实习的指导教师由专业教师和现场管理者共同担任，为了便于管理，做好安全防范工作，在每一实习点指导教师负责安排的人数尽量少，为学生现场讲解答疑的同时，负责好每个学生的安全。实习前必须给学生安排好实习任务和具体要求，做好安全教育工作，并要求学生及时总结，认真完成每天的实习日记和考核工作。

5) 毕业设计(论文)的教学

毕业设计预示着教学的冲关阶段，是对学生所学知识与技能的综合训练和检测，通常安排在最后一学期，时间大约为 14 周。毕业设计(论文)课题因人而异，具有不同侧重点，主要包括建筑的结构设计、管理设计和土木工程论文等。出于就业工作岗位的不同和学生的具体实际情况考虑，采用双向选择方式，倡导学生按自己的意愿选择题目和指导教师，多与指导教师沟通交流；在题目拟定方面，应结合指导教师的研究方向，优先考虑新技术、新工艺和新材料，紧密围绕学生的就业方向设置选题。

四、结语

对于土木工程专业人才的培养，关键在合理地设置专业课程体系与实践教学的有机结合，从而根据不同的办学层次而采用不同的办学模式。本文在《高等学校土木工程本科指导性专业规范》的基础上，结合中国石油大学(华东)土木工程专业自身的特色，在课程体系、实践教学以及专业特色等方面对石油院校土木工程专业提出了教学改革建议。我们将以这次教学改革为契机，突显特色教学、高质量教学的重要位置，优化教学资源配置，激发学生探索研究的兴趣，增强学生的实践能力和创新能力，不断培养具有石油特色的土木类高素质人才。

参考文献

[1] 高等学校土木工程专业指导委员会. 高等学校土木工程专业本科教育培养目标和培养方案及课程教学大纲[M]. 北京：中国建筑工业出版社，2012.

[2] 金玉杰. 高等学校工科专业生产实习模式的改革与探索[J]. 中国科技博览，2010(36).

[3] 刘芳. 高职建筑工程技术专业基于职业能力培养的课程体系的探索[J]. 北京电力高等专科学校学报，2010(7).

[4] 高等学校土木工程专业指导委员会. 高等学校土木工程本科指导性专业规范[M]. 北京：中国建筑工业出版社，2011.

[5] 景连茴. 浅谈土木工程教学中应用型人才的培养[J]. 中国科技信息，2009(7)：194-195.

[6] 罗运军，秦本东，闫芙蓉. 土木工程专业人才培养模式研究[J]. 山西建筑，2009，35(5)：185-186.

面向我国西北地区道路桥梁与渡河工程专业建设及人才培养模式探讨

李　萍　王　英　贾　亮　项长生

（兰州理工大学土木工程学院，兰州　730070）

摘　要　根据道路桥梁与渡河工程专业地域工程建设特点、学生的就业以及学校的办学特色以及地域人才培养模式的需要，本论文对面向西北地区的道路桥梁与渡河工程专业的建设和创新人才的培养模式进行了探讨。在专业建设方面，通过优化课程体系建设、深化教学改革、加快师资队伍建设三个方面，建立起良好的专业平台和教学平台，为人才的培养打定坚实的基础；在人才培养模式方面，通过本科生导师制、创新创业竞赛以及专业应用三个方面，使学生在导师的指导下，全方位的开放学习，通过各种综合训练、专业竞赛以及实践实习，使学生扎实基础、加强动手，更全面的学习道路与桥梁工程知识和应用技术，成为具有西北地域特色的高级应用型专门人才。

关键词　道路桥梁与渡河工程，专业建设，人才培养

一、引言

2012年教育部调整《普通高等学校本科专业目录》，道路桥梁与渡河工程成为普通高等学校本科的一个特色专业。根据资料调查，截至2013年底全国17个省、市中共有37所普通高校设置道路桥梁与渡河工程专业（见表1），其中有24所普通高校将该专业归属于土木工程学院，或土木与建筑工程学院，或水利与土木建筑工程学院建设，7所归属于交通工程学院，或交通科学与工程学院、或土木与交通运输工程学院。兰州理工大学土木工程学院2013年成功申报道路桥梁与渡河工程专业，2014年7月正式招收该专业本科生，目标是培养掌握道路与桥梁工程基本理论和知识，具有良好的动手能力，能从事交通、道路与桥梁工程领域内规划、设计、施工、监理、管理与科研工作，具有国际视野和创新精神的应用型高级专门人才。

表1　　设置道路桥梁与渡河工程专业的院校

隶属省份	普通高等院校的名称
江苏省	东南大学
黑龙江省	哈尔滨工业大学，黑龙江工程学院
吉林省	吉林建筑大学，长春工程学院
辽宁省	沈阳建筑大学，辽宁工程技术大学，沈阳大学，沈阳城市建设学院
内蒙古	内蒙古工业大学，内蒙古农业大学
河北省	河北工业大学，河北工程大学，河北建筑工程学院，河北工业大学城市学院
天津市	天津城建大学
陕西省	长安大学

作者简介：李萍（1972—），江苏人，教授，主要从事道路建筑材料研究。

基金项目：兰州理工大学2014年度教学研究重点项目。

续表

隶属省份	普通高等院校的名称
甘肃省	兰州理工大学技术工程学院
湖北省	华中科技大学，武汉理工大学，武汉工程大学，湖北理工学院，湖北工业大学工程技术学院，三峡大学科技学院
湖南省	南华大学船山学院
河南省	郑州大学，华北水利水电大学，河南城建学院，南阳理工学院，郑州华信学院
山东省	山东建筑大学，山东农业大学
安徽省	安徽建筑大学
广东省	广东工业大学
江西省	南昌工程学院，华东交通大学理工学院
浙江省	台州学院

面对20世纪90年代以来，我国交通基础设施建设一直处于迅速发展时期，尤其是庞大公路路网管理及地下轨道交通建设和工程安全形势的实际需要，道路桥梁与渡河工程专业以土木工程基本知识为基础，以道路、桥梁、地下工程和工程安全为专业知识背景，专业建设具有明显的学科、学校与地域特色[1-4]，如何依托土木工程专业学科基础课程的建设，突出道路桥梁与渡河工程专业特点，合理搭建专业课程体系是困扰专业管理与建设的重要难题。针对道路桥梁与渡河工程专业地域工程建设特点、学生的就业以及学校的办学特色，适应地域人才培养模式的需要，是开设该专业需要重视的问题。本论文结合我校专业办学特点和西北地域特色，重在探讨面向西北地区道路桥梁与渡河工程专业建设和创新人才培养模式，以适应我国西北地区道桥工程建设对创新人才的需要。

二、专业建设改革

1. 课程体系优化

我校的道路桥梁与渡河工程专业是从土木工程专业下道路与桥梁工程方向分离出来的，学科基础课程仍然依托于土木工程专业进行建设，但是不能完全照搬土木工程专业学科基础平台课程，还需要有道路桥梁与渡河工程专业学科基础课程的特点。在搭建两个专业学科平台课程体系，优化专业课程体系建设中，道桥工程系组织教师在近5年进行了积极探索。根据学校2014年版土木工程专业本科生培养计划，道路桥梁与渡河工程专业本科生培养计划分为通识教育课程、学科基础课程、专业课程及创新教育四大类组成。学生毕业的最低学分要求为180。培养计划中通识教育课程与土木工程专业相同，同时根据道路桥梁与渡河工程专业建设特点，对学科基础课程进行适时的调整，将“土木工程概论”(16学时，第1学期)替换为“道路桥梁与渡河工程概论”(16学时，第一学期)，将“土木工程制图”(72学时，第一学期)替换为“道桥工程制图及CAD”(72学时，第一学期)，将“工程测量”(48学时，第四学期)替换为“测量学”(64学时，第四学期)，将“土木工程材料”(56学时，第四学期)替换为“道路建筑材料”(56学时，第四学期)，将“混凝土结构设计原理”(64学时，第五学期)和“钢结构设计原理”(48学时，第六学期)合并为“结构设计原理”(80学时，第五学期)，增加“工程建设法规”(24学时，第五学期)。专业理论课程设置中包括必修课程(合计约360学时)和选修课程(至少128学时)，必修主干课程主要包括“交通工程学”、“道路勘测设计”、“路基路面工程”、“桥梁工程”、“隧道工程”、“支挡工程”、“墩台基础”、“桥梁结构抗震设计”、“预应力混凝土桥梁结构”和“道桥施工与组织”等。课程体系优化过程中完善了课程实习、认识实习、生产实习与实训、课程实验、课程设计、毕业设计与实习等实践环节，实践环节不少于45学分(1周计1学分)，保证了学生实践能力的培养[5,6]。在创新教育过程中，结合我国西北地区道路与桥梁工程建设的特点，突出西北恶劣环境下黄土与湿陷性黄土路基筑路技术、路面材料与路面结构、支挡结构、山洪与泥石流灾害、桥梁结构健康监测与评估等方面科研工作，开展本科生创新教育活动，有力促进了学生专业知识与技能的培养。

2. 教学改革

1）教学方法

过去的教学方法比较单一，多采用教师满堂灌输的教学方法，启发式教学和讨论式教学用得很少，而且教与学联系不够紧密，缺乏学生与教师之间的互动，课堂讲授内容太多，太细，上课学时总感觉不够，留给学生的思考余地不多，无法调动学生的自我思考能力，从而导致教学效果难以达到预期的要求[7]。

在道路桥梁与渡河工程专业教学方法改革中，学院组织专业教师对教学日志和大纲进行审核，要求授课教师提前编写教案，注重课程的基本点、重点、难点和方法的讲授，让学生掌握方法并能举一反三；在课程教学内容中，不断更新和扩展，对已经过时和陈旧的内容，从讲述内容中删除；对于学科发展前沿和动态，及时补充，以培养学生的学习兴趣和创新意识。另外，在学院教师业务学习中，教师之间开展启发式教学方法探讨，按照“提出问题，分析问题，解决问题，结论和讨论”的教学理念，组织课堂教学；为发挥教师在课堂教学中的主导作用，要求教师精心设计教学过程中不同阶段能够启发学生思考的问题，学生要去积极思考问题和回答问题，实现教学互动。

为解决课堂信息量有限的矛盾，道路桥梁与渡河工程专业理论课程主要采用多媒体教学与传统教学相结合的方式进行，教师收集道桥工程的新型施工设备、技术和工艺资料，并利用甘肃省高速公路建设的工程实际现场及已有的各种实践基地，将学生带到现场或引导学生利用各种机会进行现场实习。同时，教师将参加实体工程中拍摄的现场照片和录像带回课堂和实验室，引导与启发学生，做到理论教学、野外实践、自主研学同步进行，保证教学效果。

为了提高教学效果，学校建立了基于校园网的教学互动平台，包括在线答疑、网络课堂、教学资源共享等系统。利用网络进行答疑、辅导、批改作业、讨论问题，加强交流与沟通。教与学的互动，增加了学生的学习兴趣，提高了学习效率。

2）创新课程建设

为贯彻落实《国家中长期教育改革和发展规划纲要》的有关精神，进一步推进创新教育改革，全面实施学校“大学生创新教育计划”，学校将为本科生开设创新课程。通过开展创新课程，树立创新目标，激发学生学习兴趣，构建工程应用型创新人才培养体系。同时，学校为了进一步推动本科生研究型教学的开展，探索研究型教学的教学组织方式、管理方法，又在创新课程中进行PBL(Problem-based Learning，问题导向型教学法)研究型教学试点工作。目前道路桥梁与渡河工程专业已经实施了2门创新课程“桥梁结构选型及概念设计”和“沥青混合料配合比设计与路用性能分析”和1门PBL课程“桥梁生命周期内健康评估与翻新”，强化学生的创新意识。

3）教材编写

学校非常注重专业发展带动教材内容更新，以教学改革促进教材体系优化。学院专业教师在科学研究中形成了一批具有特色的研究方向，特别是在湿陷性黄土地区地基处理、支挡结构分析与设计、湿陷性黄土边坡抗滑移设计和滑坡、泥石流防治与治理等方面取得了一批具有地域特色和影响的科研成果，在教学改革研究中，结合西北地区特点，增强学生对地域性问题的了解，主编与参编教材《土力学》、《桥梁工程》、《道路勘测设计》、《路基路面工程》、《混凝土结构设计原理》、《基础工程》、《支挡结构设计》和《支挡结构设计计算手册》8 部。近年来为提高课程设计和毕业设计质量，道桥系组织教师主编《交通土建课程设计指南》和《土木工程毕业设计指南—道路与桥梁工程分册》，基本解决了专业建设中课程设计和毕业设计中的教师指导水平参差不齐和学生一人一题实现难的问题。

通过教材建设，既较好解决了本专业所开设部分课程教材不理想的状况，更为关键的是学生所学的知识符合西部地域特点，走向工作岗位后更够更快地适应工作环境，更好地服务西部建设，快速解决实际问题，同时扩大了该专业学生在校外的影响力。

4）教学管理与研究

学院把提高本科教学质量作为首要任务来抓，坚持本科教学工作的中心地位，积极处理本科教育与科研、产业的关系的关系、教学改革与其他改革的关系，保证其他工作为本科教学服务，形成全员重视、全方位保证本科教学的工作格局。学校建立了本科教学的“两大体系”：教学工作目标责任评价体系和教学质量监控体系；“三级考核”：学校对学院教学工作考核，学院对系（教研室、学科组）和教师教学工作考核；“四个机制”：督导评价与领导听课机制，学生评教与学生选教机制，教学工作激励机制，学院教学管理自我约束机制。有效地调动了学院管理教学的主动性、教师教学的积极性、学生学习的积极性、各部门支持教学的积极性。

为了推进课堂和教学改革，以培养学生解决实际问题的工程能力和提高学生综合素质，在师资力量比较充分的情况下，道路桥梁与渡河工程专业方向中设置道路工程方向与桥梁工程两个模块，以提高学生就业的适应性。教学研究充分体现新理论、新技术，反映本专业最新发展动态，融入最新科研成果，推动科研促进教学工作，目前道路桥梁与渡河工程专业中《路基路面工程》和《桥梁工程》申报学校重点建设课程，“道路桥梁与渡河工程专业建设与创新人才培养模式探索”获得学校 2014 年重点教学研究建设项目，教学研究有利地促进了专业教师之间的教学交流与教学实践，发挥了教学研究的指导作用，不断提升教学质量，为道路桥梁与渡河工程专业的人才培养提供强有力的保障。

3. 师资队伍建设

1）加强师德、师风建设教育

学院道桥工程系青年教师较多，青年教师的思想解放、精力充沛、勇于创新，但是也更容易被外界的环境所影响，不能专心的致力于教学工作，一味的向科研看齐，虽然加强了理论知识，却由于讲课功夫不过关而出现“低头念书”的教学现象，这与我们的教育理念是背道而驰的，也是对学生的不负责任，教学基本功是教师的必修课也是根本所在，所以要从思想上对青年教师进行指导和教育，让他们认识到“讲台”的真正意义，多向老教师取经，聆听学生的声音，发自内心的热爱课堂，关爱学生，从内在到外在全面的提升自我修养。

2）加强实践教学能力的培养

随着科技的飞速发展，知识体系的更新换代速度也随之加快，而这些都在一线的科研院所和工艺生产等实践类单位最先开展，由实践到理论是一个不断试验和反复论证的过程，通过加强与一线科研院所的互动和学习，对于加快青年教师理论知识的更新是一个很好的平台，取其所长，补我之短，通过让教师在一线单位亲自体验学习，邀请科研院所的工作人员来学校作报告，开交流会等形式，提高青年教师对本专业前沿知识的理论的不足和专业兴趣，加强我专业的各类试验、实践类教学的教学水平和指导能力。

3）加强课堂教学能力的培养

多媒体教学手段在高校课堂教学中的应用，使得课堂教学更形象、形式更灵活，对于学生来说是一种更好的接受教育的手段，但是却是对老师的更高的要求和考验，很多的青年教师过多的依赖于多媒体教学，包括课下备课也多借助于多媒体的平台，对于传统的备课方式重视度不够，一旦遇到突发情况，就会出现无从开讲的尴尬场景。因此，要加强青年教师对教学基本功的认识，对于课堂教学能力的培养，从基本做起，要让青年教师认识到多媒体教学只是对教学形式的改善手段，并不是课堂教学的根本所在。

4）加强“双师型”教师的培养

注册工程师制度的推行，为我国专业技术人员走向国际市场创造条件，有利于与国际市场接轨，也为道路桥梁与渡河工程专业教学改革提供了依据。学院鼓励教师走进生产单位和管理单位挂职锻炼，深入工程设计部门完成一些真实项目的工程设计，要求专业教师考取注册证书，提高具有行业背景和实践经历。工科本科培养能设计会施工的高级技术人才，课程设计和毕业设计是重要的实践教学环节，指导教师只有自己熟悉工程设计，才能正确指导学生，才能采用工程实例进行教学，培养学生发现与解决工程实际问题的能力。

5）争取校外培训机会

鼓励青年教师走出去，多参加各种教学研讨会，学习外校的教学方法和经验，加强与兄弟院校的老师的沟通和交流，并不断地吸收沉淀，运用到自己的教学当中来，真正的形成自己的教学方法和特点。

三、人才培养模式探讨

1. 实行本科生导师制

为开展创新教育，提高专业人才培养素质，将素质教育的思想渗透到专业教育之中，注重学生的能力培养，进一步改进德育工作的方式方法，在师生中营造和谐融洽气氛，促进学生的学习和成长，促进导师自身的学习和发展，增强师生互动，指导学生将所学知识转化为对事物的洞察力、概括力、抽象力，以及正确的世界观和方法论。学院制定了在一、二年级实行班主任制，在三、四年级实行导师制。

从2014年起，每年道路桥梁与渡河工程专业招生人数约120人，道桥系专业教师人数充足，主讲教授、副教授必须担任导师，讲师和助教形成联合导师组进行指导，每个导师或联合导师组负责8～10个学生，从一年级开始实行导师负责制，大学期间全程帮助学生了解专业培养方案，指导选课，引导学生正确对待学习期间所面临的各种问题，鼓励学生尽早进入导师的科研课题进行科研实践工作，帮助学生积极参与各类创新实验课题和创新实践大赛，切实提高学生的实践动手能力和创新能力。

2. 加强大学生专业应用能力训练

为了从根本解决道路桥梁与渡河工程专业学生实践能力的培养问题，结合用人单位对毕业生考核过程，学院努力构筑与理论教学并行的、相对独立的实践教学体系，该体系包括实验、课程设计、实习、综合工程训练以及学生课外科技与社会实践活动等，特别是在工程训练方面重点突破，经过不断完善，形成了有三个阶段工程训练、一次专业综合实验（训练）、一次毕业设计综合训练的“三一一”综合工程训练模式。三个阶段工程训练是指第一阶段的基础课程群综合应用能力训练，第二阶段的学科基础课程群综合应用能力训练，第三阶段的专业课程群综合应用能力训练，依次推进。

根据“三一一”综合工程训练模式的要求，道路与桥梁工程本科试验平台历经十余年的开拓与建设，已经发展成为拥有总建筑面积180平方米、仪器设备资产总值约300万元的沥青材料检测室、沥青混合料室和桥梁工程模型室等三个实验室。这三个实验室2006年通过了教育部本科教学评估，现已经成为甘肃省道路与桥梁工程基础教学实验中心。以“开放”促教学，本科生选做实验采用开放式教学，学生可以根据自己的兴趣爱好自由选择实验内容，根据自己前面的选择，与实验中心教师进行预约。平台建设中心可开放的时间覆盖全年，学生覆盖面达97%，实验内容覆盖面达96%；以“综合、设计性实验”促教学，道路与桥梁工程建设平台中心注重设计性、综合性实验的开发和建设，中心目前所开共计20个实验，按教学点可分为普通实验、设计性实验、综合性实验。其中设计性、综合性实验17个，占总实验项目80%以上。

推行全方位开放运行模式，用大量的综合性、设计性实验使学生扎实基础、加强动手，使平台建设中心成为学习道路与桥梁工程知识和应用技术、训练动手能力、培养创新人才的理想实践基地。

3. 加强大学生创新创业竞赛

根据21世纪社会发展对高等教育人才培养的要求，开展大学生创新创业竞赛活动是推动校园科技创新文化氛围的重要途径，也是培养学生创新精神、实践能力和综合素质的重要手段和有效载体。学校目前开展的大学生创新创业竞赛活动主要分为基础类竞赛活动和专业类竞赛活动，各专业学生均可参加基础类的竞赛活动，如“数学建模竞赛”、“周培源力学竞赛”、“大学生英语口语竞赛”等。对于专业类竞赛，土木学院下设的土木工程学科大学生科技创新基地为校级大学生科技创新与竞赛基地，基地常年组织“大学生结构设计竞赛”、“钢结构知识竞赛”、“土木工程防灾减灾知识竞赛”、“实体仿真模型结构设计大赛”“加筋土挡墙及砌块面板设计比赛”等一系列科技竞赛活动及相应的培训活动，学院支持大学生课外创新研究，所选拔、培育的创新成果参加两年一度的全国高校土木工程专业大学生论坛。这些活动为学生提供了自主创新、自我实现、团结协作和工程实践的良好平台，也培养了学生具有高尚的道德品质、强烈的责任意识和服务意识，有力促进学生学以致用的能力、语言表达沟通能力和团队协作能力。

四、结论

我校地处西北地区，道路桥梁与渡河工程专业建设具有明显的学科特点和地域特色，如何利用好我校学科特色和地域特色，在已有的土木工程专业学科建设的基础平台上，搭建合理的专业课程体系，创造良好的教学平台和优质的教学资源，培养出“踏实”、“肯干”、“上手速度快”、“用得上”、“留得住”的新型专业人才，是专业管理与建设的重要课题，也是难题。通过不断地探索和改革，积极向兄弟院校取经学习，从细节做起，从基础做起，真正做到专业精、教学精和人才精的“三精”，为西北地区和国家的交通基础设施建设输送更多的专业人才。

参考文献

[1] 陈艳玮，汤尚明，刘蜀晋. 土木工程教学内容及方法改革探索与实践[J]. 中华名居，2011(7)：28-29.

[2] 杨世明，卢英林. 对工科教学内容和教材改革的几点认识[J]. 江苏高教，2000(5)：122-123.

[3] 赵鹏，王慧云. 面向21世纪旅游管理类专业教学内容与课程体系的改革研究[J]. 旅游学刊(旅游教育专刊)，1998(12)：21-24.

[4] 许红峰，黄汉升，陈俊钦，等. 普通高校体育教育专业教学内容与课程体系改革实证研究[J]. 武汉体育学院学报，2000(6)：43-46.

[5] 张伟. 应用型本科院校道路桥梁与渡河工程专业教学改革研究[J]. 科技创新导报，2009，88(2)：57-59.

[6] 李萍，刘汉青，李喜梅，张红英. 关于交通土建方向毕业设计教学改革的几点体会[J]. 兰州理工大学学报(教学专辑)，2008，34：118-120.

[7] 熊仲明，朱军强，王社良. 砌体结构精品课程建设及教学方法改革研究[J]. 西安建筑科技大学学报(社会科学版)，2012(增刊)：177-181.

军队院校土木工程专业继续教育教学模式之实践

陈新孝　姬海君　高婉炯

（武警后勤学院建筑工程系，天津　300309）

摘　要　主要介绍了武警后勤学院建筑工程系在武警部队基建营房干部继续教育培训方面的做法与经验，包括创新人才培训体系的构建、教学内容和培训质量的改革创新、培训教材体系建设、建立和完善教学规章制度新等四个方面，以期对我国土木工程专业继续教育起到“抛砖引玉”之作用。

关键词　军队院校，土木工程，继续教育，任职培训

一、引言

军队院校土木工程专业继续教育是我国土木工程专业继续教育的有机组成部分，它主要是指军队基建营房干部专业岗位任职培训教育。武警后勤学院建筑工程系作为武警部队基建营房干部培养和继续教育培训基地，担负着武警部队基建营房部门士官专业技能培训、基建营房生长干部学历教育、基建营房现任或拟任干部任职教育及部队基建营房工程专业研究生教育等四大教育的教学任务，履行着为部队输送新型基建营房管理人才、创新发展武警基建营房理论、提供后勤营房应急保障的光荣使命。武警基建营房干部专业岗位任职培训教育起始于武警部队组建初期，当时的培训由各级基建营房部门按各自需要自行组织，形式比较单一、零星和分散，也缺乏整体组织和规划。从 2006 年起，武警基建营房专业岗位任职培训教育正式列入院校正常教育教学体系，主要分为基建营房士官职业技能培训、营房助理员和营房处（科）长等三个培训层次，学制为 1～6 个月，由武警总部干部统一下达任职教育培训任务和计划。经过八年来的教学实践，基建营房专业岗位任职培训教育取得了一定的成绩，对推动部队基建营房全面建设，保障部队完成任务等发挥了积极作用，并做出了应有的贡献。但是，由于武警基建营房工作的特殊性、政策法规的严肃性及基建营房从业人员的高轮换性等特点，武警基建营房专业岗位任职培训教育的教学质量和效果还难以满足各级基建营房岗位任职的需要。如何实现基建营房专业岗位任职培训教育达到“三位一体”的新型军事人才培养体系目标，不断提高基建营房任职培训教育教学质量、提升培训对象的创新能力和服务部队水平，本文主要通过总结近年来武警后勤学院建筑工程系武警基建营房专业岗位任职培训教育的经验，结合武警部队各级基建营房部门工作业务的实际需求，探讨武警基建营房干部专业岗位任职培训教育教学模式等问题，为构建和健全军队院校教育、基建营房工程实践、军事职业继续教育三位一体的新型军事人才培养体系奠定基础。

二、创新人才培训体系的构建

1. 培训层次、计划和规模的确定

上级决策部门一般按照年度基建营房部门任务特点和人员岗位编制情况制定年度培训层次、计划和规模。年度的培训层次、计划和规模一般按照基建营房岗位的人员编制数量和基建

作者简介：陈新孝（1964—），工学博士，教授，硕士研究生导师，主要从事武警营房问题的教学及科学研究。

营房队伍现状制定。目前纳入年度计划的基建营房专业岗位任职培训教育的教学对象为营房处(科)长、股长、助理员和专业士官。一般情况下,现任或预任处(科)长每年按部门或专业分别安排一期培训;股长、助理员每年按部门或专业分别安排两期;士官职业技能培训每年按部门或专业分别安排 2～3 期。

2. 完善和修订基建营房专业岗位任职需求与培训要求的制度

经过八年来的教学实践,决策营房任职与培训制度体系时,立足从部队实际出发,遵循基建营房干部或士官成长规律,结合武警基建营房工作的性质,立足现实,着眼未来,确定一个相对集中、体系完整,能够从源头上解决培训对象与岗位任职相匹配,达到培训效果与岗位任职需求的高度协调一致,并保持培训教育机制自身的稳定性和生命力的武警基建营房专业任职培训制度体系。一般要求现有营房处(科)长任前必须参加培训要求的制度,而营房股长、助理员可在任职一年后,结合人员编制数量,推行任后必须参加培训的制度。至于营房专业士官技能培训,可按照需要,从专业对口角度,安排有一年以上专业工作经历的人员参加技能提高培训。

3. 学习与工作关系的处理

任职教育培训任务下达时,要求各级主管部门和主管人员要树立“磨刀不误砍柴工”的意识,辩证看待和处理基建营房工作任务与任职培训之间的关系,统筹安排好各项工作,努力做到参加培训的人员能离得开,参加培训的同志能静心学、认真学、潜心学,正确处理好各单位基建营房工作任务、人员在位和培训学习的规划与安排,切实做到一举两得的效果。为此,我们的做法是由上级主管部门牵头,在建筑工程系成立了基建营房专业岗位培训指导或协作组织,其主要任务为:一是研究基建营房专业岗位任职培训的组织、计划和实施过程中出现的问题;二是负责征集和梳理武警部队营房建设存在的热点和难点问题,并结合基建营房专业岗位任职教育特点进行基建营房工作课题任务的下达工作;三是统筹协调部队基建营房年度工作大项任务与年度专业岗位培训要求相匹配的问题,切实将总部对基建营房部门年度工作任务要求及时体现在培训教育的教学内容之中;四是协调和协助各级基建营房部门处理好基建营房工作任务与参训人员学习之间的矛盾,严格把控好培训对象的来源,尽可能做到专业对口。

三、教学内容和培训质量的改革创新

1. 课程标准的制订

按照课题牵引制订武警基建营房任职教育课程标准。课程标准是实施教学的纲领性文件。近几年建筑工程系结合武警基建营房专业岗位任职教育特点,创建了模块化、专题化,并以教学小组为单元的组织授课模式,取得了一定的效果。但与部队基建营房工作的实际以及指导营房干部如何做好工作相比,还有很大差距。为此,下一步将深化和调整基建营房干部专业岗位任职教育课程标准从部队基建营房干部工作的实际需求及工作难点着手,对课程的教学内容和教学环节进行进一步深化设计。包含所讲内容,教学环节及学时安排,教学基本要求,重点、难点,实践性教学,教学的组织形式,教学方法、手段,教材及参考书,学习评价与考核等均要从实战、实用出发,围绕以解决武警部队基建营房建设存在的热点和难点问题及解决方法等方面的课题进行展开,并与部队基建营房干部年度工作大项任务与年度干部培训要求相结合,切实将总部对基建营房干部部门年度工作任务要求及时体现在培训教育的教学内容之中。要实现摒弃以往的“压缩饼干”的任职教育课程标准体系向课程、专题、课题式课程标准体系的转变。

2. 课程学时改革

根据基建营房干部专业特点，完成了将任职教育课程设置由学时制向教学日制的转变。从教学效果看，按模块化和专题化组织教学，取得了一定成效，但教学形式还基本上局限于生长学历教育的学时制的课堂组织模式，课堂教学有“填鸭式”现象的存在。由于基建营房专业岗位任职教育的教学对象是具有一定工作经历的在职干部和士官，教学要达到实用和指导作用的效果，这点就不同于学历教育的课堂教学组织模式，因此，今后任职教育课程教学要结合基建营房干部的成人特点，建议按教学日组织课堂教学，即实现由学时制向教学日制转变。主要是按照课程专题，以教学日为单元内进行专题的理论授课、经验交流、专题讨论、主题发言等多种方式进行组织。

3. 课堂内容改革

加大研讨交流力度，把经验交流、专题讨论、撰写论文、主题发言等形式与理论授课进行了充分融合。目前，在任职培训学员中，专业素养和能力基础参差不齐，有的专业基础扎实、基建营房工作经验丰富；有的则是从军政岗位转岗过来，既没有专业理论知识根基，也欠缺实际工作经验，这就给教学工作实施带来了很大困难，讲深讲浅都不行。要解决这一问题，除了上级主管部门、部队和院校要加强沟通协调，尽量把需要接受任职培训的基建营房干部按业务基础进行分类，把专业基础相近的基建营房干部相对集中在同一期组织培训，以利于教学的组织和实施外，更为重要的是在课堂组织上加大研讨交流力度，把经验交流、专题讨论、撰写论文、主题发言等形式与理论授课进行充分融合，使学员尽可能在短期内能达到“学有所获”的效果。

4. 课程内容的模块化组织

在课程内容安排上要注重在提高培训对象全面的能力水平上下功夫。针对任职教育的短期性和实用性要求，在课程内容安排上尽可能按“模块”或专题组织，每一“模块”或专题自成体系，包含最新理论，方法技能，新技术、新设(装)备，难点和热点问题，最新政策法规，本领域最新动态等。教学组织要针对基建营房干部的工作任务特点，尤其是确保在培训期间明显提升各类培训对象的“学习、研究、创新”三个能力和“思想、理论、政策”三个水平。在课堂理论讲授上不但要考虑到教学效果，同时也要通过课堂讲授达到促进基建营房干部管理的目的。确保参训人员在有效的学习期间切实感到“学有所得”。

四、培训教材体系建设

1. 教材的编写

编写任职教育教材一定要贴近部队建设实际，内容组织和编排上要达到“从部队来，再到部队去”的效果。近年来我们主要从基建营房专业的工作实际需求和要求出发，以着眼解决部队基建营房工作中的热点与难点问题为重点，由建筑工程系牵头，上级主管部门统一指导、组织和协调，针对不同专业，不同的教学对象和培训层次，贴近部队基建营房岗位任职需要，组织任职教育教材的编写工作。在教材编写时，笔者充分和上级各相关处、室、站密切协作，结合年度基建营房工作任务和要求，把新大纲、条令、基建营房军事训练法规等实际内容纳入教材内容之中，切实把基建营房专业实践教材编写成为方便学员自学和查阅参考的“业务指导手册”，用于指导今后基建营房工作的正规有序地开展。

2. 教材的创新性和动态性

编写任职教育教材一定要具有创新性和动态性的特点。近年来笔者对于任职教育教材编写没有局限于传统的编写与印刷模式，而以知识“模块”为单元按活页的形式进行编写印发，以方便及时添加新知识、新内容，使之不断丰富且更具有针对性；并且针对培训对象的基础差异，对教材内容进行规划组织，取得了良好的效果。教材活页形式编写的知识“模块”一般按基础理论、基本制度、政策法规、工作流程、重点问题解决方法及注意事项等内容，注重针对培训对象层次的不同，进行组织和编撰，并力求一个知识“模块”对应一种能力，侧重对基建营房工作中实际问题的解决和指导。

3. 补充教材

精选汇编各单位基建营房工作的经验交流材料，使之成为任职教育补充教材和教学参考资料。建议在总部后勤部基建营房部统一部署和协调下，在每次任职教育培训班开班前，由建筑工程系相关教员按照基建营房专业岗位任职培训的教学内容要求，有针对性地收集和整理武警部队在基建营房工作中好的经验、做法，遇到的问题及解决方式等进行汇编成册，作为培训学员在学习期间的补充教材和教学参考资料。这样做的好处有两方面：一是对本单位基建营房工作好做法、好经验做到推广和宣传作用；二是做到了院校教育、部队训练实践、军事职业教育三位一体的充分融合。

五、建立和完善教学规章制度

1. 改革现有的任职教育学员学习的考评方式和方法

对学员学习进行考核，其目的之一是对学员学习起到督促作用；二是可以检验教学效果。任职教育学员的学习考评方式不能采用学历教育学员的考评方式。我们在任职教育教学方面采用综合评价方法，即根据教学内容，采用灵活多样的评价方式，如可根据单位递交的经验材料的汇编数量情况，课堂学习时的发言情况，每个单元模块的论文撰写情况及成果展评等形式。另外，对学员日常学习的每一次考评都要严格、认真的组织，不要让学员认为不认真学习也能通过考评。

2. 建立科学客观的任课教员的教学评价、意见反馈和激励机制

任职教育课程准备不能等同于学历教育，要上好任职培训教育课程需要大量的准备工作及前期调研工作。为了调动教员教学积极性，近年来，我们根据教员教学质量评价结果，对教员教学课时量按相对应的倍数乘积（如优秀乘 3；良好乘 2；合格乘 1）进行计算工作量。对教员教学质量的评价采用了座谈会、问卷、向学员及队干部了解情况等多种形式，尽可能做到简单、客观和易行。对于教学中存在的问题和意见要及时进行反馈，要适时进行集体讲评或个别沟通，让教员知道自己的不足，明确改进的方向，从而达到提高授课能力的目的。

3. 建立基建营房专业岗位任职教育任课教员的动态选拔机制

在每次培训结束前，采用了问卷、座谈等多种形式，征求学员、学员队干部和教员对培训组织形式、培训内容、所安排的课时和教学组织等各个环节的意见和建议。在每次培训班结束后，以教学专题或教学模块为单位，依据教学质量评价结果对教学组织情况进行总结讲评，对于贴近部队、适应岗位任职需求的教学内容，以及受学员欢迎的教学形式、内容和环节继续坚持在下一期培训班继续保留，并适当加大课时；对评价不好的内容，要求自动退出下次培训班的教学环节。另外，还采用了自行申报以及以课程专题模块征集的方式动态补充新的教学内容，要使任职教育教学形成滚动式的动态调整机制，该增则增，该删则删。总之，我们采取了多种办法和形式使培训教学的组织形式更加符合任职教育规律，更加贴近任职教育需要，努力使参训学员在学习期间能达到“学习、研究、创新”等三个能力的迅速提升。

六、结语

经过多年的教学实践，我们在武警部队基建营房干部继续教育培训方面，特别是在创新人才培训体系的构建、教学内容和培训质量的改革创新、培训教材体系建设、建立和完善教学规章制度新等几个方面形成了相对完善，且具有武警特色的继续教育培训机制，取得了比较好的效果。当然，这与军队其他院校乃至全国名校土木工程继续教育的做法相比，还存在较大差距。我们希望借此机会向其他兄弟院校学习，充分借鉴好的做法和经验，进一步深化武警院校改革，实现武警基建营房专业岗位任职培训教育达到健全军队院校教育、部队训练实践、军事职业教育三位一体的新型军事人才培养体系的建设目标，不断提高武警基建营房任职培训教育教学质量、提升培训对象的创新能力和服务部队的水平，从而使武警基建营房工作迈上新的台阶。

参考文献

[1] 李玉明，张永亮，陈锋.转型视域下的武警后勤院校人才培养模式改革[J].武警学术，2014，(3)：41-42.

[2] 毕选生.营房干部任职教育应抓好三个环节[J].武警后勤，2013，(4)：50-51.

[3] 潘丽君.对武警院校任职教育教学理念转换的思考 [J].武警学术，2014，(6)：38-39.

[4] 李玉明，张晓平.构建新型军事后勤人才培训体系　全力推进后勤学院学科建设发展[J].武警学术，2012，(3)：04-06.

[5] 曹学义.武警院校推行“标杆管理”的实践与思考[J].武警工程大学学报，2014，(1)：08-10.

基于"协同学"新建本科院校"学科专业"一体化研究

——以金陵科技学院建筑工程学院"学科专业"建设为例

苏　慧

（金陵科技学院建筑工程学院，南京　211196）

摘　要　针对金陵科技学院"学科专业"一体化建设状况，分析新建本科院校"学科专业"一体化建设中存在的问题，探讨基于"协同学"的新建本科院校"学科专业"一体化建设的协同系统及协调关系，进一步探索建筑工程学院"学科专业"内部、外部的一体化协同建设并提出相应的建设策略，为新建本科院校"学科专业"一体化的协同建设作指导。

关键词　协同学，学科专业，一体化建设

一、"学科专业"一体化建设研究意义

1. 金陵科技学院"学科专业"一体化建设背景

《金陵科技学院2013—2015年专业发展规划》（金院字〔2013〕160号）文中指出：坚持专业导向性，以专业建设为根本，以应用型学科建设为支撑，加快学科专业建设一体化步伐。金院字〔2013〕177号文中指出：坚持"一体化"办学模式，推进应用型专业和应用型学科同步发展，协调发展高等院校的使命在于育人，学校的一切功能都要支持和服务于此。学科与专业的目标都是人才培养，是相互促进的关系。学科与专业要一体发展、同步发展、协调发展，通过应用型学科建设，提升专业建设的"应用型"品质，提升学校的教学、科研、社会服务等功能，提高学生的就业质量。这些相关文件出台，进一步表明我校坚持走"学科专业"一体化办学之路。

目前金陵科技学院现有本科专业44个，形成由1个国家级特色专业建设点、4个省级重点专业类及专业、若干校级重点专业的阶梯式专业建设体系；对于学科建设已有3个省级重点建设学科、5个市级重点建设学科、7个校级重点学科、11个校级重点建设学科，形成了校级、市级、省级阶梯式学科建设体系。金陵科技学院建筑工程学院目前有土木工程、工程管理、城市地下空间、建筑学、城乡规划5个专业，其中，土木工程、城市地下空间为江苏省土木类省级重点建设专业类的专业，建筑学、城乡规划专业为校级重点建设专业，工程管理为院级重点专业；对于学科目前城乡规划规划学学科为省级重点建设学科、土木工程学科为市级重点学科、建筑学学科为校级重点学科，搭建了一个很好的阶梯式专业、学科建设构架。图1为建筑工程学院阶梯式专业建设构架，图2为建筑工程学院阶梯式学科建设构架。

2. 基于"协同学"学科专业一体化建设研究意义

"协同学"（synergetics）是20世纪70年代以来在多学科研究基础上逐渐形成和发展起来的研究协同系统从无序到有序的演化规律的一门新兴学科，是系统科学的重要分支理论，由西德著名的物理学家赫尔曼·哈肯（Hermenn Hake）于1971年提出协同的概念，1976年系统地论述了协同理论，发表《协同学导论》、《高等协同学》等论文。"协同论"认为：千差万别的系统，尽管其属性不同，但在整个环境中，各个系统间存在着相互影响而又相互合作的关系；对于

作者简介：苏慧（1968—），博士，教授，金陵科技学院建筑工程学院副院长，长期来一直从事土木工程教学与研究工作。

基金项目：金陵科技学院2013年校级教育教改研究课题（重点项目）。

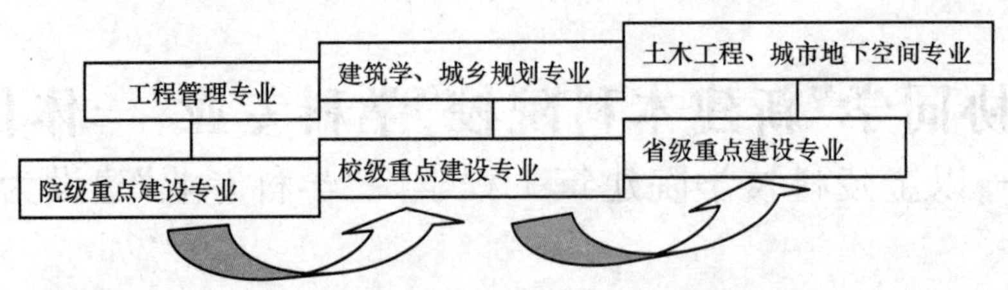

图 1　建筑工程学院阶梯式专业建设构架

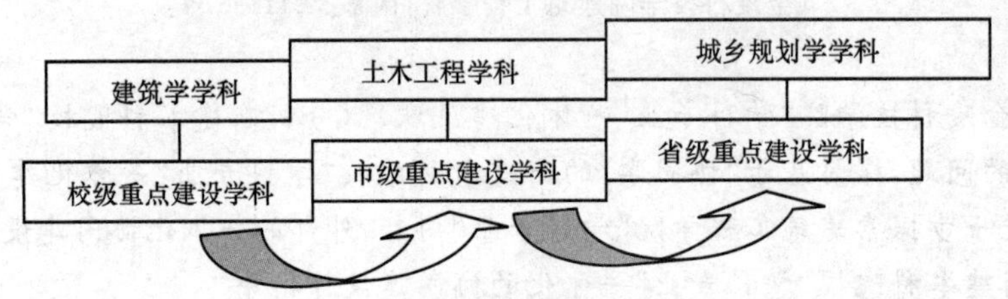

图 2　建筑工程学院阶梯式学科建设构架

一种模型，一方面随着参数、边界条件的不同以及涨落的作用，所得到的图样可能很不相同；但另一方面，对于一些很不相同的系统，却可以产生相同的图样。因此，“协同学”理论提出组成系统的各要素之间，要素与系统之间，系统与系统之间，系统与环境之间都存在着“协同作用”，即合作、同步、协调与互补，而学科和专业之间就存在着这种较强的协同性。

现代大学建设的基本规律是“以学科建设为龙头”，把学科建设作为提升大学实力与水平的重要标志。然而新建地方本科院校，他们专业建设任务繁重，本科专业的设置与建设，是一个从无到有，从有到优，从优到特的过程，他们在抓专业建设的同时，要不要抓学科建设？有人认为，专业建设与学科建设是相互协同的，这不仅有利于专业建设水平创特色，而且也为未来的硕士点的增设提供很好支撑条件。如何把专业建设纳入学科建设的范畴，实施“学科专业”一体化建设，是新建本科院校寻求突破发展，实现上水平、上层次的关键所在。学科专业作为高校人才培养、科学研究、社会服务和文化传承创新的主要载体，是体现高校办学水平和人才培养质量的重要标志。因而，“学科专业”一体化协同建设，对提高学科建设与专业建设协同发展，更好发挥学科建设与专业建设人才培养功能具有重要意义，这也将成为当前深化教育改革的重要内容。

二、国内外研究现状

1. 国外研究现状

国外基本上把学科建设与专业建设和高校的发展问题综合在一起研究。国外的学科建设与专业建设注重使学科与专业对社会经济的适应性，组织建设和机制设置比较灵活，注重学科对专业的支撑与协调，能够多途径地促进学科的交叉与融合、学科与专业资源共享。几乎所有的世界著名大学都是将学科建设与专业建设有机融合在一起，通过学科建设促进专业建设，并靠本科教育扬名于世。

2. 国内研究现状

20 世纪末，我国启动了以学科建设为核心的“985”、“211”工程建设，高校开始注重教学与科研并重，“学科专业”一体化建设的理念逐渐引入到学校的建设发展中。在科研促进教学方面进行了一系列理论研究和实践探索，取得了可喜成绩。但是，对于新建地方本科院校，从专科办学时的专业建设是主体，到本科的“学科专业”一体化建设，这将是一个艰难挑战。

3. “学科专业”一体化建设协同发展存在的问题

老高校“学科专业”一体化建设协同发展主要存在以下问题：

(1) 存在学科建设与专业建设分离的“两张皮”现象。由于学科建设和专业建设划分基点切入口不同，加上缺乏必要理论指导、评价机制上的导向偏差，普遍存在学科建设与专业建设分离的“两张皮”现象。学科建设和专业建设的相对分离，各自为政的局面，部分优秀的学科资源不能够转化为优秀的本科教育资源，专业建设的内涵不能够及时得到提升，从而影响了人才培养质量的提高。

(2) 经验总结较多，理性思考不够。没有形成学科建设与专业建设协调发展的理论体系，没有考虑到学科建设和专业建设的协调发展，从而影响到学科建设与专业建设结合质量。

(3) 缺乏对“学科专业”一体化建设的激励机制的研究。国内学者对学科建设和专业建设的研究主要着眼于学科建设或专业建设管理的单一方面，对学科建设与专业建设协调的动力机制、激励机制、建设环境等研究不多。“学科专业”一体化建设仅仅停留在人才引进、解决实验、开设某些课程等浅层次的结合上，而没有进入到将学科资源真正转化为本科教育资源的深度结合状态。

而对于新建本科院校在“学科专业”一体化建设协同发展中除存在以上问题外，还存在以下矛盾比较突出的问题：

(1) 学科建设存在滞后现象，学科建设、专业建设无法同步发展。然而新建地方本科院校，从专科办学时的专业建设是主体，到本科专业的设置与建设，是一个从无到有，从有到优的过程，而大多数此类院校学科建设是滞后于专业建设的，是经过一段的建设时间之后，才逐渐地协调“学科专业”一体发展、同步发展。

(2) 专业类型呈单一化，专业口径较窄，专业所在一级学科总数偏少，二级学科专业偏科现象较为严重，不能将专业建设与学科建设更好地协调发展。由于专科教育的专业面向具有较强的针对性，其专业口径较窄，目前虽然制定人才培养方案按照宽口径制定，但真正实施仍然沿用以前专科时的方法，甚至有的老师在本科的教学内容不能进行更好地完善，更不要说将此协同到学科建设上。

(3) 新兴、交叉、综合性学科专业发展缺乏力度。理工结合、文理渗透还未深入到学科专业建设和人才培养的各项工作中，有利于这些学科专业生长的制度和机制尚未形成，适应本地区的学科专业偏少，还不能及时反映新兴学科和交叉学科的发展趋势。

(4) 学科专业缺乏特色，学校缺少不可替代性的学科专业。学科、专业体系不完整，学科、专业内部发展很不均衡，缺乏各自的特色，在学科专业建设中，倾向于设置一些雷同的专业，不能错位发展。缺乏明显区别于同类其他院校的特色，缺乏学科、专业建设与经济社会外部环境协同发展。

(5) 师资队伍整体水平偏低，高水平的学科带头人偏少，一些新办专业师资数量严重不足，没有形成学科建设的团队优势。整体科研水平亟待提高，教师的学术研究还要大力加强。承担高层次的科研项目较少，科研成果获奖较少且级别较低。

三、学科专业一体化建设协同探讨

1. 学科建设与专业建设的内在协同关系研究

1) “学科专业”一体化协同系统研究

高等院校是一个由多学科、多专业组成的学科专业建设系统。重视学科建设与专业建设，提高高校的办学层次和水平，是一所高校生存与发展的关键。学科建设和专业建设，分别体现高校的研究职能和人才培养职能，并共同为社会服务。两者虽然各有其特定内涵，却有着非常密切的联系。学科、专业是系统中的主要要素，且学科建设是专业建设的基础，专业建设是学科建设的载体，二者存在着天然的知识链联系，在本质上存在一种共生关系，同时外在也存在一定的协同关系，图 3 为“学科专业”一体化协同系统图。

2）“学科专业”一体化协调关系研究

学科建设与专业建设之间存在着许多内在的协调关系，从学科建设与专业建设的一级、二级评估指标(图 4 为学科建设与专业建设的一级、二级评估指标及其协调关系)可以看出：学科建设与专业建设有着相互结合的动力机制，它们相互渗透，形成合力，共同推进学校办学水平的提高。

学科建设中的高水平的学术队伍与专业建设中的专业定位、人才培养计划的制定是相互优化的；良好的学科水平又促进了人才培养的建设；教学与学科建设平台、学科发展成果等，为专业建设创设一种学术氛围和改善探索研究的环境；将新的科学技术成就和成果及时引入教学内容，形成办学特色和优势；学生参与教师科研，可有效培养创新意识和创新能力。因此，重视学科建设与专业建设的协同发展，以学科建设和专业建设并重，融教学与科研为一体，以学科建设支撑专业建设，带动课程建设，促进科研成果及时转化为教学内容，真正做到以科研促教学，以教学促科研，实现教学与科研的良性互动，才能实现高校办学效益、办学层次和水平提高。

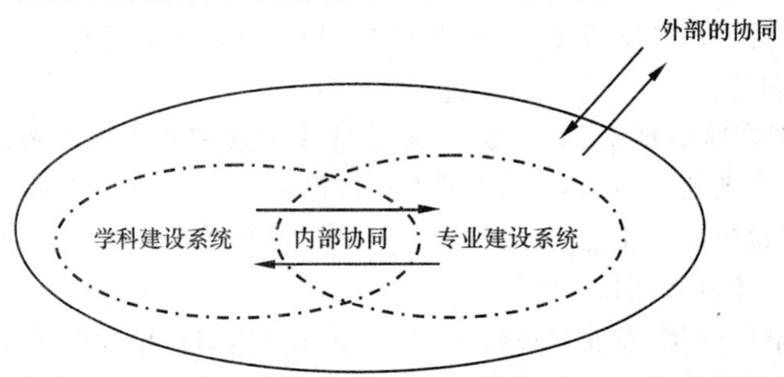

图 3 “学科专业”一体化协同系统图

2. 建筑工程学院“学科专业”一体化建设的协同探索

1）建筑工程学院“学科专业”一体化的内部协同建设

以建筑工程学院形成的阶梯式学科、专业，探讨其“学科专业”一体化协同建设：一是以建筑学的校级重点学科、土木工程市级重点学科、城乡规划学省级重点学科的阶梯式建设学科；二是以工程管理的院级重点专业、建筑学与城乡规划专业的校级重点建设专业、土木工程与城市地下空间的省级重点建设专业的阶梯式专业。其内部协同关系见图 5。由此可见：学科与专业是相辅相成、相互促进的，学科建设与专业建设是协同发展的。

2）建筑工程学院“学科专业”一体化的外部协同建设

(1) 城乡规划学省级重点学科外部协同建设

2012 年 2 月，金陵科技学院城乡规划学学科被遴选为江苏省省级重点建设学科。该学科从全校范围融合了建筑工程学院城乡规划学(含建筑学)和土木工程学科专业、人文学院的旅游管理学科专业、园艺学院的风景园林学科专业、商学院的工商管理学科专业等与城乡规划建设紧密结合的学科知识领域(图 6)。已获得国家和省市级教学与科研奖项十多项，代表性专著和教材几十本，科研成果转化几十项。发表优秀科技论文百多篇。在学科队伍建设、教学、研发平台和研究成果的积累方面具备了较强优势，已为江苏省及南京市经济建设和社会发展做出了重要贡献。学科研究以塑造美好人居环境为统领，以城乡可持续发展为指导，以集约和生态为理念，构筑了特色鲜明研究方向：县域经济与乡镇规划管理方向；城乡生态环境与基础设施规划方向；生态社区与乡镇规划设计方向。

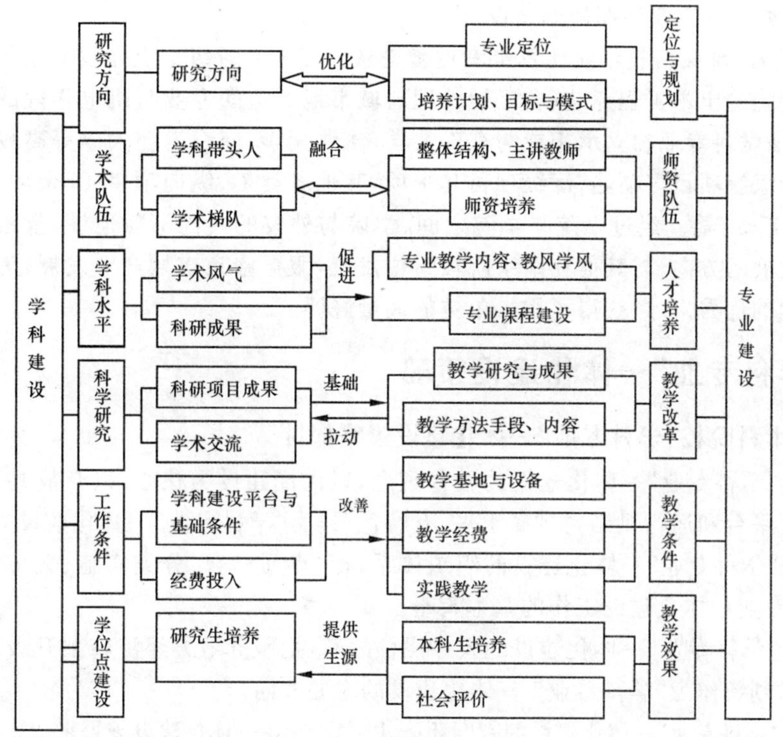

图 4　为学科建设与专业建设协调关系

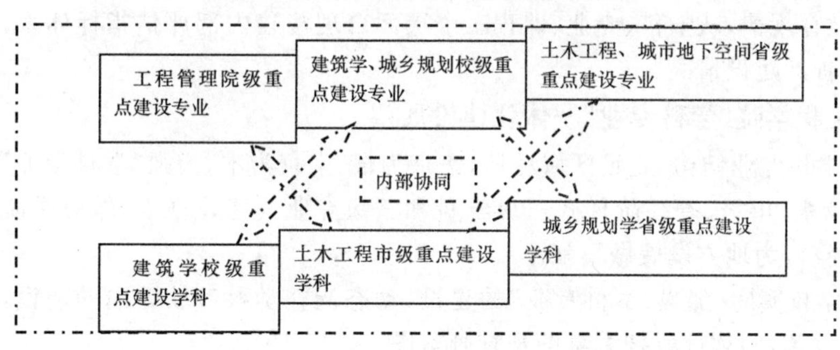

图 5　建筑工程学院“学科专业”一体化的内部协同

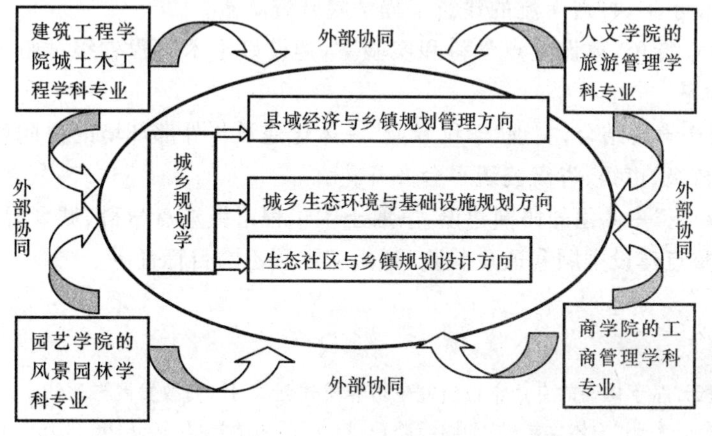

图 6　建筑工程学院城乡规划学省级重点学科外部协同建设

(2) 土木类重点专业外部协同建设

2012年7月,金陵科技学院土木类专业被遴选为江苏省省级重点建设专业类。该专业类整合了建工学院的土木工程专业(含工程管理)、城市地下空间专业与机电学院的楼宇智能专业。近年来,该学科专业独立承担或与东南大学、河海大学、南京工业大学等高校和企业合作承担完成了国家级项目多项,省厅级项目几十项,其他各类横、纵向项目40余项,发表论文百余篇,EI收录近30篇。经过学院与学院之间、学院与外校的共同不断建设,紧跟南京市经济建设和社会发展的方向,与其他在南京院校错位发展,服务南京市域产业发展,为江苏省南京市培养了大批的优秀人才,获得了用人单位的大量好评。

四、"学科专业"一体化建设策略

1. 新建本科院校"学科专业"一体化建设策略探讨

(1) 树立"学科专业"一体化建设的教育理念,以内涵建设为核心,以开放共享为基础,搭建良好的共享平台和运行机制,把"高水平、有特色"作为"学科专业"一体化建设的主要目标。

(2) 构建"学科专业"一体化建设的组织体系,把"点面结合、分类实施、交叉整合、协同发展"作为学科专业一体化建设工作的基本策略。

(3) 坚持"学科专业"一体化建设的人才强校战略,把服务地方经济转型升级、产业结构调整和企业技术创新作为"学科专业" 一体化建设的主要方向。

(4) 创建"学科专业"一体化建设的制度环境,以学科专业一体化建设规划来指导建设工作。

(5) 建立"学科专业"一体化建设的长效评价机制,积极开展学科、专业、课程评估,结合自身特点,遵循教育规律,从学科、专业、课程三个层面合理构建内部评估指标体系,系统地考虑学科、专业、课程的建设情况。

2. 建筑工程学院"学科专业"一体化建设展望

(1) 优化学科专业结构,立足区域经济,南京为根、南京为本,增强"学科专业"一体化协同建设,以学院校级、市级、省级阶梯式三级学科和三级专业为建设规划,做好学院学科专业建设,适应地方经济,为地方发展做贡献。

(2) 结合学校实际,加强"学科专业"的建设,动态调整学科涉软方向的建设,加强涉软专业课程的教学改革,为软件科技大学的规划画蓝图。

(3) 改善师资结构,加强高层次人才的引进与培养工作,加强学科队伍的建设,提升"学科专业"一体化建设水平,打造一流的建筑工程学院师资队伍。

(4) 突出专业特色,建设重点学科和实验室,建设好土木工程省级试验中心,再建一个城乡规划省级实验室。

(5) 强化政产学研结合,实现"学科专业"一体化建设与外部环境的协同创新,做好省级平台的建设,争取校级、市级、省级三级平台齐开花。

(6) "学科专业"一体化的协同建设,争取土木工程市级重点学科、城乡规划学省级重点学科、土木类省级重点建设类顺利通过验收,超额完成预定的目标任务。

参考文献

[1] 梁传杰,张凌云.基于协同的专业学位研究生培养模式创新[J],高教发展与评估,2012,11.

[2] 唐纪良."学科—专业"一体化建设:动因与路径[J].广西大学学报,2008,06.

[3] 姚杰,张国琛.基于协同学理论的海洋高校学科专业建设实践探索[J].高等农业教育,2012,07.

[4] 张德祥.协同创新:全面提高高等教育质量新引擎[N].2012-03-26,中国教育报.

新建本科学校土木工程专业卓越工程师培养实践

陈　伟　周传兴

（攀枝花学院土木与建筑工程学院，攀枝花　617000）

摘　要　卓越工程师计划实践的核心是提高学生的实践能力，介绍了新建本科学校土木工程专业卓越工程师计划的实施方案，理论与实践教学体系的构建，质量保障机制建设，学生选拔过程，集体实践与个别指导结合，实施的阶段性效果，其做法对于同类学校的教学实践有参考意义。

关键词　卓越工程师，新建本科学校，土木工程专业

2010年6月，教育部启动"卓越工程师教育培养计划"，是促进我国由工程教育大国迈向工程教育强国的重大举措，旨在培养造就一大批创新能力强、适应经济社会发展需要的高质量各类型工程技术人才，特点是行业企业深度参与培养过程，强化培养学生的工程能力和创新能力，多层次、多类型开展卓越计划项目，支持不同类型的高校参与卓越计划，高校在工程型人才培养类型上各有侧重。新建本科学校指2000年以后升本的高校，由于该类学校的教学条件不同于重点高校，毕业生就业面向基层一线，因此卓越计划的实施过程有自己特点。攀枝花学院土木工程专业开设卓越工程师班两年来，精心组织，取得了一定成效。

一、明确人才培养规格和标准

建立"面向就业、面向实践、面向一线"的工程教育理念，以社会需求为导向，以实际工程为背景，以工程技术为主线，着力提高学生的工程意识、工程素质和工程实践能力。毕业生可从事土木工程的勘测、设计、施工、经营管理等工作。明确了"卓越工程师培养计划"的人才培养定位、培养目标与途径，为本方案的顺利实施奠定了坚实的基础。

依据《"卓越工程师培养计划"通用标准（讨论稿）》制定出土木工程专业学生应达到的知识、能力与素质要求。要求学生掌握一般性和专门的工程技术知识及具备初步相关技能，初步具备解决工程实际问题的能力，掌握项目及工程管理的基本知识并具备参与能力，具备有效沟通与交流的能力，具备良好的职业道德，体现对职业、社会、环境的责任。

二、与企业合作开展人才培养

1. 制定人才培养计划

包含知识能力体系、知识能力实现矩阵和人才培养方案，明确人才培养定位、模式，重构与整合理论与实践课程体系，改革企业实践教学方式和考核方式，培养出高素质的工程应用型专业人才，用系统的观点看待"卓越工程师培养计划"，在学生的选拔与管理、学生综合素质与能力的培养、行业企业参与、课程设置的整合上下工夫。

重构课程体系，强化基础，开设物理化学课程可以讲授声光热知识。专业核心课程要加入房屋建筑学、工程结构检测，测量、施工组织不纳入核心课程。学生要学习电工学、建筑节能知识、建筑智能化，C语言改为Basic语言，金工实习要加入强弱电内容，将以上内容实践整合成一门综合实践课程。比如学生自己将钢筋焊接后，做拉伸试验，对比分析。重构三门综合课

作者简介：陈伟（1966—），教授，攀枝花学院土木与建筑工程学院院长，主要研究方向为土木工程材料及教学管理。

程：建筑工程建造管理，纳入法规、监理、项目管理内容；现代建筑工程技术，包括施工、建筑智能、辅助设计、节能知识；工程结构检测，包括在建、在役、实时检测。

强化五大实践环节。一是结构实践，包括三个结构设计：混凝土结构的梁板设计、钢结构的门式钢架设计、挡土墙设计；二是管理实践，由工程管理教研室负责；三是工程检测实践，开展超声、回弹检测；四是施工技术实践；五是综合技术实践。以上课程和实践，均编制适用的讲义。

2. 校外师资及企业培养

聘请了二十多名校内外指导教师，开展一对一的指导，每学期轮换指导教师。开展学校企业互动，学校教师、企业相关技术人员授课，学生现场学习，参与工程项目，参与企业的生产与科研实践等方法完成整个企业学习阶段的培养任务。

校企合作，建立现场教学、工程实践、科研实践结合的"三位一体"的人才培养体系，在卓越工程师培养过程中发挥重要作用，符合学生成长规律。在企业进行现场教学，师生参与工程项目实践，参加企业施工方案讨论会议、科技项目申报和评奖工作。

采用"3+1"的培养模式，企业学习阶段时间累计1年。考核方式多样化，学生可以提交实习体会、调研报告、工程分析报告、技术建议、科研报告或论文，也可以提供其他物化成果等。对于土木工程师基本操作技能类，如测量、试验、检测类技能，则由指导教师给出专门评价成绩。

3. 选拔卓越计划试点班学生

由于申请学生多，选择40名优秀学生参加，选拔条件是思想品德好，学习成绩绩点高，身体状况良好，卓越工程师试点班实行动态管理模式，每学期根据学生成绩和表现，实行优生补充和差生淘汰制度。

经过每学期的对比分析，试点班的同学专业理论和实践能力都有提升，明确要求试点班同学理论学习必须达到良好，还要积极参加实践活动。

4. 组织试点班开展形式多样的实习活动

除了指导教师个别指导外，组织的专业集体实践活动有现代钢结构房屋，由设计师举办讲座，参观太阳能游泳馆，了解门式钢架施工技术，外挂花岗石墙面技术，太阳能、空气泵联合加热技术。组织去市建筑工程学校实训中心，开展钢筋工、砌筑工、抹灰工实训。参观山地城市建设技术，如旋挖桩技术、土质锚杆技术、400吨桩基静压测试技术。组织学生参加政府搬迁改造测量工程项目，给学生提出需要学习的各种专业软件，提供各种民用与工业厂房的施工图纸，要求学会识图。

参加创新实验项目。近两年来，攀枝花学院有各级创新实验项目数十项，大部分试点班同学参与试验，部分学生已经熟练掌握应变片粘贴技术，同学们学到不少教学计划以外的专业知识。通过集体性的学习实践，卓越工程师班的学生在工程实践方面获得了更多认识，专业学习兴趣更浓厚。

三、质量保障机制建设

（1）组织保障。成立各层面的各类工作组织，形成层次清晰、工作责任明确的组织保障体系。

（2）制度保障。建立卓越计划下的师资队伍建设制度，建立教师在企业实践的管理制度。项目实施的关键是建设一支满足工程人才培养需要的高水平专兼职教师队伍，切实提高专业课教师中具备企业工程经验的教师比例。制定"教师取得企业工程经历"和"学校聘请企业兼职教师"等一系列制度，以及评价、考核的依据等，这是保证企业教学质量的重要环节。

（3）运行机制保障。建立三个运行机制：一是建立符合教学规律的教学文件审核机制，从工作方案到培养方案，从课程教学大纲到课程教案，从制定到审核，从反馈到修改全过程；二是校企联合培养运行机制，从校企双方的内在需求出发，建立以校企未来共赢的"双向参与，优势互补"的校企联合培养机制，因为合作的企业招收了许多学校的学生；三是教学信息反馈机制，通过教学信息的收集和反馈，使管理层能全面掌握和监控教学状况，及时解决教学中的问题，对教学实施过程及时进行有效调整，保障教学效果和质量。

(4) 教学质量监控。首先要对现有教学质量监控制度进行梳理，建立相对稳定、健全的操作性强的教学质量监控制度，尤其是要建立企业学习阶段的各个教学环节的质量标准和操作规则，要建立包含时间进度、教学任务完成情况、完成质量及质量反馈等内容的监控体系。还要根据企业分段递进式实践教学的特点，采用企业现场考察、学生座谈会、问卷调查、检查作业课程设计、与企业指导教师交流、听取企业反馈等方式，参照现行工程教育专业认证，按照卓越计划的标准实施卓越计划教学质量监控。

四、工程应用型人才培养的经验探索

1. 贯彻“三结合”思想，全方位培养学生工程应用能力

通过理论教学与实践教学结合，保证了学生基本理论培养，通过课程设计、毕业设计、生产实习、工程实践等环节加强学生对知识的运用能力和动手能力；教师科研工作与专业教学工作结合，将科研成果运用与课程教学中，增加了课堂教学的信息量和知识更新速度；注重执业能力与工程基本素养结合，工程基本素养的培养，提高学生在行业内尽快适应工作环境能力，为学生就业奠定基础，执业能力培养，为学生的持续发展奠定基础。

2. 融工程素质和工程能力培养于教学全过程，强化学生工程意识

把工程素质和工程能力培养融入教学全过程，工程教育不断线，使学生尽早进入专业氛围，明确了学习目标，有意识地选择学习内容；全过程工程素质能力培养，符合工程师培养长期性的特点，强化了学生的工程应用能力。

3. 强化学生执业工作能力和持续发展能力，实现“两证一书”目标

在人才培养方案中单独设置执业能力培养体系，注重学生的工程理论和工程实践技能培养，在教学内容上安排行业内注册资格考试必需的内容，为学生未来发展提供知识支撑，要求学生毕业获取一个毕业证书、一个学位证、一个岗位执业资格证，使学生既符合一般本科学生的基本要求，又提高了学生就业竞争力，缩短学生毕业后获取执业资格证书时间，提升了学生的可持续发展能力。

五、结语

卓越工程师计划是一项推进工程教育改革的试点工作，旨在建立与行业、企业、事业单位联合培养人才的新机制，探索具有长久生命力的工程人才培养新模式，增强专业办学优势和特色，提高人才培养质量，

卓越工程师计划的目的是改革高校单一办学模式，建立校企合作办学机制，按照产学合作教育的规律制定出符合经济社会发展的人才培养方案。

卓越计划的关键是建设一支高水平的工程教育师资队伍，改变对工科教师的传统评聘与考核方法，从侧重评价理论研究和发表论文，转向评价工程项目设计、专利、产学合作和技术服务等，改革完善工程教师职务聘任、培训、考核制度，建设一支高水平的工程教育师资队伍。

参考文献

[1] 黄双华，蒲利春，陈伟，等. 产学研合作教育是培养应用型本科人才的有效途径[J]. 科学与科学技术管理，2004(4)：124-126.

[2] 黄双华，张勤，袁瑛. 基于应用型高级专门人才培养的课程体系建设实践探索——以攀枝花学院为例[J]. 攀枝花学院学报，2014(4)：73-76.

[3] 贺利霞，陈伟. 新建本科院校工科专业建设的思考[J]. 中国教育与社会科学，2009(2)：11-12.

[5] 梁仕海. 地方大学对“卓越工程师教育培养计划”的思考[J]. 商品与质量，2014(1)：147.

专业学位硕士研究生培养现状调查与分析
——以广东省部分高校为例

刘　坚[1]　童华炜[1]　崔　杰[1]　黄襄云[1]　周观根[2]　周敏辉[3]

（1. 广州大学土木工程学院，广州　510006；2. 浙江东南网架股份有限公司，杭州，311209；
3. 广东省建筑设计研究院，广州　510010）

摘　要　通过问卷调查的方式，以广东省部分高校为例，对全日制建筑与土木工程领域专业型硕士培养现状进行了研究。主要对全日制建筑与土木工程领域专业型硕士的生源特征、专业型硕士的管理方式、专业型硕士课程的设置与考核制度、在校专业型研究生综合能力和专业型硕士培养的满意程度等几个方面进行了研究。分析了建筑与土木工程领域专业型硕士培养的现状，从中发现建筑与土木工程领域专业型硕士培养的不足，并分析其中原因。为完善建筑与土木工程领域专业型硕士的培养方案参考。

关键词　广东省部分高校，问卷调查，建筑与土木工程领域，专业型硕士，培养现状

一、引言

专业学位研究生的培养目标是掌握某一专业（或职业）领域坚实的基础理论和宽广的专业知识、具有较强的解决实际问题的能力，能够承担专业技术或管理工作、具有良好的职业素养的高层次应用型专门人才[1]。专业型硕士培养是面向专业应运型人才的培养，它更侧重于适应行业要求的科技知识和实践技能的提升。因此，全日制专业学位工程硕士学位必然要求以专业行业需求和实践能力为导向，以培养具备实际服务能力的高端技能知识型人才为核心目标。专业硕士教育以学生需求和市场需求为导向，强调实践而不是理论；强调技能而不是研究；强调培训而不是学术。专业硕士学位培养以专业教育为主导，以终结性教育为主，以实践为导向[2]。

美国是世界专业学位研究生教育最发达的国家。二战后美国专业研究生教育经历了一个快速发展时期，规模迅速扩大，种类不断增加，目前已经成为美国研究生教育的主体。从美国社会来看，很多行业把硕士专业学位看作是进入行业、个人发展提升的重要依据，尤其在工程、工商和教育等领域。其中工程教育涉及明显的职业特征和专业印记，清晰地反映了专业型学位与职业发展、高等院校、政府和社会之间的脉络与关系[3]。

我国是从 1997 年开始进行工程硕士研究生培养，并在 2009 年开展以应届本科生为主的全日制专业硕士学位研究生教育，预计未来十年专业型硕士研究生将占总的研究生比例将超过 60%。同时我国也建立了一些培养专业型硕士的培养模式，如创办科技园、植入式人才培养、衍生企业合作等，这些模式都为专业型硕士培养提供了良好的发展环境，对我国经济的发展也做出的不小的贡献，但仍不能避免我国专业硕士培养起步时间短和发展规模小的缺点，专业硕士培养还存在不少的问题，所以对专业硕士进行调查研究，是解决当前专业型硕士培养存在的问题，优化专业型硕士培养模式必不可少的过程。

作者简介：刘坚（1964—），男，湖南洞口人，教授，博士（后），主要从事钢结构、钢与混凝土混（组）合结构研究及教学研究。

基金项目：2012 年广东省研究生创新培养计划资助项目（12JGXM-MS30）。

二、问卷调查目的、研究对象和研究内容

1. 问卷调查的目的

本次问卷调查的目的是针对我国还不太完善的专业型硕士培养模式进行更深入的了解和认识，并找出其中存在的问题，进一步改进建筑与土木工程领域专业硕士研究生培养模式。

2. 问卷调查的研究对象

这次问卷调查的研究对象分别包括华南理工大学、华南农业大学、暨南大学、广东工业大学、广州大学和深圳大学等广东省六所具有招收建筑与土木工程领域专业硕士资格的高校。

3. 问卷调查的研究内容

(1) 全日制工程硕士的生源特征，包括全日制专业硕士研究生的报考动机、对培养目标的认识、对培养计划的认识、对录取专业的满意度和对就业前景的认识等。

(2) 学校的管理方式，及学生对管理方式的态度的调查。

(3) 学生对学校的专业型硕士的课程安排、考核制度的满意程度。

(4) 调查经过一年或两年的专业硕士培养，学生的能力是否提高，其中包括应用文献能力、计算机应用能力、现场实际操作能力。

(5) 企事业单位对专业型硕士工作的认可度。

4. 问卷调查的研究方法

采用问卷调查的分析方法。结合广东省研究生创新培养计划资助项目，2013 年 11 月—12 月一共走访广东省六所大学，发放调查表 200 份其中华南理工大学（高校 1）40 份、广州工业大学（高校 2）30 份、华南农业大学（高校 3）20 份、暨南大学（高校 4）20 份、深圳大学（高校 5）30 份、广州大学（高校 6）60 份。其中，13 级 100 份，12 级 60 份，11 级 40 份。

三、问卷调查结果及分析

1. 在校研究生对全日制专业型硕士的认知状况

调查在校研究生对全日制专业型硕士的认知状况，有助于了解在校研究生报考专业型硕士的动机，把握学生对未来职业的期望。同时对实行了几年的全日制专业型硕士培养模式在研究生心中的地位做一次评价，为建筑与土木工程领域专业硕士研究生培养模式的完善提供一些借鉴。

1) 现状调查

总体来看，在校研究生对专业型硕士的了解程度有待提高，部分专业型在校硕士研究生对自己的报考动机不够明确。广东省六所高校建筑与土木工程领域专业硕士研究生对专业型硕士培养的理解程度调查见表 1。

2) 原因分析

(1)全日制招生时间短、规模小。我国从 2009 年起，才正式招收全日制专业型硕士研究生。据统计，2009 年我国专业硕士授予人数为 11.74 万人，而据统计，1988—1989 学年度美国专业硕士学位授予数量为 25.99 万人[4]。历经数年，到 2013 年虽然我国专业型硕士报考比例在逐年上升，但距离美国还有很大的差距。

表 1　　在校研究生对专业型硕士的理解程度

学校＼了解程度	相当理解	一般了解	完全不清楚
高校 1	20%	34%	46%
高校 2	21%	28%	51%
高校 3	15%	35%	50%
高校 4	20%	50%	30%
高校 5	11%	30%	59%
高校 6	22%	42%	36%

(2)“重学轻术”的文化传统。目前我国专业型硕士学位教育并没有获得与学术型硕士同等的地位,这种状况与欧美存在很大差别,在欧美国家,高等工程学历比传统的工学硕士学位更难攻读,因而高等工程硕士比传统的工学硕士具有更高的社会地位[5-6]。

2. 学校对专业型硕士的管理方式和研究生对管理方式的态度

学校管理方式的优劣程度直接决定专业型硕士培养的质量,所以对学校管理方式以及学生对管理方式满意程度的调查,不仅可以了解各个学校的管理方式,还可以知道哪一种管理方式更加合理,从而不断改善管理方式,培养出更多更加优秀的专业型硕士研究生。

1) 现状调查

当初全日制专业性硕士培养的实行,教育部规定专业型硕士培养需要采用校内外联合培养,并采用“双师制”[7],但由于种种原因,一些学校并没有做到这一点。对广东省六所高校建筑与土木工程领域专业硕士研究生的管理方式和研究生对本学校管理方式满意程度的调查见表 2。

2) 原因分析

(1) 高校与企业缺乏合作。我国高校注重理论研究分析,企业则注重实际工程创新,已成为广泛共识,两者没有很好地融合在一起,常常导致较深入的理论应用不到实际工程中,从而阻碍了理论的发展,挫伤研究人员的积极性。而早在十九世纪末,在美国功利个人主义文化的影响下,许多企业家成为学校董事会成员,试图改造和控制大学,是高等教育不断创造出有功用价值的知识和用于商业生产的技术专家[8]。加强高校与企业之间的合作,培养建筑与土木工程领域专业型硕士培养是不可缺少的一环。

表 2　　学校的管理方式和研究生对学校管理方式的态度调查

学校	管理方式		满意程度		
	校内管理	校内外联合培养	比较满意	一般	不满意
高校 1	52%	48%	26%	47%	27%
高校 2	56%	44%	29%	43%	28%
高校 3	24%	76%	19%	42%	39%
高校 4	30%	70%	17%	48%	35%
高校 5	41%	59%	21%	40%	39%
高校 6	36%	64%	21%	48%	31%

(2) 专业硕士种类繁多,区分不明确,导致教学和管理上的混乱。专业相关和相近的专业硕士的学校并没有制定不同的培养方案。而早在 1945 年美国 AAU 委员会提议将所有硕士

学位分为四类：文科硕士或理科硕士学位（研究型学位）MAT、教育硕士学位 Med（专业型学位）、技能型硕士学位[9]。所以优化专业硕士学位种类，使培养具有针对性，才能培养出各领域的顶尖人才。

3. 学生对学校课程的安排及考核制度的态度

对学校课程设置的安排、考核制度、在校研究生对这些课程安排和考核制度满意程度的调查，可以了解到学校是否明确区分了专业型硕士和学术型硕士，是否为专业型硕士建立了针对性的培养方案，同时在各学校的这些安排中学生对哪种安排更加满意，也为以后各学校为专业型硕士培养设置课程和考核制度指明了方向。

1）现状调查

就调查来看，一些学校并没有制定适合专业型硕士培养的考核制度，基本是沿用学术型硕士的课程安排和考核制度，这引起那些第一志愿报考专业型硕士研究生的不满意，广东省六所高校建筑与土木工程领域专业型硕士研究生对学校课程安排和考核制度的满意程度见表 3。

表 3　在校研究生对学校课程设置和安排及考核制度的态度调查

学校	满意程度		
	比较满意	一般	不满意
高校 1	22%	39%	39%
高校 2	20%	40%	40%
高校 3	18%	43%	39%
高校 4	22%	32%	46%
高校 5	18%	42%	30%
高校 6	26%	32%	42%

2）原因分析

（1）学分设置存在课程刚性过强，必修课比例过大。

（2）我国目前专业硕士研究生培养方式简单，体现的是“承包责任制”。在校研究生的主体地位未得到充分重视，在校研究生选课的自主权、选择权很小，缺乏弹性[10]。

（3）学校过分注重理论研究。理论研究要有较丰富的理论知识为依托，学校为研一新生安排了大量的课程，而忽略了工程实践对研究生的重要性。从广东省的六所高校调查中可知，超过一半学校研一新生课程比大学本科还要多。

4. 关于学生应用文献能力、计算机应用能力和现场的实际操作能力调查

我国全日制专业型硕士培养从 2009 年起到 2013 年已经走过了四个年头，发现了很多问题，同时也解决了许多问题。这里通过对建筑与土木工程领域专业型硕士研究生的一些综合能力调查，可以对专业型硕士培养模式进行一次评价。看建筑与土木工程领域专业型硕士是否真正的达到了培养的目的，同时也能发现一些存在的问题，为以后完善建筑与土木工程领域专业型硕士培养方案提供更有针对性的意见。

1）现状调查

通过问卷调查发现，在校研究生自主学习能力、科研能力有了明显的提高。但是一些在校研究生的学习范围，仅局限在学校，没有实际工作经验。对广东省六所高校建筑与土木工程领域专业型硕士应用文献能力、计算机应用能力、现场实际操作能力的问卷调查见表 4。

表 4　在校研究生应用文献能力、计算机应用能力、现场实际操作能力等综合能力调查表

学校＼能力变化程度	应用文献能力			计算机应用能力			现场实际操作能力		
	提高	没提高	下降	提高	没提高	下降	提高	没提高	下降
高校 1	65%	33%	2%	68%	20%	12%	42%	47%	11%
高校 2	70%	23%	7%	72%	21%	7%	40%	48%	12%
高校 3	82%	15%	3%	77%	18%	5%	38%	50%	12%
高校 4	67%	20%	13%	62%	19%	19%	41%	50%	9%
高校 5	77%	22%	1%	61%	23%	16%	42%	53%	5%
高校 6	81%	17%	2%	72%	20%	8%	36%	57%	7%

2）原因分析

（1）课程体系的灵活性和动态性不够。目前全日制专业型硕士都是沿用工学硕士的课程设置，还没有形成独立的课程体系，这样就造成两者大同小异。同时，学生在选课上受限于导师，并不能选择自己真正感兴趣的科目，没能很好调动研究生从事科研的积极性。

（2）“双师型”队伍欠缺。在专业学位人才培养环节中，师资队伍的配备和完善是确保专业学位人才培养实现的重要资源和条件。从调查的建筑与土木工程领域专业型硕士研究生中可知，在专业硕士学位教育指导教师中，占比例最大的是由学术型学位指导教师兼任，但很多指导教师并没有从事过工程实践的经验，他们在专业知识的教授中，能够满足要求，但不能满足专业硕士的职业性和技能型教育的要求。

5. 企事业单位对专业型硕士的认可度

对企事业单位对专业型硕士认可度的调查是检验我国近几年专业型硕士培养是否成功的最重要指标之一。从调查中听取企事业单位的看法和建议，对优化专业型硕士培养模式更有针对性和说服力。

1）现状调查

就学术型硕士和专业型硕士谁在工作中更具有创造性，竞争性的问题。调查了十家广东省的用人单位，有四家用人单位认为没有明显区别，三家用人单位认为学术型的好，两家企业认为专业型的好，还有一家说他们没有招收过专业型的硕士研究生。

2）原因分析

（1）有 40%的用人单位认为专业型硕士和学术型硕士没有明显区别，更加突出了我国就专业型硕士培养没有提出针对性的培养模式，同学术型硕士并没有明显的区分。一方面是由于我国专业型硕士培养发展时间短和规模小造成的原因，另一方面学校对建筑与土木工程领域专业型硕士研究生培养模式改善的过于滞后，才是阻碍了优秀专业性硕士培养的最主要原因。

（2）学校与企业缺乏联系。我国学术创新与工程实践应用不接轨，是不争的事实，国家每年投资巨资用于高校学术研究，也创造出了非常前沿的科学理论和技术产品，但用到工程实际却寥寥无几。专业型硕士是以培养出应用型人才为核心目标，但高校不与企业紧密联系，只是在学校进行学术研究，专业硕士研究生现场实际操作能力又如何能提高，培养出优秀的应用型人才又谈何容易。

四、专业型硕士研究生培养改进想法

从上述问卷调查中，全日制建筑与土木工程领域专业型硕士研究生培养面临的问题，并深刻分析其中的原因，必须改革建筑与土木工程领域专业型硕士研究生培养模式和培养方案，其

主要改革方式应注重以下几点：

(1) 需提高全日制建筑与土木工程领域专业型硕士研究生的社会认可度。

(2) 促进师资转型，建立健全的"双导师"制。

(3) 建筑与土木工程领域专业型硕士研究生课程设置，应突出应用型。

(4) 加强校企合作，建立建筑与土木工程领域专业型硕士研究生校外实践实习基地。

(5) 严格把好全日制建筑与土木工程领域专业型硕士研究生学位论文质量关。

五、结语

通过问卷调查和对调查结果的分析，不难发现，尽管我国专业型硕士教育从无到有、从小范围试点到逐步铺开，已经呈现出良性发展的积极态势，为社会主义现代化建设培养了一批高质量的应用型人才。但存在的问题仍然不容忽视。因为原有的单一的学术型学位培养模式已经不能适应行业对于高层次应用型人才的要求，我国才优化硕士研究生招生结构，调整硕士研究生培养目标，以培养高级应用型、复合型和高层次专门人才为宗旨的全日制专业学位硕士研究生。但是目前的专业学位研究生培养模式不能完全适应研究生的培养，甚至许多学校没有一套适合培养专业硕士的培养方案，导致专业硕士的培养没有达到预期的目标。所以应从提高专业学位硕士的社会认可度、课程设置、校企合作、校外学习实践基地建设、专业型硕士研究生学位论文和建筑与土木工程领域专业型硕士研究生培养模式等多个环节进行改进和完善，以满足全日制专业学位硕士研究生培养的需要，为社会提供合格的高级应用型人才。

只有直面问题，借鉴国外先进的培养模式，从宏观和微观上不断改善专业型硕士的培养机制，才能适应社会发展的需要，真正促进建筑与土木工程领域专业型硕士研究生教育的健康发展。

参考文献

[1] 教育部.关于做好全国制硕士专业学位研究生培养工作的若干意见[S].北京：教育部，2009.

[2] Judith Glanzer. The masters degree: tradition, diversity, innovation [M]. Washington D. C.: Association for the Study of Higher Education, 1986:84.

[3] 徐萧宇.美国高等工程教育对我国全日制专业型硕士的启示[J].科协论坛，2013(2):166.

[4] Clifton F Conrad, Jennifer C. Haworth, Susan B. Millar. A silent success: Master's education in the United States[M]. The Johns Hopkins University Press, 1993: 20.

[5] 张海英，韩晓燕，郑晓齐，等.关于我国工程硕士培养现状的调查报告[J].高等工程教育研究，2006(3): 15-19.

[6] 张海英，汪航.我国工程硕士专业学位教育发展若干问题分析[J].清华大学教育研究，2007(5):63-68.

[7] 王英杰.美国高等教育的发展与改革[M].北京：人民教育出版社，2002: 169-170.

[8] Association of American Universities. The Master's Degree[J]. Journal of Proceedings and Address, 1945, 46:124.

[9] 彭静.新时期"以人为本"视野中的研究生培养[J].我国高教研究，2006(2):44-46.

[10] Sendicle A. Aspects of the UK and USA Experience of Accreditation and Registration for the Engineering Profession, Seminar Report[R]. Shanghai: Tongji University, 1994:74.

工程硕士研究生人才培养“2461”模式的实践

黄林青　唐海星　于桂宝

(重庆科技学院建筑工程学院,重庆　401331)

摘　要　以工程实践能力培养为核心,服务国家特殊需求专业学位研究生培养是国家高等教育改革必然选择,“双主体、四结合、六共同、全过程”工程硕士培养模式正顺应了工程硕士研究生教育改革要求,该教育模式有利于提高学生的综合素质和竞争能力。

关键词　硕士研究生,人才培养模式,工学结合

一、引言

研究生教育是国家培训高层人才的主要方式,它肩负着培训创新人才的重任。在实施科教兴国战略,提高国家的综合国力中具有举足轻重的地位[1]。“人才培养模式”是指在一定的现代教育理论、教育思想指导下,按照特定的培养目标和人才规格,以相对稳定的教学内容和课程体系、管理制度和评估方式,实施人才教育的过程的总和。

实践是理论联系实际的有效途径,是诱发研究生潜在创造能力的有效方法。在实践活动中,研究生将面临各种各样的没有现成答案的问题,这就会促使他们创造性地运用理论去寻求解决办法,从而发展多种能力。国外的研究生教育一直十分注重实践课程。因此,应设置一体化课程。研究生教育是知识传播、生产和转化的完美结合点,科学技术—试验—生产一体化课程则是研究生教育面向经济和社会建设主战场的积极回应[2]。

二、工程硕士研究生人才培养的“2461”模式

重庆科技学院是2004年升格的地方普通本科院校,顺应国家的经济快速发展的需要,学校于2011年取得国家急需要才工程硕士的培养资格。学校积极探索工程硕士的培养模式,改变传统硕士研究生培养方法,提出“2461”工程硕士研究生的培养模式,以工程实践能力培养为核心,服务国家特殊需求。工程硕士研究生培养有其三个重要特点:一是体现在培养目标上,即项目独特、行业特殊和特别关爱;二是体现在培养类型上,侧重培养动手能力,体现在研究生能实战和高技能上;三是体现在培养模式上。因此,学校在工程硕博人才培养上全面实行的“2461”人才培养模式,即双主体(学校,企事业/政府部门)、四结合(科教结合、工学结合、学做结合、内外结合)、六共同(招生就业、培养方案、师资队伍、实施教学、考核评价、管理制度)、全过程(职业道德教育贯穿人才培养全过程、企业参与人才培养全过程)。

1. “双主体”有利于发挥学校和企业各自的优势

1995年美国国家科学、工程与公共政策委员会发表的《重塑科学家和工程师的研究生教育》(Reshaping the Graduate Education of Scientists and Engineers)指出[3]:大学教师的培养不再是研究生教育的主要目标。社会的发展呼唤新的哲学博士,他们不仅能够在科学技术上不断取得进步,而且具有较强的适应性和变通性。该报告强调:科学和工程的研究生教育不仅是提供发展科学和工程力量的基础,还要达到以下要求:①满足那些日后不从事科研和学术工作的学生需要;②提供更多的学术选择,以避免过度的专门化;③促进政府和其他工作部门人

作者简介:黄林青(1963—),福建人,教授,主要从事建筑工程安全管理方面的研究。

员的交流，人际和团队合作技能。

校企双方互相支持、互相渗透、双方介入、优势互补、资源共用、利益共享，是实现研究生教育现代化，促进生产力发展，使教育和生产可持续发展的重要途径。随着学校教育教学改革的不断深入，研究生人才培养的方向性和针对性更强，在保证人才培养质量的情况下，大大缩短了人才培养周期。

校企合作模式是已经被发达国家实践证明了的一种培养高技能人才的成功模式。目前，重庆科技学院作为办学主体，发挥自身优势，主动寻求校企合作的切入点，是校企合作的主要途径。在夯实教学质量的同时，重庆科技学院主动走出去，向企事业/政府部门宣传学校的特色，推介学生，经常请企事业/政府部门领导到学校来，了解学校的真实情况，感受学校的文化氛围，展示自己办学的成果，寻求与企事业/政府部门合作的机会。

校企双方领导平时可互通信息，保持经常性联络。学校可主动为企事业/政府部门服务，比如，政府部门有骨干培训班，对于部骨干的行政管理技能和专业知识进行培训，学校可以为其提供师资、教室、教学设施，还可以为其文体活动提供场地。由学校专业带头人和企业技术人员组成的研究小组探讨本校研究生的培养方案。遵循“企事业/政府部门需要什么人才、我们培养什么人才”的办学理念和“企事业/政府部门需要什么，我们教什么”的教学理念，及时修订在校研究生课程设置和教学模式。

2. “四结合”创新人才培养模式

(1) 科教结合有利于办学机制改革，培养拔尖创新人才。

科教协同育人是探索拔尖创新人才培养模式，实现资源共享、合作双赢、开放发展的有效途径，是我校教育教学改革和科研发展的重要推动力。高校育人传统和学科门类齐全与科研院所丰富的科研资源和高水平科研队伍优势互补。

(2) 工学结合是一种将学习与工作相结合的教育模式。

工学结合是指学生在校期间不仅学习而且工作，也就是半工半读。这里的工作不是模拟的工作，而是与普通职业人一样的有报酬的工作，因为只有这样，学生才能真正融入到社会中得到锻炼。学生的工作作为学校专业培养计划的一部分，除了接受企业的常规管理外，学校有严格的过程管理和考核，并给予相应学分。

(3) 学做结合强调全人、全面发展，立足于全体学生的发展，坚持不落下一个学生，要照顾到每一个学生的发展。

把“立德树人”作为教育的根本任务，是大力推进社会主义核心价值体系建设的战略要求。[4]注重研究生的全面发展，在学习知识能力的同时，先要学生学会做人，把学做人作为教育学生的第一要务。在每一级研究生开学之初，重庆科技学院会开展研究生入学教育讲座，如“专业与职业道德教育”、“学术道德与学风建设”等一系列专题教育，使刚入学的同学深切体会到学习知识的前提是学会做人。

(4) 校内、校外结合共同培养工程硕士研究生。

校内导师的主要角色是进行学业指导、提供学科专业科研资源与平台、充当联系学生和合作单位的桥梁。学业导师参与招生并指导学生，同时在课程设置的更新和专业学科的发展过程中发挥重要作用。由于理学专业硕士的特殊性，学业导师队伍通常是多学科的。

校外导师一般是参与产学研合作的企业、政府、非营利组织中与理学专业硕士项目专业领域相关的、有丰富的实践工作经验背景的专家，这些专家一般在理学专业硕士实习期间对其进行指导。在实习期间，培养单位会和校外导师保持有规律的联系，并根据反馈情况不断进行调整，保证实习的顺利进行和项目的良好发展。校外导师所在部门一般都会为学生提供实习职位，举办一些研讨会，支持学生结合工作实践大胆探索相关研究项目。

3. “六共同”合理培养制度

一是专业的设置符合经济和行业发展的需要；二是培养目标、培养计划的制定，要按照行业职业（岗位）能力标准和企业对人才的能力要求来确定学生的知识、能力、素质结构，企业参与人才的培养，尤其是在实践能力和职业素质的提高等方面；三是合理选择教学内容和教学模式，培养真正创新型人才；四、研究生教育采用“双导师”制，学校为每名在校研究生配备两名导师，即校内导师和校外导师，共同指导在校研究生的学习与生活；五、采用“双及格”制度，是指课程平时成绩部分和期末考试部分都要及格（以百分制计的60分及以上），对在校研究生提出更高要求，有利于研究生的全面发展。

4. “全过程”培养高素质人才

（1）职业道德教育贯穿人才培养全过程。职业道德是所有从业人员在职业活动中应该遵守的基本行为准则，是社会道德的重要组成部分，是社会道德在职业活动中的具体表现，是一种更为具体化、职业化、个性化的社会道德。建设良好的道德，可以反作用于经济基础，对于提高服务质量，建立人与人之间的和谐关系，落实为人民服务的宗旨，纠正行业的不正之风都具有其他手段不可替代的作用。在现实社会中，无论从事何种行业，都无高低贵贱之分，都是社会中的从业人员，是作为社会中的一分子进行活动的，都具有社会意义，同样具有社会责任感、使命感和光荣感。作为一名高素质人才，职业道德教育是必不可少的，使每位同学明白职业道德的重要意义，为将来的工作、就业打下良好基础。

（2）企业参与人才培养全过程。每个新学年之前，学校都要按照企业用人计划与标准，与企业一起商定招生专业和数量，一起考核录取新生，实行招生与招工相结合。学生前两年在校进行教学实习，第三学年到公司直接顶岗，学生都要逐岗轮换。学校与公司共同制定和编写了一些专业的教学计划、教学大纲和教材。学校与企业分工承担教学任务。文化课和专业理论课教学主要由学校负责，校内外学生实习训练主要由公司负责。学校与公司定期召集双方的人员，一起研究教学、实习工作，协调和解决有关问题。

三、结语

研究生人才创新教育模式从根本上说是培养具有创新能力的高级专门人才，研究生教育必须把培养研究生的实践将学习与工作结合在一起的教育模式，工学结合主体是学生，它以职业为向导，充分利用学校内外不同的教育环境和资源，把以课堂教学为主的学校教育和直接获取实际经验的校外工作有机结合，贯穿于学生的培养过程之中。这种教育模式的主要目的是提高学生的综合素质和就业竞争能力，同时提高学校教育对社会需求的适应能力[5]。

参考文献

[1] 张红，黄立丰．论实践性教学与研究生能力培养[J]．文教资料，2008，1.

[2] 赵婉清．关于我国研究生课程建设的几点思考[J]．黑龙江高教研究，2004，8.

[3] 科学、工程与公共政策委员会等．重塑科学家和工程师的研究生教育[M]．高亮华，等，译．北京：科学技术文献出版社，1999.

[4] 袁贵仁，思想理论教育导刊记者．深入学习贯彻党的十八大精神 把立德树人作为教育的根本任务——访党的十八大代表、教育部党组书记、部长袁贵仁[J]．思想理论教育导刊，2013，1.

[5] 陈解放．“产学研结合”与“工学结合”解读[J]．中国高教研究，2006，12.

校企联合培养全日制专业学位研究生模式探讨
——以西南科技大学建筑与土木工程领域为例

邹国荣　姚　勇

（西南科技大学土木工程与建筑学院，绵阳　621010）

摘　要　企业是培养专业学位研究生的重要平台，分析了学校与企业进行合作，建立健全联合培养全日制专业学位硕士研究生的机制，充分发挥校企双方各自优势，全面提升全日制专业学位研究生的培养质量。

关键词　专业学位，校企合作，研究生培养

2007 年，国务院学位委员会第 23 次会议提出，要适应经济社会发展需要，宏观设计，总体规划，积极发展专业学位教育，积极探索和建立中国特色的专业学位教育制度。2009 年，教育部决定扩大招收以应届本科毕业生为主的全日制硕士专业学位范围。2010 年，《国家中长期教育改革和发展规划纲要（2010—2020 年）》中列入发展专业学位研究生教育。这表明，一直以来，硕士专业学位研究生教育一般不招收应届毕业生并以在职攻读学位为主的局面改变了，进入到了研究生招生的主渠道，成为研究生教育的重要组成部分，从而确立了专业学位研究生教育在整个研究生教育中的重要地位[1]。

专业学位是针对社会特定职业领域的需要，培养具有较强的专业能力和职业素养、能够创造性地从事实际工作的高层次应用型专门人才。因此，学校与企业加强合作，共同培养全日制专业学位硕士研究生非常重要。

一、建立实践基地，实现资源共享

专业实践是专业学位研究生教育的重要教学环节，充分的、高质量的专业实践是专业学位研究生教育质量的重要保证，在提高专业学位研究生的职业素养、实践研究与创新能力方面发挥着重要作用。实践基地是实现专业实践教学的重要依托，是各专业学位类别或领域与一个或多个合作单位（企业、科研单位等）共同建设的校外研究生培养基地。

以西南科技大学建筑与土木工程领域专业学位点为例，学校与生产企业、建筑施工企业、施工监理单位、建筑设计单位等合作建立了 10 余个校外实习基地。校外实践基地遵循逐步推进的原则，逐步地加强学校与具有实力和特色的企业的联系，使之成为我校实习基地。派遣研究生实习，逐步与企业开展了多项合作，对于愿意长期接纳研究生实习的企业，经校企双方签订协议，成为挂牌的校外实践基地。挂牌以后，学校进一步与企业建立深层次的合作关系，双方在人才培养、科学研究、技术创新、技术开发及推广、设备支持、研究生就业等各个领域开展合作，建立学校与企业的产学研联合体。同时，学校引进企业联合共建校内实践基地，构建社会服务、人才培训、科学研究一体化的综合型实践平台。

除了积极建立校外实践基地外，学校及学院还努力引进具有相关领域资质和潜力的企业入驻学校国家大学科技园，将企业实验室建在校内，校企共享资源。

作者简介：姚勇，1972 年 2 月生，教授，博士，西南科技大学土木工程与建筑学院，副院长（主持工作）。

通过校企合作建立实践基地，学校为专业学位硕士研究生培养搭建了实践平台，提高学生的实践能力。而企业通过与高校的合作，可以充分利用学校的智力资源，为企业的技术创新、技术开发等提供了保障。

二、加强队伍建设，实行“双导师”制

长期以来，我国研究生教育主要是以学术型研究生教育为主，师资结构较为单一，指导教师多数是以理论研究为主。而专业学位是为培养在专业和专门技术上受到正规的、高水平的训练的，在专门技术上做出成果的高层次人才，所授学位的标准应反映该专业领域的特点和对高层次人才在专门技术工作能力和学术上的要求[2]，因此，全日制专业学位研究生的指导教师必须有来自企业等有实际工作经验工程技术人员，研究生的指导工作由校外有丰富实践经验的指导老师和校内指导老师共同负责学生的学习、培养、实践、论文等各个重要环节，以利于提高培养对象的学术水平和他们的实践动手能力[3]。

西南科技大学长期以来非常重视专业学位导师队伍的构建，从学校董事单位及合作单位聘请了多名相关学科领域的专家、学者和实践领域有丰富经验的专业人员，共同承担专业学位研究生的培养工作。在校外合作导师的选聘过程中，结合学科发展需要及对方单位需求，选聘在行业内具有一定影响力的专家担任合作导师，在保证专业学位研究生培养质量的前提下，促进学校与董事单位及合作单位的深度合作。

三、建立评价体系，掌控培养质量

在校企联合培养专业学位研究生过程中，坚持以学校为主、企业为辅的原则，校内外导师共同负责，学生在企业完成实践学习。因此，建立健全合理的教学科研评价体系对提供研究生培养质量尤其重要。

首先，充分发挥导师的作用，将校内导师的理论优势和企业导师的实践优势相结合，共同制度研究生的培养计划，保证专业学位研究生实践能力的培养。其次，制度合理的实践基地管理办法，对实践基地进行有效的管理，包括人员管理、经费管理、科研成果管理等。基地管理办法由校企共同制定，主要由企业负责实施。学生根据选题进入基地进行实践训练，企业导师负责学生实践质量考核，校内导师进行监督，学校定期检查学生任务完成进度和质量。再次，建立健全研究生导师队伍建设评价体系。研究制定研究生导师队伍建设的评价标准，定期开展评估工作。建立科学的研究生导师评价考核办法，实行研究生导师定期述职制度，对研究生导师的业务水平、科研情况以及培养研究生的情况等定期进行考核。

全日制专业学位研究生的培养有别于学术型研究生和在职研究生的培养，是一项复杂的系统工程，需要进一步的积极探索和实践，改革传统的培养方法和培养模式，建立适合全日制专业学位研究生培养的有效途径和方法，真正培养出能够满足服务地方经济发展和行业创新发展的优秀应用型专门人才。

参考文献

[1] 黄宝印. 我国专业学位研究生教育发展的新时代[J]. 学位与研究生教育，2010(10):1-7.

[2] 黄宝印. 我国专业学位研究生教育发展的回顾与思考(上)[J]. 学位与研究生教育，2007(6):4-8.

[3] 孟红艳，谢媛. 专业学位研究生教育发展现状及对策分析[J]. 继续教育研究，2011(5):108-110.

B 教学方法改革

基于 CDIO 理念的土木工程卓越人才培养

何浩祥

（北京工业大学城市与工程安全减灾教育部重点实验室，北京　100124）

摘　要　如何针对土木工程学科的特点及需求制定合理的培养目标和优化教学模式，从而实现“卓越工程师培养计划”具有重要意义。基于 CDIO 的工程师人才培养模式的提出及其细化大纲为土木工程教育科研改革提供了有益参考。结合土木工程实验教学的特色，对基于 CDIO 的工程师人才培养理念、内涵及实现方式进行了研究和探讨。基于先进教育平台的 CDIO 实践将为土木工程卓越人才培养提供了强有力的技术支持。

关键词　CDIO，卓越工程师，能力培养，土木工程

土木工程是建造各类工程设施的科学技术的统称。土木工程建设是国家的基础产业和支柱产业，成为开发和吸纳我国劳动力资源的一个重要平台，由于它投入大、带动的行业多，对国民经济的消长具有举足轻重的作用。改革开放后我国国民经济的持续高涨，土建行业的贡献率达到 1/3，近年来我国固定资产的投入接近甚至超过 GDP 总量的 50%，其中绝大多数都与土建行业有关。现代土木工程早已不是传统意义上的砖瓦灰砂石，而是由新理论、新材料、新技术、新方法武装起来的为众多领域和行业不可缺少的大型综合性学科。由此可见，土木工程是实践性极强的应用型学科，在经济建设快速发展中，面临着对能力卓越的土木工程专业人才需求极为旺盛的局面。但也应看到，我国的土木工程学科建设及教育教学仍然存在诸多问题与不足，如学科构成不尽合理、教学手段及知识更新能力比较落后、实践环节执行力不强、对学生的创造力培养不足等，亟须进行提高和改革。

“卓越工程师培养计划”是个重大教育改革计划，其目标是培养造就一大批创新能力强、适应经济社会发展需要的各类高质量工程技术人才，为国家走新型工业化发展道路、建设创新型国家和人才强国战略服务[1,2]。如何针对土木工程学科的特点及需求制定合理的培养目标和优化教学模式；如何加强实践教学环节的改革和建设，培养出具有工程能力和创新能力的卓越土木工程师，是目前土木工程专业本科及研究生教育需要重点研究的内容。

近年来，国内外学者普遍意识到：高等学校的教育、教学改革应将培养学生自主学习、自主实验、自主创新能力作为重要课题进行探索和研究。在此基础上发展起来的基于 CDIO 的工程师人才培养模式的提出及其细化大纲无疑为土木工程教育科研改革提供了有益参考。与此同时，随着计算机软硬件技术及网络技术的迅猛发展，土木工程在教学媒介、实验平台、软件使用及研发等方面有了极大的进步，基于虚拟实验室的教学研究平台，基于云计算的教育云平台等理念不断地被提出并付诸实践，这为土木工程卓越人才培养提供了强有力的技术支持。本文结合土木工程实验教学的特色，对基于 CDIO 的工程师人才培养理念、内涵及实现方式进行了研究和探讨。

CDIO 是 2001 年美国麻省理工学院联合瑞典三所顶级工科大学合作开发的一种新型工程教育模型，代表着工业产品从构思（conceive）、设计（design）、实现（implement）到运作（operate）的生命周期[3-4]。理念是充分利用大学学科齐全、学习资源丰富的条件，尽可能地接近工程实际，以技术、经济、企业和社会的团队综合设计大项目为主要载体，结合专业核心课程的教

学，让学生带着解决工程问题的追求进行课程学习，使学生在理论知识、个人素质、发展能力、协作能力以及集社会历史、科技为一体的大系统适应与调控能力方面得到全面的训练和提高。特色是提出“以能力培养为目标，以各种知识为载体促进能力培养的新模式”的概念，并且列出了现代工程师所必备的各个层次的能力要求，包括技术知识和推理能力，个人的职业技能和职业道德，团队协作和人际交往能力，在企业和社会中构思、设计、实施和运行系统的能力，以科学的培养模式全面系统地提高学生的综合素质。

基于上述理念提出的CDIO细化大纲汇总了当前工程学所涉及的知识、技能及发展前景等，并制定了工程教育的教育目标。它成为现代工程师必备的工程知识、技能和态度的一个汇编，在本质上包含了大学工程教育所需求的文档。CDIO大纲主要包括三大部分：技术知识和分析能力，个人职业技能及处理人际关系的能力。大纲的内容可以概述为培养工程师的工程，明确了工程师的培养目标是为人类生活的美好而制造出更多方便于大众的产品和系统。据此，大纲要求工程院系的毕业生要能掌握工程原理，能致力于工程产品的改进，能够发展成为一个适应现代化工程需求的合格工程师[5]。

可以看出，基于CDIO的培养模式在理念、目标及实现手段等许多方面与我国提出的“卓越工程师培养计划”不谋而合，且在某些方面更详细可行。基于CDIO的培养模式对我国土木工程教育改革的启示主要有：

(1) 在加强土木工程专业基础教育的同时，也要关注工程实践，加强实践环节。

在高等教育中，鼓励及督促学生学好和掌握基础知识及本专业要求的基础课程是十分重要的。重“术”而轻“道”是土木工程教学中的常见弊端。没有扎实的基础知识，所谓的人才在职业发展中后期很难理解更为复杂或高深的应用技术，这对于将来的职业发展和提高都将是一个巨大的障碍。同时，在科技发展日新月异的今天，应用领域里很多看似高深的技术及应用在几年后就会被新的技术或工具所取代，只有掌握扎实的基础知识才可以终身受用。

另一方面，知识可以来源于文本，但能力和素质往往只有在实践中才能养成并不断提升，各种教学实践环节对于培养学生的实践能力和创新能力尤其重要。由于当前的教学实践环节非常薄弱，严重制约了教学质量的进一步提高。要培养高素质的人才，就必须高度重视这个环节。

虽然我国高等工科院校学生的基础知识掌握得比较扎实，但工程实践能力较差。因此，高等工科院校要建立和完善教学实践体系，制订合理的教学实践方案，拓宽教学实践范畴，整合教学实践资源，保证教学实践时间，加大教学实践的经费投入，下大力气巩固、扩大和发展校内外各类实习基地。

(2) 针对土木工程的学科特色，积极开展虚拟实验室的建设。

中国工程院院士左铁镛教授曾经说过：“实验室是学校的半壁江山”，反映出实验室建设对学校的用和在建设一流大学过程中的地位。学校应该以培养学生的创新能力为目标，以创新实验为手段，以全过程开放为原则，建立创新实验基地，鼓励大学生特别是研究生“自选项目、自主设计、自己动手、自由探索”，进行创新实验。

与此同时，也应看到大部分高校实体实验室的资源和空间有限会造成部分学生的需求不能得到充分满足的问题，需积极开展虚拟实验室的建设工作。虚拟实验室需具备两项主要功能：一是以土木工程试验为主要需求的试验模拟功能，该部分在材料和力学的分析基础上进行场景渲染仿真和三维动画实现，使学生能够利用基础知识实现虚拟的操作并观察试验现象、记录试验数据、撰写试验报告，并在此基础上不断提升对教学试验及科研试验的感受和技能，既节约成本又开阔视野。二是以精细化有限元分析为技术平台的科研功能，该部分一般以通用商用有限元软件和自主研发的开源软件为主，主要实现精细化建模、友好的界面操作及精确的计算和结果显示，目的是让学生真正实现 CDIO 的构思、设计、实现和运作四个流程，既能体会到知识、技能和创意带来的成就感又能实现与实际工程的密切结合，促进产学研的综合发展。

(3) 针对不同层次的需求，注重人才的多样化发展。

土木工程专业培养的人才包括施工、管理、营销、设计、咨询及科研等不同类型，各类人才之间的评价体系和特点均有较大差异，因此在人才培养中既要注重通才教育和素质教育，也要注重人才的“精”和“专”。

对于本科生的培养，在理论学习的基础上，能够掌握至少一门编程语言，应用诸如 AutoCAD、结构力学求解器、PKPM 等专业软件完成课程设计。应以生产参观和实习和基本操作为主要的实践形式，鼓励学生观察问题和发现问题，并加强对学科的了解，激发其对学科的爱好。对于研究生的培养，应密切结合科研前沿的热点问题和研究课题开展教学，鼓励学生积极提问交流，尽早参与课题。使学生熟练掌握 ANSYS、ABAQUS、Opensees 及 Matlab 等工具，积极发现问题并解决问题，充分利用实验室资源并投入到虚拟实验室的建设当中去。使实验室成为本科实验的发展和科学研究的基础，同时成为高等工科院校培养创新人才的孵化器。

参考文献

[1] 林健.“卓越工程师教育培养计划”专业培养方案再研究[J].高等工程教育研究，2011(4)：10-16.

[2] 曾永卫，刘国荣.“卓越计划”背景下科学构建实践教学体系探析[J].中国大学教学，2011(7)：75-78.

[3] Edward F Crawley. Creating the CDIO Syllabus，a Universal Template for Engineering Education[C]. 32nd ASEE/IEEE Frontiers in Education Conference. November 6-9，2002，Boston，MA.

[4] Johan Bankel. The CDIO Syllabus，Benchmarking Engineering Curricula with the CDIO syllabus[J]. J. Engng ED.，2005(1).

[5] 顾学雍.联结理论与实践的 CDIO—清华大学创新性工程教育的探索[J].高等工程教育研究，2009(1)：11-23.

基于CDIO能力培养目标的量化研究
——以浙江大学城市学院土木工程专业为例

张世民[1]　黄素芬[1]　张世瑕[2]　何瑜琳[1]　廖　娟[1]　魏　纲[1]

(1.浙江大学城市学院,杭州　310015;2.浙江同济科技职业学院建筑系,杭州　311231)

摘　要　在麻省理工学院等国外五所高校CDIO能力培养目标量化调查的基础上,结合国内土木工程人才培养的实际,确立了能力培养目标的量化分值,然后计算出每个二级分值在总分值中的比例。假设该比例就等于每门课程能力培养目标平均值,根据平均值,可以初步确定每门课程的分项能力比例。接着再在全体专业课程中进行分值现状调查统计,对比每位任课教师给本课程打分的情况与上述目标值的偏离程度,以及汇总各课程中目标值与前述总目标值的偏离程度,分析原因,进行必要的调整。在总体趋于一致的情况下,确定每门课程的能力培养目标的量化分值。以此分值指导老师确定能力培养教学大纲,配合教学手段,以期达到课程能力培养目标。由此可以把专业能力培养目标落到实处,人才能力培养得到有效保障。

关键词　CDIO,能力目标,量化

一、引言

从人才培养的顶层设计[1]可以有学生毕业若干年后的发展愿景[2](简称毕业愿景)、毕业时的人才培养目标[3]、培养目标实现的载体(主要是指课程计划),以及人才培养手段(包含方式方法)等。其中,人才培养目标是核心,它既是毕业愿景能否实现的基础,又是确定课程计划和人才培养方式方法的出发点。但现在大部分高校的人才培养目标,总体上是全面、笼统,与具体教学环节脱节,不能有效落实到每门课程,进而就不能确保专业总体培养目标的实现。

二、CDIO能力培养目标

人才培养的目标,包括知识、能力和素质三个基本层次。其中,知识相对最容易把握,对知识的传授也是传统教育的主要抓手,教学大纲通常都按知识的系统性编制,故不是本文研究的重点。现在强调能力的培养成为高等工程教育中的主流,大部分高校是应用型高校,特别注重能力的培养,所以如何才能实现能力的培养,是本文的核心。素质的培养融于能力培养的过程中,不另行赘述。

1. CDIO及其在中国的发展

CDIO是构思(conceive)、设计(design)、实施(implement)和运行(operate)的简称,由麻省理工学院等几所高校于2004年创立,以产品全生命周期的构思、设计、实施、运行为载体的教育理念,以CDIO教学大纲和标准为指导,让学生以主动、实践、课程之间有机联系的方式学习和获取工程能力。该模式符合工程类人才培养的规律,在国内得到蓬勃发展[4]。

联合国教科文产学合作教席主持人、北京交通大学查建中教授首先将CDIO概念引进到中国,为进一步在中国推广这种模式,2007年教育部组织召开了中国高等工程教育改革论坛

作者简介:张世民(1974—),教授,主要从事土木工程专业教学研究。

基金项目:浙江省高等教育教学改革研究项目(Js2013390),浙江省教育科学规划项目(2014SCG211、2014SCG213)。

和 CDIO 国际合作组织会议两个大型会议，清华大学、Massachusetts Institute of Technology (USA)、香港大学等 40 多所国内外高校的专家学者，对当前高等工程教育存在的热点问题进行了热烈的讨论，普遍认识到了工程教育改革的紧迫性与必要性。2008 年由教育部高教司理工处和汕头大学联合举办的"2008 年中国 CDIO 工程教育模式研讨会"，成立了"中国 CDIO 工程教育模式研究与实践"课题组，研究了国际工程教育改革情况和 CDIO 工程教育模式的理念及做法，对我国工程教育改革情况进行调研并指导了有关院校开展 CDIO 工程教育模式试点工作，组织开展了 CDIO 工程教育模式的研讨与交流活动。现在每年举行一次这样的交流活动。全国范围内开展 CDIO 改革的高校也高达几十所。

2. CDIO 能力教学大纲[5]

CDIO 教学大纲分为三层次，第一层次包括四点，一是技术知识和推理，二是个人能力、职业能力，三是人际交往能力，四是在企业和社会环境下实现构思、设计、实现和运行的系统能力。每点都包含第二层次能力的分解，例如把个人能力和职业能力分解成 5 个第二层次能力点，包括工程推理和解决问题的能力、试验和发现、系统思维、个人能力和态度以及职业能力和态度。

三、CDIO 能力培养目标的量化设计

1. 国外高校人才培养目标的量化

CDIO 从创立至今十年，有一个不断总结、反馈和提高的过程。为了分析 CDIO 人才培养模式效果和业者期待的一致性，麻省理工学院、查尔摩斯理工大学、瑞典皇家理工学院、贝尔法斯特女王大学和林雪平大学，分别邀请利益相关者，就 CDIO 人才培养二级目标的预期达到和掌握程度进行量化打分[6]。最高分为 5 分，最低分为 1 分，各分数的含义分别是：1 分对应培养过程中"有相关经验或接触过"；2 分对应"能够参与并做出贡献"；3 分对应"能够理解并解释"；4 分对应"在实践和操作中熟练掌握"；5 分对应"有领导和创新的能力"。上述 5 所高校请利益相关者对培养预期目标的打分，各分值汇总及统计平均值等情况见表 1。

2. 浙江大学城市学院土木工程专业人才培养目标量化分值的确定

表 1 中，原国外五所高校打分能力项目只有三大项和十四小项。结合浙江大学城市学院土木工程专业人才培养的实际情况，对二层次能力培养目标进行了增补。新增部分，没有前述五校的利益相关者调查分数。根据学校土木工程专业生源、培养目标等实际情况，对新增部分给予赋分值，赋分值说明如下：针对"2.6 具有较强的创新意识和进行土木工程施工技术产品开发和技术改造与创新的初步能力"，考虑到浙江大学城市学院为应用型本科院校，培养学生具有相对较强的应用能力，也需要一点应用创新能力，但创新能力不是主要目标，定为略低于中等要求，在满分 5 分时，暂定为 2 分；针对"3.4 团队管理及组织协调能力，确保工作进度"，鉴于学校整体氛围是比较注重团队领导力，在内部团队管理方面要求高于中等水平，暂定 3 分；针对"3.5 参与评估项目，提出改进建议"，本条对创新能力提出了要求，但要求程度略低于 2.6 条，故赋值 2.5 分；针对"4.4 具备较强的适应能力，自信、灵活地处理新的和不断变化的人际环境和工作环境"，理由同 3.4 条，暂定为 3 分；针对"4.5 能够跟踪本领域最新技术发展趋势，具备收集、分析、判断、归纳和选择国内外相关技术信息的能力"理由同 3.5 条，赋值 2.5 分；针对"4.6 具备团队合作精神，并具备一定的协调、管理、竞争与合作的初步能力"，重点要求的是领导一个团队与另外一个团队的相互竞争与合作，比 3.4 条的要求更高，但也是我院培养注重的能力，要高于中等的 2.5 分，但低于 3.4 条的 3 分，故赋予 2.75 分。

以上五校能力分项共 14 项，每项满分 5 分，总分 70 分。其含义是，若某毕业生的能力打

分达到70分，则表示该学生各方面能力都达到最高层次，这实际是不可能达到的，因为不同高校能力培养各有侧重，不可能都是满分。经过能力类别的增补，第二层次的类别总数达到20项，每项满分5分，相加正好是100分。根据五校打分统计和增项赋分，学生预期毕业时能获得的能力分平均值为61.88分。该期望值接近总分的60%，也表明本能力目标值是最低合格值。

表1　　五所高校请利益相关者对培养预期目标的打分及平均值

能力类别 \ 大学名称	查尔摩斯理工大学	瑞典皇家理工学院	林雪平大学	麻省理工学院	贝尔法斯特女王大学	均值 U_i
2.1 工程推理	4.10	4.30	4.40	3.90	3.70	4.08
2.2 实验和发现	3.30	2.90	3.40	3.40	2.90	3.18
2.3 系统思维	3.60	3.50	4.20	2.80	3.30	3.48
2.4 个人能力和态度	3.80	3.40	3.80	3.40	3.20	3.52
2.5 职业能力和态度	3.30	2.80	3.10	2.90	3.00	3.02
2.6 具有较强的创新意识和进行土木工程施工技术产品开发和技术改造与创新的初步能力					(赋分值)2.00	
3.1 团队工作	3.70	3.50	3.80	3.40	3.30	3.54
3.2 交流能力	3.60	3.50	3.90	3.80	3.40	3.64
3.3 外语交流	3.80	3.90	3.50	/	/	3.73
3.4 团队管理及组织协调能力，确保工作进度					(赋分值)3.00	
3.5 参与评估项目，提出改进建议					(赋分值)2.50	
4.1 社会背景	2.80	2.70	2.70	1.90	2.40	2.50
4.2 商业背景	3.30	2.40	3.30	1.80	2.60	2.68
4.3 构思	/	/	/	3.10	2.50	2.80
4.4 具备较强的适应能力，自信、灵活地处理新的和不断变化的人际环境和工作环境					(赋分值)3.00	
4.5 跟踪领域最新技术发展，收集、分析、判断、归纳和选择国内外相关技术信息能力					(赋分值)2.50	
4.6 具备团队合作精神，并具备一定的协调、管理、竞争与合作的初步能力					(赋分值)2.75	
5.1 设计过程	3.30	3.20	3.80	3.40	2.90	3.32
5.2 实施	3.30	2.80	3.30	2.40	2.90	2.94
5.3 运行	2.90	2.80	2.90	2.10	2.60	2.66

由表1可以得，各小项分值占总人才培养预期获得分值总数的百分数 K(%)：

$$K_i = \frac{U_i}{\sum_{i=2.1}^{5.3}} \times 100\% \tag{1}$$

式中，U_i 为每小项能力分平均值。

设 k_i 为人才培养能力目标的20小项中，各小项分值占总人才培养预期获得分值总数的百分数，并令：

$$k_i = K_i \tag{2}$$

由式(2)即可得出学校人才培养目标的各小项分值，详见表2。其中“序号”是指二级能力培养目标的20小项能力前的编号。

表 2　　　　　　　　能力培养目标各小项目分值的确定

序号	2.1	2.2	2.3	2.4	2.5	2.6	3.1	3.2	3.3	3.4	3.5	4.1	4.2	4.3	4.4	4.5	4.6	5.1	5.2	5.3
U_i	4.08	3.18	3.48	3.52	3.02	2.00	3.54	3.64	3.73	3.00	2.50	2.50	2.68	2.80	3.00	2.50	2.75	3.32	2.94	2.66
K_i	6.70	5.23	5.67	5.77	4.90	3.27	5.77	5.93	6.10	4.90	4.09	4.25	4.53	4.58	4.90	4.09	4.49	5.39	4.90	4.53
k_i	6.70	5.23	5.67	5.77	4.90	3.27	5.77	5.93	6.10	4.90	4.09	4.25	4.53	4.58	4.90	4.09	4.49	5.39	4.90	4.53

3. 课程体系能力培养目标的确定

高校人才培养目标的实现，最主要还是依托课程计划，若在课程计划的培养中，能达到人才培养目标，则整个的培养目标实现就有了基本保障。

经过课程体系的培养，设预期实现的每个能力小项培养目标为 C_i，并假定学生经过该课程体系的培养后，毕业时的能力预期达到上述五校的能力预期，则有：

$$C_i = U_i \tag{3}$$

在此能力预期下，课程体系中，为每能力小项做出的培养结果占总能力培养结果的百分数为 c_i，则有：

$$c_i = k_i = K_i \tag{4}$$

由此可以确定课程培养体系为人才培养能力目标实现贡献的各小项分值和比例。

4. 任一门课程培养目标能力分值的确定

课程培养体系由每门课程有机结合而成，只有每门课程的培养都达到该课程的预期培养目标，整个课程体系执行完成后才能实现体系的培养目标。也就是说，全体课程培养目标的实现，是课程体系培养目标的保障。

当然，每门课程的内容、形式和要求不同，培养的能力也不一样。但为了简化，先假设每门课程使学生获得的能力增量中，各小项目标分值的增量比例与课程体系计划的各能力比例相同，即：

$$S_i = c_i \tag{5}$$

例如，根据上述假设，可以确定任何一门课程在该门课程所能培养的能力目标总分值中，各小项分值所占总分值比例 S_i，见表 3。

表 3　　　　　　单门课程培养各项能力占本课程总贡献的百分数(%)

序号	2.1	2.2	2.3	2.4	2.5	2.6	3.1	3.2	3.3	3.4	3.5	4.1	4.2	4.3	4.4	4.5	4.6	5.1	5.2	5.3
S_i	6.70	5.23	5.67	5.77	4.90	3.27	5.77	5.93	6.10	4.90	4.09	4.25	4.53	4.58	4.90	4.09	4.49	5.39	4.90	4.53

四、课程能力培养目标的量化确定

1. 学校土木工程专业每门课程的能力培养目标实现情况

本专业在 2012—2013 年，对全专业 59 门课程、实习实践项目等，请主讲教师对培养目标的实现情况进行打分[7]。打分标准也是 5 分制，含义同前述。求出某门课程的分值总和，并用每个分项能力分值除以该总和分数，得到在某门课程中，各分项能力分值的比例。由此可以分析某门课程的人才培养在各分值上的效果，以及与预期培养目标 S_i 的偏离程度，并分析其偏离原因。例如表 4。

表 4　　　单门课程培养各项能力占本课程总能力培养量化值的百分数(%)(部分示意)

能力序号	2.1	2.2	2.3	2.4	2.5	2.6	3.1	3.2	……
土力学	3	5	0	2	0	1	1	1	……
占比	4.85	8.08	0	3.23	0	1.62	1.62	1.62	……
S_i	6.70	5.23	5.67	5.77	4.90	3.27	5.77	5.93	……
偏离度	−1.85	+2.85	−5.67	−2.54	−4.9	−1.65	−4.15	−4.31	

从表 4 可以看出，“2.2 试验与发现”是正偏离，因为土力学课程安排了 0.5 学分的试验课程，对 2.2 能力培养实现程度高。“2.3 系统思维”和“3.1 团队能力”及“3.2 交流能力”都是负偏离，且偏离比较显著，正巧反映了传统教育中，重视知识点传授，忽略工程整体性和系统性教育，以及重视技术本身，不重视交流和团队能力培养的缺点。

2. 课程计划能力培养目标实现情况

考虑每门课程学分不同，因此在人才培养总体目标实现中所占比重不同。根据每课程的学分数占课程计划总学分数的比例，确定每门课程的权重，考虑权重因素条件下汇总每门课程能力培养目标的实现比例情况，由此可以算得整个课程计划目前实施完成后，各分项能力培养实现的程度，见表 5，由此可以分析其与课程体系能力培养目标百分数 c_i 的偏离程度。

表 5　课程体系实现能力培养各小项的比例与预期目标的对比(%)(部分示意)

能力序号	2.1	2.2	2.3	2.4	2.5	2.6	3.1	3.2	……
c_i	6.70	5.23	5.67	5.77	4.90	3.27	5.77	5.93	……
实现比例	10.80	18.70	4.10	6.20	1.70	1.90	7.10	8.20	……
偏离度	+4.1	+13.47	−1.57	+0.43	−3.20	−1.37	−1.33	+2.27	

从表 4 可以看出，“2.2 试验与发现”的能力培养显著正偏离，偏离值很大，说明目前的试验教学安排比例较高，后续可以不考虑增加。“2.5 职业能力”负偏离较显著，说明教学中联系工程实际偏少，就理论讲理论的成分较多，应该在后续改革中，重视联系工程实际，提高在工程中解决问题的能力。

3. 课程能力培养目标分值的确定

每门课程实际能力的培养分值比例相对于能力培养分值比例的预期目标，都有正偏离和负偏离，即使考虑权重的影响，最后汇总的偏离值就很大。为了保证培养目标的实现，同时兼顾各课程内容、形式等的不同，提出两条建议：一是以本文的 S_i 为每门课程各小项能力培养目标的指导值；二是容许在指导值附近调整，调整的权限不同，具体是主讲教师可以在指导值基础上，根据课程特色和具体内容，自主决定各单项分值所占比例，自主决定范围为上下各 25%；超出 25%，不超过 50%的，主讲教师提交教研室讨论，由教研室共同决策；超出 50%的，教研室提交本专业教学委员会讨论，由专业教学委员会决策。

确定了分值比例后，进而可以确定各小项分值。设第 j 门课程的第 i 小项最后的赋分值为 s_{ji}，则有：

$$s_{ji}=S_{ji}\times\sum_{i=2.1}^{5.3}U_i \tag{5}$$

式中，S_{ji} 为第 j 门课程在指导值 S_i 的基础上，经过主讲教师、教研室或专业教学委员会同意调整后的第 i 小项培养目标分值所占本课程总培养目标分值的百分数。

五、结论与建议

(1) 人才培养目标的量化是个很复杂的问题，本文的团队对此进行了初步研究，若有成熟的成果，按本文的思路，在人才培养顶层设计时，预先确定每门课程在哪些能力的培养上，达到多少分值的培养，这将对教学有革命性的指导意义。有了该分值就可以课程之间做比较，课程在课程内部各章节比较，也可以在课堂内各种教学方式方法之间做比较，进而挑选出能达到培养目标的合适的教学安排。

(2) 就人才培养目标的实现讲，每个学校，每个专业都不尽相同，相应量化分值也不同。

本文直接采用国外能力培养目标的量化值，当成我专业人才培养目标的量化值，不够准确。建议不同高校的不同专业后续做自己的能力培养目标量化调查。

(3) 本文基于能力培养目标，主要载体是课程培养计划，把能力培养目标的比例值等同于课程能力培养目标的比例值，忽略了课程体系以外的培养环节的作用。比如学生社团、学科竞赛等环节，会造成能力培养分值的误差。但反过来讲，若课程体系实施达到了本文设计的能力培养目标量化值，则人才实际的培养结果只会更好，是正偏离。

参考文献

[1] 黄百炼.高校人才培养模式创新的几点思考——兼议高校领导干部的责任和担当[J].国家教育行政学院学报，2014(5)：3-9.

[2] 范惠明，邹晓东，吴伟.常春藤盟校工程科技人才创业能力培养模式探究[J].高等工程教育研究，2012(1)：46-52.

[3] 汪富泉.人才培养目标的系统分析[J].南方论刊，2014(4)：75-77.

[4] 顾佩华，包能胜，康全礼，等.CDIO在中国(上)[J].高等工程教育研究，2012(3)：24-40.

[5] 顾佩华，陆小华.CDIO工作坊手册[M].汕头：汕头大学出版社，2008：15-18.

[6] 顾佩华译.重新认识工程教育——国际CDIO培养模式与方法[M].北京：高等教育出版社，2009：60-65.

[7] 魏纲，魏新江，张世民.基于CDIO大纲的土木工程专业课程能力分解方法研究[J].高等工程教育研究，2012(增刊)：143-145.

深化教育教学改革，培养学生创新能力

彭一江　陈适才　彭凌云

（北京工业大学建筑工程学院，北京　100124）

摘　要　土木工程专业应用创新型人才培养必须转变教育观念、深化教育教学改革，建立创新人才培养体系和机制，探索创新人才培养模式，加强课程建设，培养学生的科学思维能力、理论分析能力、解决问题的能力，增加实践环节，通过科学的、系统的、大量的实战训练，才能取得良好的效果。本文结合土木工程专业的教育教学改革与实践，探讨培养学生创新能力的途径。

关键词　教育教学改革，创新人才培养体系，创新人才培养机制，创新人才培养模式，课程体系，创新能力

一、引言

"创新是一个民族进步的灵魂，是国家兴旺发达的不竭动力。如果自主创新能力上不去，一味靠技术引进就永远难以摆脱技术落后的局面。一个没有创新能力的民族，难以屹立于世界先进民族之林"（引自：江泽民同志 1995 年在全国科学技术大会上的讲话）。创新是对周边事物积极的探索，一个国家只有不断进取，才能国富民强；一个民族只有积极探索，才能不断进步。环顾当今世界，财富日益向拥有知识和科技优势的国家和地区聚集，谁在知识和技术创新上占优势，谁就在发展上占据主导地位。创新的关键是人才。

土木工程作为国民经济中最具影响力和活力的行业的主干学科，创新关系到其能否赶超世界先进水平，永远立于不败之地。土木工程的建设和发展取决于该领域人才的创新意识和创新能力，而创新能力必须在基础教学和大学教育阶段就加以培养。长期以来，多数大学的课程体系还沿用传统的教学体系，没有改革、创新和提高，教学方法也是以教师为中心用灌输方式教学生，强调知识的连贯性、系统性和完整性，学生的习题负担过重，其创新能力和素质得不到发展，甚至扼杀了学生对知识的兴趣和好奇心。因此，培养学生的创新能力必须深化教育教学改革，加强课程建设，注重学生科学思维能力和实用创新能力的培养。

本文结合土木工程专业的教育教学改革与实践[1-5]，探讨培养学生应用创新能力的途径。

二、探索创新人才培养模式

所谓创新人才，是指富于创新性，具有创新能力，能够提出、解决问题，开创事业新局面，对社会物质文明和精神文明建设做出创新性贡献的人。创新人才应具有：创新意识、创新精神、创新思维、创新能力的优秀素质。创新教育模式[6]是指建立在素质教育和学生个性发展基础上，高等学校采取各种教育手段，培养学生创新素质，提高学生创新能力和水平，最终以培养能适应二十一世纪需求的创新型人才为目标的高等教育模式。随着教育教学改革的深入，许多高校都在加强学生全面素质培养、增强学生的创造精神和能力等方面进行了许多探索。但是，

作者简介：彭一江（1962—），教授，北京工业大学教学名师，主要从事工程力学研究和教学工作。

基金项目：国家自然科学基金（10972015，11172015）；北京工业大学质量工程优秀教学人才培养项目（00400054R6001）；北京工业大学教育教学研究项目（ER2009-B-40）；北京工业大学研究生课程建设重点项目（004000542513553）。

目前的人才培养模式对于创新人才的培养还有较大的局限性，没有形成创新人才培养的良好环境。21 世纪高等教育的主要特征[7]为高等教育的国际化、综合化、大众化、信息化、个性化以及接受教育终身化、教育模式多样化、教育投资多元化。

创新人才培养的模式很多，如通识教育、宽口径专业教育、实践环节、研究性学习、特色班教育、科学研究、第二课堂、创新实践活动、专业竞赛，以及国际交流，等等。但往往忽略了对课程体系的改革和细化、忽略了对课程本身的改革和细化。各个教学和实践环节之间缺少有机的联系，没有形成一个完整的培养学生创新能力的模式，故目前通常是部分学生能力较强，而多数学生还是在疲于应付各门课程的考试，缺少创新意识、创新精神、创新思维、创新能力的素质。因此，开展调查研究，进行教育教学改革，实施顶层设计，确立创新人才的培养模式，制定培养目标、设计课程体系、开发优质教材、组织教学团队，突出能力培养和训练是十分重要的。同时，应把握资源共享，开展合作办学，进行校企联合，以及国际合作，探索多元化的人才培养模式，共同培养创新人才。

在课堂教学中，应大力开展讨论式、研究式、参与式教学，通过新生研讨课、专题研讨课、科研探究课、科学竞赛等环节，实施教学与科研相结合，培养学生的创新意识和创新能力。

三、建立创新人才培养体系

创新人才培养体系[8]，是高等学校以培养创新人才为目标，而形成的与该目标相适应的教育教学理念、学科专业建设、教学管理制度、教学队伍建设、教学条件建设、人才培养过程等学生接受教育和进行学习的一个综合环境。创新人才的培养体系应包括管理体制、培养模式、培养方案、课程体系、师资队伍、课程建设、实践教学、创新人才培养机制、实习基地、国际合作，质量监督与保证系统，以及学生综合评价体系等许多方面。

创新人才的培养必须进行制度建设，应制定多元化的人才培养目标、培养方案及实施细则，设计合理、可行的课程体系，不断进行课程的教学改革，建设高水平的师资队伍，建立资源共享机制，建立教学质量管理制度，学生创新管理制度，建立教学保障体系，以及校企合作办学体系。

应转变旧的以传授知识为中心的传统教育观念，树立创新教育观念和人才观念，应与国际接轨，形成既传授知识又加强培养学生创新精神和创新能力的教育观念，建立创新人才培养的体系，培养既有知识，又具有能力强、素质高的创新人才。应采取培训和国际交流等措施，大力提高教师整体创新素质，建设一支培养创新人才的师资队伍。应加强实验室建设和实习基地建设，大力开展校企合作，建立长期稳定的“学产研”基地，为创新人才培养创造条件。应该改革单一成绩评价学生的模式，从能力和素质等方面来评价学生，建立学生创新能力的综合评价系统。应结合创新学分制度，建立导师制，引导学生进行选课，开展科研活动和实践活动。

四、深化课程体系改革

课程体系的改革和建设是创新人才培养的关键，应进行顶层设计，改革课程体系，搭建培养创新人才的课程平台，培养学生的创新精神、创新能力和创新素质。既要充分发挥学科优势，为学生打下坚实的理论基础，又要开设交叉学科、人文学科和经管学科的课程，增强对学生综合素质的培养。应进行教学改革，从改革教学内容、教学方法和教学模式着手，积极采用研究性教学等教学方法，因材施教，提升学生的自主性学习能力，打造精品课程，在课堂教学这个平台培养学生的创新精神、创新能力和创新素质，提高教学效果和教学质量。

在课程体系设计时，应考虑进一步拓宽专业面向，整体优化培养方案和课程体系结构，适当减少课内学时，加强教学内容的基础性、系统性、实践性和前沿性，加强对学生创新能力的训练和培养，加大实践环节。应大力加强教材的建设和教材体系改革，出版一批适用于创新人才培养的优质教材。应进一步探索研究性教学和研究性学习，大力建设精品课程，在教学方法、手段以及培养学生自主学习方面进行新探索。应搭建一下几个课程体系：

学科理论基础教育课程平台。该平台的课程能够为学生搭建本专业所必需的基础理论体系，是学生具备深厚的理论功底和科学思维能力。

专业教育课程平台。该平台旨在培养学生专业基本理论和技能，重点体现本专业知识、能力和素质的共性需求，涉及专业基础课程和主干课程及其相关的实践环节，应强化专业知识，并重视培养专业应用能力。

实践教学环节平台。实践教学是创新人才培养课程体系的重点，是提高学生的创新精神和实践能力的重要途径。各门课程均应重视和加强学生的实践环节，对学生进行科学训练。实验教学中心应对本科生实验环节的利用率，应加强学生课外科技活动基地建设，积极开展学科竞赛、学生科研、探索性设计、素质拓展活动、专题讲座报告、社团活动、职业培训、创业训练等活动，培养学生的动手能力，以及分析问题和解决问题的能力。

通识教育课程平台。该平台包括人文、社会、经管、自然科学、工程技术等课程，着眼于为学生构筑宽厚的学科基础和宽广的发展空间，旨在培养学生综合素质提升学生的人文素养和科学素养，使学生拓宽基础、沟通文理、增强能力、健全人格。

跨学科、交叉学科课程平台。该平台旨在培养复合、交叉人才，拓展辅修和双学位专业范围，依托学校工科的优势和特色，利用学校的优质教育教学资源，采用研究型、实践型教学模式，为学生营造良好的学术环境，促进多学科交流融合，进行特色教育，培养学生的实践能力和创新能力。

国际交流合作课程平台。该平台旨在利用国际高校优质资源，培养创新人才，为学生提供在国外高水平大学短期学习、实习考察、访问交流的渠道，聘请国际高校教授为本科生上课或开办讲座，提升本科教学水平，同时利用高水平国外开放课程和远程实验共享平台为学生提供优质课程。

五、建立创新人才培养机制

通过深化教育教学改革，激发高校人才培养的潜力和活力，创新高校人才培养机制，促进高校办出特色争创一流。继续实施基础学科拔尖学生培养计划、卓越工程师教育培养计划，特色专业建设计划。树立现代的、科学的创新教育理念，以适应社会需要和时代发展为标准，建立创新人才评价体系，提升学生的创新精神和实践能力。建立教学内容的更新机制，推进课程改革，提高教材质量，促进优质教育资源共享。进行教学方法和模式改革，建立教师不断提高教育教学水平的激励机制，建立不断提高创新教学管理水平的机制，优化学科专业结构，建立教学团队创新发展的激励机制。加强教学管理工作的制度建设，以及教学工作的绩效考核机制，通过学生评教、专家评教，全面、公正地评价教师的教学工作，并将考核结果与教师的职称评定和岗位聘任直接挂钩，促进教师的教学创新。建立教学鼓励和奖励机制，对在教学方面有突出业绩的教师，应予以精神和物质奖励。

应建立大学生创新活动激励机制，激励学生积极参与各类创新实践活动，激励学生进行研究性学习，进行创新性实践活动。建立有效的机制，增强创新人才培养过程中实践教学环节的比重，增强学生的动手能力，形成创新教育的氛围。加大个性化学分设置比例，增加选修课程的数量，丰富短学期教学资源，为学生个性化学习留有足够的时间。建立校企联合培养和实践训练机制,高水平的校外实践基地,鼓励学生利用假期到实习单位实习和实践。引导大学生了解创业知识,培养创业意识,树立创业精神,提高创业能力。

六、结语

培养大学生创新能力是一项长期的系统工程,不仅涉及学校的办学理念、教师的创新素质和营造创新的环境,还涉及学生自身素质。

因此,必须深化教育教学改革,树立创新教学理论,探索创新人才培养模式,建立创新人才培养体系,深化课程体系改革,更新教学内容,改革教学方法,建立创新人才培养机制,造就一支具有创新性的教师和教学管理队伍、制定科学的创新人才评价体系。

建立大学生创新活动激励机制,激励学生积极参与各类创新实践活动,激励学生进行研究性学习,进行创新性实践活动。加强学生实践教学环节,对学生进行科学训练。

加强实验室建设和实习基地建设,大力开展校企合作,为创新人才培养创造条件。改革单一成绩评价学生的模式,建立学生创新能力的综合评价系统。充分利用国际高校优质资源,培养创新人才,并利用高水平国外开放课程和远程实验共享平台为学生提供优质课程。

只要学校重视,教师投入,不断深化教育教学改革,相信我国的高等学校一定会培养出一大批国家需要的创新人才。

参考文献

[1] 彭一江.结构力学课程的教学实践与思考[J].建筑教育改革理论与实践,2007,9:228-231.

[2] 彭一江.改革结构力学教学方法培养学生创造性思维能力[J].土木建筑教育改革理论与实践,2008,10:297-298.

[3] 彭一江.土木工程专业实用创新型人才培养模式研究[J].土木建筑教育改革理论与实践,2009,11:511-514.

[4] 邓宗才,钟林杭,彭一江,白正仙.与国家级研究院共同搭建研究生创新研究平台[J].兰州理工大学学报,2009,35:401-403.

[5] 彭一江,白正仙,陈适才.土木工程本科生创新实践课程的实践与探索[J].土木建筑教育改革理论与实践,2011,13:117-120.

[6] 王海珍,光峰.创新教育与当代高等教育[J].高等理科教育,2002(5):18 -20.

[7] 叶取源.创新人才培养体系的构建与实践[J].中国高教研究,2002(9):28-32.

[8] 张慧峰.浅议高等学校创新人才培养体系的构建[J].北京理工大学学报(社会科学版),2007,9 :37-38.

对接国家科研平台,提高学生创新能力

李耀庄　谢友均　王卫东　余志武

(中南大学土木工程学院,长沙　410075)

摘　要　中南大学土木工程实验教学中心国家示范实验室通过有效利用高速铁路建造技术国家工程实验室、重载铁路工程结构教育部重点实验室等科研优质资源以及科研平台优势,建设本科生创新实践平台,提高学生综合运用知识进行科学研究和解决实际工程问题能力,将创新精神融于土木工程实验教学改革中。

关键词　创新能力,国家工程实验室,创新平台,实验教学

一、引言

随着科技发展,创新意识和创新能力培养对一个名族和国家的发展越来越重要。作为高等学校要采取切实有效措施,加强学生实验技能和创新能力的培养[1]。江泽民同志曾经指出,创新是一个民族进步的灵魂。习近平同志在中国科学院第十七次院士大会上强调,我国科技发展的方向就是创新、创新、再创新[2]。科技是国家强盛之基,创新是民族进步之魂。

近年来,高等学校在大学生创新基地建设、创新师资队伍建设、创新管理体制机制建设、创新学术氛围建设等方面进行了大胆的探索,并取得了一定成效。但硬件和资金的投入、创新实验项目的来源始终是制约大学生参与科研创新的瓶颈。国家级科研平台一般具备良好的资源优势,如何有效利用国家级科研平台为培养大学生科研创新能力服务,成为当前相关高等学校需要迫切解决的问题之一。结合高速铁路国家工程实验室、重载铁路工程结构教育部重点实验建设,中南大学土木工程实验教学中心国家示范实验室有效利用学校和学院的创新平台建设资金,初步建设土木工程六大创新实践平台,在如何有效利用国家级科研平台为培养大学生科研创新能力服务方面进行了有益的实践和探索,可以为相关院校提供参考。

二、高速铁路建造技术国家工程实验室简介

2007 年 9 月,高速铁路建造技术国家工程实验室(下面简称高铁实验室)成为国家发展与改革委员会授牌启动的第一批国家工程实验室。实验室由中国中铁股份有限公司、中南大学、中国铁道科学研究院和铁道第三勘察设计院集团有限公司联合建设,主管部门为铁道部,建设地点位于长沙中南大学,建设资金 11 800 万元。高铁实验室组建了 5 个专业实验室,新建了 12 个试验系统(图 1)。2012 年实验室建设工作基本完成,各个试验系统运转正常,已通过验收。

三、大学生创新实践平台简介

为有效利用国家级科研平台资源和技术优势,建设配套的小型大学生创新实践平台显得尤为必要。为此,学校和学院在 3 年内提供了 300 万元资金,建设了与国家工程实验室相关系统配套的小型大学生创新实践平台。

作者简介:李耀庄(1970—),教授,博士生导师,主要从事工程结构抗火和抗震的教学和科研以及实验室建设和管理工作。

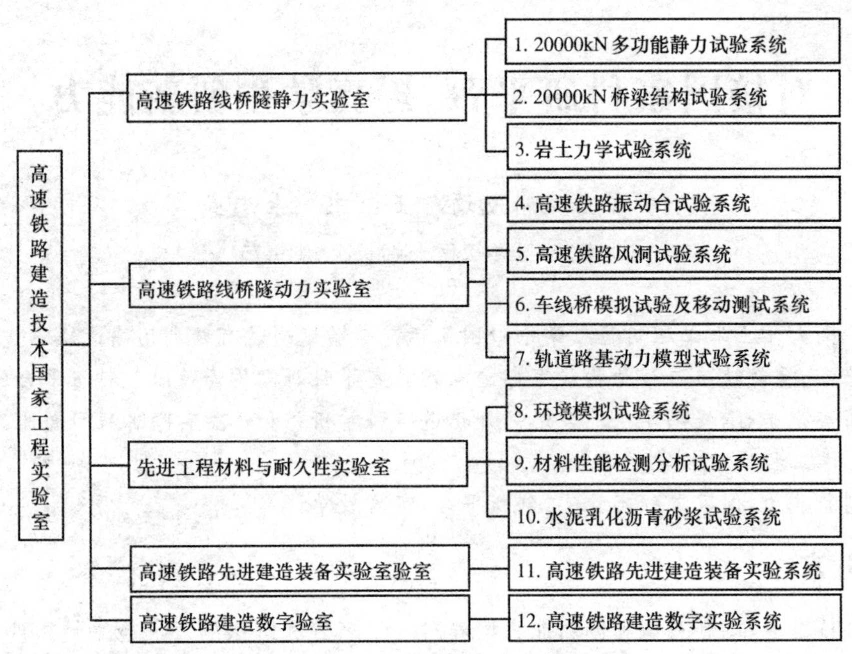

图 1　高速建造技术国家工程实验室试验系统

1. 预应力混凝结构静动态特性试验研究平台

预应力混凝土相关知识是土木工程专业本科阶段学习的重要内容。研究平台直接对接高铁实验室的线桥隧静力实验室，依托大型满天星预应力混凝结构加载平台及配套的 MTS 材料试验系统、钢绞线锚具试验系统、电液伺服钢绞线试验系统、HBM 数据采集系统等大型试验仪器设备，可开展预应力混凝结构静、动态特性科研和教学实验。研究平台采用多项先进的施工、制作、检测和研究新技术，可为本科生的创新实验项目提供硬件支持。

2. 多层框架及大跨结构的地震模拟振动台实验研究平台

研究平台直接对接高铁实验室多功能振动台实验系统，建立的小型振动台可开展多种工程结构的振动台科研和教学实验。目前正陆续开展底部框架砌体结构、高速铁路桥梁结构、高速铁路客站结构等的抗震性能实验。平台向本科生的创新实验项目提供硬件支持。

3. 结构空气动力学实验研究平台

研究平台直接对接高铁实验室的多功能风洞实验系统，建立的小型风洞实验平台可开展众多工程流体力学和结构空气动力学问题研究，例如结构风致振动的被动、主动控制问题；车、桥、风耦合作用下的气动特性；高层、超高层建筑的风荷载的精细化测量；风雨激振问题、结构自身动力学特性的优化与控制、结构风荷载、流固耦合作用问题、流动控制等。

4. 移动车辆荷载作用下高速铁路桥梁结构动态性能试验研究平台

研究平台直接对接高铁实验室的车线桥模拟试验及移动测试系统，可开展列车、人群、地震、设备等各种荷载作用下悬索桥、斜拉桥、拱桥的结构动态性能实验研究，让学生掌握结构动力特性的测定方法，典型动力外载下结构响应特征及结构弹塑性失效过程和分析方法。

5. 隧道结构体系静态力学行为实验系统

研究平台直接对接高铁实验室的岩土力学实验系统。平台针对一种或多种隧道结构型式，选用相似材料模拟不同的围岩介质，测试和研究隧道在不同工程地质条件下围岩及隧道结构的位移、变形规律和衬砌支护结构的应力状态，增强学生对隧道围岩位移场的分布特点、衬砌支护的应力、应变状态及围岩与支护结构相互作用特点的认识，并进一步分析隧道围岩的稳定性、不同隧道结构体系的受力特点或薄弱环节及衬砌支护的合理参数。

6. 混凝土砂浆应力应变性能研究平台

研究平台直接对接高铁实验室材料性能检测分析试验系统。研究平台利用现有各种试验机，可进行混凝土、砂浆等抗压应力应变测试、混凝土弹性模量及抗压、抗拉应力应变测量、水泥（乳化沥青）砂浆等弹性模量及应力应变测量、混凝土收缩变形测量、混凝土、砂浆抗折及跨中位移同步量测等。

四、大学生创新实践平台和国家科研平台对接的优势

直接利用国家级平台为大学生提供创新实践教学存在较大的困难。主要存在的问题是：

（1）大型试验平台操作复杂，需要专业实验技术人员才能完成。

（2）大型实验平台运行费用高，开展小型的大学生创新实验从经济上不合理。例如，高速风洞试验系统满负荷运行功率为1800kW，而小型风洞满负荷运行功率仅为10kW左右。高铁实验室大型振动台满负荷运行功率为1600kW，而小型振动台满负荷运行功率仅为30kW左右。

（3）大型实验平台实验周期长，承担教师国家自然科学基金及重大横向项目任务重，直接为本科生服务存在困难。

（4）由于编制限制，专业实验技术人员有限。

将大学生创新实践平台与国家级科研平台直接对接，对培养大学生创新能力是一种有益的探索和尝试，也是一种全新的实验教学理念和大学生创新能力培养模式。笔者认为该模式具有巨大的经济效益和社会效益。

1. 有利于两大平台仪器设备共享

国家级科研平台和大学生创新实践平台可相互提供硬件支持。国家级科研平台和配套建设的大学生创新实践平台的测试实验仪器基本上是相同的或类似的，因此相关测试实验仪器可以相互利用，节约测试仪器设备购置资金，有效提高仪器设备的利用效率。

2. 有利于两大平台人力资源共享

国家级科研平台可为大学生创新实践平台提供相对固定的实验技术人员和师资队伍。高铁实验室建立了各个实验系统的创新团队，配备了相关的实验仪器设备操作人员、实验技术指导教师，以及硕士博士生组成的研究队伍，为大学生创新实践平台提供了良好的智力支持。

3. 有利于两大平台实验项目相互支持

国家级科研平台大型试验研究大学生创新实践平台提供小型实验研究项目，大学生创新实践平台可以为国家级科研平台提供预研究成果。在国家级科研平台上开展的实验研究一般需要耗费较大的人力、物力和财力，有的甚至是足尺实验和实体实验，实验方案设计一旦不合理，实验失败则造成较大的损失和浪费。大学生创新实践平台一般开展小尺寸构件或结构的实验研究，可以为国家级科研平台大型试验提供预研究成果，在某种程度上验证大型试验方案设计的可行性和合理性。同时，在国家级科研平台上开展的实验研究课题有时可以直接分解为多个小型实验，直接在大学生创新实践平台进行。

4. 有利于提高大学生综合实验能力

国家级科研平台为大学生直接接触科研和生产实际提供了条件。在国家级科研平台上完成的实验项目，要么为国家自然科学基金等纵向课题，要么为重大横向科研项目。前者一般为

解决自然科学中的基础研究和应用基础研究而设立，后者为解决实际工程建设中重大问题而进行。大学生在课程实验教学中接触到的大部分是验证性实验教学项目，一般比较简单而且单一，需要进行系统性的设计或思考的比较少。国家级科研平台上完成的实验项目一般是大型综合性、设计性和创新性实验，需要从实验材料的准备、实验方案的设计、实验过程的记录、实验结果的分析、实验成果的总结和提炼等进行全面的考虑。

五、大学生创新实践平台运行管理

为了有效利用大学生创新实践平台，学院制定相关的管理制度，建立相应的运行机制，确保大学生创新实践平台发挥作用。

(1) 为国家工程实验室的实验系统和大学生六大创新实践平台制作相应的宣传册。详细介绍每个平台的实验仪器设备、功能、能够开展的实验项目以及相关的实验指导人员、实验操作人员。每年为大学生开展一到两次专题讲座，对创新实践平台进行详细的介绍，有利于大学生全面了解大学生创新实践平台的基本情况。

(2) 每年向全院教师征集相关的实验研究项目，经学院专家组审核，在土木工程实验教学中心示范实验室网站公布，由大学生自由选择。也可以由大学生自拟题目，经学院批准实施。所需资金由学校的实验室开放基金和学院自筹经费予以解决。

(3) 为每个平台搭建一个大学生创新实验室，大学生可以自由报名，参与到各个创新实验室中。每个创新实验室都有高年级本科生和低年级本科生参与，有的大学生创新实验室还有博士和硕士研究生参与，有利于促进高中低年级学生的相互进行交流，并起到传帮带的作用。

六、成效和结论

自大学生创新实践平台建成至今，每年承担 10 余个实验小组的创新性实验指导工作，获大学生创新性实验计划立项资助项目的有 53 项，资助经费总计为 24.7 万元。大学生撰写的论文共 57 篇，获得发明专利 3 项目，大学生直接参与国家级和省部级重大科研攻关项目 196 人次。同时平台协助大学生参加全国大学生结构模型设计竞赛、中南地区结构力学竞赛、中南地区结构模型竞赛、湖南省大学生结构模型设计竞赛及湖南省大学生测绘创新技能大赛等省部级以上知名赛事，获得 20 余项国家级以上奖励。

国家级科研平台和大学生创新平台的直接对接的大学生创新培养模式得到了教育部、学校相关领导和同行的高度评价。

中南大学土木工程实验教学中心有效利用高速铁路建造技术国家工程实验室、重载铁路工程结构教育部重点实验室等优质实验教学资源以及科研平台优势，为学生提供创新性实验教学资源和平台，提高学生综合运用知识进行科学研究和解决实际工程问题的能力，融创新精神于土木工程实验教学改革中，构建了适应高素质创新型土木工程人才培养的新模式，有利于学生从知识型向能力型和素质型转变，从模仿型向创新型转变，从单一型向复合型转变，增强大学生的综合创新能力。

参考文献

[1] 孙维民，赵丽军，赵震，等. 开设研究性与创新性实验，提高学生创新能力[J]. 实验室研究与探索，2012，7:124-126.

[2] 霍小光，吴晶晶. 习近平在中国科学院第十七次院士大会、中国工程院第十二次院士大会开幕会上发表重要讲话[N]. 人民日报，2014 年 06 月 10 日.

土木工程专业本科生创新能力培养途径探索与实践

周 勇 韩建平 朱彦鹏 李 萍 梁亚雄

（兰州理工大学土木工程学院，兰州 730050）

摘 要 本科生创新能力培养是当前各高校本科生培养环节中都极为重视的问题。首先基于当前土木工程专业学生的培养现状，以兰州理工大学土木工程专业为例，从培养计划修订、实践教学环节组成、专业和课程建设、科技创新活动、师资队伍建设和教师教学质量评价方法等方面全面分析了土木工程专业本科生创新能力培养的实现途径，提出了相关措施；最后，对实践效果进行了总结。

关键词 土木工程，创新能力，实现途径，探索实践

一、引言

高校土木工程专业本科生是我国土建领域专业技术人才的重要后备力量[1]。近年来，我国大力推进基础设施建设，因此，国家对土木工程专业技术人才的需求量也越来越大，这也是土木工程专业本科生就业率一直位居前列的原因。但是随着国家大型复杂工程的日益增多，很多新的工程技术问题不断出现，这一方面对从事土木工程的专业技术人员提供了施展才华的舞台，另一方面也对高校土木工程专业本科生的教学提出了挑战，如果仅仅是按照传统思维进行教学，那么培养出来的学生是缺乏竞争力的。因此，有必要探索本科生创新能力培养实现的途径。

二、现状分析

土木工程专业的培养目标是培养适应社会主义现代化建设需要，德、智、体、美全面发展，掌握土木工程学科的基本原理和基本知识，经过工程师基本训练，能胜任房屋建筑、道路、桥梁、隧道、岩土与地下工程等各类土木工程技术与管理工作，具有扎实的基础理论、宽广的专业知识、较强的工程实践能力，具有国际视野和创新精神的应用型高级专门人才。学生应该具有综合运用知识进行工程设计、施工和管理的能力；具有初步的科学研究和应用技术开发能力；具有综合运用各种手段查询资料、获取信息、拓展知识领域和继续学习的能力；具有应用语言、图表和计算机技术等进行工程表达和交流的基本能力。但近年来培养的学生普遍存在的问题表现在[2]：工程意识淡薄，课堂学习积极性差，做什么都习惯于依葫芦画瓢，缺乏主动思考的能力。笔者分析认为出现这些现象的原因可以归结为以下几点：

(1) 培养计划中实践环节安排较弱，尤其是实习环节未能较好落实。很多工程实习都是走马观花式地看一看而已，学生深入工程实际动手的少，因此学生的工程意识越来越淡薄。

(2) 由于学时数的压缩，授课教师在课堂教学中往往都是灌输式、填鸭式的讲解，未给学生留有一定的思考空间，很多计算分析仅注重结果的说明，未进行过程推导。长此以往，学生也失去了探究思考的习惯，失去了举一反三的能力。

作者简介：周勇（1978—），教授，主要从事支挡结构方面的科研、教学工作。

基金项目：兰州理工大学红柳青年教师培养计划资助项目（No. Q201108）。

（3）在实验教学中，由于受制于教学计划和实验设备数量和台套数的影响，很多实验都是演示性实验，而操作性和验证性实验偏少，因此学生在实验过程中动手机会不多，从而无法从实验中去体会实验研究对科学研究的重要性。

（4）课程建设和教学研究往往是只注重立项，而不开展实质工作。因此，很多课程建设和教学研究项目最后都草草结题，未能取得实效。

（5）师资队伍建设中也存在学习资源不够丰富，教学与科研、职称晋升压力都较大。年轻教师过快走上讲台，同一门课程不同教师授课差异较大。青年教师工程实践偏少，自身创新能力不强，不能很好地将创新理念传授给学生。

三、创新能力培养实现的途径——以兰州理工大学为例

1. 不断修订完善培养计划

兰州理工大学教学计划修订一般是三到四年一次大修订，期间可以进行微调，近年来修订的时间分别是2006年、2010年和2013年。2006版本科生培养计划是在2003版本科生培养计划的基础上修订的。修订的原因是根据1998年教育部颁发的专业目录，进一步体现夯实基础、加强实践、强化工程训练等具有学校优势和特色的内容；2009年甘肃省物价局、省财政厅、省教育厅下发甘价费[2009]286号“关于本科生学分制收费方案”的文件，学校根据该文件精神将2006版本科生培养计划进行修订，完成兰州理工大学2010版本科生培养计划。目前，土木工程专业2011级和2012级本科生按2010版本科生培养计划培养。

2012年10月教育部下发关于调整“普通高等学校本科专业目录和专业介绍（2012年）”的文件精神[3]，学校教务处2013年5月组织各学院启动了2013版本科生培养计划的制定工作，并于12月下旬完成。目前2013级、2014级本科生按2013版本科生培养计划培养。

在2013版培养计划中，根据教学计划的指导思想和基本原则，土木工程专业课程体系由通识教育课程、学科基础课程、专业课程及创新教育四大类组成。学生毕业的最低学分要求为180分。课程体系及学分所占比例见表1。

表1　课程体系及学分比例

课程类型	课程性质	课程设置内容	课程学分	学分比例
通识教育课程	公共基础必修	公共基础课程（思想政治理论课、体育、大学英语、高等数学、大学物理、计算机、军训等）	63.5	35.3%
	公共选修	公共选修课	8.0	4.4%
专业类课程	学科基础必修	核心课程、实践教学环节	≤54.5	30.3%
	专业必修	本专业的核心课程或专业方向成组专业课程、实践教学环节	≤44	24.4%
	专业类选修	专业拓展课或专业选修课	≤8	4.4%
创新教育	必修	创新课程、开放实验、创新项目	≥2.0	1.1%
合　计			≥180	100%

2. 突出实践教学环节，加强动手能力培养

在2013版培养计划中，实践教学课程主要包括军训、工程训练、课程实验、课程设计、课程实习、认识实习、生产实习、毕业实习和毕业设计（论文）及科技创新实践、社会实践、创新教育等一系列教学活动。从培养学生的工程兴趣、意识、能力和社会实践能力出发，注重现代工程

对多学科综合性、实践性、应用性、创新性的要求。实践教学体系由实验课、公共实践、基础训练、综合训练四类平台组成，具体见表2。

表2　　实践教学体系

实践教学体系	实验课	必修	随课实验、独立设课实验
		选修	
	公共实践	必修	军训、社会实践、科技创新实践、创业教育等
	基础训练	必修	认识实习、金工实习、课程设计、学期论文等
	工程综合训练	必修	生产实习、毕业实习、毕业设计(论文)

就土木工程专业而言，其主要实践性教学环节包括房屋建筑学课程设计、混凝土结构课程设计、钢结构课程设计、土木工程施工课程设计、基础工程课程设计、道路勘测课程设计、路基路面课程设计、桥梁工程课程设计、隧道工程课程设计、地下结构工程课程设计、地下空间规划与设计课程设计、工程地质实习、测量实习、认识实习、生产实习、毕业实习及毕业设计等。另外，主要的专业实验有材料力学实验、水力学实验、土木工程材料实验、工程测量实验、土力学实验、工程化学实验、土木工程结构试验、混凝土基本构件实验。在实习环节中，学院采取多渠道联系实习工地，一方面发挥学院校外实习基地的作用，另一方面发挥教师的社会关系，同时允许学生在各方面手续齐全的情况下进行校外自主实习；在实验环节中，学校加强了过程监控，学院丰富了实验教学内容，除了涉及本课程的综合知识或与本课程相关课程知识的综合性实验，还开出了很多验证性、设计性试验，学校明确规定综合性、设计性实验的课程占有实验课程总数的比例应在85%以上。

通过突出实践教学环节，尤其是加强学生动手能力的培养，全面提升了学生的创新能力。

3. 加强专业与课程建设

兰州理工大学土木工程专业于1999年首次有条件通过评估，并于2004年、2009年和2014年连续三次通过住建部的评估，也是兰州理工大学目前唯一通过评估体系的专业，该专业同时为国家级特色专业，兰州理工大学综合改革试点专业。通过评估，规范了教学，更重要的是扩大了该专业在行业内的影响。

在课程建设方面，学院积极建设精品课程，目前拥有“钢结构设计原理”、“混凝土结构设计原理”、“结构力学”、“混凝土与砌体结构设计”、“结构优化设计”、“房屋建筑钢结构设计”等6门省级精品课程，这些精品课程涵盖了土木工程专业的结构设计系列主干课程。以上精品课程建设，均自编了相关教材和教学辅导书，建设了课程网站，录制了主讲教授全程课程讲课录像，网上提供了课程教案、多媒体课件、练习题等相关教学资料，为了使这些精品课程更精，相关课程负责人及时对网站内容更新，对相关教材进行修改再版[4]。另外，该专业还开出了十余门创新课和全校公选课。近5年出版教材18部，其中《混凝土结构设计原理》、《特种结构》分别为普通高等教育“十一五”和“十二五”国家级规划教材，另有两部教材被列为国家普通高等教育土建学科专业“十二五”规划教材。

4. 以科技创新活动为载体推动创新能力培养的全面提升

通过开展丰富多彩的课外科技创新活动，鼓励学生参加全国科技竞赛，鼓励优秀本科生进入教师科研团队，这些举措对于培养本科生的创新能力具有十分重要的作用。近年来，兰州理工大学土木工程学院积极开展各类科技知识竞赛和创新活动，成立了“土木工程学科大学生科技创新基地”，拥有“兰州理工大学大学生结构设计竞赛”、“兰州理工大学大学生防灾减灾知识竞赛”和“兰州理工大学钢结构知识竞赛”等校级竞赛活动。“土木工程学科大学生科技创新基地”下设的各项科技竞赛活动在学生动手能力的培养方面发挥了重要作用。截至目前,“土木工程学科大学生科技创新基地”下设的“大学生结构设计竞赛”已连续举办过6届,“大学生防灾减灾知识竞赛”已举办过5届,“挡土墙设计竞赛”已举办过1届,“钢结构知识竞赛”已举办过2届。这些活动极大地调动了学生参加课外科技活动的积极性、提高了学生的学习兴趣,转变了学生的学习方法与学习思路。基地活动在促进教学方法改革,培养学生创新能力方面效果显著,成绩突出。目前,基地下属的竞赛活动已多次在“全国大学生结构设计竞赛”、“全国高等学校土木工程专业大学生论坛”等国家级赛事中获得优异成绩。

另外,近三年来,土木工程专业学生获批10余项国家级和100余项校级大学生科技创新项目,有更多的优秀本科生加入了教师的科研团队,获得了探究未知问题训练和实干的机会。

5. 加强师资队伍团队建设

土木工程专业把建设成为一支高水平的教学团队作为重要任务之一,十多年来一直注重教学团队建设,特别在“十五”以来,学院抓抢机遇,克服了地处西部、人才队伍建设困难、师资队伍不稳定等不利因素,大力加强师资队伍建设,积极开展教学研究和科学研究工作,使土木工程专业的教师队伍不断壮大,教学科研水平不断提高[4]。目前,专业现有骨干教师59人,其中教授15人,副教授20人,具有博士学位的教师23人的教师队伍,形成了老中青结合、配备合理、教学科研水平较高、在全国影响较大、同类高校教学科研成果突出的一支队伍。由结构设计系列课程的教学骨干组成的教学团队于2009年成为甘肃省省级教学团队,2010年成为国家级教学团队。

6. 改革教师教学质量评价办法

教学质量是高等学校的立校之本,是学校生存和发展的生命线。完善和实施教师教学质量评价制度,发现和培养教学带头人和教学骨干,激励和督促教师潜心钻研业务,倾心投入教学,对推进学校教学改革,强化教学管理,加强师资队伍建设与课程建设,稳步提高教学质量具有十分重要的意义。

为了有效地达到评价目的,使“以人为本”和“教学相长”的教育思想充分体现在日常的教学活动和教学管理中,更好地调动广大教师的积极性,引导教师重视教学、研究教学、投入教学,逐步完善教学质量监测评价体系,确保教学质量持续稳步提高,根据《兰州理工大学教师教学质量评价指导意见》,特制定《土木工程学院教师教学质量评价实施细则》。传统的教师教学质量评价主要由学生评教成绩确定,学生评教以教师的仪表仪态、教风教纪、课前准备、课堂组织、内容讲授、教学方法、因材施教、教学技术、作业辅导九个方面为主要内容,但是这个评价指标体系过于单一,不能客观公正地反映教师的教学质量。为提高教师教学质量评价的准确度,突出体现教学质量评价的导向性、科学性和可测性,教师教学质量评价指标的制定及相应的评价标准中,根据评价项目以及项目中所反映的具体评价内容及其作用,对各个评价项目赋予不同的权重值。坚持督导检查、教学管理人员评价(含院领导、系主任、实验室主任、教学办主任、课程组负责人)、教学资料、学生评教、教学成果与学生学习效果评价相结合,重点评价和全面评价相结合,定性评价和定量评价相结合,以确保评价结果的科学性与公正性。

在评价方法方面,学生评教由学校统一组织,对教师承担全部课程的授课质量进行网上评教或问卷式评教,每学期进行一次。所有学生均需按规定的时间参加网上评教,学生评教成绩于每学期期末送教务处教学质量管理科;建立学院教学督导组,组织专家全方位地进行学院各个教学环节的教学质量监控、指导和评价;坚持学院领导、中层干部和高职教师听课制度,学院领导、中层干部和高职教师要深入到理论课教学和实践教学活动的每个环节,广泛了解学院教学状况;健全实践教学质量监控体系,学院和教务处协调配合,贯彻理论联系实际的原则,评定学院及有关指导教师的实践教学质量;教师教学质量评价是对教师从事教学活动整个过程的综合评价,每学年进行一次。

四、实践效果

通过近几年来在培养学生创新能力方面的研究和探索,兰州理工大学土木工程专业取得了显著成绩,主要表现在:

(1) 土木工程专业一直保持高就业率。近几年来该专业的就业率基本上一直维持在95%左右,在学校兰州理工就业发[2014]第5号文件"关于表彰兰州理工大学2014届毕业生'十佳就业之星'及'百分百就业典型班集体'的决定"中,全校共表彰23个"2014届百分百就业典型班集体",其中土木工程学院就有15个,而土木工程专业就有10个。另外,由于该专业的高就业率和通过评估后在行业内的影响,该专业也是2014年兰州理工大学高考招生中为数不多的第一志愿报考人数超过拟招生人数的专业。

(2) 学生获奖数量较多。近5年来,先后有40余人获得省部级以上奖励,有163人次获得校级奖励,4个团队分别获得国家和省级奖励;2名同学获得中国土木工程学会优秀毕业生奖(2011、2012);全国大学生结构设计竞赛一等奖1项(2013),二等奖3项(2010、2011、2012);全国高等学校土木工程专业大学生论坛一等奖2项,二等奖1项,优秀奖多项;全国大学生加筋土挡墙及砌块面板设计大赛三等奖1项;2012年10名学生获高等学校土木工程专业本科生优秀创新实践成果奖;2012年1名同学获高教社杯全国大学生数学建模竞赛二等奖;6名同学获得省级"三好学生"奖;1名同学获得2012年第六届甘肃省大学生创新杯计算机应用能力竞赛特等奖。另外,在2014年第三届全国高校土木工程专业大学生论坛中,兰州理工大学土木工程专业学生撰写的12篇论文全部被录用(合计录用57篇),在遴选出的12篇优秀论文中,兰州理工大学有2篇入选。

(3) 学生保研情况很好。自兰州理工大学取得保研资格后,土木工程专业学生的保研情况越来越好。在2012年、2013年成功保研的合计22名学生中,大连理工大学7名,重庆大学5名,湖南大学2名,天津大学2名,长安大学2名,哈尔滨工业大学1名,同济大学1名,兰州大学1名,兰州理工大学1名。由此可以看出,保研的学生基本上都进入了"985"或"211"高校,这充分说明兰州理工大学培养的土木工程专业学生得到了上述高校的认可。

(4) 社会评价良好。兰州理工大学土木工程专业毕业生绝大多数留在我国西部艰苦地区,分布于设计、施工、管理等各种行业,毕业生基本功扎实,热爱专业,爱岗敬业,成为西部工程建设的主力军,为我国西部建设发展做出了重要贡献。在2014年专业评估中,评估专家普遍认为毕业生"踏实、肯干、上手快、留得住"。调查显示,用人单位普遍认为土木工程专业毕业生政治表现突出,具有良好的职业道德、过硬的专业素质、较强的动手能力、组织能力和奉献精神,具有较强的团队协作能力。这说明土木工程专业学生得到了用人单位的普遍认可,社会声誉好,用人单位对培养质量有较高的认可度,尤其是中建、中交和中铁系统对土木工程专业毕业生普遍满意,甘肃省建设系统设计、施工和管理岗位上核心人物大多数为兰州理工大学土木工程专业毕业生,很多用人单位招聘的土木工程专业学生已经成为业务骨干和中坚力量。

五、结语

《高等学校土木工程专业本科指导性专业规范》[5]于2011年颁布实施以来,各高等院校都非常重视,兰州理工大学土木工程学院也开展了很多工作,目前取得了较为丰硕的成果。学院在制定土木工程专业2013版培养计划过程中也仔细研讨了该规范,通过参加专业教研教改会议，与兄弟院校也进行了交流和沟通。为了更好地培养具有创新能力的土木工程专业技术人才，本科生创新能力的培养应该多元化，笔者认为下一步必须重视案例教学，积极开展专题讲座，不断加强实践教育环节，鼓励学生参加课外科技活动，完善课程考核评价体系等教改措施，继续修订培养方案和计划，整合课程体系，加强教材建设和精品课程建设，加大力度提升教师教学水平，推进教师团队建设。总之，土木工程专业本科生创新能力的培养是一个长期的过程，需要教育界和工程界人士共同努力，不断探索，期待大家都能为实现培养出更多的创新型土木工程人才而努力做出自己的贡献。

参考文献

[1] 张猛，赵桂峰，李瑶亮．地方高校土木工程专业本科生科研创新能力培养探索[J]．中国电力教育，2014，(11)：26-27，32．

[2] 陈志军，李黎，苏原．土木工程专业学生创新实践能力的多方位全过程培养[J]．西安建筑科技大学学报(社会科学版)，2012，31(增刊)：198-201．

[3] 中华人民共和国教育部高等教育司．普通高等学校本科专业目录和专业介绍(2012 年)[M]．北京：高等教育出版社，2012．

[4] 朱彦鹏，周勇．正确理解《土木工程专业指导性专业规范》，搞好土木工程专业教学计划[J]．兰州理工大学学报，2013，29(专辑)：17-22．

[5] 高等学校土木工程学科专业指导委员会．高等学校土木工程本科指导性专业规范[M]．北京：中国建筑工业出版社，2011．

浅谈大学生创新教育

简毅文　李俊梅　全贞花　潘　嵩

（北京工业大学建筑工程学院，北京　100124）

摘　要　依据笔者的教学经验，分析指出在高等学校理论教学和实践教学中发现的问题，以及由此所引发的对目前大学生创新教育活动的思考，指出大学生创新精神的培养、创新能力的提高是大学创新教育中的关键之本。进一步以模拟软件的应用教学为例，探讨分析了如何在课堂教学中开展创新教育活动。

关键词　高等学校，创新教育，创新精神，创新能力

一、创新教育活动的实施

高等学校是培养高素质人才的摇篮，也是知识创新的重要基地。重视和培养大学生的创新精神和创新能力，开展创新活动，对全面推进素质教育和科教兴国战略，具有重要的现实意义和深远的历史意义。创新已经成为当代大学教育中重要的战略导向。

为全面贯彻党的教育方针，努力培养适应社会主义建设的高科技人才，北京工业大学从教师、学生以及管理等多个层面相继开展了一系列的创新教育活动。学校于2007级开始全面实施创新学分，目的在于通过鼓励学生参与科学研究、科技竞赛、调查实践等活动，培养和提高学生的创新素质和基本的科研素养。

对此，落实到各个学院的每个系，学校为每3～4个学生配备一名专业任课教师作为指导教师，全面实施指导教师负责制。在教师的指导下，要求学生参与教师的科研项目或教师为本科生拟定的科研训练项目，有计划地申报各类院级、校级和国家级的科研项目，如建工学院的“扬帆计划”大学生创新项目、学校每年专门针对本科生的星火基金项目以及国家大学生创新性实验计划项目等；进一步，组织学生积极参加校级和国家级的科技竞赛，如学校和国家级别的大学生节能减排社会实践与科技竞赛等。

二、存在的问题分析

创新教育活动的开展推广和普及了学生对科学研究的参与性，提高了学生对科学研究的认知程度，增强了学生对理论和实际相互关系的认识，丰富和完善了课堂教学之外的实践教学。部分同学成为大学生创新教育活动的最大受益者，在教师指导和自身的努力下，培养和形成了研究性的学习方法，并在各项校级和国家级的科技竞赛中脱颖而出，取得了很好的成绩。

然而，成绩的取得并不意味着停步和忽略问题的存在。对于大多数同学而言，他们或主动或被动地参与到教师的科研活动中，完成指导教师为其制定的科研训练项目，这在一定程度上确实加深了学生对某个具体科学问题的认识，拓宽了学生在行业背景、行业发展方面的认知视野。但由于多方面的原因，大多数学生并没有培养和形成独立思考的习惯以及具备基本的分析问题和解决问题的能力，大多处于盲目跟从指导教师的状态中。甚至，对于常规课堂教学知识点的理解和应用，多数同学缺乏基本的分析能力和自我思考意识，而常常表现出迷信和跟风

作者简介：简毅文（1967—），女，北京工业大学副教授，从事建筑节能技术的研究。

的思想状态，从而导致一些基本的也是关键性的错误出现。笔者依据自己的理论和实践教学经验，从以下三方面加以说明。

(1) 错误应用软件、错误理解输出结果。在计算机软件和硬件技术不断发展的今天，为方便工程设计，降低简单重复的劳动工作量，各类分析计算和绘图软件不断应运而生，并且在大学专业课的教学中得到普及和推广。但软件永远代替不了人，各个软件可能会对某一个具体问题存在应用的局限性。于是，如果缺乏对物理现象、物理本质乃至物理问题描述和表示方法的一些最基本的认识，学生往往不知道如何正确应用软件，甚至对由于应用不当所导致的错误结果而一无所知。

(2) 迷信工程师。为加强实践教学、增强理论与实际的联系，本科学生在毕业设计阶段，通常会进入到具体的设计和管理单位，接触实际的工程项目，在校外工程师和校内指导教师的共同协助下，完成毕业设计课题。笔者在实践教学的过程中发现，无论工程师处理问题的方法是否恰当，学生普遍存在迷信工程师、唯工程师决定一切的心理状态。举例来说，为了赶设计进度，部分设计院通常采用套负荷指标、依据经验进行设备选型的做法，这在一定程度上与运用基本理论分析、处理问题的方法相悖。此时，部分学生往往会告知老师工程师就只要求这样做；另一部分同学虽然进行较严格的计算分析，但发现计算结果要偏低于设计经验值时，往往不会对结果给出正确的判断，也只能依照设计院工程师的传统做法开展设计活动。学生基本都没有意识到某些设计做法是导致建筑能耗高的主要原因。

(3) 对课堂理论教学中基本知识点的理解和认识刻板。多数同学不会灵活应用理论教学的基本知识点，在分析和解决一个非常规问题时，往往感到不知所措。举例来说，对于室外湿度条件截然不同地区的建筑，应该有不同的空气热湿处理方法，笔者曾经发现，一个学生在做内蒙古包头某医院的空调系统设计时，仍然基于软件进行常规降温除湿方案设计，最后对明显错误的结论感到不明就里，而没有意识到应该用焓湿图对热湿处理过程进行具体的分析。

上述现象体现了学生在基本理论和基本概念理解和认识上的明显不足，同时，也正由于对基本知识点理解和掌握的欠缺，学生倾向于选择可以现成套用的、简单直接的问题处理方法。这样所培养出来的将不再是服务社会主义建设的有用人才。

三、创新教育的关键

一个国家和民族要得到持续不断的发展，首先要培养和具备相当数量具有创新精神和创新能力的各类人才，这是民族进步的灵魂，是国家兴旺发达不竭的动力。

何为创新呢？创新是以新思维、新发明和新描述为特征的一种概念化过程。起源于拉丁语，它原意有三层含义：第一，更新；第二，创造新的东西；第三，改变。创新是人类特有的认识能力和实践能力，是人类主观能动性的高级表现形式。创新人才的培养首先得有赖于创新教育活动的实施和开展。

所谓创新教育就是使整个教育过程被赋予人类创新活动的特征，并以此为教育基础，达到培养创新人才和实现人的全面发展为目的的教育。所谓创新人才，应该包括创新精神和创新能力两个相关层面。其中，创新精神主要由创新意识、创新品质构成。创新能力则包括人的创新感知能力、创新思维能力、创新想象能力。从两者的关系看，创新精神是影响创新能力生成和发展的重要内在因素和主观条件，而创新能力提高则是丰富创新精神的最有利的理性支持。

总之，高等学校创新教育的关键在于创新精神与创新能力的培养和提高。其中，创新精神提倡不迷信书本、权威，并不反对学习前人经验，任何创新都是在前人成就的基础上进行的；创新精神提倡大胆质疑，而质疑要有事实和思考的根据，并不是虚无主义地怀疑一切。而创新能力的培养不应仅仅局限于学生本科阶段对于科技活动、科研项目的参与，而应贯穿于大学四年整个的课堂理论、课外实践教学的过程中，学生应首先理解和认识最基本的概念和方法，这样才有可能对所学知识做到融会贯通，才能够不断拓展和提高各方面的能力，也才有可能发现问题，并对此提出新的质疑。因此，创新精神和创新能力两者是相辅相成的，是贯穿于整个大学创新教育活动中的，而各项科研活动的参与为创新精神的培养、创新能力的提高提供了更广阔的创新舞台。

四、建筑环境模拟分析课程教学

为了更好地帮助学生理解和认识实际的建筑环境现象，北京工业大学建筑环境与设备工程专业从 2006 级本科生起，在专业课教学中增设了建筑环境模拟分析的课程内容，在建筑热环境及建筑能耗、室内外气流场的模拟分析方面，向学生介绍模拟分析的基本概念，以边教边学的方式让学生掌握模拟软件的操作使用，并通过具体案例的计算分析培养学生分析和解决实际建筑环境问题的能力。

除了传授知识和能力外，笔者在该课程的课堂教学中，还通过计算结果的分析对比，着意培养学生的创新意识。举例如下：

笔者设计了一个地下室全年不采暖而地上一层全年采暖的建筑，要求学生通过模拟计算分析比较地上一层楼板保温与外围护结构保温（南外墙或北外墙或东西外墙或屋面）两种不同保温方案的优劣。

模拟计算的结果却表明，在保温材料相同的情况下，北向外墙保温才最有利于降低采暖能耗。这与行业内认为的增强楼板保温性能会降低邻室传热，从而降低采暖负荷的观点不一致。对此，笔者积极引导学生重新认识传热机制，说明影响室内外散热量的因素除了围护结构热阻外，还与热传递两个边界的温差有关，因此，北外墙保温最有利。这一教学措施在帮助学生认识现有设计方法存在的不足、并鼓励学生积极思考方面，做出了有益的尝试。

五、结语

创新是一个国家和民族不断持续发展的灵魂所在。高等学校在国家的建设和发展中担负着培养创新人才的重要职责。

创新教育的关键在于创新精神的培养和创新能力的提高，两者相辅相成并贯穿于大学四年整个的课堂理论和课外实践教学中，各项科研活动的参与为创新精神的培养、创新能力的提高提供了更广阔的创新舞台。因此，教师在教学活动中应主动培养学生的创新精神，并帮助学生提高创新能力。

参考文献

[1] 创新创业能力的培养与提高的重要性[EB/OL]. [2014-09-07]. http://baike. baidu. com/view/15381. htm.

[2] 创新教育[EB/OL]. [2010-11-13]. http://baike. baidu. com/view/1280150. htm.

[3] 百度百科. 创新精神[EB/OL]. [2010-04-20]. http://baike. baidu. com/view/664514. htm#1.

[4] 朱颖心. 建筑环境学[M]. 2 版. 北京：中国建筑工业出版社，2005.

桥梁工程学科教学模式创新

吴　迅　张永兰

（同济大学桥梁工程系，上海　200092）

摘　要　课堂教学是实现教学目标的主要渠道和基本形式，教学方法是沟通教与学的桥梁，是贯穿教学过程、完成教学任务的纽带，教学模式是不可忽视的一个关键。针对桥梁工程系本科教学中课堂活跃程度及学生接受程度存在的问题和不足，进行桥梁工程课程教学模式、教学手段及成绩评价标准的创新研究和改革。

关键词　桥梁工程，小班教学，教学模式，创新

课堂教学是目前高校开展教学活动的一种主要形式，学生的较多学习时间是在教室、实验室里度过的，其中本科生在课堂学习知识的时间占大部分。课堂的教学活动为学生的学习和成才提供了极其重要的场所和机会。因此，课堂教学效果直接影响到培养人才的质量，关系到高校创新教育的成败。改革教学手段和方法是推进创新教育的重要条件。不断更新和完善教学模式是非常关键的一环。

一、引言

同济大学桥梁工程系的本科土木工程专业桥梁工程课群组历史悠久，办学特色鲜明，特别强调理论联系实际。现今国家进一步加大基础设施建设，铁路、公路桥梁等大量工程为桥梁工程专业提供了广阔的实践平台，但同时也向本专业提出了新的挑战。为了更好地面对国际化、创新型、竞争性的社会，保持专业的特色和优势，为社会培养出更多有用的人才，必须建立一个完善的课程体系、实践教学平台及国际交流平台。

二、卓越工程师培养方案

1. 确立人才培养定位

目前，桥梁工程人才培养上出现专业结构失衡、专业人才扎堆、层次类型过于集中等现象，主要原因之一，是高校在工程人才培养定位上普遍的同质化。因此桥梁工程课群组在制定卓越计划的专业培养方案时，首先必须确定好本专业卓越计划的人才培养定位。同济大学桥梁工程课群组在卓越工程师培养方面具有独特的优势和特长，依托同济大学丰富的土木工程相关资源开展教学活动，充分利用校企合作资源进行实践活动，可以使每一位学生在打下坚实基础知识的前提下更多参与实践，了解工程前沿。近年来，桥梁工程课群组遵循工程人才培养定位的原则，即服务面向原则、办学层次原则、自身优势原则和未来需求原则，准确地找到适合本学科的人才培养定位，并最终体现在卓越工程师的培养目标上，为专业培养方案的制定打下基础。

2. 充分发挥自身的人才培养特色

一所高校的人才培养特色是该校在长期的办学过程中逐渐形成的在人才培养方面所独有

作者简介：吴迅（1958—），男，同济大学土木工程学院桥梁工程系副主任（主管教学），主要从事桥梁工程的教学工作。

的、优于其他院校的、并为社会所认可的优良特性，是该校人才培养质量高低的一个主要标志。人才培养特色具有独特性、有限性、稳定性和发展性等特征，同济大学桥梁工程课群组在人才培养的许多方面形成了自己的优势特色。桥梁工程课群组根据多年教学和实践经验，在教育教学理念、人才培养方式、教育教学资源、教师与管理队伍、校企合作形式、教学与学生管理、大学文化氛围、人才培养环境等诸多方面不断改革，注重学生的知识、能力、技能、素质等诸方面的培养。在学校和学院政策措施的支持下，通过认真研究制定专业培养方案，使人才特色培养在专业培养方案中得到具体体现和充实。

3. 强调人才培养模式的改革创新

卓越计划为我国工程教育的改革和发展，为工程人才培养模式的创新和突破提供了明确清晰的指导思想、主要目标、总体思路、重点任务和保障措施。桥梁工程课群组根据自身特点，灵活自主地开展与专业工程人才培养模式的改革和创新。在以前的培养方案中，一般只注重专业基础和技能的培养，新的卓越工程师培养计划将着力培养具备工程经济、企业管理、公共管理等经济管理知识，具备哲学、历史、社会学等社会科学知识，具备环境保护、生态平衡、可持续发展，以及相关政策和法律法规的一般知识的综合性复合人才。

三、教学模式创新

1. 小班教学

按照新培养目标要求，更加重视培养每一位学生的综合素质，使课堂更加生动，通过了解每一位学的特点，激发每一位学生的优势和潜能，桥梁工程课群组秉承“多而杂不如少而精”的思想，开展小班教学的模式。小班教学在班级人数上比以往减半甚至更多，从而让每一位学生与老师面对面的机会增大，利于老师直接了解并掌握每一位学生的学习特点和接受知识的程度，同时学生可以更加快速而积极地参与到课堂教学里，两者相得益彰。小班教学特地开设了答疑时间，学生可以针对自身学习知识过程遇到的问题单独向老师讨教，或者对于某一知识点有自己独到的见解与老师进行交流。此外，小班教学的另一个特色是增设了“课程讨论”这一环节，每位同学均可以就某一具体问题做出自己的理解并与大家分享交流，或者通过演讲的方式，把自己学到的知识进行整合并以自己的有的方式表达出了。“课程讨论”环节既促进了师生以及同学之间的交流沟通，也充分激发了学生的统筹知识的能力和与人表达的能力。而此讨论环节占该课程学分和学时的四分之一，这样的设定一方面凸显出讨论环节的不可或缺性，另一方面，在无形中敦促学生和老师积极应对这个环节。

2. 增设“道路与铁道工程”和“桥涵水文”两门课程

1）“道路与铁道工程”

随着国家中部崛起和西部大开发战略的深入贯彻，中国中西部地区的发展必然要经历一次巨大的变革。俗话说“要发展，先通路”，西部地区的丰富资源如何运出来，东部沿海地区的资金如何流向亟须资金建设的西部，而中部如何起到承东启西的战略规划。唯有交通先行。铁路和道路交通作为国民经济的主动脉，必然是发展的重中之重，而桥梁是铁路和道路交通线路的重要组成部分，所以，学习桥梁设计，不可不了解道路与铁道工程的知识及其发展状况。

道路与铁道工程学科是研究铁道、公路、城市道路和机场等交通基础设施的规划、勘测、设计、施工、运营、养护和管理中基础理论与关键技术的学科。“道路与铁道工程”这门课程虽然属于交通与运输工程的范畴，但是对于土木工程特别是桥梁系的学生来说，学习这门课程是有必要的，开设这样一门课程完全是从学生学习的角度出发。一方面学生可以通过学习本门课程，拓展自己专业基础知识以外的知识面，在宏观上了解桥梁建设在交通运输工程中的地位。另一方面，这门课程所涉及的规划、勘测和设计等知识是桥梁系的学生所必须参透领悟并掌握的思想和概念，学习这门课程，是对学习桥梁设计知识体系的完善。

2)"桥涵水文"

每年洪水和流冰季节，一些既有桥梁常发生水害。如由于洪水主流直冲桥墩(台)或基础埋深过浅，致使桥墩(台)基底冲空而倾斜；由于漂浮物或冰凌阻塞桥孔危及桥梁安全；因桥上、下游水位差过大而剪断桥墩，冲走桥梁；由于河滩路堤阻水过多，或者由于桥头路堤伸入主槽，导致路堤被冲断，或桥头锥体护坡被冲坍，有的甚至冲空台底，导致桥台倾倒。水害事故的发生，不仅使桥梁本身遭受直接的损失，而且由于道路中断停运，使国家在政治经济各方面所蒙受的损失往往更为惊人。对水害事故的分析，不难看出，若能充分重视并处理好桥涵设计的各个环节，一些事故可以避免，或可以减轻灾情。

"桥涵水文"是一门阐述和运用水文规律，开发和发挥工程效益的学科。主要介绍在水循环从降水到径流过程中，关于地面径流的形成、观测，以及对土木工程建筑物的影响。本课程的教学目的，是使土木工程专业学生，了解自然界中水的运行变化与河川径流的关系，具有分析计算河渠设计流量和确定过水建筑物孔径等的设计知识。

"桥涵水文"是服务于桥涵工程的规划、设计、施工、养护，主要叙述水循环从降雨到径流这一过程中，关于地面径流(特别是河流中的洪峰流量)的形成、观测和以设计洪峰流量为主的分析计算、水位、冲刷深度等内容。在桥梁的规划设计阶段，需要合理地确定工程的规模，水文计算的任务是预估未来的水文情况，如选定桥位、拟定桥长、布设桥孔、计算桥面高程和墩台冲刷深度，提出初步设计方案。学习这门课程对桥梁系的学生的知识体系建设起到关键的作用，千里之行始于足下，没有对水文知识的认识，掌握桥梁设计前期需要进行的各项工作，就不能设计出经济、安全、合理的桥梁。

四、结语

小班教学的改革让每一个学生面对老师的时间得以增加，老师可以及时掌握学生学习知识的动态及掌握知识的程度，以便在教学中不断改善自己的教学方式，在此基础上的课堂讨论环节更是加强了这样的一种教学模式的优点，理论联系实际，让每一位学生都感觉到自己是学习的主人，并且和老师同学之间的交流更能够形象深刻的理解和掌握所学内容。

此外，桥梁工程系增设"道路与铁道工程"和"桥涵水文"这两门课程的目的是培养学生建立更加完善的知识体系，也拓展了自己的知识面，将桥梁设计所经过的各个环节的知识内容融会贯通，才能能更好地把握桥梁设计的理念，设计出合理而优越的桥梁。同时，这两门课程所教知识内容是本专业学生所应具有的基本能力，不仅为学生以后工作打下基础，而且也是学生未来发展的金字塔的基础。

参考文献

[1] 徐子芳.高等学校专业课教学方法改革浅议[J].高教论坛，2006(1).

[2] 魏庆朝.铁道工程概论[M].北京：中国铁道出版社，2011.

[3] 徐家钰，程家驹.道路工程[M].上海：同济大学出版社，2004.

[4] 陈云敏，姜秀英，肖南.土木工程设计类课程教学改革研究[J].高等理科教育，2002(3).

[5] 胡青.公路与桥梁技术专业课程教学改革初探[J].时代教育(教育教学版)，2010(5).

[6] 高冬光，王亚玲.桥涵水文[M].北京：人民交通出版社，2008.

研究性学习在土木工程专业教学中的应用

刘　雁

（扬州大学建筑科学与工程学院，扬州　225127）

摘　要　分析了土木工程专业特点和传统授课方式存在的不足，结合以往教学改革的成果，以结构类课程的研究性学习为例，对研究性学习模式在土木工程专业教学中的应用进行了认真设计，重点介绍了教学思路、教学设计与教学要点等教学内容。

关键词　土木工程专业，研究性学习，教学初探

目前，从狭义的定义上来说，土木工程(Civil Engineering)包括建筑工程(或称结构工程)、桥梁与隧道工程、岩土工程、公路与城市道路、铁路工程等[1]。

由于土木工程专业涉及的知识范围广、内容多、难度大，特别是专业课程，系统性不强，结构形式多样，试验总结归纳多，加上有些学生的数学和力学基础不厚实，在专业课学习过程中，有时入耳不入脑，认为专业知识较难掌握，导致学习效果不佳。为了解决这个问题，笔者结合多年的教学实践，经过认真思考，对土木工程专业课程教学方法进行了改革，在专业课程教学时，采用研究性学习的方法，调动学生的学习主动性，培养学生独立分析、解决问题的能力，以达到较好的教学效果。

一、现代土木工程的特点和专业教学面临的挑战

1. 现代土木工程专业的特点

现代土木工程专业的特点具体地表现在下述几个方面。

(1) 建筑材料方面。高强轻质的新材料不断出现。铝合金、镁合金和玻璃纤维增强塑料(玻璃钢)已开始在土木工程中应用。另外，对提高钢材和混凝土的强度和耐久性方面的研究，已取得显著成果。

(2) 工程地质和地基方面。建设地区的工程地质和地基构造及其在天然状态下的应力情况和力学性能，关系到工程的选址，直接决定基础的设计和施工，影响建筑材料和上部结构体系的选择，对于地下工程更有直接影响。而工程地质和地基的勘察技术，目前仍然是现场钻探取样，室内分析试验方法需要改变。

(3) 工程规划方面。以往的总体规划常是凭借工程经验提出若干方案，从中选优。随着土木工程设施规模日益扩大，现已有必要运用系统工程理论和方法来提高规划水平。特大的土木工程，例如高大水坝，会引起自然环境的改变，影响生态平衡和农业生产等，这类工程的社会效果是有利也有弊。在规划中，对于趋利避害要作全面的考虑。

(4) 工程设计方面。适用、经济、安全、美观为设计的基本原则。为此，采用概率统计来分析确定荷载值和材料强度值，研究自然界的风力、地震波、海浪等作用在时间、空间上的分布与统计规律，积极发展反映材料非弹性、结构大变形、结构动态以及结构与岩土共同作用的分析，

作者简介：刘雁(1963—)，博士，教授，主要从事现代轻型木结构、钢木结构受力性能研究。

基金项目：扬州大学教改课题(JG-2014-2016)。

进一步研究和完善结构可靠度极限状态设计法和结构优化设计等理论；同时发展运用电脑专业软件的高效能辅助设计方法等。

(5) 工程施工方面。随着土木工程规模的扩大和施工工具、设备、机械向多品种、自动化、大型化发展，施工日益走向机械化和自动化。同时组织管理开始应用系统工程的理论和方法，日益走向科学化；有些工程设施的建设采用结构和构件标准化和生产工业化，不仅降低造价、缩短工期、提高劳动生产率，而且可以解决特殊条件下的施工作业问题，以建造过去难以施工的工程。

另外绿色、生态、智能建筑理念，可持续发展建筑观都会对土木工程产生积极影响。

2. 土木工程专业课程面临的挑战

针对现代土木工程专业的特点，如何开展专业课程的教学工作，是专业课程教学面临的挑战。要在规定的学时，学分内让学生掌握土木工程专业课程内容，难度较大。传统的教学方法，课堂教学以教师为中心，学生被动学习，在培养学生创新能力方面存在明显不足。同时随着实践性教学环节课时的不断增加，理论课时会进一步减少，如何保证教学质量，需要认真对专业课程的教学进行系统思考和设计[2]。

很多土木工程专业往届学生反映，工作之初，面对实际工程问题，不知道如何下手。这实际上反映出学校对学生分析问题的能力培养不足。

可以用一个简单生动的问路例子来说明传统教学模式存在的不足：如果一个学生问路，可以有两种指路方法。第一种是详细告诉他要走哪一条路，在什么路口拐弯，乘坐哪一路公共汽车，在何处转车，最后在哪里下车，等等；第二种方法是给他看一张地图，告诉他现在的方位以及要去的目的地在哪里，让他自己选择到达的方法。传统的教学模式，就像例子中的第一种指路方式，即告诉解决问题的详细步骤或流程。看起来似乎很简单明了，但如果过程中稍有偏差，学生往往不知所措，缺少解决问题的思路。而研究性学习，就像第二种指路方式，能培养学生独立思考问题和解决问题的能力，让学生知道如何找到正确的道路。

二、研究性学习模式的内涵

为了培养学生分析问题、解决问题的能力，需要改变传统的教学模式，在教学中引入研究性学习方法。

研究性学习以“基于项目的学习”和“基于问题的学习”两种模式应用最多[3]。

基于项目的学习为课堂教学的一种新模式，它不同于传统的以教师为中心的，单一的课堂教学，强调以学生为中心的，开放的学习方式。基于问题的学习是一种关注经验的学习活动，这种学习方式围绕课程内容，提出系列问题，通过广泛研究探讨，寻求解决问题的方法。

两种学习方式，都需要学生发挥主观能动性，认真研究，寻求具有多种解决方法、答案的项目或问题。在课程学习期间，学生以 3 人左右组成学习小组，以学生为中心，教师为指导者和帮助者，鼓励学生大胆探索，这两种学习方式学习能够培养学生的学习主动性，帮助学生形成好的学习习惯。两种方式都强调要根据学生的学习表现来进行评价和考核。

有时，可以将两种学习方式组合起来完成课程的学习。

“基于项目的学习”和“基于问题的学习”两种学习方式，它们具有相同的理念，都是一种积极的、主动的教学策略和方法。其目的是让学生在学习过程中，培养主动学习的兴趣，提高学习能力，学会学习，同时学会与人合作，收集资料，解决问题的技能，从而促进学生的健全成长。

针对土木工程专业课程，可以采用两种学习方式组合来进行专业课程教学。通过基于项目和基于问题的学习可以使得专业课程教学内容更加紧密，学生更有可能在课程学习期间取得一些学习研究成果。

三、研究性学习模式在土木工程专业课程教学中的应用

在研究性学习模式中，教师从教学的主导变成教学过程的指导者、帮助者和促进者。“基于项目”和“基于问题”的两种研究性学习模式要求教师根据课程大纲和教学特点、内容，科学合理地设计课程教案，调动学生的主观能动性，培养学生的自主学习能力[4,5]。

1. 基本教学思路

一般土木工程专业课程，课堂讲授不易，很多学生学完相关专业课程知识后，仍然理解有限，更谈不上如何在工程中应用了。为了使学生真正掌握专业课程知识、具备解决新问题的能力，讲授专业课程时，各门专业课程一方面需要利用PPT补充工程实例，另外一方面要让学生领会相应的基本概念、受力特点和构造要求。为了达到这个教学目的，应将专业课程的课堂讲授改为以学生个体的自主探究和小组讨论结合的研究性学习模式。

2. 教学设计与教学要点

以结构类专业课程教学为例，将土木工程专业的专业课程的学习分为四个阶段。

一是在每学期各门专业课程授课前，提前公布课程学习指南和任务，明确要求每个学生必须在寒(暑)假期间去调研所在城市的一栋建筑的结构体系(不限于建筑，桥梁，公路等都可以)，并通过照片，视频，文字分析该建筑结构的组成特点，通过调研设计院和施工企业，进一步了解结构布置特点，设计计算以及施工等知识点，每个同学都要形成相对完整的PPT课件；二是小组讨论，每个同学都要介绍假期结构体系方面的调研成果，通过讨论，相互提问，发现问题、分析问题，该阶段重视知识的形成过程，重点是学生的自主探究，每个小组的讨论都要求有完整记录；三是课堂汇报，根据小组讨论结果，选择不同形式的结构体系，由同学上讲台介绍，进一步拓展结构知识，这是一个知识迁移的过程，以达到举一反三的目的；四是，由教师总结，特别强调结构概念设计方面的知识、结构方案的确定原则以及结构布置与结构抗震设计等知识点。

在专业课程的研究性学习教学中，还要重视如下一些教学要点。

(1) 结构类课程教学必须包含抗震设计。自2008年发生汶川大地震以来，我国对《抗震设计规范》、《混凝土结构设计规范》等都进行了重新修订，建筑物的抗震设计被提到了一个新的高度。在结构类课程教学中，有关结构概念设计方面的知识，应结合结构抗震基本概念，强调建筑抗震设防分类和设防标准、地震影响及场地与地基以及房屋的选址等概念。特别需要结合地震破坏现象来分析结构体系的布置原则，让学生通过研究性学习，掌握结构抗侧力体系的平面、竖向布置、侧向刚度以及材料强度等选择规律。

(2) 注重与工程材料的有机结合。土木工程专业课程的学习中，要让学生知道工程材料的重要性。要让学生理解任何工程结构都是由基本构件组成的，而构件是由材料通过一定的技术手段形成的，没有材料科学的进步，就没有结构体系的发展。

(3) 学会与力学课程的综合。土木工程的发展和力学、建筑材料以及计算机的发展关系密切，在土木工程研究性学习中，要求学生从力学分析的角度搞清楚各种结构体系的来龙去脉，特别强调从三大方程(物理方程，几何方程，平衡方程)开始的分析之旅。要注重专业课程和力学课程之间的联系，在力学课程学习时，要有意识地将专业课课程设计方面的相关梁板内力计算，如连续梁、板的内力计算等作为习题布置，这样在专业课课程设计时，这部分内力可以直接拿来应用。这样做，学生既复习了力学知识，又能保证时间相对紧凑的课程设计的设计质量。

3. 全面分析能力的培养

土木工程方面的知识,不仅仅是结构的,它还包括了结构、经济、材料、施工等方面的知识。在研究性学习中,从材料的方面来讨论钢结构、混凝土结构以及木结构等是否都适用某一结构形式,从造价方面讨论合理结构形式对建筑(桥梁)外观和内部功能的影响,从施工方面讨论施工技术、施工过程对结构体系的影响等。

4. 结构模型竞赛,培养创新能力

在土木工程专业课程研究性学习中,为了培养学生的创新能力,结构类教学中,组织学生的结构模型比赛。对于低年级学生,结构模型竞赛可以是制作相同结构体系,根据承重比确定排序。对于高年级学生,规定材料,自己设计、制作结构模型,在施加一定竖向荷载后,进行振动台试验,验证结构体系的合理性。结构模型竞赛,能够培养学生的结构意识和创新能力。

5. 应用多媒体课件的教学

多媒体教学以直观的视觉和听觉表现,不仅节约了教师的板书时间,而且大幅度提高了讲课效率,特别是大量工程实例、建筑材料、结构施工过程中的照片或视频等,把传统教学中难以讲清的问题通过多媒体课件能够完整清楚地表达出来。

土木工程专业课程的研究性学习,将同学们调研成果的资料、图片、短片以及其他工程实例等制作成幻灯片,不仅资料新,信息量大,而且图文并茂,学习效果较好。

6. 课程的考核方法

土木工程专业课程的考试形式也是研究性学习需要考虑的一个重要环节。在课程考核时,不采用传统的一张考卷定成绩的考试形式,而是将学生调研成果,课堂讨论表现都作为考核内容,这部分占总成绩的40%,其中课堂讨论按每个小组的总体成果给出成绩,然后根据个人表现和组员相互评价给出每个学生的成绩。

另外的60%的成绩,要求每个学生结合自己的专业课程学习,采用读书报告等汇报自己的学习心得,同时要精心设计考试题型,要能真正考出学生的知识掌握程度,学习过程中的结构模型竞赛也是成绩的一部分。

这种考核形式很好地反映研究性学习特点以及学生的劳动成果。

四、结语

本文对研究性学习模式在土木工程专业课程学习中的应用进行了探索。采用"基于项目的学习"和"基于问题的学习"两种学习方式的研究性学习模式,教学内容充实、信息量大,内容逻辑性、结构性较好,能够较好促使学生积极思考,有效地激发学生学习和研究专业课程的兴趣以及团队精神,能够发挥学生的创新能力,培养学生的结构思维、结构概念和分析、解决问题的能力以及理解与应用能力。

参考文献

[1] 高等学校土木工程学科专业指导委员会.高等学校土木工程本科指导性专业规范[M].北京:中国建筑工业出版社,2011.

[2] 单佳平.大学研究性学习模式探究[J].宁波大学学报(教育科学版),2007,29(5):54-56.

[3] 盛立芳,王启.研究性学习模式在专业课教学中的应用[J].中国大学教学,2009,(9):60-61.

[4] 陈建平,范钦珊,邓宗白.从工科基础课程的特点出发开展研究性教学[J].中国大学教学,2008,(5):20-22.

基于BIM5D平台的土木工程教学改革探讨

赵雪锋[1]　宋　强[2]

(1.北京工业大学建筑工程学院,北京　100124;2.青岛酒店管理职业技术学院酒店工程学院,青岛　266100)

摘　要　对基于BIM5D平台的土木工程教学改革进行探讨,主要研究了基于BIM5D平台的教学计划改革和课程内容改革。其中,对于教学计划改革来说,研究了教学计划改革的线路图和相关内容,提出了基于BIM5D平台相关软件进行改革的方法;对于课程内容改革来说,提出了"以BIM核心数据为基础,以工程量计算、套价教学为核心,以BIM5D为专业技能提升"的理念。能够在一定程度上解决基于BIM5D平台的土木工程教学改革的实际问题,推动BIM技术在教育教学中的发展。

关键词　BIM5D,教学改革,教学计划,课程内容,BIM

一、背景

BIM技术是一种创新性的设计、施工和管理方法。BIM通过数字化技术,在计算机中建立一座储存完整的、有逻辑的建筑信息的虚拟建筑。目前各国在BIM推广应用上行动十分迅速有力,制订了一系列的标准、规划、指南和政策,取得了显著的效果。我国也同样高度重视BIM的推广,"十一五"国家科技支撑计划重点项目"建筑业信息化关键技术研究与应用"课题提出深入研究目前国际上倍受关注的BIM的技术,为开发下一代建筑工程软件系统奠定基础;《2011—2015建筑业信息化发展纲要》提出在"十二五"期间,加快建筑信息模型(BIM)的应用;2012年1月17日住建部发布了《关于印发2012年工程建设标准规范制订修订计划的通知》(上建标[2012]5号)宣告了中国BIM标准制定工作的正式启动;2013年6月中国BIM标委会组织制订了2013年中国BIM标准制修订计划(草案)。BIM的快速发展和广泛应用,给建筑业带来自二维CAD绘图后的第二次建筑业革命,是一个无可回避的发展新趋势。

BIM技术是建立在3D的基础上,不仅能实现可视化展示功能,还能够实现虚拟施工模拟、工程项目信息全共享、协调项目发展等多重功能。在BIM三维基础上加上发展时间维度就形成了4D模型,用来研究施工任务可行性、施工计划安排、任务优化和下一层分包商的工作顺序。5D是在四维基础上再加上工程项目造价维度,是在三维建模和进度控制目标的基础上,实现工程项目造价控制的最优化,通过BIM5D平台精确控制预算和人财物的分配来对工程施工进行管理和控制。

BIM技术是全新的、极富有生命力的技术,BIM5D平台是基于BIM的、更为崭新的、专业性强的平台,目前为止尚未有关于BIM5D平台用于教学方面的研究。BIM5D平台能够融合BIM技术和工程造价、施工技术、施工组织等多门专业核心课程,对基于BIM5D平台的土木工程教学改革研究符合建筑技术发展趋势,能够满足教育改革需要。

二、基于BIM5D平台的教学计划改革

1. 教学计划改革的线路图

BIM5D平台包含了多种专业教学软件,将这些教学软件进行组织形成教学计划改革的线路图(图1),其中的教学计划主线为:模型创建—工程量计算—清单计价—5D施工平台,这条主线的主要内容为创建土建和钢筋模型,计算土建和钢筋工程量,定额和清单计价,基于BIM

模型的5D施工管理。这条主线包括土建算量和钢筋算量两条线路。

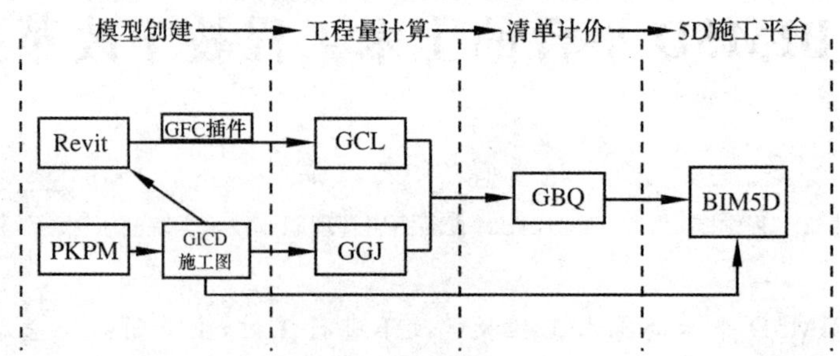

图1 教学计划改革的线路图

1）土建算量线路

主要内容为土建建模、土建算量、土建套价、BIM5D施工管理，对应的BIM5D平台软件为Revit、GCL、GBQ、BIM5D，内容如下：

（1）Revit：BIM三维建模软件。

（2）GCL：土建建模算量软件。

（3）GFC插件：可以将Revit模型直接导入GCL，在GCL中算量。

备注：传统的土建算量方法是在GCL中建模并算量；通过GFC插件，省去了在GCL建模的过程，将BIM模型与土建算量模型融合。

（4）GBQ：套价软件。可以用来做工程量清单、清单报价以及定额模式下的工程计价。

（5）BIM5D：在BIM模型中增加了时间维度、造价维度，能够基于BIM模型进行以施工进度为参数的施工模拟、造价计算及施工组织。

2）钢筋算量线路

主要内容为钢筋建模、钢筋算量、钢筋套价、BIM5D施工管理，对应的BIM5D平台软件为PKPM、GGJ、GBQ、BIM5D，内容如下：

（1）PKPM：结构计算软件。

（2）GGJ：钢筋建模算量软件。

（3）GICD：基于BIM的结构施工图智能设计系统。能够将PKPM的计算模型和结果导入到GGJ中；也能将模型导入到Revit中，在Revit中生成带有配筋信息的结构构件；也能将模型导入到BIM5D中。

备注：传统的钢筋算量方法是在GGJ中建模并算量；通过GICD软件，省去了在GGJ建模的过程，将PKPM模型与钢筋算量模型融合；同时，也能够将模型导入到Revit、BIM5D软件中。

（4）GBQ、BIM5D：同上。

2. 教学计划改革的内容

教学计划是课程设置的整体规划，它规定专业应设置的课程，以及不同课程类型相互结构的方式、课程开设的顺序等。根据以上教学主线确定教学总体计划。

1）根据教学改革线路图确定基础课程和专业课程

BIM5D平台中软件对应的基础课程和专业课程见表1。

表 1　　BIM5D 平台对应的基础课程和专业课程

BIM5D 平台中的软件	Revit	GCL	PKPM	GGJ	GBQ	BIM5D
基础课程（即前修课程）	建筑学课程	定额与清单计价课程	力学、结构课程	PKPM、平法识图课程	GCL、GGJ	施工技术、施工组织
专业课程（即对应的课程）	Revit 建筑三维建模课程	GCL 土建算量课程	PKPM 结构设计课程	GGJ 钢筋算量课程	GBQ 定额与清单计价课程	BIM5D 课程

2）根据教学改革的线路图和课程设置确定教学计划

根据教学改革线路图和课程设置确定的教学计划见图 2。第 1 阶段是学习建筑学等基础课程，为 Revit 建筑三维建模课程打下基础；第 2 阶段是学习 Revit、定额与清单计价课程，为 GCL 课程打下基础，同时学习力学、结构、PKPM 及平法识图课程，为 GGJ 课程打下基础；第 3 阶段是学习 GCL、GGJ 课程，为 GBQ 课程打下基础；第 4 阶段是学习 GBQ、施工技术、施工组织课程，为 BIM5D 课程打下基础；第 5 个阶段是综合利用前期的专业知识，学习 BIM5D 课程(图 2)。

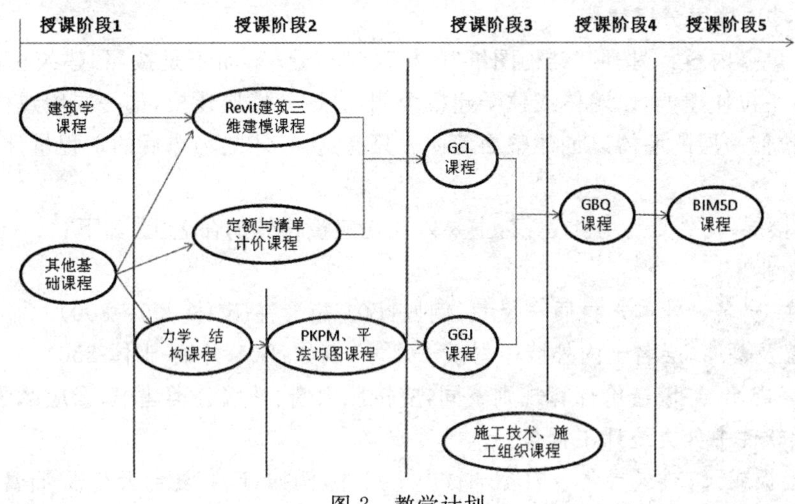

图 2　教学计划

三、基于 BIM5D 平台的课程内容改革

1. 以 BIM 核心数据为基础

基于 BIM5D 平台进行课程改革的核心是充分利用 BIM 模型以进行算量、造价及施工管理(图 3)，因此，重要的前提条件是 BIM 模型的创建要基于一定的规则以能正确计算工程量。

1）BIM 建模教学中要注意的教学原则

（1）Revit 建模的详细程度应该与《建设工程工程量清单计价规范》及《预算定额》中工程量的计算规则相吻合。

（2）至少按照 LOD300 标准（等同于传统施工图和深化施工图层次，包括业主在 BIM 提交标准里规定的构件属性和参数等）建模。

包括的建筑构件有墙、散水、幕墙、建筑柱、门窗、屋顶、楼板、天花板、楼梯(含坡道、台阶)、电梯(直梯)等，结构构件有板、梁、柱、梁柱节点、墙、预埋及吊环、基础、基坑工程、柱、桁架、梁、柱脚等。

2）BIM 建模教学中要注意的问题

到目前为止，关于 BIM 的国家标准尚未发布，对于 BIM 的建模标准更未统一，因为 BIM 模型不同于二维的 CAD 模型，它是一个三维的模型，并要求直接用于统计工程量和施工管理，因此在 BIM 建模教学中应该注意建模的规范化问题如下：

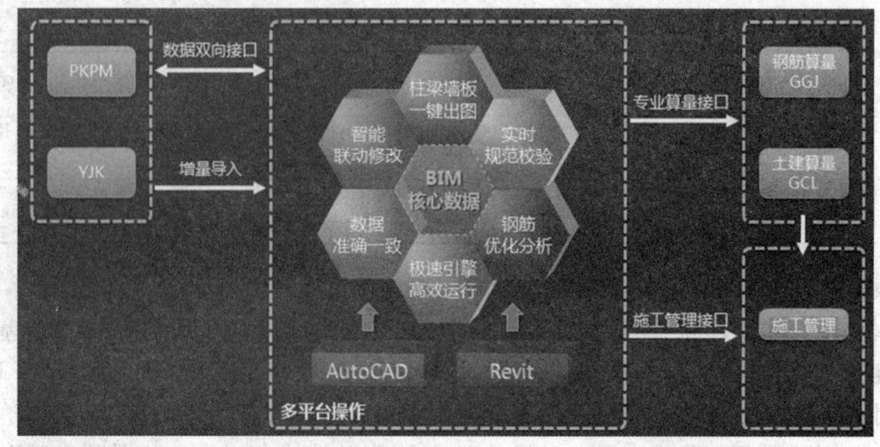

图 3　以 BIM 核心数据为基础的 BIM5D 平台

(1) 按照结构楼层分层建模

包括两个重点内容：①按照"结构图纸"的标高进行建模，而不是按照"建筑标高"建模；②分层建模而不是拉伸建模，以墙体或柱子建模为例，应该分楼层建模，如一层墙或柱、二层墙或柱等，而不是拉伸一层的墙体以创建整面墙体。只有这样，才能为今后的工程量计算和模拟施工打下基础。

(2) 按照楼层、构件属性分类建模，主要体现在建筑构件的命名上，如下：

① 建筑专业

· 建筑柱(层名＋外形＋材质＋尺寸，例如：B01-矩形柱-砌体-300×300)

· 建筑墙及幕墙(层名＋内外墙＋材质＋尺寸，例如：B01-外墙-砌体-250)

说明：①因内墙、外墙造价计算规则不同，应按照内墙、外墙分类建模；②应赋予墙体材质，以便于在算量软件中分类统计工程量。

· 建筑楼板或天花板(层名＋内容＋材质＋尺寸，例如：B01-复合天花板-石膏板-150)

说明：应区分有梁板、无梁板，以与工程量计算规则和套价规则相对应。

· 建筑屋顶(内容＋材质＋尺寸，例如：复合屋顶-预制板-150)？

· 建筑楼梯(编号＋专业＋内容，例如：3＃-建筑楼梯)？

· 门窗族(层名＋内容＋型号，例如：B01-防火门-GF2027A)

② 结构专业

·结构基础(层名＋内容＋材质＋尺寸，例如：B05-基础筏板-钢筋混凝土 C30-800)

说明：应单独设置集水坑，以与工程量计算规则和套价规则相对应。

·结构梁(层名＋型号＋材质＋尺寸，例如：B01-CL68(2)-钢筋混凝土 C30-500×700)

说明：应区分暗梁、连梁，以与工程量计算规则和套价规则相对应。

· 结构柱(层名＋型号＋材质＋尺寸，例如：B01-B-KZ-1-钢筋混凝土 C30-300×300)

· 结构墙(层名＋尺寸＋材质＋尺寸，例如：B01-结构墙-钢筋混凝土 C30-200)

· 结构楼板(层名＋尺寸＋材质＋尺寸，例如：B01-结构板-钢筋混凝土 C20-120)

③ 族命名规则

Revit 族命名规则见表 2。

表 2　　Revit 族命名规则

族分类		族类目编码	族分类	族类目编码
墙	内墙	NQ	天花板	TP
	外墙	WQ	窗	C
	其他隔墙	GQ	楼梯	T
柱		Z	屋面	WM
楼、地面		LM	门	M

2. 以工程量计算、套价教学为核心

工程量计算应按照《建设工程工程量清单计价规范》附录中的计算规则进行计算。为了保证学生工程量计算的准确性，在讲授计算规则、方法的同时结合实际工程案例进行教学。教材中列举的案例是单一的构件，学生在学习过程中应用相应的计算方法能准确地计算出工程量，但当拿到一套完整的施工图纸时，不知道如何计算工程量，往往工程量计算不全面，不是漏项就是重复项计算。尤其是钢筋工程量的计算错误最多，主要是柱、梁和板的钢筋配筋图纸看不懂。针对这样的情况，在钢筋工程量计算之前先给学生讲述 11G101 混凝土结构施工图平面整体表示方法制图规则和构造详图(现浇混凝土框架、剪力墙、框架剪力墙、框支剪力墙结构；现浇混凝土板式楼梯)等平法图集，使学生能看懂结构施工图中柱、梁的集中标注和原位标注，并且能够知道钢筋在柱、梁中的结构布置。同时找一套工程量较小的，内容较完整的框架结构施工图纸，一边掌握工程量的计算规则，一边针对具体的工程实例进行计算。

在工程量清单计价课程教学过程中应该充分应用工程实例教学，即教学过程中引入典型的工程实例。通过对工程实例的分析，学生结合图纸进行实际的计算，可增强学生对工程量计算规则的深入理解与应用，大大提高工程量计算的准确度，减少分部分项工程的漏项与重复项。在理论教学结束后，集中安排一定的实训周让学生进行实习，对工程实例教学过程中计算的内容进行汇总。

工程量计算和套价的依据是国家预算定额、造价规范以及地方性标准，这些规范和标准是在与时俱进的，在教学中要保证教授的内容与现行规范、标准相一致。如现行的清单计价规范是《建筑工程工程量清单计价规范》(GB 50500—2013)，北京地区现行的预算定额是“2012 北京预算定额”。现阶段《建筑工程建筑面积计算规范》(GB/T 50353—2013)已经实施，对于建筑工程计量与计价来说将会有大的调整，在教学中应予以关注。

3. 以 BIM5D 为专业技能提升

BIM5D 是以施工技术、施工组织课程以及前述的算量、套价课程为基础的综合课程，也是一门专业能力要求强、符合未来建筑信息化发展的课程。在课程设计中要注意以下几点。

(1) 注意培养学生清单计价、施工技术、施工组织管理、工程项目管理等专业课程的实际应用能力。BIM5D 平台包含了清单和预算文件、施工技术方案的选取及应用、施工进度模拟及工程资源选配、分包关联等功能，应注意培养利用理论知识解决实际问题的能力。

(2) 拓展学生素质，使之掌握前沿技术，增强实际工作能力。“碰撞检测”是 BIM 技术的经典功能之一，BIM5D 平台具有这方面的功能；同时，BIM 的“所见即所得”在 BIM5D 平台中也有体现，具体的功能操作是“施工动画”的制作功能。这两方面的实用功能应当在课程内容中予以体现。

四、结语

BIM5D平台是综合了清单计价、施工技术、施工组织管理等多门专业课程的综合性的教学平台，本文对基于BIM5D平台进行土木工程教学改革进行了研究，提出了教学计划改革和课程内容改革的主要内容，能够在一定程度上解决基于BIM5D平台的土木工程教学改革的实际问题，并推动BIM技术在教育教学中的发展。

参考文献

[1] 李锦华，秦国兰.基于BIM-5D的工程项目造价控制信息系统研究[J].项目管理技术，2014(05).

[2] 邵转吉.浅谈工程量清单计价课程教学[J].山西建筑，2010(11).

[3] 赵雪锋，李炎锋，王慧琛.建筑工程专业BIM技术人才培养模式研究[J].中国电力教育，2014(02).

[4] 宋强.建筑承包商、分包商、制造商BIM应用之研究[J].江苏商报·建筑界，2014(02).

[5] Chuck Eastman, et al. BIM handbook: a guide to building information modeling for owners, managers, designers, engineers and contractors[M]. New York: John Wiley & Sons Inc. 2008.

[6] 苏斌，苏艺，赵雪锋，等.BIM在地铁站点工程中的应用探索[J].土木建筑工程信息技术，2013(06).

研究性教学模式在高校地下空间专业教学中的构建与应用

董金梅

（南京工业大学交通学院，南京　210009）

摘　要　研究性教学作为一种培养学生问题意识、合作意识、创新意识和自主创新能力的教学模式，打破了传统的被动接受式教学模式，建立了以学生为主、教师引导的教与学理念，促进了学生主动学习的能力和创新思维。论述了当前高校教学中存在的问题和研究性教学模式的特点，以地下空间工程专业为例，介绍了地下空间工程专业研究性教学模式的构建方法和应用场合，为高校地下空间工程专业开展研究性教学提供启示与借鉴。

关键词　研究性教学模式，地下空间工程，教学模式构建与应用

一、引言

针对目前高校的教育教学现状，有来自教育实践工作者的诘问，也有来自教育理论研究者的批判，甚至还有师生的否定，因此促使诸多的研究者不断思考和实践走出现实困境的各种可能性[1]。围绕学生创新能力、研究能力和实践能力的培养，世界各国高校在教育教学改革中纷纷采取了相应的措施，其中研究性教学作为一种有效引导学生主动探究、培养学生创新实践能力的教学方式，已成为高等教育改革的趋势，它高度重视学生对知识的积极构建过程，关注学生在学习中的情感体验，注重学生创新能力的提高，强调学生在教学活动中的参与性、互动性，重点培养学生的问题意识、科学探索精神和创造性[2]，但是针对高校地下空间专业教学过程中，如何构建与应用研究性教学模式，还值得相关专业教育工作者进行深入探讨。

二、高校教学模式中存在的问题

近年来，在国家教育政策的引导下，高校的教育教学改革发生了重大变化，如"素质教育改革"、"高等工程教育改革"、"教育创新工程"等，每个阶段的教育改革都使高校在教育理念、课程设置、教学方法、教学内容等诸多方面发生了巨大变化，特别是在培养具有创新精神、创新意识和创新能力的创新型人才方面，取得了一定的成绩，这与研究性教学的总体目标完全合拍。但在我国高等教育中，研究性教学的呼声虽然很高，也越来越受到教育部和高校的关注和重视，但高校现有的教学活动，依然是以教师传授知识为主，学生自主创新性学习相对不足，大多没有突破传统应试性的教学框架。主要因素有：

1. 现有的人才培养模式僵化，缺乏研究型师资

多数教师习惯把自己定位为知识的传输者，课堂教学方法比较单调，教学风格严谨，师生之间缺乏广泛而深入的探讨和交流，课堂气氛过于沉闷，教师积极培养学生自主学习的意识也不够强；另外教师在引导学生自主学习方面做的不够好，课堂预设的探究性问题缺少自身学科教学知识的深厚积累及高效交流平台，学生探究活动的效率往往大打折扣，热闹有余，而学习研究氛围不足。教师距离有效开展研究性教学所需的能力和科研素养还有一定差距。

作者简介：董金梅（1974—），女，山西太谷人，博士，副教授，主要从事教学科学研究方面的工作。E-mail：djmnj802@126.com。

2. 教学条件落后，教学内容以教材为中心，缺乏创新性

一些教师的教学思想受教材和教学大纲的束缚，习惯于把自己的思想局限在教学大纲、教学计划和教材的框架里，这样的教学内容缺乏科学前沿信息，而且学生习惯跟着教师的教学走，对教师的依赖较强，课前学习准备做得不好，课堂上参与教学的主动性不强，课后没有明确的学习目标，只是完成教师安排的任务，学生乏于思考而无力创新。

3. 教学管理制度、教学评价制度、教师培训制度、教学资源不够完善

高校在教学管理制度、教学评价制度、教师培训制度、教学资源等方面还不够完善，特别是对教师教学工作的评价体系方面存在诸多不合理之处，一定程度上挫伤了教师对实施教改的积极性，影响了研究性教学的有效开展。学生评价方面，忽略了对大学生综合素质和动手能力的考核，缺乏对学生学习能力和实践创新能力的有效评估体系，在一定范围内影响了学生的自主学习。

4. 教学科研关系处理失衡

由于长期以来研究型大学过分强调教师的研究，导致了教学与研究从统一走向分离，出现了重科研轻教学的现象，教学与科研相脱节，影响与制约了研究性教学模式的有效实施。知名教授极少给本科生上课，一般教师上课学生较多(尤其是实验课)、上课效率低下，学生动手机会减少，解决实际问题的能力下降，直接影响了研究性教学模式的开展。

三、研究性教学的特点

研究性教学，不是把知识或结果直接传授或告知学生，而是通过创设一定的"问题"情境，使整个教学过程围绕解决"问题"的途径或方法展开，问题的提出和分析、观点的阐述和表达等均是开放的，没有固定、现成的结论，通过师生互动、双向交流的形式，鼓励质疑批判和发表独立见解，培养大学生的创新思维和创新能力。具有如下特点：

1. 教学目标的超越性

研究性教学强调学生知识、能力和素质培养三个维度的教学目标，呼吁教学应促进每位学生在原有水平基础上获得同等程度的自由发展[3]。与传统接受式教学不同，研究性教学的表现形态具有不确定性，使得追求目标不再是单纯丰富或增进学生头脑中固定不变的知识，而是增强以知识为基础的问题意识，提高学生的自主探索精神、创新意识和研究能力等。研究性教学将学生引入开放的问题世界中，学生的学习效果不再以知识记忆与掌握的多少为主要衡量依据，而更多考查学生在问题世界中自主发现，分析、解决实际问题的能力，以及对问题的探索创造性，掌握和运用知识的能力等。

2. 教学内容和学习环境的开放性

在研究性教学活动中，教学内容不再局限于教师自身掌握的知识和课本知识，学习环境也不再限制在教室等单一课堂环境中。研究性教学突破了课本与教室的限制，教学内容和学习场所可以无限放大[4]。教学内容从常规实验能解决的一般问题，到采用先进仪器进行具有创新内容的复杂问题，比如研究土体的动荷载特性，从常规动三轴试验到英国 GDS 5Hz 动态空心圆柱扭剪仪的使用，研究条件从简单到接近土体实际状态，学习场所从高校到研究所、设计院、大型实验基地；研究性教学从问题出发，将知识隐含在问题中，调动、综合多个学科知识，为了实现解决问题的目的，学生需要不断扩充原有知识，寻找、添加新知识。在教学过程中，问题及答案是开放的，学生获取知识的来源是开放的，运用知识的数量和层次是开放的，课堂、实验、校外实践等学习环境是开放的，教师对学生的学习结果评价也是开放的。

3. 教学过程的探究性

探究性是研究性教学活动的重要特征[5]。研究性学习是指学生围绕一定的问题、文本或材料,在教师的指导和支持下,自主寻求或自主建构答案、理解信息的活动过程。教师选定自己项目中的一个小课题,如岩体裂缝对隧道稳定性的影响,让三四个学生组成一组,进行试验、计算,分析影响因素,自主解决问题,形成一个研究性的结果,激发学生对学习的兴趣,提高学生解决问题的能力。

4. 教学评价的发展性

教学评价包括教师教学质量评价和学生学习效果评价两个方面[6]。研究性教学对教师教学情况的评价,除了正常课堂教学以外,更关注教师课外进行的学习跟踪指导;评价指标除了关注教师传授知识的能力以外,更注重评价教师对学生能力的培养,教师引导学生将研究成果以论文方式发表出来,通过论文发表的级别和数量进行评价。

四、研究性教学模式的构建与应用

教育部明确提出大学"要积极推动研究性教学,提高大学生的创新能力",本文以地下空间工程专业为例,主要从以下几方面提出研究性教学模式的发展方向与建构模式。

1. 开设研讨课

讨论是研究的重要手段,是激发学生思维与创造力的重要方式。高校通过开设各种综合性的专题学术研讨课程,营造情境,提出问题,引导学生独立思考,形成自己的观点,在探索中体会成功的快乐[7]。从开设规模很小的研讨班开始,每堂课围绕一个相关的主题,如隧道围岩的稳定与防治、隧道围岩在地震作用下的破坏机理等,针对这些热点问题展开讨论,让学生阐述各自的观点,恰当的问题应有一定的理论铺垫,在已有理论知识点的基础上有所延伸,带领学生了解该学科的研究前沿和最新进展。在地下空间工程专业的教学过程中,提出地铁的围护方式、隧道的支护结构等,通过查阅文献资料,听取教师的辅导,开展小组合作学习,组织充满活力的讨论交流,最后撰写学术论文和报告,了解科研的意义。还可集合社会资源,邀请国内外知名专家进行交流和演讲,穿插与高速发展的交通科学前沿密切相关的专家讲座,为学生提供讨论的空间,开阔学生的视野,启迪学生的思维,使学生了解学术动态和热点问题及专家的科学态度、学术风格和学术思想,激发学生对科学研究的兴趣,提高学生的自学能力和创新意识。研讨课不仅能使学生直接与教师进行学术上的交流,同时对于密切师生关系、培养学生的想象力、激发学生的创造性具有很好的促进作用。

2. 积极推行问题式课程教学模式

问题式课程教学模式,倡导将教学内容置于真实的问题情境中,努力创设一种类似于科学研究的教学情境和教学氛围[8]。教师通过提出实际工程问题,如粉土路基的破坏机理,从提高粉土路基稳定性的出发,通过师生之间的讨论,对变形、强度、内部结构及影响因素进行分析,不断引导学生进行深入探讨,强调学生在学习中的主体地位,鼓励学生组成科研小组,共同制定研究计划与分工安排,通过图书馆查询文献、网上查询、社会调查等手段获取课题的有关资料,小组成员共同讨论、分析,最终形成对问题的研究结论,并写出小组研究报告或论文,这种方式在一定程度上有利于学生学习能力的培养。问题式学习最大的好处是教师就相关前沿研究领域给出一些方向性选题,学生根据自己的兴趣组成小组,在科研项目研究过程中,通过反复地查阅文献资料,提高信息搜集与处理能力;通过不断与指导教师沟通、交流,培养他们的口头表达和人际交往能力;最后撰写实验报告与科研论文,训练学生的写作技能,增强创新意识。

3. 探索研究性实践教学模式，继续实施大规模大学生创新实践训练计划

本科生创新实践训练是提高本科教育质量的重要途径。现在很多高校都设立了本科生的创新实践项目，积极引导学生进入科学研究实验室或项目组，接受科学研究的训练和学术研究氛围的熏陶。如大学生实践创新训练计划，开放性实验项目等，学生在不知晓实验结果的情况下，以实验为载体，自主设计研究方案和步骤，并对实验数据进行分析，掌握科学研究方法，提高科研能力和探索精神。其次高校应构建基础实验、综合实验和创新实验三层次实验课程体系。各实验中心、实验室要增加综合性、设计性和研究性实验的比例，为研究性教学提供实验条件与研究平台。第三高校应加强与企业联系，促进研究性实践教学，根据地下空间工程专业的特点，加强与交通规划设计院、地震局、地铁公司等企业、科研院所的合作，让大学生能够从现代企业和现实社会中，获得理论联系实际的专业实习和社会调查机会。把校外实习基地作为第二课堂，依托实习基地进行研究性实践教学，在教学过程中理论与实践相结合，技术与工程相结合，提高和增强学生的专业基本技能。第四高校应制定相关政策，支持开展各级科技竞赛，设立大学生科技竞赛专项经费，扩大学生受益面，营造校园科技创新氛围。学生参加科技竞赛可纳入学生创新实验教学环节并适当给予学分，鼓励本科生发表研究成果和开展学术交流，高校通过采取各种措施予以支持，加大对学生科研成果宣传力度。如每年或每学期在全校或各院(系)范围内对学生研究成果进行宣传、展览，还可创办网站或杂志帮助发表其研究成果。这些杂志的主要目的是为该校本科生发表研究成果提供阵地，促进学生之间的学术性对话以及学问的增长。学校还可为在学术杂志上发表文章的学生提供版面费支持，对学生参加学术会议宣读论文提供旅费支持。这些措施可以调动本科生科研的积极性。第五将课程设计、毕业设计与本科生学术活动相结合，提高学生的创新能力，为本科生科研创造了条件。

4. 实现教学与科研的有机结合

研究性教学要求教师不断学习和研究，掌握学科的发展动态和发展前沿，增加学术前沿知识，在授课过程中不断渗透学科发展方面的信息；高校应鼓励教师将学术研究与课堂教学相结合，设立与科研相关的课程，比如地下空间的发展趋势及技术难题，岩土材料的测试新方法，高铁、隧道建设过程中碰到的棘手问题及解决方法等等，不断将研究前沿信息引入课堂教学与教材中，激发学生的主动探究意识，实现教学与科研的有机结合。另一方面高水平的学术研究是教师成功开展研究性教学的基础和重要保证，以正在研究的纵向课题为牵引，将参加课题取得的一些研究成果和进展融进教学，及时更新教学内容，补充新知识，将专业学术期刊中的新概念、新发现、新思路和新方法引入课堂。如：节能减排的思想、生态环保的思想、工程建设技术的新进展、地基处理的新技术、建筑废料的回收利用等，激发学生求知、探索的欲望，启迪学生进行创新性思考，促进学生个性发展。

5. 完善教师培训制度，建立与研究性教学相配套的教师奖励机制

教师是研究性教学的实施者，也是学生自主学习的指导者，因此教师的教学

观念、知识基础、专业技能、实践能力以及创新精神等对引导学生的自主学习有重要影响。高校应积极完善教师培训制度，加强对研究性教学理念的宣传，促进教师形成正确的教学观和学习观，使教师关注本学科课程知识的同时，更加关注学生的学习能力和探究精神的培养，采用多种教学方法激发不同学生的潜质和潜能，根据学生自身的学习兴趣、学习特点、学习能力引导他们自主学习。

本科生科研是大学开展研究性教学的一种重要形式，为了鼓励教师指导本科生科研，不少研究型大学对指导本科生科研的教师在经费、工作评定上予以倾斜。对积极探索研究性实验

教学模式，并取得优秀教学成果的实验指导教师，学校在经费和实验教学酬金等方面给予一定的倾斜。在教师聘任和提升过程中，把参加大学生研究计划和新生研究指导等项目看作教学任务的一部分，鼓励教师积极参与本科生指导活动。

6. 不断完善研究生助教制度

在教师与学生的研究性教学过程中，选聘优秀研究生担任助教工作，确定合理的研究生助教比例，建立一支适合研究性教学模式的“主讲/助教”教学队伍，有计划、有步骤地指导学生的科研活动，每周定时进行学生回报，研究生协助指导的科研活动；定期开展考察、交流和科学报告活动，可以举行不同课题组之间的交流活动。研究生助教参与教学设计、小班研讨、课外辅导、问题设计、案例设计等研究性教学活动，学校按规定的助学标准为参加助教工作的研究生发放助教奖学金。

五、结论

研究性教学的提出并非对传统接受式教学的全盘否定，只是在长期教育过程中，过多倚重传统接受式教学，而忽略了研究性教学的重要价值和意义。本文基于对研究性教学现有研究基础的认知，结合地下空间工程专业的特点，从理论与实践相结合的角度，对研究性教学进行分析。

(1) 提出影响研究性教学模式开展的因素，阐明了研究性教学模式的特点。

(2) 研究性教学包含研究性学习过程，研究性学习渗透于研究性教学之中。研究性学习离不开教师富有启发与创造性的具体指导；同时，研究性学习又促使教师更多地去思考教什么、怎么教，达到研究性学习的目的。

(3) 从不同方面介绍了地下空间工程专业研究性教学模式的构建与应用，为高校研究性教学提供实践经验和理论基础，促使广大教师熟悉研究性教学，建立新的人才培养基本理念，掌握研究性教学方案设计和训练载体设计的基本流程。

总之，研究性教学是对现有大学课堂教学模式的突破，对于提高大学生的创新精神和实践能力，培养社会急需的创新型人才，实现创新型国家的宏伟目标具有重要意义。

参考文献

[1] 颜廷丽，高校开展研究性教学的理性思考[J]. 黑龙江高教研究，2009(04)：149-151.

[2] 行龙. 引入研究性教学理念，着力提高本科教学质量[J]. 中国高等教育，2007(22)：44-45.

[3] 赵洪. 研究性教学与大学教学方法改革[J]. 高等教育研究，2006，27(2)：71-75.

[4] 许晓东，冯向东. 理工科本科研究性教学模式的研究与实践[J]. 中国大学教学，2008(11)：9-13.

[5] 何云蜂. 大学“研究性大学”的发展路向及其模式建构[J]. 中国大学教学，2009(10)：81-83.

[6] 张兄武. 应用型本科院校实施研究性教学的探讨[J]. 中国高等教育，2010(6)：38 -39.

[7] 孙章伟. 教学型本科院校“应用型的研究性教学”模式研究[J]. 教育与教学研究，2011，25(5)：77-80.

[8] 李明弟，鹿晓阳，孟令君. 创新实验教学体系的构建研究[J]. 山东建筑大学学报，2011，26(5)：512-515.

“桥梁工程”小班化教学模式的创新与课堂教学实践改革

孙建渊　吴　迅

（同济大学土木工程学院桥梁工程系，上海　200092）

摘　要　培养创新型卓越工程师是目前大学工科高等教育教学改革的重要发展方向，同济大学的桥梁工程专业是上海市重中之重及国家级重点专业，开设的“桥梁工程”是国家级精品课程及国家级精品资源共享课程。“桥梁工程”专业课程的小班化教学是同济大学重视本科教学的重要体现，充分发挥小班化教学的特点，在课程教学模式的改革与创新实践中以基于培养具备人文精神、创新精神、国际视野和专业特色的卓越工程师为目标，以提升专业学术能力和职业能力为导向，通过课堂教学的创新实践及教学方法、教学手段及成绩评价标准的创新研究，形成同济大学桥梁工程专业具有鲜明特色的创新型卓越工程师课程教学体系，为培养合格的从事混凝土桥梁工程的设计、施工与管理的创新型卓越工程师奠定基础

关键词　高等教育，桥梁工程，小班化，教学，创新，改革

随着中国社会的对外开放及经济建设的进一步发展，中国经济的崛起为世界瞩目，而经济的快速发展，需要更多有国际视野、专业特长及创新型的工科人才，这是当前中国高等工科教育面临的重点问题，而我国高等工程教育目前已达到高等教育总规模的三分之一以上[1]，为满足建设创新型国家对高层次工程人才的需求，培养创新型卓越人才需要通过深化教学改革，大力提高教育质量，深化工科大学培养机制和教学模式的改革。同济大学的桥梁工程专业是上海市重中之重及国家级重点专业，开设的“桥梁工程”是国家级精品课程及国家级精品资源共享课程，也是一门理论与实践并重的重要专业必修课程。同济大学历来重视本科教学质量，作为进一步提升桥梁工程本科课程教学质量的重要体现，“桥梁工程”专业课程实行小班化教学，课堂班级人数控制在 30 人以下，充分发挥小班化教学的特点，在课程教学模式的改革与创新实践中以基于培养具备人文精神、创新精神、国际视野和专业特色的卓越工程师为目标，以提升专业学术能力和职业能力为导向，通过课堂教学的创新实践及教学方法、教学手段及成绩评价标准的创新研究，形成同济大学桥梁工程专业具有鲜明特色的创新型卓越工程师课程教学体系，为培养合格的从事混凝土桥梁工程的设计、施工与管理的创新型卓越工程师奠定基础。

一、小班化教学的特点与优势

同济大学桥梁工程专业原有本科学生 60 人，桥梁工程课程开设 1 个班级；后随本科学生增加到近 85 人后，桥梁工程课程开设 2 个班级，现桥梁专业本科学生达到 90 人，如按开设 2 个班级，每班学生可达 50 人，如开设 3 个班级则每班学生数下降为约 30 人，可实现小班化教学课堂学生人数的目标。在实行小班化教学前，由于课堂学生人数众多，教师课堂的提问难以涉及每一位同学，甚至个别学生可能整个课程期间都得不到教师的提问或质疑，另外也影响到了教师与学生课堂的互动及课堂讨论的质量。小班化教学使得学生课堂人数适当下降，以便

作者简介：孙建渊(1966—)，男，同济大学土木工程学院博士，副教授；

吴迅(1958—)，男，同济大学土木工程学院桥梁工程系副主任(主管教学)。

于教师与学生发生互动并可以充分涉及到每位同学，能充分调动学生课堂参与到教学活动中的积极性，使得学生的课堂学习从被动变为主动。小班化教学的特点与优势主要体现在：

1. 利于课堂教学师生互动

学生人数的减少使得教师在课堂上可以充分与每个学生互动，提高了每个学生被提问与师生互动的频率，学生参与教学互动的积极性提高，强化了每个学生参与课堂教学环节的效率，有利于开发学生的思维与活跃课堂气氛；

2. 有效提高学生课堂学习效率

实践证明当课堂听课人数较多时，由于教室里后排的学生距离教师较远，教师与这部分学生互动性降低，部分学生因此会产生听课注意力下降，甚至可能出现个别学生不集中精力参与课堂教学环节的现象，造成个别学生课堂学习效率不高。但小班化教学，由于课堂学生人数下降，学生被教师关注的程度大大提高，使得学生的课堂注意力更好地聚焦于教师的教学，因而可以提高课堂学习效率；

3. 有效提高学生的出勤率

小班化教学的特点是课堂上师生比降低，教师能够更好地关注到每位同学，课堂上互动效率的提高，使得学生提高了课程学习的兴趣，也可以明显提高学生上课的出勤率，缩短了教师用于考勤的课堂教学时间，有利于提高教学效率。

4. 便于分组课堂讨论，提高课堂讨论的教学效果

为重视强化培养工程意识、工程素质和工程创新精神，以达到提升学生的工程实践能力、创新能力和国际竞争力的目标，专业课程的教学改革要求理论与实践相统一的工程教育人才培养模式，而引入课堂教学讨论是实现这一目标的根本途径。由于课程总学时不断被压缩，课堂讨论的学时受到限制，当学生人数较多时，难以保证每个同学有机会走上讲台进行课题报告的讨论，但小班化教学课堂学生人数的减少，不仅使得课堂讨论时的分组讨论更加有效，同时每位同学都有机会在课堂讨论中表达自己的观点和创意，锻炼了学生的逻辑思维与知识表达能力，提高了课堂讨论的教学效果。

二、小班化教学模式的创新与改革

培养创新型卓越工程师就是要求高等工程教育培养一大批创新性强、能够适应国家经济和社会发展需求的各类工程科技人才，着力解决高等工程教育中的实践性和创新性问题，提高科技创新能力，最终为社会培养一大批具有卓越人才特征的高级专门人才和拔尖创新人才。这就要求高等工程教育不仅要在提高教学硬件建设、保持专业与课程建设特色基础上来保证工程教育的卓越质量，还要从优化师资队伍建设、构建学风与人文环境建设等基本建设来改进与完善创新型卓越工程师的创新教学模式与培养思路，充分重视理论与实践中培养创新型卓越性工程师的理念，不仅通过实施"卓越生源、卓越师资、卓越环境、卓越课程、卓越实践、卓越管理"的教学与管理创新方法，同时实施"卓越教学模式"改革引导教师培养学生成为全面发展的创新型卓越工程师人才。实施本科小班化教学模式的改革是提高桥梁工程专业课程教学效果的必然选择，而创新适应小班化的教学方法是其根本，其具体表现为：

1. 小班化教学模式的创新及途径

小班化教学课堂学生人数减少，但班级数增加需要更多的教师承担教学任务，同一课堂教学可由多名教师共同承担，发挥不同教师在专业领域的特长。另外教学模式及方法上可以采用校企联合教学模式，即聘请专业设计院或施工单位资深技术人员，让学生与有着丰富工程实践经验的兼职优秀工程师一对一面对面地交流，接受创新思想的现实启蒙教育，并随时与教师在交流学习中解决遇到的困惑和实践中遇到的问题。

教师的教学水平与教学方法是实现小班化教学模式创新的关键。首先从教学水平考虑要求教师需要具备培养创新型卓越工程师的综合素质和教学能力，这无疑对教师队伍提出了更高的要求，选择教学水平高又有丰富工程实践经验的教师即双师型教师队伍是小班化教学模式创新的根本；双师型教师队伍既可以是高校内部具备丰富工程素质和较高理论水平的教师，也可以是企业（如设计院、施工单位）具备双师能力素质和水平的卓越工程师来兼任。具体来说，考虑到教学内容和知识的传授，专业必修课教师在熟练讲授专业知识的同时，将专业理论知识与工程实践实现有效无缝衔接；专业课教师应既具备高校教师所应具备的理论水平，同时也应具备卓越工程师所要求的工程实践与创新实践的素质和能力，这就要求专业课教师要有在实际工程中进行过全方位的工程实践的经历，并从具有多年理论研究与工程实践经验的教师中选拔小班化教学的教师。

2. 创新教学内容及培养要求

为了实现小班化教学内容的创新，在教学内容上要求强调知识、能力及人格的全方位发展。其中知识的获得包括专业知识、自然科学知识及社会发展和相关领域的科学知识的学习；能力的培养包括获取知识的能力、应用知识的能力、工程实践能力、开拓创新能力及交流合作与组织协调能力，同时通过对国外专业规范的了解以及对前沿研究的了解，提高拓展国际视野的能力。因此小班化教学要求在教学方法上力求避免填鸭式的知识灌输，而是结合小班化教学特点，课堂上的教学内容贴近工程实际，做到理论联系实际，每个理论问题由工程实际需要做背景，强调理论来自于实践，同时实践又反馈于理论，实践使理论更加深入与成熟，也因此要求课堂上要改变培养方式多增加交流式互动、采用探究式及提问式教学方法，引导学生在学习知识中养成思考的良好习惯。

小班化教学需要提高教学效率及拓展丰富教学内容。拓展丰富教学内容对于让学生了解行业现状和趋势，提升学生的实践和探索能力是非常重要的。培养卓越工程师要求教学内容知识范畴要超越以往的课本教材等理论知识，应与时俱进根据专业的发展及趋势，加强及补充完善最新专业技术及理论方法。另外桥梁工程专业是一门科学及技术，同时也是文化、哲学及艺术的载体。一流的卓越工程师人才的培养不能只懂技术，还要了解人文等方面的知识；卓越工程师不仅要有知识、能力，还要有哲学的思考和高尚的胸怀，总之只有创新教学内容，提高学生的综合素质才能满足卓越工程师的培养目标。

3. 探索课堂教学与课后学习的有效衔接

目前高等教育教学改革总的趋势是压缩课堂学时，以增加课堂外实践锻炼与实习时间，因此在实行小班化学教学后需要探索有限的课堂教学时间下，如何有效地与课后学习的有效衔接问题。课堂教学以教师为主，通过不同的教学方法进行知识的传授是重点，但如何转化成学生的知识与能力仅仅在课堂上不足以完成，需要学生课后养成自我学习的习惯，也是为培养学生养成终身学习的习惯而准备。学生课后自学可以通过完成作业、习题、写读书报告、完成一定量的课程设计等来提高学生的自我学习能力；通过大量阅读桥梁工程专业文献、自我提出观点或进行小组讨论或辩论来提升逻辑思维能力和思辨能力；通过教师根据学生的实际学习能力建立兴趣团队小组共同完成一个工程实践或研究项目，学习团队建设以及团队成员间的分工合作，讨论、答辩以提高学生的团队协作精神。

三、小班化教学方法的创新与实践

小班化教学专业知识可以通过课堂讲授、实验、课题训练、习题练习、实践报告、文献查阅等多种形式进行教与学，具体内容根据课程大纲要求，结合专业课程要求确定实施。为实现培养具备人文精神、创新精神、国际视野和专业特色的卓越工程师人才的发展目标，需要根据专业课程特点对当今社会需求以及学科发展的需求进行透彻的分析，根据专业课程特点及社会需求建立满足培养卓越工程师人才的教学方法及创新教学研究。"桥梁工程"作为一门专业特色课程，在桥梁工程学科中占有重要位置，而且目前公路、铁路及城市桥梁绝大部分为各种形式的桥梁，因此桥梁结构安全在国家交通基础设施中占有不可替代的重要位置，近年来以混凝土为主要材料建设的公路桥梁连续集中发生塌陷等交通安全事故，如钱塘江三桥混凝土引桥塌陷、江苏盐城跨河混凝土桥断裂及北京怀柔混凝土拱桥压垮等事件引起央视及地方媒体的高度关注，这也足够说明桥梁的教学改革应根据社会需求与现实进行教学创新的必要性，因此，开展小班化教学方法的创新与实践具有实际意义也是非常必要的。

1. 桥梁工程课程专业特点

桥梁工程是土木工程专业方向的一门主要专业课，桥梁应用广泛，表现在梁式桥、拱式桥及缆索承重桥等各种基本结构体系中，课程特点是要求掌握各种桥梁体系的基础知识，包括结构受力与构造特点及各种桥型的适用性，重点掌握钢筋混凝土与预应力混凝土梁桥、拱桥及缆索承重桥的基本构造和设计计算理论，通过作业练习及课堂典型工程案例的讨论，辅以课程设计，具备各类方案拟定及结构分析计算的能力。

2. 桥梁工程教学方法的创新

首先教学过程中要贯彻国家有关法规及技术政策，把技术先进、安全可靠、适用耐久及经济合理的理念及思维贯穿于教学实践中，培养学生热爱专业，愿为祖国的桥梁事业贡献毕生精力的献身精神，以严肃的科学态度，从党和人民的基本利益出发，以人民安全利益至上的高度责任感，认真学习设计理论及技术规范或标准；其次明确教学目标，通过课堂学习理论知识及对典型工程案例的课堂分析讨论，要求应系统地掌握一般桥梁的结构构造和设计方法；另外，在知识、能力及人格综合素质培养的理念下，通过下列桥梁工程专业创新的教学方法及途径，实现培养合格的卓越工程师从事桥梁工程的设计与施工的教学目的[7]。

小班化教学桥梁工程专业创新教学方法与途径

内　容		教与学的方式方法
知识	专业知识	通过课堂以先进的多媒体电子化课程教授与课程讲解、互动式讨论典型桥梁工程案例及习题课作业并结合课程设计等进行课堂理论教学
	社会发展和相关领域科学知识	通过布置报告或论文课题，敦促和指导学生对相关领域的知识进行查找和了解桥梁工程领域的拓展知识
能力	① 获取知识能力	通过完成作业、习题、写读书报告、文献查阅等加深对知识的理解能力
	②应用知识能力	通过完成作业习题、特定的课程设计或参与课题研究提高对知识的掌握能力，在学习中发现问题，并应用知识解决问题
	③工程实践能力	通过本科生创新实践活动和导师指导下的相关科研活动，逐步提高工程实践能力
	④开拓创新能力	在课堂教学中引入系统思维和创造性思维的概念；在各阶段实习和实践活动中，以及大学生创新实践课题中强调系统思维和创新思维的重要性，在过程中培养创新意识，通过完成创新实践项目提高创新能力

续表

内容		教与学的方式方法
能力	⑤交流、合作与竞争的能力	通过工程实践与兴趣小组活动,培养个体的自主能力和在集体中的合作能力,同时培养学生的组织与管理能力。 通过课堂报告表达训练、课题总结等执行和答辩等过程,提高口头与书面表达能力,从而提高竞争能力
	⑥组织协调能力	通过学生小组完成报告或工程质量事故调差等进行社会实习实践,锻炼和培养学生的交流合作和组织协调能力和进取精神
	⑦国际视野	通过聆听专家讲座、参加国际交流活动或竞赛类活动,树立信心,扩大视野,提高跨文化交流与合作能力,通过对国外专业规范的了解以及对前沿研究的了解,拓展国际视野
人格	①人文素质 ②工程素质 ③科学素质 ④民族精神	以理论知识和经验总结的结合构建专业知识的构架,以递 进式的实习、实验和设计组成实践训练体系,以贯穿整个教学过程的知识传授和实践训练建立教学模式,培养学生对工程知识的理解能力和应用能力。通过教学短片、桥梁事故事件分析、人物介绍等宣传民族精神,激发爱国主义热情

四、小班化教学效果的考核与评价

小班化教学桥梁工程的教学创新的基本思路就是改变过去以课堂教学为主的单线条式的教学模式,以工程实践典型案例及专业技术发展的最新成果为基础,以具有国际化视野、良好的科学素养和工程实践能力的教师为保障,以多元化及多形式的综合创新教学模式及创新评价方式,实现培养创新型卓越工程师人才的目标。因此小班化桥梁工程专业教学效果的考核及评价包括专业知识的学习效果及综合素质能力的考察两部分。专业知识的评价方法可以期中、期末考试成绩为主,参考平时多种形式如自学知识、文献查阅、专题论文、课程实践及小组合作完成的课程课题等进行单独或综合评价[3-5]。综合素质考察以能力为主及人格表现为辅的原则,能力表现为小组协作中的组织协调能力、口头表达能力、发现及质疑能力及创新思维能力,人格表现主要考察学生的责任意识及实事求是、精益求精的务实学习态度。

五、结论与展望

培养创新型卓越工程师人才就是通过深化教学改革,大力提高教育质量,课程教学改革及创新应基于培养具备人文精神、创新精神、国际视野和专业特色的工程人才为目标,以提升专业学术能力和职业能力为导向,通过"桥梁工程"专业课程小班化的教学模式的改革及教学内容、教学方法、教学手段及成绩评价标准的创新,可以有效地形成具有鲜明桥梁工程课程特色的创新型卓越工程师课程教学方法与培养途径,并为同类专业课程小班化教学的改革带来示范及推广意义。

展望未来的小班化教学模式创新培养方案,在专业教学方法创新中应采取"以人为本"的开放式、多样化、递进式的教学培养模式,以四年制本科为基础,以工程教育及工程质量终身负责制教育为导向,将本科、硕士和博士三个培养阶段的专业课程综合考虑,建立培养机制灵活、达到人尽其才、教学特色鲜明的本科小班化教学创新模式,以提高创新型卓越人才的培养效率为目标而努力。

参考文献

[1] 王治华,刘岩,全晓莉,杜凯.构筑综合学习平台,改革创新工程教育[J].高等工程教育研究,2011,(1):138-141.

[2] 朱红,李文利,左祖晶.我国研究生创新能力的现状及其影响机制[J].高等教育研究,2011,(2):74-82.

[3] 巩建闽,萧蓓蕾.基于能力培养的课程体系设计框架案例分析[J].高等工程教育研究,2011,(1):132-136.

[4] 薛松梅,李树雯.以能力和素质为导向的考试改革探索与实践[J].教育探索,20109(1):32-36.

[5] R. M. Diamond. Designing and Assessing Courses and Curricula: A Practical Guide Revised Edition 2nd ed. San Francisco,Jossey-bass Publishers,1998:52,53,142.

[6] 罗伯特.J.斯滕伯格,托德.J.卢伯特.创造力的概念:观点和范式[M].创造力手册.施间农,译.北京:北京理工大学出版社,2007:3-13.

[7] 孙建渊.培养创新型卓越工程师的混凝土桥梁教学改革研究[J].中国教育导刊,2012(1):64-66.

桥梁工程卓越课程教学方法研究

石雪飞　阮　欣　吴　迅　凌知民　孙建渊

（同济大学桥梁工程系，上海　200092）

摘　要　根据对毕业生实际工作能力的调查，在总结以往教学经验的基础上，对桥梁工程卓越课教学设定了培养学生创造能力的总体目标，在这一目标下提出了淡化传统的工程科学体系、围绕桥梁工程的工程特点安排教学的总体思路，在这一思路指导下将教学内容重点放在现有桥梁设计与施工方法的形成过程上，通过讲课、讨论、课后帮助等方法培养学生的思考能力，通过注重工程思维的考核方式引导学生注重思考，逐渐培养创新能力。

关键词　卓越课程，桥梁工程，教学法，教改

桥梁工程是土木工程专业桥梁工程方向最主要的专业课，过去的教学大部分以教会学生几种特定的桥梁的几种特定的构造及相应的算法为主，并通过习题和课程设计对这几种桥梁的设计过程进行锻炼。经过比较扎实的训练，学生对常规定型桥梁能够遵照规范进行完整的设计，培养出来的学生在用人单位还是比较受欢迎的。但是随着社会需求的改变与市场竞争的加剧，用人单位就发现毕业生在创造性思维方面有比较大的缺陷，眼界不开阔，所设计出来的桥梁呆板、乏味，设计院急需能进行自由创造设计的工程设计人员。

为了达到让学生在具备专业技能的前提下，具有创造性思维能力的目的，需要从教学思想、教学体制、教学计划、课程教学等多方面进行综合改革。为达到这一目的，作者在桥梁工程课程教学中进行了一系列探索，本文介绍研究的过程。

一、课程教学改革的总体思想

古代土木工程技术是以师傅传徒弟的方式代代相传的，徒弟直接从师傅那里学习综合建造技术。自从现代科学体系形成以来，土木工程技术已经越来越科学化，目前的土木工程教育形成了一套整系统的科学体系，其特点是将工程中的问题高度抽象化、规律化，这样的教育体系可以使学生知识结构全面、系统，具备工程师所必备的知识。桥梁工程教学与此相同，也越来越系统化，脱离了工程的特点。

基于上述认识，为了达到让学生在具备专业技能的前提下，具有创造性思维的能力，课程教学改革的思想主要是尽量体现桥梁工程技术自身的特点，以建造技术贯穿课程安排。从教学内容、教学方法两方面着手进行改革，通过考核方法的改革引导学生培养思考习惯。桥梁工程课程教学改革的框图如图1所示。

二、教学内容改革

1. 教学内容选择

改变过去主要教授学生常规桥梁设计与施工方法的教学内容，而将教学内容重点主要放在对现有桥梁设计与施工方法的形成过程上，通过分析目前已有桥梁的构造、设计方法、施工

作者简介：石雪飞，同济大学桥梁工程系教授、博导，主要从事桥梁工程研究。E-mail：shixf@tongji.edu.cn。

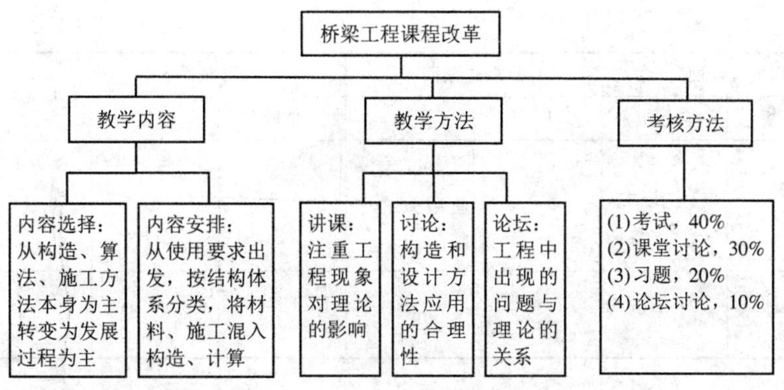

图 1

方法形成过程中前人所经历的成功和失败，找到目前桥梁工程结构常规做法的合理性与缺点。上述过程是一个思考的过程，而不是以往的只教会一种结构设计方法，不注重结构构思。

如表 1 所示以简支梁桥教学内容为例，显示了改革前后教学内容的变化。

表 1　　简支梁桥教学内容改革对照表

	改革前	改革后
知识点	1. 常用简支梁桥构造布截面形式、主梁、横梁布置	1. 受力、材料和施工条件对简支梁桥构造布置的影响
	2. 桥面板内力计算	2. 简支梁桥内力分析的特点和要求
	3. 主梁桥恒载内力计算	3. 桥面板的受力特点和简化计算思路
	4. 活载横向分布计算	4. 简支梁恒载内力分布特点与简化计算思路
	5. 主梁活载内力计算	5. 简支梁活载内力空间分布特点与简化计算思路
	6. 横梁内力计算	6. 简支梁桥的变形特点与控制方法
	7. 简支梁桥变形计算	

桥梁工程常用构造是结构力学体系、材料特点和施工方法的综合影响下形成的。每一种常用构造的均有其材料受力合理性和经济性，而构造和施工方法进一步对计算分析方法又有很大影响。

以往教学中，主要以简单介绍各种构造形式为主。改革后则更主要强调这些构造形成的原因，表 2 显示了在介绍简支梁桥跨径布置时，同时介绍它们控制因素，这不仅便于学生在将来选用，而且让学生学到在不同条件下进行创新设计的努力方向。

表 2　　简支梁桥的跨径布置及控制因素

材料	板式截面		肋板式截面		箱形截面		槽形梁	桁架
	实心板	空心板	T形	I形	单箱	多箱		
钢筋混凝土	＜6m 材料使用效率控制	＜8m 裂缝控制	公路＜20m 铁路＜16m 裂缝控制					
预应力混凝土	＜8m 材料使用效率控制	铁路＜10m 公路＜20m 装配式受铰缝控制	铁路＜32m 运输条件控制 公路＜50m 吊装重量控制	与T梁类似，主要用于公路	＜32m整孔 ＜64m节段 吊装控制，主要用于铁路	＜35m 吊装控制 主要用于公路	20～25m 主要用于铁路或轻轨	

续表

材料	板式截面		肋板式截面		箱形截面		槽形梁	桁架
	实心板	空心板	T形	I形	单箱	多箱		
钢				＜40m 材料使用效率控制				48～128m 主要用于铁路
钢混				＞40m				＞50m 国外有尝试

结构计算分析是桥梁工程设计的重点，经过百年的发展，对于常规桥梁结构已经形成了一整套计算理论体系，工程教学的重点也逐渐转移到基于理论体系的计算方法上来。实际上桥梁结构分析的各种计算方法都是将实际结构简化而得到的，在简化过程中充分利用了结构受力特点、施工过程、计算手段，简化的目的是在满足足够的计算精度前提下，尽量简化计算过程。因此，结构分析方法存在多方案性，如何根据实际结构特点选用合适的计算方法是结构分析的关键。随着计算机技术的发展，常规桥梁设计计算方法都已发展成软件，只要输入结构参数就能完成计算。

根据上述特点，改革后桥梁结构计算分析方法教学重点从计算方法本身转变为计算方法形成的过程，以及计算方法存在的问题及改进的可能方向。表 3 显示了改革前后刚性横梁法计算主梁活载内力教学的变化。

表 3　刚性横梁法计算主梁活载内力教学内容对照表

	改革前	改革后
教学思路	1. 刚性横梁法的计算假定及适用范围 2. 荷载作用在刚性横梁上的内力分布求解 3. 横向分布影响线计算 4. 活载横向分布系数计算 5. 主梁活载内力计算	1. 梁格的受力特点与计算要求 2. 梁格计算可能的简化思路 3. 刚性横梁假定的优、缺点与适用条件 4. 刚性横梁假定下结构求解的思路 5. 活载内力计算适用公式的形成过程 6. 刚性横梁法计算的精度评价

2. 教学内容安排

在原有的教学体系下，将桥梁的力学体系、建造材料、施工方法分门别类讲授，这是将工程问题高度抽象化后最有效率的做法，但是这也造成学生熟悉某种局部构造或某种设计计算方法，而不会针对实际桥梁设计进行综合应用。

针对这一问题，在教学内容的安排上努力还原工程的本质，从对工程结构的需求出发，用如何建造某种体系桥梁作为主线，串联构造原理、施工方法、计算方法，将材料特点融汇到上述主线中去。表 4 为简支梁桥教学内容的组织。

三、教学方法改革

在上述教学内容改革的基础上，教学的手段也进行了大幅度改革，从课堂教学、讨论课的设置、课后讨论思考等及各方面进行：

表 4　　简支梁桥教学内容组织

内容安排	课时数	知识点
简支梁桥的施工	讲课 2	简支梁桥施工方法的形成与原因
简支梁桥的构造与设计	讲课 7	简支梁的要求与可能的构造形式。整体板、装配板、T 梁、钢板梁、桁架梁、组合梁的形成过程、原因、优缺点
	讨论课 2	装配式混凝土简支板桥的优缺点、问题与极限跨径
	录像 1	预应力混凝土简支梁桥
简支梁桥的设计计算	讲课 8	简支梁桥的受力特点、计算要求、计算思路。桥面板的受力特点与简化计算方法形成、桥梁的受力特点与横向分布计算理论的形成、基于简化思路的简支梁桥总体计算方法、简支梁桥的有限元空间计算、桥梁墩台与基础的受力特点与计算方法的形成
	习题课 4	公路简支梁桥的桥面板与横向分布计算。群桩基础的计算

1. 利用多媒体技术提高实践教学的效率

要讲解结构构造、计算方法的演变过程将会大大增加课程内容，特别是介绍桥梁结构建造方法，传统的讲课方式效率很低。多媒体技术的应用提供了很好的手段，作者在以下两方面开展了工作。

(1) 全新制作了教学课件。构造与工艺部分以示意图与实际工程图片为主要表现手法，将讲解内容则以教师的口头讲解为主。而分析原理部分大量利用框图、动画介绍各种理论方法的来龙去脉，具体的公式推导留给学生作为课后复习内容。

(2) 开发了多媒体桥梁资料库，帮助学生理解实际结构，提高教学效率。资料库包括工程图片库、桥梁构件三维动画库、桥梁施工录像库。

2. 开设习题课和讨论课

为促进学生培养思考习惯，大量增加了讨论和习题课，二者均要求学生作主题发言。

习题课的主要内容则将原来的课堂讲解的具体计算方法，通过习题完成后课堂讨论的形式加深学生对具体设计方法的理解。讨论课的主题主要是结合目前经常出现的工程问题，利用已经教授的原理进行分析解释，寻找可能的解决方案，在讨论中，有意将焦点引向工程与社会生活的关系，培养学生作为工程师的社会社会责任感。以下是习题课、讨论课的一些议题(表 5)。

表 5　　习题课与讨论课议题

习题课议题	讨论课议题
1. 公路桥梁桥面板计算	1. 装配式混凝土简支板桥的优缺点、问题与极限跨径
2. 公路桥梁横向分布计算	2. 花瓶型桥墩的受力特点与合理配筋形式
3. 连续体系梁桥荷载选取与内力计算	3. 一座弯桥的病害探讨
4. 连续体系梁桥次内力计算	

3. 利用课程教学论坛提高学生的兴趣

桥梁工程课程在校园网上开设了教学论坛，论坛作为师生课后交流的工具，通过师生共同讨论热门工程问题提高学生思考的兴趣。议题主要有两方面：一是课堂上提出的、与讲课内容不很紧密的思考问题，二是工程中出现的与本课程教学内容相关的问题。例如：

(1) 为什么铁路桥梁中很少适用整体钢箱梁?

(2) 一座小跨径多跨连续预应力混凝土梁桥为什么在施工过程中开裂?

(3) 某大跨度预应力连续刚构桥为什么施工阶段 0 号段底板开裂?

(4) 独柱弯桥为什么会侧翻?

通过有争议性的主题的讨论,让学生了解目前梁工程结构的常规做法合理性只是有实践性、局部性的,存在改进的空间,以及改进的出发点,逐渐培养学生的工程思维能力。。

4. 布置内容比较广泛的课后论文

为了培养学生查阅资料、阅读文献的习惯,课后出了布置作业外,每个学期布置一篇议题范围比较广泛的小论文,其内容不容易在一本书中直接找到,要求学生较大量阅读后进行总结分析后完成。例如:桁架桥的形式及演变过程。

四、考核方式的改革

考核方式对学生的引导起很大作用,结合上述教学内容与教学方法的改变,考核方法也做了相应的改变。

首先,将学期成绩组成由传统的主要由期终考试决定,转变为由考试和平时各项教学内容评分综合决定,内容包括考试、课堂讨论、课后作业与论文、论坛讨论等,在学期开始即将考核的方法、内容在学生中公布,便于学生控制学习进度。

其次,考试的题目设计由传统的概念叙述、计算方法与流程应用,转变为工程问题的解决,在解决问题过程中自主决定应用什么原理、如何应用。表 6 列出了刚性横梁法计算横向分布系数考题设计的变化。

表 6　　刚性横梁法考题设计变化

图示	阶段	内容
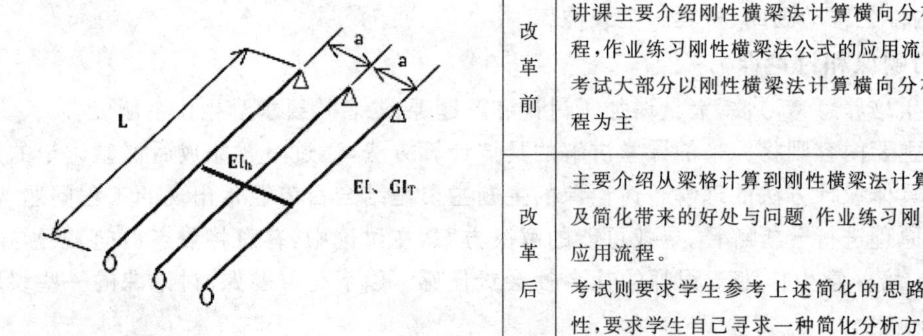	改革前	讲课主要介绍刚性横梁法计算横向分布系数的推导过程,作业练习刚性横梁法公式的应用流程。 考试大部分以刚性横梁法计算横向分布系数的计算过程为主
	改革后	主要介绍从梁格计算到刚性横梁法计算的简化过程,以及简化带来的好处与问题,作业练习刚性横梁法公式的应用流程。 考试则要求学生参考上述简化的思路,假定横梁不刚性,要求学生自己寻求一种简化分析方法

五、结语

毕业生工程创新能力不足是目前我国工程教育中普遍存在的问题,就桥梁工程教学而言,以往的不足之处在于将工程问题过于科学体系化,脱离了工程实践的特点。作者针对这一问题,提出了尽量回复工程特点的总体教学改革思路,将教学内容重点转移到现有桥梁设计与施工方法的形成过程上。通过讲课、讨论、课后帮助等方法培养学生的思考能力,通过注重工程思维的考核方式引导学生注重思考,逐渐培养创新能力。

基于创新能力和工程素质培养的毕业设计模式探析
——以桥梁工程毕业设计为例

韩　强　贾俊峰

（北京工业大学建筑工程学院，北京　100124）

摘　要　为了探索并实践“卓越工程师教育培养计划”大学工程教育的人才培养新模式，围绕“宽口径、厚基础、重实践”土木工程专业（道路与桥梁工程方向）的桥梁工程毕业设计平台，在分析北京工业大学土木工程专业桥梁工程毕业设计现状的基础上，针对桥梁工程专业毕业设计教学环节中存在的主要问题，从优化导师队伍、开拓课题平台、优化培养模式并加强过程监控等方面，探析了以培养学生创新能力和工程素质为重点的毕业设计教学模式，为桥梁工程专业的毕业设计教学改革提供参考。

关键词　教学改革，毕业设计，创新能力，工程素质，桥梁工程

一、引言

毕业设计是土木工程专业（道路与桥梁工程方向）整个培养计划中综合性和实践性最强的教学环节，也是深化、拓宽、综合教学内容的重要过程。在教师指导下，使学生系统地巩固专业知识，培养独立分析和解决问题的能力；提高设计计算及绘图能力、正确理解和运用公路桥规相关条文的能力，掌握道路和桥梁的设计原则、设计方法和规范化的设计程序，为今后从事土木工程专业工作和初步开展科学研究工作打下良好的基础。北京工业大学土木工程专业（道路与桥梁工程方向）始建于1961年，其前身为公路与城市道路专业，具有较为悠久的学科发展历史，虽然在毕业设计的教学环节有丰富的经验，还是存在设计选题较为单一、重结果轻过程、学生自主性和创新性较差等问题，当前的毕业设计模式已经很难满足现阶段桥梁工程毕业设计教学发展。为了切实提高毕业设计质量，特别是为适应“卓越工程师教育培养计划”的需要，笔者在对北京工业大学桥梁工程毕业设计总结和分析的基础上，找出了传统毕业设计存在的问题以及与“卓越计划”要求之间的差距。对传统桥梁工程毕业设计“重设计结果”的教学模式进行改革，并探讨以创新能力和工程素质培养为导向的桥梁工程毕业设计教学模式，为土木工程专业（道路桥梁工程专业）开展毕业设计指导工作提供了新思路，也可供其他工程类专业参考。

创新性思维贯穿于大学四年期各门课程的教学之中，大学生毕业设计已普遍具有创新动机，对创新也有一定程度的认识，希望在学习中产生新思想与新理论，但基于条件所限，在课程作业、考试、实验或实习报告中很难形成真正的创新。而桥梁工程毕业设计则是一个全新平台，它是以一个具有具体地形地貌的桥位为基础，要求学生创造性地设计出一座安全、经济、适用、美观的具体桥梁结构物，该教学环节具有极大的灵活性，在指导教师合理地引导和学生强烈创新欲望的驱使下，必然能通过桥梁工程毕业设计这个良好平台使得学生的创新能力得到很好的培养。工程素质是指从事工程实践的工程专业技术人员的一种能力，是面向工程实践活动时所具有的潜能和适应性。它要求工程技术人员具有广博的工程知识素质、良好的思维

作者简介：韩强（1974—），副教授，主要从事桥梁工程专业的教学和科研工作。

素质、实践操作能力、运用人文知识的素质、扎实的方法论素质以及工程创新素质。工程素质的形成并非是知识的简单综合，而是一个复杂的渐进过程，将不同学科的知识和素质要素融合在工程实践活动中，使素质要素在工程实践活动中综合化、整体化和目标化。学生工程素质培养体现在教育全过程中，渗透到教学的每一个环节，而毕业设计这个教学环节能更好培养学生的工程素质。桥梁工程毕业设计的综合性和实践性为学生创新能力和工程素质的培养创造了良好的条件，是实践“卓越计划”的最佳平台，而创新能力和工程素质提高也是“卓越计划”对工程类大学生的必然要求。

二、桥梁工程毕业设计教学模式现状及问题

桥梁工程毕业设计的目的是使学生熟悉一座桥梁设计的全过程，包括方案比选、尺寸拟定、内力计算(验算)、施工图绘制、计算书编制等。通过以上过程锻炼学生的结构创新、计算分析、电算程序、计算机绘图、文档整理等各方面的能力。多数学生选题对象为连续梁桥，采用手算为主，电算为辅助设计，少数学生选择刚构桥、拱桥和斜拉桥等复杂结构桥型。个别学生(致力学术研究学生)的选题来源于科研课题，主要针对桥梁工程中的某个专题或复杂受力状态下桥梁构件或节点性能等开展设计论文工作。然而由于种种原因，目前的毕业设计成果很难达到令人满意的结果，在创新性方面更是严重缺乏，甚至存在个别抄袭剽窃的现象，与毕业设计的初衷相去甚远。在整个毕业设计过程中，主要存在以下问题：

1. 学生基础知识不牢，缺乏兴趣和思考精神

毕业设计期间是学生实习、找工作等最忙碌的时期，占据了学生很多精力和时间，因而毕业设计投入精力不足。近几年的教学观察发现，许多学生无法把全部心思放在毕业设计上，对毕业设计缺乏兴趣，无积极性和自主性。一些学生对自己的设计课题是否切合实际、设计过程是否正确等问题缺乏自主思考，对自己的设计内容、设计成果模糊不清，甚至东拼西凑、抄袭他人，但求毕业设计能通过。

2. 教师对创新能力和工程素质培养认识不足，教学模式单一化

指导教师对毕业设计指导思想的认识直接影响到学生创新能力和工程素质的培养。由于对毕业设计工作的目的和作用认识不足，将毕业设计简单化认为是学生的岗前职业训练，侧重于某项专业技能的训练，而忽视了设计指导过程中对学生创新能力和工程素质的培养。同时，部分指导教师科研与工程经验不足，毕业设计指导不全面，设计成果的深度和广度无法满足工程实际需要，还有些指导老师还有繁重的教学科研任务，导致精力和时间投入不足，因而很难对学生进行系统的创新能力和工程素质培养。这种以指导教师为中心的毕业设计单一教学模式，既不能充分体现学生的设计理念和创新思想，也已经很难满足毕业设计时代需求。

3. 设计内容多而不精，桥型方案选择单一

桥梁工程毕业设计时间约为 16 周，包括了方案比选、设计与计算、施工图绘制、施工组织设计、计算书撰写等，毕业设计指导书要求的设计内容多而不精。学生在确定桥型方案时往往不是根据地形地貌、通航要求等技术要素来进行考虑，而是看哪种桥型好做，哪种桥型的毕业设计可以找到参考模板或范文，导致绝大部分学生选择的桥型方案均为梁式桥，并且又以梁式桥中的等截面或变截面连续梁桥为主，桥型方案选择单一。而斜拉桥、悬索桥、斜腿刚构桥等具有创新性桥型在桥梁工程毕业设计中较少有学生选用。最终导致毕业设计成品同质化现象严重，由于桥型限制也很难进行创新能力的培养。

4. 设计过程监控缺失，评价体系简单分数化

目前的毕业设计主要通过指导教师评阅、评阅教师评阅和毕业答辩来进行评分，学生只需

要完成毕业设计任务，得到了一个成绩等级而已，因而对毕业设计的创新性动机不够。而且在毕业设计过程监控缺失，评价缺乏针对性，不能体现出学生的学习态度、设计水平和创新性工作。

当前的毕业设计教学模式仍然强调学生对基础知识的理解与掌握，强调毕业设计结果而轻视毕业设计过程，实践能力培养欠缺，对团队协作能力与综合解决问题能力的培养较为有限，不能通过毕业设计为导向对学生创新能力和工程素质进行系统的培养，离“卓越计划”要求之间的差距较大。

三、基于学生创新能力和工程素质培养的毕业设计模式探讨

针对桥梁工程毕业设计中在创新能力和工程素质培养方面普遍存在的问题，结合北京工业大学土木工程专业（道路与桥梁工程方向）的实际情况，构建了有利于创新能力和工程素质培养的毕业设计模式。

1. 以培养学生创新能力和工程素质为导向，优化毕业设计教师队伍

采用毕业设计课题组与具体指导教师负责制相结合的指导老师团队，充分发展每个指导教师的特长。同时，加大中青年教师引进和培养力度，安排没有实际工程实践背景的中青年教师到设计单位学习。同时聘请实践工作经验丰富的工程技术人员担任毕业设计指导教师，并对其指导资质、题目来源、指导方式、指导频次、成果验收等各环节规定进行督查，建立了相应的审查、监控、评价等制度，为切实提高教学质量提供了师资保障。

2. 把课程设计、科技活动等与毕业设计有机结合起来，提升学生工程素质

毕业设计不是一个单独的教学环节，必须与预应力混凝土、桥梁工程和墩台与基础等课程设计进行系统安排和有机结合，特别是加强科技活动对学生工程素质和创新能力的培养，并在毕业设计环节进一步加强。积极参加桥梁设计大赛、工程大师论坛、桥梁模型制作等活动，激发学生的学习兴趣，增强学生的工程素质和创新能力，引导学生进入桥梁工程学科前沿，拓宽学生的视野和创新性思维。

3. 开拓课题项目创新平台，优化毕业设计培养模式和选题

毕业设计题目选择对创新能力的培养至关重要，一方面应尽量选择与工程实际联系紧密的真题，做到一人一题。通过指导教师与学生的交流，结合学生自己的专业技能和兴趣共同来确定所选课题的创新性内容，然后将其明确到设计任务书中。只有明确了创新性内容，学生才能做到有的放矢，才能有针对性的进行创新能力的培养。在最终的毕业设计成果中，使创新性内容得以实现，锻炼了学生的创新能力。

在毕业设计培养模式上可采有校企合作方式，根据学生签订的就业协议，选择有能力并愿意与学校合作培养单位一起指导毕业设计。具体选题上以解决工程实际问题为核心，根据单位需求选择亟待解决的工程实际问题作为毕业设计内容。同时，对学生在单位的培养过程及每个环节进行实时监控和反馈。

4. 开展毕业设计专题性讲座以巩固专业知识并开阔视野

有了良好的毕业设计选题和创新能力培养的组织模式后，创新能力的培养还需要学生具有扎实的专业基础。为了进一步巩固专业基础知识，开阔学生的视野和思路，针对毕业设计安排了一系列的专题讲座，如：桥梁方案比选及各桥型方案特点，桥梁设计规范条文讲解及应用，桥梁计算软件的应用，毕业设计步骤及如何做好毕业设计，桥梁毕业设计施工图绘制规范等等，这些讲座都由毕业设计创新指导小组的教师来主讲，也可以邀请一些在建大型桥梁工程建

设单位的项目经理或总工来校进行专题施工讲座，开拓学生的知识视野。

5. 强化毕业设计过程监控，优化毕业设计过程评价

对毕业设计的过程管理依靠学院、系所、指导教师三级监控，以保证毕业设计(论文)的教学质量。学院通过审查指导教师的配备与选题，抽查教师指导情况和毕业设计成果的评阅、答辩及评分情况，监控本专业的毕业设计质量。系所主要监控和规范教师的指导工作和毕业设计成果的评阅、答辩和评分情况。指导教师则监控和评价学生完成毕业设计的整个过程。研究科学合理的指导方式，指导教师将整个毕业设计任务进行分解，制订每周要完成的毕业设计内容并进行进度检查，实行中期答辩制度。并通过相互交流等方式激发学生的创新思维，提高了学生的主观能动性和自觉性，培养了学生的创新能力。

6. 客观公正的毕业设计评价体系

为毕业设计质量制订详细的百分制评分细则，常规毕业设计内容占 85 分，创新性毕业设计内容占 15 分，在常规毕业设计内容完成的基础上才对创新性毕业设计内容进行评分。根据以上评分规则，完成常规毕业设计内容可以得到“良”的成绩，而在此基础上完成了创新性毕业设计内容则可以得到“优”的成绩。具体毕业设计的评分由指导教师、评阅教师和答辩小组共同完成，这三部分评分可按 2:3:5 比例制定评分标准，以便客观公正地反映学生的实际水平，以及全面真实地反映学生在整个毕业设计工作中的情况、毕业设计的水平以及在答辩过程中所表现的综合素质。

四、结语

通过对北京工业大学土木工程专业(道路与桥梁工程方向)毕业设计模式的改革，极大提高学生学习兴趣，教学效果良好，这种以创新能力和工程素质培养为导向的毕业设计教学模式体现时代的要求，符合“卓越计划”目标。通过开拓毕业设计课题项目平台、丰富毕业设计培养模式、加强毕业设计过程监控和创新性的评价体系，促使毕业设计教学与工程实践紧密结合，对学生设计能力和实践能力的培养起到了积极作用，这些创新性的思维和工程素质的培养将让学生终身受益。

参考文献

[1] 高等学校土木工程学科专业指导委员会. 高等学校土木工程本科指导性专业规范[M]. 北京：中国建筑工业出版社，2011.

[2] 张俊平，禹奇才，童华炜，等. 突出大工程观彰显应用特色——土木工程专业人才培养模式的探索[J]. 中国大学教学，2010(5)：31-33.

[3] 林健. “卓越工程师教育培养计划”专业培养计划研究[J]. 清华大学教育研究，2011，32(2)：47-55.

[4] 林健. 创新工程人才培养模式注重卓越工程教育本质[J]. 中国高等教育，2011(6)：19-21.

[5] 朱劲松. 面向卓越工程师培养的桥梁施工课程教学改革与实践[J]. 中国建筑教育，2012，21(3)：71-75.

[6] 宛新林，丁克伟. 土木工程专业实践性教学改革与实践[J]. 高等建筑教育，2010，19(3)：101-103.

[7] 涂光亚. 桥梁工程专业毕业设计中创新能力培养的研究与实践[J]. 中国电力教育，2013，158-159.

[8] 钟铁峰，张亮亮. 道路与桥梁工程本科毕业设计改革与实践[J]. 高等建筑教育，2009(1)：101 -104.

[9] 吴鸣，熊光晶. 基于工程能力培养的桥梁工程教学改革探索与实践[J]. 长沙铁道学院学报(社会科学版)，2010，11(1)：109-113.

提高全英语教学效率的方法初探

宋晓滨　张伟平

（同济大学土木工程学院建筑工程系，上海　200092）

摘　要　全英语教学是目前高校教学改革的重要方向之一，然而受制于我国教师及学生的英语基础，全英语教学存在"双盲教学"的困境。坚持采用全程英语教学，营造英语语言环境，增加师生互动，可以有效克服全英语教学初期的语言障碍，并提高教学效率。

关键词　全英语教学，英语语言环境，师生互动，教学效率

一、引言

全英语教学是目前全国高校教学改革的重要方向之一。国内众多高校开展了大量的针对全英语课程建设和改革的研究，并取得了一定的成果。然而，我国多年来采用的英语教学模式偏重于语法和阅读理解，而缺乏听说练习，培养出来的学生总体水平不高，尤其是在听讲和口语表达方面能力不强。而部分教师在开展英语教学时也受制于英语口语表达能力而不能充分、清晰的表达专业知识和理论，进而导致目前的高校全英语教学存在"双盲教学"的困境[1]。

此外，目前国内高校开设的全英语课程缺乏系统性，学生往往同时接受中文教学和全英文教学，因而较难摆脱对中文学习方式的依赖性，导致在接触全英语教学尤其是最初几门全英语课程时易产生排斥心理，这对于后续全英语课程的学习形成了较大的负面影响。

因而，如何破除初次接受全英语教学的学生对英语教学的排斥，在课堂上营造轻松、积极的英语学习环境，对于提高学生学习积极性，推进后续全英文课程的学习具有重要的意义。

二、营造全英语学习环境

笔者自从参加教学工作以来，参与了学校结构工程专业结构力学课程的全英语教学工作。学校在结构工程方向专业开设了一系列的全英语课程，结构力学是该系列课程的第一门，此后有包括混凝土结构基本原理、钢结构基本原理等专业课程。

笔者在教学中发现，参加本课程学习的同学普遍对英语学习存在一定的恐惧感。笔者曾对选修结构力学全英语课程的同学开展调研，发现选修全英语课程的同学的英语水平存在两极分化的情况：一部分有志于在大学毕业后出国深造的同学出于提高专业英语水平的目地而选修，而更多同学则主要是怀着侥幸心理，希望全英语课程教学难度会比中文教学平行班低，还有一部分同学则是受到学校对于全英语或双语教学课程学分的要求的影响而选择这门课。

针对以上情况，笔者在教学中坚持全英语教学，营造英语学习环境，并说明课程学习内容和考试难度保持和中文平行班一致（采用相同考卷，仅翻译成英文）。通过以上说明纠正了一部分同学怀有的错误想法。

而关于全英语教学中应采用的教学模式，正如张千帆在文中介绍的[1]，虽然英语教学模式可以采用包括全英语教学模式、第二语言教学模式、过渡性英语教学模式以及双重沉浸、双语

作者简介：宋晓滨（1977—），上海人，副教授，主要从事全寿命设计维护和新型材料和结构性能研究。

张伟平（1973—），浙江人，教授，主要从事全寿命设计维护和结构性能提升研究。

教学模式等模式，然而，我国英语教学的基础环境决定了只有全英语教学模式适合我国高校的全英语教学。

基于我国学生英语基础相对较差，听说能力薄弱的情况，笔者在教学中一方面坚持全程英语授课，力争在相对较短的课时内营造高强度的英语听说环境。这可以推动学生在发现困难(听不懂、说不出)后通过自身的努力(查阅课件、教材以及课堂录音等手段)解决困难，以此加深对相关知识的认识，从而达到较长时间学习英语才能达到的效果。此外，在教学中摒弃中文配套教材，坚持使用英文教材(教本)[2]，戒除学生翻阅中文材料的习惯，以英文解释英文，建立系统的英语知识体系。

另一方面，在英语教学中秉承由易到难、渐进的授课法，控制授课语速，采用短句、简单句，降低学生理解难度。同时，针对较复杂的概念，结合电子课件(如 PPT 课件)，结合图形、工程实例、肢体语言等手段帮助同学理解、记忆教学内容。例如，在三铰刚架部分内容需提及沥青填埋柱脚基础形成固定铰支座的概念，而大部分同学对沥青的英文单词 asphalt 较为生疏，且不宜于采用英文解释，故采用实物图片辅助(如图 1)，而不采用中文介绍。如此，即帮助同学理解，又不会退回中文思考习惯。

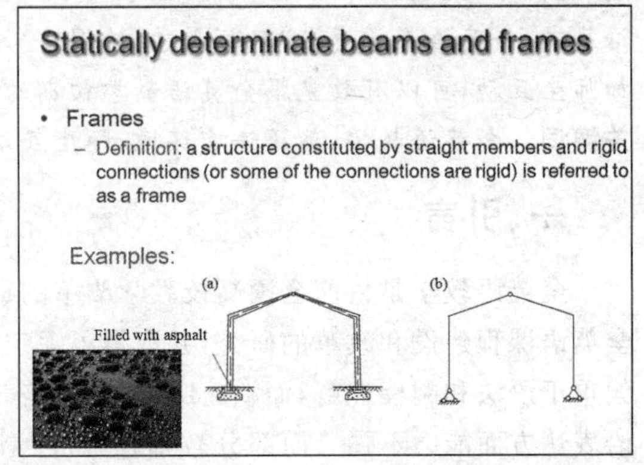

图 1　采用实物图片解释生僻英语单词

笔者在学期末对学生的学习情况的调查结果表明，大部分同学反映仅在开学 2～3 周内有语言困难，在随后的时间里都能大部分理解授课内容，而少部分未能理解的内容通常也能通过课后翻阅英语教材而基本理解。此外，同学们还反映，最初对一些英语的常用短语较为陌生而导致理解困难，然而这些词和短语在随后的授课中反复出现、频繁使用，因而很快就能理解，甚至达到“听到前半句能猜出后半句”的理解效果，觉得全英语授课并不会造成听课困难。

此外，笔者在期末考试中采用和中文平行班相同考卷(翻译成英文，题型包括是非、选择、填空和计算题等)，而最终本班级的成绩分布，包括优秀率和不及格率，基本和中文平行班持平。这说明采用全程全英语教学并没有显著影响学生对教学内容的理解和掌握。

三、增进师生互动

在全英语教学中经常会面临学生上课缺乏积极性的问题。一方面，这主要源于我国学生不习惯在公众面前发表意见的性格使然，而另一方面这也源于学生英语对话的能力缺乏和由此导致的恐惧感有关。因而，采用合适的教学互动手段，鼓励学生积极参与教学活动，提高学生学习的积极性和愉悦感，这是全英语教学必须要解决的一个难题。

为了打破全英语教学的“冷场”现象，首先要破除学生开口讲英语的心理障碍。除了性格原因之外，学生不愿意在课堂上发表意见的主要原因是担心自己的英语不够流利、有语法错误，或者担心口音太重等。

针对这一问题，笔者在课堂教学中选取合适的时间，以现身说法的方式介绍本人学习英语过程中的一些体会，并讲授一些较常见的有关世界各地英语口音的笑话，例如关于 yesterday 和 yes to die 以及 comfortable 和 come for table 等。如此，既可以使学生从繁重的学习中得到短暂的放松，同时也可以一定程度上缓解学生开口讲英语的压力，有益于增进课堂内的师生互动。

笔者在教学中采用的第二个增进师生互动的手段是在课堂上以名字而不是类似“第二排

左手第一位同学"的方式来称呼同学。笔者在加拿大攻读博士期间曾担任助教工作,对于加拿大师生之间亲密的关系、上课愉悦的气氛印象非常深刻,而师生互相称呼以名字构成了其中重要的一环。以名字称呼学生既可以使学生感受到对等的待遇,而不是传统的老师提问学生作答的被动模式,这有助于提高其参与教学互动的积极性。此外,以名字称呼学生可以起到点名的作用,使学生不能偷懒,从而可以促进一些原本出于偷懒而不愿参与教学讨论的同学表现出更为积极的态度。

然而,目前高校教师除了教学之外还要承担非常繁重的科研和公共事务的工作,精力有限;而另一方面传统的教学班级动辄 60 人以上的学生规模也使得任课教师记住每一位同学的名字变得相当困难。笔者所在大学在推进全英语教学模式的同时也积极推进小班化教学,为采用这一手段提供了便利条件。

为了更快地记住学生名字,笔者在教学实践中采用了额外的辅助措施:即邀请同学参与"教师记住每一个同学名字"的活动,请大家通过 Email 发送给笔者个人照片及名字;而笔者则在平时教学中时常浏览同学照片和名字以加深印象。如此,在较短的时间内即实现了记住所有同学名字的目地。实践证明,以名字称呼学生,使学生的反应变得更为自然,也更乐于开口表达自己的观点,课堂上"只闻教师声音、不见学生反应"的困局在无形中改善了很多。

此外,针对我国学生不乐于在课堂上发言互动的情况,清华大学的冯鹏也开展了结合现代媒体技术的尝试[3],即采用目前学生生活中频繁接触的手机微信软件,建设课程互动微信平台(如图 2 中所示),取得了很好的效果:学生在不需直接面对教师的情况下一改以往羞于发言的情况,开展了积极的师生、生生之间的交流,推动了教学的互动环节。

然而冯鹏的微信平台主要针对课后活动。笔者建议可以针对课堂内的教学活动开设类似基于微信软件的互动平台:例如,在授课中间教师可随时以选择题的形式考核所有同学,并给出四个选项,而学生则可以通过手机微信平台发送 A、B、C 或 D 选项。教师在微信客户端软件在接受到所有学生反馈后即可统计各选项的分布并公布正确答案。通过这一途径教师可以获知学生对问题的掌握程度,同时还可以获得学生出勤比例的等信息,而学生也可以很快捷的了解自身学习状况及在班级中所处的相对位置。

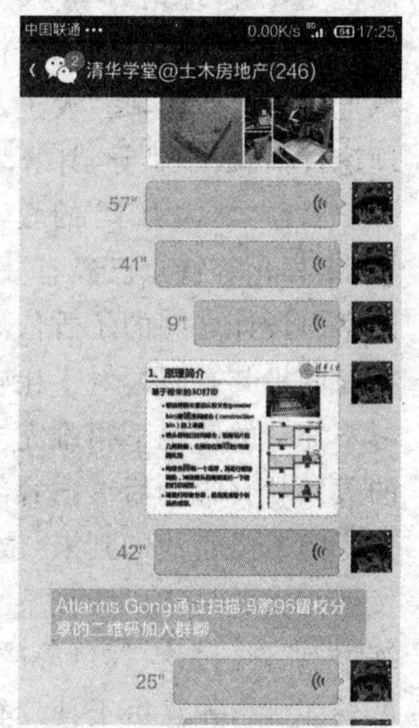

图 2　清华学堂@土木房地产手机微信客户端[3]

四、结语

全英语教学是目前高校教学改革的重要方向之一。坚持全程全英语教学以营造高强度英语语境,通过"以名相称"拉近师生关系,结合手机微信平台增加师生互动。笔者的教学实践表明,以上措施可有效地改善目前高校在全英语授课中出现的一些共性问题,提高全英语教学效率。

参考文献

[1]　张千帆. 高校全英语教学模式探析[J]. 高等工程教育研究,2003,24(4):91-93.

[2]　王一兵. 高等教育国际化[J]. 教育广角,教育发展研究,1999,(2):1-5.

[3]　冯鹏."混凝土结构"课程教学模式创新的尝试[C]. 昆明:第十三届全国混凝土结构教学研讨会,2014.

浅析翻转课堂模式在“结构力学”教学中的应用

陈　盈

（北京工业大学建筑工程学院，北京　100124）

摘　要　探讨了基于微课的翻转课堂模式在大土木“结构力学”教学中的应用，针对目前教学模式的不足分析了采用翻转课堂的优势，介绍了微课的制作、翻转课堂实现的基本模式及其在“结构力学”教学实践各阶段的应用。本文可为创新“结构力学”教学模式、提升教学质量提供参考。

关键词　教学模式，创新，结构力学，微课，翻转课堂

一、引言

“结构力学”是高等院校水利、土建类专业必修的一门重要专业（技术）基础课[1,2]，其前修课程主要有“理论力学”及“材料力学”，后续课程主要包括“弹性力学”及各类结构类专业课，如“钢筋混凝土结构”、“钢结构”、“桥梁工程”等。因此，“结构力学”在基础课与专业课之间起着承上启下的作用，是“大土木”的一门非常重要的主干课程。然而，由于该课程还具有概念多、理论性强、数学推导、计算繁琐乏味等特点[3]，极使学生有畏难情绪，导致学习效果不佳。

目前“结构力学”的教学方式大多为多媒体课件和板书相结合。多媒体课件直观、生动、形象、多样化等特点已经有效提高了教学质量和效果[4]。但需注意的是，丰富的课程内容和有限的学时设计之间的矛盾依然突出，面对大量的计算演示过程，教师能够分配给每一知识点的讲授时间极其有限。对于比较抽象的知识点，如用位移法求解超静定结构的原理，部分学生在预习不充分的情况下很难完全理解。同时，“结构力学”又是一门连贯性很强的课程，一个知识点的欠缺就会影响后续内容的掌握，这是影响教学效果的又一重要因素，必须重视解决。

随着微时代的到来，微课在教育领域崭露头角，其在网络教学方面的应用研究取得了快速发展。微课是指以阐释某一知识点为目标，以短小精悍的在线视频为载体，针对性设计作业、练习、课件、讨论、评价等教学过程和资源的微视频网络课程。国内外关于微课的理论研究开展较多[5-8]，并且由于其具有短小精悍、重点突出、形式灵活等特点，在中小学教学中也得到了迅速推广[9-11]，在高校教学中的应用也逐渐兴起[12,13]。

翻转课堂（Flipping Classroom）这一课堂教学组织形式的创新，最初源自美国科罗拉多州落基山林地公园高中名为 Jon Bergmann 和 Aaron Sam 两位化学老师，他们将结合实时讲解和 PPT 演示的视频上传到网络而引起广泛关注[14]。2011 年，萨尔曼·可汗（Salman Khan）提出了一种与传统的“课堂教师讲授、课后学生作业”方式相反的课堂教学模式，即学生课前看课程视频，课堂上主要通过与教师和同学交流研讨来解决课前学习遇到的问题。近两年，翻转课堂教学模式逐渐为众多教师熟知，并成为全球教育界关注的[15]。

与传统课堂相反，翻转课堂把知识传授的过程放在课堂之外，而把知识内化的过程放在课堂内。课外通过提供大量学习资料，如微视频等，提前预习和练习，课堂时间则节省出来用于协作、汇报、讨论、练习、辅导等，从而实现知识的内化和深化。可见，将微课与传统课堂教学相结合，进行混合学习，实现课堂翻转，可以充分发挥网络教学和课堂教学各自的优势，更有助于

作者简介：陈盈（1981—），讲师，工学博士学位，主要研究方向为多高层结构抗震。

提高学生的学习质量和效率。

本文将针对大土木的“结构力学”课程，探讨基于微课的翻转课堂模式在教学中的应用，研究微课的制作和翻转课堂的实现，用微课的优势弥补常规教学模式的不足，提高教学效果和学生自学能力。

二、翻转课堂在“结构力学”教学中的应用

1. 翻转课堂的优点

与传统课堂相比，翻转课堂具有一些明显的优点。

首先，学生作为学习的主体可以自行调节学习节奏和时间，可以反复观看视频或跳过已听懂的内容，这避免了学习时间和节奏被教师主宰的现象，有利于培养学生自主学习的能力，是一种真正意义上的分层次学习。

其次，从教学形式上看，翻转课堂是在宽松环境下进行的学习，同时有实验视频和情境素材的融入，使学生的预习内容由单调、呆板的文字变成了有声有色的视频，这样更能激发学生学习的欲望和兴趣。

再次，从教学方式上看，翻转课堂丰富了教学内容，扩大了教学信息量，学有余力的学生可以通过平台获得大量的课外延伸学习资源，对拓展视野、培养综合素质起到了显著的作用。

最后，网络和多媒体资源可以供学生随时查阅、复习，有利于学生保存和利用学习资源。实验视频可以反复再现，能更好地帮助学生掌握课本知识，对深入学习和思考有很大帮助。

除此之外，在翻转课堂的理念下，通过微课程改革教学模式，以促进学生的主动学习性并提高学生对复杂和难点知识点的理解，同时将授课教师从大量的讲解中解放出来，有更多的时间组织学生深入研讨、为学生答疑解惑。对于土木工程的学生而言，这一改革将有助于其减弱或消除对力学课程的畏难情绪，培养兴趣，进而更好地学习后续专业课程。

2. 微课的制作

丰富的课外学习资源，即微课的制作是翻转课堂得以顺利展开的前提和基础。

微课的核心理念是将教学内容和教学目标形成更紧密的联系，以“知识脉冲”的方式，让学生产生一种“更加聚焦的学习体验”。教师通过合理设计微视频及围绕微视频的作业、练习、资料等教学活动，帮助学生自主学习、理解和建构知识的意义。

首先，微课的选题着重于教学重点、难点、疑点和典型问题。应围绕微视频精细化和针对性设计课件、资料、作业、练习、讨论和评价等教学活动，突出解决教学中的关键问题。以“结构力学”中“力法基本概念”部分为例，将需要讲授的微课知识点精选如表 1 所示。每个知识点的讲解时间控制在 15 分钟以内，微课的这种时间上的“微”体现便于学生集中注意力来理解关键问题。

表 1　“力法基本概念”微课知识点

序号	微课知识点	主要内容
1	力法基本原理	介绍力法基本原理，即如何将超静定结构转化成静定结构从而得到求解
2	基本体系的选取	介绍如何正确地选择力法基本体系
3	力法方程的建立	介绍力法典型方程的物理意义，以及针对同一超静定结构通过选取不同的基本体系，位移协调条件如何建立
4	力法典型方程中各系数的物理意义	介绍柔度系数和自由项的物理意义和计算方法

其次，作为微课建设的核心资源，微视频的制作主要包括屏幕式录制和外拍式录制两种方式。对于“结构力学”这样的理工类科目，可采用前者，即利用录屏软件录制屏幕课件（包括白板或手写板），记录教学过程，后期再结合其他的多媒体素材，以及教师的讲解制作合成视频。录制多媒体课件时要确保课件的精细化，动画设置应突出重点、逐步呈现，同时还可以在一块触控面板上点选不同颜色的彩笔，随画随录音，这样的方式更直观也易接受。

由于每个微视频只有 10～15 分钟时间，故引入知识点要简明扼要，迅速引起学生注意。由于结构力学教学的连贯性极强，在讲解每一知识点时还需注意承前启后，通过循循引导，指导学生准确把握已有知识与新知识的切合点，逐步掌握新知识。例如，讲解力法基本原理时，要注意说明其实质就是在已学的静定结构受力分析和位移计算的基础上，寻求超静定结构的计算方法，要重点讲解如何将超静定结构变为已学的静定结构，从而建立静定结构与超静定结构两部分内容之间由位移产生的关联，深入理解力法典型方程的由来。

3. 翻转课堂的实现

将微课引入教学实践中，实现翻转课堂，进行混合学习，即是把传统教学方式的优势和 E-learning（网络学习）的优势相结合，既发挥教师引导、启发、监控教学过程的主导作用，又体现学生作为学习过程主体的自主性和创造性，实现教与学并重。

教师结合微课和课堂教学构建的混合学习包含课堂内和课堂外两个环节，分别实施基于微课资源的自主学习和基于互动活动的课堂学习，实现了对传统教学中课上传递知识、课下内化迁移的学习模式翻转，带动学生在课前利用微课资源自主学习，完成知识层面的了解，为课堂上完成知识的内化、迁移和深化打好基础。这种教学模式的改革创造了一个更加充实和高效的课堂，充分发挥了教师的主导性和学生的主体性，改变了以往单一课堂教学中以教师为中心，学生被动接受学习的状况。其基本模式如图 1 所示。

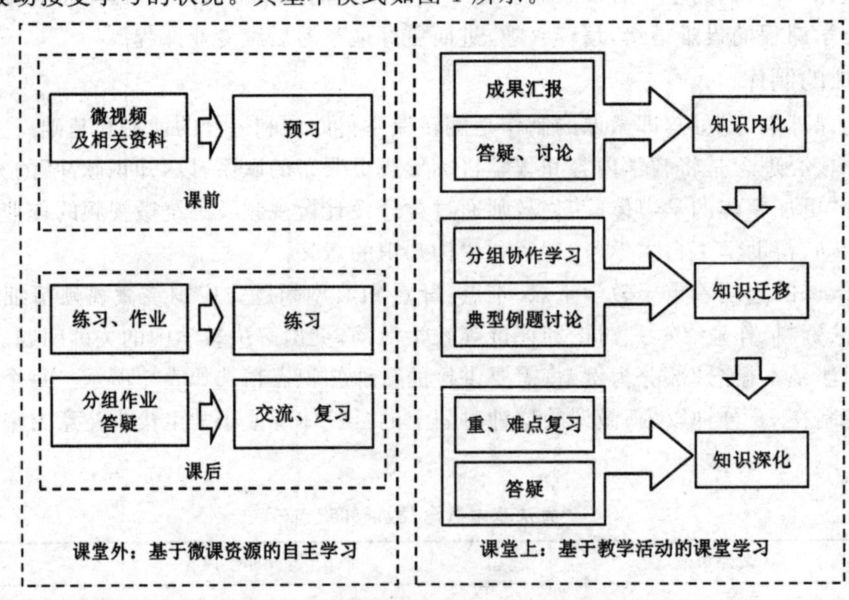

图 1　结合微课实施混合学习的基本模式

仍以“力法基本概念”部分为例。在课前学生通过微课的学习已经对力法这种求解超静定结构的方法有了一定的理解，在课堂教学时，教师先就基本原理进行重点讲解，同时也是对部分课前有疑问的同学进行解惑。而更多的课堂时间则用于典型例题的讨论，如，在选取力法基本体系时，每位学生选取的基本结构不一定相同，大家可以对比各自写出的典型方程，明确其中柔度系数和自由项的物理意义和计算方法，再进一步讨论选择什么样的静定结构作为力法的基本结构会使计算最简，从而学会更高效的解题。通过这样的对比讨论使知识得以内化。教师经过补充讲解将讨论结果进行规范和总结。学生课后再通过网络练习系统进行复习，进一步深化知识的掌握。

4. 翻转课堂对教师的要求

翻转课堂不仅是对课堂教学传统顺序的颠倒，更是对传统教育教学理念的颠覆性变革，要求教师既要具有渊博的专业知识和较强的专业素养，又要熟悉现代教育教学理论，掌握现代教育技术。以微课制作为例，要达到微视频与教学目标、课程设计、教学内容相匹配，教师需要综合考虑视觉效果、时间长度等对学习效果产生重要的影响的诸多因素，甚至要根据学生差异制作多个版本的教学视频，此外还需制订督促和保障学生课前学习质量和效果的相应措施，这些都对教师的综合素质提出了严峻挑战。

三、结语

改革传统教学模式，将微课与课堂教学内容相结合，开展高校新型网络教学建设，改善课堂教学，有利于提升教与学的整体质量，提高教师的综合素质和学生的自学能力。本文分析了现行“结构力学”教学模式的不足和翻转课堂的优势，对将微课应用到“结构力学”教学实践、实现翻转课堂模式进行了初步研究，分析了微课制作和翻转课堂实现方式及其注意事项，可为“结构力学”教学模式改革提供参考。

参考文献

[1] 龙驭球，包世华. 结构力学 I：基本教程[M]. 2 版. 北京：高等教育出版社，2006.

[2] 李家宝，洪范文. 结构力学[M]. 2 版. 北京：高等教育出版社，2006.

[3] 袁海庆. 结构力学概念的加强和力学综合能力的培养[J]. 理工高教研究，2007，26(1)：103-104.

[4] 丁科、袁健. 开展启发式教学，培养学生创新思维[J]. 中国科教创新导刊，2009，(10)：37-38.

[5] 胡铁生. “微课”：区域教育信息资源发展的新趋势[J]. 电化教育研究，2011，(10)：61-65.

[6] 朱宏洁，朱赟. 翻转课堂及其有效实施策略刍议[J]. 电化教育研究，2013(8)：79-83.

[7] 胡铁生，黄明燕，李民. 我国微课发展的三个阶段及其启示[J]. 远程教育杂志，2013(4)：36-41.

[8] Katie Ash. Educators Evaluate “Flipped Classrooms” Benefitsand drawbacks seen in replacing lectures with on-demandvideo[J]. Education Week，2012(10)：6-8.

[9] 胡铁生，詹春青. 中小学优质微课资源开发的区域实践与启示[J]. 中国教育信息化，2012(11)：65-69.

[10] 焦建利. 微课及其应用与影响[J]. 中小学信息技术教育，2013，4.

[11] 张金磊，张宝辉. 游戏化学习理念在翻转课堂教学中的应用研究[J]. 远程教育杂志，2012(2)：73-78.

[12] 汪晓东，张晨婧仔. “翻转课堂”在大学教学中的应用研究——以教育技术学专业英语课程为例[J]. 现代教育技术，2013(8)：11-16.

[13] 王文礼. MOOC 的发展及其对高等教育的影响[J]. 江苏高教，2013(2)：59-63.

[14] 张跃国，张渝江. 透视“翻转课堂”[J]. 中小学信息技术教育，(3)：3-5.

[15] 杨刚，杨文正，陈立. 十大“翻转课堂”精彩案例[J]. 中小学信息技术教育，2012(8)：11-13.

"多媒体—工程案例—数值仿真"教学模式在"工程结构抗震原理"课程中的应用

孙广俊　李鸿晶

（南京工业大学土木工程学院，南京　210009）

摘　要　采用多媒体、工程案例与数值仿真相结合的教学模式，依据知识模块划分，以实际工程案例为背景素材，借助有限元软件等数值仿真实验和多媒体演示手段，将学生引入到真实的地震工程情境中，实现教学内容的形象化和直观化，创造师生、学生之间的双向和多向互动氛围，开展"工程结构抗震原理"的课程教学，从而强化学生对工程结构抗震基本概念的理解和实际应用能力的培养。

关键词　多媒体，工程案例，数值仿真，抗震，教学

一、引言

"工程结构抗震原理"是一门理论难度大，综合性和实践性强的课程[1,2]。仅通过传统的授课方式使学生完全掌握工程结构的抗震设计是不容易的，也不利于教学过程中学生工程实践意识和应用能力的培养。随着科学的发展，新的理论和方法层出不穷，教学理念和教学方法也要不断地变化，这样才能适应科学发展和社会进步的需要。长期以来的教学实践和改革表明，"多媒体—工程案例—数值仿真"教学是抗震课程教学中一种行之有效的教学模式。

二、"工程结构抗震原理"的教学现状和改革趋势

"工程结构抗震原理"是一门综合性很强的土木工程专业课。长期以来，国内很多高校对于该课程的教学模式还是采取满堂灌的传统讲授法，这种教学模式的针对性不强，教学方法和手段相对落后，理论与实践衔接不好，学生对授课内容缺乏兴趣，已不能满足当前形势的需要。

目前，国外在抗震课程的教学上主要是大量使用工程案例和结构抗震仿真软件，并通过多媒体课件的途径强化学生对基本概念的理解和实际应用能力的培养。

国内，为了改善目前抗震课程教学效果不尽如人意的现状，很多高校对该课程开展了积极有效的教学改革，这些教学改革措施主要集中在以下几个方面：

（1）通过教学内容的调整和优化，合理安排教学内容，突出重点、抓住核心，解决抗震课程教学内容多而课时少的矛盾。

（2）通过充分利用网络资源，构建一个崭新的教学环境，使网络教学成为课堂教学的有力补充。

（3）通过发挥多媒体辅助教学优势，充分调动学生的视觉和听觉功能，有效提高教学质量和效率，实现对传统课堂教学不足的补充。

（4）通过在教学中加强工程案例分析，激励学生的学习主动性，增强学生综合运用知识的能力，同时体现以学生为主体，教师为主导的教育理念。

作者简介：孙广俊（1979—），博士，副教授，主要从事工程结构抗震教学与研究工作，E-mail：gjsun2004@163.com。

基金项目：南京工业大学2013年教育教学改革研究课题。

（5）通过加强实践性教学环节，强化学生的素质培养，达到加强课程实践性教学环节的目的。

多媒体教学是现代化教学的一个重要手段，可以将教学性、集成性、可演示性、可重复性融为一体，能给教学带来丰富的信息量。案例教学是一种有效地将理论与实践相结合的教学方法，是现代高校教育中不可缺少的教学方法之一。基于有限元技术的数值模拟软件具有模式直观，运算简捷的优点，有助于减轻学生的学习难度，帮助学生认识和理解工程结构抗震的理论和方法，提高结构分析能力。

将基于有限元软件的数值仿真教学手段与工程案例教学方法相融合，可以扩展教学模式，提高教学效果，激发学生学习的主动性，深化学生对工程结构抗震设计原理和方法的理解，并为学生毕业以后从事工程结构领域的相关工作打下基础。此外，数值仿真实验可以克服实验室实验观测难、重复难和费用高的不足。引入数值仿真实验，从很大程度上改善了"工程抗震原理"课程缺少实验教学环节的不足，且数值仿真实验还可以得到实验室无法真实再现的实验现象。

因此，工程案例、数值仿真实验及计算机多媒体技术在抗震课程教学上的应用，可以使得学生亲身参与到教学过程中，深化对抗震原理和方法的理解，增强解决实际工程问题的能力，真正实现教与学的互动。教学研究和实践表明，国内高校在抗震课程的教学理念和教学手段上已经逐步呈现出与国外相一致的趋势。

三、"多媒体—工程案例—数值仿真"教学模式的目标及关键问题

1. 目标

采用多媒体、工程案例与数值仿真实验相结合的教学模式，依据知识模块划分，以实际工程案例为背景素材，借助有限元软件数值仿真实验和多媒体演示手段，将学生引入到真实的地震工程情境中，实现教学内容的形象化和直观化，创造师生、学生之间的双向和多向互动氛围，开展"工程结构抗震设计原理"的课程教学，以达到激发学生学习兴趣，改善课程教学效果，深化学生对工程结构抗震设计原理和方法的理解，增强学生综合运用知识和解决实际问题能力的教学目标。

2. 关键问题

针对上述的教学目标，结合"工程结构抗震原理"的课程特点，"多媒体—工程案例—数值仿真"教学模式需要重点解决以下几点关键问题：

（1）典型工程案例在抗震教学中的组织。好的案例是成功进行案例教学的前提和基础，如何根据教学内容选择具有代表性的案例，把工程抗震的理论寓于案例之中.以案例的形式引导和展现出来，是教学中需要解决的主要问题之一。

（2）数值仿真在抗震教学中的组织。数值仿真实验可以克服实验室实验观测难、重复难和费用高的不足，且可以得到实验室实验无法真实再现的物理现象。如何根据教学内容，或结合代表性案例，通过数值仿真实验将抽象、枯燥的抗震概念和数据转化为形象、生动的图形和动态过程，也是教学中需要解决的主要问题之一。

（3）主导性与交互性的协调统一。案例教学法是一种促动式教学方法，如何改变传统举例教学的单向性，在充分发挥教师主导性的同时，促使学生通过工程案例与数值仿真教学在交互中认识相关抗震设计原理和方法，也是教学中需要解决的主要问题之一。

四、“多媒体—工程案例—数值仿真实验”教学数据库的建立

针对目前“工程抗震原理”课程存在的学时数少、教学内容多、理论难度大、理论与实践脱节及学生学习兴趣低下的问题，需要根据教学内容重新调整和优化知识模块，在此基础上，建立与知识模块相对应的工程案例数据库（包括图像资料、文字资料、学生学习过程所要完成的综合分析题等），基于有限元软件建立与工程案例相融合的数值仿真实验（包括结构模型、荷载输入、反应图表、图形、云图或动画等），从而构建“多媒体—工程案例—数值仿真”教学数据库，并通过教学实践建立信息反馈和动态修正制度，教学数据库的建立主要包括以下两类：

1. 建立与教学内容相对应的代表性工程案例数据库

代表性案例所涉及的往往可能不是一、两个知识点，而是“知识群”。案例的内容应包括图像资料（视频、图片）、文字资料、学生学习过程所需要完成的综合分析题等。案例的选取应符合针对性、真实性、典型性、生动性及难度适中等标准，并且要兼顾教学时限的要求。

2. 建立基于有限元软件的数值仿真实验数据库

数值仿真实验不只是相关教学内容的简单演示，而应与工程案例相融合，形成理论与实践的无缝对接。数值仿真的结果应根据工程问题和物理问题的不同特点选择相适应的表现方式，如图表、图形、云图或动画等，呈现给学生。数值仿真实验还需要更多地展现实验室无法真实再现的物理现象，如复杂结构的地震损伤、倒塌的动力演变过程等。

此外，工程案例和数值仿真实验还需要考虑将最新的震害、研究进展和研究成果纳入教学，为学生提供符合时代需要的课程体系和教学内容，让学生理解目前抗震规范有关规定的不足之处，这对于提高学生的创新能力具有重要作用。

五、教学案例

地震反应谱是工程结构抗震原理中的一个非常重要概念，其定义抽象、理解难度大，采用传统的单向性讲授模式不能取得令人满意的教学效果。下面以“地震反应谱”一讲简要展示“多媒体-工程案例-数值仿真”教学模式在抗震课程教学中的应用。

依据教学要求和关键知识点，将“地震反应谱”一讲划分为四部分内容，分别是：①反应谱的定义与建立；②反应谱的性质；③反应谱的本质；④反应谱与抗震设计，具体论述如下。

1. 反应谱的定义与建立

（1）通过2个工程案例视频（①意大利地震教堂屋盖坠落；②日本地震房屋整体倒塌）和2组工程案例照片（①汶川地震严重破坏的结构；②汶川地震基本完好的结构）充分调动学生的视觉和听觉功能，激发学生对本讲的学习兴趣，并以此说明“结构地震反应差别如此显著！”这一现象。

（2）提出“结构在地震中的反应取决于什么？”这一问题，变单向式教学为交互性教学。在启发学生的基础上，给出“结构的地震反应取决于结构特性和地震地面运动特性两个因素”这一结论，并进一步说明“结构特性是可以设计、调整的，而地震地面运动特性是不能改变而只能被认识的”，从而引出“描述地震地面运动特性的手段—反应谱”这一概念。

（3）给出反应谱的具体定义和建立原理，并对关键点进行阐释，以板书和多媒体流程图的形式说明反应谱的建立过程，从而使学生能够牢固建立起“反应谱是单自由度弹性体系在给定的地震作用下某个最大反应与体系自振周期的关系曲线”这一重要概念。

2. 反应谱的性质

（1）给出相对位移反应谱、相对速度反应谱和绝对加速度反应谱的曲线图，并通过曲线走

势的动画演示说明三种反应谱的曲线变化性质和差别，从而使学生在脑海中能够建立起三种反应谱的图像，实现抽象化向直观化的有效转化。

(2) 重点说明加速度反应谱曲线随结构自振周期变化的性质及阻尼比对反应谱峰值的削弱性质，通过 2 个工程案例(①基底隔震结构，②耗能减震结构)深化学生对上述性质的理解，使学生体会到反应谱与工程实践的紧密联系，同时也将较新的研究进展和研究成果纳入到教学。

(3) 分别给出不同场地条件下加速度反应谱曲线的对比和不同震中距条件下加速度反应谱曲线的对比，说明土质条件和震中距对反应谱形状的影响，同样也通过工程案例(①坚硬场地上结构的震害；②软弱场地上结构的震害；③近震条件下结构的震害；④远震条件下结构的震害)深化学生对上述性质的理解，使学生体会到反应谱与工程实践的紧密联系。

3. 反应谱的本质

这一部分内容在教材和以往的课程教学中强调得较少[3,4]，而关于反应谱本质的认识对于正确理解反应谱的概念和建立原理具有重要的意义，因此本讲中需要重点强调。

(1)同提出“反应谱到底反映的是什么的特性？地震地面运动？结构？亦或两者?”这一问题，再次开展交互性讨论。

(2) 采用“单/多自由度体系动力分析软件 Nonlin”分别对三条不同地震波下的单自由度体系地震反应进行数值模拟，分别绘制相应的反应谱曲线。通过反应谱曲线的对比，诱导学生得出“只有改变地震动才能改变反应谱的形状”这一结论，从而使学生能够牢固建立起“反应谱反映的是地震地面运动的特性，不反映具体结构特性”，“结构只是量测工具”等关于反应谱本质的重要概念。

(3) 要求学生课后学习操作 Nonlin 软件，该软件的主要功能可以用于线性单自由度体系的结构振动特性分析、单自由度体系的地震反应分析、阻尼对结构反应的影响分析以及绘制地震反应谱等，可以为工程抗震原理的理论学习和简单应用提供一个可视化的平台。

4. 反应谱与抗震设计

(1) 基于上述对反应谱本质的认识(通过“结构”这一量测工具反映地震地面运动的特性)说明反应谱的价值所在，建立反应谱与抗震设计的联系。

(2) 提出“由反应谱如何得到结构的地震作用?”这一问题，开展交互性讨论，启发学生给出结构在地震过程中经受的最大惯性力的计算公式，以此说明通过反应谱可以把动力问题简化为静力问题。

(3) 提出“设计中采用的反应谱是什么？多自由度体系如何运用?”这一问题，供学生课后思考，为下一讲内容做准备。

5. 小结

引述王前信教授《工程抗震三字经》[5]中的相关内容，对本讲内容进行总结和提炼。

本讲的内容进行了多次教学实践，并不断调整。教学实践结果表明，通过扩展教学手段，优化教学方法，在“工程结构抗震原理”课程中采用“多媒体—工程案例—数值仿真”相结合的教学模式，可以实现抽象化向直观化的有效转化，深化学生对工程抗震原理和方法的理解，使学生体会到专业课与工程实践的紧密联系，取得良好的教学效果。

六、结语

依据“工程结构抗震原理”的课程特点，以实际工程案例为背景素材，借助有限元软件的数值仿真实验和多媒体演示手段，建立“多媒体—工程案例—数值仿真”相结合的教学模式，可以有效解决该课程概念抽象、理论难度大、理论与实践脱节及学生学习难度高、兴趣低的问题，增强学生综合运用知识的能力和分析、解决实际问题的能力，同时提高教师的业务水平，在教学上具有重要的实践意义和推广价值。

参考文献

[1] 翟长海，李爽，徐龙军，等. 建筑结构抗震设计教学改革探索[J]. 高等建筑教育，2011，20(3)：88-90.

[2] 李英民，伍云天，杨溥，等. 项目教学法在建筑结构抗震设计课程中的应用[J]. 高等建筑教育，2012，21(4)：94-96.

[3] 陈国兴，柳春光，邵永健，等. 工程结构抗震设计原理[M]. 2 版. 北京：中国水利水电出版社，2009.

[4] 李爱群，丁幼亮，高振世. 工程结构抗震设计[M]. 2 版. 北京：中国建筑工业出版社，2010.

[5] 王前信. 工程抗震三字经[M]. 北京：地震业出版社，1997.

C　课程与课程体系建设

基于工程师能力培养的土木工程专业课程体系重构与实施

彭　卫　谢新宇　金伟良

（浙江大学宁波理工学院，宁波　315100）

摘　要　围绕培养什么样的人、这样的人需要具备哪些能力？这些能力通过哪些课程教学、用什么方式教学获得？这些教学过程对教师提出什么样新的要求，以及教学效果评价等问题，重构土木工程专业课程体系。以工程项目为载体，实行大班授课、小组辅导的专业导师制式专业课程教学改革，编写能力矩阵和课程体系流程图，并将研究成果固化到人才培养计划当中。以期深化改革应用型本科人才培养模式，提高人才培养质量。

关键词　工程师能力，课程体系，项目化教学，土木工程

一、引言

在当前国家转变经济发展方式、推动产业升级、走新型工业化道路之际，需要大量优秀工程师，而我国高校毕业生工程设计和工程创新能力弱，满足不了社会发展和企业的要求，传统专业课程理论与实践相脱节的教学模式（传统的专业课程教学设置分为整学期的专业理论课、集中1～2周的课程设计以及暑假的生产实习，最后1学期的毕业实习与毕业设计。）更是适应不了高等教育大众化时期工程师能力的培养。工程类课程是综合类课程，往往需要数学类物理类课程做基础；更注重实用却必须建立在理论知识清晰的基础之上。工程类课程的特殊性决定了它的课程体系设计的特点及难点，即学习内容多、信息量大而且对实际操作的要求更高，科学技术的发展也在不断改变着工程类课程体系的教学内容。

早在1993年，Joseph Bordogna等已经根据当时的社会状态，针对工程类教学的综合性提出了创新[1]。Nathan Scott等进一步细化了进入20世纪以后工程师设计师各方面的困难以及他们所需要具备的素质，提出到底是以解决难题为目标还是以完成工程为目标进行学习的疑问，并对两者进行对比，对传统教学进行改进，更突出学生的能力培养而不是单单的知识传授[2]。顾祥林等（2006）则具体比较了中美英德加五国著名大学的土木工程专业课程体系，比较的内容包括培养目标、课程设置原则与课群组划分、周学时数和年学时数以及各类课程设置的学时（或学分）百分比等，在此基础上指出了国内目前土木工程专业课程设置的不足并提出了相应的改进建议[3]。邹昀（2007）等借鉴国外土木工程专业教育模式的基础上，江南大学对土木工程专业提出了“平台＋模块”的人才培养模式，相应地在课程体系、实践教学体系、教学资源和师资队伍等方面进行了一系列的改革和实践[4]。邹洪波（2009）强调了应用教学应作为教学重点[5]。

本文结合宁波市土木工程重点专业建设，以现代工程师综合素质和能力提升为改革目标，以能力为导向重构课程体系，以项目为载体进行教学设计，改变传统理论与实践分段式演绎教学法为融理论实践为一体的归纳教学法，以项目实施过程考核代替终结性考核，在提升学生的工程实践能力和工程创新能力方面进行了一些思考和尝试。

作者简介：彭卫（1966—），安徽人，教授，主要从事土木工程专业教学与科研。

基金项目：浙江省高等教育教学改革项目（jg2013208），浙江省教育科学规划课题（SCG294）。

二、土木工程专业人才培养目标与能力要求

根据《高等学校土木工程本科指导性专业规范》[6]，借鉴CDIO理念和卓越工程师培养要求，我们修订的土木工程专业人才培养目标和基本能力如下。

1. 培养目标

本专业培养社会主义市场经济条件下，适应城镇化建设与社会发展所需要的德智体美全面发展，具有良好的思想品质和健康的体魄，掌握土木工程学科的基本原理和基本知识，获得工程项目系统训练，能胜任房屋建筑工程、道路桥梁工程、城市轨道交通、市政工程等各类工程的技术与管理工作，具有扎实的基础理论、宽广的专业知识、较强的工程实践能力和创新能力，具有一定国际视野、良好的管理和沟通能力、团队合作精神，可持续发展的具备注册建造师、注册结构工程师潜质的高级土木工程应用型人才。

2. 毕业生能力要求

(1) 基本素质。①具有基本的哲学、人文社会科学基本理论知识和素养；②具有健全的心理素质和健康的体魄；③具有外语语言应用能力；④能熟练应用计算机；⑤具有较强的团队精神和合作能力，较强的沟通能力。

(2) 科学思维能力。①具有较扎实的自然科学基础，了解数学、现代物理、信息科学、工程科学、环境科学的基本知识，了解当代科学技术发展的主要趋势和应用前景；②掌握数学基本原理和分析方法；③掌握力学基本原理和分析方法。

(3) 专业基础核心能力。掌握土木工程专业基础知识，熟悉工程项目建设的基本程序。①工程制图与识图能力；②工程测量与实地放样能力；③工程材料使用能力；④结构受力分析能力；⑤了解建设法规、规范与规程，了解相关学科的一般知识。

(4) 工程系统能力。①工程结构选型能力；②结构分析计算与工程设计的能力。具有从事土木工程(房屋建筑、道路桥梁)设计的基本工作能力；③建筑工程项目管理的能力。掌握土木工程项目管理、工程造价及施工管理的能力；④掌握土木工程现代施工技术，能够组织分部分项工程施工；⑤掌握工程质量检测和试验的基本方法。

(5) 工程创新能力。①了解土木工程各主干学科的理论前沿和发展动态；②掌握文献检索和资料查询的基本方法；③具有一定的科学研究能力；④具备可持续发展能力。具备较强的项目开发、设计和建造的能力。

三、专业核心能力要求与课程体系重构

根据应用型本科人才培养目标的要求，应用型本科学生的核心能力可以概括为[7]：一个人在该专业长期的学习和实践过程中所形成的独特能力，这种能力是他在执行岗位任务时所发挥出的别人无法模仿的具有持续优势和较强知识特征的能力。根据学生当前就业岗位要求和将来可持续发展的需要，兼顾以就业为导向的工程师岗位核心能力以满足用人单位的人才需求和以全面发展为目标的可持续发展能力以满足人才自身可持续发展需要，体现以人为本的教育核心价值。图1所示为土木工程专业核心能力-课程体系相关图。

不同的能力要求需要设置不同的课程体系，采用不同的教学方法来完成。单项核心能力(制图识图能力、工程测量能力、材料使用能力、结构分析能力)可以分别通过单一的课程、理论实践一体化教学方法来完成；工程系统能力(工程结构选型、工程设计、项目管理等)与工程创新能力则需要综合性的课程体系和专业综合性的实践环节、以工程项目为载体来培养。并且，

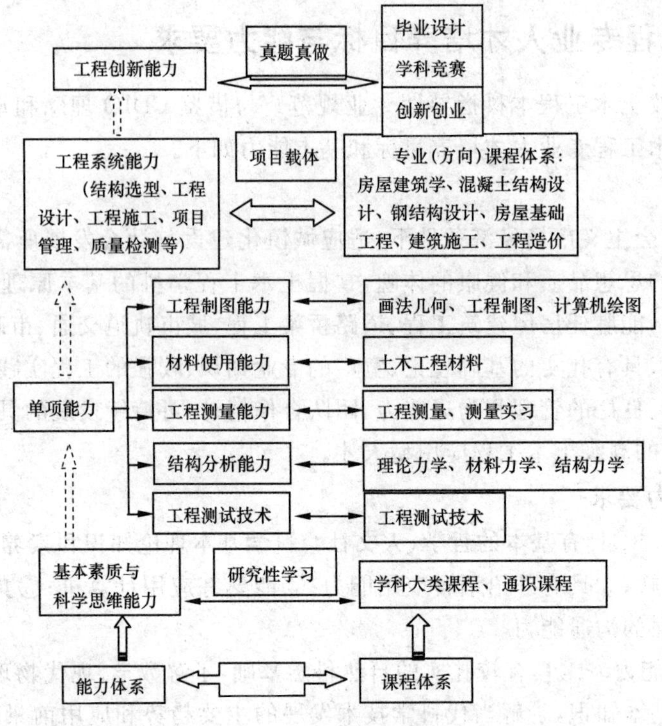

图1　土木工程专业能力体系与课程体系相关图

单项专业核心能力要在后续的综合实践环节再次得到锻炼和巩固，采取进阶方式进行能力培养，从而达到螺旋式提升的目的。为培养专业基础核心能力而设置的课程采用的是理论实践一体化教学模式，即在课程教学计划当中，安排有理论课时与实践教学课时，结合理论进度实时开展实践教学，培养专业单项核心能力。如制图识图能力是通过第一学期的画法几何、第二学期的工程制图、第一短学期（第一个暑假短学期）的计算机绘图课程来培养的。工程测量能力是通过第四学期的工程测量课程的理论教学、仪器操作训练和第二短学期（第二个暑假短学期）的工程测量实习来培养。结构分析能力是通过第四学期结构力学的理论实践一体化教学和第二短学期（第二个暑假短学期）的力学综合实验来培养。至于工程系统能力和工程创新能力（工程结构选型能力、工程设计能力、工程施工与项目管理能力、工程质量检测与性能评定、工程加固维修等）的培养，宜采用项目化教学手段。即以工程项目为载体，按照实际工程的实施流程（规划、设计、施工、运行、检测、维修），串联各学期设置的专业方向课程。在各专业方向课程的教学时，按照大班授课、小班辅导的形式组织教学，让学生在实施项目的过程中学习其中的科学道理，培养工程实践能力和团队协作精神。同时，项目化教学又巩固了前面的单项专业核心能力，在螺旋式循环实践中使得工程能力得到提升。

四、专业方向课程的项目化教学实施与工程系统能力培养

根据工程师能力培养要求，以工程项目为载体进行课程体系重构。下面以土木工程专业道路桥梁方向课程的项目化教学与工程能力培养模式为例进行阐述。在专业方向的教学计划修订中，以工程项目为载体来串联各学期的专业课程。将“结构设计原理Ⅰ”、“结构设计原理Ⅱ”、“桥梁工程Ⅰ”、“桥梁工程课程设计”、“桥梁工程Ⅱ”整合为“桥梁总体设计”、“混凝土桥梁结构设计Ⅰ”、“混凝土桥梁结构设计Ⅱ”、“钢桥设计”课程。重构了课程体系之后，就要修订课程教学大纲、编写讲义或出版教材，在开课之初还要制定详细的教学日历。在这后续的一系列

教学教改活动中，要以工程项目为主线，贯穿起3个学期(第五、第六、第七学期)的专业课程教学。按照重构后的课程体系，这里分别阐述道路工程项目和桥梁工程项目的教学组织。

1. 道路课程项目化教学

实际道路工程设计时分册目录有："路线工程"、"路基路面工程"、"路线交叉工程"、"排水工程"等。我们以实际的工程项目为主线来串联道路勘测设计、路基路面工程这两门课。采用大班授课、小组辅导的方式开展项目化教学，每组配备专业指导教师。也就是说，在课程教学伊始，就给全班同学分组，每组一套地形图，配合课堂教学进程，进行道路选线、道路平、纵、横设计、路基路面设计、挡土墙设计、排水设计等工程项目设计实践。并在这样的综合实践教学当中，以工程项目为载体，复习巩固了前面所学的工程测量、制图识图、材料试验、结构分析计算等单项核心能力，将他们整合提升为工程系统能力。这样的改革正在学校土木工程专业2011级同学当中试行(第5学期)。

2. 桥梁课程项目化教学

相比于道路课程，桥梁课程体系的改革力度更大一些。我们把传统的结构设计原理课程与桥梁工程课程(含课程设计)进行了"先合后分"式的重构，以工程项目为载体，开展理论实践一体化教学改革。整合后的课程分别为：桥梁总体设计、混凝土桥梁结构设计(分两个学期授课)、钢桥设计。"桥梁总体设计"相当于传统的桥梁工程教材的总论部分，包含了桥梁的组成与分类、桥梁发展史、桥梁建设程序与设计原则、桥梁上的作用、荷载横向分布计算、行车道板内力计算、桥梁美学、桥梁概念设计初步等，共32学时。把混凝土梁桥、混凝土拱桥、斜拉桥、悬索桥以及钢桥的共同部分集中起来在第4学期就传授给学生。然后是"混凝土桥梁结构设计"。按照混凝土简支梁桥、悬臂与连续体系梁桥、混凝土斜拉桥、混凝土拱桥、桥梁墩台等工程项目分单元教学。如单元一混凝土简支梁桥的内容有：简支梁桥的构造、简支梁桥的内力与变形计算、钢筋混凝土结构材料性能、受弯构件正截面承载力计算、受弯构件斜截面承载力计算、预应力混凝土结构的基本概念及其材料、预应力混凝土简支梁桥的设计计算等内容。按照实际桥梁设计从选型到荷载效应组合再到配筋验算的完整过程进行知识传输与工程设计能力培养，与桥梁设计规范的内容比较一致，同时也克服了以前桥梁工程课程设计需要桥梁工程的荷载效应组合与结构设计原理配筋计算两门课程内容的衔接困难问题。图2为桥梁上部结构设计知识单元的项目化教学课程体系。钢桥设计就是把结构设计原理钢结构的知识与桥梁设计的内容整合到一起。

同道路课程一样，在桥梁工程课程体系重构之后，也是采用大班授课、小组辅导的方式开展项目化教学，每组配备专业指导教师。每组学生拿到桥梁工程项目训练任务书和原始资料(地形图、设计要求等)之后，结合课程教学进程，分别进行梁桥、拱桥等桥梁设计(分两个学期)，每一种桥型设计要包含有尺寸拟定、截面设计、荷载作用效应计算、钢筋估算、桥梁结构安全验算，绘图等与实际工程项目实施类似的整个过程，有条件的小组可以贯穿到工程量估算与概预算编制、施工组织设计等内容。这样的工程设计项目要在后续的课程如桥梁基础工程、道路桥梁施工等课程中继续实施，进行施工方案设计、测量放样实践、施工支架(模架)的设计安装等。从而让全体同学以小组的形式接受了以工程能力培养为目标的项目化教学学习。使得前面所学的专业单项核心能力得到了整合和提升。

五、项目化教学的组织实施与保障

项目化教学改革需要课程体系重构、教材的编写、考核与评价机制的更新，涉及改革的参与者有学生、教师以及学生家长、教育管理者。要想达到改革的效果——促进所有学生的发展、提升学

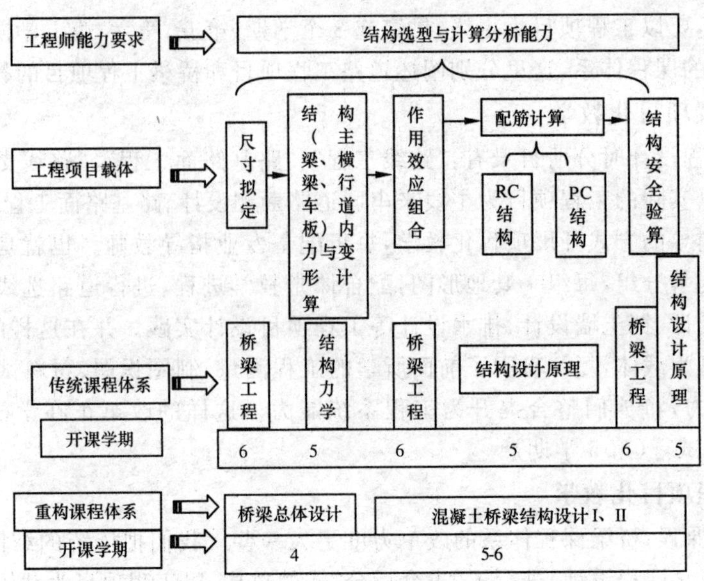

图 2　桥梁上部结构设计项目化教学课程体系

生工程创新能力，就要调动学生的主动性、教师的积极性，并有相关的制度与经费的保障。

教育的根本价值在于促进学生的发展。只有学生的发展，才是学生自身未来生活幸福的内在保证，也才是社会未来发展的根本保证。促进所有学生的发展是教育改革的一条根本的价值准绳，教育改革首先必须受到学生的普遍欢迎，但同时也要得到其他利益相关者的普遍支持。

要让教师积极支持并参与教学改革，高校需要构建尊重教学、重视教学学术化的系列制度，营造尊师重教的氛围。系列制度包括晋升职称、增加薪酬、获得奖金、争取荣誉、提升地位、享受机会、评价制度等。并采取课程组的方式实施项目化教学能取得较好的效果。

除了外部制度及奖惩激励制度之外，还要充分调动教师参与改革的主动性，变“要我改革”为“我要改革”[8]。尊重教师，尊重教师的教学改革。在认真调查研究、广泛征求意见的基础之上进行教育改革的决策，通过民主的方式改善教育改革的实施过程。使教师感到作为教育改革主人的地位与权利确实得到尊重。

参考文献

［1］ Joseph Bordogna，Eli Fromm，Edward W. Ernst. Engineering Education：Innovation Through Integration. Journal of Engineering Education，Vol. 1993，82（1）：3-8. DOI：10. 1002/j. 2168－9830. 1993. tb00065. x.

［2］ Julie E. Mills，David F. Treagust. Engineering Education-Is Problem-based or Project-based Learning the Answer［J/OL］Australasian Journal of Engineering Education. 2003. http：//www. aaee. com. au/journal/2003/mills_treagust03. pdf.

［3］ 顾祥林，林峰. 中美英德加五国土木工程专业课程体系的比较研究［J］. 高等建筑教育，2006，15（1）：50-53.

［4］ 邹昀，王中华，华渊. 土木工程专业课程体系的改革和实践［J］. 高等建筑教育，2007，16（3）：72-74.

［5］ 邹洪波. 应用型本科土木工程专业课程体系优化设计的研究［J］. 高等建筑教育. 2009，18（4）：33-36.

［6］ 高等学校土木工程学科专业指导委员会. 高等学校土木工程本科指导性专业规范［M］. 北京：中国建筑工业出版社，2011.

［7］ 刘国买，许德仰. 应用型本科人才培养方案的设计研究［J］. 常州工学院学报（社会科学版），2008，26（1/2）：131-134.

［8］ 吴康宁. 教育改革成功的基础［J］. 教育研究，2012（1）：24-31.

基于工程能力培养的土木工程专业核心课程群建设

杨德健　周晓洁　乌　兰

（天津城建大学土木工程学院，天津　300384）

摘　要　基于应用型本科人才培养目标，研究提出了“强调工程概念，加强实践环节，重视能力培养，激发创新意识”的教育教学理念；以构建和整合专业核心课程群为目标，优化课程教学内容，改革课程教学方法，加强实践教学环节，形成“两个结合”的教学改革思路，整合教学资源，搭建了“两个平台”支撑的专业核心课程教学体系，形成创新人才培养的长效机制，以期培养适应时代需求的土木工程专业人才。

关键词　土木工程专业，核心课程群，工程能力，创新意识，教学改革

一、引言

土木工程专业是一个实践性非常强、工程性质十分明显的专业，因此要求土木工程专业人才必须具有较好的工程能力和实践技能。我们采取“理论教学与工程实践相结合，校内教师与工程技术人员相结合”的教学模式，以及走出去、请进来的灵活方式，实现校内外、专兼职教师密切结合、优势互补，为提高土木工程专业毕业生创新意识与工程能力，积极探索，形成创新人才培养的长效机制。经过长期建设土木工程专业已成为天津城建大学特色优势专业，通过住房和城乡建设部专业评估，2010 年被评为国家“高等学校特色专业建设点”、“天津市品牌专业”；2011 年列入教育部“卓越工程师教育培养计划”；2012 年获批天津市级专业综合改革试点项目；2013 年获批教育部“本科教学工程”地方高校第一批本科专业综合改革试点。

二、明确培养目标

随着京、津、冀一体化发展战略的推进，天津城市功能及产业结构升级、调整速度加快，环渤海经济区已经成为中国经济新的增长点，急需大批高素质建设人才，对学校土木工程专业人才培养提出了新的更高要求，同时也提供了前所未有的发展良机。结合学校实际情况，以社会和行业需求为切入点，以工程能力和创新意识培养为主线，以培养服务于土木工程的设计、施工和管理方面需要的应用型高级技术人才为根本任务，确定了土木工程专业培养目标。秉承“发展城市科学，培育建设人才”的办学宗旨，确定了“立足天津、面向全国，服务城镇化和城市现代化建设”的服务定位，形成了专业协调和可持续发展的长效机制。

基于应用型本科人才培养目标，通过对国内外高校及工程界的广泛调研和系统研究，提出了“强调工程概念，加强实践环节，重视能力培养，激发创新意识”的教育教学理念；以构建和整合专业核心课程群为目标，优化课程教学内容，改革课程教学方法，加强实践教学环节，整合教学资源，搭建了“两个平台”，即“实践教学与科技创新平台”和“多媒体与网络资源平台”；创新教学理念，实现了“两个结合”，即“理论教学与工程实践相结合”和“校内教师与工程技术人员相结合”。

作者简介：杨德健（1962—），北京人，工学博士，教授，主要从事工程结构抗震研究。

基金项目：天津市教改重点项目（B01-0810）。

三、专业核心课程体系建设

1. 指导思想

学校土木工程专业人才培养以体现社会及行业需求为基本着眼点，人才培养体系的建设基于针对毕业生及用人单位的广泛调研，征求社会各界对毕业生培养质量意见和建议，及时总结，由此形成了土木工程专业培养评价体系和持续改进机制，促进人才培养体系的内涵发展。

以现代教育教学理论为指导，以创新型、应用型人才培养为中心，体现21世纪对人才的新要求，加强基础教学，拓宽专业口径，培养背景知识宽厚、有一定创新能力的高素质人才。为此，我们调整了专业核心课程群结构体系，整合和优化了课程教学内容，构建了由理论教学环节和创新实践教学环节两大模块组成的专业核心课程群，确定以“混凝土结构设计原理”、“桥梁工程”、“土木工程材料”、“建筑结构抗震设计”、“建筑结构试验”、“土木工程施工技术”等6门核心主干课程进行重点建设，并展开了相应工作：如精品(优质)课建设，以“点”带“面”，推动课程群发展；编写和出版重点规划教材，将体现学科发展的科研成果反映进教材，增加了知识传授的广度和行业适应性；重视和加强了实践性教学环节，通过校企合作授课等多种方式使学生更多地接触工程实际；在本科生中开展各级各类创新训练，建立了本科生导师制、教授(博士)论坛(讲座)、结构创新大赛、创新创业训练等大学生创新能力培养的长效机制。从近年来的教学效果和教学质量看，学生的知识结构更趋合理，处理工程实际问题的能力明显增强，课程设计和毕业设计的质量和水平稳步提高，毕业生得到行业和社会的高度认可，就业率保持在95%以上。

2. 专业核心课程群结构体系建设

基于应用型本科人才培养目标，提出“强调工程概念，加强实践环节，重视能力培养，激发创新意识”的教育教学理念。在此基础上，项目组经过几次教学计划的修订，遵循“宽口径、厚基础、强能力、重实践”的指导方针，以培养学生创新意识和工程能力为核心，构建了符合学科发展和工程教育认知规律土木工程专业核心课程群。课程群由理论教学环节和创新实践教学环节两大模块组成，课程群结构如图1所示。其中，以“房屋建筑学”、“土木工程材料”为基础平台课程，以“混凝土结构设计原理”、“基础工程”等为专业基础课程，以“建筑结构试验”、“土木工程施工技术”等为专业技术课程，以“桥梁工程”、“建筑结构抗震设计”、“钢结构”、“高层建筑结构设计”和“地基处理技术”等为专业拓展课程形成理论教学环节；以专业实习、课程设计、毕业设计，课内外实验和学生创新创业技能训练等形成创新实践教学环节。

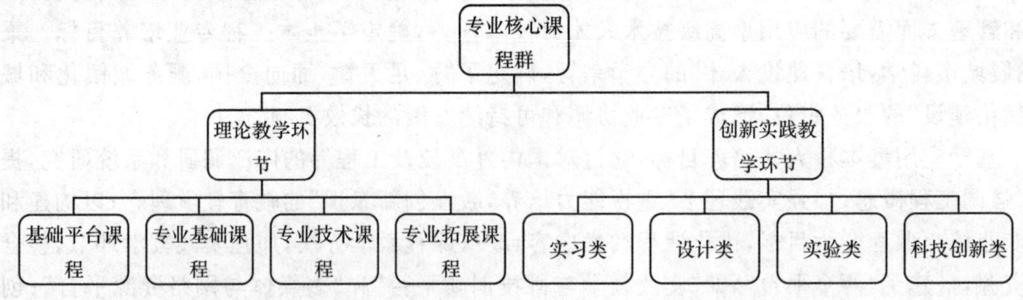

图1 土木工程专业核心课程群结构

3. 教学内容整合与优化

根据教学计划、教改研究成果和人才培养目标，修订教学大纲，保证基本理论、基本知识的学时，整合课程内容体系，优化课程教学内容，及时更新和调整课程内容，删除重复内容。同时采用课堂教学、多媒体教学、现场教学、网络教学相结合的方式，扩大知识信息量，增加工程实例、追踪学科发展最新动态，为学生提供更广阔的学习空间，加强学生学习能力和创新意识培养。

如将混凝土和钢筋的材料性能部分归并于“土木工程材料”课程中，“混凝土结构设计原理”课程中仅简单介绍混凝土和钢筋的力学性能；将构件及框架结构、砌体结构的抗震设计部分归并于“建筑结构抗震设计”课程中；将框架-剪力墙结构、剪力墙结构、筒体结构设计等内容归并于“高层建筑结构设计”课程中。调整后，上述五门课程总学时由原来298学时，调整为196学时。在总课时压缩的同时，增强了课程体系的系统性和先进性。

四、构建创新平台提高工程应用能力

土木工程专业创新型人才培养必须重视“四要素”，四要素即知识结构、实践技能、能力结构以及综合素质与创新意识。

1. 精品(优质)课程建设和“多媒体与网络资源平台”

以专业培养方案为指导，结合天津经济社会发展现状，进一步加强专业核心课程群建设。以课程群建设为“面”，精品课程建设为“点”，以精品(优质)课程建设、双语教学改革为目标，以采用现代化多媒体教学为基础，开展服务于课程群的教学资源建设，即“两个平台”建设。

结合精品课建设、网络教学资源建设及教材建设，构建了“多媒体与网络资源平台”。该平台上除设置教学大纲、讲义、参考书目、复习资料与思考题等常规内容外，还根据课程的实践性和动态发展性的特点，创建课程论坛，工程案例库、学科前沿等栏目，根据材料和土木工程的发展状况，及时更新内容，使学生能及时了解新材料、新工程、新标准的最新动态，拓展学生的学习时空，培养学生创新意识和工程能力。

教学内容经过整合与优化，知识结构更趋合理，相互衔接更加密切，为培养高素质人才奠定了坚实基础。其中“混凝土(工程)结构设计原理”、“桥梁工程”两门课程被评为市级精品课。编写出版了系列课程教材，其中《建筑结构试验》、《桥梁工程》两部教材被评为天津市“十二五”规划精品教材。

2. 实践教学环节建设和“实践教学与科技创新平台”

实践性教学环节在应用型人才的培养中占据重要地位，土木工程专业大学生需要通过创新实践环节培养观察分析能力、独立解决问题的能力。项目组重视并加强了对认识实习、生产实习、课程设计及毕业设计等教学环节的专项课题研究，确定了以学生为教学中心、以培养具有创新意识和工程能力的高素质工程应用型人才为指导思想的建设思路。实践技能需通过精心安排的实践教学环节培养。实践教学环节应包含以下几种类别：计算机应用类、实验类、实习类、课程设计类、毕业设计(论文)类和科技创新活动类。实践教学环节还具有培养各种能力，特别是工程能力和创新能力的作用。在保证学时的前提下，对实践教学内容进行了精选和重组，对创新实践及实验教学资源进行整合，构建了“实践教学与科技创新平台”。

(1) 实验教学环节方面，在原有基础教学实验条件下，进一步加大实验教学资源的整合，调整实验室布局与配套设施，提高专业实验室教学实训水平。采用实验室开放模式，即实验内容开放，实验时间开放，学生自主选题等，以多种手段培养学生的实践创新能力。以“建筑结构实验”课程为例，在开设常规教学实验的同时，开发了综合性、设计性实验教学项目，由学生自行设计和准备试验，从材料配比、钢筋绑扎、试件成型、加载实验、实验分析等全过程，全部由学生在教师指导下自主完成。重点培养、提高学生独立操作和分析观察能力，培养学生理论联系实际的能力。通过测定混凝土材料强度，观察钢筋混凝土梁的破坏形态及适筋梁的受力过程等，加深学生对理论知识的理解与掌握。同时学生从中得到更多直接的亲身体验，从实验现象和查找问题中学到更多的知识。

(2) 创新实践教学环节方面，加强学生的创业精神、实践能力培养，充分发挥地域优势和校友在天津建筑行业的群体优势，紧密依托建工企业和设计院，与天津市区和滨海开发区的建筑施工企业、市政工程企业和道路交通工程企业以及相应的政府管理部门建立了良好的合作关系，建立了稳定的能满足全体学生上岗实训要求的校外实习基地，建立学校与产学研基地共同对学生考核的机制；同时聘请工程技术骨干担任校外兼职实习指导教师和毕业设计指导教师，建立了学生到实践教学基地开展实践实习的有效机制。具体做法包括，结合实习要求和企业工程进展情况，每学年聘请相关领域工程技术专家为学生做专题报告和技术讲座，或指导生产实践；带领学生参观典型工程或质量工程，进行现场教学；与大学生的科技创新活动相结合进行创新实践教学等。

3. 形成创新人才培养的长效机制

创新管理机制，出台鼓励措施，提高教师指导大学生课外科技创新活动的积极性。学生通过校外实习基地，认识实习、课程设计等实践环节，参与教师的相关科研项目研究，参加综合性、设计性实验，增强了动手能力，提高了科研能力，培养了学生的创新能力，有效提升了学生的综合素质。

建立了本科生导师制和以“结构创新大赛”、“创新创业训练”等为主体的大学生创新能力培养体系。本科生导师制即利用教师在研课题引导学生积极参与科研创新活动，同时导师也可对学生的思想、学习和生活各方面给予必要的指导。同时本科生导师团队还参与指导学生科学实验、学生科研立项、“挑战杯”创新大赛、结构设计大赛等课外创新实践训练活动，培养学生实践能力和创新意识，并取得卓越成绩。连续三年获得全国结构设计大赛一、三等奖及优秀奖。获得“挑战杯”天津市大学生课外学术科技作品竞赛一等奖。连续两届获中国土木工程学会高校优秀毕业生奖。

五、结语

本文以天津城建大学土木工程专业教学改革为背景，结合国家对该专业评估指标的规范要求，对地方高校土木工程专业核心课程体系进行了建设与创新实践。随着高校大学生就业形势日益严峻，社会对高等人才的要求也正向多元化发展，我国高等教育由被动的就业教育转变为主动的创业教育已成为必然趋势。面对就业与人才培养模式创新的双重压力，迫切要求地方院校重视并加强大学生工程实践能力与创新创业能力培育。

参考文献

[1] 沈祖炎.土木工程专业创新型人才培养的思考[C]//高等学校土木工程专业建设的研究与实践(论文集).北京：科学出版社，2008.

[2] 杨德健.土木工程专业综合改革试点建设方案研究[J].西安建筑科技大学学报(社会科学版)，2012，10(31)：252-255.

[3] 周先齐，陈昌萍，陈自力.土木工程专业大学生创新能力培养课程体系思考与探索[J].西安建筑科技大学学报(社会科学版)，2012，31(s)：105-109.

基于土木工程卓越工程师人才培养的专业课程教材创新与实践

——以《建筑结构抗震》为例

左宏亮　郭　楠　李国东　王　钧　程东辉

（东北林业大学土木工程学院，哈尔滨　150040）

摘　要　工程教育已成为高等教育的一个发展趋势，国家急需大量的工程创新型人才。为贯彻落实“卓越工程师培养计划”，以《建筑结构抗震》教材为例，在分析现有教材存在问题的基础上，通过构建编写流程、创新编写模式、增加编写新内容和严格遴选编写人员等方面，论述了基于土木工程卓越工程师人才培养的专业课程教材改革与创新，并通过编写实例，重点阐述了从“工程背景”引发问题，再由问题导出“知识内容”，最后达到“实践应用”的全新的编写模式，搭建了知识点与工程应用的桥梁，实现了激发学生学习热情、引导学生自主学习的目的。

关键词　卓越工程师，专业课程教材，创新，实践，建筑结构抗震

一、引言

教育部“卓越工程师教育培养计划”（简称“卓越计划”），是贯彻落实《国家中长期教育改革和发展规划纲要（2010—2020 年）》和《国家中长期人才发展规划纲要（2010—2020 年）》的重大改革项目，也是促进我国由工程教育大国迈向工程教育强国的重大举措。该计划旨在培养造就一大批创新能力强、适应经济社会发展需要的高质量工程技术人才，为国家走新型工业化发展道路、建设创新型国家和人才强国战略服务。

落实“卓越工程师培养计划”，将本科阶段的教育，从理论研究型向工程创新型转化，加紧培养一批创新性强、能够适应经济和社会发展需求的各类工程技术人才，着力解决高等工程教育中的实践性和创新性问题，提高科技创新能力，对于加快经济发展方式的转变，实现未来我国经济社会的持续发展，具有重要的意义。

教材是教学过程的重要载体，是学生学习的重要工具，对于学生掌握知识、提高能力有着不可估量的影响。一本好的教材，不仅要让学生看懂并掌握相关的知识点，更重要的是使学生明白这些知识将要应用于实际工程的哪些方面，使学生明确学习目标，有的放矢，搭建知识点与工程应用的桥梁，进而激发学生的学习热情，引导学生自主学习，并在学习的过程中逐渐培养自己的能力。由此可见，进行教材改革是土木工程卓越工程师人才培养的一个重要环节，具有重要的现实意义。

二、构建编写流程、创新编写模式

目前，工程教育已成为高等教育的一个发展趋势，国家急需大量的工程创新型人才。因此，在教学环节中注重对学生工程能力的培养，编写一套符合土木工程专业“卓越工程师培养计划”的教材，进而推动教学改革和工程教育的步伐，具有重大而深远的意义。

作者简介：左宏亮（1964—），黑龙江人，教授，主要从事结构工程研究。

基金项目：黑龙江省高等教育教学改革项目（JG2013010107）。

《建筑结构抗震》方面的教材有很多种，其中不乏著名专家学者的经典之作，但是，适用于卓越工程师人才培养的教材很少，尤其是适用于大学本科应用研究性卓越工程师人才培养的教材更为少见。虽然一些学者在某些方面进行了有益的尝试，但总体上说，现行教材还存在下面几个问题：

(1) 模式老化。一般都是先讲解知识点，再讲例题，学生不知道知识点有什么用，也不知道例题和实际工程有什么关系。

(2) 内容陈旧。内容大同小异，编写按部就班、缺乏新意，不能根据新规范、新工艺、新方法等及时调整教材内容，部分内容老化严重，与现代新技术联系不够紧密。

(3) 与工程脱节。教材内容与工程实际衔接不够紧密，学生在学完教材以后，不能直接在工程中应用，例题、作业题雷同，缺乏特色。

(4) 不够直观。很多教材的语言晦涩难懂，规范条文简单罗列，插图数量明显不够，没有做到通俗易懂。

(5) 侧重计算。传统教材在编写过程中，往往是重计算、轻概念、轻构造，而学生在实际工作中，恰恰是对概念设计和构造措施应用的最多，造成学生知识与实际工程脱节。

针对目前教材编写模式老化、内容陈旧、与工程脱节、过于偏重计算，表达形式不够直观的现状，创新教材编写流程和编写模式，制定基于土木工程卓越人才培养的教材编写建议，编写适用土木工程卓越人才培养的专业的主干课程教材，这件事情就显得尤为重要。

1. 构建教材编写流程

在教材编写以前，首先邀请国家专业评估委员会的专家以及具有注册工程师执业资格的勘察设计人员进行专题研讨，编写基于土木工程卓越人才培养的教材编写建议，并在相关高等院校土木工程专业进行问卷调查，广泛征求一线教师的意见和建议，尤其是听取具有注册工程师执业资格的教师以及具有工程实践经验的教师意见，通过调查分析，修改完善该"建议"，并将这个"建议"作为后续编写教材的指导性文件。

以往的教材编写基本上都是主编负责制，由主编负责教材的编写质量，编辑部只负责修改版面格式等。这个编写过程很难对教材的质量进行控制，本次教材构建了下面的编写流程：①大纲编写；②大纲审查；③样章编写；④样章审查；⑤教材编写。审查专家为全国专业教指委、评估委、资深教授和注册执业资格考试指导专家组成，并邀请具有注册工程师执业资格的高级工程师作为实践顾问以及邀请兄弟院校的教师作为教学顾问。

2. 创新教材编写模式

从工程实例出发，由工程设计问题入手，按照工程设计的过程创新编写模式。

(1) 以设计过程为纲，将知识点融合在设计过程中，使学生清楚所学的知识到底有什么用，增强学生的学习兴趣，提高学生的学习效率。主要章节的编写模式为：从【工程背景】出发并引出问题，再由问题导出【知识内容】，最后是【实践应用】，也就是说，使用【知识内容】中的相关知识点来解决【工程背景】中提出的问题，实现工程设计的一个完整的过程。

(2) 按照国家注册结构工程师考试的要求，创立讨论题和计算题。不像以往直接给出已知条件，而是给出工程设计背景，要求学生从工程背景中独立提出已知设计条件、建立计算模型来解决工程问题，达到一个工程师的训练目的。此外，要求学生不能止步于计算结果，而应该学会按照工程构造要求，把计算结果合理的运用到工程当中去。

(3) 在注重计算的前提下，重点加强概念设计和构造措施以及施工图表达的力度，使学生真正掌握设计的全过程，避免大量的盲目的计算。

(4) 将构造措施最大限度的采用插图形式表达，做到图文并茂，避免将相关构造设计的规范条文复述罗列到教材中，使得学生死记硬背这些文字，根本就不知道如何应用这些构造措施。

3. 增加教材编写新内容

(1) 由于现有教材中缺少大型的钢筋混凝土结构抗震验算实例，为此新增加了“钢筋混凝土框架——抗震墙结构房屋抗震设计实例”一节，使得结构抗震验算知识体系更加完整。

(2) 由于既有房屋的抗震鉴定和抗震加固的工程量很大，也是行业内热议的问题，所以，在新编教材中增加了“建筑抗震鉴定与加固基本知识”一章。

(3) 在广泛应用的结构设计软件 PKPM 中，有关抗震设计的参数选取和计算结果选用方面存在很多问题，有些学生在使用设计软件时，往往随意采用有关抗震设计的参数，计算结果也是不假思索地拿来就用，这会给工程设计带来极大的隐患，因此，新增加了“结构设计软件中的抗震问题”一章。

4. 严格遴选教材编写人员

由于一个人的经历决定一个人的思想，因此，为保证教材的编写质量和编写特色，编写之前，严格遴选主要编写人员，遴选主要条件如下：

(1) 具有多年的教学经验而且在教学一线工作；

(2) 具有丰富的教材编写经验，曾经作为主编和副主编，编写过专业课程教材；

(3) 具有国家一级注册结构工程师执业资格或具有丰富的工程设计、施工经验；

主要编写人员中有高校教师、设计企业和施工企业的工程技术人员，6 人中有 3 人具有国家一级注册结构工程师资格，有 2 人具有 20 多年甲级设计院的工作经历。

三、编写实例

教材的主要章节都是按照创新的模式进行编写的，下面以第 5.2 节“砌体房屋抗震设计一般规定”为例，来阐述教材编写模式的创新过程。

1. 工程背景

某业主拟在 7 度抗震设防区(设计基本地震加速度 0.15g)建设一栋四层(中间 9 轴～12 轴局部为六层)普通黏土砖砌体结构的办公楼，根据业主要求，建筑平面图如图 1、图 2 所示(中间局部的五～六层平面图和剖面图此处从略)。拟建房屋平面尺寸为 72.74m×13.64m，总高度为 22.95m，其中首层层高为 3.9m、四层层高为 4.2m、其余各层层高均为 3.6m，室内外高差为 0.45m，房屋拟采用装配式钢筋混凝土楼、屋盖，屋盖设有保温层，拟在第四层设置两个面积不小于 150 平方米的大房间。

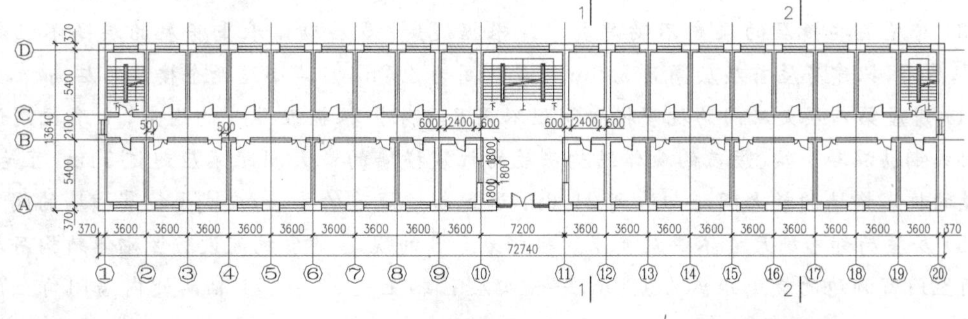

图 1　拟建办公楼一～三层平面图

结构工程师在接收到建筑师转过来的建筑条件图后，首先要从结构整体方案上来考虑一些问题，判断建筑专业的现有条件图是否满足砌体结构房屋抗震设计的一般规定，即房屋结构

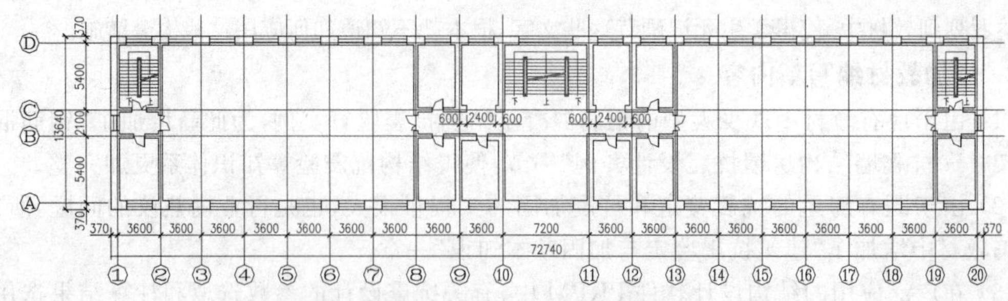

图 2　拟建办公楼四层平面图

整体方案是否合理、存在哪些问题、应该采用哪些办法和措施加以解决。那么，砌体房屋抗震设计的一般规定到底都有哪些呢？

2. 知识内容

5.2.1 平面、立面布置要求。

5.2.2 房屋的总高度与层数规定。

5.2.3 房屋高宽比要求。

5.2.4 抗震横墙间距的限值。

5.2.5 房屋局部尺寸的限制。

这些知识内容此处不再赘述。

【实践应用】

（一）存在的问题

根据上述砌体房屋抗震设计一般规定的【知识内容】，上述拟建砖砌体结构房屋存在下面一些问题：

（1）房屋未设防震缝（含伸缩缝）。根据规定"房屋立面高差在 6m 以上宜设置防震缝"，另外，根据《砌体结构设计规范》(GB 50003—2011)表 6.5.1 的规定，装配式无檩体系钢筋混凝土有保温层或隔热层屋盖、楼盖的砌体结构房屋的伸缩缝的最大间距为 60m。然而，拟建房屋总长度为 72.74m，房屋中部立面高差为 6.6m，因此，应该按照要求设置防震缝，同时满足伸缩缝的要求。

（2）房屋总高度不满足要求。根据表 5.1 的规定，7 度抗震设防区（设计基本地震加速度为 0.15g）砌体结构房屋的总高度不应超过 21m，房屋总层数不应超过 7 层。可是，拟建房屋虽然总层数少于 7 层，但是房屋总高度达到了 22.95m，所以，应该降低房屋总高度。

（3）房屋某些楼层的层高不满足要求。根据规定"多层砌体承重房屋的层高不应超过 3.6m"，然而，拟建房屋首层层高为 3.9m、4 层层高为 4.2m，应减小这两个楼层的层高。

（4）房屋第四层大房间的抗震横墙间距不满足要求。根据表 5.3 的规定，7 度抗震设防区装配式钢筋混凝土楼、屋盖的砌体结构房屋的抗震横墙的最大间距不应超过 11m，可是，拟建房屋的抗震横墙的最大间距却达到 21.6m，远远超过规范的要求，应减小抗震横墙的间距。

（5）房屋局部墙垛尺寸不满足要求。根据表 5.3 的规定，7 度抗震设防区砌体结构房屋内墙阳角至门窗洞边的最小距离为 1.0m，一～四层 C 轴上交 10 轴、11 轴两处内墙阳角至门窗洞边的距离为 0.72m，应增大这两个的墙垛的尺寸。

（二）解决的办法和措施

针对上面存在的问题，应该采取下列一些办法和措施加以解决：

（1）设置抗震缝，兼做伸缩缝。由于房屋中部立面高差超过 6m，故在拟建房屋中部的 9

轴、12 轴两处分别设置两道抗震缝，同时兼做伸缩缝，这样即解决了温度和收缩变形问题，又降低了立面高差较大给结构抗震带来的不利影响，抗震缝宽度取值为 90mm。

(2) 减小拟建房屋的层高。将一、四层的层高均调整为 3.6m，拟建房屋总高相当于降低了 0.9m，但是房屋总高仍然达到了 22.05m，仍然不满足房屋总高的要求，因此，把二、三、五、六层的层高由原来的 3.6 降低到 3.3m，此时，拟建房屋总高降低到 20.85m，满足房屋总高 21m 的限值，同时，调整后的房屋层高是可以满足办公楼的使用要求的，只是第四层拟建大房间的层高显得略小一些。然而，由于这个大房间的抗震横墙间据尚需要减小，所以，3.6m 的层高是可以满足大房间的使用要求的。

(3) 减小房屋第四层拟建大房间的抗震横墙间距。将拟建大房屋的抗震横墙间距由原来的 21.6m 调整为 10.8m，满足 7 度抗震设防区装配式钢筋混凝土楼、屋盖的砌体结构房屋抗震横墙的最大间距为 11m 的要求，但是此时的大房间面积只达到 $133m^2$ 左右，没有满足业主的要求，为此，把楼、屋盖的结构形式调整为现浇钢筋混凝土楼、屋盖，查表 5.3，7 度抗震设防区现浇式钢筋混凝土楼、屋盖的砌体结构房屋抗震横墙的最大间距为 14m，因此，我们把抗震横墙的间距调整为 14.4m，较规范要求略大 0.4m，可以认为满足要求，此时的大房间面积为 $180m^2$ 左右，这样就既满足了业主的要求同时也满足了规范的要求。

(4) 增大一～四层 C 轴上交 10 轴、11 轴两处内墙阳角至门窗洞边的距离。通过调整 C 轴上交 9 轴～10 轴、11 轴～12 轴两处内纵墙上洞口的尺寸，将这两个小墙垛由原来的 0.72m 增大到 1.02m，这样就满足了表 5.4 中 7 度抗震设防区砌体结构房屋内墙阳角至门窗洞边的最小距离为 1.0m 的规定要求。

通过采取上述的方法和措施，使得原有建筑条件图既满足了业户的要求同时也满足了《抗震规范》的要求，调整后的建筑平面图如图 3、图 4 所示（中间局部的五～六层平面图和剖面图此处从略）。

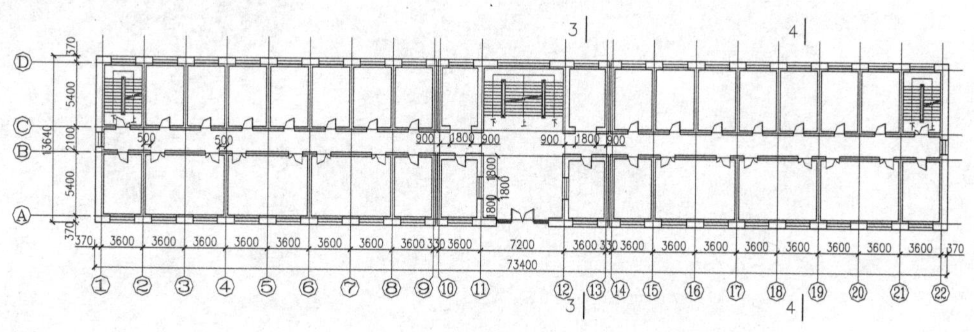

图 3 调整后的拟建办公楼一～三层平面图

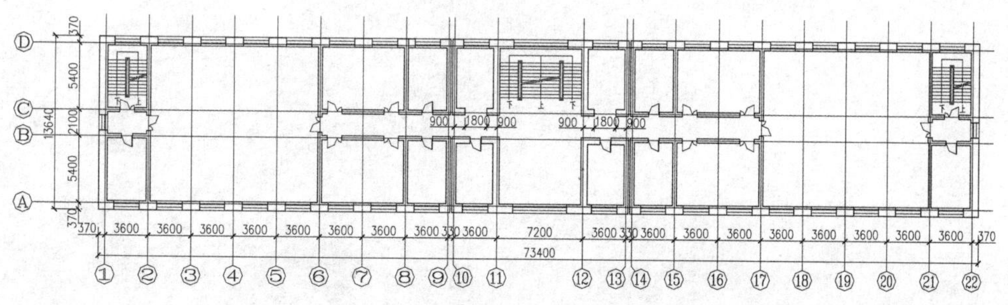

图 4 调整后的拟建办公楼四层平面

同样，“砌体房屋的抗震验算”和“砌体房屋的抗震构造措施”这两节也都是按照这个模式进行编写的，而且都是在同一个【工程背景】下展开的。也就是说，通过一个完整的砌体房屋抗震设计阐述了砌体房屋抗震设计的一般规定、抗震验算和抗震构造措施的知识内容，把知识点与工程设计有机地结合起来，避免了知识点与工程设计的脱节。

四、结语

工程教育已成为高等教育的一个发展趋势，编写一套符合土木工程专业“卓越计划”的教材，对于推动教学改革和工程教育的步伐意义重大。本文提出的从工程实例出发、由工程设计问题入手、以设计过程为纲、将知识点融合在设计过程中的全新的编写模式，在知识点与工程应用之间搭建了一座桥梁，使学生清楚地了解所学的知识到底有什么用，增强了学生的学习兴趣，引导了学生的自主学习习惯，提高了学生的学习效率。对于培养工程创新型人才具有重要的意义。

参考文献

[1] 邹赐岚，吴国雄.践行茅以升工程教育思想 培养土木工程专业卓越人才[J].中国大学教学，2014，05：40-43.

[2] 左宏亮，郭楠.结构设计竞赛与本科生创新能力的培养[J].工业建筑，2011，41(S1)：46-47.

[3] 李成华，赵敏.土木工程卓越人才培养模式的探索——以执业资格认证为导向[J].现代企业教育，2013，22：120-121.

[4] 中华人民共和国建设部.建筑抗震设计规范[M].北京：中国建筑工业出版社，2010.

跨学科研究生课程的教学改革

李炎锋　赵威翰　侯昱晟　王继东

（北京工业大学建筑工程学院，北京　100124）

摘　要　针对土木学科研究生课程“建筑火灾安全技术”的特点对教学进行了系列改革，结合工程实践并通过优化课程结构体系、更新教学内容、改革教学方法、完善实验评价体系等。实践结果表明，对于与工程应用结合紧密的课程，将理论知识讲解和学生现场调研分析相结合有助于学生掌握相关课程知识。

关键词　建筑火灾安全，教学改革，工程应用

一、引言

近年来，随着城市建设和经济的快速发展以及人口的急剧集中，国内重大和特大火灾连续发生，造成了严重的人员伤亡和财产损失。如2009年的央视配楼火灾，2010年的上海静安火灾，2013年的吉林德惠禽业公司大火，2014年深圳荣健批发市场火灾、云南香格里拉火灾等。火灾已经成为城市建筑防灾领域最受关注的灾害。火灾安全成为土木工程学科建筑防灾领域的一项重要研究方向。

建筑火灾安全技术课程是一门与多个学科知识相关的跨学科研究生专业课程，涉及的学科包括土木工程减灾防灾、工程安全科学、消防工程、工程热物理等[1]。作为一门土木工程学科开设的课程，其目的是通过门课程的学习，使学生能够建立起建筑火灾安全基本概念的框架，系统地掌握基础知识，能够将建筑火灾安全基础知识和实践有机结合起来，更好地应用到建筑火灾安全监控检测中。此外，作为一门实践性很强的课程，课程学习要有助于培养学生成为具有实事求是科学态度和严谨工作作风工作人员，还可以为日后工作和科研打下良好的基础。

本文主要介绍面向土木类专业开设专业课程“建筑火灾安全技术”一些教学改革思路和实践过程，分析了学习过程中如何结合工程现场应用调研和分析来培养学生的科研能力和工程素质，最后对课程教学改革的实践效果进行总结。

二、结合工程应用推进教学改革实践

1. 结合工程应用需求，合理确定课程内容

研究生阶段课程除了传授基础知识更需要注重培养学生的科研能力[2]，因此合理确定课程内容是关键。建筑火灾安全技术是涉及多学科领域知识，如何在有限的时间（32学时）内相对系统介绍相关知识点是课程设置的首要任务。根据学生的专业背景以及培养目标需求，课程的目标立足培养工程设计和消防技术的工程应用方面所需要的知识。因此，在授课过程中确定课程内容包括：1）建筑火灾动力学基础以及主要研究方法、建筑火灾中烟气扩散规律等；

作者简介：李炎锋，男，1971年9月出生，河南新密人，博士，教授，现任北京工业大学建筑工程学院副院长，主要从事建筑防火方面的研究。

基金项目：北京工业大学2013年研究生课程教学改革项目，编号：CR2013-B-005。

重点放在描述大空间建筑和地下建筑火灾特点、烟气扩散规律、相应的通风和防排烟系统的设计要求。2)建筑火灾的被动防治和主动防治技术,重点分析了水喷淋系统和细水雾系统的原理以及工程应用,性能化防火设计与火灾中人员疏散等内容。3)建筑火灾安全领域的研究成果以及国内外现行的建筑防火设计规范发展。此外,作为一门应用科学,火灾科学的根本目的是解决工程中存在的主要问题,因此,结合土木工程学科特点和学生的就业去向,在教学过程中注重结合课程内容解读相关的消防技术规范条例。课程涉及的相关技术规范包括《高层民用建筑设计防火规范》(GB 50045—95,2005 版)、《建筑设计防火规范》(GB 50016—2006)、《公路隧道设计规范》(JTG D70—2004)、《地铁设计规范》(GB 50157—2003)等。相关规范条例解读为学生进行消防系统的现场调研提供技术依据。

2. 采用理论和工程应用调研相结合来调整学习内容

建筑火灾安全技术的涉及内容多,为了适应教学与工程实践的要求,需要了解不同类型建筑消防设计的特点和要求。改革内容之一打破传统课堂教学方式,不只让同学从坐在教室听老师讲课,还要组织学生到现场观察调研。通过组织学生深入北京地铁 10 号线各种不同类型站台(岛式、侧式、换乘)、大型商场、地下车库、大型场馆、高层住宅、高档宾馆、医院调研,了解防火分区、防烟分区、防排烟系统、正压送风系统的设置,并设置一些问题让学生查阅相关的防火设计规范。此外,邀请一些建筑火灾安全领域的专家技术人员与学生一起座谈交流,并结合现实中所遇到的问题及工作经验与大家一一分享。通过现场调研和提问、分析,真正地让学生看到老师在课上讲的知识的应用价值,使学生看到学校中学习的理论与实际工作之间的联系,实现"教、学、做"结合以及理论与实践一体化[2]。

为了使学生了解知识课程体系的系统性,还邀请所选用参考教材的主编姜学鹏博士与大家分享写教材的撰写思路,如何根据行业现实情况和当前行业的发展水平。在教学内容上安排组织上实现由基础到综合、从简单到深入地进行理论和工程实践相结合。

3. 改变教学方法,开展课堂研究性和主动式教学

传统的授课方式是老师讲课,学生在下边听。如果没有预习也就没有提前思考问题。这种被动式的教学方式下传授的知识很容易被学生遗忘,很难调动学生学习的积极性、主动性。目前,国外一流大学教师上课的时候会布置大量的作业,学生课后会到图书馆查阅大量的参考文献、资料来完成老师的作业。当学生完成任务过程遇到问题,教师作为引导者和咨询者,不是直接告诉学生如何解决,而是给学生提出有效的解决思路,当学生通过自己努力解决问题后就能产生成就感,更能有效地调动学生的积极性,该种学习模式有助于培养学生的独立思考能力与解决问题能力。

在课程教学过程中,为了提高学生的学习兴趣,让学生由被动学习变为主动学习。改革内容之一是把学生划分为几个小组,并选出负责人,由教师在上课前布置文献查阅任务给各个小组,然后小组成员根据老师的任务来认真预习参考书,搜集相关的文献资料及国家相关标准,最后以小组为单位确定上课的讲解内容和讲解方案,利用 PPT 格式并用通俗易懂的语言把自己对课程知识点的理解讲授给大家,其他同学对于困惑的部分提出问题,由小组成员予以解答。课堂上教师对一些小组成员认识不到位的知识点给予补充说明。

与本科阶段课程学习目标不同,设置研究生课程目的是培养学生评价和理解本专业及相关领域学术成果的能力,发展学生运用适当的方法和原理来认识、理解、揭示和评价本专业领域有争议问题和前沿的知识的能力。因此,研究生课程教学过程不仅仅传授知识更重要的是培养能力,教师还需要结合自己的科研经历介绍该课程相关领域的技术发展及科研新方向。通过加强师生交流拓宽知识面,使课程学习与科研能力培养实现相互联系、相互补充、相互渗透、相互促进[3]。

4. 改变课程考核方式，注重全面考察学习效果

课程考核是评价学生学习效果的一个重要形式，目前，研究生中还部分存在应试学习的倾向，很多学生只注重结果而不注重过程，所以考核的方式改革对学生的影响很大，不能仅仅依靠传统的一卷定成绩的方式，而应全方位综合的考察学生学习过程。该课程的改革之一是对学生的评价呈现立体而非停留在考试时的文字表述优劣，评价应包括理解力、表达力、资料搜集能力、激情度、投入程度等[3]。课程根据了以下几方面的考虑，而不仅仅是依靠期中和期末考试成绩。一是日常上课的表现情况，如听课认真与否、是否出勤，是否积极发言等，占总成绩的 20%，二是通过小测验、提问和作业的完成情况从而了解同学对知识的掌握情况，占总成绩的 30%，三是通过小组同学之间互相评价，考察学生总结能力、查阅资料能力、口头表达的能力以及协调能力等，占总成绩的 20%；最后通过试卷考核对于基本知识的掌握程度，占总成绩的 30%。

实践表明，这样的评价体系不仅有利于推进教学工作，而且促使学生在整个学习过程中注意端正学习态度和掌握知识，而不是临近考试时采取突击策略获取高分，改变了急功近利的思维方式。

三、建筑火灾安全技术课程改革实践效果

经过这三个环节的教学改革，建筑火灾安全技术课程取得了明显的效果。根据课后进行的学习效果反馈结果发现，近 90%的同学感觉该课程对自己的专业知识和科研能力培养很有帮助，学生根据自己的参观体会结合相关理论知识都能完成一份简短的学术研究报告，并用 PPT 进行展示和讨论。学生总结的收获主要体现如下方面：一是改变了传统教育思想下的学习惯性思维，把课堂不仅仅固定在教室中，而是在现场，如地铁的站台、站厅、体育馆、大型商场建筑。让同学们在现场真正地认识到哪些是送风口，排风口，防火卷帘，挡烟垂壁，防火分区如何划分等等，使同学对这些设施的认识不仅仅在课本的文字和照片中，而对其有了更加深刻的印象；二是学生的团队合作能力和语言表达能力得到了很大的提高，通过完成老师安排的任务，每个人要查阅资料，团队之间相互合作，让同学不再各自为战，而是互帮互助。在向老师与同学汇报时，学生得到了锻炼，思路清晰，表达清楚，从而提高了与人交流沟通的能力；三是增强了学生自我安全保护的能力，学生在学习的过程中通过视频更加深刻了解到火灾的危害，通过实地参观了解到如何在火灾中进行有效的自我保护，提高了学生的消防意识以及使用消防救护措施能力。

3 年来，通过将建筑火灾的理论知识与工程实践应用分析有机结合，有效地提高了学生的科研能力。学生学习该课程积极性得到明显提高，学生结合课堂学习已发表科研论文 5 篇，2013 年从事建筑火灾相关研究的 1 位同学的毕业论文获得校优秀硕士学位论文。

总之，高校工科专业在与工程应用紧密结合的专业课程教学中要积极开展教学改革，尤其要注重理论知识讲解与工程实际应用的观察、分析相结合才能有效提高课程理论技术知识的学习效果。主动式的教学授课方式和多方位的考核方式有助于培养学生的工程实践能力和科研素质。

参考文献

[1] 李炎锋.建筑火灾安全技术[M].北京：中国建筑工业出版社，2009.

[2] 李昌新.研究生课程教学的研究性及其强化策略[J].中国高教研究，2009，4：24-25.

[3] 万运京.对提高研究生课程教学质量的若干思考[J].河南师范大学学报(哲学社会科学版)，2006，6：203-205.

结构安全性设计概论课程的教学思考

陈清军　朱纹军

（同济大学土木工程学院，上海　200092）

摘　要　“结构安全性设计概论”作为同济大学土木工程学院本科生“工程防灾与风险评估”课群组新开设的一门课程，该课程旨在介绍结构设计领域的新概念、新理论和新方法，思考通过讲授结构可靠度设计、基于性能的抗震设计和全寿命设计等土木工程领域的新的设计理念和概念，使学生逐渐建立从社会—经济—技术的全局角度来综合比较设计方案的全寿命设计理念。

关键词　结构安全性设计，可靠度，基于性能，全寿命

一、总体教学思路

作为面向“工程防灾与风险评估”专业方向开设的专业技术基础课程，该课程的目的在于使学生及时了解结构可靠性设计、基于性能的抗震设计和全寿命设计等土木工程领域的新的设计理念和概念、新的设计理论和方法，并要求学生在结构设计时改变单纯的技术观点，要从社会一经济一技术的角度来综合比较设计方案，在设计中要有系统的、全局的和全寿命的观点，要考虑能源、环境的可持续发展，逐渐建立一种新的设计理念。

该课程基本内容包括工程结构安全性的概念及本课程所要求的数学基础、结构可靠度的相关概念和主要计算方法、建筑结构基于性能的抗震设计概念和工程实例、基于投资一效益准则的抗震优化设计模型和结构寿命周期总费用评估的基本理论与应用介绍等。考虑通过上述基本内容的讲授，以加强可靠性设计的概念教学、贯彻基于性能的抗震设计思想、打开全寿命设计的思路

二、加强可靠性设计概念教学

建筑结构的可靠性[1]指结构在规定的时间内，规定的条件下，完成预定功能的能力，包括安全性、适用性和耐久性三项要求。结构可靠度是结构可靠性的概率度量，其定义是结构在规定的时间（设计基准期）结构在规定的时间（设计基准期）内，在规定的条件下完成预定功能的概率，称为结构可靠度。

目前以概率论为基础的可靠性理论极限状态设计方法得到发展，用概率来描述结构可靠性的问题，这就使复杂的可靠性问题变成一个可以用数学方法近似处理的问题。这是结构设计领域发展的大势所趋，然而学生对此概念依旧没有形成系统的认识，因此加强可靠度设计概念的教学是本课程的重点之一。

1. 重视学科发展历程

为了使学生对可靠度设计有更深刻的认识，本课程注重为学科还原发展全貌，从设计方法的发展历史的角度出发，旨在使学生更真切地感受到可靠度设计的重要性。

工程结构可靠度的处理方法随着实践经验的积累和工程力学、材料试验、设计理论等各种

作者简介：陈清军（1963—），男，浙江台州人，教授，博导。研究方向：工程结构抗震。E-mail：chengj@tongji.edu.cn。

学科的发展而不断地演变，由直接经验阶段、以经验为主的安全系数阶段而开始进入了以概率理论为基础的定量分析阶段。

在直接经验阶段，主要依靠工匠们代代相传的经验而进行营建活动。在安全系数阶段，由于17世纪材料力学的发展，结构设计进入了弹性的力学分析阶段，开始采用容许应力设计法，以凭经验判断决定的单一安全系数度量结构的安全度。到20世纪30年代，在结构设计上考虑结构的破坏阶段受力状况，出现了极限荷载设计法。50年代后，苏联学者提出了极限状态设计法，用多系数代替单一安全系数度量结构的安全度。直至60年代，美国一些学者对建筑结构可靠度分析提出了一个比较实用的方法。这种方法只需考虑随机变量的平均值和方差，并在计算中对结构非线性功能函数取一次近似，简称一次概率法。一次概率法含有“可靠指标β”的概念，而β为结构功能函数这一随机变量的平均值与标准差的比值。根据一定的计算原则，可由β求出相应的失效概率，从而对结构可靠度进行定量分析。

2. 强调数理基础应用

在以概率理论为基础的阶段，美国A. M. 弗罗伊登塔尔将统计数学概念引入可靠度理论的研究。因此本课程要求学生具有高等数学、线性代数和概率论的基础。同时自2010年6月教育部启动了“卓越工程师教育培养计划”以来，作为《国家中长期教育改革与发展规划纲要(2010—2020)》组织实施的一个重大项目. 数理类课程作为理工科必修的基础课程，其重要性更为突出。对于本课程的学习，良好的数理基础尤为重要。

三、贯彻基于性能的抗震设计思想

目前我国抗震规范[2]中采用的“小震不坏、中震可修、大震不倒”设防水准，这种设计思想在实践中也已取得巨大的成功。然而这种设计思想是以保障生命安全为主要设防目标的，但它可能导致中小震结构正常使用功能的丧失而引起巨大的经济损失。特别是随着经济的发展，结构物内的装修、非结构构件、信息技术设备等的费用往往大大超过结构物的费用，这种损失更加严重。

1. 明确基于性能设计的意义

基于性能的抗震设计思想是20世纪90年代初由美国学者提出，它是使设计出的结构在未来的地震灾害下能够维持所要求的性能水平。投资-效益准则和建筑结构目标性能的“个性”化是基于性能的抗震设计的重要思想。基于性能的设计克服了目前抗震设计规范的局限性。在基于性能的设计[3]中，明确规定了建筑的性能要求，而且可以用不同的方法和手段去实现这些性能要求，这样可以使新材料、新结构体系、新的设计方法等更容易得到应用。而目前广泛采用的建筑结构常规设计方法实际上是基于规范准则，而不是基于性能准则，目前的常规设计师完全按照规范的要求进行的，没有明确建筑结构的实际性能水平，这显然难以满足经济实用的社会需求。

2. 浅析基于性能设计的步骤

本着教学相长，学以致用的教学原则，本课程教学过程中注重理论结合实际，旨在培养学生基于性能设计的能力，因此指出了基于性能的抗震设计主要包括三个步骤[4]：(1)根据结构的用途、业主和使用者的特殊要求，采用投资-效益准则，明确建筑结构的目标性能(可以是高出规范要求的“个性”化目标性能)(2)根据以上目标性能，采用适当的结构体系、建筑材料和设计方法等(而不仅仅限于规范规定的方法)进行结构设计。(3)对设计出的建筑结构进行性能评估，如果满足性能要求，则明确给出设计结构的实际性能水平，从而使业主和使用者了解(这是区别于目前常规设计的)；否则返回第一步和业主共同调整目标性能，或直接返回第二部重新设计。

四、打开全寿命设计的思路

全寿命周期[5]过程是指，在设计阶段就考虑到产品寿命历程的所有环节，将所有相关因素在产品设计分阶段得到综合规划和优化的一种设计理论。全寿命周期设计意味着，设计产品不仅是设计产品的功能和结构，而且要设计产品的规划、设计、生产、经销、运行、使用、维修保养、直到回收再用处置的全寿命周期过程。

全寿命设计的时代需求要求土木专业的学生必须着眼未来，放眼全局，用发展的眼光洞察全寿命设计的目标与方法。

近年来，建设项目全寿命期管理逐渐兴起，其主要原因有：

(1) 施工过程的重要性、难度相对降低，而项目投资管理、经营管理、资产管理的任务和风险加重，难度加大，项目从构思、目标设计、可行性研究、设计、建造，直到运营管理的全过程一体性要求增加。

(2) 建设项目中业主全过程投资责任制的实行。管理对象就是一个从构思开始直到工程运营结束全寿命期的建设项目。

(3) 工程承包和经营方式的变化。近年来工程承包业流行一些新的承包模式，例如“设计—供应—施工”总承包方式，这使得现代建设项目的寿命期向前延伸和向后拓展，建设项目管理的任务范围也大大扩展，要求进行全寿命期的项目管理。

过去的建设项目管理以建设过程为对象，以质量、工期、成本(投资)为核心的三大目标，由此产生了项目管理的三大控制。这种以工程建设过程为对象的目标是近视的、局限性的，造成项目管理者的思维过于现实和视角太低，同时造成项目管理过于技术化的倾向。这种状况损害项目管理理论的发展和科学体系的建立。建设项目的价值是通过建成后的运营实现的。没有全寿命期的目标会导致建设项目全过程的不连续性，造成项目参加者目标的不一致和组织责任的离散；容易使人们不重视建设项目的运营，忽视建设项目对环境、对社会和对历史的影响，不关注工程的可维护性和可持续发展能力。建设项目通过它的服务和产出满足社会的需要，促进社会的发展。现代社会对建设项目与环境的协调和可持续发展的要求越来越高，要求建设项目在建设和运营全过程都经得住社会和历史的推敲。纵观项目管理的历史发展可见，项目目标对项目管理理论和方法的发展有前导作用。只有研究并建立科学的建设项目全寿命期的目标体系，才能有相应的建设项目全寿命期的管理理论和方法体系。

五、关于改进课程教学的措施

本课程的目的在于要求学生在结构设计时改变单纯的技术观点，要从社会—经济—技术的角度来综合比较设计方案，在设计中要有系统的、全局的和全寿命的观点，要考虑能源、环境的可持续发展，逐渐建立一种新的设计理念。为了更好地实现上述目标，以下是有利于提高课程质量与效果的一些措施：

(1) 由于本课程的知识架构于诸多前修课程之上，因此对于高等数学，线性代数，弹性力学及有限元的强化学习将对本课程的学习效果影响显著。

(2) 为了使学生更好地理解设计领域的新概念，工程案例的深入分析将是不可或缺的，覆盖面更广的案例讲解必定有助于提升教学效果。

(3) 通过课程设计环节，让学生感受安全性设计的操作流程，这对提升关于安全性设计的理解具有重要意义。

参考文献

[1] 赵国藩.工程结构可靠度[M].北京:科学出版社,2011.

[2] 中华人民共和国国家标准.GB 50011—2010 建筑抗震设计规范[S].北京:中国建筑工业出版社,2010.

[3] 马宏旺,吕西林.建筑结构基于性能抗震设计的几个问题[J].同济大学学报,2002,30(12):26-33.

[4] 门进杰,史庆轩,周琦.竖向不规则钢筋混凝土框架结构基于性能的抗震设计方法[J].土木工程学报,2008,41(9):67-75.

[5] 陈琳,屈文俊,朱鹏.混凝土结构等耐久性与全寿命设计研究综述[C].杭州:中国土木工程学会,2012,16-32.

土木工程专业“房屋建筑学”课程设计教学探讨

刘宗民　陈冬妮　郭庆勇　何　建

（哈尔滨工程大学航天与建筑工程学院，哈尔滨　150001）

摘　要　房屋建筑学课程设计是土木工程专业的一门重要的实践环节。本文根据前人的研究和长年的教学经验，对土木工程专业房屋建筑学课程设计进行了有益的探讨。

关键词　房屋建筑学，课程设计，教学改革

一、引言

“房屋建筑学”是土木工程专业的专业基础课，其主要任务是使学生掌握建筑的基本设计原理和基本构造方法，掌握建筑设计的方法与步骤，并进一步提高应用 AutoCAD 和天正软件进行建筑施工图绘制的能力。而“房屋建筑学”课程设计，作为“房屋建筑学”课程的实践教学环节，既是课程讲授内容的综合体现，也是培养学生掌握建筑设计理论、提升设计能力的重要环节。所以，“房屋建筑学”课程设计在整个土木工程专业课程体系中也就显得更加重要，通过“房屋建筑学”课程设计，不仅有利于提高学生创造思维能力，也是承前启后，为后续的课程设计、甚至是毕业设计打下良好的专业基础。

二、存在的问题及原因

虽然，“房屋建筑学”课程设计这一实践教学环节在培养学生建筑设计能力方面取得了很大的成效，但在实际教学过程中也存在着一些有待研究和解决的问题。这些问题包括教学环节时间安排上的问题，设计内容陈旧、脱离工程实际，以及教学观念陈旧、不能适应新时期教学发展与改革的要求等。

1. 时间安排不合理

1）“房屋建筑学”课程设计时间安排不合理

按照很多学校土木工程专业的教学计划，“房屋建筑学”课程设计周期为两周（按照高等学校土木工程学科专业指导委员会发布的专业指导规范[1]，“房屋建筑学”课程设计只有一周）。在如此短暂的时间内，要完成从方案到出施工图这一复杂任务，对于刚开始接触设计的土木工程专业学生来说，要按时按量完成任务确实有些难度[2]。在以往的课程设计过程中发现，大部分学生不能提前介入设计任务中，加之目的任务不明确，致使一些学生在课程设计开始之初，毫无头绪，以致方案设计进展缓慢。

2）前续课程安排不合理

“房屋建筑学”课程和课程设计，教学前需完成画法几何、建筑制图、土木工程 CAD 和认识实习等理论和实践环节的教学任务。做好课程之间的前后衔接，帮助学生形成对建筑的感性和理性认识，对顺利开展“房屋建筑学”课程和课程设计等教学环节至关重要。然而，在教学大纲修订上往往不能充分考虑专业培养的具体特点，忽略了各学科专业在人才培养方面的个性化需求。以土木工程专业为例，将建筑制图、土木工程 CAD 与房屋建筑学安排在同一学期，会导致学生刚刚对建筑制图、AutoCAD 和天正软件有一个初步了解，却又不得不立刻要面对《房屋建筑学》及其课程设计的挑战。这也是“房屋建筑学”课程设计完成质量逐步下滑的重要原因。

2. 设计内容陈旧、脱离工程实际

多年来，土木工程专业房屋建筑学课程设计的题目一直围绕着住宅楼、教学楼、办公楼等在实际工程中大量存在和出现的中小型建筑进行。但是，设计层数一般为单层或多层，结构形式多为砖混结构。随着国务院办公厅关于进一步推进墙体材料革新和推广节能建筑的通知，以及国家发改委印发的“十二五”墙体材料革新指导意见，“城市限黏（限制使用黏土制品）、县城禁实（禁止使用实心黏土砖）”，砖混结构在工程实际中已逐步减少。但在房屋建筑学课程设计中，我们却没有注意到这一变化，结构型式一直采用砖混结构型式，课程设计已逐渐脱离工程实际。

3. 教学观念陈旧

观念的落后才是真正的落后，观念转变的程度就是发展的速度。更新观念，是教师实施教学创新的前提条件，教师观念的陈旧老化，势必造成教学的因循守旧、默守成规。我们应当冲破以“教师为中心”的传统数学教学的陈旧观念的束缚，把“知识的输出”改为“知识的生成”。

1）课程设计指导方式陈旧

传统课程设计过程往往是学生选择设计题目、下发设计任务书及进行相关讲解、帮助学生修改并确定建筑方案、学生进行建筑施工图绘制、以及答辩这样几个环节。在这样的设计过程中，只有在确定建筑方案的环节与学生有比较多的交流。在绘图设计阶段，指导教师往往不能随时跟踪学生进度，并对易出现遗漏的部分及时进行修正和提醒。这样的指导方式过于陈旧，往往不能适应新时期对房屋建筑学课程设计的指导要求。

2）课程设计考核方式陈旧

传统课程设计的评分是教师根据学生最终的设计成果和答辩情况，给予最终成绩。这种考核方式往往忽略了对学生设计过程的考核，有时也会出现抄袭、雷同等现象。而且，指导教师在答辩过程中往往只是针对设计图纸进行提问，很少给学生留出足够的时间，让他们陈述方案、描述创新、解说设计过程中考虑的细节等，也使学生缺少了一次锻炼的机会。这样的考核方式过于陈旧，无法全面评价学生在课程设计中的整体表现。

三、教学方法的改进措施

针对上述几个方面所存在的问题，根据前人的研究和本文作者在“房屋建筑学”及其课程设计方面的教学经验，建议从以下几个方面予以改进。

1. 合理进行课程设计的时间安排和前续课程的安排

1）合理进行课程设计的时间安排

针对课程设计时间安排不合理这一问题，文献[2]提出了细化时间，量化安排的方法。我们在课程设计中也进行了改进，将过去以周为时间单位细化到以天为单位（表 1）。这一安排可以提高了学生的工作效率，为按时按量完成任务提供了保证。

表 1　　课程设计的时间安排

星期 周次	一	二	三	四	五
一	设计题目讲解	方案修改 1	方案修改 2	方案修改 3	确定方案准备施工图绘制
二	平面施工图绘制（计算机绘图）	立面、剖面施工图绘制（计算机绘图）	详图绘制（手工绘图）设计说明撰写	施工图修改打印图纸	答辩

除了在时间上精细划分以外，在房屋建筑学课程教学中，实行分段渐进设计法[3]，在建筑设计章节，安排学生绘制教学楼和住宅的功能分析图，进行住宅和教学楼建筑方案的赏析，进

行方案的草图设计。在建筑构造章节,安排学生绘制墙身构造和楼梯设计等。通过上述练习,使学生逐步掌握课程设计的每个环节。另外,学生在建筑设计章节学习结束后即可选择设计题目,提前得到设计任务书。这样,学生有足够的时间收集资料、构思和完善方案。

2）合理进行课程设计前续课程的安排

针对课程设计前续课程安排不合理这一问题,我们积极沟通,逐步捋顺课程的前续、后续关系。在授课过程中,相关授课教师密切合作,注意前续、后续课程在内容上的衔接。

2. 依托实际工程,更新设计内容

1）理论先行,为设计做好准备

在房屋建筑学课程教学中,要适时地将建筑行业所采用的新技术、新工艺添加到讲稿当中来,使学生能够了解建筑行业最新的发展动态,不致与实际的脱离。同时,在讲授建筑构造时,应充分考虑教材中的经典构造与某些实际工程中采用的新构造,联系两者之间的共性,将两者进行穿插讲授。因为就其构造原理而言,两者是相同的,仅仅是因为使用要求不同、施工地域不同以及建筑材料及制品的快速发展而造成了它们在设计时考虑的因素有所差异。这样在讲授时,既可以使学生更好地理解两种构造之间的辩证统一关系,又可以节约课时,达到事半功倍的效果。

2）依托工程实际,更新设计内容

尽量选择正在施工的工程项目,将理论讲授与现场实习相结合,便于学生将所学知识联系实际施工,很好地完成从理论到实践的过渡。即使是住宅设计这样的题目也可以紧跟时代的步伐增加一些新的要求。例如从多层住宅到小高层住宅;从砖混结构到框架结构;从黏土砖到陶粒砌块等,这样的变化不仅可以拓宽和更新学生的知识范围,使得学生在步入社会后,知识不至于过于陈旧。

3. 摒弃陈旧的教学观念,采用新的指导方式和考核方式

1）采用新的课程设计指导方式

引入实际案例进行课程设计指导,这样可以加深学生的感性认识,使学生尽快融入课程设计的任务中;加强师生互动、培养学生良好的自学能力,让学生主动地走出校园,结合设计题目进行调研,培养学生自主收集资料,以及查阅相关规范、构造图集的能力;对课程设计周进行阶段划分,方案设计阶段,学生绘制工程草图,教师一对一的审查学生的方案;绘图设计阶段,学生在草图基础上进行建筑平、立、剖施工图绘制;检查阶段,学生在完成施工图绘制后,进行全面检查。

2）采用新的课程设计考核方式

针对传统课程设计考核方式的不足,在方案设计阶段,充分了解学生的设计思路;绘图设计阶段,及时跟踪学生进度,修改学生设计中的错误和遗漏;检查阶段,培养学生养成全面检查设计成果的习惯,及时修正设计中的疏漏和图面质量;设计答辩阶段,给学生足够的时间,让他们充分陈述建筑方案、创新点、设计过程中考虑的细节等,给学生一次宝贵的锻炼机会,为以后的工作和学习打下基础。

四、结论

房屋建筑学课程设计是土土工程专业学生的第一个课程设计,是培养土木工程专业人才的重要教学环节。如何提高房屋建筑学课程设计的教学效果和质量,是值得我们研究和探讨的问题。尤其是在新时期、在高等教育深化改革的形势下,只有通过不断研究,才能使房屋建筑学课程设计达到更好的教学效果。

房屋建筑学课程设计有其自身的特点,需要教师结合教学实践,对现有的教学方法进行一些必要的、有益的改革,但这一过程应该是因材施教、有序渐进和不断完善的过程。

参考文献

[1] 高等学校土木工程学科专业指导委员会.高等学校土木工程本科指导性专业规范[M].北京:中国建筑工业出版社,2011.

[2] 黄云峰.对"房屋建筑学"课程设计方法的探索[J].淮南工业学院学报(社会科学版),2002,4(2):76-77.

[3] 陈瑜,杜咏.关于"房屋建筑学"课程设计的探讨[J].中国科技信息,2008,23:292-293.

“土木工程专业工程制图”课程模块化教学设计

李怀健　王　婉　王剑平　陆　烨
（同济大学土木工程学院，上海　200092）

摘　要　分析工程制图课程适应学校新土木工程专业大类大学生培养方案和卓越工程师培养要求。工程制图课程在教学内容设计中，限于学时控制，提出适当减少投影理论基础中很少用的理论分析内容，注重实践能力。在工程制图课程教学过程中开展多层次教学实践串起投影理论基础、表达技术基础、专业绘图基础等各个教学模块。逐步培养学生拥有工程图样的表达能力、空间形体想象能力。

关键词　培养计划，教学模块，工程图样，能力培养

一、引言

工程制图课程教学任务是培养学生用二维图形表达空间形体能力，培养学生能够在实际工程错综复杂的空间对象中，按国家相关的工程规范和标准，用工程图样把对象描述出来，供工程相关人员进行释读、分析、决策和施工。由于工程图样是工程与产品技术信息的载体，是工程界表达、交流技术思想的语言[1]。所以，工程制图课程是高等院校工科类学生的公共必修基础课。

随着学校新一届土木工程专业大类本科学生培养方案的确定，土木工程专业工程制图课程教学需要解决好：教育部工程图学教学指导委员会制订的本课程教学基本要求，专业培养方案调整后本课程的学时与学分，本专业本科学生培养方案调整后人才培养目标定位以及人才培养模式。借鉴国外卓越工程师培养的经验，结合我国高等教育和同济大学土木工程专业的实际，拓展人才培养思路，做好工程制图课程在土木工程大类学生培养过程中的模块化教学设计。

二、土木工程专业工程制图课程教学模块探析

工程图学的发展与其他各门学科一样，是有着一定的知识传承性[2]。工程图学的课程教学结构主要包括：投影理论基础、构型方法基础、表达技术基础、绘图能力基础、工程规范基础、专业绘图基础等 6 个模块。每个模块按内容分熟练掌握、掌握、了解等 3 个子模块，不同模块具有不同的内容体系和独立目标定位。基于不同学科对本课程知识点的需要和社会对该学科人才的需要，在设计工程制图课程教学环节和内容时，分析本课程的学时数安排和专业培养要求，选取模块进行组合。

1. 土木工程专业工程制图课程教学需要更注重实践

我们此前的工程制图课程教学，要求比较重理论。尤其是在投影理论基础的这部分内容讲解方面，比较重课堂、重精深、重灌输。学生在课堂内、外完成的作业，比较多的是有唯一答案的练习，学生几乎不接触讨论式的作业要求。对于绘图能力基础，因学时数制约，把计算机软件绘制专业施工图的实践，安排在 AUTOCAD 工程制图选修课中。

作者简介：李怀健（1961—），浙江人，副教授，主要从事工程图学研究。

基于新制定的土木工程专业大类本科学生培养方案，结合国内外的发展动态及社会的需求，本课程应该要加强实践环节，强化学生的实际动手能力。因此，在课程的教学内容组织方式上，适当减少投影理论基础中很少用的理论分析内容，把绘图能力培养模块分布于每个模块：投影理论基础模块首先融入尺规绘图的初步要求，随后融入计算机绘图基础和讨论式的开放性作业；表达技术基础模块，提高尺规绘图与计算机绘图要求，并融入徒手绘制草图要求；专业绘图基础模块，会涉及较多的专业基础知识，但听课学生均为大一年级的新生，大部分学生没有专业基础知识，我们通过 5-6 张建筑类、混凝土结构构件和钢结构构件类、结构平面布置等分属不同类型的施工图的课堂简介与课后绘制，授课与实践协调，充分发挥实践、讨论等多种教学方案在教学内容组织上的作用，展现土木工程知识、土木工程素质和土木工程能力培养的综合特征。

尽早让学生掌握 CAD，既兼顾本课程教学时数和整个课程教学内容模块需要，顺应学生循序渐进地 CAD 操作训练。又使整个课程教学通过较多的过程实践，发挥实践对增强学生的自信心、自主意识、动手能力、提高学生的团队合作和解决问题的能力、探索研究型学习作用，探索具有自身特色的、卓越工程师培养的规律和有效途径。使学生的综合工程素质得以全面提高。

2. 土木工程专业工程制图课程教学主要模块

投影理论基础。学习投影法（主要是正投影法）中点、线、面、体的熟练掌握部分的子模块的投影基本性质及其应用。

表达技术基础。熟练掌握组合形体的各种视图、剖面图、断面图的画法、标注组合形体尺寸的方法，掌握正等测和斜二测的轴测图画法，了解形状构思与表达的方法。

绘图能力基础。掌握徒手绘图的方法、仪器绘图的方法；熟练掌握计算机软件绘制基本专业工程图的方法。

工程规范基础。熟练掌握国家有关建筑、结构的制图标准，掌握有关行业的部颁标准设计对制图的基本规定（如混凝土结构施工图平面整体表示方法制图规则），了解工程规范的相关内容。

专业绘图基础。熟练掌握建筑施工图和结构施工图的图示内容，了解钢筋混凝土结构、钢结构的基本知识，掌握绘制和阅读中等复杂程度的专业图样的方法。

3. 土木工程专业工程制图课程教学方式与途径

工程制图与其他公共基础课、专业基础课和专业课相比，本课程的教学内容中，不能仅讲述工程制图样课程投影理论教学，需要涉及专业基础知识。

在课程教学过程中，为了让学生尽早接触工程实际，在表达技术基础的模块教学内容就与工程实际建立较多联系，讲课举例与作业练习图例尽量选用不太复杂的构筑物或由工程构筑物简化而来的图例，逐步建立形体与工程功能的联系。在专业绘图模块的教学和实践，则选用实际的工程图样，但因为学习本课程的学生是低年级，专业课还没有上，图例只宜选用不太复杂的中小型房屋或构筑物的图样。

由于学生踏上工作岗位，就要面临工程项目，一个工程项目除了专业技术，还有工程理念、工程文化、工程安全、环境保护等方面的内容。在课程实践教学过程中，探索基于开放性题目的讨论式的教学模式，学生在完成这样的大作业、专题实践等为载体的学习模式时，每位学生应该思考怎么做、为什么选这个方法做、这样做还留有哪些地方不足。通过实践教学，强化学生工程意识、工程素质和工程能力的学习和锻炼，培养学生从工程全局出发的综合素质。培养具有卓越工程师素质的专业人才。

三、规范与完善

工程制图课程是理论性和实践性都很强的学科。根据投影理论的特点，培养学生的理论知识综合运用能力和解决工程实际问题的能力。

根据同济大学专业设置的新培养方案特点，土木工程专业大类的工程制图课程模块化教学设计，一方面规范了教学内容、教学方案和实践教学；另一方面，通过内容的精心设计有了最大的相似性，也有了调整其中一个个小单元的灵活性，当吸收学生的学习结果反馈或工程技术更新时，只要适当增加、减少教学的某一模块或模块中的某一个教学子模块内容，就可以满足对课程的不同需要，做到与后继专业课程的有机衔接。

课堂教学的主导是教师，学校有课程教学的日常专家听课、学生评教等质量保证体系；建筑工程系同时开展全方位的教师之间相互听课制度：即有工程制图授课教师之间听课，又有专业课教师对工程制图课教师之间的听课。另外，学校积极创造条件、教师非常重视教学方法研究工作，采取开放性的激发学生独立思考的有效方法，改变静态的教学方法，尊重学生的个性，承认学生兴趣和性格的多样化。

学生在教师的模块化实践教学设计中由被动的接受者转为学习的主体，主动学习、探索性实践、小组研讨等。在教学评价上，工程制图课程成绩判定由理论考试、施工图绘制质量、综合训练小结等多项内容的综合评价。考试重点测试学生理解、掌握、灵活运用所学知识的能力和实践动手能力，例如从原来的闭卷考试中增加开放式没有标准答案的自主完善考题和答题这类试题，学生答题包括对问题的理解与构思、对构思的准确表达、对问题的解决表达批判式思考以及提交解决问题的图样表达等。

四、结论

学习投影理论，增强空间想象与绘图表达能力，提高综合素质。工程制图课程教学设计针对土木工程专业大类的优秀人才培养，从整个课程的全局出发，统筹协调和整体优化，以构建与研究型大学人才培养目标相适应的教学模式，充分发挥教与学两个主体的积极性，实现教师在教学中的主导作用与学生在教学中的主体作用的有机统一。

参考文献

[1] 教育部工程图学教学指导委员会．普通高等院校工程图学课程教学基本要求[M]．北京：[出版者不详]，2010.

[2] 刘克明．中国工程图学史研究的新进展[J]．工程图学学报，2008，(2)：163-167.

力学课程改革的探索与实践

包龙生　于　玲　贾连光　李帼昌　李　兵

（沈阳建筑大学土木工程学院，沈阳　110168）

摘　要　通过对在校学生问卷调查，了解到力学课程目前存在的教学内容陈旧，学生缺乏兴趣，信息技术教学手段不完善等问题，本文从教学内容、教学方法和考核制度等方面进行探索和分析，拟采用应用现代信息技术与课程整合，理论与实践结合，全新考核制度等方式加以改革，以达到适应现代教学的要求，提高学生综合素质和实践能力的目的，着眼于培养新一代适用性人才。

关键词　力学，教学改革，实践

一、力学课程特点

力学课程是一门研究物质在时间、空间运动规律的基础学课，它是各专业课之间的桥梁，具有承上启下的作用，其内容包含理论力学，结构力学，材料力学等[1]。理论力学主要讲述质点的基本运动规律，基本的受力分析和物体力学分析简化等内容；材料力学是固体力学的一个分支，研究工程构件的强度、刚度、稳定性状况等；跟材料力学相比，结构力学讲述构件整体外在力学分析。学生学习力学应该掌握基本的概念和原理，为今后的课程设计和走向工作岗位打下基础，要学会用力学分析方法解决生活中一些简单的问题。

力学课程是一门理论和实践性较强的综合基础课程，迄今为止，力学课程已发展形成了一套完整的理论和知识结构体系，不仅仅表现在我们传统的授课教材中，更重要的是表现在古文明的建筑中，比如埃菲尔铁塔的建立、都江堰水利工程的实施，无不体现力学的存在和重要性。力学又是一门比较复杂难以掌握的课程，教学质量中要求学生达到拥有工程观念、掌握知识、解决问题的能力，如何调动学生积极的学习热情，合理改善教学方式的探讨已刻不容缓。

二、力学课程的教学现状

在力学课程的教学实践过程中，体会到力学教课不是那么的乐观和理想，如何增强学生学习兴趣，提高教学质量是一个至关重要的问题，为此对在校土木工程、机械工程、交通工程和电子信息工程专业的学生做了如下的调查，如表1所示。

表1　　力学课程的调查指标

序号	调查指标	具体内容
1	实践能力	是否具备解决实际问题的能力
2	教材内容	教材内容是否多种多样
3	考核制度	考核制度是否合理
4	知识更新	知识的更新能否跟上时代的进步
5	授课方式	讲课方式是否多元化，易被学生接受

由图1的统计数据表明，学生对课程能力培养的各项指标满意程度比较集中，满意度的平均数中对“实践能力”为68％，“教材内容的新颖性”为81％，“考核制度”为74％，“知识的更

作者简介：包龙生，男，1971年6月生，副院长，教授，主要从事科研和教学管理工作。

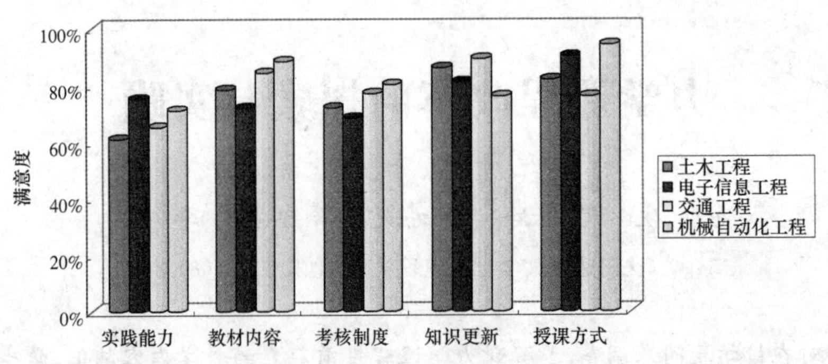

图 1　学生对力学课程的评价

新"为 85%,"授课方式被接受程度"为 86%,均为一般和满意,没有达到非常满意的程度。图 1 还表现出 4 个不同专业对各项指标的满意度,其波动浮动均不是太大,由此调查表反映出了目前力学教学的一些问题所在,具体可归纳总结为以下几点:

1. 教材单一,内容陈旧

目前力学教材中内容依然是以理论为主导,联系实际的面较窄,缺少与工程实际问题的联系以及把实际问题抽象简化为力学模型的环节,且授课大部分都是公式的推导,以至于学生对此不知其所以然,达不到理想的授课效果。再者市场上力学的教材虽然很多,但内容与形式大同小异,真正有创新的教材甚少。某些教材使用时间长且比较单一的现象普遍存在,在一定程度上会导致教材上部分内容与实际工程中新工艺、新材料、新设备等出现脱节的情况。

2. 信息技术的应用不完善

教师总是借助一定的媒介和技术给学生传递信息,每一个时代的技术教育总是一个时代的缩影。目前,多媒体授课已广泛流行于各高校,能做到生动形象,图文并茂。然而技术在改革、时代在进步,信息与通信技术的普遍深入对学生的学习环境已有深刻的影响,我国《国家中长期教育改革和发展规划纲要》指出"信息技术对教育发展具有革命性影响必须予以高度重视"[2],这是一种非正式的、令人愉悦的网络学习形式,但它并为真正走入教育界的领域。

3. 一考定胜负,使"讲学考"相分离

考核方式是我国国内与国外高校差别比较大的一项,我国实行 20%平时成绩+80%期末成绩,以记忆为目标的一种静态考核模式。这种重结果轻过程、重知识轻能力的传统考核方式忽略了学生的主体能动作用,无形中扼杀了学生分析解决问题的创新意识和能力,给学生带来极大的压力。由于学生的注意力大部分集中在最后考试分数上,单纯地为了应付考试,平时学习过程动手能力不加重视,造成考试成绩高但却不能很好地应用于实践的矛盾现象。

4. 实践活动相对匮乏

各高校很少开展课外科技竞赛和科研创新等活动,学生相对缺乏创新思维、知识应用、团队合作能力。如何能够将课堂上的知识熟练应用于解决工程实际问题是新世纪工程师面临的一项考验,力学基础课程不仅要求对学生的建模能力和设计能力进行培养,还要通过各种实践活动锻炼学生沟通交流能力和团结合作精神。

三、力学课程教学的改革探讨

(一) 建立教学资源库,加强信息技术与课程的整合

建立教学资源库,将信息技术与课程整合是 21 世纪教学改革的新途径,是指在授课过程中把一些独立的信息资源、信息方法和课程的教学等要素结合在一起,共同完成教学任务的一

种新型的教学结构。我们要将信息技术作为辅助媒体手段，从根本上改变传统的教学模式，以促进学生自主学习，大胆开展实践活动。

1. 建立健全力学课程教学资源库

网络和远程教育为学生提供了多种学习方式和机遇，这种不依赖于教室和教师的学习方式给我们的教学提出了挑战，学校也应该跟随新时代的步伐，建立健全我们的教学资源库。我们的教学资源库中可提供力学教材电子书、课件、解题指导书及一些工程实例等，拓宽学生掌握知识的渠道。

2. 增加网络视频课程，实现教师、学生和网络三者的互动

相对于面授来说，网络视频时间、地点较灵活，信息量大，无疑占有很大优势。通过网络，老师和学生的资源可以共享，提供方便快捷的学习方式，且这种开放式的结构可以将连接扩展到整个与课程相关的资源上，学生最大限度全方位获取所需信息。教师也可以随时更新自己的教学内容。这样教师和学生通过网络可以不受时空限制，无论课下还是假期都可以随时随地进行交流探讨。

3. 利用计算机进行模拟实验

目前力学课程的许多实验在现实中很难做到，我们可以通过计算机来模拟，这样不仅能帮助学生理解、记忆信息技术知识，而且能帮助学生建立形象思维，提高解决问题的能力，开阔视野。例如在讲结构力学各杆件组合变形问题，可以通过仿真动画动态演示，变复杂为简单、变困难为容易、变抽象为具体、易突出重点和难点。这种模式更能激发学生主动探索未知空间，丰富自己知识的过程中对教师的依赖性相对减少，形成正确的分析运用思维。

（二）校企合作，回归工程实践

企业对毕业生能力的评价一定程度上为力学课程的改革及工程实践层面提供参考，且为了深入了解学生在校课程的实施效果与社会的适应性，进行了企业对毕业生能力的调查。调查对象中男生占72%，本科生占64%，研究生占31%，调查统计结果如图2所示。

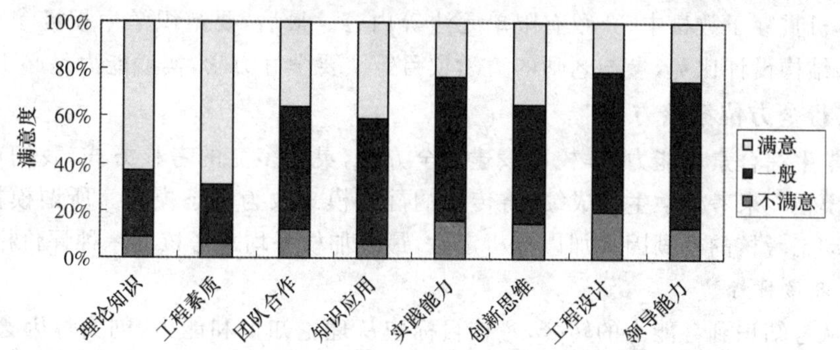

图2　企业对毕业生能力的满意度

图2表明，在对8项指标的调查中，企业对学生的能力满意度集中表现为一般，其中对工程设计和实践能力最为不满意，说明学生在此方面还缺乏锻炼。为了更好地对课程进行改革，全方位了解各指标，对学生自身也做了一项调查(图3)。

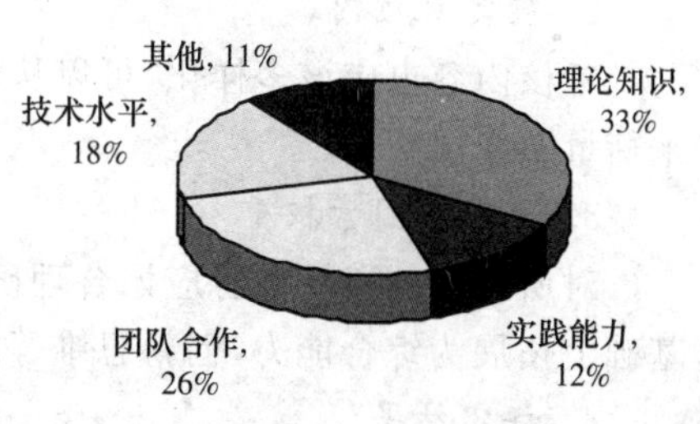

图3　学生对自己的评价

学生对自己评价中，理论知识掌握度为33%，团队合作精神占26%，技术水平为18%，实践能力占12%，其他的占11%，由此可知，学生认为自己薄弱的环节是

技术水平和实践能力。综上可知,力学课程的改革中需要加大力度通过校企的合作来提高学生的创新思维和实践能力,经探讨可通过以下三种模式来实施:

1. 将企业引进学校

学校引进企业模式就是参考企业生产和管理模式,或将企业部分生产转移到校园内,给学生提供理论学习和上岗实训的机会,这样既节省企业场地,同时给学校增加实验环节,提升学生动手能力,实现学校、企业、学生三赢的局面。

2. 采取工读轮换制

我们可以采取上半年在校上课,下半年去企业参加培训,按季度或学期轮换,加强校企的合作,有针对性地培养学生。

3. 实现实习与就业、教学与生产同步

在教学过程中,可实行培训和教育由学校和企业共同完成,学生完成学业经企业考试合格便可进企业参加工作,实现入校既有工作,既提高学生实践能力,也解决毕业之后的就业问题。

(三) 改善教学模式,效仿"PDCA 循环"管理理念

对于力学的授课不应是亘古不变的模式,随着科学发展、人类知识的不断完善及思维方式的不断改变,我们也应该跟随主流,采取管理学中的"PDCA 循环"管理理念[3],将其应用到力学教学中。其中"P"(plan)即教学计划,"D"(do)即教学方案的实施,"C"(check)即方案的检测,"A"(action)即总结优化,"PDCA 循环"是一种综合式的循环,所有的问题不可能在一个循环中解决,遗留的难题自动进入下一个循环,周而复始螺旋上升,可以使教学质量管理往良性方向发展。其次,我们要注重讲课方式的多元化,一方面在授课过程中,我们要结合生活中实际例子来解释力学原理,比如足球运动中的香蕉球[4],力对球心产生力矩作用,球的轨迹曲线也不断在变化,运动员能将足球玩的活灵活现与力学是息息相关的。劈柴时,顺纹劈易劈断,横纹劈不易劈断;在古代火烧水漓法开凿岩石等等都与力学知识分不开。另一方面,选用与实际接近的教材,比如《Maple 材料力学》一书,它由李银山教授编著,注重主动优化设计的教学思想,将计算机贯穿于教材中,介绍有限单元法等内容。最后,要组织学生积极参加实验和实践活动,比如结构设计比赛,参与老师的力学项目等。要学好力学,实践能力是必不可少的。

(四) 实行全方位考核方式

为提高学生综合素质能力,学校应该建立全方位,灵活多变的考核方式,我们可以采用模糊综合评价模型[5]来考核学生的成绩,将传统的静态模式改为动态模式。所谓模糊综合评价就是将影响动态考核的模糊因素加以分析定性,最后加权平均来考核的一种评价模式。

1. 确立考核目标

为实现从考知识到考能力的转变,考核目标应从理论知识和能力、创新等因素考虑,以达到培养实践能力强、适应社会竞争力的人才。

2. 确定考核内容

考核内容也应该多样化,可以从理论知识的掌握,实践能力,创新观点,期末成绩等多方面来衡量学生成绩。

3. 分配各因素权重

对所确定的考核内容应该合理确定其所占比例,以掌握基本理论知识和技能为重点,在此基础上拓展为综合能力,创新思维等的培养。

4. 评定结果

经过一系列分析,最终确定考核内容和权重比例后,加权平均核算学生的最后成绩,其模糊综合评价模型可按下列模式进行:

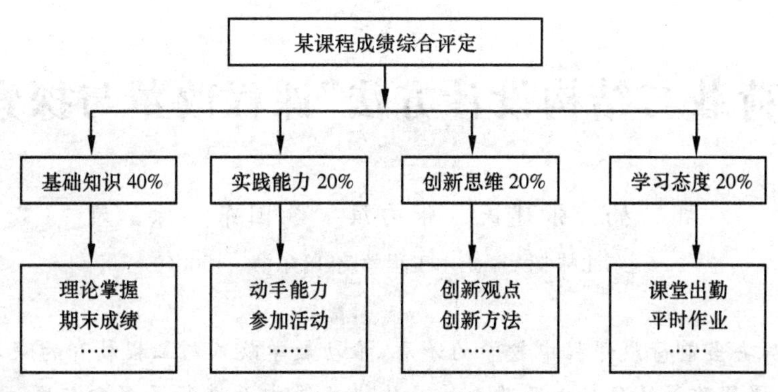

图 4　模糊综合评价模式

四、结语

力学是一门与我们生活紧密相连的基础学科，各高校虽然在不断的改革和发展，但仍不能达到和满足用工程方法解决生活中复杂问题的要求。随着科技的发展和时代的需要，有必要对目前力学课程的教学体系进行改革。其中，采用信息技术与课程的整合，完善考核制度，更新课程内容应贯穿于整个教学体系过程中，以上观点是个人在多年教学过程中对工程力学教学改革和创新提出的一些看法，然而如何提高教学质量和效果还有很多商榷的地方，仍需要我们根据实际情况和发展需要进行探索和讨论，以寻求达到教学质量高，学生综合能力强的目标。

参考文献

[1]　周国谨. 建筑力学[M]. 上海：同济大学出版社，2008.
[2]　中共中央国务院. 国家中长期教育改革与发展规划纲要(2010—2020)[M]. 北京：教育科学出版社，2010.
[3]　仲景冰，王红兵. 工程项目管理[M]. 北京：北京大学出版社，2012:132-133.
[4]　朱志钦. 浅谈工程力学课程的学习兴趣培养[J]. 教育战线，2012，3(03):123-123.
[5]　肖振宇. 课程考核方式与成绩评定方法改革的研究[J]. 经济研究导刊，2011，143(33):325-326.

“荷载与结构设计方法”课程改革与探索

郭　楠　张建民　张力滨　李国东　徐　嫚

（东北林业大学土木工程学院，哈尔滨　150040）

摘　要　为了解决当前荷载课程中教学的矛盾，推动教学改革与工程教育的深入，本文从课程改革的必要性、课程改革的目标以及改革的具体措施等方面进行了探索与阐述。使学生在学习过程中不仅能做到理论与实践相结合，更能够深刻了解结构设计中主要参数制定的方式、方法。

关键词　课程改革，理论与实践，参数制定

一、课程改革的必要性

结构设计软件的普及，极大地方便了工程设计，但也弱化了结构工程师的基本概念，使得结构设计的过程，接近于一种“黑匣子”式的操作。在这种情况下，理解结构基本概念，掌握荷载的确定方法，熟悉设计的过程和基本理论，就显得尤为重要。“荷载与结构设计方法”正是这样一门土木工程的专业课，该课程不仅介绍了各类荷载的概念及特点，给出常用荷载的确定方法，而且还阐述基于可靠度的结构设计原理，有助于工程技术人员从简单的画图匠，成长为真正的工程师，乃至结构大师。

以往的“荷载与结构设计方法”课，注重的是理论的推导和具体荷载的计算过程，随着电算的普及，如前所述，设计工作的重点也在发生变化，要求“荷载课”更加注重基本概念的理解与应用，更加注重和常规电算软件的匹配，更加注重和实际工程的结合。综上，进行“荷载与结构设计方法”这门课的课程改革，符合“卓越工程师培养计划”的精神主旨，能够推动教学改革和工程教育的进程，具有非常重要的现实意义。

二、课程改革目标

1. 激发学生兴趣

兴趣是学生最好的老师，对于任何一门课程，如果能激发出学生的学习兴趣，都将是事半功倍的。“荷载与结构设计方法”课，由于课程本身具有概念抽象、内容庞杂、涉及面广的特点，传统的讲授方式，很难激发学生的学习热情。

因此，摒弃以往枯燥的说教形式，通过简洁明了的教材、直观形象的课件、深入浅出的讲授以及考核严密、环节开放的全过程控制，能够引导学生自主学习，充分发挥以学生为主体的主观能动性，最大限度的激发他们学习的兴趣。

2. 提高结构素养

何为“结构素养”，在《辞海》中对于“素养”的定义是“经常修习涵养”。结构素养则是以“结构概念”为核心的前提下，通过长时间的知识融合、经验积累、能力提升，而逐步形成的一种处理未知问题的能力，土木工程是一门对技术性和创造性要求很高的学科，没有完全相同的两个

作者简介：郭楠（1978—），男，副教授。E-mail：snowguonan@163.com。

基金项目：黑龙江省高等教育教学改革项目（JG2014010592“荷载与结构设计方法”课程建设研究与实践）。

实际工程，因此，建立良好的结构素养对于要面临实际工程中诸多困难的学生来说，无疑是非常受用的。这就要求教师在传授课本知识的同时，尽量使概念的讲述落脚在实际工程中，帮助同学们理解所学知识能够应用在什么地方，做到心中有数、触类旁通，用已知的知识来解决未知的工程问题，并在解决问题的过程中进一步提高自身的结构素养。

3. 完善考核机制

荷载课程是一门综合性很强的专业课，理论性强，涉及面广。传统的"一卷定终身"的考核形式不能充分调动学生积极性更无法准确衡量学生对相关知识的掌握程度。因此，一套完善的考核机制，不仅可以激发学生的学习兴趣而且可以培养学生的学习能力和创造力，改变学生只注重背诵和计算的现状，强调对相关知识的理解与应用，最大限度地体现教师的授课意图，并做到对本课程的全过程控制。

三、课程改革的具体措施

1. 教材建设

教材是教学过程的重要载体，是学生自学的重要工具，对学生掌握知识，提高能力有着不可估量的影响；一本好的教材，不仅要让学生看懂并掌握相关的知识点，更重要的是使学生明白这些知识将要应用于实际工程的哪些方面，使学生明确学习目标，引导学生自主学习。

将上述思想融入教材编写的过程中，编写《荷载与结构设计方法》，并即将在中国建筑工业出版社出版。本教材具有内容新颖、语言通俗、表达直观和结合工程的特点，如在讲述恒荷载及活荷载知识点的过程中，如图 1 所示，通过一个现浇钢筋混凝土无梁楼盖计算荷载标准值的例题将楼层数、轴网尺寸以及荷载从属面积等结构信息，清晰明了地表达出来，使学生在进行常规荷载的计算的同时明确公式中各个系数的含义，有效地将恒、活荷载计算，从属面积与活荷载折减等相关知识点与工程应用结合起来，帮助学生理解知识点，并且架起了一座知识点与工程应用之间的桥梁。

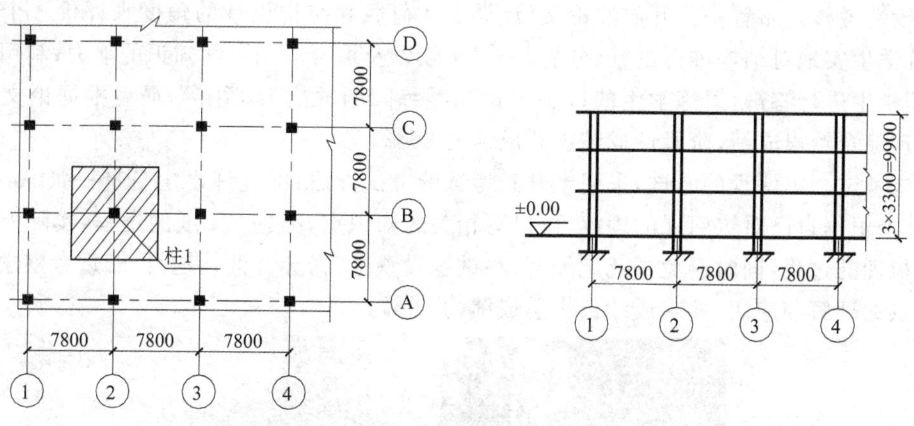

图 1　车库平面及剖面图(单位：mm)

2. 课件建设

课件是教师授课过程中的重要工具，也是学生课后复习的重要参考资料，好的课件应该是图文并茂，深入浅出的，具有知识性和启发性。课件不是对教材的简单重复，更不是简单的文字堆砌，而应该是对教材内容的直观描述，以及对相关知识的拓展和补充。另一方面也要求教师对课件有很好的驾驭能力，合理控制课堂信息点的输出速度，把握课堂节奏。

例如在讲解标准值这个抽象概念时，首先给出规范上的具体规定，让学生做到心中有数，然后以雪荷载为例，通过样本、概率密度函数来具体进行说明，如图 2—图 4 所示。

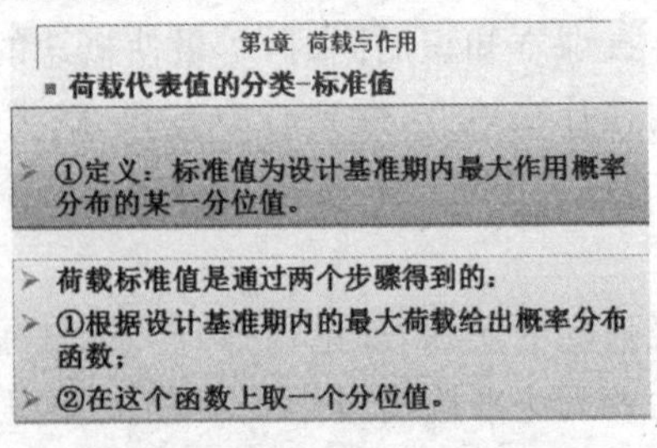

图 2　标准值的定义及取值方法

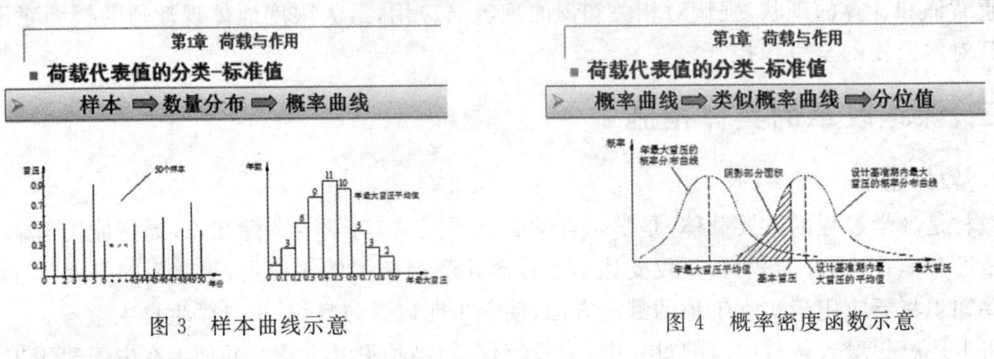

图 3　样本曲线示意　　　　图 4　概率密度函数示意

3. 考核方法改革

本着激发学习兴趣，提高结构素养的精神，形成正规的考核改革文件，取代“一卷制”的传统考核方法，真正做到全过程监控。新的考核形式包括平时考核、阶段性考核和期末考试三部分。

平时考核。在每次课的上课前，通过提问的形式，回顾上节课所讲的主要内容，根据学生回答问题的情况，给出平时成绩，本课程中，平时成绩占总成绩的 20%。

阶段性考核。布置一篇开放性论文，让学生从荷载和结构设计的角度来评价一个建筑结构，锻炼学生实地对结构进行观察、分析，查阅文献以及综合运用所学知识的能力；利用课余时间，组织学生进行答辩，锻炼学生的口头表达和凝练问题的能力(图 5)，最后根据论文质量和答辩表现综合给出成绩，阶段性成绩占总成绩的 30%。

期末考试。本课程的考试，采用半开卷考试的考试方法，即允许学生自带一张 A4 纸进入考场，纸上根据自己对这门课的理解，可以写相关的知识点，准备 A4 纸的过程，实际上是对课程进行梳理的过程，同时避免了死记硬背；在试题设置上，摒弃背诵性题目，着重考察学生对相关知识点的理解与应用，期末成绩仅占总成绩的 50%。

图 5　阶段性考核答辩现场

四、结语

在教育部“卓越工程师教育培养计划”的指导思想下，考虑解决实际工程的需要，通过编写创新教材、完成相关课件、进行考核方法改革等形式，引导学生自主学习、明确学习目标，有的放矢，在授课过程中通过对相关内容的整合与讲解，搭建知识点与工程应用的桥梁，进而激发学生的学习热情，并在学习的过程中逐渐培养自身能力，提高结构素养。

本文所提出的教学改革思想，已形成系统的教改方案和相关文件，并在 5 年的实际教学过程中，取得了良好的教学效果。“荷载与结构设计方法”课程改革的思想与成果，可供相关兄弟院校在讲授同类课程时进行参考。

参考文献

[1] 谢楠.荷载教学的研究性和实践性探索[J].河北农业大学学报，2011，13(3)：359-362.

[2] 李树山，解伟.“荷载与结构设计方法”课程教学实践探讨[J].中国电力教育，2010，(4)：120-121.

[3] 郭楠，左宏亮，张爱民.利用工程训练培养学生的综合能力[J].武汉理工大学学报(社会科学版)，2013，26(10)：232-235.

[4] 左宏亮，郭楠，李国东.结构设计竞赛与本科生创新能力的培养[J].工业建筑，2011，41(S1)：467-471.

[5] 王秀红.浅议技术素养[J].天津科技，2007，(1)：63-64.

从重要度与满意度反差谈“土木工程施工”课程教学

张文学　杨　璐

（北京工业大学建筑工程学院，北京　100124）

摘　要　从目前高校教师结构特点和课程特点等角度分析了土木工程施工课程重要度与教学满意度反差的原因，并结合目前土木工程专业本科毕业生的就业趋势、从业方向，从增强土木工程专业本科毕业生就业竞争力角度提出了土木工程施工课程教学建议。

关键词　重要度，满意度，就业，教学

一、引言

目前高校土木工程专业本科毕业生就业压力越来越大，随着研究生培养规模的扩大，本科生就业去向也发生了很大的变化。目前土木工程专业本科生多进入施工类企业。这使得本科生对不同课程的需求发生变化，为增加学生的就业竞争力和职业适应能力，高校的教学大纲、课程设置，甚至教学方法都应随之进行相应的调整。而目前个别高校在对这一变化的重视程度还不够，远不能满足社会的需求，这不仅表现在本科课程设置、毕业选题不合理上，而且个别课程的授课方式也有待改进和调整。

为此，本文结合高校教师队伍构成、土木工程施工课程特点及本科生就业趋势等因素分析了某高校教学质量调查报告结果显示土木工程施工课程重要度与满意度形成鲜明反差的原因，并提出了响应的课程教学建议。

二、现象与分析

1. 就业现象

随着我国高等教育的普及，上大学变得越来越容易，但本科就业压力也逐年增加，就业方向也发生了较大的变化。在 20 世纪 90 年代以前重点大学土木工程专业的本科生多进入科研院所或设计院工作，而目前土木工程专业本科生除少数知名大学外，其他学校土木工程专业本科毕业生多进入施工单位就业，如图 1 所示为某重点大学近土木工程专业本科生近 5 年的就业去向统计图。

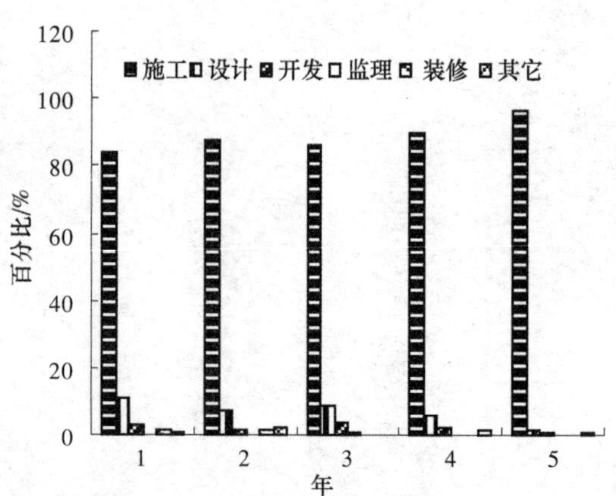

图 1　某高校近 5 年本科就业统计图

由此可知目前土木工程专业本科生就业多以施工企业为主，且呈现出逐年增加的趋势，因此我们在进行教学方案制定、课程设置、毕业设计选题，甚至授课方式等方面都应进行相应的调整，以增强学生的就业适应能力。

作者简介：张文学，男（1975—），汉族，博士，北京工业大学，副教授，主要从事桥梁结构设计及施工关键技术研究，担任“土木工程施工”、“生产实习”等教学工作。

2. 反差现象

某高校为促进教学质量，提高教学效果，委托第三方企业对其本科毕业生进行了核心课程教学质量评价调查，土木工程专业共计调查了5门主要课程，调查结果如图2所示，从图2可知：

(1) 专业课土木工程施工对本专业本科毕业生的重要度最高为91，而材料力学和结构力学等专业基础课对本科毕业生的重要度有所降低。

(2) 虽然材料力学、土力学等专业基础课对本科毕业生的重要度不是很高，但调查结果显示，这些经典课程的教学满意度却相对较高。

造成以上现象的一个主要原因是土木工程施工技术更新相对较快有关，如在本次调查中其他学院经典课程与更新较快课程的调查结果如图3所示。

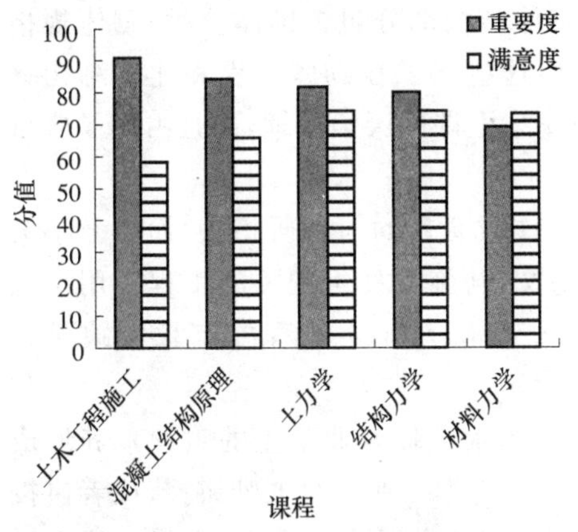

图2 某高校土木工程本科教学质量分析

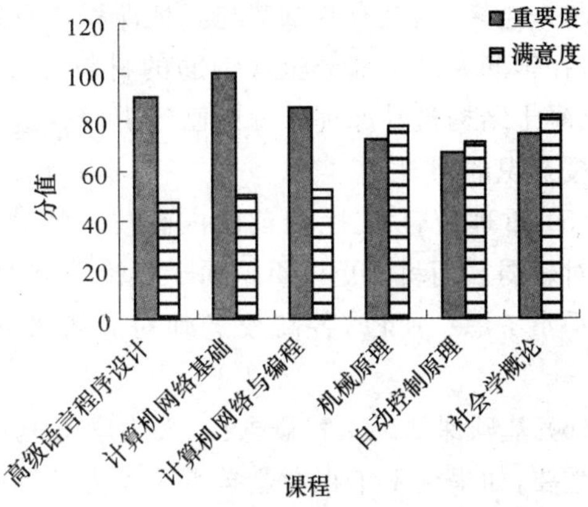

图3 不同课程重要度与满意度对比

3. 反差成因剖析

通过以上分析可以发现越来越多的本科生的就业方向为施工企业，土木工程施工课程对其越来越重要，但土木工程施工课程教学能够满足学生工作需求的满意度却很低，如果这一问题不能很好解决，不仅影响学校的教学质量和声誉，更影响学生的就业竞争力。经过对目前国内土木行业发展现状及土木工程专业教师队伍实际情况进行分析认为，造成以上现象的原因主要在于：

(1) 教材与实际脱节：近些年土木工程在以基础设施建设促进经济发展的国家政策背景下，基础设计建设大发展、房地产业迅速扩张发展，各种新型结构、复杂应运而生。进而促进了土木工程施工技术的快速更新，而教材内容更新滞后，甚至出现个别章节、部分工艺做法已经淘汰，这是土木工程施工课程与其他土木工程专业基础课程，如结构力学、混凝土结构设计原理等经典课程的差异所在。如在国内大多数土木工程施工教材中均包含“土方调配计算”和“钢筋量度差值计算”等章节，且所占课时量较大，而实际工作中几乎很少用到此部分知识。而施工中经常遇到的临时结构设计部分教材中又很少涉及，这一现象致使学生在课堂上所学的知识在实际工作中没有用武之地，而实际工作需要的知识在课本中又找不到。

(2) 教师缺乏工程实际经验：在国内高校争相发展国内领先、国际知名科研型大学的背景下，高校无一例外地要求教师必须具备高学历，对进新教师的学历要求一般都是博士研究生。而国内大多数博士研究生都是本硕博连读，几乎没有任何工作经历，更谈不上工作经验；而具有较为丰富施工经验的专家人才根本不够进入高校从教的门槛。刚毕业博士入职后不但成为本科教学的主力，而且还面临科研项目和论文成果等考评指标的压力，而无法全身心投入教学工作中，因此，更谈不上去充实自己的工程经验，这也是这些年高校一直提倡增强教师工程素养，但执行效果不佳的原因。

(3) 教学方法关于传统：很多老师目前还是习惯于采取传统的教授式教学，基本上是整节课都在讲授。只是讲授方式上发生了较大的变化，有原来的板书教学变成了多媒体授课。学生在学习过程中基本上是整个教与学过程中的被动体，老师所占用主动性过大。很少启用分组讨论、案例分析和专题研究等以老师为引导、学生为主体的教学模式。甚至有个别学校也不允许老师开展类似的教学方法尝试，这不仅致使学生因被动学习而缺乏积极性，而且学生所接触的知识严重局限于老师知识范围内，不利用开发学生自身的主动性和扩展学生的知识面。

(4) 课时压缩与面面俱到：土木工程施工课程在 20 世纪 80 年代为 96 学时，而目前在大土木背景下，各高校的土木工程施工课时一般为 64 学时。但随着教材的更新，教材越来越厚，内容越来越多，甚至有些章节与其他课程相重复，如在砌体结构部分包含砌体分类、砌体规格章节，在钢筋混凝土部分包含钢筋的材料性能及分类，而这些知识在砌体工程和建筑结构材料、混凝土结构设计原理课程中已经讲授。这不仅造成学生上课的厌烦心理，而且占用了应重点讲授知识的课时。

(5) 重理论轻实践：目前国内高校教师的职称评定、岗位晋升均与科研相关，而与教学关系相对较弱。而科研更注重偏向于理论研究的高水平论文，与施工技术相关的工程应用型论文几乎不考虑。所以，各高校老师对施工技术研究缺乏兴趣，对土木工程施工教学缺乏积极性。

(6) 基础课缺乏工程概念：三大力学等基础课程对于土木工程专业学生的工程素养形成非常重要，如果土木工程专业学生三大力学等基础课程是由力学专业出身老师讲授，或者讲授力学的老师过于偏重理论研究，而实际工程经验相对较弱，即便讲课非常认真，也很难将力学中的问题与实际工程联系起来，只能是就题论题。这样教出来的学生考试做题能力即便很强，但缺乏将实际工程简化为工程力学模型，更谈不上根据工程需求用力学理论进行实际工程施工方案设计。

三、课程教学建议

根据以上分析，结合卓越工程师培养要求，提出如下教学建议：

(1) 首先要从老师抓起，要求讲授土木工程施工课程的老师一定具有 1 年以上的工程施工经验。这一点可以从多途径实现，其一，对新入职的博士要求去大型国企锻炼 1 年以上，当然锻炼期间要给一定的政策扶持，如免考核、职称晋升给予倾斜等。其二，降低土木工程施工任课教师的入职学历门槛，可以从大型施工企业招聘具有施工经验丰富，政治素质高，愿意从教的高级工程师来校做专职任课老师。其三，可以聘任经验丰富的工程师做兼职任课教师，根据其经验专长进行专题讲座式授课。

(2) 改革授课大纲和讲义，课程必须有课程大纲，但不是一成不变；教材编写周期长，更新滞后，但讲义更新灵活方便，要根据行业技术进步情况、行业要求对教学大纲和讲义进行实时更新修订。建议：①删除与其他基础课程相互重叠部分章节；②将已经过时或者被淘汰的技术进行删除，或者设为课后自学；③将单项工程施工组织设计部分放到施工组织课程设计时讲。④这样可以调整出 8～12 学时时间，用以设置 1～2 个典型工程案例分析和 1 个专题讨论。

(3) 处理好教学与科研的关系：教师不进行相关领域的科研工作，就很难掌握行业的发展现状及动态，知识就会陈旧枯竭，这不仅影响课堂上教师对学生的学科引导，而且会影响学生对教师的敬佩感和亲和力，自然就影响学生对该课程的学习效果。但教师的天职是教书育人，因此不能只一心搞科研，而忽视了教学。因此要处理好科研、服务社会和教学三者之间的关系。纵向科研和服务社会是为教学服务的，是搞好教学的两块基石，进行科学研究和服务社会都是为教学打好基本功，为教学服务。

四、结语

根据近些年土木工程专业本科生的就业去向和学生毕业后对本科课程重要度与满意度调查结果，分析了土木工程专业本科生关于土木工程施工课程重要度与满意度调查结果形成反差的原因，并根据原因给出了响应的教学建议，希望对土木工程专业院校土木工程施工课程教学有所帮助，更希望同行老师批评指正、探讨学习。

参考文献

[1] 柳建军，耿琳，朱伟杰．我校土木类毕业生就业去向分析及培养对策研究[J]．教学研究，2009：136-137＋131．

[2] 孙路，张智钧．以社会需求为导向的土木工程专业人才培养方案[J]．林区教育，2012，161(8)：10-12．

[3] 北京工业大学．北京工业大学本科教育质量报告[R]．北京：北京工业大学，2013．

[4] 陈剑，张野，王聪，等．中国地质大学(北京)土木工程专业大学生就业取向与职业规划调查[J]．中国地质教育，2011，4：107-110．

给排水科学与工程专业新生研讨课的探讨

任仲宇　白玉华　郝瑞霞　李炎峰
（北京工业大学建筑工程学院，北京　100124）

摘　要　介绍北京工业大学给排水科学与工程专业新生研讨课的模块划分、教学内容、教学方式和管理方法，总结了不足和教学效果。教学实践新生研讨课采用讨论式、激发式和开放式教学方式可激发新生好奇心、求知欲和学习兴趣，培养其积极思考、讨论和探究式学习的习惯，培养其创新意识与创新能力。

关键词　新生研讨课，排水科学与工程，讨论式教学，求知欲

北京工业大学在系统总结五十年办学经验的基础上，面向未来五十年，提出了建设“国际知名、有特色、高水平的研究型大学”的奋斗目标。研究型大学的教学强调以探索和研究为基础，在教育理念方面，注重在探索和研究的教学过程中激发学生的求知欲、好奇心和学习兴趣，培养创新意识与创新能力。在教学方式方面，强调师生互动，突出教学和训练方法的科学研究特色，注意培养学生的批判和探索的精神。在此目标的指导下，2012 年初发布试行《北京工业大学新生研讨课实施办法》。2012—2013 学年第一学期教务处在全校择优立项支持 81 门新生研讨课的建设，每门课 16 学时，建筑工程学院市政工程系也开设了“给排水科学与工程专业”新生研讨课。两年来，针对此专业新生研讨课教学目标、课程模式、课程选题、教学形式等进行了不断的探讨、改进与实践。

一、前期不足与探索

市政工程系针对学校、学院的指示精神，非常重视研讨课开设，2012 年首次开设新生“给排水科学与工程专业”开研讨课，安排了 7 位热爱本科教学、学术造诣较高的知名教授担任。在研讨课结束后通过对学生的问卷调查和座谈对教学效果进行评估。效果不甚理想。主要问题是：学校对于新生研讨课也处于探索阶段，颁布了指导性文件，但要求不甚明确和具体，有的任课教师对校发新生研讨课的有关文件研读不多，对开课目的，教学目标，课程特点认识有差异，出现很多问题。首先是各位教授所讲内容各自为政，自成体系。其次是将新生研讨课按常规教学方式进行，课程趋于平淡。最后是学生讨论不充分或基本没有发表言论的机会，没有体现研讨课的“激发新生好奇心、求知欲和学习兴趣，培养其积极思考”的教学目的。

二、划分教学模块

针对上述问题，学校与学院多次召开研讨会，组织专家学者对 2013 级新生研讨课进行研讨，市政工程系按照学院的指示，组织系里教授专门讨论。首先根据给排水科学与工程专业的内容划分了三个模块，每个模块有 2～3 位教授组成，每次模块 4～6 学时，派一位教授主讲，减少授课教授的人数。设置的三个模块为：专业导航模块、水处理模块、管网、泵站和建筑给排水模块。

作者简介：任仲宇，1968 年生，博士，副教授。北京工业大学建筑工程学院市政工程系副主任，主管系教学工作，研究方向为地下水污染控制与水环境恢复。

1. 专业导航模块

专业导航模块由系主任讲授，其主题是“20 世纪最伟大的工程技术成就之一，水的净化和输送技术”，强调上善若水，水是万物之源。人类通过水的自然循环和社会循环获取生产和生活所必需的水资源，其中水的社会循环及其调控方法就是给排水科学与工程专业的研究内容。给排水科学与工程对人类社会做出了重大贡献，是非常有影响和极为重要的工程技术之一；给排水行业对于保障水的良性社会循环、支撑社会经济的可持续发展具有十分重要的社会地位和作用；随着社会发展，水资源短缺和水污染问题日益加剧，人类正面临着严重的水危机，给排水行业成为 21 世纪的朝阳产业；建立水的良性社会循环模式和水资源可持续开发利用途径，保障人类健康和可持续发展的重任落在给排水科学与工程从业人员的肩上。

2. 水处理模块

水处理模块中心议题是“应对全球挑战：水危机”，当今时代，水问题层出不穷，水危机前所未有，已成为全球全人类共同关注的焦点，水资源短缺，水质污染正在给全球生态环境系统以及工农业生产造成毁灭性的破坏，干旱以及水污染夺去的生命比艾滋病（HIV）、疟疾和战争的总和还要多，水危机的解决关系全球的可持续发展与存亡。本部分内容主要是通过全球范围内的重大水污染事件回顾，使同学们了解人类在水危机面前付出的惨痛代价，使其意识到解决水问题的重大以及自身肩负的重任，引导学生运用理性思维分析全球水危机产生的原因，并积极讨论探求解决全球水危机的可行之道。

3. 管网、泵站和建筑给排水模块

管网、泵站和建筑给排水模块主要包括：城市给水管网、城市排水管网、大型泵站设置与建设、建筑给排水等内容。随着城市化进程的不断加快和我国城市规模的不断扩大，作为城市生命线的基础工程，城市给水水源配置及给水管网配置、城市排水管网建设显得尤为重要。我国城市建设由于过去起点低，以及近 20 年城市发展速度过快，城市建设发展和基础设施落后矛盾日益尖锐。在现代城市建设中如何科学设置城市给、排水系统尤其是大型超大型城市是现实摆在我们面前的新课题。课程围绕着这些大的问题，强调给排水专业在城市发展建设和维护管理中的重要性。建筑给排水部分主要围绕着现代城市新型住宅和公共建筑特征，以及城市居民生活质量保障这个核心，介绍建筑给排水与城市居民的关系和专业的重要性。

通过上述内容的介绍，使学生对所学专业产生兴趣，建立大型工程建设和城市基础设施管理科学思维方法，明确给排水专业在城市建设中所应承担的责任，从而实现使学生热爱专业，增强学生的未来使命感。

三、明确教学内容与目标

新生研讨课与其他类型课程不同，因为没有固定的教材，新生研讨课的教学内容多是教师自己多年教学、科研经验的总结。

在专业导航模块中教学内容以水的自然循环和社会循环以及水资源短缺和水体污染问题为引导，介绍水的良性社会循环的建立和水资源可持续利用的必要性，以及给水排水工程从业者的责任。使学生认识到所学专业在社会生活和经济发展中的地位和作用，强化学生的社会责任感和专业认同度。其目的是以《高等学校给排水科学与工程本科指导性专业规范》内容为基础，介绍本专业知识体系的构成和实践环节的专业技能要求。使学生了解所学专业知识和能力训练的要求以及合格毕业生的标准。结合本专业近几年就业形势、考研出国情况以及考注册工程师认证情况介绍，引导学生完成大学 4 年的学习规划。

在水处理模块中所主讲部分以全球水危机的发展、现状的介绍以及应对策略的探求为核心，通过全球水污染事件及其影响进行案例教学、并要求学生自制 PPT 进行课堂讨论，分析水危机产生的原因以及应对策略，从而启发学生通过自己的思考，发现问题、探索问题、解决问题。其目的是尝试教学创新，运用体验式教学方法，鼓励学生将现实社会问题与自己专业学习相结合，从而提高学生的发现、分析、解决问题的能力，激发其研究兴趣和热情，从而更好地进行相关专业课程的学习。

在城市给、排水管网和泵站模块，拟从现代城市给水水源特征、长距离输水以及大型城市污水厂建设为切入点，通过大事件、大工程，讲述这些系统的组成，通过城市运行的特点讲述这些基础设施的重要性，结合现代城市基础设施的特点，讲述这些系统的科学性。建筑给排水部分，拟从现代大型公共建筑、现代住宅建筑特征为切入点，围绕城市居民生活和工作环境保障为核心，讲述建筑给排水系统的组成及未来发展趋势、重点强调节能、环保和系统稳定。在讲述上述内容过程中，始终贯穿学习方法和如何确立自己将来的专业目标。目的是通过大事件、大工程、大体量建筑水系统配置方式的分析，使学生真正了解自己将来所从事专业的重要性、科学性，从而激发学生的学习兴趣。

四、改进教学方式

每次课前，课堂教学资料与参考书借由助教提前发放。教师以 PPT、多媒体动画、录像授课，强调与学生互动。在课堂教学过程中，以学生为主体，尽可能多地采用交互方式，多进行课堂交流，教师采用引导方式，最后推出结论，强调学生的参与。

专业导航模块：介绍给排水科学与工程研究对象、研究内容和主要工程技术问题，专业核心知识领域、本专业就业形势、考研出国、考注册工程师证的情况。讲授 20 分钟；分组讨论、辩论如果度过大学四年生活，在充分讨论辩论的基础上初步制定大学四年学业规划方案。讲授 45 分钟，学生讨论为 45 分钟。

讨论题涵盖广，寻找当前热点与学生感兴趣的话题，如：

(1) 如果没有自来水，人们的生活会怎样？

(2) 中国历史上有哪些成功的取水、输水和排水工程案例？

(3) 如何建立水的良性社会循环？

(4) 给排水工程从业人员肩上的责任是什么？

(5) 本专业核心知识领域或专业模块有哪些？与那些课程相对应？

(6) 大学生活怎样才能过得精彩、充实、有收获？

(7) 大学毕业是就业还是继续深造？学习上应如何安排？

(8) 谈谈你理解的合格毕业生的标准其内涵是什么？大学期间应如何为下一步就业或升学做准备？

(9) 为什么要考注册公用设备工程师？其执业范围包括哪些？

学生上交成果或考核内容：

(1) 课堂讨论题书面发言；

(2) 大学四年学业规划方案。

水处理模块：主题是“应对全球挑战：水危机”，以 PPT、录像介绍水污染事件，讲授 60 分钟，学生讨论为 30 分钟；介绍我国当前的水环境现状及水危机事态，教授 60 分钟，学生讨论 30 分钟，教师最终点评与总结。

讨论题目：

(1) 谈谈你所听闻接触的水问题？并分析其发生的原因。

(2) 如何解决中国的水危机问题？如何从自身出发参与应对水危机？

城市给、排水管网和泵站模块：通过多媒体手段展示城市给、排水管网和泵站所涉及的大工程和大事件，并作以简单介绍，然后让学生提出问题；教师对学生所提出的问题进行总结归纳，并且结合学生已经能够提出的所感兴趣的问题，教师列出较为完整的问题清单，之后对上述问题进行讲解，引导学生对上述问题进行科学分析，通过问题解决方式和方法的讲述再引出科学问题，从而引发学生将来的学习兴趣。围绕建筑给排水内容，利用国际国内大型单体建筑的给排水问题，采用讨论方式进行教学。

结合城市安全等问题讨论，题目为：

(1) 从城市安全的角度，谈城市排水体系的重要性？

(2) 从城市稳定运行的角度，谈城市供水系统稳定运行的重要性？

(3) 从居住和工作环境角度，谈建筑给排水在城市建设中的重要性？

(4) 结合城市给水、排水及建筑物供水稳定安全角度，谈给排水专业的重要性？

五、加强管理方法、灵活考核

为了加强 2013 级新生研讨课的管理，编制了新生研讨课课程“我理解的给排水科学与工程”手册，内容包括课程表、模块划分、主讲教授介绍，内容简介、教学目标、教学方式、教学大纲、考核方法，讨论问题、考核方法与参考文献等。

2013 级 2 个新生班分别安排 2 名研究生作为助教，负责考勤，协助主讲教师组织课堂教学及现场参观，收发学生的讨论报告，协助主讲教师进行成绩评定等。

进行老师与学生之间、学生与学生之间的交流互动、口头及协作训练。以灵活、多样的方式鼓励学生参与，主要对学生在掌握知识、开阔视野、合作精神、批判思考、交流表达、写作技能等诸多方面进行整体上的培养与训练。激发学生的兴趣和主动参与意识，以小组方式边学习、边讨论。最后增加现场参观，到设计院与大师面对面交流。其考核方式由任课教师确定，其考评方式也多以学生讨论参与情况及思维、表达等综合素质的进步发展为指针的形成性评价为主。一般不采用书面考试方式，而代之以灵活多样的综合考核方式。在考核上，综合评价，上课出勤、课堂表现、上交书面成果均计入成绩。

六、结语

对比两届新生研讨课的学习效果，2013 级明显好于 2012 级。

两年的实践表明，新生研讨课的开设建立一种教授与新生沟通的新型渠道，提供教授和新生之间交流互动的机会。通过新生研讨课，使新生在从中学跨入大学、开始调整适应新生活的一年级这个特殊而重要的人生转折期，能够有机会亲耳聆听教授的治学之道，亲身感受他们的魅力风范，从而实现名师与新生的对话，架设教授与新生间沟通互动的桥梁，缩短新生与教授之间的距离。通过新生研讨课，使新生体验一种全新的以探索和研究为基础、师生互动、激发学生自主学习的研究性教学的理念与模式，从而启发新生探求未知世界的兴趣，初步培养提出问题、解决问题的研究能力以及批判性思维与实际问题的解决能力，为建立基于教师指导下的探究式学习方式奠定基础。

新生研讨课是以探索和研究为基础、师生互动、研究讨论为主的教学方式。这种模式必然推动北京工业大学传统的以知识传授为主的教学方式向研究性教学方式的转变。开设新生研讨课是建立与研究型大学相适应的研究性教学体系的一部分，其目的在于进一步推动名师和教授上讲台，促进学生身心综合素质的整体培养和训练，提升高素质应用型创新人才培养水平。新生研讨课在北京工业大学的开设是一个实践探索和发展过程，不可避免地存在这样或那样的问题和不足。综合两年的实践，应定期召开“新生研讨课”的专题讨论会，不断总结经验，不断改进与提高，已达到开设新生研讨课的目的。

参考文献

[1] 刘俊霞，张文雪.新生研讨课：一种有效的新生教育途径[J].黑龙江高教研究，2007(6)：147.

[2] 黄爱华.新生研讨课的分析与思考[J].中国大学教育，2010(4)：98.

以“学术英语”为中心的建筑环境与能源应用工程专业英语教学模式探讨

潘　嵩　王云默　樊　莉　许传奇　王新如　谢　浪

（北京工业大学建筑工程学院，北京　100022）

摘　要　以“学术英语”为中心的建筑环境与能源应用工程专业（以下简称建环专业）的专业英语教学要从当前建环专业的专业英语教学内容、现有的课程教学模式和教学目标与社会、学校和学生的自身需求出发，探讨由“综合英语＋专业英语”的课程教学模式向“综合英语＋学术英语”的课程模式的转变，对增强学生利用学术英语进行专业英语学习以及参与国际学术交流工作的促进作用。其目的是培养既精通建环专业知识，有擅长英语学术交流和论文写作的，既能学以致用，又能具有一定学术高度的能够胜任国际事务的复合型人才。

关键词　建筑环境与能源应用工程，专业英语教学，学术英语

一、引言

随着中国对外开放的不断加深，中国建筑相关企业积极响应“走出去”的号召，不断扩大海外建筑相关市场。作为建筑行业中不可或缺的建筑环境与能源应用工程专业，培养一批精通建环专业英语的高素质复合型人才已成为高等院校的当务之急。然而，无论高校教师还是在校大学生都将主要精力放在通过四、六级考试上，重视基础英语而忽略了专业英语的学习，这使得专业英语课程的质量受到了一定的影响。

北京工业大学建校 53 年来，一直坚持“立足北京，服务北京，辐射全国，面向世界”的办学宗旨，科学谋划学校未来的发展蓝图，落实《北京工业大学“十二五”发展建设规划》，坚定不移地实施人才强校、特色发展和开放办学三大战略，基本实现从教学研究型大学向研究型大学的战略转变。身为教育部和北京市特色专业，并且为北京工业大学重点建设学科的建筑环境与设备工程专业，也在学校的领导下从以实践为主的学科向研究型学科进行转变，更多地展现我们学科的科研水平。在国际化的平台上展示我们的科研成果是体现我们科研实力的最好途径，为了向更高的平台发表有水平的科研论文（如影响因子较高的 SCI 期刊），学术型专业英语是我们发表高水平论文的基础，以目前的专业英语课程是远远不够的，因此我们需要由“综合英语＋专业英语”的课程教学模式向“综合英语＋学术英语”的课程模式转变。

当前，国内各院校开设的综合英语课程与专业英语课程之间缺乏衔接性，又由于学生专业方面的词汇量不够，对句子和语篇结构不熟悉，使得现有的建环专业英语课程大多围绕专业英语词汇、句法和篇章结构特点开展教学。这种教学模式忽视了对学生技能层面和语言层面能力的培养，而这两种能力恰恰是大学生进行专业学习迫切需要的。由此导致建环专业学生对专业英语课程的学习成效与教学目标以及实际的应用仍有很大的差距。学术英语主要是训练学生的“英文学术论文的检索与阅读，区别事实和观点的学术批评能力以及符合学术规范的论文写作、小组讨论、学术演示与陈述的能力等等”。因此，学术英语的最终目标是使学生具有用英语进行本专业学习和研究最需要的英语语言应用与交流的能力。

二、建环专业学术英语教学体系构建

(一) 综合型专业英语向学术型专业英语的转变

由教授综合英语(English for General Purposes,EGP)直接转向教授学术英语的任课教师的教学能力如何迅速提高并满足于学术英语的教学要求,是学术英语课程开设成功与否的关键问题。在实践中,授课的教师是建环专业的教授,并且授课教师拥有长时间的留学经历,因此不仅专业知识丰富而且在英语基础教学上也有丰富的经验。这不仅能保证教学任务的正常完成,并且能够保证学生所接触的建环专业的学术英语的学习内容是目前建环领域中最贴近社会需求,也是最高水平的研究内容。

(二) 课程设计和需求分析

林学专业学术英语的教学目标应能达到教育部在《大学英语课程教学要求》(2007) 中对 ESP 课程教学的要求。因此,学术英语课程应该是一系列独立学位课程或必修课程,每班人数以 25 人左右为宜。在实际授课过程中,分成两班授课,授课班级均为处在大三下半学期的班级。10441 班为 24 人,10442 班为 26 人。授课时间为每周课 2 学时,共上 12 周,总共 24 学时。

课程教学总共分为三个阶段。第一个阶段为预备阶段:这一阶段由老师分发给每位学生课程所要讲授的所有单词材料一份,以及分发给每位学生一篇建环专业已发表的 SCI 文章(每位学生的文章均不相同)。在这个阶段主要是将学习的材料分发给学生,让学生对即将所学习的内容有一个初步的了解。第二阶段为授课阶段:每次上课分为三个部分,第一部分为老师讲解部分,主要是老师讲解学术论文写作的知识;第二部分是学生讲解部分,学生主要根据所发的 SCI 文章对文章的某一部分进行翻译和讲解;第三部分是课堂检测阶段,老师会根据每节课不同的讲解内容对学生进行课堂考核。第三阶段为课程考核阶段:学生会根据要求完成课程作业、课程书面笔试和课程口试。根据这三项的成绩对学生进行考核。

在预备阶段,教师根据建环专业目前比较热门研究方向和社会上应用比较广泛的研究分成了几个小选题供学生选择。学生可以任意选择一个自己感兴趣的选题然后教师再根据学生的选题向学生分配相关的 SCI 文章,每位学生所拿到的文章均不相同。每位学生拿到的 SCI 论文将作为课后作业,学生需要对自己拿到的 SCI 文章进行阅读,翻译和理解。

在授课阶段主要包括三部分内容,第一部分教师主要教授的内容是关于学术英语写作的部分,包括文章的 Abstract、Introduction、Methodology、Results、Conclusions 各个部分所需要写的内容、写作要求和注意事项以及例文的讲解。第二部分学生讲解的内容主要是对老师讲解内容的消化和理解,在每次讲课之间老师会让课代表布置预习作业,学生会提前翻译好上课要讲的内容,例如这节课老师要讲解的是 Abstract 部分,那么学生将自己手中的 SCI 文章的 Abstract 部分阅读、翻译并理解;在课上老师讲述完之后,会随机让 5 名学生上台讲解自己的 SCI 文章中对应的部分,然后老师和学生们一同分析和讨论台上学生所讲解的内容。这样不仅达到了课前预习的效果,也使得学生们在课堂上更加积极,同时课上所学的知识也能更好地理解和消化。第三部分是课堂考核部分,教师会随机出一道写作题目或者翻译题目。写作题目为补写形式,给出一篇 SCI 的上下文的总结版,让学生们根据上课所学的知识补写相应的部分。或者将一篇 SCI 原文中的一部分发给学生们,让学生们当堂翻译。这样的课堂检测能更好地帮助学生们将所学的学术英语知识学以致用,并且能够让学生们更好地掌握上课所学习的知识。

(三) 教学内容与任务

建环专业英语的教学内容主要由两部分构成。第一部分是综合英语部分,综合英语主要是训练学生们的基本英语技能,为后面学生接触的学术英语奠定英语基础。这部分内容主要是通过与学生互动讨论每个学生课上讲解的 SCI 文章的翻译以及教授学生们专业英语单词来培养学生们的基本英语技能。因为所选的教材都是建环专业领域的 SCI 期刊文章,所以这在很大程度上也帮助学生们对 SCI 文章有一个初步的认识和体会,让学生们通过翻译别人的文章知道 SCI 文章应该怎样写,怎样的 SCI 文章是可以在国际学术界所认可的。而英语单词则是英语的基础,没有一定的专业词汇量会使得学生们很难理解文章,并且在今后自己独立完成学术论文时也会遇到专业词汇使用不准确的问题。第二部分是学术英语部分,有了第一部分内容的铺垫,授课教师在课上讲解有关学术英语写作的知识,同学们通过听讲学习、动手翻译、理解文章和课上巩固四个环节更好地掌握上课所学到的有关建环专业的学术英语知识。

我们由"综合英语＋专业英语"的课程教学模式向"综合英语＋学术英语"的课程模式的转变,目的在于增强学生利用学术英语进行专业英语学习以及参与国际学术交流工作的能力。在由专业英语向学术英语的转变过程中也不能忘记综合英语的重要性,只有让学生们掌握好基本的英语技能(单词、句子结构成分分析等)才能更好地帮助学生们学习学术英语。这也是为什么我们在课堂上会花大量的时间在单词讲解,与学生们讨论学生自己翻译的 SCI 文章内容,以及课堂上的随堂检测。

(四) 课程考核与评估

作为学术英语课程设置重要的自我诊断与反馈环节,学术英语的课程考核与评估体系的建立在某种程度上比需求分析、教学内容和教学材料的组织更为重要。

程考核主要用来衡量学生的课程学习情况,现在大部分专业英语课程的考核只注重期末考试的卷面成绩和平时作业上交情况。一方面是由于课程设计得不合理而造成的,另一方面是应试教育的大环境造成的。由于之前我们的课程设计中间有很多学生讲解的机会,并且有很多学生课下完成的工作,所以我们的课程考核主要是侧重学生的平时成绩。期中和期末的考试卷面内容主要是专业词汇、文献翻译和学术英语写作三个部分,试的卷面成绩占最后总成绩的 40%。而平时每位学生课上演讲的内容能直接反应学生们课下作业的情况,而每次课上的课上考核成绩能反应学生们课上的对于知识的掌握程度,因此这两部分的成绩占总成绩的 50%。在期末考试以后,每位学生还将与老师或者助教进行一对一的交谈,学生叙述自己所翻译的 SCI 论文,内容包括文章中所做的研究是什么,怎么开展的研究以及最后研究的大致成果由哪些,并且最后谈谈自己这学期上这门课的感想,这部分也计入最后的成绩,占总成绩的 10%。

三、结语

当前,我国多数建环专业的英语教学还停留在早期的"综合英语＋专业英语"的课程教学模式,再加上教学目标与定位的模糊,使得学生的英语学习和专业学习之间缺少一个有效衔接的桥梁。建环专业的英语教学目标应该是培养学生的综合语言素质并加强英语学习与专业学习的结合,培养在国家战略层面和社会需求层面需要的高层次、复合型专业人才。因此,将此前的"综合英语＋专业英语"的课程教学模式向"综合英语＋学术英语"的课程设置转变,这"对改变和解决我国长期以来基础英语定位所带来的严重的应试教学倾向,普遍的学习懈怠状态和系统的费时低效,对'切实提高大学生的专业英语水平和直接使用英语从事科研的能力'都具有深刻的理论与实践意义"。本文所提出的课程设计尝试由"综合英语＋专业英语"的课程教学模式向“综合英语＋学术英语”的课程设置转变，通过学生们的反馈，感觉这种教学模式不仅使课堂气氛更加活跃，不再像传统英语课教学那样枯燥，而且学生们也感觉课上内容更加丰富饱满，自己通过一个学期的学习确实学到了很多关于建环专业学术英语的知识，在今后遇到有关学术英语的问题时，就可以有解决的思路不会再手足无措了。当然，本文提出的课程设计还有很多不完善或不合理之处，在今后的建环专业学术英语课程的不断开展中，会通过实践不断完善，争取更好地完成教学要求。

参考文献

[1] 周奇，朱林菲. 土木工程专业英语教学现状调查分析[J]. 高等建筑教育，2014，23(1)：102-107.

[2] 蔡基刚，廖雷朝. 学术英语还是专业英语——我国大学ESP教学重新定位思考[J]. 外语教学，2010，31(6)：47-50.

[3] 桂仁意. 以“学术英语”为中心的林学专业英语教学模式探讨[J]. 大学教育，2014(1)：107-109.

“可再生能源在建筑中的应用”课程教学探讨

全贞花　赵耀华　樊洪明　简毅文　李炎锋　潘　嵩

（北京工业大学建筑工程学院，北京　100124）

摘　要　“可再生能源在建筑中的应用”是为了适应节能减排的社会发展趋势和满足创新人才培养需求而开设的面向暖通专业的研究生选修课程。本文就该课程的特点，探讨其教学内容与教学方法，并根据教学实践总结了教学认识与体会。

关键词　可再生能源，建筑节能，教学方法，教学认识

一、引言

人类社会正面临着严重的能源危机与环境污染，我国建筑能耗在能源消耗总量比例呈逐年上升趋势，目前已经接近30%。有效开发利用可再生能源，促进可再生能源建筑应用发展，对增加能源供给，优化能源结构，提高能源利用效率，保障能源安全，保护和改善生态环境具有重要作用，也是建设资源节约型社会和实现社会的可持续发展的迫切需要，也是世界各国未来发展的必由之路。因此，我国政府已明确将可再生能源利用作为缓解能源危机、减轻环境污染、改善生活工作条件、促进经济持续发展的一项根本措施。

“可再生能源在建筑中的应用”是为了适应节能减排的社会发展趋势面向供热、供燃气、通风及空调及相关专业的硕士研究生开设的选修课程。它是建筑科学、能源科学、系统工程科学和环境科学等许多学科紧密结合、融合发展而形成的课程，是建筑科学技术的重要组成部分。该课程旨在培养学生树立可再生能源利用与建筑节能的基本思想，用正确的理论和方法处理气候、资源环境、建筑结构、用能设备以及室内环境需求要素间的关系，最终运用所学知识对特定的可再生能源建筑系统进行综合设计和评价，使学生步入社会成为绿色建筑技术方面的倡导者，良好室内环境与健康生活技术的实现者，为国家可持续发展目标的实现做出应有的贡献。

二、教学内容

可再生能源相比于目前使用的传统能源，具有丰富的来源，几乎是取之不尽，用之不竭，而且对环境的污染很小，是一种与生态环境相协调的清洁能源。目前能够应用到建筑上的可再生能源主要有：太阳能、风能、地热能、生物质能。风能与生物质能虽然具有各自特点与优势，但就其在建筑中应用的普遍性目前还远不及太阳能与地热能应用的广泛，而且就其技术难度与涉及知识深度学生来讲，学生可以通过自学的方式来学习，所以这部分所涉及的知识不是本课程的主要内容。

“可再生能源在建筑中的应用”课程的教学内容主要包括以下几个部分：建筑能源体系与可再生能源概述；太阳能热利用；太阳能光伏利用；太阳能建筑一体化；地热能在建筑中的应用。第一部分“建筑能源体系”介绍能源及其应用现状，建筑节能的重要性及建筑节能的途径，引出可再生能源及其发展历程与技术现状，并对应用于建筑中的可再生能源进行概述。第二部分“太阳能热利用技术”主要包括太阳能利用的基础知识、太阳能集热技术、太阳能热水系统、太阳能供暖系统，太阳能制冷系统等。第三部分“太阳能光伏利用技术”主要包括太阳能

光伏发电基本原理、太阳能光伏电池的散热技术、太阳能光伏热电联供系统及其在建筑中的应用。第四部分"太阳能建筑一体化技术"主要包括太阳能光热技术建筑一体化、太阳能光伏技术建筑一体化以及太阳能建筑综合供能体系。第五部分"地热能在建筑中的应用"主要包括地源热泵技术在建筑中的应用的基本原理与相关科学发展前沿技术。

三、教学方法

该课程采用理论教学与实践教学相结合的教学方法，教学全程加强可再生能源利用与节能减排理念的渗透与贯彻。

(一) 理论教学

理论教学是学生获取知识的必要环节。本课程学生通过理论教学的学习掌握可再生能源利用技术与建筑节能的基本原理及设计方法，培养学生独立设计可再生能源利用系统的设计能力，以及新能源技术的创新与开发能力。在教学过程中，与学生进行思维与知识的互动，利用学生对新能源的好奇心与求知欲，设法使学生围绕课程内容积极思维与思考，激发学生的探索新能源的意识与能力。在教师的启发和引导下，倡导学生开展发现学习、探究学习与研究型学习。培养学生勤于思考的习惯，不但使学生学到建筑节能与可再生能源利用的新知识，更重要的是学会如何去探索、发现、研究新能源利用的新技术，从而培养学生创新能力与探索新能源未知领域的本领。

(二) 实践教学

实践教学是学生准确掌握与灵活利用知识的关键环节。《可再生能源在建筑中的应用》设置参观实习、创新性实验、课程设计等实践教学环节，强化与深刻认识可再生能源系统的工作过程、运行控制与系统理论。首先，在教学过程中带领学生接触实际工程案例，进行参观认识实习。正所谓"百闻不如一见"，再多的课堂讲解不如学生亲自现场观察感受。而进一步提高学生的认识与动手能力，还是需要"百见不如一干"的实践过程。因此，通过开展"太阳能热泵复合热电联供"等创新实验，深入学习太阳能发电、供热、制冷、热水供应的建筑供能系统原理，工作性能及运行操作等较全面知识。另外，开设可再生能源复合系统工程设计环节，实现空调、供暖、供热水与强化通风的复合能源利用系统设计。通过学生自己亲自实现工程设计加深他们对新能源重要性的认知，使学生在实际工程问题的分析中加强独立思考能力与实践能力，从而提高运用理论知识解决实际问题的能力。同时，鼓励学生参与或承担教师在研的科研项目，了解可再生能源在建筑中利用方向的科学前沿动态，勇于探索创新新能源利用的新技术与新方法。在此基础上，提倡学生能主动承担相关课题研究。通过上述多重实践教学环节，使学生掌握可再生能源利用与建筑节能的基础知识，增强学生科学用能、提高能源利用效率、降低用能成本的节能环保意识。

四、教学认识与体会

(一) 以学生为主体的教学过程

本课程采用以学生为主体的教学过程。学生创造性的发展要求有一个相互信任、互相尊重、和谐民主的心理环境。以学生为主体的教学过程中教师就要由知识的权威者转为平等的参与者和合作者；由课堂的管制者转为课堂的组织者、引导者和促进者；由课堂的表演着转为学生表演的发动者。鼓励学生自己独立思考问题，让他们有自己的思维时间与空间，以达到启迪学生思维的目的。通过认真组织教学环节，使学生的思维过程具有鲜明的目的性，避免学生的思维迷失方向。

另外，教学不应形成固定的模式，必须因学生条件的不同而有所变化。善于运用启发式教学而不是注入式教学。既然学生是认识的主体，教法设计就必须从学生的实际水平和接受能力出发，并且运用适当的教学法激发学生的学习兴趣，调动学生学习的积极主动性，培养学生的思维能力。要充分运用实践教学环节，以利于学生理解知识、牢固掌握与灵活利用知识。实践教学不仅表现在参观、实验操作等的技能技巧方面，重要的是要具有相关研究条件和科研环境，从而激发研究生开展可再生能源技术方面兴趣，从事相关科研探索，开发新技术与新成果，为国家可持续发展做出应有贡献才是该课程设置的终极目标。

（二）注重教师教学能力与业务能力的培养

作为研究生授课教师教学能力的培养是教学的基本要务，必须不断加强对教育科学领域的新理论、新方法的学习，不断改进教学方法，利用先进的多媒体教学手段，不断提高教学质量。教师的教学不仅“授之以鱼”，而要“授之以渔”。“不好的教师只是传授真理，好的教师是教学生发现真理”。因此，注重教会学生学习方法，是古今中外教育家的共识，是使学生受用终生从而发挥创造才能的有效方法。

另外，本课程教学内容必须充分体现与时俱进的科学发展前沿技术—先进的可再生能源与建筑节能技术。作为专业课教师必须具有足够的相关领域科学研究能力，并有一定的研究成果或造诣。如果一位教师不搞科学研究或不具备科研能力，缺乏知识创新的源泉，就不可能成为高水平的教师。特别是随着知识经济时代的到来，知识陈旧率加快，教师要不断拓宽自己的知识面，扩展自己的兴趣爱好，不断吸收新的信息，不断更新自己的知识结构，及时吸收本学科的新知识、新成果，了解与本专业相关的新兴边缘学科或交叉学科的发展状况，不断充实自己的知识储备，增强自己教学的适应能力。

（三）建设多位一体的教学体系

建设教材、多媒体教学、复习题库、网络论坛等多位一体的教学体系，架起教师与学生之间的多路立体教学通道。有针对性地组织设计参考教材与参考文献，使学生能够多角度受益于相关领域的前沿技术。并要撰写具有专业特色的讲稿或教材，让学生能够抓住重点，有利于学生掌握相关知识要点与本专业相关科研发展特色。采用多媒体教学，运用形象、直观的多媒体技术可以创设出一个生动有趣的教学情境，比如“太阳能利用基础”教学过程中融入“动画视频”等多媒体介绍太阳能辐射、高度角、方位角等枯燥的基础概念，使学生在喜闻乐见的、生动活泼的学习氛围中获取知识，从而使学生产生极大的学习兴趣。运用多媒体教学还可以增加教学容量，使教学突出重点、淡化难点，提高教学质量。另外，积累学习知识要点及建立复习知识题库，并将各种教学资料上传专业网站，通过网络论坛等方式随时解答学生的疑问，从而实现全方位的教学体系，提高教学质量。

五、结语

“可再生能源在建筑中的应用”是暖通专业为适应时代发展趋势而开设的一门研究生选修课程。该课程教学内容要充分体现与时俱进的科学发展前沿技术—可再生能源与建筑节能技术。采用理论与实践相结合的教学方法，设立多位一体的教学体系，充分发挥学生的主观能动性，提高学生创新能力。寻找与探索高效的教学模式，使学生通过本课程的学习达到科学用能，高效用能，最终成为节能减排的实施者与实现者，是今后教学过程中不懈努力的方向和目标。

参考文献

[1] 倪珅,王全福,王方.浅谈新能源及可再生能源在建筑中的应用[J].中国科技信息,2013,3:35.

[2] 刘学东,邵理堂,孟春站,等.新能源科学与工程(太阳能利用方向)人才培养探讨[J].淮海工学院学报(社会科学版·教育论坛),2010,8(8):45-47.

[3] 邵理堂,刘学东,孟春站,等.太阳能利用技术与工程专业方向课程体系建设探讨[J].淮海工学院学报(社会科学版·教育论坛),2011,9(2):84-86.

[4] 仲敏波,吉恒松,宋新南."太阳能利用"课程教学探讨[J].科技创新导报,2011,28:171.

D　实践环节建设

构建土木工程专业四维渐进式实践教学体系

杨　平　黄　新　苏　毅

（南京林业大学土木工程学院，南京　210037）

摘　要　本文基于土木工程专业实践教学的特点，从认知到创新的教学规律出发，通过构建实践教学过程中的制度维、组织维、条件维、创新维，形成了“体验与认知—综合与提高—研究与创新”层层推进、“制度维—组织维—条件维—创新维”四维贯穿始终的“四维渐进式”的创新人才培养实践教学体系。多年来通过构建和建设四维渐进式实践教学体系，切实加强了学生实践能力的锻炼和培养，取得了较好的成效和成绩。

关键词　土木工程，创新人才，实践教学模式

一、引言

土木工程实践性强，如何加强实践教学环节的改革和建设，培养出具有工程能力和创新能力的卓越土木工程师，是目前土木工程专业本科教育需要重点研究的内容。

“重理论、轻实践，重课堂、轻课外，重精深、轻综合”的培养模式与社会需求已经不适应。为了探索更有效的土木工程人才培养模式，目前我国土木工程专业实践教学体系做了大量的研究，主要从培养目标定位、质量规格、培养方案、课程内容、实践教学、培养方式等方面进行[1-3]。南京林业大学土木工程专业在二十多年的办学过程中，围绕如何强化实践教学，进行了深入的探索和研究，通过构建四维渐进式的实践教学体系，以国家和省品牌与特色专业建设为契机，结合省与校实验平台建设，切实加强学生的实践能力的锻炼和培养，经过多年的实践，取得了一定的成效和成绩。

二、渐进式实践教学培养模式

基于土木工程专业实践教学的特点，从认知到创新的教学规律出发，将实践教学分为三步：体验与认知、综合与提高、研究与创新，形成了渐进式时间教学培养模式。

体验与认知：通过教授团队、行业知名专家的专业引导与学术讲座，师生沙龙、自主兴趣小组、重大工程参观等多种形式进行熏陶式的专业认知教学，激发学生的专业兴趣及创新意识。

综合与提高：通过理论与实验教师联动指导，开展开放性实验，利用校企联盟基地等多途径，结合工程实践问题，使实践教学与理论教学有机结合，实现理论→实践→创新，培养和提高学生的动手能力、综合能力及创新思维。

研究与创新：通过导师制、学生自治专业社团和校内外创新基地等外化作用，引导学生早进课题、早进团队，开展和参加各种学科竞赛、自主实验；参与教师科研，撰写学术论文，培养与提高学生的研究能力与创新能力。

三、渐进式实践教学的四维系统

针对土木工程专业人才培养实践教学存在实践项目分散，流动性大，实践课时不足，实践

作者简介：杨平，1964年生，硕士，教授，主要从事土力学地基基础、地下工程、人工冻土的教学和研究工作。

渠道不畅等问题，构建了如图1所示的实践教学“四维系统”。

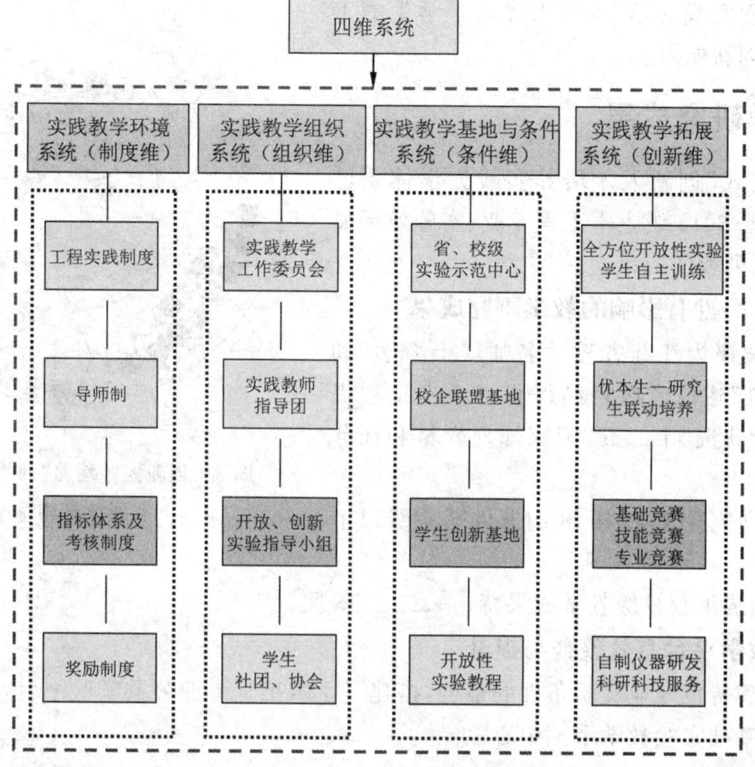

图1　实践教学四维系统

实践教学环境系统(制度维)：实行工程实践制度，学生4年内参加工程实践累计时间不小于8个月；推行导师制，吸引学生参与科研团队，提高学生的创新能力；制定素质拓展与科技创新活动学分要求与指标体系，制定详细的实践指导教师考核量化标准；实施学生创优、科技创新的系统奖励机制。

实践教学组织系统(组织维)：成立由校内外专家组成的实践教学工作委员会，负责实践教学的体系制定、过程实施、效果考核；针对实践教学项目，成立不同的校内外实践教师指导团；针对开放实验及创新实验指导，成立由专业教师与实验师共同组成的联动指导小组。

实践教学基地与条件系统(条件维)：以省级基础实验教学示范中心为基础，整合土木交通类多个专业的实验条件，形成专业共享实验平台；建立了一批校企联盟的大学生社会实践、实习基地及师生学术交流平台；依托工程培训中心，建成多个大学生创新基地；编著了《土木工程提高型实验教程》，突出提高型和创新性实验。

实践教学拓展系统(创新维)：通过全方位开放性实验，开展学生自主项目训练；以优本生—研究生联动培养方式促进本科生创新和应用能力提高；鼓励激发学生参加全国挑战杯、全国大学生结构设计大赛、全国大学生交通科技大赛、全国力学竞赛等竞赛活动，促进学生创新能力的培养；吸引优本生参与科研及科技服务，以自制仪器设备研发带动学生创新实验。

四、“四维渐进式”创新人才培养实践教学体系

将渐进式时间教学培养模式和实践教学“四维系统”建设整合起来，可以形成“体验与认知—综合与提高—研究与创新”层层推进、“制度维—组织维—条件维—创新维”四维贯穿始终的“四维渐进式”的创新人才培养实践教学体系，如图2所示。该实践教学体系实现了专业

大类全过程、全方位实践教学的融合，强化了专业理论知识与工程实践的结合，大大提高了学生的工程实践能力和创新能力。

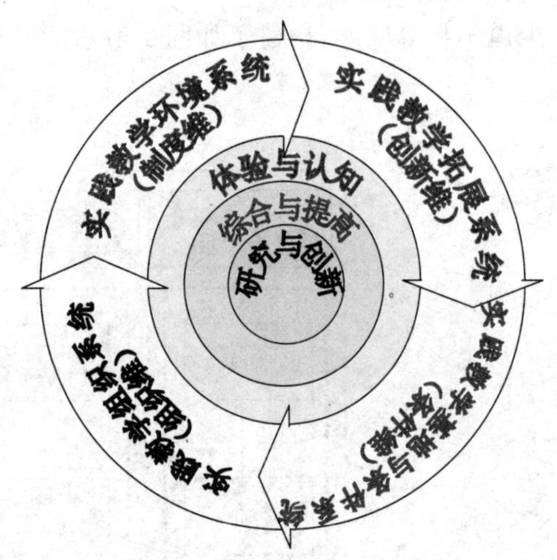

图 2　创新人才培养“四维渐进式”实践教学体系

五、教学研究成果

“四维渐进式”创新人才培养实践教学体系已经应用于2009—2013级土木工程专业，实施效果显著，取得了一系列教学成果。

1. 取得了一批有影响的教学研究成果

1名教师被评为江苏省教学名师，“土力学”和“土木工程材料”建成省级精品课程，《土木工程提高型实验教程》获选“十二五”国家规划教材和江苏省精品教材。

发表教学研究论文51篇，8门课件获省级以上奖励。

共有13项成果获校级教学成果特、一、二、三等奖。

2. 实践教学平台有效整合与提升

对4个品牌特色专业实验条件的整合，搭建了土木工程专业公共实验平台，建成了江苏省省级土木工程基础实验教学示范中心。

3. 学生的培养质量与创新能力显著提高

平均每年有近80人次获得省级以上奖励，近5年累计300多人次，学生发表科技论文40余篇，学生获得专利5项。其中，4人被评为全国土木工程优秀毕业生，1人被评为梁希优秀学子，1人被评为全国林科优秀毕业生，连续3届获得(第十届、第十一届和第十二届)“挑战杯”全国大学生课外学术科技作品竞赛二等奖或三等奖，5人获得全国大学生交通科技大赛一等奖、二等奖或三等奖。

六、结论

(1)“四维渐进式”创新人才培养实践教学体系的“体验与认知—综合与提高—研究与创新”符合了大类培养实践教学从认知到创新的认知规律。

(2)土木工程专业人才培养实践教学存在实践项目分散，流动性大，实践课时不足，实践渠道不畅，渐进式实践教学理念的“四维系统”实现了专业大类全过程、全方位实践教学的融合。

参考文献

[1] 王建平，胡长明，李慧民. 土木工程专业实践教学中存在的问题与对策[J]. 西安建筑科技大学学报(社会科学版)，2007，26(01)：122-124.

[2] 龚志起，陈柏昆，刘连新，等. 国内外土木工程专业实践教学模式比较[J]. 高等建筑教育，2009，18(1)：12-15.

[3] 潘睿. 构建土木工程专业实践教学新体系的研究[J]. 高等建筑教育，2008，17(3)：103-105.

土木工程专业多层次实践教学体系的创建与实践

贾福萍　吕恒林　周淑春　丁北斗

（中国矿业大学力学与建筑工程学院，徐州　221116）

摘　要　实践教学是培养学生综合素质和创新能力的重要环节，如何改革实践教学，提高培养质量，培养创新性高层次人才，已是高校教学研究和探索的重大课题。针对土木工程专业特点，基于我校创新创业实践教学平台，创建面向土木工程专业的多层次实践教学体系，并在实践中不断拓展内涵，探索人才培养新模式，取得较为显著的实践成果，达到锻炼和提升学生实践能力的目的。

关键词　土木工程专业，教学体系，实践

一、引言

在建设创新型国家和人才强国战略的背景下，党中央、国务院于 2010 年 6 月 6 日批准发布了《国家中长期人才发展规划纲要（2010—2020）》（下文简称《发展纲要》）。为了贯彻落实《发展纲要》，2010 年 6 月 23 日，教育部启动"卓越工程师教育培养计划"（简称"卓越计划"）。该计划旨在培养造就一大批创新能力强、适应经济社会发展需要的高质量各类型工程技术人才，为国家走新型工业化发展道路、建设创新型国家和人才强国战略服务，对促进高等教育面向社会需求培养人才，全面提高工程教育人才培养质量具有十分重要的示范和引导作用[1]。

教育部、财政部关于"十二五"期间实施"高等学校本科教学质量与教学改革工程"的意见中也明确提出：整合各类实验实践教学资源，建设开放共享的大学生实验实践教学平台；支持在校大学生开展创新创业训练，提高大学生解决实际问题的实践能力和创新创业能力[2]。

因此，在高等教育大众化背景下，如何加强实践教学，推动创新教育，培养创新人才，确保教学质量和人才培养质量，是从事高等教育工作者认真思考的问题。实践教学是培养学生综合素质和创新能力的重要环节，如何改革实践教学，提高培养质量，培养创新性高层次人才，已是高校重点研究和探索的重大课题[3]。

二、我校创新创业实践教学平台的搭建

作为教育部"卓越计划中欧工程教育平台"中方合作高校之一，我校在制定的学校中长期发展战略规划（2011—2020 年）中明确提出加强创新创业实践训练。通过深化实践教学改革，实施"卓越工程师培养计划"；构建学校公共实验平台、学院特色实验中心、学科前沿实验室的三级实验教学体系；推动实验教学向全时开放、自主训练、自我学习的转变；对实验教学与课堂教学的教师统筹管理、等同聘用和考核；定期举办全校性的大学生学科系列竞赛；构建校内外结合的三级创业教育体系；积极与大型企业合作，建设一批大学生实习实践基地。

与学校创建的多层次实践教学平台基础上，结合土木工程专业重实践的特点，在土木工程专业培养方案中特别强调了对学生实践能力和创新能力的培养要求。在我校正在实施的

作者简介：贾福萍（1973—），山西朔州人，副教授，主要从事土木工程专业结构工程方向教学与科研工作。

基金项目：江苏省高校优势学科建设工程资助项目（PAPD）。

2012年土木工程专业培养方案中明确提出对毕业生有关“创新创业能力和实践能力”培养的独立条文，要求“土木工程专业毕业生应具有较强的自学能力和独立思考能力；具有较好的创新思维和能力；具有较好的分析问题和解决工程实际问题的能力；具有科学研究的初步能力；具有科技开发、技术革新的初步能力”。

因此基于学校实践教学体系平台基础上，结合土木工程专业的特点，如何充分利用现有条件，最大化锻炼和培养本科生的实践创新能力，是一项特殊的教学研究任务。

三、土木工程专业多层次实践教学体系的创建与实施

1. 多层次实践教学体系的创建

1）实践教学体系设计总体架构

以创新能力培养为核心，依托国家重点实验室和江苏省重点实验室的优势资源，结合2012版培养方案的实施与推进，进行土木工程专业实践教学体系的建设。

在重新修订培养方案基础上，对面向土木工程专业开设的实践教学环节的内容进行整体梳理，构建实践教学体系；完善并拓展实践教学内容和实践教学手段，充实实践教学成果，逐步形成具有我校特色的土木工程专业多层次实践教学体系。同时也为“卓越工程师培养计划”在本科生实践创新能力的培养与实施方面拓展内涵建设。

2）实践教学平台的多层次建设

依据现有的实践教学内容和实施方式所涉及的对象范围，进行实践教学平台的层次性梳理、设计和实施。打通国家级、省级和校级与实践教学相关的竞赛、训练计划等项目，形成面向本科生的多层次化实践教学内容，达到实践训练目的，提升学生实践创新能力。

基于“卓越工程师”培养体系和目标，整合优化由课程实验、课程设计、科研训练、结构创新试验组成的多级化实践创新教学平台。

依托学校的实践教学体系平台，学校土木工程专业2012版培养方案在保留原有实践环节外，新增专业导论、科研训练(集中2周实践课程)和结构创新实验(独立实践课程)，用以培养学生专业素养，强化学生科研训练。同时依托国家“十二五”对于本科教学质量工程建设，创建国家级、省级和校级大学生创新创业训练计划实施的硬件条件。

通过优化实践教学项目和实践内容，采用分层次实践教学模式，形成具有明显专业特色的实践教学体系。不断尝试、探索适应我校现行本科教学培养方案和教学大纲背景下的实践创新实践模式，形成我院实践创新教学的特色和品牌，不断扩大我校土木工程专业在江苏省和全国同类院校的影响力。

3）实践教学内容的补充与完善

成立“大学生力学结构创新竞赛指导委员会”，对土木工程专业实践教学内容进行拓展和延伸，完善实践教学内容。积极参加由全国土木工程专业指导委员会、江苏省土木工程专业指导委员会和华东地区设有土木工程专业的高校联盟的全国大学生力学创新大赛、结构设计创新大赛和华东地区高校结构设计邀请赛等不同级别、不同平台、不同层次的学科竞赛，旨在提高、促进学生的实践能力和创新能力。

结合国家、校级、院级多层次的大学生实践创新训练立项，形成有计划、有衔接的持续性实践创新训练。考虑实践创新训练项目的可操作性，结合实践创新训练项目的申报与实施，从学院层面有组织、有计划支持、资助具有可持续性的实践项目，并考虑学生成员阶梯形、“以老带新”的培养训练模式。

2. 多层次实践教学体系的实施

创建面向土木工程专业实践教学体系，在实践过程中，“多层次化”具体体现在以下几方面：

1）参与实践项目的学生的“多层次化”

接收我校本科二年级、三年级、四年级的学生，甚至有参与过上述实践项目竞赛的学生保送上研究生后，转变为本科参与竞赛项目的指导教师的“助理”，协助教导教师进行学生的具体指导、咨询工作。

2）实践项目级别的“多层次化”

项目实施过程，参与组织、指导的项目包含国家级、华东地区赛、省赛、校赛和院赛类型，从不同层面都能对参与项目的学生在实践能力得以锻炼、培养和提高，更为重要的是提高了我校学生学习理论知识的热情，更加注重对理论知识与实践经验的学习与积累。

3）实践项目覆盖范围的“多层次化”

在项目建设期间，指导学生参与的实践活动，既包括覆盖全国范围内的国赛(全国高等学校土木工程专业本科生优秀创新实践成果奖、全国结构设计大赛、全国创新创业项目、斯维尔杯 BIM 系列软件建筑信息模型大赛)，又有具有较大影响力的地区比赛(华东地区结构设计邀请赛，必须得到举办方认可的高校才有参赛资格)，还有我校历年参赛取得无可争议的成果的江苏省结构创新模型大赛。

为吸纳更多学生参与土木工程专业创新活动中，“大学生力学结构创新竞赛指导委员会”成员和以学生为主体的“大学生创新协会”共同努力，组织上述各项竞赛的校内、院内选拔赛，吸纳更多的本科生参与到各类竞赛的制作与测试实践活动中，使得我校学生，尤其是土木工程专业本科生的实践能力得到更多的锻炼和提升。

4）参与学生的学科与专业类别、学院的“多层次化”、“多元化”

上述实践教学实施过程中，涵盖孙越崎学院、力学与建筑工程学院、资源学院、矿业学院、国际学院的土木工程专业、建筑学专业、工程管理专业、工程力学专业、工业工程专业、交通运输等专业的学生参与各类实践项目。

四、土木工程专业多层次实践教学体系实践成果

1. 实践应用情况

依托实践教学内涵拓展，面向全校力学与建筑工程学院、孙越崎学院、资源学院、矿业学院、国际学院等学院，涵盖土木工程专业、工程管理专业、工程力学专业、建筑学专业等专业的本科生二年级及以上的学生，本着自愿、自主原则报名参加校内公开赛、校内选拔赛后，代表学校参加国家级、华东地区邀请赛、省级、校级的各类比赛，同时借助学院学生会下的“创新协会”组织机构，协会成员负责活动的赛前各项活动的赛前宣传、赛前准备和赛事的组织中，在学校内产生较广泛的影响。

依托我校国家级、省级、校级大学生创新创业训练项目，吸纳以土木工程专业为主体的本科生参加各类实践训练项目，近 5 年本科生参与国家级、省级和校级约 245 项。同时我院每年自行资助设立力学与建筑工程学院本科生实践创新项目，拓展以学生为主体的科研训练实践项目的内涵和研究范围。

2. 实践成果

在多年对实践教学不断探索与积累中，有关“产学研用合作培养土建类专业创新人才的研

究与实践”课题荣获 2011 年江苏省高等教育教改立项研究课题的重点项目资助[4]，“高素质创新型土建类专业人才的培养模式探讨”教学成果荣获江苏省 2013 年高教科研项目三等奖。

在土木工程专业为主导的多层次实践教学实施中，连续承担国家级、省级、校级大学生创新创业训练项目，吸纳本科生参加与学科密切相关的实践创新活动中，提升学生的实践创新能力。连续多年荣获“全国土木工程专业创新实践成果奖”、“全国结构设计大赛”、“华东地区结构设计邀请赛”、“江苏省结构创新模型大赛”、“全国大学生交通科技大赛”的各类奖项，并在第二届绿色建筑创意全国邀请赛中荣获全国第 2 名、第五届全国高校斯维尔杯 BIM 软件建筑信息模型大赛总决赛荣获 “结构设计与结构分析”专项二等奖的佳绩。

五、结语

针对土木工程专业特点，基于学校创新创业实践教学平台，创建面向土木工程专业的多层次实践教学体系，锻炼和提升了学生实践能力，并在实践中不断拓展内涵，探索人才培养新模式，取得较为显著的效果。

参考文献

[1] 竺柏康，石一民. 地方高校专业实践教学体系建设中的校企合作机制探索[J]. 高等工程教育研究，2012，(6)：136-138.

“卓越工程师教育培养计划”之综合实训模式的创新与实践

李　炜　王生武　江阿兰

（大连交通大学土木与安全工程学院，大连　116028）

摘　要　校企联合培养是“卓越工程师教育培养计划”突出环节，为满足企业人力资源竞争的需要及卓越工程师培养所需的素养和能力，大连交通大学土木与安全工程学院创新与实践，探索出综合实训新模式，实现了学生能力培养、就业竞争力提升的有机结合，取得了一定的效果。

关键词　卓越工程师，综合实训模式，创新，实践

一、引言

“卓越工程师教育培养计划”是为贯彻落实党的十七大提出的走中国特色新型工业化道路、建设创新型国家、建设人力资源强国等战略部署，贯彻落实《国家中长期教育改革和发展规划纲要（2010—2020 年）》实施的高等教育重大计划。是高校面向社会需求培养人才，调整人才培养结构，提高人才培养质量，推动教育教学改革，增强毕业生就业能力指导思想。

大连交通大学土木与安全工程学院成立于 2007 年，学院设有土木工程专业（包含建筑工程、交通土建工程、铁道与城市轨道工程、隧道与地下工程 4 个专业方向）、安全工程、工程力学 3 个四年制本科专业，同时设有土木工程＋软件工程五年制本科双专业，在校本科学生总数达 1500 余人。土木工程和安全工程专业均拥有 20 余年的发展历史，其中土木工程专业是国家特色专业建设点、辽宁省示范性特色专业。

二、综合实训培养模式

根据辽宁省教育厅“十二五”期间卓越工程师教育培养工程实施意见，建立高校与行业企业联合培养人才的新机制。为缩短毕业生入职后的适应周期，满足企业人力资源竞争前延的需要，提高学生工程实践能力和创新能力，强调企业实践培养，本着发挥校企各自优势，大连交通大学土木与安全工程学院（以下简称学院）积极推进卓越工程师教育培养计划具体实践，制定了《大连交通大学土木工程专业卓越工程师“毕业综合实训”实施细则》，解决了学生就业实习与学业安排的冲突，通过将学校培养向企业延伸、企业人力资源向学校延伸，为学生毕业论文选题和完成创造条件，实现毕业实习与毕业设计校企一体化培养。

（一）培养目标

通过校企联合培养，以实际工程为背景，以工程技术为主线，着力提高学生的工程意识、工程素质和工程实践能力；理论联系实际的能力；综合运用理论知识，独立分析和解决工程问题的能力；团结协作、沟通技巧、书面表达等能力，加深学生对专业基本知识的理解与规范应用，深入了解专业的工作内容，培养一大批适应企业发展需要的多种类型优秀人才。

作者简介：李炜（1974—），辽宁人，助理研究员，主要从事大学生思想政治教育和就业方面的研究；

王生武（1960—），辽宁人，教授，主要从事疲劳断裂及数值分析方面的研究；

江阿兰（1975—），辽宁人，教授，主要从事桥梁结构损伤诊断与旧桥加固技术方面的研究。

（二）培养模式

1. 具体要求

根据“卓越工程师教育培养计划”人才培养的基本思想，为强化大学生工程实践能力的培养，学院将参与“卓越工程师”项目学生最后学年的毕业设计的实践教学、论文制作环节，改革调整为“毕业综合实训”。实训单位原则上在土木工程施工或设计等相关的校外企业进行，要求学生直接参与现场工程实践工作，并根据校外企业正在进行的工程实施或工程设计项目，由校内外指导教师的共同指导下，撰写“毕业综合实训报告”，以此作为毕业答辩依据，要求与校内毕业设计一致。

① 毕业综合实训报告的选题要紧扣专业特点，必须结合土木工程专业基本知识及现场实践内容的相关知识点进行论述，阐述分析解决土木工程勘测、设计、施工、管理等方面的问题，实现理论联系实际。②毕业综合实训报告结构：主要包括所参与工程项目的工程概况、具体工作任务、工作内容的基本理论与技术应用与分析、结论与体会、参考文献等内容构成。具体如下：

（1）工程项目背景：通过咨询、文献查阅等方法，阐述自己所参与的工程项目的背景，包括项目整体规划与目标和意义等情况简介、项目工程的主要技术特点、在国内外的技术水平等等；

（2）具体工作任务：要表述清楚自己所参与工作的主要任务和目的，在整个项目中所处地位，主要工作内容，工作进度计划，参与团队构成情况及主要分工。

（3）基本理论与技术的应用与分析：要针对自己所参与的工作内容，运用自己所学过的基本理论、方法与技术等基本知识，理论结合实际地进行较深入的分析或论述；应重点分析论述所参与工作要解决的问题（或要达到的目标），并能提出个人的体会或见解。

（4）结论与体会：包括理论、方法与技术、实践经验及所受到的深刻教育及其他工作体会和感受等。

（5）考核方式：要求学生直接参与现场工程实践工作有效企业实践时间不低于15周。专业实践结束后学生独立撰写“毕业综合实训报告”作为毕业答辩的内容，字数不少于20000字。校内、外指导教师根据学生的总结报告、答辩情况、工作表现、业务能力等在“成绩评定书”签署评价意见，此评价应作为学生毕业综合实训成绩的重要依据。经学校答辩委员会评定，确认成绩。

2. 学生选拔

学院卓越工程师“毕业综合实训”工作小组遵循学生本人自愿报名原则，根据学生学业和综合素质情况确定名单，如申请学生成绩存在挂科现象、在校期间存在违纪行为等情况原则上不予批准。

制定退出机制。学生在企业实践期间，不仅要遵守学校统一要求，还需服从企业管理规定并接受企业的评价和考核，出现违反《大连交通大学土木工程专业卓越工程师“毕业综合实训”实施细则》的情况，将取消资格。

3. 实践基地

学院根据行业对专业人才培养的要求，充分利用我院土木工程专业行业优势和资源，同各类铁路局、工程局等优秀企业建立校企联合培养基地，如南昌铁路局、中建三局、中建六局、中铁十七局、中铁十九局等单位。

4. 指导教师

采用双导师团队制度，其中一位来自学校，由具有深厚的学科背景和丰富的科研成果或工程经验的老师担任；校外导师要求由企业中具有高级技术职称的专家或具有丰富实践经验、责任心强的技术专家担任。校内指导教师需常与校外导师沟通，定期深入到学生实践单位，现场技术指导。根据专业培养目标、毕业设计教学大纲的基本要求，同时结合企业正在进行的真实工程，围绕着真实的工程实例共同商定毕业综合实训报告题目。

(三) 创新点

(1) 实行双导师制。校内外指导教师共同指导,扩展指导的知识面。

(2) 在实训学生较集中的单位,学院采取校内教师在工程项目现场授课,异地考试等灵活方式。

(3) 以实训代替毕业实习,以毕业综合实训报告代替毕业论文。

三、政策保障

建立健全学生毕业综合实训期间的经费、医疗保险等保障措施:

(1) 针对参与学生毕业综合实训的相关教师,学院在工作量计算、教学津贴等方面适当倾斜,进一步激励教师工作热情。

(2) 由于实训基地与学校相距较远,交通费用较高,学院报销教师、学生实训期间产生的往返交通费用。

(3) 因为学生实训岗位都是在施工项目一线,存在一定安全风险,学院在加强学生安全教育的基础上,又为每一名参加综合实训学生购买一年期30万元保额的商业保险,消除学生、家长后顾之忧。

四、结论

学院2014届毕业生共有27名学生参加了卓越工程师"毕业综合实训"活动,取得了良好的效果。通过调查统计:

(1) 实训单位对27名学生在实习期间的表现都给予了很高的评价,对学生撰写的毕业综合实训报告评价等级优良率达到100%;与毕业设计相比,综合实训报告中在工程实践中的对专业知识理解与运用、工程实践中的岗位意识等方面真知灼见的特点明显,内容更加充实,在毕业设计答辩过程中全部一辩通过。

(2) 27名学生在毕业综合实训报告的心得体会部分以及答辩过程中都多次提到:参加卓越工程师毕业生综合实训活动,在实习单位学到的不仅仅是专业知识和具体施工技术,还学习到如何与实习单位指导老师及工人师傅们和谐相处。即综合实训使学生对团队合作的重要性有了充分的感受和认识,而且部分学生在师傅们的指导下,担任了所负责具体工作的小组长,尝试参与到工程项目的组织和管理当中。由此可见,参加"卓越工程师教育培养计划"可为学生毕业后能尽快适应工作环境打下良好基础,提高学生的社会适应能力。参加综合实训的27名学生毕业前全部实现就业,就业率100%,其中有名学生因表现突出而被点名录用。

(3) 实施双导师制,丰富了校内指导教师,尤其是缺乏工程实践的青年教师的工程经验,促进了教师在日常教学中注重理论联系实际、转变教育教学理念,提高所授课程的实用性与趣味性。

实践过程中虽然取得了一定成果,但也存在一些问题:

(1) 存在个别学生的实训内容与入职后的工作内容不是完全匹配。

(2) 学院2014届毕业生有270人,仅有10%的学生有机会走出去,所占比例不是很高。

(3) 学生长期在实训单位,由于企业不是学校课堂,对企业来说工作是第一位的,同学的工作时间安排过多,大部分时间在现场,看书、查资料的时间偏少。这与学生学习要求存在一些矛盾,一旦学生的自我约束能力不足,校外指导老师监督不力,对学生毕业实训报告的质量就会有一定的影响。

(4) "卓越工程师计划"的实训企业尽量由学校统一联系安排,学生的实训工地也尽量集中安排。2014届毕业生的实训效果表明:由学校统一安排实训工地的同学,效果要好于学生自己联系。

总之,在校企联合培养的道路上,学院只是刚迈出一小步,实践中遇到的问题,在接下来的工作中我们将不断地总结、解决。

土木工程虚拟仿真实验教学建设与实践

李振宝　纪金豹　周宏宇　黄　艳　陈　磊

（北京工业大学建筑工程学院，北京　100124）

摘　要　虚拟仿真实验教学是克服实践教学环节技术困难的一个重要途径。本文介绍了北京工业大学国家级土木工程虚拟仿真实验中心的建设概况，并以工程结构中心三维仿真系统、钢筋混凝土简支梁静载实验仿真系统、简支钢桁架静力加载实验仿真系统、结构动力特性实验仿真系统、桥梁工程模拟仿真实验系统为例介绍了土木工程虚拟仿真实验系统的开发与测试及在教学实践中的应用效果。实践表明土木工程虚拟仿真实验教学可以有效提高土木工程实验教学的效果。

关键词　土木工程，虚拟仿真，实验教学，实验系统

一、引言

进入21世纪，随着国内外建筑行业的蓬勃发展，土木工程学科人才需求量与日俱增，如何培养出符合社会及行业需求的优秀工程人才成为土木工程专业院校面对的重大问题。如何提高学生的实践能力、做到理论与实践相结合是土木工程教学环节的重点。

土木工程实验教学是培养学生动手能力、实践能力及创新能力的一个重要环节。但是在开展实践教学环节过程中遇到了实验条件受限、选课学生多、实验操作复杂、经费资源消耗大等难题。虚拟仿真实验教学是克服实践教学环节技术困难的一个重要途径[1-2]。虚拟仿真实验是指利用多媒体虚拟现实技术[3]和数值计算仿真技术，构建高度仿真的虚拟实验环境和实验对象，并准确直观地展示实验现象，再现实验的全过程。

北京工业大学以国家级实验教学示范中心－土木工程实验教学中心为基础筹建了土木工程虚拟仿真实验教学中心。本文介绍了虚拟仿真实验中心的建设概况，并以工程结构中心三维仿真系统、钢筋混凝土简支梁静载实验仿真系统、简支钢桁架静力加载实验仿真系统、结构动力特性实验仿真系统、桥梁工程模拟仿真实验系统为例介绍了土木工程虚拟仿真实验系统的开发与测试及在教学实践中的应用效果。

二、土木工程虚拟仿真实验教学中心建设概况

北京工业大学木工程虚拟仿真实验教学中心以高水平学科平台为支撑（1个国家级重点学科－结构工程、1个北京市一级重点学科－土木工程、5个省部级重点实验室，1个北京市"2011计划"协同创新中心），以国家级土木工程实验教学示范中心平台为基础，始终坚持"虚实结合、相互补充、能实不虚"的理念，采用网络技术、多媒体、人机交互等技术构建高度仿真的虚拟实验平台。中心始终坚持"遵循科学原理，切合工程实际"的建设原则和"重点开发、积极引进、软硬结合、适当超前"的基本思路，建成了10个虚拟仿真平台，利用平台设计开发了数套土木工程虚拟仿真实验教学系统，并于2013年12月获批国家级虚拟仿真实验教学示范中心[4]。

作者简介：李振宝（1962—），山东人，教授，主要从事工程结构抗震研究与教学。

基金项目：北京工业大学教育教学研究课题（ER2013C14）。

三、土木工程虚拟仿真实验教学系统开发与测试

1. 工程结构实验中心三维仿真系统

该系统包括了北京工业大学国家级实验教学示范中心室内外场景的整体3D展示以及实验中心内大型实验设备的三维模型、功能展示和试验模拟[5]。如国际先进水平的4000吨多功能电液伺服加载试验仿真系统、国际单台数量最多的九子台阵多维多点地震振动台试验仿真系统、300吨阻尼器试验仿真系统、结构静力加载试验仿真系统(图1)以及3m×3m模拟地震振动台试验仿真系统(图2)。

图1 结构静力加载试验仿真系统

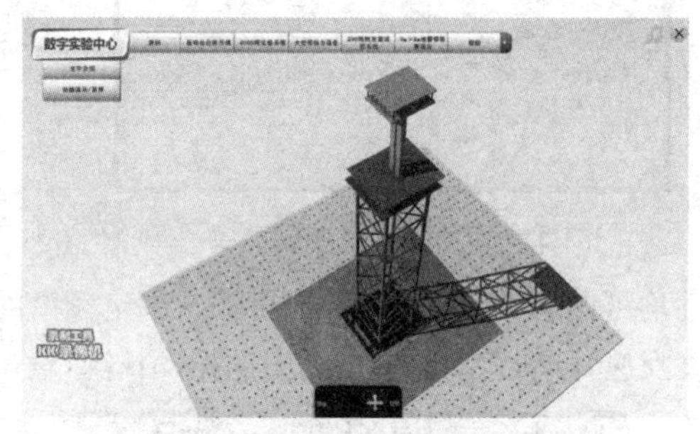

图2 3m×3m地震模拟振动台仿真系统

2. 钢筋混凝土简支梁静载实验仿真系统

该系统可以进行钢筋混凝土少筋梁、适筋梁、超筋梁三种破坏形式的实验模拟[5]。可以在虚拟试验场景中设置截面尺寸,构件长度、配筋等模型参数,布设位移计、应变片,能动态显示加载曲线和试件的破坏情况,从而完成多种工况的模拟试验,弥补真实实验环节中实验条件的限制,加深对相关理论的理解。

3. 简支钢桁架静力加载实验仿真系统

该系统可以进行简支钢桁架静力荷载下受力性能的实验模拟(图3)。通过设置桁架榀数,杆件长度、直径,材料属性,加载方式等参数,布置位移计、应变片等测量仪器,完成不同工况下的模拟试验,得到加载力与位移关系曲线、各杆件应变、节点位移等重要数据,对钢桁架结构的工作性能做出可靠分析(图4—图6)。

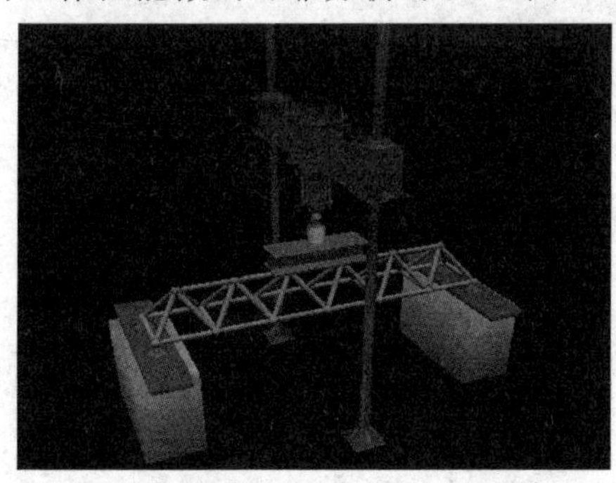

图3 三维简支钢桁架试验仿真系统

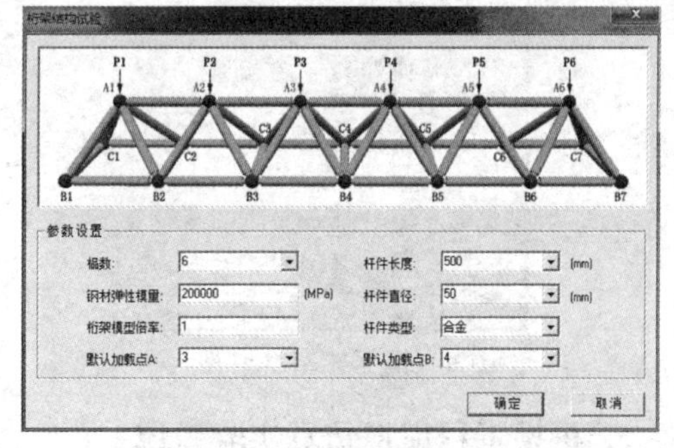

图4 简支钢桁架参数设置界面

4. 结构动力特性实验仿真系统

该系统利用三维技术可进行4种结构动力特性试验模拟:钢框架动力特性和动力反应振动台仿真试验、钢框架黏滞阻尼减震仿真试验、钢框架TMD减震仿真试验、钢框架夹层橡胶垫隔震仿真试验系统(图7)。模型框架层数1—5层可调,每层刚度、质量、阻尼比、TMD、黏滞阻尼器、隔震层属

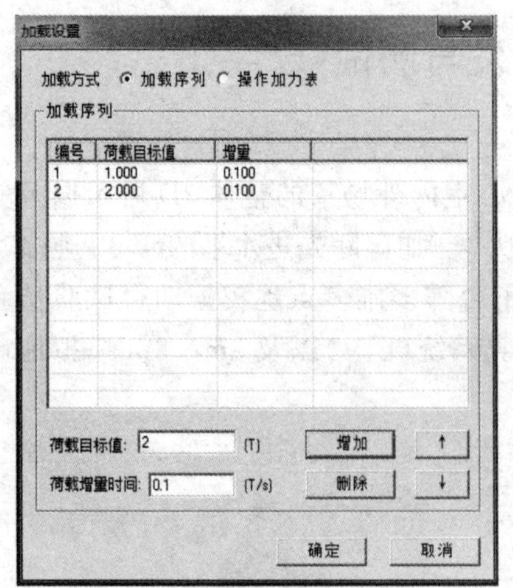

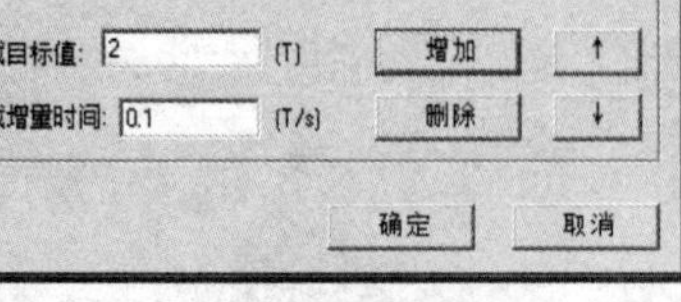

图 5 简支钢桁架加载设置界面

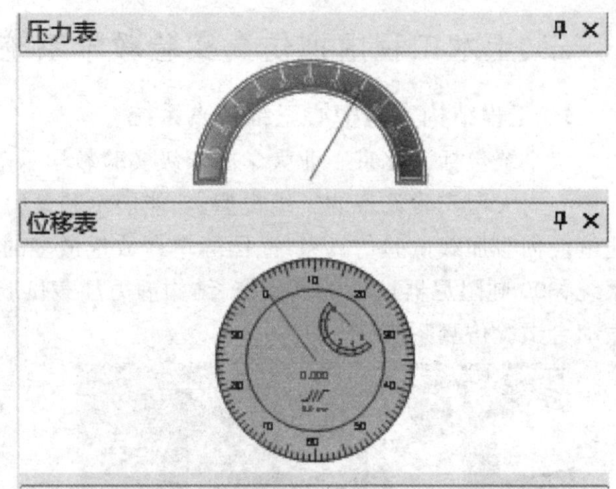

图 6 试验力与位移的采集

性均可设定(图 8—图 12)。可输入固定频率的正弦波或地震波,按实际加载速率显示框架各层加速度反应,可动态显示模型框架的振动情况,输出阻尼力时程、位移时程、耗能滞回曲线等。

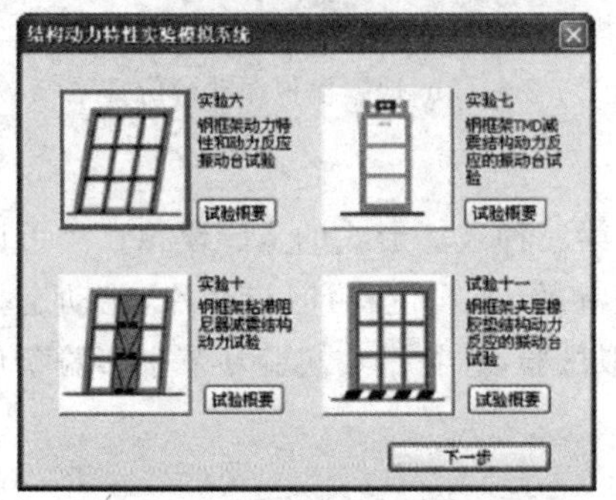

图 7 结构动力实验仿真系统试验种类

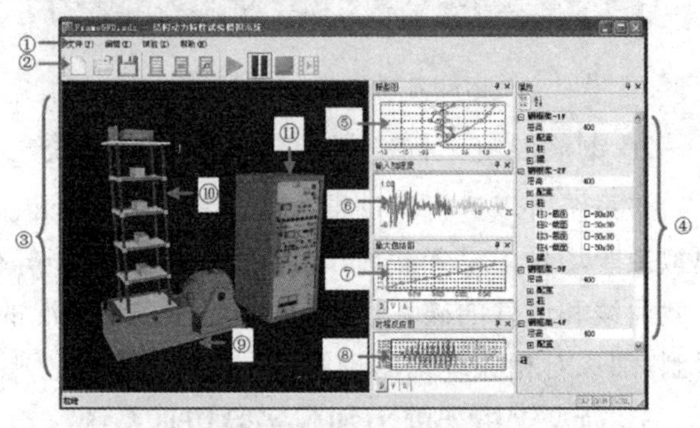

图 8 结构动力实验仿真系统操作界面及结果输出

图 9 钢框架基本属性

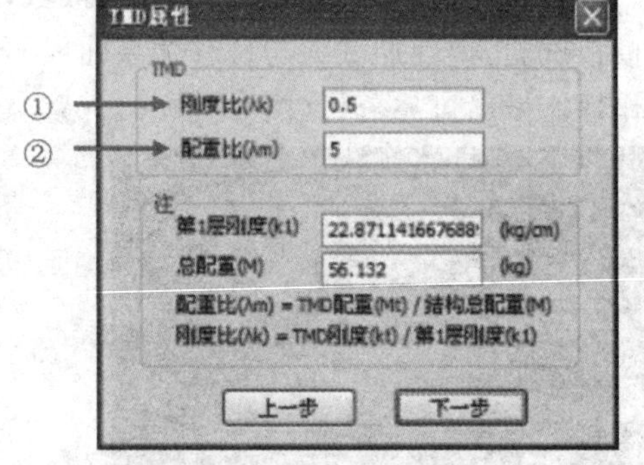

图 10 TMD 设置

5. 桥梁工程虚拟仿真实验系统

该系统主要面向土木工程专业的认识实习、生产实习、桥梁工程课程实验等环节,可以使学生形象地了解桥梁施工的全过程,包括预应力 T 梁后张施工、装配式简支 T 梁横向联系施工、预应力板桥先张施工、装配式简支板吊装、预应力连续梁桥施工等。基于此平台开发的斜铰接板桥虚拟仿真实验系统(图 13、图 14),在实物模型实验的基础上,采用有限元软件分析斜铰接板桥受力,全面展现桥梁在受力后的变形和内力情况。

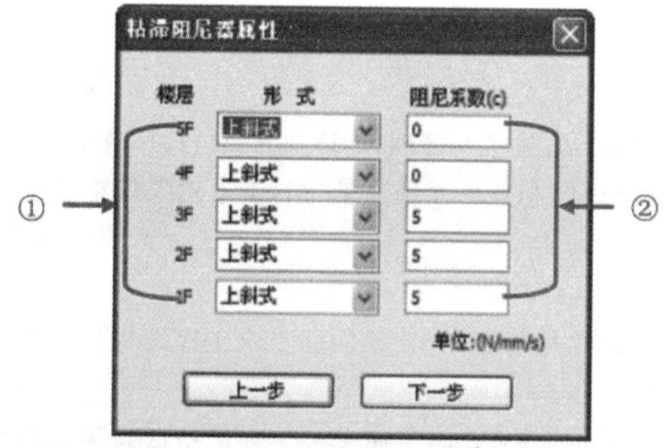

图 11　阻尼器设置

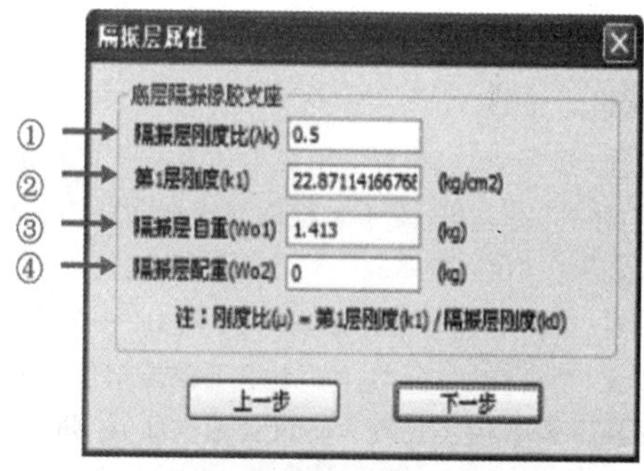

图 12　隔震层设置

图 13　斜铰接板桥模型实验

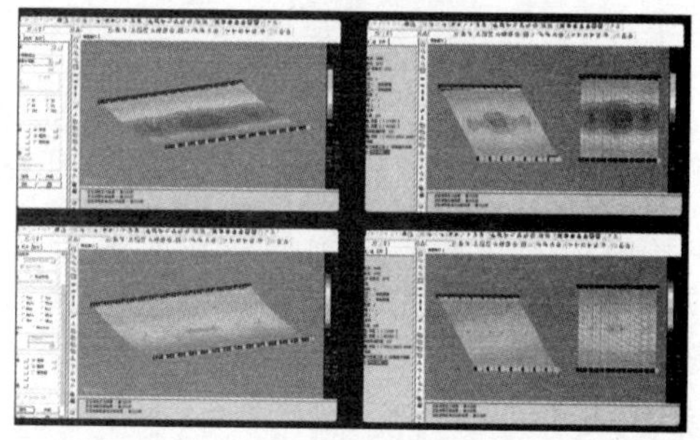

图 14　斜铰接板桥虚拟仿真系统

四、土木工程虚拟仿真实验教学系统应用与成效

土木工程虚拟仿真实验教学中心采用“多层次”的开放模式，包括虚拟实验无限时开放、教学实验室预约开放(定期开放与网站预约开放相结合)和全天候开放创新基地三层次，最大限度地利用现有资源，促进创新能力的培养，同时还积极与近 10 所兄弟院校以及行业单位进行资源共享，对提升土建类专业的整体实验教学水平起到良好的促进作用。虚拟实验教学系统的开发受到了广大师生的一致好评，土木工程类专业能够进行虚拟实验和真实实验相结合的实践环节的比例超过 30%，建成的虚拟仿真实验项目 80%可在校园网上浏览学习，50%的项目可以通过校园网操作，年均直接受益人时数近 60 000(人・小时)。从 2010 年起，土建类专业本科生通过数值模拟手段依托虚拟仿真平台参加教师科研项目 30 余项，参加全国以及北京市结构设计大赛获得省部二等奖及以上近 10 项，利用平台完成毕业设计获得校“特优毕业论文”2 项。

五、结语

本文介绍了北京工业大学国家级土木工程虚拟仿真实验教学中心的建设概况，并以工程结构中心三维仿真系统、钢筋混凝土简支梁静载实验仿真系统、简支钢桁架静力加载实验仿真系统、结构动力特性实验仿真系统、桥梁工程模拟仿真实验系统为例介绍了土木工程虚拟仿真实验系统的开发与测试及在教学实践中的应用效果。教学实践表明土木工程虚拟仿真实验系统提高了实验教学效果，加深了学生对基本理论知识的理解，培养了学生的学习兴趣和创新意识，同时也促进了实验教学管理和实验教学队伍水平的提高。今后，我们应当不断完善土木工程虚拟仿真实验教学中心建设，积极开发更为先进智能的虚拟仿真实验系统，并将其推广到更为广阔的教学实践中。

参考文献

[1] 张敬南,张镠钟.实验教学中虚拟仿真技术应用的研究[J].实验技术与管理,2013,30(12):101-104.

[2] 梁博,张伟,孙艺键.土木工程学科虚拟实验室的整体框架研究和软件系统开发[J].土木建筑工程信息技术,2010,2(4):34-39.

[3] 裴捍君.土木工程中的虚拟现实技术[J].中国水运,2006,6(11):75-76.

[4] 李振宝,李炎锋,纪金豹,等.土木工程虚拟仿真实验教学研究与建设[D]//第四届土木工程结构试验与检测技术暨结构实验教学研讨会论文集,广州,2014.

[5] 纪金豹,李炎锋,李振宝.结构虚拟实验教学系统的开发与应用[D]//第三届土木工程结构试验与检测技术暨结构实验教学研讨会论文集.哈尔滨:哈尔滨工业大学,2012,8.

构建土木工程结构数值模拟实验仿真教学平台

李永梅

（北京工业大学建筑工程学院工程抗震与结构诊治北京市重点实验室，北京　100124）

摘　要　为解决土木工程专业实验教学现状及存在的主要问题，在土木工程结构教学改革实践中，引入数值仿真技术为教学提供多样化的手段，构建土木工程结构数值模拟实验仿真教学平台，将其作为实验教学的辅助手段，通过授课过程中将数值仿真技术与传统教学方式相结合，不仅一定程度上弥补理论教学与实验教学的不足，提高了教学效果，而且有效激发了学生自主学习的兴趣，培养了学生"研究性学习、探究性学习"能力，培养了学生的工程素质和创新能力。实践结果表明：数值仿真技术可以使学生具备自我学习、获取新知识、新技术以及开展研究和创新的能力。

关键词　土木工程，数值仿真，教学平台，自主学习，工程素质，创新能力

一、引言

土木工程结构基本理论、设计方法等都是建立在大量的试验研究、工程经验或灾害调查分析基础上的。但国内绝大多数高等院校的土木工程专业由于受学生人数多、课时少、教学经费不足和结构试验室软、硬件条件等所限，目前土木工程试验这一重要教学实践环节存在教学试验类型单一和实验效果不理想等一系列问题，导致学生在实际工程中不能灵活运用所学解决实际问题，造成理论与实践脱节，形成应用间隙。

近年来，很多结构试验可以在计算机上模拟，建立模拟试验系统比实验室试验要简单、节省费用，对一些复杂的试验可起到指导作用，两者结果可相互校核，可以把不可见的东西可视化。为此，为解决土木工程专业教学试验现状及存在问题，引入数值仿真（Numerical Simulation）技术，开展土木工程结构实验仿真数值模拟教学平台建设，以 ANSYS、ABAQUS、ADNIA、SAP2000 等通用有限元软件为操作平台，编制程序，运用计算机模拟仿真技术进行数值分析计算，通过对典型建筑结构的数值模拟，将结构的受力、变形通过图表、图形、动画等方式直观地呈现给学生，以此激发学生学习兴趣，不仅一定程度上弥补理论教学与实验教学的不足，而且激发了学生自主学习的兴趣，培养学生具备基本的工程素质和创新能力。

二、构建土木工程结构实验仿真数值模拟教学平台

数值仿真技术是现阶段发展较为完整的计算力学方法，它以计算机为手段，通过对实际问题的抽象化模型建立，结合数值计算来获取结构内力和变形，并采用图像显示的方法，以云图和图表的方式展现计算结果，达到对工程问题和物理问题科学研究的目的。作为土木工程结构实验辅助教学手段，构建土木工程专业结构实验仿真模拟教学平台，其优越性如下：

1. 为教学重点、难点及疑点进行详细讲解提供技术平台

对混凝土结构构件进行破坏过程或施工过程的数值模拟，可以丰富教学内容，对重点、难点进行详细的讲解，并且可以通过形象的图形演示功能，使学生理解透彻，并且认识深刻，不易忘记。譬如，高校土木工程专业一般都有 2 学时的钢筋混凝土简支梁受集中荷载的适筋梁和

超筋梁正截面受弯破坏教学实验，如图 1(a)所示。通过对钢筋混凝土简支梁或固支梁等不同支撑条件梁实现数值模拟分析，来对教学重点钢筋混凝土梁受弯承载力章节的强化，使学生获得感性和理性的双重理解，从而使学生知识点掌握得更加深刻和牢固。

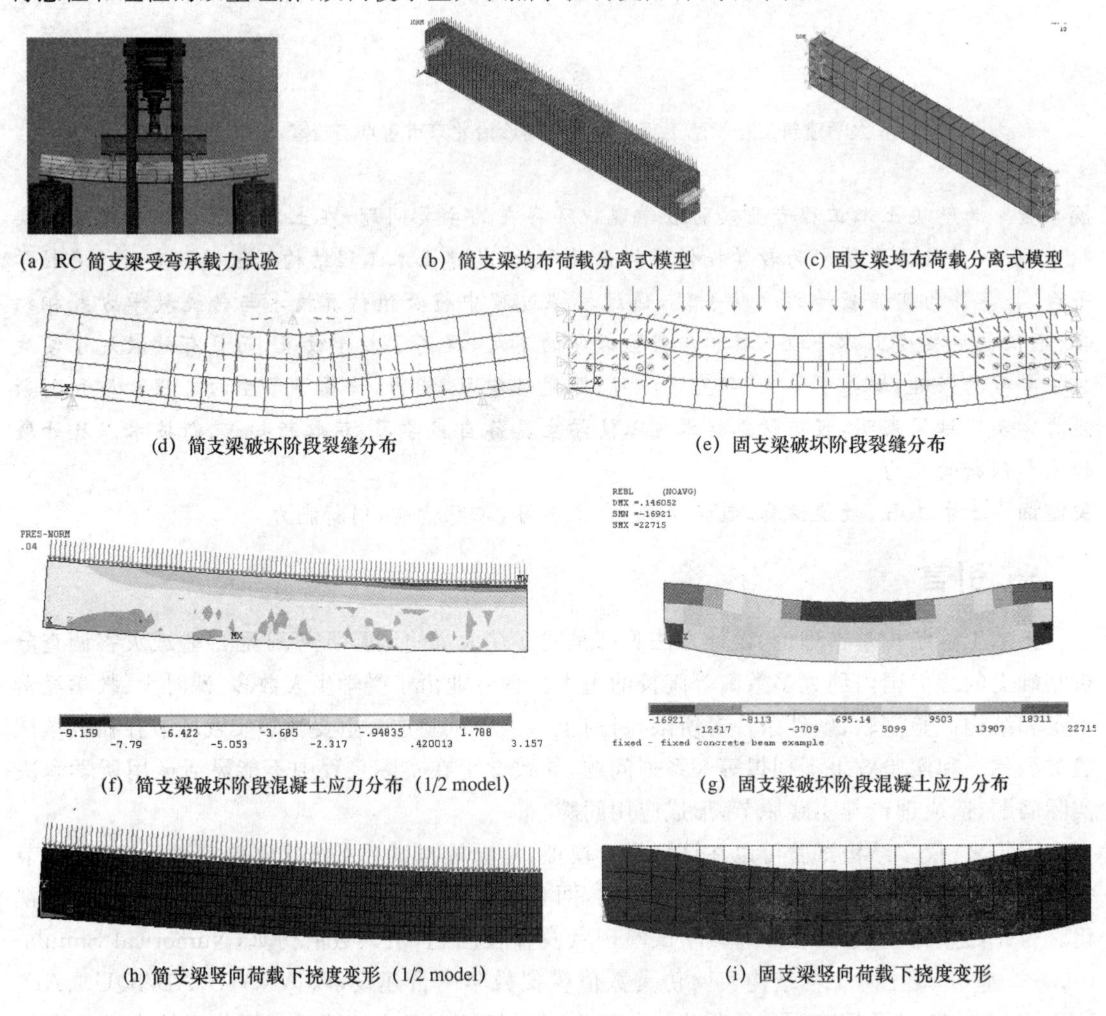

(a) RC 简支梁受弯承载力试验　(b) 简支梁均布荷载分离式模型　(c) 固支梁均布荷载分离式模型

(d) 简支梁破坏阶段裂缝分布　(e) 固支梁破坏阶段裂缝分布

(f) 简支梁破坏阶段混凝土应力分布 (1/2 model)　(g) 固支梁破坏阶段混凝土应力分布

(h) 简支梁竖向荷载下挠度变形 (1/2 model)　(i) 固支梁竖向荷载下挠度变形

图 1　钢筋混凝土简支、固支梁受力分析模拟

如图 1 所示，利用数值模拟试验预演方法，借助 ANSYS 有限元分析作为教学的辅助手段，模拟分析钢筋混凝土简支梁或固支梁等不同支撑条件梁在单调荷载下的受力全过程，将适筋梁、超筋梁各阶段受力的变形、位移及应力分布结果，完整的破坏过程用变形云图与动画清晰直观地表现出来，绘出相关性能曲线，通过利用数值模拟与多媒体课件相结合的形式，直观地对构件进行弹性或弹塑性受力分析，再现构件的试验破坏全过程，使学生更清楚地认识、理解钢筋混凝土梁正截面、斜截面各自三种破坏性态原理，生动地解释各种情况下梁中各截面正应力、剪应力分布情况与发生的一些破坏现象[1]。学生通过编制计算程序和计算机模拟仿真分析的练习，可以对这些教学重点、难点教学内容进行形象讲解、直观解释，对有关知识所存在的疑点、难点进行验证，从而可以有效促进知识的掌握和巩固。

2. 为传统的教学模式提供全新的技术平台

传统的教学模式主要以板书讲解和实验演示为主，并配以相应的习题，这造成教学方式单一，教学内容枯燥，学生易产生视觉疲劳感，失去学习兴趣，降低学习效率。

授课过程中将数值仿真技术与传统教学方式相结合，利用通用有限元程序，通过土木工程结构常规教学试验的计算机数值模拟，将土木工程结构实验仿真模拟教学平台应用于教学[2]，可以克服实验观测难、分析难、重复难、费用高的不足，还可以得到实验室无法真实再现的试验现象，减轻试验工作量，故可对常规教学方式提供一种新思路，弥补理论教学与实验教学的不足。譬如，对钢筋混凝土板开展教学试验在很多高校是无法进行的，通过数值模拟试验来弥补其不足，如图 2 所示。

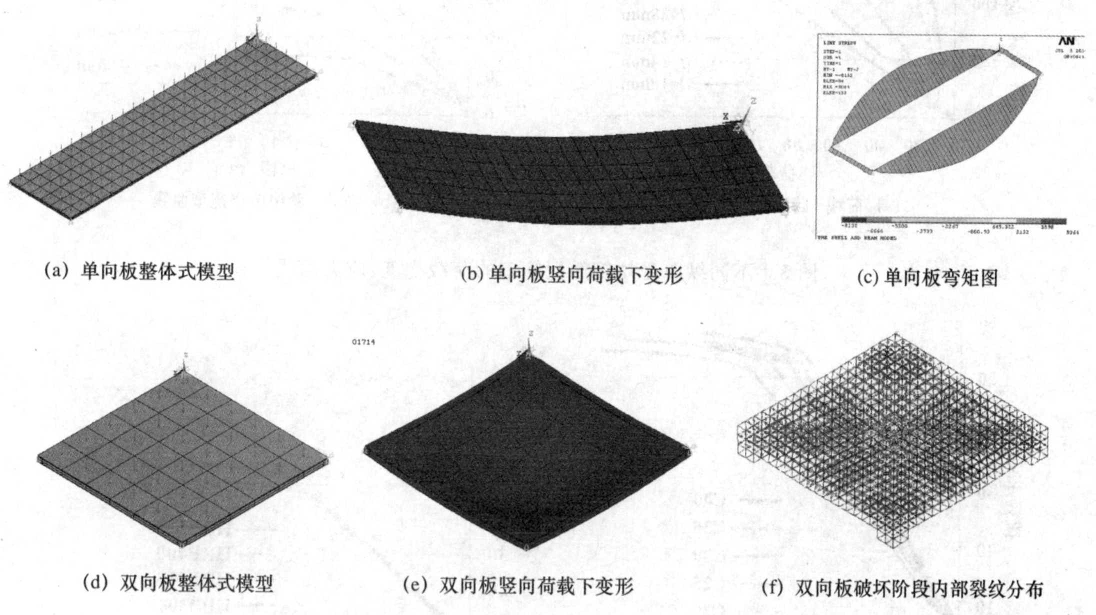

(a) 单向板整体式模型　(b) 单向板竖向荷载下变形　(c) 单向板弯矩图

(d) 双向板整体式模型　(e) 双向板竖向荷载下变形　(f) 双向板破坏阶段内部裂纹分布

图 2　钢筋混凝土板数值受力分析模拟

如图 2 示例可见，对四边简支钢筋混凝土单向板、双向板的均布加载或集中荷载情况，采用整体式模型，利用 SOLID65 单元进行板受弯承载能力及其变形性能数值试验，以便反映板受力后的开裂、应力与裂缝开展等情况，用变形云图与动画绘出相关性能曲线，再现单向板、双向板试验破坏全过程，使学生深刻理解单向板、双向板受力特点的异同。

3. 为学生开展自主型课外研究性学习提供技术平台

如何激发学生学习兴趣、引导学生自我思考，让学生在有限的学时内掌握力学基本原理是专业教师长期困惑的问题。数值仿真模拟是现阶段解开疑惑的一种好的方法。

通过数值教学试验的实施，学生对有限元技术，及 CAD 技术产生浓厚的学习兴趣。土木工程结构实验仿真模拟教学平台能以其独有的技术和效果为学生提供一个良好的多通道学习机会和训练创造性思维的氛围，在模拟的环境中，学生可以利用所学的知识，充分发挥各自的想象力，模拟出各种常见或不常见的试验现象或工程现象，探索结构或构件最佳的设计；通过对参数进行全面的控制和调节，例如混凝土的强度、钢筋强度和配筋形式等，探索各种参数之间的相互影响、各种参数的最佳值和极限值等，如图 3、图 4 所示。

由图 3、图 4 可知，通过改变相关的参数，分析其结果的变化情况总结参数与计算结果的相关规律，让学生开动脑筋，独立思考，自己提出问题、分析问题、解决问题，从而不仅对学生形成深刻的感性印象，而且大大强化了学生的工程意识和科研能力，激发了学生自主学习的兴趣，培养了学生的创新能力。

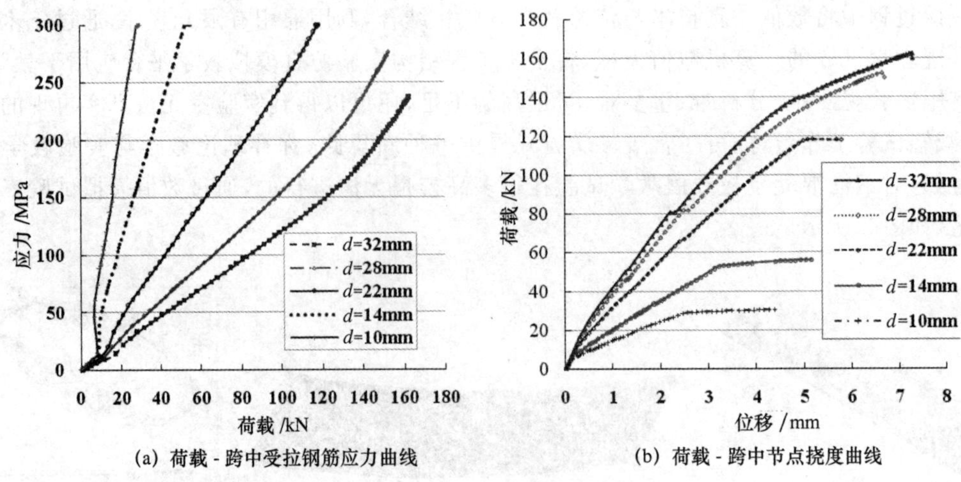

(a) 荷载 - 跨中受拉钢筋应力曲线　　(b) 荷载 - 跨中节点挠度曲线

图 3　不同纵向受拉钢筋配筋率的荷载挠度、应力曲线

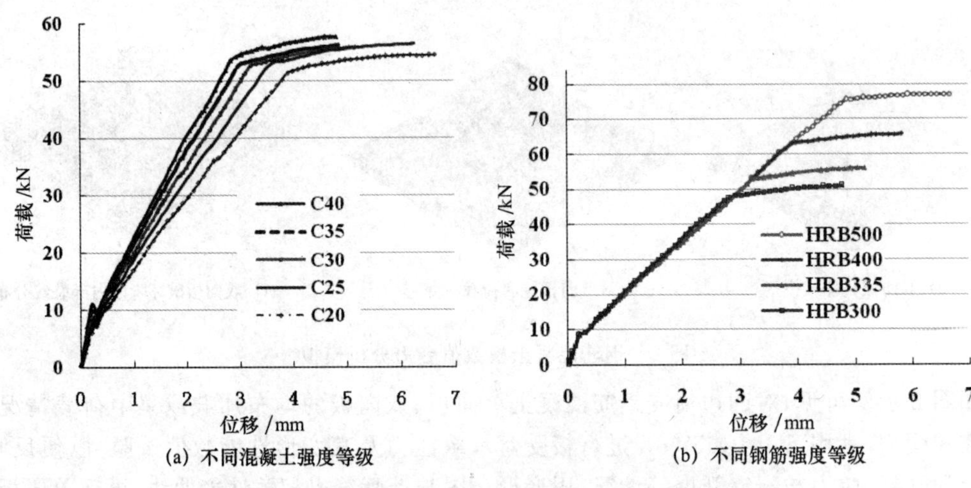

(a) 不同混凝土强度等级　　(b) 不同钢筋强度等级

图 4　不同材料强度的适筋梁荷载-跨中节点挠度曲线

4. 为学生从事科技活动、结构设计竞赛提供技术平台

很多科技活动都以实验数据、系统搭建或结构模型制作的形式展示成果，这就需要学生必须亲自动手设计，参与实验，试制模型。为了节约实验费用，降低成本，学生运用实验仿真模拟教学平台进行研究。实验仿真模拟教学平台为学生开展学院、学校，甚至全国不同层次的科技活动、结构设计竞赛提供了研究手段。目前，对土木工程系学生具挑战性、创造性的结构设计大赛或科技竞赛，难度逐年加大。一般需要进行有限元数值分析，模拟各种不同类型的灾害，以提高结构分析水平。譬如，开展框架结构和复杂结构的数值模拟试验，分别如图 5、图 6 所示。

如图 5、图 6 所示，在数值模拟参与过程中，提高了学生自主性、研究性、创新性的学习能力，丰富了学生第二课堂。

三、结语

通过构建土木工程结构实验仿真模拟教学平台，引入数值仿真环节，可进行反复、大量、全面和重演土木工程结构教学试验，使学生对专业课程重点、难点更加容易理解和掌握，并且实

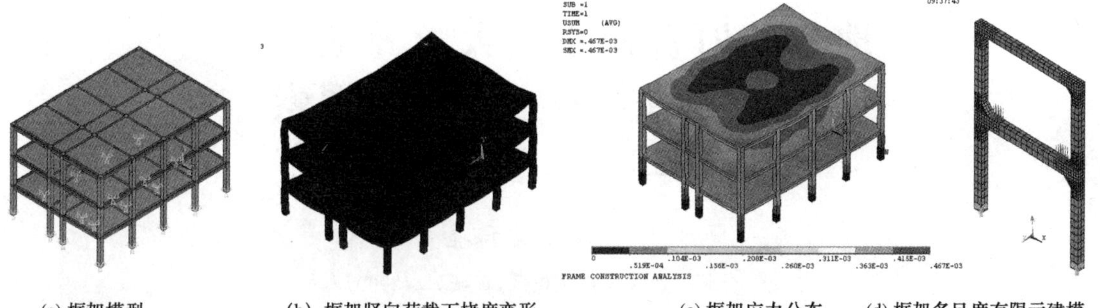

(a) 框架模型　(b) 框架竖向荷载下挠度变形　(c) 框架应力分布　(d) 框架多尺度有限元建模

图 5　RC 框架结构的数值模拟

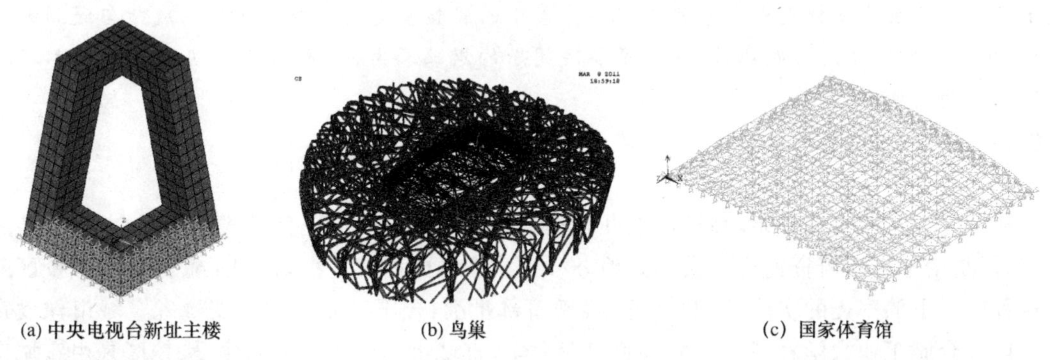

(a) 中央电视台新址主楼　(b) 鸟巢　(c) 国家体育馆

图 6　复杂结构的数值模拟

验仿真模拟教学平台成本较低，能与课堂教学、实验环节相互结合、穿插，不受试验条件、时间和课时的限制，能够推动教学的良性发展，对于丰富教学手段，提高教学效果有着积极的作用；数值模拟软件的应用激发了学生自主学习的兴趣，开拓了学生的思维模式，培养了学生“研究性学习、探究性学习”能力，使学生具备自我学习、获取新知识、新技术以及开展研究和创新的能力，为学生毕业后从事工程结构领域相关工作打下基础，

参考文献

[1]　李永梅. ANSYS 对于钢筋混凝土梁抗弯性能的辅助教学[J]. 第十一届混凝土结构教学研讨会论文集，2010，8(23)：405-408.

[2]　杨勇，郭子雄. 数值模拟试验在土木工程专业课程教学中的应用[J]. 高等建筑教育，2005，14(3)：65-67.

地方政府资助重点大学异地办学背景下的实验室建设与探索
——以合肥工业大学宣城校区为例*

卞步喜　方诗圣

(合肥工业大学宣城校区,宣城　242000)

摘　要　高校异地办学是高等教育发展的模式之一,本文以合肥工业大学宣城校区为例,集中展示了由地方政府支持重点大学异地办学背景下的实验室建设过程中获得的成绩与遇到的问题,分析了问题出现的可能原因,提出了解决问题的思路和做法,最后指出实验室建设都在朝着好的方向发展。

关键词　地方政府,异地办学,实验室建设,师资队伍

从20世纪90年代开始,高校异地办学作为高等教育发展的一种模式发展至今,尤以江浙为多,但是由地方政府资助重点大学异地办学模式在国内尚属首次,合肥工业大学宣城校区就是这种模式下的率先的实践者,2011年,经教育部批准,合肥工业大学在安徽省宣城市建设宣城校区。合肥工业大学宣城校区由合肥工业大学、宣城市人民政府共同建设,校区是由宣城市人民政府负责建好,合肥工业大学负责办好,使用不同招生代码面向全国高考一本线上招生。合肥工业大学宣城校区的建设是贯彻落实国家教育改革和发展规划纲要、推动皖江示范区建设的重要举措,是国家优质教育资源与地方资源相结合的典型范例,开创了我国高等教育合作办学的新模式。宣城校区依托校本部的办学优势,面向地方经济社会发展需求,力求高起点、高标准、高质量地进行专业建设,逐渐形成与本部互有特色的专业布局。宣城校区目前设有机械工程系、信息工程系、建筑工程系、商学系、化工与食品加工系5个系、1个基础部,12个大类,30个专业方向。宣城校区招生使用单独招生代码,按大类招生培养。学生完成学业后,符合毕业条件的颁发合肥工业大学本科学历证书,达到学位授予条件的颁发学士学位证书。目前,宣城校区有在校生8600余名,2014年将招收3000名新生。

新校区建设任务非常繁重,而实验室建设又是全部工作的重中之重,积极探索新模式下实验室建设发展工作,尽管困难很多,在各方努力下还是取得了一定的成绩,目前本科教学所需的实验项目都已能成功开展起来。回顾过去,成绩与问题并存,这些现象的出现不得不引起大家的思考。

一、已取得的成效

(1) 异地办学模式下的实验室建设不仅拓展了学校原有实验教学硬件资源,而且使得学生的实践环境大大提高。新模式下的实验室设备生均占有率比本部要高很多,学生的实践机会得到了很大提高,采购的设备性能都是比较先进可靠的,为探知真理提供了更有效的手段。

(2) 按大类招生的学生,由于其统一的教学进度,可以使得实验项目集中安排,有效提高

作者简介:卞步喜(1972—),江苏人,副教授,主要从事实验室管理和高等教育研究;方诗圣(1962—),安徽人,教授,主要从事道路与桥梁方向研究。

基金项目:安徽省教育厅资助项目(2012jyxm057)。

了教师和实验员的工作效率。比如基础实验的项目可以集中开展，节省实验员准备实验的时间，减少教师奔波各校区之苦。还可以集中安排讲座，答疑，提高教学效果。

(3) 打破原有各实验室管理条块，试行一个实验室主任统领一个大类的所有实验室，所属实验员属于该大类的所有实验室，而不是属于某一个实验室，但是实验员又各有侧重点，比如结合实验员自身专业背景，指定其管理某个或某几个实验室设备维护工作。开展实验课时，全员全岗，为了实现这个目标，要求所有实验员进教室听课，学习理论背景，跟班考试。

(4) 采用人事派遣应聘来的实验员几乎全部来自新建校区所在地，某种程度上不仅加强了校区与地方的纽带联系，为政府解决了就业问题，而且还为实验员在本地传播大学精神留下了空间，促进校区为地方经济发展提供了无限可能机遇。

(5) 充分挖掘地方资源，积极利用地方优秀企业的优势共建实验室，合作共赢。由于新建校区与本部相隔接近 210 公里，为此，校区除充分挖掘校本部资源外，同时积极联系地方优秀企业，共建实验室，校区为企业提供技术支持，企业为校区提供实验场所，合作共赢。

二、存在的问题

(1) 异地办学带来的生源质量略低于合肥校区，在理论与实践联系方面理解的还有不足，导致开展实验教学时会增添难度。究其原因，可能是新建校区宣传力度不够，也可能是新建校区地理位置偏僻，导致与本部同批录取时拉开分数。

(2) 异地办学，新校区的师资队伍要逐步建设，目前师资主要来自合肥校区，加之有些课程的实验教师本来就缺乏，因而影响拓展性实验项目的开展。

(3) 实验室的新进设备现阶段主要是满足本科教学，因而对满足学有余力的学生参与科研活动有不良影响。

三、设想和措施

为了建设好一个新模式下的校区实验室，尽管困难重重，校区上下仍然进行了积极探索，目前的一些设想和做法如下：

(1) 针对生源质量问题，后续会加大招生宣传力度，制定灵活的求学政策，吸引更多学生报考。“打铁还需自身硬”，在平时的教学过程中督促教师尽可能开展一些活动，拓展学生的视野，增加学生的实践锻炼机会。积极开展大型讲座，营造创新创造的求学氛围，及早规划、及早启动大型竞赛的培训，聘请有大型竞赛培训经验的教师来“传、帮、带”，也可以“走出去”，目的就是最终拥有一支稳定的竞赛培训队伍，扩大校区在全国的知名度，吸引优秀生源报考。

(2) 关于异地办学落地师资队伍建设问题，经过与地方政府多次磋商，已经制定了人才引进优越政策，提供优厚硬件吸引人才落地。校方也多次召开专门人事会议，在职称评定和项目申报方面给予更多便利，总的来说，目前反响不错，已经有不少本部教师和外来优秀教师达成意向，愿意来新校区实验室工作。对带项目来的教师，校区配套政策跟进，积极支持。对新进人员，加强与本部教师交流，提倡青年教师导师制，共同承担课题，严格把关岗前培训，试行跟班听课，批改实验，熟悉仪器操作和维护，小范围试讲，直到合格为止。此外还将充分挖掘地方资源，延聘当地资深学者、专家和高校退休教授，努力打造一支强有力的队伍。

(3) 创新管理模式，提高管理效能。前期基础实验室是由地方政府建造，后续专业实验室由学校自己建设，随着各项工作的依次开展，实验室建设将逐步完备，必要时可以考虑成立实验中心，将一个大类专业所有实验室划归名下，采购、实验室管理、资产管理的职能并入其中，实验员也统一划到实验中心管理，由实验中心直接参与实验室建设和设备维护。专职维护队伍按专业类型可以分为机械组、电子组和经管组等。每组有 2～4 人，分别做对口的实验工作，为实验教学提供有效服务，直接对学校负责，省却中间不必要的环节，提高运行效能。

(4) 积极联系地方优秀企业，为实验室搭建项目建设平台，盘活资源。校区领导和地方政府已经促成了两届校市项目技术对接会，为校区引进项目，既服务了社会，促进地方经济转型，又为校区实验室建设提供了科研经费，保障了实验室教师科研动力，盘活现有资源，稳定了师资队伍，也让学生有机会参与到教师的项目中去，增进师生攻克科技难关的感情，对校区的人文建设也是一大促进，增强主人翁责任感和大学归属感。

四、结语

成立实验中心的设想正在进行中，其余做法都已经付诸实践。目前实验室师资队伍稳定，科研动力饱满，日常教学实验开展得非常顺利，师生归属感良好，一切都在朝着好的方向发展。

筚路蓝缕圆梦想，艰苦创业育栋梁。在教育部、安徽省、宣城市的关心和支持下，在合肥工业大学全体教职员工的共同努力下，办学理念先进、办学环境优美、办学模式创新的宣城校区已经崭露头角，必将为安徽乃至全国高等教育事业谱写新的篇章，必将为国家、区域、行业的经济建设和社会发展作出应有的贡献！

参考文献

[1] 钱伟. 从经济特区到教育特区——对改革开放三十年来珠海高等教育发展的思考[J]. 教育理论与实践，2011，31(7)：3-5.

[2] 蔡文慧. “高等教育特区”：以深圳大学城与苏州高教园区典型异地办学高校为例[J]. 教育教学论坛，2013(20)：4-7.

[3] 刘继荣，池临封. 异地办学模式下的高校师资队伍建设[J]. 江苏高教，2002(5)：106-107.

[4] 李宏林. 异地办学中的教学组织模式与优化——东北财经大学营口教学区的办学实践[J]. 才智，2011(27)：299-300.

[5] 姚谏. 对高校实行分校区办学的若干思考[J]. 浙江树人大学学报(人文社会科学版)，2011，11(6)：97-100.

[6] 孙承武. 我国高校办学模式变革研究[J]. 临沂大学学报，2011，33(3)：135-137.

“三明治”模式下土木工程专业开放性实验的设置与管理探索

邱战洪　李友富　金　辉　陈　雾　郭范波　曾志勇　朱兵见

（台州学院建筑工程学院，浙江台州　318000）

摘　要　基于培养土木工程专业学生工程能力和创新意识的需要，结合本校开放性实验教学实践，对“三明治”模式下土木工程专业开放性实验项目的设置原则和过程管理进行了讨论，提出了开放性实验项目设置的四个原则，强调了开放性实验要为理论教学、技能训练、学科竞赛和新技能新工艺服务的目的。并给出了实验项目的“双向选择、过程管理、效果论证和成果培育”四个管理环节。该研究可为国内同类院校土木工程专业的实验教学提供参考。

关键词　“三明治”人才培养模式，工程能力，创新意识，开放性实验教学

一、引言

目前，随着我国社会经济的快速发展，基础建设投资的进一步加大，我国的建筑业发展非常迅速，以浙江省为例，截止 2010 年底，全省建筑业企业已达 5600 余家，百亿元企业数量达到 6 家以上，建筑业从业人员超过 550 万人，2010 年浙江省完成建筑业总产值达到 11860 亿元。全国各地的基础设施建设、小城镇建设以及城市居民住宅建设亟需大量用得上、留得住、素质高的应用型土木工程专业人才。在这种背景下，社会要求地方高校土木工程专业能培养出“能设计、会施工、懂管理”的高层次应用型人才，这对毕业生的专业技能、创新思维和实际工程能力都提出了更高的要求。

传统的土木工程专业实验教学，由于受到实验设备，试验人员和实验时间等诸多因素的限制，主要存在以下一些问题[1,2]：(1) 在实验内容的设置上，主要为传统材料的性能检测和单一构件的力学性能实验，很少涉及近年来在土木工程领域广泛使用的新型材料性能检测，对整体结构的力学分析更少有涉及；(2) 在实验方式的选择上，往往以验证性实验为主，学生只要按照实验指导书中的方法和步骤进行操作，得到相应的实验数据，验证材料性能和基本构件的破坏现象，实验即告完成，而体现学生主动性和创造性的开放性、综合性试验项目比例过少。传统实验教学模式下培养出来的土木工程专业学生，不同程度的存在工程概念淡薄、工程实践能力不足的现象。

同时，我校作为浙东南民营经济发展活跃地区的一所地方高校，为培养地方所需的应用型人才，强化学生的实践技能训练，针对土木工程专业大胆地提出了“三明治”人才培养模式。所谓“三明治”人才培养模式，就是将四年的本科教育分为三个阶段：理论＋实践＋理论。即：3 学年的课内集中理论和实践教学（1～6 学期）＋0.5 学年的工程实习（在工地顶岗见习）（第 7 学期）＋0.5 学年的校内集中毕业设计（论文）（第 8 学期）。从人才培养的角度来看，“三明治”人才培养模式不仅仅是理论学习和工程应用的简单结合，而是一个不断发掘学生潜能、锻炼创新思维、提高学习主动性和培养学生发现问题、分析问题和解决问题能力的综合过程，也是一

基金项目：浙江省新世纪高等教育教学改革研究项目（zc100084）。

作者简介：邱战洪（1977—），男，河南驻马店人，博士，教授，院长，主要从事土木工程专业的教学管理和科研工作。

个不断加深学生对专业知识的理解和应用，增强学生实践能力和创新意识的综合过程。因此，"三明治"人才培养模式也需要开放性试验教学为人才培养提供强有力的支撑。

为了解决这些问题，国内很多高校的土木工程专业都开设了开放性实验项目，并且对开放性试验的体系构建、必要性和重要性做了充分的论证[3,4]。现有文献中[5-8]，关于开放性实验项目的设置原则和过程管理的思考尚不多见。

本文结合本校的开放性实验教学实践，对土木工程专业开放性实验项目的设置原则及其过程控制、效果评价、成果培育等管理过程进行讨论，具有非常重要的现实意义。

二、开放性实验的设置原则

开放性实验，是以学生为主体、教师为辅导，充分利用学校或社会资源，在课堂内外、实验室皆可进行的实验。开放性实验侧重于理论的应用，内容涉及拓展项目、科技创新、试验研究、技能训练等多个方面，打破了实验内容和时间上的限制，取消了必修课的学分束缚，学生可以根据自己的兴趣和能力选择适当的实验项目，按照自己的思路展现自己的创意并付诸实践。其主要目标在于让学生如何运用知识解决具体问题，旨在培养学生初步的科技创新能力和综合应用能力。

因此，开放性实验的设置，必须紧密结合学校的办学定位，密切围绕专业的人才培养目标，符合以下原则：

（一）作为理论教学的有益补充，提高学生综合应用能力的原则

在土木工程专业理论教学阶段，实验教学必须突出"知识学习和能力训练并重"。这要求实验教学在逐步优化基础性实验项目的基础上，适当增加开放性实验项目，充分满足学生工程能力和创新意识培养的需要。

学校开展的"PKPM 结构设计实训项目"，采用学生上机练习与教师讲解分析相结合的方法，以设计院提供的实际工程（已建或在建）为练习题目，边教、边练、边分析、边提高，通过实际操作让学生了解常用结构程序 PKPM 系列软件的建模方法、熟悉计算步骤、掌握参数的选用和结果合理性的判断，同时会根据计算结果进行施工图的绘制。该实验项目把各课程不同内容的基本概念、计算方法及构造要求等均运用到了具体工程的设计实践中，提高了学生理论联系实际、综合分析问题和解决问题的能力。

（二）作为实战平台，强化学生专业技能培养的原则

为提高毕业设计质量和快速适应工作岗位奠定良好的基础，土木工程专业理论教学阶段必须重点强化学生读图识图、工程测量、材料检测、结构电算和造价分析等各种专业技能，这要求土木工程专业实验教学适当开设一些开放性实训项目作为学生专业技能的平台。

学校开展的"工程测量实训项目"。采用提供三个已知控制点，依地形布设一条闭合或附和导线，利用提供的已知点进行控制测量，通过电算或是手算得出每个导线点的坐标，利用计算出的结果，放样一个四边形建筑物的平面位置和高程，并对放样结果进行检核。通过该实训项目，让学生掌握水准仪和全站仪的操作，理解控制测量、坐标放样、角度放样、距离放样和高程放样的具体方法和步骤，掌握根据观测结果进行导线测量，内业计算和高程放样的计算。该实训项目把水准测量、控制测量、点位放样等知识贯穿在一起，内容紧密联系工程实际，具有很强的工程现实背景，提高了学生工程实践适用能力、理论联系实际和解决问题的能力。

（三）作为学科竞赛平台，培养学生动手能力和创新意识的原则

与结构设计大赛及专业创新大赛相结合，在指导教师的指导下，学生自主完成概念设计、

方案设计、作品制作、作品测试和作品优化等过程。在这个过程中，培养学生的结构概念和创新意识。我校以浙江省大学生结构设计竞赛为契机，开展了校内结构设计大赛暨省赛选拔赛。竞赛面向全校各年级各专业学生，目的是激发学生从不同的学科、不同的角度去思考和解决所遇到的问题。指导教师只对竞赛内容、进度和规则做充分讲解，但不提供具体方案；要求学生充分发挥个人思想、展现创造力，完全自主地完成模型制作。尽管学生独立制作的模型结构受力不一定很合理，但每个模型都能带来一些启示，"吃一堑、长一尺"，就是让学生通过一些挫折和探索，来达到训练能力的目的。结构设计大赛培养了大学生的结构意识、动手能力、协作能力、创新能力。

(四) 作为新技术、新工艺的引进平台，确保项目可上可下的原则

通过定期企业调研、工地走访和文献查阅等手段，及时跟踪工程领域内出现的新材料、新工艺和新技术，对实验项目淘"旧"换"新"，确保实验项目的先进性和实效性。定期召开实验项目效果评估的座谈会，组织参与学生、指导教师、相关专家、和学校管理人员对实验效果进行评估，对实验项目进行优"剩"劣"汰"。例如，《土木工程材料》课程的实验项目，现在主要还集中于水泥基结构材料的性能检测方面，而像一些新型建材及环境材料的实验项目相对比较少，学校已引入了部分保温砂浆、节能砌块及新型高分子防水材料等建筑功能材料的测试实验项目。

三、开放性实验的过程控制

开放性实验的实施应注意以下三原则：第一，兴趣驱动。参与项目的学生要对实验项目和自主动手有浓厚兴趣。在兴趣驱动下，在导师指导下完成实验过程。第二，自主实验。参与计划的学生要自主设计实验，自主完成实验，自主管理实验。第三，重在过程。注重实验项目的实施过程，强调项目实施过程中培养学生的实践技能、创新思维和解决实际问题的能力。

(一) 事前控制——"双向选择"

(1) 教师申报开放性试验项目：学院成立由主管教学副院长、实验室人员和相关业务教师组成的开放性实验指导组。各实验指导教师在学期末上报下学期的开放性实验项目，由开放性实验项目指导组审查上报项目的可行性和科学性，并结合该教师的实验教学工作能力，对申报项目进行选定，并上报学校教务处审批备案。

(2) 教师选择学生：根据学生自愿的原则，让学生自行组队，先进行预报名，并自查文献，准备试验方案。实验指导教师组织答辩，论证学生试验方案的可行性，最终选择参加试验的学生组选。

(二) 事中控制——"过程管理"

根据学生自主的原则，学生在指导教师的协助下，自主完成整个实验项目的方案设计，过程操作，数据整理和分析等工作。并要求学生在实验过程中，每天都要记录实验工作日记，记录每天的实验进度、遇到的问题、解决的方案和收获感受，实验日记由指导教师定期进行检查并签字。

(三) 事后控制——"效果论证"

(1) 实验结束后，学生上交实验报告和实验工作日记等相关资料，由实验指导教师根据学生的平时表现和实验结果，评定实验成绩。

(2) 学期末，学院开放性实验指导组组织开放性实验答辩，主要依据开放性实验的培养目的，考核学生开放性实验的投入程度和能力培养，评定最终的实验成绩。

只有最终通过学院答辩的开放性实验项目，才能享受相应的学校和学院的激励政策。

(四) 后期管理——"成果培育"

开放性实验结束后，学院鼓励指导教师加强对学生实验结果整理的指导工作，积极引导实验结果向论文或科研项目转化。为此，学院出台了指导教师教学工作量减免，为后期研究提供经费，开放性项目转化的学生科研项目优先立项等相应的激励政策和措施。

四、结语

开放性实验的设置，必须紧密结合学校的办学定位，密切围绕专业人才的培养目标，符合以下原则：

(1) 作为实战平台，强化学生专业技能培养的原则。

(2) 作为理论教学的有益补充，提高学生综合应用能力的原则。

(3) 作为学科竞赛平台，培养学生动手能力和创新意识的原则。

(4) 作为新技术、新工艺的引进平台，确保项目可上可下的原则。

同时，开放性实验的实施应该遵循兴趣驱动、自主实验和重在过程三个基本原则，认真做好开放性实验的事前控制、事中控制和事后控制及成果培育等四个管理环节。这样才能在项目实施过程中，不断培养学生的实践技能、创新思维和解决实际问题的能力，达到培养"能设计、会施工、懂管理"的高层次土木工程专业应用型人才。

四年来，我院建筑工程实验中心依据上述开放性实验的设置和管理原则，共开设了75个开放性实验项目，形成了一个基本稳定、形式开放、内容科学的实验项目库。通过这批实验项目的实施，有效地培养了学生宽厚扎实的实验技能、动手能力、创新意识和工程思维，取得了显著成效。学生共获得科研奖10项，发表论文17篇，专利授权26项，获得省级以上竞赛一等奖3项，二等奖7项，三等奖8项。

参考文献

[1] 肖鹏.土木工程专业开放性实验教学改革探讨[J].高等建筑教育，2011，24(4)：128-131.

[2] 陈天虹，王登科，王德栋.以开放性实验为平台培养学生的综合应用能力[J].浙江科技学院学报，2010，22(1)：62-64，78.

[3] 邱战洪，王小岗.基于"三明治"模式的开放性实验教学体系构建[J].第十届全国高校土木工程学院(系)院长(主任)工作研讨会论文集，中南大学出版社，2010，10，367-371.

[4] 曹国辉，文明才，刘小芳，等.建筑工程开放性实验教学改革[J].实验室研究与探索，2008，27(4)：106-107，137.

[5] 陈树莲，赵勤勇，贾历程，等.地方高校国家大学生创新性实验计划的建设与研究[J].实验技术与管理，2010，27(3)：145-148.

[6] 田逢春，曾孝平，鲜永菊，等.建设开放性实验平台提高研究生创新能力[J].实验室研究与探索，2007，26(9)：119-121.

[7] 杨珩.开放性实验教学对创新型复合人才培养的探索[J].实验室研究与探索，2008，27(3)：128-130.

[8] 王兴邦.面向开放式创新性实验教学队伍建设与研究[J].实验技术与管理，2008，25(7)：33-37.

消防自动化实验设备的开发

孙育英[1]　李炎锋[1]　樊洪明[1]　刘成刚[2]　李俊梅[1]

(1.北京工业大学建筑工程学院,北京 100124;2.苏州科技学院环境科学与工程学院,苏州　215000)

摘　要　为了满足建筑环境与能源应用工程专业的实验教学需要,自主设计了消防自动化实验设备。在介绍了基本设计思想基础上,详细阐述了该实验系统的设计方案和功能。实验设备包括防排烟系统控制与模拟实验台和湿式喷淋/消火栓系统控制与模拟实验台,对于促进学生自主思考、激发学生学习兴趣、提高教学效果有重要意义。

关键词　消防自动化,实验设备,开发,建环专业

一、引言

随着我国经济与技术的迅速发展,高层建筑、超高层建筑越来越多,建筑内部一旦发生火灾,造成的人员伤亡和经济损失是非常严重的。根据我国“预防为主、防消结合”的消防工作指导方针,应设置火灾自动报警系统和消防联动系统,将火灾扑灭在初期阶段。由于市场和人才培养的需求,我校建筑环境与能源应用工程专业在“建筑设备自动化”课程中,设置了消防自动化的教学内容。由于消防自动化具有实践性强的教学特点,为培养具有创新能力的技术型和应用型人才,研究适用于建环专业的消防自动化实验设备,改进实验教学方法是教学发展的必然趋势。

根据调研,目前高校的消防自动化实验设备主要有两种形式,一种是展板,另一种是操作台。展板展示出火灾自动报警系统和消防联动系统的系统构成和主要设备,教学方法以参观为主,由教师介绍,学生被动式学习,难以激发学生的兴趣,不能很好地培养学生解决实际问题的能力,实验效果不够理想。操作台给出火灾自动报警系统和消防联动系统的各种设备,学生通过布线、接线及调试[1],来学习系统构成和原理,这种方式很好地锻炼了学生的实践动手能力,适用于电气专业学生,但并不适用于建环专业。建环专业对消防自动化的教学与电气专业的侧重不同,要求学生了解消防自动化系统的构成,理解系统工作原理,侧重于暖通空调设备的消防联动原理,要求建环专业学生在有限学时中完成接线、布线任务是比较困难的。

因此,购买现成的消防自动化实验设备,不仅成本高,而且和建环专业的教学内容部分脱节,不利于教学工作的开展。本文根据建环专业的教学要求,结合工程实际,参考一些国内外有关资料和装置的基础上[2,3],对“消防自动化实验设备”进行自主设计和开发,对于提高实验教学质量起到重要作用。

二、设计思想

“建筑设备自动化”是建筑环境与能源应用工程专业本科生的一门重要专业课,建筑设备自动化主要包括楼宇自动化系统和消防自动化系统两部分,消防自动化教学是该课程的一个重要篇章。加强实践环节,通过与工程实际紧密结合的实验,帮助学生了解消防自动化系统的构成,理解系统工作原理,特别是暖通空调设备的消防联动原理,如对于防排烟系统,当发生火灾之后,70 度防火阀和 280 度排烟阀如何工作,空调机组、正压送风机、正压排风机如何工作等。理论与实践结合,从而达到扩宽建环专业学生的知识面,暖通空调系统与消防系统相融合,提高学生综合素质的教学目标。

根据建环专业对消防自动化的教学要求,本文从以下几个设计思想出发对消防自动化实

验设备进行开发：

（1）选择国内主流的火灾自动报警系统和消防联动设备，结合工程实际，进行实验设备的设计。

（2）根据建环专业特点，选择防排烟系统、湿式喷淋系统和消火栓系统作为消防自动化系统的典型监控对象，以彩色图形的形式展示。

（3）消防自动化设备采用实际设备，譬如区域报警器、各类火灾探测器、手动报警器、声光报警器等。

（4）实物与彩图相结合，帮助学生从课本走出来，认识与工程实际相同的消防自动化系统。

（5）设置手动操作功能，学生可以通过手动操作，发出各种类型报警信号，来观察消防自动化系统的报警和联动控制，帮助学生深入理解系统的工作原理，提高学习兴趣，以及分析问题、解决问题的能力。

三、实验设备的设计

（一）实验台方案

根据监控对象，设计了两个实验台：防排烟系统控制与模拟实验台、湿式喷淋/消火栓系统控制与模拟实验台。从方便学生实验和检修的角度考虑，实验台采用可移动柜体设计，实验柜高度为1.8m，宽度为1.3m，厚度为0.2m，柜体下设有万向滚轮便于移动；柜体正面通过彩图、实物、模拟开关相结合，供学生实验；柜体后面可以打开，对系统线路进行检修。图1为已经设计好的实验台照片。

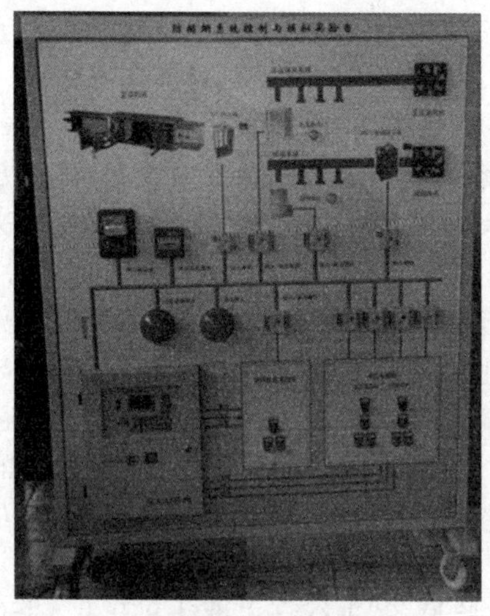

(a) 防排烟系统控制与模拟实验台

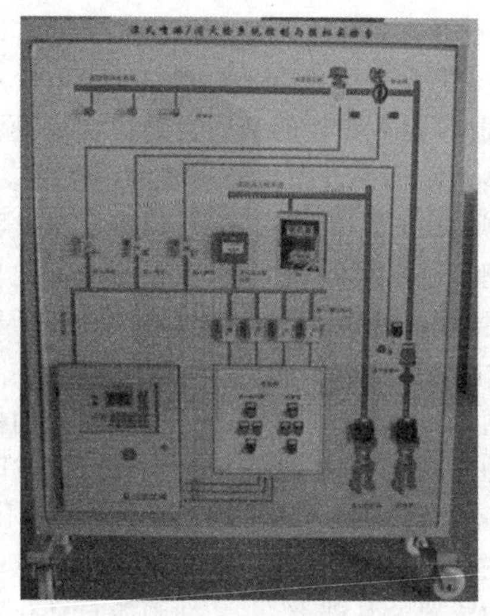

(b) 湿式喷淋 / 消火栓系统控制与模拟实验台

图1 消防自动化实验台照片

（二）消防自动化系统的主要设备

本文选用北京防威威盛机电设备有限责任公司开发的FW19000系列的火灾自动报警系统及全总线消防联动控制系统，该产品根据国家最新消防产品标准（GB 4715—2005；GB 4716—2005；GB 4717—2005；GB 19880—2005；GB 16806—2006）开发，应用了现代先进的网络通信技术和控制技术，具有便于工程设计、便于设备安装、运行可靠及使用方便等优点，可广泛应用于各类工业与民用建筑。

在火灾报警及联动控制系统设计时，除按照国家法律法规规定要求外，还要根据建筑物类型及使用功能等实际情况选择合适的系统配置，以便于设计出一个可靠、经济、实用的火灾自动报警控制系统，一般都是由火灾控制器、输入输出设备以及控制网络构成。本文选用的主要设备如下：

1. 火灾控制器

火灾控制器是消防自动化系统的核心部件，选用型号为 JB-QGZ2L-FW19000，适用于中小型建筑，具有联动功能。所有的报警、联动控制和控制返回信号，均在火灾报警控制器上完成。报警控制回路为 1～2 回路，每回路所带报警控制点数不超过 242 点。

当发生火灾时，控制器接收到探测器发出的火警信号后，液晶屏显示火灾部位，控制器发出声光报警信号，打印机打印出报警信息，同时控制器发出联动信号。控制器还具有故障自动诊断功能，当探测器编码电路故障，如短路、线路断路、探头脱落等，控制器发出故障声光报警，显示故障部位并打印。

2. 输入输出设备

根据被控系统的功能需求，选择火灾探测器、输入模块、输入/输出模块、火灾报警按钮、声光报警器等输入、输出设备。

(1) 选用点型智能光电烟感火灾探测器、点型智能感温火灾探测器、火灾报警按钮，用于监测房间的火灾发生状况。

(2) 选用地址编码输入模块，用于监测喷淋水系统的水流指示信号、信号阀状态和湿式报警阀状态，监测防排烟系统的防火阀、排烟阀状态。

(3) 选用地址编码输入/输出模块，用于监控正压送风机、排烟风机、空调机组、送压送风口、排烟风口，以及消火栓水泵和喷淋泵这些消防联动设备。

(4) 选用消火栓报警按钮，用来监测消火栓系统的报警信号。

(5) 选用声光报警器，当火灾发生时，发出声光报警信号，以提醒人员疏散。

3. 控制网络

选用单回路总线式控制网络结构，报警总线和联动总线可共用同一信号线，即探测器和联动控制模块都安装在同一总线上。控制模块需再加 24VDC 控制电源线，24VDC 电源由控制器提供。

(三) 防排烟系统控制与模拟设计

防排烟系统控制与模拟包括有正压送风系统、排烟系统及空调机组，实验台以生动的图形展示被控系统构成，通过虚实结合实现实验功能。

(1) 空调机组、正压送风机和排烟风机用“小风扇”实物表示，这些设备均由“电控柜”控制，仿照工程实际进行电气设计，“电控柜”上有手自动转换开关、启动按钮、停机按钮与运行指示灯等实物，可对“小风扇”进行控制，如按下启动按钮，“小风扇”旋转工作，运行指示灯亮。

(2) 70℃防火阀、280℃排烟阀用“带指示灯按钮”实物表示，模拟火灾的发生。当按下“按钮”时，表示阀门动作，“按钮”指示灯变亮，同时通过输入模块将报警信息传递给火灾控制器。

(3) 正压送风口、排烟风口用“指示灯”实物表示，模拟风口动作。当打开风口时，火灾控制器通过输入/输出模块驱动该风口的“指示灯”，“指示灯”变亮。

防排烟系统控制与模拟实验方案如下：

当发生火灾时，手动报警按钮、温感探测器、烟感探测器报警或 70℃防火阀动作，通过报警总线将火警信息传送到报警控制器，报警控制器按预定的联动控制逻辑通过输入/输出模块开启相应区域内的排烟阀、送风阀，并关闭该防火分区的空调机组及电动防火阀，与此同时启动排烟机和正压送风机进行火灾区域内的防烟和排烟。当经过排烟口的气流达到 280℃时，排烟口处的 280℃熔断器熔断，联锁关闭排烟设备，并将关闭信号通过报警总线传送到报警控制器，控制器发出关闭相应排烟、送风机指令；或人工确认火灾后，现场手动开启防排烟阀，输入/输出模块将此动作信号传送到火灾报警控制器，控制器发出相应指令，启动相应防火分区的送排烟风机及相关送排烟阀。

（四）湿式喷淋/消火栓系统控制与模拟设计

湿式喷淋/消火栓系统控制与模拟包括有喷淋水系统和消火栓系统，也是通过生动的图形展示被控系统构成，通过虚实结合来实现实验功能。

（1）喷淋泵、消火栓泵用“小风扇”实物表示，由“电控柜”控制，设计方案同防排烟实验台。

（2）水喷淋灭火系统在建筑每层支路管线上均安装有水流指示器和信号阀，实验台用“带指示灯按钮”实物表示，模拟火灾的发生。

（3）湿式报警用“声光指示灯”实物表示，与水流指示器的“按钮”联锁设计。

（4）喷洒头以实物显示。

湿式喷淋系统控制与模拟实验方案如下：

当某防火分区发生火灾时，喷洒头表面温度达到动作温度后，喷洒头开启喷水灭火，相应的水流指示器动作（用按钮模拟），其报警信号通过输入模块传递到报警控制器，发出声光报警并显示报警部位，随着管内水压下降，湿式报警动作，带动水力警铃报警，同时压力开关动作，输入模块将压力开关动作报警信号传递到报警控制器，报警控制器接收到水流指示器和压力开关报警后，向喷淋泵发出启动指令，供水灭火，并显示泵的工作状态。

消火栓系统控制与模拟实验方案如下：

在消防中心火灾报警控制柜接现场报警信号（消火栓开关、手动报警按钮、烟感），通过输入/输出模块，可自动（或手动）启、停消防泵，并显示泵的工作状态。

四、实验设备的功能

本文所开发的两个消防自动化实验设备：防排烟系统控制与模拟实验台、湿式喷淋/消火栓系统控制与模拟实验台，可以用于建环专业或相近专业的消防自动化实验教学中。该实验系统可以完成以下实验内容：

（1）系统演示，学习掌握消防自动化系统的基本构成、主要设备以及设备使用方法。

（2）模拟控制，通过按钮模拟各种火灾报警信息，实现火灾报警及消防联动控制，学习掌握消防自动化系统的工作原理以及防排烟、湿式喷淋和消火栓系统的构成和控制原理。

学生通过亲自动手模拟各种火灾场景，在实验之前，思考火灾自动报警及消防联动控制的工作流程，并通过实际的火灾自动报警及消防联动控制，再进行验证，将理论与实践结合，加深对消防自动化系统的认识。在实验中，教师应注意引导学生关注火灾自动消防系统与暖通空调系统的配合，培养了系统工程思想。

五、结语

根据建环专业对消防自动化的教学要求，本文介绍了消防自动化实验设备的设计思想、实验设备开发和功能。通过虚拟与实际结合，实验台实现了典型防排烟、湿式喷淋和消火栓系统的控制与模拟，学生做实验时真实感很强，设计有学生“动手”的教学环节，提高学生学习兴趣，促进学生主动思考，提高了实验教学效果，深入了学生对消防自动化系统的认识。本套消防自动化实验设备还具有占地面积小、能耗低、噪音小、投资省、实验方便和实验周期短等一系列优点，实验台的开发对国内兄弟院校的智能建筑实验室建设具有借鉴意义。

参考文献

[1] 霍振宇，黄尔烈，吴亚洲. 民用建筑消防实验系统的设计[J]. 现代建筑电气，2010，(2)：31-34.

[2] 中华人民共和国住房和城乡建设部，中华人民共和国国家质量监督检验检疫总局. GB 50116—2013 火灾自动报警系统设计规范[S]. 北京：中国计划出版社，2014.

建环专业本科生课程设计组织与效果分析

潘　嵩　李　娜　王　未　许传奇　王云默　王新如

（北京工业大学建筑环境与能源应用工程系，北京　100124）

摘　要　本科生课程设计是针对建筑环境与能源应用工程专业一个重要的实践环节，北京工业大学建环专业开设9学分的课程设计。通过对2010级课程设计的实践组织介绍以及效果分析，体现该课程设计的基本内容以及教学方法在学生对设计内容，设计方法，方案确定等几个方面都起到了重要的作用。通过有效的课程设计，建立学生独立的思考学习能力以及工程应用能力，实现理论升华到实践的目标。

关键词　建筑环境与能源应用工程，课程设计，组织及效果，问题及解决

一、北京工业大学建环专业课程设计目的

"建筑环境与能源应用工程专业"本身最重视科技的逻辑性和知识、技能的系统性。为此，在教学计划中设置的课程设计实践教学环节非常重要。无论学生的就业愿望为何，本科学习中的这个设计环节不可轻视。学过了专业的各种具体的知识和技能，再通过这个设计的作业，在思维的逻辑性和知识技能的系统性方面，必有极大的提高。

通过本科生课程设计，了解工程设计的内容、方法和步骤；初步学习设计方案的选择与确定方法，重点掌握建筑设备系统的构成；初步训练计算机绘制工程图的能力、培养设计计算与编写设计说明书的能力；学习收集技术资料、增长理论联系实际的能力；初步训练在工程设计中协调各专业和工种的组织能力。

这个环节是本科教学计划中重要的综合性教学环节，是实现教学、科研、社会实践相结合的结合点；是本科学生在学完教学计划规定的基础相关课程后所必需进行的工程实践教学中最重要的实践教学环节。其目的是通过课程设计中的工程设计，培养学生综合运用及深化所学基础理论、专业知识和基本技能的能力；培养学生独立分析和解决工程实际问题的能力；培养学生的创新精神和团队合作意识，提高对未来工作的适应能力。

二、北京工业大学建环专业本科生课程设计的组织情况

北京工业大学建环专业本科生课程设计安排在大四上学期第四周至十六周共14周，成绩总计9学分。课程设计内容主要以"空气制冷"、"供热锅炉"课程的教学内容为基础，要求学生以小组形式分工合作，完成从冷热源到末端的供暖空调系统的设计。

1. 课程设计设计步骤

1）布置设计任务

北京工业大学建环专业的教师团队共同商讨确定课程设计的题目以及内容要求，针对以往同学们出现的问题进行改进，细化设计任务，制定详细的综合课程设计指南及任务书，并且为学生们提供必要的设计参数，设计对象为某高校办公楼采暖空调系统设计。

2）授课讲座答疑

在课程设计过程中，针对学生在课设中出现的问题，围绕课程设计的重点、难点，分阶段集中不定期安排几次专题讲座，如典型建筑暖通空调设计方法、设计软件操作、工程案例剖析等。

通过专题讲座解决学生设计过程中存在的问题，引导学生将理论知识贯穿在整个设计过程中，并能熟练使用标准、规范和设计手册等资料。

3）导师监督考核

为了做到因材施教，努力发挥学生的积极性并且及时解决问题，提高设计效率，同时锻炼良好的团队合作精神，采取分组导师制度，即2010级大四52人，分成14组，每位教师负责3～4名学生，可以让教师更加了解每位学生的进度。

4）课程设计答辩

课程设计答辩时间安排在第11周以及第17周，分别供暖设计答辩和空调设计答辩，答辩方式为集中答辩，所有教师分组根据学生答辩情况提问，并且独立给分，最后全体教师汇总给出综合答辩成绩。

2. 课程设计讲座与内容

在学生课程设计之前，为了使学生们了解整个课程设计时间安排并且增加对内容的了解，由课程设计负责老师安排一次课程设计动员及任务布置，同时，为了更好的及时的解答学生的问题并且协助教师，选择两名研究生作为助教，由于他们对本专业内容熟知，并且熟悉课程设计流程以及内容，易于引导学生更快的从理论知识转化成实践设计中，建立学生与教师之间有效地沟通机制。具体的授课讲座内容分为以下五个部分。

1）采暖空调系统设计引论

综述本科生在前三年里学习的专业知识以及相关的专业课程，针对暖通空调设计基本常识，让学生讲理论知识转化为实践中，同时介绍在设计中基本注意事项，避免出现设计失误。

2）采暖负荷计算及常规设备选型

首先回顾学过的“供热工程”等相关课程，提出设计必须遵循行业规范，让学生逐步从学习转向设计，讲座教师介绍采暖设计步骤，为学生们详细讲解采暖中走廊、卫生间、楼梯间等供暖常见问题，避免学生走进误区。

3）锅炉房设计

结合“锅炉与锅炉房设备”课程以及锅炉房设计规范，从锅炉容量、循环泵流量、扬程确定、软化水系统、补水系统、定压系统以及送引风系统等各个方面介绍锅炉房设计的步骤。

4）空调系统设计及设备选型

结合“空气调节”课程，以及前面关于供暖设计的相关讲座，学生独立完成空调系统的设计，让学生在设计中体会到设计与理论知识的不同，设计中应当结合建筑中各领域的要求，融合到一起，完成设计要求。

5）课设预答辩及注意事项

针对课设答辩设计要求，在最终答辩之前集中开展一次关于答辩技巧讲座以及注意事项，从课程报告书的设计，PPT制作，答辩设计重点等几个方面提出要求，要求学生在规定的时间内有重点的突出自己的项目特色。

（三）课程设计考核方式

课程设计的考核方式分为导师考核和集体答辩两个方面，各个设计阶段的考核，由各位指导教师灵活安排、分工负责。集体答辩分为两个部分：供暖设计以及空调设计。组织全学科部教师分组答辩，每次答辩每位学生限时15分钟，学生汇报8分钟，教师提问7分钟。最终的考核成绩总分为100分，学分为9学分，由以下三部分组成；

第1部分：按时参加课设讲座，遵守课堂纪律，满分10分，每缺课1次扣2分；

第2部分：导师考核，由指导教师根据各个设计阶段的完成情况以及最后的设计报告书给出分数，总分分；

第 3 部分：总分分供暖答辩以及空调答辩分数，由答辩当天所有参与教师给出，取平均值给出综合课程设计成绩。

三、北京工业大学建环专业本科生课程设计的效果分析

构建绿色建筑、提高建筑供暖、通风与空气调节系统的能源利用效率，是建筑环境与能源应用工程专业的重要使命。在大学教学计划中，课程设计是工科专业学生必须经历的、最为重要的实践教学环节，旨在培养和提高学生综合运用专业知识、解决实际工程问题的实践能力和创新思维方式。为了让学生在走进工作岗位之前，成为一名合格的设计师，培养建环专业学生对综合知识的运用，北京工业大学建环专业本科生课程设计开展已经取得了良好的效果。

不同于其他的专业课程教学，由于课程设计面对实际工程对象的综合需求，强调专业知识的融合贯通、国家相关设计规范和标准的熟悉与理解以及对实际工程问题的综合理解(例如，专业技术、社会与人文、经济等方面)，涉及的内容比较宽且具有多面性，很难以教科书的形式较为全面归纳其的专业特点。通常，只有指导教师推荐的一些设计资料、设计手册以及相关设计规范或标准。因此通过本次课程设计，学生对今后将从事的专业有了一定的整体认识，提升了本次课程设计的效果。通过课程设计这个实践环节，学生各个方面都有了很大的提高，主要体现在(1)自主学习以及分析问题解决问题的能力提高；(2)正确掌握了专业知识与理论知识结合；(3)培养了团队合作能力与教师的沟通能力。

通过本次课程设计，学生们在完成整个设计之后，在实习工作中清晰地认识到原来独立的专业知识在课设中已经由点汇面，形成了有机的整体，学生在实践环节自主地巩固和消化已学过的专业课，建立对暖通空调设计的系统和整体观念。在整个课程设计体系中，旨在培养全面复合型人才，避免出现学生能力单一的现象。通过课程设计，建立学生与教师的长效联系机制，给学生自由发展的空间，提出自己的想法与见解。在整个课程设计环节，从系统方案的设计，基本设备选型到一些图纸的完成，都考验学生的基础知识的扎实性。导师制度、方案的比选、答辩形式都锻炼了叙述的学习能力、团队能力、和口头表述能力，能够促进培养学生全面发展。同时，课程设计题目尽量贴近实际工程，培养工程应用型人才，让学生张国整个暖通空调的设计流程和方法，做到理论与实践结合，为今后的工作搭建夯实的基础。

四、北京工业大学建环专业本科课程设计问题点分析及解决方法

通过本次的课程设计，可以看出大部分同学能够对整个暖通设计的流程及基本的设计问题有比较清晰的认识和把握，但从平时的答疑、课程设计讲座的提问及答辩的情况来看，很多同学的课程设计还是存在着一些不足，现主要提出以下几点，以期无论是对今后课程设计的指导还是专业教学都能有一定的参考。

(1) 设计手册及节能规范的熟知度不够。工程设计手册及国家、地方行业规范、标准作为暖通工程设计的基本依据，理应是最为重要的参考资料，理论教学难以涵盖工程设计的各个方面，需要从这些参考资料中寻求答案，并且有时不同设计手册、规范之间、国家、地方性规范之间的设计参数的选取存在着冲突，需要进行仔细的研究比对，所以对各手册、规范、标准有足够的熟知是工程设计的重要内容。但很多同学对此缺乏足够的认识，一些设计参数仅仅从设计手册甚至只从辅助设计软件中去获取，在设计中遇到一些问题时寻求答案感到无从下手，而答案往往在规范、标准中有明确的定义及解释。由此看出，面对诸多暖通行业的参考资料，在理论教学中进行适当的解读与学习很有必要。

(2) 系统方案的确定缺乏深入的思考和有力的依据。供暖、空调系统形式的确定是整个课程设计中最重要的环节。暖通设计中的各种系统形式皆有自己的优缺点，都有一定的适用

范围及适用性，即使针对同一建筑，不同的人也会有不同的思考。很多同学在系统形式确定这一环节只知道自己选择的系统形式适用于自己的工程项目，但不知道其他的系统形式的劣势在哪，即只懂得选用而不懂得比较。从最终课程设计的结果可以看出，在方案确定这一环节，不同方案的思考与评比这一内容还有待完善。

(3) 水力计算部分有所不足。风系统及水系统合理的水力计算不仅关系到冷热源部分所输出的冷热量能否按需分配到末端用户，更关系到整个系统的运行是否稳定、有效、节能。水力计算的理论学习往往是最难掌握的部分，一个简单的小系统就需要很大的计算量，并且不同的系统形式往往有多种不同的计算方法，并且计算步骤繁杂，在课程设计中，如果不依靠辅助设计软件，恐怕很难完成。但多数时候，辅助设计软件的这种便利恰恰有适得其反的效果。虽然很多同学的水力计算部分能够完成，但其中的步骤并不明晰。进行正确的水力平衡往往不是依靠科学合理的设计方法，而是仅依靠添加阻力去完成，这对现阶段所倡导的节能设计是极为不符的。仅仅顾及水力失调而不顾热力失调同样不是科学的设计方法。如何寻求理论设计与软件辅助设计的平衡变得极为重要。

(4) 分类设计理念不强。同一建筑往往有不同形式、不同使用功能的房间，尤其对于综合性建筑，很多房间的使用时间不一，所以，对不同的房间、空间，应有不同的分类，同时应划分不同的系统。通过本次课程设计的情况来看，系统划分单一，缺乏有力的划分系统的依据是普遍存在的问题。另外，对各类型房间的供暖、空调的形式不明确，对特殊类型空间如走廊、楼梯间、卫生间、地下车库、门厅的设计知识缺乏，是普遍存在的又一问题。无论在参考书籍还是在理论教学中，往往重视供暖、空调的共性而忽视适用于不同类型空间的个性。所以，此方面理论的学习与指导还有待加强。

(5) 对系统的认识缺乏整体性。无论是空调系统还是供暖系统，都是与冷热源机房相连。所以，冷热源侧与用户侧是不可分割的整体，系统设计应该有整体的理念。但很多同学只知道供暖系统需要补水定压而不知锅炉房需要有补水定压装置，只知道供暖系统需要补水定压而不知空调系统需要补水定压，只知道用户侧需要水力计算而不会机房侧的管路平衡与确定。多数时候，理论教学教授的是共性的知识，但往往这种共性没有推广到个性中去，这同样是理论教学有待完善的重要内容。

五、结论

工程设计的本质，就是“把恰当的技术，恰当地应用在恰当部位，并且把它们恰当的综合好”。[1]在本科生课程设计中，可以接触更多的实际知识，学生首先做到的是应该严格符合设计规范，在此基础上，要贯彻业主的意图，结合经济概念，特别关注建筑的特点以及功用等，这些在课程设计中，通过一个完整的实际工程设计，都可以在学习中细心体会，相信学生一定会受益匪浅。

在课程设计中，可以让学生有了更多自主学习的机会，学会了与导师沟通，与同学合作，激发了学生的积极主动性，培养学生独立分析解决问题的能力，同时，建立理论概念与工程概念的联系，使它们不再脱节，同时，此次课程采用了导师制，让学生的问题随时有效地得到解决，同时教师以及助教拟定出设计步骤，学生灵活独立地完成供暖以及空调设计，提高了学生学习的主动性、积极性。

课程设计同时也是给予学生一个独立主动完成一个拟定工程的平台，让学生在规定的基础上自主创新，成为一个小“设计师”，学生精心设计，独立完成自己的方案，在课程设计的实践中体会到快乐，为今后成为一名优秀的专业技术人员打好基础，收获逻辑思维和学习能力两重提升。

参考文献

[1] 陈超，蔺洁，李俊梅，等.课程设计・毕业设计指南[M].2版.北京：中国建筑工业出版社，2013.

基于课程设计群建设进行混凝土结构课程设计的探讨

郭庆勇　毛继泽　何　建　吕建福

（哈尔滨工程大学航天与建筑工程学院，哈尔滨　150001）

摘　要　混凝土结构课程设计是土木工程专业实践教学计划中的一个重要环节。本文结合土木工程专业课程设计的特点，分析了混凝土结构课程设计中存在的问题，提出了基于课程设计群建设混凝土课程设计的改革方法及具体建议，以期提高混凝土结构课程设计的教学效果。

关键词　混凝土结构，课程设计，教改，工程素质

一、引言

《卓越工程师教育培养计划》作为《国家中长期教育改革与发展规划纲要（2010—2020）》组织实施的一个重大项目，旨在培养造就一大批卓越工程师的后备人才。其本科培养目标是培养具有较强的工程实践能力与创新精神的高级应用型人才，而实践能力培养主要通过实验、实习、课程设计、毕业设计等环节来完成，其中课程设计是重要的一环。混凝土结构课程是土木工程专业主要专业课程之一，是一门实践性和综合性很强的课程，混凝土结构课程设计是使学生运用所学理论知识实际应用的一个重要教学环节。该课程与房屋建筑学课程设计、基础工程课程设计、土木工程施工课程设计等结构课程之间有着紧密联系。因此，如何进行课程群[1]建设，使土木工程各课程设计变成一个具有相互影响、互动、有序、相互间可构成完整教学体系，成为高等教育研究的一个热点[2]。

同济大学顾祥林教授在文献[3]中比较了国内外几所大学土木工程专业本科课程体系，对课程群组的划分进行了研究，指出在专业课学习阶段行之有效地划分课程群组的做法，可以加强专业课程的教育，为学生未来继续深造打下基础。本文针对土木工程专业课程设计群中混凝土结构设计课程设计的改革进行了探讨，指出了混凝土结构课程设计存在的问题，提出了混凝土课程设计的改革方法及具体建议。

二、混凝土结构课程设计存在的问题

（一）课程设计独立性

在传统的教学方法中，各门课程内容之间相互独立，每个课程设计的目的仅仅是为满足本课程的学习要求和学习目的，不考虑与其他课程设计之间的连续性、互补性，局部独立性、片面性较强，全局系统性、整体性较差，使学生在四年的学习中得不到良好的连续性、系统性和整体意识的训练，不了解每门课程设计的前因后果，工程设计整体观模糊。例如学生在做钢筋混凝土结构课程设计时，只能面对教师给出的一个假设平面图，按教师的要求进行结构计算和平面布置，而不知道为什么要这样去设计。做房屋建筑学课程设计时，往往只注重设计的方案优良、布局合理、构造清楚、表达明确、造型美观，而不考虑结构方案能否实现。使学生对工程实践的整体观念模糊，知识的应用性片面，不了解每门课程的重要性和相互课程的渗透交叉性，容易养成从局部片面看待工程实际问题，不利于培养全面综合分析问题的能力[4]。

（二）忽视与工程实际结合

在以往的混凝土结构课程设计中，课程设计题目虽然来源于实际工程，但多是对工程问题

的模拟、简化，与实际情况相差甚远。由于时间紧任务重，学生的积极性不高，主动性差，仅仅为完成任务而进行设计，他们一般只是依据参考资料上的有限信息，然后自己完成，甚至是完全抄袭，在这种情况下，一个课程设计完成后，学生的收获并不大，没有达到预期目的。

鉴于上述原因，原来的混凝土结构课程设计教学模式已不适应新形势下培养目标的需求，课程设计过程中所采用的方式方法需要改进，提高课程设计质量。

三、混凝土结构课程设计改革

为了适应卓越工程师培养计划的要求，使学生通过课程设计达到提高实践能力的目的，通过分析各门课程知识间的相关性，考虑学生专业技能训练的连贯性、系统性，将多个相关课程设计有机的联系起来，形成一个完整的建筑、结构和施工设计过程，学生通过完成几门课程的课程设计，来掌握一个完整的建筑和结构设计过程，从而达到综合训练的目的。以哈尔滨工程大学土木工程课程设计设置为例，如图 1 所示，将混凝土结构课程设计与房屋建筑学课程设计、钢结构课程设计、基础工程课程设计和土木工程施工课程设计、综合成一个完整的建筑物设计，在各门课程设计中分别完成设计的各个部分工作。在房屋建筑学课程设计中，对建筑物进行建筑方案和建筑施工图设计；在混凝土结构课程设计和钢结构课程设计中，对进行地上结构计算和施工图设计；在混凝土结构课程设计中使用前面的建筑方案，并下基础工程课程设计提供建筑物的上部结构条件；在基础工程设计中完成基础结构及施工图设计；最后根据以上课程设计完成结构物的施工组织课程设计。从而使学生完成一个建筑物完整的建筑和结构的设计工作。

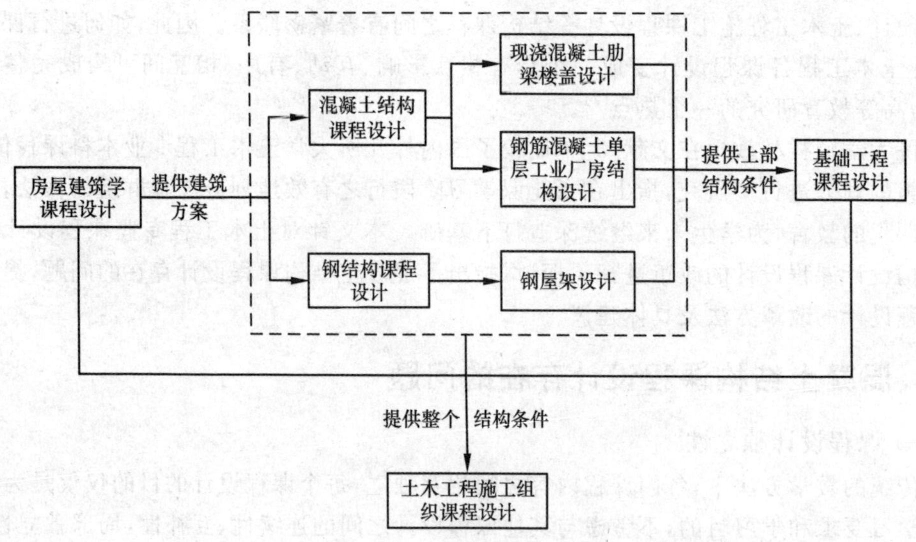

图 1　土木工程课程设计过程

可以发现，通过分析相关课程设计间的相关性、互补性和连续性关系，合理整合相关课程设计的要求和内容，把建筑设计，结构设计和施工设计三个过程组成一个有机整体。在混凝土结构课程设计中，要求学生从结构设计的角度重新审查建筑方案设计的合理性，使学生明确建筑设计与结构设计的不同要求，以及不同结构形式对结构方案的不同要求。从而为培养学生的工程设计思想、综合设计能力和全局设计意识打下良好的基础，使学生对本专业有更深入的理解。由于建筑方案是学生自己的设计成果，可以提高学生对课程设计题目的认同性，因此更能调动学生自主学习的能动性。

四、混凝土结构课程设计的实施

(一) 工程化选题

课程设计不同于课堂教学,其目的不是要求学生单纯地掌握某一门具体课程,而是在调动学生积极性的基础上,针对某一实际工程或研究项目,综合运用本课程已学的理论知识,制订出可付诸实施的方案、图示和说明,对学生进行综合训练,以巩固、深化和扩展学生在本课程中的学习成果。混凝土结构课程设计的选题尽量接近和结合实际工程,可从实际工程中选取题目,如把楼盖单独拿出来,作为课程设计题目,培养学生工程设计的能力。

(二) 预先布置课程设计题目

由于混凝土结构课程设计实在房屋建筑学课程设计之后进行,学生对结构设计的内容还不了解,导致建筑方案与以后的结构设计出现偏差,影响学习效果。通过提早布置课程设计题目的方法,学生在对应理论课程的教学过程中就开始为课程设计做准备,方便学生灵活安排时间,提高课程设计教学效果。

(三) 增强指导教师的专业素质

混凝土结构课程设计采取全程指导方式。过硬的工程实践能力是工程实践教育教师重要的基本能力,是对工程实践教育教师重要的素质要求。这就要求土木工程专业教师的知识体系要由理论知识与工程实践经验两方面组成。这就要求指导教师不断地提高自己的专业素质。有条件的情况下,课程设计指导可以由校内指导老师与设计院或施工单位的工程师联合起来进行,聘请设计院的工程师在课程设计之前结合实际工程给学生做报告;鼓励学生自己走出去,去学校附近设计院请教设计院的工程师,这样既学习了工程实践经验又锻炼了学生的人际交往能力。

(四) 加强过程管理

课程设计成绩一般在课程结束时进行,教师的教学活动已经结束。对于教师,通过考核对课程的教学过程中的质量进行监督和评价难以实现,教学过程中的考试被弱化了,通过过程考核的考试成绩分析和试题质量分析,有利于教师检查教学过程中的弱点,突出教学的亮点,达到以考促教的作用。一般学生的成绩通常由设计计算书、设计图纸、平时表现三部分构成。传统做法是由指导教师评价学生的成绩,学生不参与成绩评定。对于学生,不能及时检查自身学习过程中对知识的理解和掌握程度,从而未能达到总结经验,端正学习态度,改进学习方法,以考促学的目的。在相当程度上制约了教学水平和教育质量的提高,不利于素质教育和创新教育的顺利开展。因此,应加强对学生的平时考核,把学生成绩分散在学习的全过程中,强调全过程的考核,促进学风的建设,增强公平竞争的意识,形成了良好的考试氛围,调动了学习的自觉性和积极性。使考试更公平、更合理,有利于他们工程实践能力的培养与提高。

五、结语

混凝土结构设计土木工程专业的一门综合性、实践性很强的专业必修课,在以往的教学过程中,该课程设计与其他环节的课程设计是独立进行的,各不相干,学完以后学生掌握的知识是分散的、不完整的。由此,有必要对该课程设计与其他课程设计建立联系,进行课程设计群建设,形成一个承上启下的完整知识体系,有助于学生准确理解和掌握学习方法,增强工程实践意识和动手创新能力。

参考文献

[1] 李慧仙.论高校课程群建设[J].江苏高教,2006,(6):73-75.

[2] 何明胜,夏多田,唐艳娟.土木工程课程群建设模式探索与实践[J].高等建筑教育,2013,22(6):1005-2909.

[3] 顾祥林,林峰.中美英德加五国土木工程专业课程体系的比较研究[J].高等建筑研究,2006,15(1)50-53.

[4] 肖鹏,李琮琦,康爱红.基于系列化模式的土木工程专业课程设计教学改革[J].高等建筑教育,2010,19(5):128-131.

基础工程课程设计的探索

孙晓羽　王滨生　孙晓丹　何　建

(哈尔滨工程大学航天与建筑工程学院,哈尔滨　150001)

摘　要　基础工程[1]是土木工程的最重要学科之一,承担着地基的勘测,处理,基础的设计,基坑的防护等方面的教学。课程设计是对课上内容的补充,通过课程设计使学生加强了对课上内容的理解,增强了学生的活跃思维,拓展了学生的视野,对综合能力进行了提升,课程设计的选取直接关系到课程的进展,设计的合理性是考量课程设计的中心环节,所以合理的课程设计显得尤为重要。

关键词　基础工程,课程设计,改革

一、目前基础课程设计存在的普遍问题

(一) 课程设计[2]与工程应用脱节

现在有些课本上所讲的内容存在与工程实际脱节的现象,就屋面防水处理来说,现在三毡四油的防水处理一样,很多课本上都有提到,不过笔者要说的是这种防水卷材基本上淘汰了,原建设部有个文件,禁止使用这种防水材料,现在防水设计大多改用 APP、SBS、聚氨酯等新型防水卷材,课本内容更新得慢,造成很多学生毕业之后,学到很多无用的知识,浪费了学习时间与资源,这种现象的本质原因是现在很多学校所选用的教材存在互相抄袭,创新的内容不多,教材的编写与设计结构不合理,很多课程内容都存在过时的现象,与现在的工程应用存在配套不合理现象。

(二) 工程实践的缺失

课程设计的出现提高了学生对课堂枯燥内容的理解能力,但是仅仅依靠课程设计并不能加强学生对工程实际内容的掌握,在土力学等基础学科中,对钢筋混凝土的实验有很多,学生通过课程实验[3]掌握了一些基本的实验方法,对钢筋及混凝土性质进行了初步的掌握,但是仅仅依靠室内实验而不参与实习的过程很难把学生的综合素质进行提升,很多的内容仅仅靠课程知识和实验的方法学生的掌握是达不到应用要求的,我们都知道箍筋是用来保固的钢筋,了解了箍筋的性质我们在设计的过程中设计箍筋的种类,加密区间等条件,可以说学生在学习和课程设计时对箍筋的应用很熟练,但是从学生实习中反馈的信息上看,很多学生在工地上看到箍筋时表现得很茫然,甚至老师在问这是不是箍筋时表现得很不确定,这一点充分反映出学生在课程设计时缺乏工程实践的缺失,很多的课程设计可以说在设计上都是经典的,但是如果没有配套的工程实践相结合,课程设计在学生的眼里就是一道书本上的练习题,掌握的深度达不到一个合格的学员应有的标准。

二、教学的改革

(一) 教师的要求

很多学校在对教师的考核方面都存在缺失,尤其对于一些实践性很强的学科,基础工程课程设计是理论与工程实践[4]相结合的学科,这就要求在进行学科教师的考核和任用上要更加

严格，目前很多高校在基础教学[5]方面的考核过于单一，大多考察教师的理论知识的掌握和上课技巧，忽略了对教师工程经验的考核，很多的教师没有参加过工程项目，也没有进行过实践的检查，工程经验严重不足，学生在课堂上一旦想就某一问题与教师进行深度探讨，有的教师工程经验不足的就无法做出详细的回答，所以在教师的选择上，学校应该将工程实践经验的考核列入教师考核的项目，全面提升教师水平和教学水平。

（二）教材的选取

教材选取的不合理也是造成课程设计与工程实际脱节现象的重要原因之一，教材的目的不仅仅是讲授知识而且还要让学生对所学的内容进行理解，并且对之产生学习兴趣，更重要的是学会用理论知识指导工程应用，目前很多学校在选取教材上，存在很多的不足，具体表现为，教材内容量大课时少，往往是“面面俱到”，但都“点到为止”。很多问题过于冗杂，知识量过大，没有结合工程实践的话，很难消化课堂的难点，学生理解能力就被局限了，没有真正意义上的理解就很难参与工程实践，进入社会以后需要很长的时间适应。

（三）多媒体教学

多媒体集图片，视频，语音，动画等功能于一身，丰富了枯燥的学习内容，使学生的感官和视觉的体验更加生动和直观，可以对课本上内容进行补充，具有很高的开发价值，现在关于多媒体教学的开发很多高校都不充分，图片内容的选取大多以书上和网上下载为主，教师没有工程考察，往往所选取的图片和内容就没有说服力，内容也没有自己找的丰富，对于工程结构较复杂的结构在讲解的时候应该多配图片，加上视频简介，从不同位置详细介绍构件结构和工程应用。

（四）网络学术交流

学术的交流与共享是学生接受新知识，拓展新视野的一种重要手段，网络的出现使得学术的交流没有了地域，国家，性别，年龄的限制，教师与学生以及行业的精英都可以通过这个平台了解最新的行业动态，接受所需要的行业知识，可以说网络交流平台是第二课堂，对于学生和教师的学习都有很大的帮助，然而对于网络交流平台的开发还不充分，学校应该建立自己的学术交流网站和实验交流网站，让学生在课外的时候也能够与人交流，探讨问题，信息共享。

（五）毕业生意见反馈系统

建立毕业学员信息反馈系统，毕业生进入工作单位以后，通过实习，工作，磨炼，可以说他们的意见对于在校生的学习更加具有方向性和指导性，学校应该完善毕业生意见反馈系统，成立意见分析团队，针对毕业生所提到的问题和建议进行分类，分析，改进。与学院及任课教师及时反映情况，让学校和教师适时调整教学内容，教学方向和重点。对于基础工程课程设计等以实验为主的学科，更应该注重工程的实际应用而不是照本宣科，所以毕业生的意见对于我们在校学生来说更加具有参考价值。

（六）考试制度的改革

现在很多高校的考试大多以卷面考核为主，但是对于基础工程的课程设计来说，单一的卷面考核达不到对于学生的素质要求，为避免学生只会做题不会实践的情况，学校应加大对实验及工程实习的考察比例，增加实验和实习表现在学期成绩所占的分数，使学生对实验加深重视，指导学生参加工程实习，全面提高学生的素质。

三、结语

基础工程是实践性很强的学科，这就要求了学生在掌握理论知识的同时也要加强对实践的掌握，基础工程课程设计的改革，目的在于培养学生的工程应用能力，加强学生的综合素质，使学生学习的内容与工程需求相结合。增加学生的自主创新能力，拓展学生视野，加强学生动手能力和综合处理能力，为学生能够更好更快的适应社会提供一个空间。

参考文献

[1] 杨冬英."大土木"背景下基础工程课程教学实践与探讨[J].高等建筑教育，2012，05：83-85.

[2] 侯天顺，张博，杨秀娟.基础工程课程教学改革探索[J].黑龙江教育(高教研究与评估)，2013，10：68-70.

[3] 付贵海，周慧，周斌，等."基础工程"课程教学改革的研究与实践[J].中国现代教育装备，2008，12：94-95.

[4] 王林峰.基础工程教学方法存在的问题与改革的探讨[J].科学咨询(科技・管理)，2011，03：121-122.

[5] 周斌.《基础工程》教学改革实践与探索[J].科技创新导报，2012，11：148-150.

基础工程课程设计改革探索与实践

王滨生　毛继泽　何　建

（哈尔滨工程大学航天与建筑工程学院，哈尔滨　150001）

摘　要　卓越工程师教育培养计划是促进我国由工程教育大国迈向工程教育强国的重大举措，加强实践教学环节，培养具有工程实践能力、创新能力的卓越工程师，是工程类高校目前面临的迫切任务。土木工程专业是一个实践性很强的工科专业，基础工程是土木工程专业的一门重要的专业课，基础工程课程设计是该课程的实践教学环节，目的是培养学生综合运用基础工程及其他课程的专业知识进行设计的能力。本文并结合我校土木工程专业实践教学的实际工作，介绍了基础工程课程设计中的一些实践与改革措施，以期推动我校土木工程专业卓越计划顺利实施，培养更多土木工程应用型科技人才。

关键词　课程设计，基础工程，实践，实习，评阅

一、引言

2009 年，我国的城镇化率达到 46.6%，已进入世界公认的城镇化加速发展阶段[1]。2014 年 3 月 16 日国家发布的《国家新型城镇化规划（2014—2020 年）》[2]明确了我国常住人口城镇化率将从 2013 年底的 53.73%提高到 2020 年的 60%，每年提高 1.05 个百分点的发展目标。随着城镇化进程的加快，土木工程专业在这一现代化进程中继续扮演着重要角色，而作为人才培养基地的高校，在这一进程中也伴随着机遇与挑战继续发挥着重要的作用。

从 2010—2013 年本科生就业情况看，土建类专业各项指标均名列前茅。其中，除 2013 届本科生毕业半年后平均月收入位居第二外（3816 元，仅次于电气信息类的 3899 元），其他指标：如就业率（与动力能源类专业并列 95%）、毕业三年后的月收入（7038 元）、就业专业相关度（93%）、毕业半年后就业满意度（65%）均列第一位[3]。这对土木工程专业发展来讲，是个难得的机遇期，也是持续有力发展的动力源泉。但也应看到，我国高等工程教育的规模虽居世界第一，然而综合办学水平相对滞后。我国目前开设土木工程专业的普通高校约 382 所，而在公认最具影响力的全球性大学排名《QS World University Rankings》公布的 2012—2013 年土木工程专业排名中，我国（大陆地区）仅 4 所大学入选前 100 名，与仅有 700 多万人口的中国香港入选数齐平，比同为发展中国家的印度少 3 所，这显然与我国的办学规模不成正比。高等学校的根本任务是培养人才，人才培养质量是衡量高等学校办学水平的最重要标准，在 QS World University Rankings 中就有一项为雇主声誉得分。

2010 年，高校“卓越工程师教育培养计划”正式启动，该计划是落实党的十七大提出的“走中国特色新型工业化道路、建设创新型国家、建设人力资源强国”等战略部署和《国家中长期教育改革和发展规划纲要（2010—2020 年）》精神的重大改革项目，也是是深化教育教学改革、促进我国由工程教育大国迈向工程教育强国的重要举措。通过创新人才培养，推进工程教育改革，培养一大批专业基础扎实、创新能力强、综合素质高、适应经济社会发展需要的高质量的工程技术人才，对于我国经济社会的持续发展，具有重要意义。实践性教学是高等工程教育中培养学生工程素质的一个重要环节，实践课程是卓越工程师培养的重要途径[4]。在培养学生的动手能力、分析能力问题及解决问题的能力方面具有其他方法无法取代的作用。哈尔滨工程

大学隶属于工业和信息化部，是入选首批国家“211 工程”建设、进入国家“985 工程”优势学科创新平台项目建设，并设有研究生院的全国重点大学。也是教育部首批批准的实施“卓越工程师教育培养计划”的 61 所特色高校之一[5]。下面就实践教学中的一点体会与同行们探讨。

二、强化实践环节，融合理论课、实习、课程设计

1. 加强实践教学课程的必要性

土木工程专业是一个实践性很强的工科专业，突出“应用”是土木工程专业本科教育的核心，也是土木工程专业本科教育的科学定位和办学的立足点[6]。通过实践课程的学习能够巩固学生的理论知识，提高学生的实际动手能力和综合分析能力，因此，实践课程模块在卓越工程师培养的课程体系中至关重要。

同济大学顾祥林等[7]对比美国加州大学伯克利分校（University of California，Berkeley）、麻省理工学院（Massachusetts Institute of Technology）、英国诺丁汉大学（University of Nottingham）、德国鲁尔波鸿大学（Ruhr-University Bochum）、德国达姆斯塔特工业大学（Technical University of Darmstadt）、加拿大大不列颠哥伦比亚大学（University of British Columbia）研究表明，国内大学的周、年学时数均显著高于国外高校，但专业课课时数占总课时数的百分比却低于国外高校。重视实践环节在国外高校中十分普遍，如英国的工科院校，大多实行“三明治”式教学方式，即第一、二、四学年在校学习，第三学年为工程实践[8]。

在我国，高校中过多的学时使学生疲于上课，疲于考试，无暇对自己感兴趣的知识进一步学习，抑制了其学习的积极性。这样“厚基础、宽口径、高素质”也就难以实现。因此，同济大学开展了“土木工程专业本科生国际化办学的探索与实践”重点项目系列研究，并对学生工程训练做出相应调整：

(1) 在实践性较强的课程中均安排综合性大作业或设计，以增加学生工程应用能力和综合能力的训练。

(2) 在常规工程训练基础上，鼓励创新、鼓励参加课外设计竞赛，并在教学环节中引入带竞赛机制的课程设计项目。

(3) 增设部分专题讨论课，提高学生的综合科研能力。

(4) 将毕业设计的时间延长为 18 周[9]。可以说同济大学的研究成果对其他院校起到了一定的借鉴和示范的作用，也为其他院校的课程改革探索了一条新路。

2. 基础工程课程设计中突出的两个问题及改革措施

上述分析看出，加强实践教学早已是国际工程教育界的共识。课程设计是实践性教学的重要组成部分，要求学生运用所学的知识，自己动手，结合某一专题独立地展开设计，由于课程设计的实践性、综合性，以至于在课程设计期间会遇到林林总总各种问题：如“假题假做”、设计题目过于理想化简单化、学生对实践课程的积极性和主动性等。这些问题有些是各高校之间、各课程之间的共性问题，有些问题涉及教学理念、教学模式、教学计划，超出单门课程的改革范围，因此，本文主要讨论以下两个方面：

1) 基础工程课程一般安排在第六学期

第六学期之前没有生产实习、毕业实习安排。学生对基础的认识仅仅来自于课堂讲授内容，对实际工程的基础选型、尺寸和施工工艺等内容，缺乏感性认识。做设计只能照猫画虎照搬例题。另外，由于工程建设与实习时间的不匹配，学生在实习中也往往看不到基础工程的施工过程，更不要说了解其设计方法。

因此，课程设置时应考虑穿插安排一些实践教学，给学生提供到工程现场学习的机会，深

化学生的感官认识，培养学生的工程意识。但也应避免流于形式过于花哨，避免为了实践而实践，为了创新而创新。即教师为了改革而改变，学生为了加分或保研而创新，而是应以提高学生素质和综合能力为核心。

2012—2014 年三年间，曾尝试将生产实习分解，在各课程设计之前，理论课进行中，根据实习工地的工期安排穿插进行，收到一定的效果，然而有一个突出的问题是：第六学期会同时开设《基础工程》、《土木工程施工》、《混凝土及砌体结构设计》、《钢结构设计》等重要的专业课，并且都配套有课程设计。学生的学习任务很重，学习效果的大打折扣。

为此在 2014 版的大纲修订中对原有课程体系进行整合重组，将理论课程和生产实习放在第六学期，生产实习根据工地工期进展穿插进行，而将课程设计放在第七学期初。为将理论课、实习、课程设计有机结合起来，还需：

(1) 理论课期间，利用多媒体技术，对施工工艺进行初步的了解。一方面明晰受力机理、构造措施，激发学生的兴趣，加深对理论知识的理解。另一方面，也为学生在实习期间尽快进入角色做热身准备。

(2) 实习期间，提前布置课程设计题目和任务，并利用现场教学，通过实物形象化地传授教学内容，直观感受知识和技能的应用。例如，在基础工程课程设计方面，要求带着问题实习：了解浅/深基础的施工工艺；观察基坑降水、支护的做法，了解基坑支护设计的意图，了解降水带来的问题；了解基槽检验的理论和方法、技能；了解土方开挖、土方回填质量控制的理论和检测；了解地基处理理论和方法选择；了解基础的受力机理及构造措施；了解地基土的特点及相应施工措施等等。

(3) 实习后利用假期时间，收集与课程设计相关的资料、查阅文献，开学初完成设计任务。

通过以上措施将理论课、实习、课程设计有机地结合在一起，这对培养学生理论与实践相结合、创新开拓的精神以及较强的动手能力等将起到很大的作用。

2) 课程设计成果评价

作为一门课程，考核是目的，但不是最终目的，课程设计中出现的一些问题，应该在毕业设计中以及将来的实际工程中应得到改正，然而目前的课程设计考核是以教师的评阅为主，由于时间所限，课程设计中发现的问题，即使答辩时也难以达到全面传达给学生。因此有必要将学生们设计中出现的问题形成电子文件，便于查阅，为此我们编制了一个评阅软件(图 1)，对同学们在设计中出现的共性及个性问题加以评阅

软件界面分 4 个区(图 2)：A 区为一个 DataGrid 控件和一个 ComboBox 控件，内置一些常用的共性评语选项，通过下拉控件选择；D 区为一个多行 TextBox 控件，形成对该同学设计的文字说明；B 区为一个单行 TextBox 控件，通过输入添加到 D 区中；C 区为一个 ListBox 控件，通过上下选择添加到 D 区控件中，评阅结束后导出(图 3)形成 *. xls 或 *. txt 文件(图 4)，传至公共信箱中供学生们查阅。

该软件不但减少了评阅教师的手写工作量，而且形成的电子版，可以供同学随时查阅、了解自己以及他人在设计中出现的错误，以期在毕业设计或将来的实际工程中不再出现同类的问题。

以上是学校基础工程课程设计方面改革两点小措施，目的是为了强化学生所学知识，避免理论课、实习、课程设计相互脱节，达不到实践课程的训练效果，理论课程掌握不扎实的现象；另外将课程设计中出现的个性共性问题及时反馈给学生们，使其设计能力能够在毕业设计环节和以后的工作中得到提高。

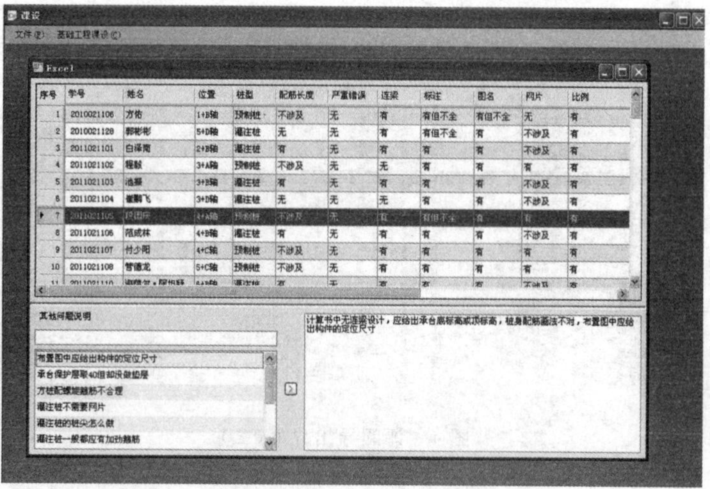

图 1　评阅软件界面

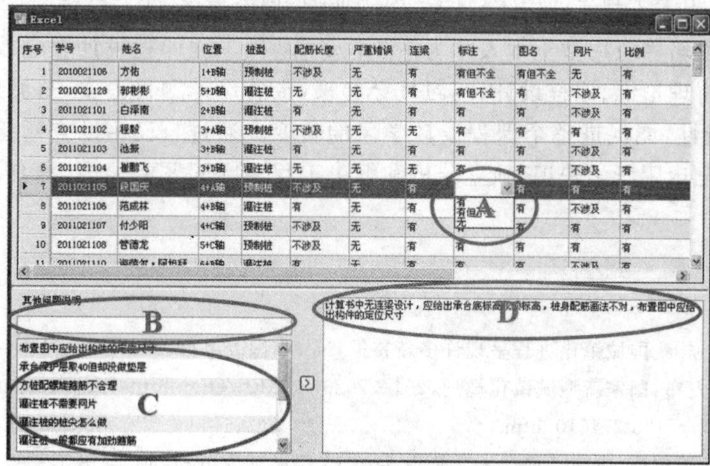

图 2　软件界面分区

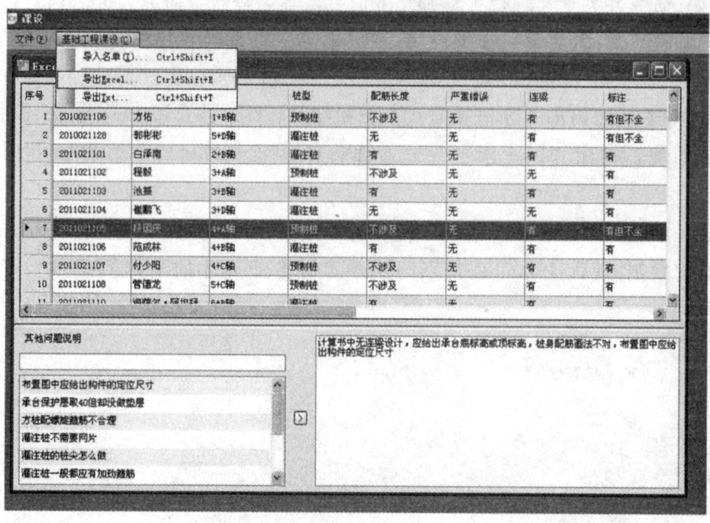

图 3　评阅导出界面(一)

学号	姓名	位置	桩型	配筋长度	严重错误	连梁	标注	图名	网片	比例	说明	书写	绘图	封面	其他
20100211	方佑	1+B轴	预制桩	不涉及	无	有	有但不全	有但不全	无	有	有	一般	可以	无	计算书中无连梁设计，承台
20100211	郭彬彬	5+D轴	灌注桩	无	无	有	有但不全	有	不涉及	有	有	工整	良好	有	灌注桩不需要网片，计算书
20110211	白泽南	2+B轴	灌注桩	有	无	有	有	有	不涉及	有	有	较工整	良好	有	计算书中无连梁设计，灌注
20110211	程毅	3+A轴	预制桩	不涉及	无	无	有	有	有	有	有	工整	良好	有	计算书中无连梁设计，预制
20110211	池振	3+B轴	灌注桩	有	无	有	有	有	不涉及	有	有	较工整	可以	有	计算书中无连梁设计，承台
20110211	崔鹏飞	3+D轴	灌注桩	无	无	无	有	有	不涉及	有	有	工整	可以	有	灌注桩的桩尖怎么做，仅给
20110211	阮国庆	4+A轴	预制桩	不涉及	无	有	有但不全	有	有	有	有	较工整	可以	有	计算书中无连梁设计，应给
20110211	范成林	4+B轴	灌注桩	有	无	有	有	有	不涉及	有	有	较工整	可以	有	计算书中无连梁设计，应给
20110211	付少阳	4+C轴	预制桩	不涉及	无	有	有	有	有	有	有	工整	可以	有	计算书中无连梁设计，应给
20110211	管德龙	5+C轴	预制桩	不涉及	无	有	有	有	有	有	有	较工整	可以	有	计算书中无连梁设计，承台
20110211	海萨尔·[illegible]	6+B轴	灌注桩	有	无	有	有	有	不涉及	有	有	一般	可以	有	计算书中无连梁设计，桩身
20110211	韩学彬	6+D轴	灌注桩	无	无	有	有但不全	有	不涉及	有	有	工整	可以	有	灌注桩不需要网片，计算书
20110211	胡坤喆	7+A轴	预制桩	不涉及	无	有	有但不全	有	有	有	有	较工整	可以	有	计算书中无连梁设计，应给
20110211	李宝竹	8+B轴	灌注桩	有	无	有	有但不全	有	不涉及	有	有	较工整	可以	有	计算书中无连梁设计，灌注
20110211	刘坚	9+A轴	预制桩	不涉及	无	有	有	有	有	有	有	较工整	良好	有	桩身配筋画法不对
20110211	刘勇	10+A轴	预制桩	不涉及	无	无	有	有	有	有	有	一般	可以	有	计算书中无连梁设计，“预
20110211	吕伟朋	10+D轴	灌注桩	有	无	有	有但不全	有	不涉及	有	有	较工整	可以	有	应给出承台底标高或顶标高
20110211	彭亮	11+D轴	灌注桩	有	无	有	有	有	不涉及	有	有	较工整	可以	无	计算书中无连梁设计，桩身
20110211	史飞飞	12+C轴	预制桩	不涉及	无	有	有	有	有	有但不全	有	一般	良好	有	计算书中无连梁设计
20110211	孙阳	1+B轴	预制桩	不涉及	无	有	有	有	有	有但不全	有	一般	良好	有	计算书中无连梁设计，桩前
20110211	徐承阳	2+B轴	灌注桩	无	无	有	有	有	不涉及	有	有	工整	良好	有	灌注桩一般都应有加劲箍
20110211	汪严	2+C轴	预制桩	不涉及	无	有	有	有	有	有	有	较工整	可以	有	计算书中无连梁设计，应给
20110211	王开元	3+C轴	预制桩	不涉及	无	无	有	有	有	有	有	一般	可以	有	计算书中无连梁设计，方桩
20110211	王帅	4+B轴	灌注桩	有	无	无	有	有	不涉及	有	有	一般	可以	有	计算书中无连梁设计，桩身

图 4　评阅导出界面(二)

三、结语

基础工程是土木工程专业中重要的一门专业课，理论性强、实践性强，且为隐蔽工程，教学难度大，教师应以培养应用型土木人才为主要任务，基础工程课程设计教学改革，促进老师教学观念的改变，将理论课、课程设计、实习贯穿起来，带着设计题目去实习，激发和调动了学习的主动性和积极性，能促进整个课程设计学风的转变。通过自己主动查阅检索、阅读参考资料，培养学生综合运用所学知识，独立分析和解决工程实际问题的能力，提高了教学效率和学习效率。

参考文献

[1]　洪学敏，戴志强.我国城镇化进程呈现许多新特征[N].中国改革报，2010，12(07).

[2]　新华网.授权发布：国家新型城镇化规划(201—2020 年)[EB/OL].http://news.xinhuanet.com/house/bj/2014-03-17/c_126 274610.htm.

[3]　周凌波，黄梦，王伯庆.中国工程类大学毕业生 2013 年度就业分析[J].高等工程教育研究，2014，(3)：23-36.

[4]　李国强，何敏娟.研究性大学与现代工程师培养[J].高等工程教育研究，2005，(4)：12-14.

[5]　中华人民共和国教育部.教育部关于批准第一批“卓越工程师教育培养计划”高校的通知[EB/OL].http://www.moe.gov.cn/ publicfiles/business/htmlfiles/moe/s4668/201010/xxgk_109630.html.

[6]　杨晓华.土木工程专业应用型人才培养模式研究初探[J].高等建筑教育，2005，14(4)：28-30.

[7]　顾祥林，林峰.中美英德加五国土木工程专业课程体系的比较研究[J].高等建筑教育，2006，15(1)：50-53.

[8]　李先逵，姬旭明.中英土木工程教育的比较[J].高等建筑教育，1996，(3)：70-74.

[9]　林峰，顾祥林，何敏娟.现代土木工程特点与土木工程专业人才的培养模式[J].高等建筑教育，2006，(3)：26-28.

土木工程专业教学实习的思考

李　悦　李战国

（北京工业大学建筑工程学院，北京　100124）

摘　要　土木工程教学实习是土木工程教学中的重要环节。本文具体讨论了各个土木工程教学实习的作用及存在的问题，并结合具体问题给出了相应指导建议。

关键词　土木工程，教学实习，指导建议

一、前言

在土木工程专业教学过程中，包含诸多实习环节：主要教学科目教学过程中的认识实习，时间较长的生产实践等等。各个实习有其独特的内容及不同的实施形式。但是，无论哪种教学实习，都有十分重要的作用[1,2]。

二、土木工程教学实习的重要性

土木工程教学主要包括：课堂教学和教学实习两大方面。两个方面各有侧重点：课堂教学主要教授学生基础理论知识，使学生对土木工程学科有初步的了解，并且掌握该学科主要课程的基础知识。

教学实习的时间相比较短。但是，教学实习却对整个土木工程教学起着重要的作用。教学实习主要是加强学生的动手能力和直接体会。基于土木工程教学实习的特殊性，教学实习主要是通过学生到实习现场，参与实习过程的方式来施行。通过现场实习，学生对课本内容有了更加深刻的认识和理解，使课本上的“死知识”变成了真正意义上的“活知识”。

通过教学实习，学生可以提前感受社会氛围。工程现场的环境与校园环境有着本质的差别。实习过程中，学生不但要独立的完成实习老师布置的任务，而且必须面对各种人和处理各种事。而这时学生要面对的人和事更具有“社会性”的特点。这样，通过交流，学生可以提前感受和适应社会。

因此，教学实习有利于促进学生理论联系实际，可以培养学生较强的实践动手能力，是土木工程教学过程必不可少的环节。

三、土木工程教学实习存在的问题

土木工程教学实习主要包括以下几门课程的实习：土木工程测绘实习、土力学教学实习、房屋建筑学实习、生产实践、毕业设计实习等。下面分别就上述各个实习环节中存在的问题进行分析。

（一）土木工程测绘实习

土木工程测绘实习是配合土木工程测绘技术这门课程进行的，具有很强的针对性。学生以小组的形式来独立完成实习。但是其中存在如下的问题：

实习过程中，教师的指导往往不足。各个实习组实习的地点一般比较分散，而指导实习的教师只有教授本门课程的老师。这样，一个教师无法满足各个实习组的指导工作。因此造成

了实习小组在整个过程中，无法得到足够的指导。其实习结果的可信性就大打折扣了。

实习过程中，组内成员工作单一，各个实习组在具体实施测量实习的过程中，一般是先对任务进行分工。每个学生负责一项特定的工作，并且同一工作贯穿整个实习过程的始末。这样就使测量实习失去应有的效果，学生不能全面系统的掌握完整的测量技术。

（二）土力学教学实习

土力学实习是针对土力学这门课程进行的教学实习。其目的是使学生对土体、岩石知识有直观的认识。但是其中存在如下的问题：

土力学实习一般是在野外进行。在特定的地点利用各种仪器对特殊的土层构造及岩石构造进行观察，但野外环境复杂，极易发生意外。土力学实习过程中，很少学校为学生配有医护人员，并且学生也很少带医护用品。这就有很大的安全隐患。

土力学实习中，存在着师资匮乏的状况。首先是“师”，多数高校土力学实习也是由任课老师一人带领完成。这同样存在老师指导不周的弊端。其次是“资”，这里指的是物资、设备。学生拥有的观察仪器很少，大多数人只能是用肉眼完成了整个土力学观察实习。这样的效果很难理想。

（三）建筑学实习

房屋建筑学实习主要是通过学生观察建筑结构整体或局部构件的组织形式，使其从整体上把握房屋建筑的脉络。此实习环节存在的主要问题：为实习而实习。展开说，就是在组织实习过程中，一般只是对某一种结构形式进行现场观察，而学生对其他结构形式并没有接触。因此，学生的视野就受到了限制，使其不能对房屋建筑形式产生全面认识。

（四）生产实践环节

生产实践是学生到施工现场去参与工程施工的过程，生产实践要连续几周时间，是土木工程教学过程中非常重要的实习环节。此过程主要存在以下问题：

指导教师监管力度不足。生产实践是学校安排学生以小组的形式到指定的工程施工现场实习。当前生产实践的状况是，学校联系好施工单位，送学生去施工现场，实习期满，接走学生。而在整个实习期内，学生具体从事何事，指导教师并不清楚。这就难免造成监管不足。

学生思想不到位。到施工现场去向工人师傅学习施工经验，这才是生产实践的主要目的。多数学生不明确实践的性质，在工地工作懒散，羞于向工人师傅请教，甚至是私自留出工地。这样的生产实践怎能起到预期的效果。

（五）毕业设计环节

毕业设计其实也是一个实习过程。虽然现在许多高校已经改变了以前的毕业设计模式，能够把学生送到工程现场，参观工程施工过程来指导毕业设计工作，但是目前毕业设计还存在很多问题：

实习单位给予学生的指导和帮助不够。毕业设计对于学生来说是一个巨大的工程，但是学生在单位做毕业设计时却很难得到配合。因为学生的到来，单位会承担不必要的风险，要保证学生的人身安全以及承担其他的相关责任。因此，单位很少允许学生参与现场工作。这样致使学生掌握的资料减少，对工程缺乏直观认识，难于保质保量地完成毕业设计。

缺乏理论知识的补充。毕业设计过程中，学生在单位学习到的多是实践知识，而理论知识的补充显得尤为不足。而一篇好的毕业设计既要有实践内容，同时要有理论上的支持。

综上所述，土木工程教学实习过程中存在诸多问题。各个实习环节中存在的问题既有共性又具有其特殊性。这些问题都影响着实习效果的好坏。

四、土木工程教学实习的指导建议

纵观土木工程各个教学实习过程存在的问题，有一个共同存在的不足：就是在各个教学实习过程中，均缺少足够的实习指导教师。据此，建议高校在实习指导教师的培养上加大力度。加大实习过程中的师生比例。这样，可以使学生得到充足的实时实习指导。而针对各个实习环节存在的特有问题，下面逐条给出指导建议：

(1) 关于土木工程测绘实习，建议加强对所有学生的任务完成情况的检查力度。同时督促学生参与实习的各个环节，对学生进行的每个实习环节给予评判，并且要求学生能够独立完成测绘实习的整个过程。这样，可以有效避免学生只知"实习局部"，不知"实习整体"的弊端。

(2) 关于土力学实习，实习之前加强学生安全思想教育，使其提高安全意识。在野外实习时，尽量配有医护人员，即使达不到此要求，也应为实习人员配备急救箱。这样就可以避免实习过程出现意外，无法得到及时救护的现象。此外，建议加大实习观察仪器的购置。没有仪器的配合，很多情况下，肉眼的观察是肤浅的。选取多处具有代表性的地貌进行观察，可以使学生更加全面了解土的构造知识。

(3) 房屋建筑学实习过程中，尽量组织学生对多种建筑结构形式的房屋进行参观，使其更多的了解房屋建筑的结构形式，激发学科兴趣。此外，对同一建筑结构形式进行跟踪实习，即组织学生对同一建筑的不同建设阶段进行观察。这样可以使学生对一种结构形式有动态的了解，深化结构的概念。

(4) 生产实践和毕业设计均要把学生送到实习单位进行现场实习。二者的实施与实习单位的联系尤为紧密。实习单位的负责与保证是生产实践和毕业设计顺利进行的前提。这就要求实习单位的选择一定要注重质量。高校应主动联系一批固定的高质量的实习单位，固定的关系有利于高校与实习单位的相互了解，进而实习单位可以更加清楚的了解学生实习的目的。这样，可以保障生产实践和毕业设计完成的质量。

此外，目前很多高校都有大学生结构设计竞赛等学生科技活动，参加学生往往大三居多，如果把学生科技竞赛等学生科技活动与学生毕业论文结合，既可以保证学生有充足时间准备并充分重视科技竞赛，而且能够充分吸引大四学生参加，提高竞赛水平与质量。

总之在各个实习的过程之中，注重学生与实习指导教师的沟通。通过沟通互动，实习指导教师可以全面了解学生在实习过程中存在的疑惑，给予及时解答，并能过对实习计划进行实时调整；学生可以获得指导教师的及时指导，保证顺利完成预期的实习目的。

五、结语

土木工程教学实习是土木工程教学中的重要环节，而当前实习环节中存在着诸多问题，这直接影响教学实习的质量。随着竞争的日益加剧，学生的动手能力在其求职时显得尤为重要。教学实习又是学生在校期间培养实践能力的主要手段。因此，高校应重视土木工程教学实习的突出作用。

参考文献

[1] 邹昀，冯小平，王伟. 土木工程专业生产实习教学探索[J]. 高等建筑教育，2005(12)：82-87.
[2] 张亦静，胡忠恒，肖芳林. 土木工程专业实践教学的改革探讨[J]. 株洲工学院学报，2005(1)：122-124.

CAR-ASHRAE 学生设计竞赛的参赛体会

潘　嵩　王新如　谢　浪　许传奇　樊　莉　王云默

(北京工业大学建筑工程学院 建筑环境与能源应用,北京　100124)

摘　要　CAR-ASHRAE 学生设计竞赛旨在为推进我国建筑环境与能源应用专业教学改革,提高本专业学生实际设计水平,促进国际交流。通过设计比赛,发现学生在实际的设计过程存在一些问题。本文就参赛过程中出现的问题进行总结,为今后指导学生的课程设计和毕业设计提供参考。

关键词　设计,CAR-ASHRAE 竞赛,学生

一、CAR-ASHRAE 比赛简介

(一) CAR-ASHRAE 比赛背景

中国制冷学会(CAR)、住房和城乡建设部高等学校建筑环境与设备工程学科专业指导委员会(以下简称建环专指委)和美国供热制冷空调工程师学会(ASHRAE)共同举办 CAR-ASHRAE 学生设计竞赛。竞赛通过项目设计的形式,锻炼提高学生综合运用专业基础知识的能力,帮助学生建立工程设计的基本概念。比赛旨在促进我国建筑环境与设备工程专业教学,提高本专业学生实际工程设计应用水平,促进国际交流。

(二) 比赛内容与要求

为帮助参赛团队了解竞赛设计要求,在保持各校自身设计风格的同时,处理好一些共性的问题,提高竞赛整体水平,确保竞赛的公平、公正,CAR-ASHRAE 竞赛有以下几个方面的要求。

1. 竞赛题目对设计的限定

参赛团队是以组委会提供的建筑图纸为蓝本,根据“图纸”及“项目简介”中提供的信息,进行竞赛题目给定的建筑的暖通空调系统设计。在进行设计时有如下要求:

(1) 建筑的地点和功能不能改变。

(2) 除就地采用的可再生能源外,不能采用建筑介绍中未提供的能源和资源;

(3) 实际设计中,参赛队伍可以根据自己的需求适当对建筑进行调整,比如对机房,管井或者房间使用功能等方面的调整,但是需要在报告中进行说明。

2. 设计内容要求

作品设计应完成题目给定建筑的暖通空调系统。设计一般要求完成的主要内容有:

(1) 冷热源(如采用燃煤锅炉,不包括锅炉房的设计;如采用水冷式机组,应包括冷却水设计)。

(2) 空气处理装置和输配系统:尽可能包括各种空气处理装置以及冷却水系统、冷冻水系统、载冷剂系统、风系统等。

(3) 末端装置:包括末端装置的形式和气流组织形式。

(4) 自控系统:包括控制系统的设计原理及运行策略,应给出主要传感器和执行器的原理位置以及全年负荷变化时的控制逻辑。

(5) 节能设计:体现暖通空调系统的节能性与先进性等。

完成一个想完整的设计，设计应当包含设计说明书和图纸两部分。

3. 其他要求

(1) 设计应符合现行的标准和规范。

(2) 设计方案选择和方案设计说明要针对目标建筑特点进行。

(3) 必须考虑建筑的冬季采暖，制冷、采暖和通风应该作为一个整体进行设计，应该提供有效的全年运行策略说明。

(4) 在满足建筑功能要求的条件下，提倡节能、节资、节地、节材，体现设计的合理性、适用性、经济性和创造性。

二、学生设计出现的问题综述

CAR-ASHRAE 学生设计竞赛作为在校大学生进行工程设计，高校老师和工程师共同审评的一个比赛，其主要目的：

(1) 考察建筑环境与设备工程专业学生对本专业本科教学内容的掌握。

(2) 考察学生是否具备工程设计的基本思路。

(3) 鼓励和培养学生进行合理创新。在参赛过程中，发现学生普遍存在以下几方面的误区。

(一) 负荷计算误区

负荷计算是设计的根本依据，也是问题存在最多的部分，主要的误区有以下几点：

(1) 概念存在误区。室内设计参数温湿度都是一个数，而不是一个范围，概念有问题。

(2) 计算过程不清晰。负荷计算部分，很多组抄了一大堆计算公式在上面，但缺乏设计参数及其依据、输入参数的设定，甚至连负荷计算结果都没有，只说在某附表中就完事。正文里要求给出各项设计参数及其依据、输入参数的设定，以及负荷计算结果及其分析。

(3) 负荷分析不明确。很少有人考虑内区冬季冷负荷该如何处理，或者说冬季负荷不是分内、外区计算的，只算出一个总热负荷。模拟软件算出来的全年负荷情况基本都存在冷热负荷共存的时间段，而且是考虑了新风负荷之后仍然存在冷热要求共存的时间段，但绝大部分同学在系统分区中都没有对此进行仔细地考虑，也没有在运行控制方案中对此进行考虑。

(4) 忽略内区的存在。这方面的错误主要有以下几方面的原因：

① 在冬季把室内发热量设为零，实际上冬季内区最不利的时候是室内发热量最大的时候。

② 冬季算负荷时不考虑内外区，只算外围护结构传热，然后平摊到各空间。

③ 把新风加热负荷与内区发热量导致的冷负荷混在一起，算出最冷的时候新风加热负荷大于内区发热量，因此认为内区没有冷负荷。因此新风都被统一加热到一个比较高的温度，必然导致内区过热。因为内区的室内产热是需要低温的新风来消除的。

(5) 负荷结果不清楚。要求明确给出总冷负荷和总热负荷。室内负荷与新风负荷要分别给出，内外区负荷也要分别给出，不能只在后面的附录中给出统计表。

(二) 方案选择误区

许多学生由于没有实际的设计经验，方案比较以及可行性论证时，存在以下三点问题：

(1) 方案比选简单，绝大部分同学对空调系统类型选择的原则是：凡是大空间便选全空气，凡是小空间便选风机盘管，内外区负荷特性的不同并不在考虑之列。没有做到对方案整个生命周期的比较，方案设计直接抄课本的现象，忽略了目标建筑特点，使最后的方案不合理。

(2) 方案设计单纯的只追求高科技，与建筑使用脱节，忽略了实际施工以及运行管理过程中存在的问题。单方面只想关注采用节能新技术、空调新技术、建筑热模拟、CFD 模拟等，还做了很多细节计算，但对基本设计问题的考虑却很不足。

(3) 方案设计只注重极限工况，忽视全年候的设计，没有考虑所选系统和设备在全年各阶段运行工况的实用性如何。

(三) 末端设计误区

以下是 CAR-ASHRAE 学生设计竞赛设计中存在的一些比较普遍和突出的问题，希望以后的同学在实际设计中予以避免：

(1) 设计参数不明确。说明书中到处出现“依据某教材来取值”等文字，实际上应该依据设计规范或者标准，将课本或者手册作为设计依据，设计不合理。室内、外设计标准很乱，室外冬季标准有采用空调的，有采用采暖的；室内标准更是混乱，甚至把所有空间都定位一样的，连游泳馆都是冬季比夏季冷，缺乏确定的依据。

(2) 设计没有针对性。比如有给高级客房确定 VAV 系统的，但没有给出可行的具体如何才能实现独立调节的系统和控制方案。空调系统形式，气流组织形式等的确定，论证内容都是抄教科书或设计手册，面面俱到，就是没有针对自己做的建筑，最后看不出来其所选方案的必然性。自控方案非常笼统，没有针对性，甚至与本楼的系统没有关系。比如控制方案说冷热水系统分三四个区控制，但实际上前面描述只有两台冷机和水泵管两条立管，不对应。又比如用一个全空气风量系统带多个房间，在自控部分却没有提各房间便工况的独立控制怎么办。有确定部分空间采用分体机的，特别是在地下室，但是没有指出室外机装在什么地方。

(四) 冷热源设计误区

冷热源方案是很重要的一部分，但是通过参赛，我们发现，学生对于冷热源的设计有很多不明白的地方，犯了很多不应该的错误，简单的一些问题有：

(1) 设计不到位。很多人都选用地源热泵，但是没有指出地埋管应该埋在什么地方，红线内是不是有足够的场地埋那么大面积的管子。

(2) 没有考虑地域特性。比如南方一些学校作热源比较的时候，比较的基础是直接电加热，不符合北京的实际。

(3) 缺乏全年运营管理。方案设计只注重极限工况，忽视全年候的设计，没有考虑所选系统和设备在全年各阶段运行工况的实用性如何。

(4) 缺乏针对性。很多同学将冷热源一般性的原理介绍放到文中，说明书中应当不包含一般性原理，除非推出某种新产品大家都不熟悉的才可以有原理介绍。

三、北京工业大学 2014 年竞赛组织

北京工业大学 2014 年组织学生参加 CAR-ASHRAE 竞赛，参赛小组由教研组老师进行评定，参赛学生最终为 2014 届保研大四学生四名，指导老师三名。

(一) 教学组织

北京工业大学 2014 年 CAR-ASHRAE 竞赛，共有四名学生组成，其中将设计内容分为四个方面，分别为负荷计算、方案比选(由组长完成)、冷热源设计以及自控策略，每人负责相应的部分，每一个部分都有专门的指导老师进行指导设计。组长将此次设计项目作为自身的毕业设计题目并进行申优答辩，组员需要另外进行自己的毕业设计。

设计从 2014 年 2 月 20 号开始，除去学校组织的毕业设计答辩一个月的时间，一直持续到 7 月 31 号，时间为四个月。设计题目为江西九江某医院通风空调设计，内容主要是对江西九江的综合大型医院的病房和门诊部进行设计，设计本身的理念为以人为本，满足病人，医生和家属的实际需求，在此基础之上，本着可持续发展和低碳原则，设计进行节能分析，方案进行详

细的经济技术比选。

（二）参赛体会

北京工业大学2014年学生是由建筑环境与能源应用学科部整体教师进行评定商议进行的，通过此次的设计指导，我们对学生的参赛进行了反馈总结，学生的普遍反映是经过此次实际的方案设计，发现自己的基础理论知识有，但是有些概念和原理存在误区，实践经验严重不足，设计中只考虑理论，设计的方案在实际的施工或者操作方面存在很大的问题，缺乏常识性问题。通过整个医院的设计，学生学到很多的实际知识，是在理论学习过程中所没有接触过得，在专业知识的认识和应用方面有了很大的进步和提高。说明学生设计竞赛是很有意义也是很有必要的一件事情。

指导教师对于学生的指导有些片面化，由于负责和专攻的方向不同，学生设计的时候每一部分都能有比较好的特色和专业知识的体现，但是团队的整体合作不是很好，方案的选定有分歧，分工不一致，导致积攒了很多实际问题，后续解决耗时耗力。此外，部分学生有自己的设计项目，或者需要进行实习，真正参与竞赛设计的时间有限，不能全身心地投入到设计竞赛中，学生的时间不一致，沟通不够，设计呈分散分块的现状。希望今后的设计能够将学生和指导教师的分工和责任进行明确化，或者能够让参赛队员全部将此作为毕业设计，这样学生能够更好地全身心地投入到CAR-ASHRAE设计竞赛中来，这样才能够更好地锻炼和学习。

四、指导老师存在的问题

在学生参赛过程，发现学生的很多东西不正确，这主要来源于教师指导方式的不当，根据学生的反馈，可总结出以下几条：

（1）过多注重理论，与实际工程项目脱节。这主要是由于很多大学的老师没有实际的工程经验，导致教学以及指导的过程中，过多的注重理论，在实际项目的设计中出现很多常识性工程错误。

（2）指导不及时，不能满足学生需求。很多老师在学生需要指导的指导，力度不够，甚至有些是学生自己做的东西，老师没能及时地把关，出现一些很严重的原则性问题，后续进行修正，导致设计时间不足，设计仓促完成。

（3）团队协调能力不足，学生分工不合理。在一些团队当中，学生出现分工不合理，目标不明确的现象。最后合作不好，团队协调性不够。

五、结论

针对学生设计比赛的特点，经过以上的总结，得出以下结论：

（1）学生设计中，存在很多概念的误区。暖通空调专业知识面非常广，有制冷、空调、供热采暖、通风和燃气等，有些是跨专业、多学科的工作，作为优秀的设计人员，概念必须非常清楚，才能把工程项目设计做好。参赛过程中发现学生对于自己所学的东西掌握不牢，甚至出现原则性错误，在今后的教学中，应该着重抓基础，将学生的一些错误概念纠正。让学生有完善的知识结构和广阔的视野。

（2）在教学中，应当多给学生一些实际参考或者设计的经历，使得学生不仅仅只掌握理论，将实际工程结合起来，让学生学以致用，理论与实际相结合，激发学生的学习兴趣。不管是那种工程设计，系统观、工程观的形成非常重要，这需要指导教师长期的灌输和培养。建议教学指导委员会和建环、制冷等的行业协会以及学校，给学生继续提供更多的工程实践、实习机会。

（3）作为指导老师，希望指导工程设计的教师，就要先有工程经验，不仅仅是纸上谈兵，要能够指导学生进行恰当的设计，不脱离实际，与时俱进。培养和提高学生和设计人员的宏观思维能力。

参考文献

[1] 朱颖心. 历年竞赛作品的常见问题与专业教学问题的探讨[R]. 北京：2014 年暖通 CAR-ASHRAE 设计竞赛开题宣讲会，2013.

[2] 邵宗义. CAR-ASHRAE 学生设计竞赛的实践及思考[R]. 2013 年暖通 CAR-ASHRAE 设计竞赛开题宣讲会，2012.

[3] 毕月虹，陈超，刁彦华，等. 建筑环境与设备专业实践教学的思考[J]. 土木建筑教育改革理论与实践，2010，12：396-398.

[4] 毕月虹，李炎锋，樊洪明，等. 大学生科技竞赛与素质培养[J]. 土木建筑教育改革理论与实践，2010，12：31-33.

[5] 胡艳维，张义良. 科技竞赛对大学生素质培养的影响研究[J]. 萍乡高等专科学校学报，2009(6)：103-105.

加强生产实习流程管理,提高实习质量

刘　匀　金瑞珺　朱大宇　俞国凤

(同济大学建筑工程系,上海　200092)

摘　要　生产实习是同济大学建筑工程课群方向的一门实践类课程,同济大学建筑工程系每年生产实习的学生人数多,地点分散,实习形式多样。建筑工程系多年来通过制度化、流程化管理生产实习,提高了生产实习质量,取得了良好的教学效果。

关键词　生产实习,流程化管理,关键节点控制,实习质量

一、生产实习的重要性

生产实习是同济大学建筑工程课群方向的一门实践类课程，也是在本科生培养过程中一个重要的实践教学环节。课程安排在第六学期实践周内,是在系统完成了土木施工工程学和其他相关专业基础课程的学习后,进行全面实践的一门课程,主要培养学生应用知识能力、工程实践能力和开拓创新能力。

通过四周深入施工现场的实践学习,可以锻炼学生,提高学生的实践能力和综合素质。一方面学生作为施工技术人员的助手参与工程实践、直观地了解建筑施工的过程,可参与的工作包括土方开挖、基础施工、主体结构施工、施工组织设计、施工预算等;另一方面,通过四周的社会实践,也可使学生在组织协调能力、沟通交流能力、协作能力以及人文素养、工程素养上得到锻炼和提高,是对同学们在知识、能力和人格上的综合培养。

二、同济大学建筑工程系生产实习的主要特点

1. 生产实习任务繁重

同济大学建筑工程系每年生产实习的学生人数比较多,任务繁重。以近四年(2011—2014)为例,共 900 多名学生参加了生产实习,每年指导学生约为 230 人;涉及工地约 480 个,每年约 120 个。参与指导教师为施工教学管理中心全体教师,每年约 13 人。具体数据详见表 1。

表 1　　　建筑工程系生产实习汇总表(2011—2014)

项目 / 年份	实习学生数(人)	实习工地		实习指导教师		
		实习工地数(个)	每个工地学生数(人/个)	指导教师(人)	每个教师指导学生数(人/人)	每个教师负责工地(个/人)
2011	218	112	1.9	14	15.6	8
2012	244	128	1.9	13	18.8	9.8
2013	239	111	2.2	12	19.9	9.3
2014	247	127	1.9	12	20.6	10.6
合计	948	478	—	—	—	—
(年)平均	237	120	2	13	19	9

从表 1 可以看出,建筑工程系生产实习指导教师每年约指导 19 名学生参加为期四周的生

作者简介:刘匀(1971—),湖北人,副教授,主要从事工程造价、工程咨询和施工管理研究。

产实习，但由于实习地点都比较分散，每个工地平均可以接纳的学生约为 2 人，因此每个教师负责的工地平均每年为 9 个，工作任务比较繁重。

2. 实习形式多样

随着上海城市建设的日益完善、离学校近的工地日渐减少。各施工企业出于安全生产考虑接纳学生的数量也较为有限，单纯靠学校联系实习工地已日渐困难。为满足教学需求、提高生产实习质量，在近二十年的实践中，建筑工程系建立了两种较为成熟的实习形式，即“统一安排”和“双自承包”两种形式。“统一安排”是由学校统一联系生产实习工地，指导教师指导生产实习的方式。“双自承包”是指由学生自己联系生产实习工地，通过建筑工程系、施工教学管理中心审核，自己参加生产实习，指导教师检查的生产实习方式。在 2005 年前，“统一安排”的生产实习为主要的生产实习形式，占的比例很高。近十年来，“双自承包”的人数逐步增长，占到总人数的比例(四年平均)为 30%。具体数据详见表 2。

表 2　　两种实习形式分布情况表(2011—2014)

项目 \ 年份		2011	2012	2013	2014	(年)平均
实习学生数(人)		218	244	239	247	237
实习工地数(个)		112	128	111	127	120
统一安排	实习学生数(人)	153	170	172	174	167
	占总人数比例	70%	68%	72%	70%	70%
	实习工地数(个)	53	53	49	68	56
	占总工地数比例	47%	41%	44%	54%	47%
双自承包	实习学生数(人)	65	77	67	73	71
	占总人数比例	30%	32%	28%	30%	30%
	实习工地数(个)	59	75	62	59	64
	占总工地数比例	53%	59%	56%	46%	53%

三、实行制度化、流程化管理，确保实习质量

1. 建立生产实习管理制度

完善的管理制度是高效管理的重要保障，同济大学建筑工程系多年来已建立了的生产实习管理制度、完善了生产实习管理办法，现有的系列管理文件包括：

(1) 生产实习工作管理制度。

(2) 生产实习大纲、考勤表、成绩评定书。

(3) 双自承包生产实习联系申报表及回执。

(4) 双自承包生产实习要求；生产实习安全承诺书。

(5) 实习单位实习情况反馈表。

通过这些文件，将生产实习指导、管理制度化、流程化，才能确实保证生产实习质量，满足教学要求。

2. 两种实习方式的流程化管理

(1) “统一安排”生产实习

参加“统一安排”的生产实习人数占学生参加实习总数的 70%，是目前生产实习的主要形式。上海建工集团、中建八局等施工企业多年来与同济大学土木工程学科有着良好的合作关系，也是同济大学的签约实习基地。“统一安排”的生产实习的实习地点全部在上海，涉及的企业每年约有 10 个左右。主要包括上海建工集团旗下的上海基础公司、上海一建、上海二建、上海七

建、上海机施公司，中国建筑总公司旗下的中建八局、总承包公司以及同济工程项目管理公司、建浩工程顾问、龙元建设集团等知名企业。有了这些企业为依托，学生参加实习的工程项目和校外指导教师都有了保证，对实习的质量起到了积极的作用。在这儿，也充分地反映了建设实习基地的总要性。另一方面，从表2也可以看出，参加"统一安排"的生产实习人数占学生参加实习总数的70%，可是工地数却仅为总工地数的47%。这也从侧面说明了我们签约的实习基地企业的业务覆盖面越来越广，仅要通过在上海的项目来满足生产实习已经变得比较困难。

"统一安排"实习的具体组织工作中，重点是联系实习单位，落实实习地点和实习期间的检查(每工地一次)。具体工作流程如图1所示。

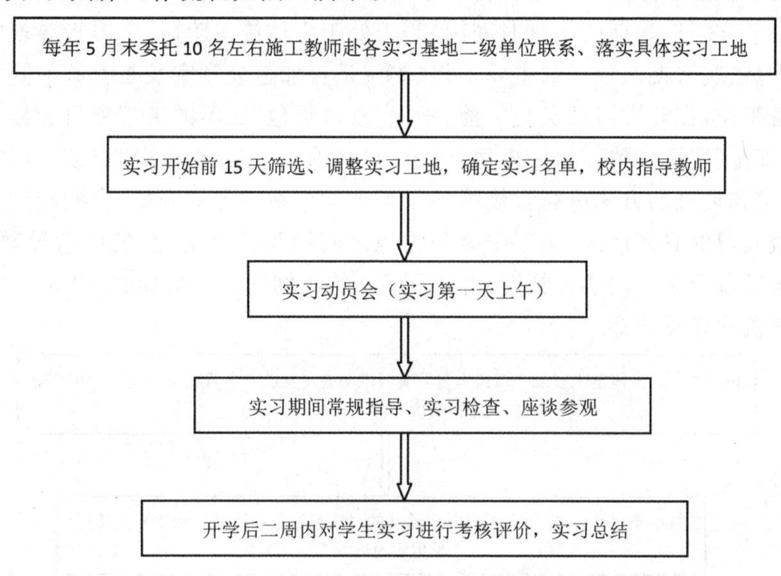

图1 "统一安排"实习工作流程

(2)"双自承包"生产实习

"双自承包"的实习形式是"统一安排"生产实习形式的有益的补充。参加"双自承包"的生产实习人数占学生参加实习总数的30%，工地数为总工地数的53%，分布在全国各地40多个市县，平均每个校内指导教师负责13个左右的地区(表3)。近年来随着参加"双自承包"学生比例的增加、随着"双自承包"实习管理方式日趋成熟、随着实习基地企业业务范围的增加，这种形式的生产实习也越来越成为另一种重要的实习形式。

表3　　建筑工程系"双自承包"形式生产实习情况表(2011—2014)

项目 \ 年份		2011	2012	2013	2014
实习学生数/人		65	77	67	73
实习工地	实习工地数/个	59	75	62	59
	涉及市/县/个	43	51	45	47
	每个地区学生数/个	2	2	2	2
指导教师	指导教师/人	4	4	3	3
	每教师负责工地/(个/人)	15	19	21	20
	每教师负责地区/(个/人)	11	13	15	16
	实习工地/个	5	2	1	5
	抽查人数/个	5	3	3	9
	抽查比例	8%	4%	4%	12%

“双自承包”实习地点分散，实习工地多，作者简介：卞步喜(1972—)，江苏人，副教授，主要从事实验室管理和高等教育研究；方诗圣(1962—)，安徽人，教授，主要从事道路与桥梁方向研究。在具体实施过程中，需要十分重视前期的准备工作和实习过程中的信息反馈。前期的准备工作包括实习说明、发放表格和资格审核等环节。“实习说明”应注意让每个学生了解“双自承包”实习是学生自己联系施工单位，自由安排实习进度(暑期两个月时间内完成连续四周工作即可)的一种分散实习的方式。发放的表格包括“实习联系申请表”和“同意接受学生实习回执”两份表格。资格审核“双自承包”实习前期工作中最重要的一个环节，是确保实习质量的关键节点。资格审核主要是审核学生自行联系的施工单位资质是否是县级以上施工企业、联系的施工项目在7～8月(暑期两个月时间内)是否处于主体施工阶段、实习指导教师(校外)是否是工程技术人员、实习期间预计的主要工作、单位是否加盖公章家长是否签字同意等内容。通过前期的准备工作，在开实习动员会之前，确保“双自承包”实习的工程项目和校外指导教师的质量与“统一安排”实习一致。另一方面，由于“双自承包”实习地点分散(表3)，校内指导教师采取邮件、短信和抽查的方式进行常规指导。每个学生在实习的开始、中期和结束必须发三封邮件(信)汇报实习的具体情况，施工中碰到的具体问题和其他情况，校内指导教师通过短信、邮件等方式跟踪每个学生的实习情况，并按照5%的比例进行实地抽查(表3)。“双自承包”实习形式的工作流程详见图2。

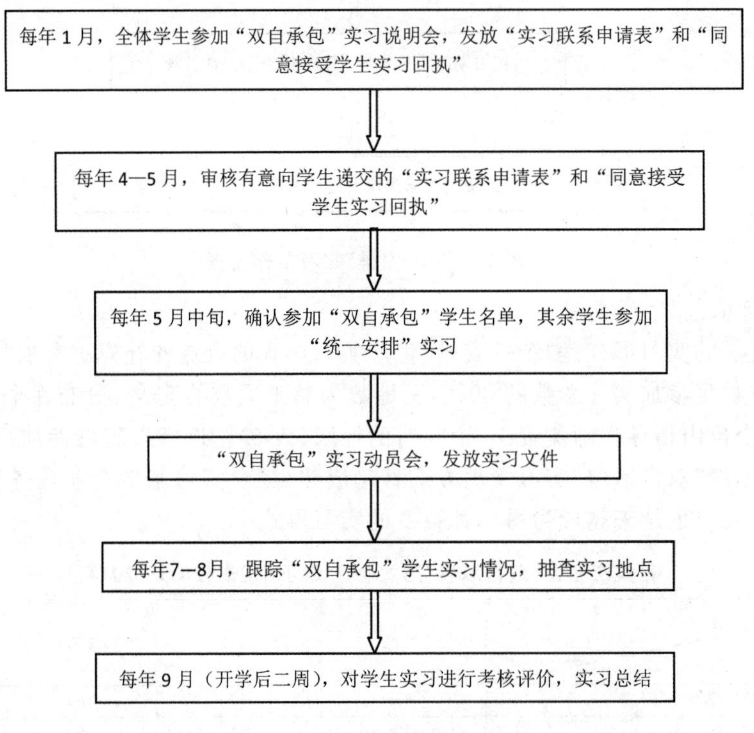

图2 “双自承包”实习工作流程

3. 关键节点的控制

无论是“统一安排”还是“双自承包”，管理中关键节点的控制尤为重要：

(1) 重视准备工作：“统一安排”实习的准备工作依托实习基地，准备工作时间短，效果好；“双自承包”准备组织工作时间跨度长，审核繁琐，反复协调，也能达到良好的效果；

(2) 开好实习动员会：两种形式的实习都充分重视实习动员会，都是包括实习动员、安全提示、实习大纲、实习要求、人员分组、师生见面、资料发放等环节。通过正式的实习动员会迎来生产实习工作的第一天。

(3) 加强实习指导工作:生产实习的主要工作地点在工地,校外指导教师是生产实习工作的主要指导老师,但是校内指导教师的工作也同样重要。“统一安排”生产实习地点在上海,参加实习的指导教师克服了天气炎热,地点分散等实际困难,对所有的工地进行全面覆盖,至少一次和学生见面。除此之外,指导教师还通过多种形式的活动提高教学质量。例如:组织各组的学生利用周末时间交流,组织不同组的学生在校内指导教师的带领下交换工地参观,组织全体施工教师到某工地进行座谈,与学生和施工技术人员交流学习等等,均取得了良好的效果。“双自承包”实习由于地点分散,实习持续时间长(2 个月)无法到现场直接指导,但全程通过短信、邮件对实习工作进行跟进,每年 5%的抽检随机进行。值得骄傲的是,学生每年在抽检中的到岗率均为 100%。

(4) 成绩评定合理:最终学生的成绩的评定包括实习日记、考勤表、工地指导评语表、小专题、实习报告、口试以及指导教师意见等内容。在评定成绩的过程中,其中一项重要的环节是口试,面对面的交流和提问,可以较客观的得到对学生实习效果的评价。

四、今后工作努力方向

拓展“双自承包”实习的范围。上海建工集团上海以外地区有很多项目可以成为“双自承包”实习的单位。应用“双自承包”管理流程,在每年 4 月份资格申请、筛选,希望可借此机会环节“统一安排”实习的压力,也可缓解“双自承包”实习资格审核繁琐的压力。

进一步完善实习管理体系,建立“生产实习管理系统”,改善在生产实习管理工作中信息不畅通的弊端,学生和指导教师通过管理系统可以共享信息,了解实习进程,了解实习指导动态,保证生产实习的教学效果、提高教学质量。

省属高校土木工程专业校外实习基地共建共享机制研究

任建喜[1]　范留明[2]　薛建阳[3]　何　晖[4]　张科强[5]

(1. 西安科技大学建筑与土木工程学院,西安　710054;2. 西安理工大学土木建筑学院,西安　710048;
3. 西安建筑科技大学土木工程学院,西安　710054;4. 西安工业大学建筑工程学院,西安 710032
5.陕西理工学院土木工程与建筑学院,汉中　723001)

摘　要　将各地方高校已经建设的特色实习基地进行共建共享,是解决土木工程应用性人才培养实习基地缺乏的可行办法,也是土木工程专业卓越计划实施的重要保障。提出了土木工程专业校外实习基地共建共享机制,主要包括"共建共享实习基地的需求"、"共建共享实习基地资源整合建设"、"共建共享实习基地协同使用"、"共建共享实习基地管理"和"技术支撑"等五个主控环节。给出了包括"资源整合机制"、"利益激励机制"、"协调管理机制"和"技术支撑机制"构成的四个实习基地平台共享机制的主要内容。

关键词　土木工程,校外实习基地,共建共享,机制,内涵

一、概述

"卓越工程师教育培养计划"是为贯彻落实党的十七大提出的走中国特色新型工业化道路、建设创新型国家、建设人力资源强国等战略部署,贯彻落实《国家中长期教育改革和发展规划纲要(2010-2020 年)》而提出的高等教育重大改革计划。"卓越计划"对高等教育面向社会需求培养人才,调整人才培养结构,提高人才培养质量,推动教育教学改革,增强毕业生就业能力都具有十分重要的示范和引导作用[1]。2010 年 6 月 23 日,教育部在天津召开"卓越计划"启动会。目前,陕西有多所高校开始实行土木工程卓越工程师教育培养计划。而卓越计划的核心是培养学生的动手实践和创新能力,因此,校企合作的校外实践平台的构建成为土木工程专业卓越计划重要工作之一。另一方面,1999 年大学扩招导致地方高校本科招生规模急剧扩大,原有的教学资源已经用尽,而新的土木工程专业包括了建筑工程、矿井建设、交通土建、路桥、隧道工程等多个专业,各高校均在大土木下开设两个以上的特色方向,以满足社会对高级应用型专业人才的需求。各地方高校 1998 年前属不同的行业,下放地方管理后,其行业特色仍然显著,各地方高校土木工程专业的有的专业方向优势明显,师资力量雄厚,建立的实习基地具有明显的特色,行业性强,而有的方向比较薄弱。如西安科技大学的优势特色方向是地下工程、西安建筑科技大学的优势特色方向是工民建,西安理工大学的优势特色方向是水工隧道等。扩招的重点是地方高校,培养土木工程专业应用型人才的核心之一是实习基地建设。如何发挥各地方高校的特色,实现优质实践教学资源的共享,优势互补,实现多赢,将各地方高校已经建设的特色实习基地进行共建共享,是解决土木工程应用性人才培养实习基地缺乏的可行办法,也是土木工程专业卓越计划实施的重要保障。考虑到大土木工程专业特色专业方向多,不同方向的学生实习涉及不同行业施工企业、设计院、研究所,而地方高等学校行业特色明

作者简介:任建喜(1968—),男,陕西西安人,教授,博士,博导,主要从事岩土工程方面的教学和科研工作。E-mail:renjianxi1968@163.com。

基金项目:2013 年度陕西普通本科高等学校教学改革研究一般项目。

显的实际，各高校重点建立具有行业特色的校企合作实习基地，已有的实习基地行业特色明显，普遍存在投入不足的现状[2]。如何把实习基地做大做强，提高实习基地的建设水平和使用效率，提高土木工程应用型人才培养水平，提高学生素质，扩大就业率，值得深入研究[3]。本文对土木工程专业校外实习基地共建共享机制开展研究，目的是把实习基地做大做强，提高实习基地的建设水平和使用效率[4]，提高省属高等学校土木工程应用型人才培养水平[5]，提高土木工程专业学生的素质[6]，扩大土木工程专业学生的初次就业率和就业的满意度[7-8]。

二、共建共享机制的五个主要环节

建设开放、共享的土木工程专业实习基地，核心是建立实习基地的共享机制。共享机制是什么，由哪些要素构成，如何建立？对于这些问题，目前还缺乏比较深入的研究。本文从资源的内在价值属性出发，在把握实习基地资源共享本质的基础上，力图对实习基地共享机制的内涵、构成与形式等进行探究。

根据经济学理论，任何资源都具有经济和社会的双重价值。实习基地资源也不例外。从资源的物品属性考察，私人品与公共品的划分本质上体现为该物品不同的权利配置。私人品体现为私权配置，在消费上具有非共享性与排他性，目标是实现其经济价值的最大化；公共品体现为社会权利配置，在消费上具有共享性和非排他性，目标是实现其社会价值的最大化。因权利配置的不同，同一种资源对经济价值和社会价值的追求就会出现较大的差异，即产生所谓经济价值和社会价值之间的矛盾。企业和学校对实习基地资源参与共享的经济价值与社会价值的追求也不同。实习基地平台"公益性、基础性、战略性"的建设定位，决定了实习基地资源在共享中，既要按照"私人品"的竞争性和排他性属性来配置，从而实现其经济价值的最大化，又要按照"公共品"的共享性和非排他性属性来配置，从而实现实习基地平台的"公益性、基础性和战略性"目标，即实习基地资源社会价值的最大化。但是，私人品与公共品的非相通性，决定了实习基地资源的经济价值最大化与社会价值最大化的冲突性，使得实习基地资源的经济财产权利与社会权利产生了冲突，这正是实习基地资源共享率极低的最根本、最深层次的原因。实习基地资源的共享，实质上是要求解决实习基地资源经济价值与社会价值在追求最大化中的冲突，最大限度地实现其经济与社会双重价值，实现参与主体各方的利益共享。对资源双重价值最大化的协调和提升，正是实习基地资源共享工作中要解决的难点和待突破的关键。那么，如何解决实习基地资源高效利用中双重价值最大化的冲突？建立有效的共享机制是关键。

实习基地平台最重要的特性在于平台建设的共建共享性，建立共享机制，是整个平台建设的核心。共享机制是平台运行各主环节相互作用的机理与方式。

共建共享实习基地平台的建设与运行机制主要包括"共建共享实习基地的需求"、"共建共享实习基地资源整合建设"、"共建共享实习基地协同使用"、"共建共享实习基地管理"、"技术支撑"等五个主控环节。这五个主控环节彼此关联并相互作用，通过平衡与协调，以有序、稳定的状态保障共建共享实习基地的运行。

共建共享实习基地的共建共享需求是实习基地平台开放的前提。由于建设先进实用的实习基地需要较大的投入，高等学校和企业建立的实习基地满足自己学校学生的需求有诸多困难，多个高等学校共建共享实习基地成为必然。

共建共享实习基地资源整合是进行共建共享的基本要求，平台建设包括软件、硬件的建设，主要有实习教材建设，企业教师培训，学校教师培训等。

共建共享实习基地平台协同使用要求了解实习基地的存量、分布状况和可共享性，在掌握实习基地共享的具体需求基础上，要求不同层次的 调控管理 主体在其权限与职责范围内，制定维持共享秩序的具体“共享制度”，最大限度地使用实习基地。主要提高合理的教学计划的制定等手段进行解决。

共建共享实习基地平台管理主要是体系建设，包括成本分担方法、利益共享方法，比如实习基地共享的法规体系、政策、管理办法等。不同的校企合作实习基地资源整合起来后，需要通过权利配置后的利益协调与激励，既互相提供又互相分享资源和服务，实现平台高效运行。

技术支撑要求平台的各环节运行基于网络环境进行，在信息化的技术支持下“协同使用”，满足不同的共享服务与管理需求。

这五个主控环节既相互促进，又相互制约。实习基地平台共建共享机制是实现实习基地资源效益最大化的重要手段。以权利配置为核心，遵循利益平衡的治理理念，通过制度体系的作用，达到资源所有者（提供者）、使用者、管理者的有效协同运作而形成的机理和方式。

三、实习基地共建共享机制的内涵

资源整合机制、利益激励机制、协调管理机制、技术支撑机制构成了实习基地平台共享机制的主要内容。资源整合机制建立的原则是充分利用实习基地，主要解决的问题是盘活现有的实习基地资源。利益激励机制建立的原则是谁投入谁受益，主要解决的问题是调动企业和学校的积极性。协调管理机制建立的原则是多方协同，利益主导，主要解决的问题是进行实习基地管理的顶层设计，包括企业、学校的责权利分配，实践教学全过程管理方法等。技术支撑机制建立的原则是信息化、科学性、标准化、安全性，主要解决的问题是利用网络技术，采用声音、图像、QQ、微信、E-mail 等方法提高实践教学全过程管理的水平。实习基地共建共享的上述机制的主要具体内涵有：

1. 实现实习基地平台管理的信息化

基于责权利一致的原则，制定各高校共建共享大型实习基地的管理办法，进行实践教学资源管理的协同创新。建立实习基地平台管理机构，采用现代化的手段，学生和管理者通过QQ、微信、网络、E-mail 等先进手段可以访问实习基地平台管理系统，完成实习时间、实习内容、实习报告提交、实习成绩提交、实习疑难问题解答等功能。

2. 实习基地资源共享

各高等学校对于自己负责的特色实习基地的师资、教材、案例、教学大纲开放共享。合理安排各学校土木工程专业学生实习实践的时间，最大限度的利用实习基地的宝贵资源，提高学生的动手实践能力。通过调整各高等学校实践教学环节的时间安排，达到某一实际基地全年多次使用，提高实习基地使用率。

3. 建立实习基地“成长”机制，实现校校共赢

实习基地“成长”机制包括硬件不断投入和软件不断建设两个方面，实习基地平台的建设方高等学校和企业应该通过构建科学合理的开放管理制度，不断加大对实习基地硬件和软件的投入，保证实习基地的建设水平不断提高。实习基地“双师型”队伍的建设时实习基地平台“成长”机制的重要内容，包括企业教师和学校教师的培养。研究校校共同投入，校校共享共用的办法。

4. 维护企业利益，实现校企共赢

在传统的教学模式下，理论教学和实验教学跟不上企业发展需要，学生没有太多的机会锻炼动手能力和创新能力。学校人才“供应”与企业人才“需求”两者之间的矛盾突出，提高实习基地的锻炼时间，学生的实践能力会得到提高，实际基地所在企业可以优先选择学生作为未来企业技术人员的储备，解决企业招不到合适的人才，高校毕业生找不到合适工作的难题。增加企业对实习基地建设的支持，同时达到学校学生培养和企业的人才培养共赢的局面。

5. 建立共享的学生实践环节质量监控体系

质量评价是检验实习基地实践环节教学效果的重要手段，为保证教学效果，需要建立各高等学校认可的土木工程专业学生实践环节质量监控体系。通过具体实习的实践，发现存在的突出问题并研究解决方案。

四、结语

通过校企合作，省属地方高等学校土木工程专业共建大型实习基地、实现资源共享，达到多方共赢。建立土木工程专业实践基地的管理机制、制定实践教学效果的质量监控体系。实习基地共同投入，共享共用。各高校建设具有特色的大型实习基地，同一地区的省属高校土木工程专业的学生一起使用，提高基地的使用效率，降低实习基地建设成本，彻底解决认识实习、生产实习、毕业实习、地质实习、测量实习中存在的学生动手机会很少的困难。

企业在合作中，可以优先获得培养目标准确、与工作岗位需求吻合、熟悉企业文化、了解企业管理、实践能力强、道德素质规范、价值取向定位准确的高素质优秀人才。同时，企业通过联合指导毕业设计，获得学校专业人力资源的支持，解决了生产和技术管理方面的问题，降低了制造成本，提高了生产效率。学校根据企业人才需求，可为企业提供人员培训。

联合共建实习基地平台可以为全面提高实践教学质量和提高就业率打下良好基础。各高等学校土木工程专业实习基地接收学生的能力有限，实习基地共建共享的手段可以解决实践教学中存在的学生动手机会少的问题。由于一个完善的校外实习基地的建设，需要大量的资金支撑，建设大量实习基地存在资金压力，多所高校共同投资，提高了资金使用效率，要充分利用网络平台，建立实习基地管理系统，协调一致，保证实践教学的质量。

参考文献

[1] 魏占祯，徐凤麟，王伟志，等. 以人为本，开放创新，充分发挥实验室培养本科生人才的作用[J]. 实验技术与管理，2008，25(1)：21-23.

[2] 顾艳红，刘晓鸿，蔡晓君，等. 借鉴美国明尼苏达大学实验室管理经验加快我国开放实验室管理[J]. 实验技术与管理，2008，25(10)：187-190.

[3] 王蓉. 资源循环与共享的立法研究[M]. 北京：法律出版社，2006：28-106.

[4] 高占先. 实行开放式实验教学培养创新型人才[J]. 中国大学教学，2005，12：27-28.

[5] 赵国栋，黄永中. 关于中国高等教育信息化发展状况的调查与分析[J]. 中国远程教育，2005，25(8)：43-48.

[6] 刘富刚，张芳. 自然地理野外实习教学改革的思考[J]. 教学研究，2005，28(1)：52-54.

[7] 刘长宏，王刚，戚向阳，等. 基于企业实践基地人才培养模式的实践[J]. 实验室研究与探索，2009，28(12)：179-181.

[8] 毛智勇，赵林惠，王玮，等. 校企共建校外实践教学基地的探索与实践[J]. 北京教育(高教版)，2010，546(10)：71-72.

工程实践环节是提高全日制硕士专业学位研究生培养质量的关键

卜建清　王明生　林延杰

（石家庄铁道大学土木工程学院，石家庄　050043）

摘　要　发展全日制硕士专业学位研究生教育是历史的选择，也是与国际接轨的必要途径。工程实践是全日制硕士专业学位研究生教育必须而且是最重要的培养环节，也是实现硕士研究生培养类别成功转型的关键。从工程实践的必要性、实施办法以及目前存在的主要问题等方面进行了阐述。

关键词　研究生教育，工程实践，全日制硕士专业学位研究生，培养质量

一、专业学位研究生教育的发展历程及基本要求

专业学位是为满足社会对应用型高端专业人才的需求而设立的一种学位类型，具有特定的教育的实践性和职业倾向性等特征。我国从 1991 年开始实行专业学位研究生教育，主要是以在职人员为主的非全日制攻读硕士学位，完成学业并通过论文答辩，可获得硕士学位证书。2007 年国务院学位委员会第 23 次会议提出，要适应经济社会发展需要，宏观设计，总体规划，大力发展专业学位教育，积极探索和建立具有中国特色的专业学位教育制度。2009 年起，教育部对研究生教育结构类型进行重大改革，在已下达的硕士研究生招生计划基础上，增加全日制专业学位硕士研究生招生计划 5 万名，主要招收对象为应届本科毕业生，并计划到 2015 年使学术型研究生与专业学位研究生比例达到 1∶1，最终达到 3∶7，与国际接轨。2011 年 1 月 14 日，教育部在北京召开全国专业学位研究生教育综合改革试点工作会议。会议提出要积极调整研究生人才培养类型结构，推动硕士研究生教育以培养学术型人才为主向培养应用型人才为主转移[1]。

2010 年 9 月 18 日，国务院学位委员会第 27 次会议通过的《硕士、博士专业学位设置与授权审核办法》中明确指出：专业学位是随着现代科技与社会的快速发展，针对社会特定职业领域的发展，为培养具有较强的专业能力和较高的职业素养，能够创造性地从事实际工作的高层次应用型专门人才而设置的一种学位类型。同时，还阐明了专业学位的基本特性，即专业学位具有相对独立的教育模式，具有特定的职业指向性，是职业性与学术性的高度统一。文件的要求反映了专业学位的特性，同时也带来了专业学位教育必须面对的实现目标约束：一是培养目标的职业指向性；二是课程教学的实习实践可得性；三是师资队伍的可支持性；四是学业成果的职业衔接性。

专业学位（professional degree），是相对于学术性学位（academic degree）而言的学位类型，其目的是培养具有扎实理论基础，并适应特定行业或职业实际工作需要的应用型高层次专门

作者简介：卜建清，男，1968 年 11 月出生，河北阳原人，博士，教授，石家庄铁道大学土木工程学院副院长；

王明生，男，1964 年 6 月出生，河南灵宝人，博士，教授，石家庄铁道大学土木工程学院院长；

林延杰，男，1973 年 6 月出生，浙江人，硕士，高级工程师，石家庄铁道大学土木工程学院专业学位研究生管理办公室主任。

人才。专业学位与学术性学位处于同一层次，培养规格各有侧重，在培养目标上有明显差异。学术性学位按学科设立，以学术研究为导向，偏重理论和研究，培养大学教师和科研机构的研究人员；而专业学位以专业实践为导向，重视实践和应用，培养在专业和专门技术上受到正规的、高水平训练的高层次人才，授予学位的标准要反映该专业领域的特点和对高层次人才在专门技术工作能力和学术能力上的要求。专业学位教育的突出特点是学术性与职业性紧密结合，获得专业学位的人，主要不是从事学术研究，而是从事具有明显的职业背景的工作。专业学位与学术性学位在培养目标上各自有明确的定位，因此，在教学方法、教学内容、授予学位的标准和要求等方面均有所不同。专业学位教育突出强调专业实践环节。

二、有效的工程实践是全日制硕士专业学位研究生培养质量的根本保障

1. 工程实践环节是专业学位研究生培养方案的基本要求

《工程硕士专业学位设置方案》明确提出工程硕士必须“具有独立担负工程技术或工程管理工作的能力”；《教育部关于做好全日制硕士专业学位研究生培养工作的若干意见》要求专业学位研究生必须“具有较强解决实际问题的能力，能够承担专业技术或管理工作”，而且“应届本科毕业生的实践教学时间原则上不少于 1 年”。

我们可以看到工程实践是重要的教学环节，充分的、高质量的工程实践是工程硕士教育质量的重要保证，也是专业学位硕士培养的重要环节，国内外关于培养专业学位硕士培养模式的探讨，无一例外都特别注重实践环节。如果工程实践环节缺失，工程硕士教育也就失去了其培养高层次应用型工程人才的专业特色；如果工程实践没有有效落实，全日制工程硕士教育就无法培养出高素质的工程人才[2]。专业实践环节是全日制专业学位研究生增长实际工作经验，获取学位论文选题和素材，培养实践研究和创新能力的过程，也是达到培养目标必需的重要环节[3]。

2. 全日制硕士专业学位研究生的生源决定了加强实践环节的必然性

全日制硕士专业学位研究生以招收应届本科毕业生为主，这类学生从学校到学校，缺乏实践经验，对所攻读专业学位涉及的相关行业的工作程序和基本要求了解甚少，其优势在于理论基础较好、外语水平较高、接受能力较强。基于上述特点，在全日制专业学位研究生培养的课程学习、专业实践、学位论文三大环节中，课程学习、学位论文两个环节无论从研究生的自身基础，还是从学校拥有的条件和优势看都是有保障的。而专业实践恰恰是大多数学校的薄弱环节。

所以，我国全日制专业学位研究生培养过程中亟须加强的是专业实践这一环节。这不仅是因为大多数全日制专业学位研究生实践经验缺乏，而专业实践环节是研究生补充实践经验、适应未来职业需求的重要环节，直接关系到全日制专业学位研究生课程学习的成效和学位论文质量的高低。毕竟理性认识要以感性认识为先导，没有亲身感受和体验，研究生对专业知识的理解和接受势必会大打折扣。另外，专业实践也是全日制专业学位研究生获取学位论文选题和素材的主要来源渠道。因此可以说，抓好专业实践环节是达成全日制专业学位研究生培养目标，实现硕士生培养类别成功转型的关键[3]。

3. 加强实践环节是社会发展的需要

伴随着科学技术发展，新知识、新理论、新技术不断出现，社会对于专门人才的需求呈现出大批量、多样化、高层次的特点。为满足社会发展的需要，尤其是劳动力市场对高层次、应用性专业人才的迫切需要，是专业学位研究生教育产生发展的首要目标。传统学术学位研究生教

育无法满足不同社会部门对高层次实践型专业人才的需要。世界各国都主动适应这种变化，积极进行专业人才培养，大力提高专业人才的培养层次和规格，大力发展专业学位研究生教育。美国是世界上开展专业学位研究生教育最早也是最发达的国家，早在20世纪初美国就把专业硕士研究生教育列入国家学位教育系统之中。巴伦德认为：在一个全球化的环境中，传统的在教室中进行企业管理教育的方法已经过时了，真正的学习应该是到实践中去，学校师生与实践基地的专业构成团队，这样才能及时补充理论学习和模拟实践学习的不足[4]。凯普路认为专业学位硕士生的团队学习，只有在实践训练中才能真正取得成效[5]。

4. 加强实践环节促进学生的职业能力生成和发展

19世纪初期，强调教学与科研相结合的"洪堡理念"在建立现代意义上的学位制度中起了非常大的促进作用。到了20世纪，大学的功能从教学和科学研究拓展到教学、科学研究与社会服务。开设专业学位研究生教育，培养面向实际领域、直接参与社会发展的高层次应用型人才成为大学的重要任务。20世纪后半期，以学生的发展为中心的观念深入人心。与学术学位研究生教育不同，专业学位研究生教育把学生的能力和职业发展视为教育的核心，这在一定程度上反映了大学理念的变化[6]。由于一个成熟专业的科学知识体系往往已被系统、普遍地组合成大学的专业学位课程，修完这些课程的毕业生则是该领域的准专业人员，于是大学的专业学位研究生教育与职业的任职资格就产生了紧密的联系。在社会诸多职业走向专业化的背景下，许多国家已将获取专业学位作为从事某种职业的先决条件[7]。

三、强化工程实践环节的主要举措

1. 培养导师队伍的实践能力

我们注重培养导师队伍的实践能力，与工程实践紧密结合、服务设计与施工一线使我们的传统，也是我们的特色，因为一支既有较高学术含量、又有丰富实践经验和较强解决问题能力的专业学位研究生教师队伍是保证专业学位教育质量的关键因素，也是专业学位教育可持续发展的根本保证[8]。青年博士入职后同时要过两关，一是教学关，二是工程实践关，充分老教师的传帮带作用和董事单位提供的便利条件，让青年教师通过参与横向课题或到设计或施工单位进行为期不少于1年的工程实践。

2. 举办企业导师专题讲座

经过几年的探索和积累，现在共聘请了设计、施工、检测等单位的企业指导教师120多人，他们工程实践经验丰富，与学院有着长时间的技术合作，他们有的是总工或总经理，有的是资深专家。学院每年计划地邀请企业导师进行专题讲座，一是为了弥补学校教师授课现场经验的不足，二是为了开阔学生视野，培养学生工程素养，认识工程问题与理论知识是如何结合的。要求专业学位研究生至少参加8次专题讲座，并写出心得体会，最后由学校指导教师评定成绩。

3. 参加横向课题到合作单位进行专业实践

我院教师每年承担横向课题100项以上，涉及工程结构检测、施工监控、复杂环境施工技术、临时结构设计、特殊结构设计与施工等。研究生通过参与横向课题到合作单位进行专业实践，一头连着理论知识丰富的教师，一头接着实际工程和现场技术工作人员，很快了解了横向课题研究成果在实践工作中的应用，对理论知识在设计工程中的应用具有切身体会和认识，对于提升科研能力、分析问题和解决问题的能力均有益处。

4. 与企业建立长期稳定的合作培养机制

与北京城建发展设计集团股份有限公司、河北电力勘察设计研究院、河北建设勘察研究院有限公司等勘察设计单位签订了共建研究生工作站协议，每年定期经过双向选择选派一定数量的专业学位硕士研究进站，在企业和学校双导师的指导下就企业立项的科研课题进行为期一年的跟踪实践，并基于工程实际问题选题撰写学位论文。毕业时根据双向选择的原则一定比例的学生留到实践单位工作，由于这些学生熟悉该单位的人事环境、业务范围，很快就可以独当一面；用人单位通过 1 年时间了解了学生的基本情况，可以合理安排，用人之长，利于青年人成长。

另外，与中铁第三勘察设计院集团有限公司、中铁第四勘察设计院集团有限公司、中铁第五勘察设计院集团有限公司、中铁工程设计咨询集团有限公司等设计单位和中国铁建股份有限公司（石家庄铁道大学董事单位）下属各施工单位以及河北衡水工程橡胶产业协会各成员单位等签订了包括研究生工程实践在内的战略合作协议，为专业学位研究生的工程实践和就业提供了广阔的空间。

5. 专业学位论文选题均源于工程实践

我们要求专业学位硕士研究生的学位论文选题须源于生产实际或具有明确的工程背景，其研究成果要有实际应用价值，论文拟解决的问题要有一定的技术难度和工作量，论文要具有一定的理论深度和先进性。有的是源于导师的横向课题，有的是源于工程实践单位的科研课题，也有的是在工程实践过程中发现的技术问题，目前基本上都属于应用研究类，还没有产品研发、工程设计、工程/项目管理、调研报告等四类学位论文，主要是因为应用研究类的论文与学术类的要求相互吻合，标准容易把握。

四、目前存在的主要问题

1. 偏离实践性定位

专业学位研究生教育主要面向经济社会各产业部门的专业需求，培养从事特定职业的专业人才，其重点在于培养学生的知识应用能力。但在具体实施过程中，由于管理者和指导教师对学术学位研究生的教育管理模式、培养模式以及评价标准驾轻就熟，特别是同一个导师既指导着学术学位研究生，同时又指导着专业学位研究生，其界限很容易模糊掉，存在专业学位研究生培养逐渐偏离实践性的定位，而滑向追求“学术标准”的现象，最终导致了专业学位研究生教育与学术学位研究生教育的培养目标十分相像甚至是相同的结果。

2. 用人单位参与培养过程的积极性不够高

从理论上讲，专业学位研究生教育需要用人单位深度参与培养全过程，包括培养方案制定、课程大纲编写、课程教学、专业实践、实践效果评价、论文选题开题、中期考核、论文答辩等各个环节。而目前大多数情况是学校这边“剃头挑子一头热”，用人单位要么是不缺人手而碍于面子接收安排专业学位研究生工程实践，出于安全考虑，一般不会安排实质性的岗位，指导教师缺位的几率高，这样的合作时间不会长久，实践环节效果很难保证；要么就是为了临时缓解人手紧张的局势，很积极地与学校合作安排专业学位研究生工程实践，把研究生当作简单劳动力使用，做一些重复性的工作，研究生接触的任务很单一，只能够熟悉自己接触的那一小部分工作，实践环节效果一般也不够理想。用人单位一方面是抱怨毕业生实践能力差，而同时又不愿意参与人才培养，这个矛盾既困扰着用人单位，也困扰着学校，只有通过学校与用人单位的广泛深入的合作，达到高度互信，形成良性双赢合作机制，才能实现用人单位深度参与人才培养。

3. 工程实践期间学生管理缺位

由于学校导师教学科研任务重，管理人员人手紧张，企业导师业务忙，生产压力大，且企业一般不设专门研究生管理人员，导致学校管理和企业管理很难实现“无缝对接”，全日制硕士专业学位研究生在企业参加工程实践期间容易出现“管理真空”。对于自主性强的学生而言，没有什么影响，甚至还是好事，可以在约束少的情况下自主学习很多东西；而对于那些自我约束能力差的学生来说，不但实践效果差，而且还会影响学业。

4. 深造学习渠道不畅

目前高等职业(专科)教育和专业学位硕士研究生教育发展势头良好，而应用型本科教育和专业学位博士研究生还没有形成体系。现在专业学位硕士研究生已经形成规模，而专业学位博士研究生则为数寥寥，专业学位硕士研究生毕业后不可能全部就业，如果他们愿意考博士，只能考工学博士，相比学术学位硕士研究生而言，只有劣势，没有优势。需要教育主管部门尽快建立完善的满足不同层次的、合理的分流与深造学习机制，理顺关系，以满足不同需求、不同出身和教育背景的学生都有一个合理的出口。

五、结语

虽然我国专业学位研究生教育已经有 13 年的经历了，而全日制硕士专业学位研究生招生才只有 5 个年头，毕业生也才只有 3 届，应该说是刚刚起步，面临的问题很多，矛盾也很突出，需要教育管理部门和学校自上而下、自下而上多轮研讨，需要教育管理者和执行者共同探索，需要用人单位积极参与并与学校深度沟通，经过几年的实践和研究，逐步形成一套符合我国实际情况的机制体制，以培养更多更好的高层次应用型人才。

参考文献

[1] 全国专业学位研究生教育综合改革试点工作会议[EB/OL]. http://graduate. i must. cn/News in fo . aspx? NewNum=201104110913.

[2] 李伟群.有效落实工程实践是全日制工程硕士专业学位发展的生命线[J].观察,2010.05(上旬刊):1-2.

[3] 文冠华,姜文忠,陈宏量.抓好专业实践环节确保全日制,专业学位研究生培养质量[J].学位与研究生教育,2010.(8):1-4.

[4] Peter Berends,Ursula Glunk and Julia Wüster. PersonalMastery in Management Education A Case Description of a Personal Development Trajectory in Graduate Education[J]. Advances in Business Education and Training,2005,(1):117-128.

[5] Julie A. Hughes Caplow and CarolAnne M. Kardash. Collaborative Learning Activities in Graduate Courses[J]. Innovative Higher Education,1994,(3):207-221.

[6] BOURNER T,BOWDEN R,LAING S. Professional doctorates in England [J]. Studies in Higher Education,2001,26(1):65-83.

[7] UK Council for Graduate Education. Professional doctorates[R]. 2002:17.

[8] 王红,曾富生,东波.论专业学位教育师资队伍建设[J].南阳师范学院学报,2011,2:97-99.

土建类专业毕业设计(论文)选题现状分析及原则

刘红军

(五邑大学土木建筑学院,江门 529020)

摘　要　毕业设计(论文)中的第一个环节就是选题,恰当的选题是做好毕业设计(论文)的前提,它对毕业设计(论文)质量有直接的影响。文章在分析我校土建类专业近几年毕业设计(论文)选题方向和题目来源的基础上,制定了土建类专业毕业设计(论文)选题原则及相关的管理措施,这些原则和管理措施,可用于毕业设计(论文)选题工作指导和作为毕业设计(论文)选题审核的参考依据。

关键词　土建类专业,毕业设计(论文),选题原则,选题管理

一、引言

毕业设计是本科教育重要的实践教学环节。通过毕业设计,要巩固学生所学专业知识,并进一步培养

和提高学生综合运用专业知识解决实际问题的能力[1-3]。土建类专业的毕业设计,包括毕业设计选题、专业实习、文献查阅及翻译、软件的学习及使用、设计过程、写作、出图及答辩等环节[4]。良好的开端是成功的一半,因此选题作为毕业设计的第一个环节,其重要性毋庸置疑。内容新颖、形式多样的选题,可以调动学生的积极性和设计热情,降低出现抄袭的概率,提高毕业设计的整体质量。结合生产实践的课题,有利于锻炼学生的实践能力,提升学生综合素质,为其今后的发展奠定良好基础[5-8]。下面,结合我院的实际情况,谈谈土建类专业毕业设计选题现状及原则。

二、现状分析

目前,五邑大学土木建筑学院土建类专业毕业设计题目主要以设计类为主,仅工程管理专业有少部分同学毕业设计题目为论文类。

土木工程专业设计类主要分为建筑结构、桥梁结构、道路线形和结构、建筑基础设计等几个方面。由上述分类情况来看,土木工程专业毕业设计可供选题的范围似乎很广,但由于学生的能力、学生的就业去向,指导教师专业以及教学要求和教学条件等多方面的限制,学生的选题还是主要集中在某一个方向。

工程管理专业毕业设计题目主要体现在项目可行性研究、项目工程预算与估价、房地产开发与营销模式、施工图预算编制及施工组织设计、项目投资控制管理分析等几个方面。

建筑学专业毕业设计题目主要集中在建筑方案设计,并附有规划设计。

五邑大学土木建筑学院近几年来的毕业设计选题方向见表1、表2和表3。

作者简介:刘红军(1970—),黑龙江人,教授,主要从事岩土工程、道路工程及教学方法与教学管理等方面的研究。

基金项目:教育部本科专业综合改革试点项目;校级教学改革项目(31027001)。

表 1　　五邑大学土木建筑学院土木工程专业毕业设计选题方向及选题学生人数

学年度	方向			
	建筑结构	桥梁结构	道路线形和结构	建筑基础设计
2012 年	96(78.1%)	8(6.5%)	11(8.9%)	8(6.5%)
2013 年	108(78.8%)	7(5.2%)	17(12.4%)	5(3.6%)
2014 年	115(90.6%)	3(2.4%)	7(5.5%)	2(1.5%)

表 2　　五邑大学土木建筑学院工程管理专业毕业设计选题方向及选题学生人数

学年度	方　向						
	项目可行性研究	工程预算与估价	房地产开发与营销模式	施工图预算编制及施工组织设计	工程招标	房地产项目规划与投资分析	其他
2012 年	0(0.0%)	9(22.5%)	3(7.5%)	8(20.0%)	10(25.0%)	8(20.0%)	2(5.0%)
2013 年	8(10.5%)	12(15.9%)	3(3.9%)	17(22.4%)	25(32.9%)	8(10.5%)	3(3.9%)
2014 年	7(16.7%)	7(16.7%)	1(2.4%)	15(35.7%)	8(19.0%)	1(2.4%)	3(7.1%)

表 3　　五邑大学土木建筑学院建筑学专业毕业设计选题方向及选题学生人数

学年度	方　向	
	建筑方案设计	规划设计
2012 年	27(93.1%)	2(6.9%)
2013 年	23(85.2%)	4(14.8%)
2014 年	26(78.8%)	7(21.2%)

注:表中数据选题学生人数;括号中的中的数据为所占的百分比。

由上述统计数据可知,学院土木工程专业毕业设计题目主要集中在建筑结构方向,工程管理专业毕业设计(论文)题目分布相对比较分散,建筑学专业毕业设计题目主要集中在建筑设计方案方向。造成上述分布主要与学生的就业方向有关。

学生毕业设计题目的来源直接影响到学生对毕业设计(论文)的兴趣和毕业设计(论文)的质量,为此统计了近三年来我院毕业设计(论文)的题目来源。

表 4　　土木建筑学院土木工程专业毕业设计(论文)题目来源

学年度	题目来源					
	企业、政府实际课题	教师科研立项项目	学生科研立项项目	教师科研方向项目	学生自选课题	教师自选课题
2012 年	109(88.7%)	0(0.0%)	0(0.0%)	0(0.0%)	14(11.3%)	0(0.0%)
2013 年	94(70.2%)	0(0.0%)	0(0.0%)	0(0.0%)	20(14.9%)	20(14.9%)
2014 年	120(92.3%)	0(0.0%)	0(0.0%)	0(0.0%)	0(0.0%)	10(7.3%)

表 5　　土木建筑学院工程管理专业毕业设计(论文)题目来源

学年度	题目来源					
	企业、政府实际课题	教师科研立项项目	学生科研立项项目	教师科研方向项目	学生自选课题	教师自选课题
2012 年	28(70.0%)	0(0.0%)	0(0.0%)	0(0.0%)	5(12.5%)	7(17.5%)
2013 年	50(65.8%)	0(0.0%)	0(0.0%)	7(9.2%)	1(1.3%)	18(23.7%)
2014 年	31(75.6)	0(0.0%)	0(0.0%)	0(0.0%)	0(0.0%)	10(24.4%)

表 6　　土木建筑学院建筑学专业毕业设计(论文)题目来源

学年度	题目来源					
	企业、政府实际课题	教师科研立项项目	学生科研立项项目	教师科研方向项目	学生自选课题	教师自选课题
2012 年	26(89.7%)	3(10.3%)	0(0.0%)	0(0.0%)	0(0.0%)	0(0.0%)
2013 年	16(59.3%)	0(0.0%)	0(0.0%)	5(18.5%)	0(0.0%)	6(22.2%)
2014 年	25(75.8%)	0(0.0%)	0(0.0%)	0(0.0%)	0(0.0%)	8(24.2%)

注:表中数据选题学生人数;括号中的中的数据为所占的百分比。

由表 6 统计的数据可知,我校土建类专业学生毕业设计(论文)题目主要来源企业、政府的实际课题,这主要与学生毕业后所从事的工作有关。

三、毕业设计(论文)选题原则与管理

毕业设计(论文)教学过程首先遇到的就是选题,恰当的选题是搞好毕业设计(论文)的前提,而且对毕业设计(论文)质量有直接的影响。高质量的课题能有针对性地使学生得到全面锻炼,有利于培养出社会需要的人才。

1. 选题原则

1) 符合培养目标及教学基本要求原则

毕业设计(论文)的题目,必须符合本专业培养目标的要求,尽量覆盖本专业的主干课程或专业研究方向,结合我校“面向地方,服务社会”的办学方针,贯彻理论联系的原则,在一定程度上符合学科的发展趋势。

2) 有利于综合能力培养原则

在充分考虑所选课题的综合性、典型性和先进性基础上,将时间因素作为参考,工作量和难易程度要适中。毕业设计(论文)课题既要对学生进行全面的基础训练,巩固和应用在前导课中所学到的知识,培养综合分析和解决问题的能力,又促使学生查阅文献资料,拓宽知识面,培养学生独立解决实际问题的能力。对于工作量大、难度大的课题可以拆分成几个子课题,由几个学生分工合作,锻炼学生的协作能力。

3) 与生产、科研相结合原则

在科教兴国的国策指引下,毕业设计(论文)必须面向国民经济发展的主战场,立足于在生产、科研实践中锻炼学生。所以,在保证实现对学生全面训练的前提下,多选择来源于生产、科研中的实际课题,这样既有利于促进理论与实践相结合,教育与生产、科研相结合,以及教育与国民经济建设相结合。又能够激发学生参与实际设计工作的积极性和主观能动性,增强学生的责任感。

4) 因材施教原则

毕业设计(论文)课题有明确的工作任务和研究对象,既要能达到培养训练的目的,又要保留发挥学生创造性的余地。课题的多样性使指导教师能针对学生的理论知识和基本技能的掌握情况,有选择性地分配课题。例如,对理论知识和基本技能掌握不足的学生应安排以基本工程训练为主的课题,对于成绩优秀的学生安排具有一定难度的综合性课题,达到因材施教的目的。

5) 选题除要遵循以上原则之外,还可鼓励学生自组命题

题目可由指导教师提供,组织学生选择,除此之外,学生不仅可以根据自己的实际调查结

果命题，也可根据就业趋向命题。自组命题过程实际上也是毕业设计（论文）的一项内容，比之其他来源的课题具有的实际价值更大，真正使毕业设计（论文）真正与社会需求接轨，但要与指导教师商定。

6）充分利用现有的实践教学条件

选题既要充分利用校外教学实践基地的有利条件，也要充分发挥本专业实验室的现有条件，加强学生的实践能力培养。

7）提倡跨专业、跨学科的题目，拓宽专业面，开阔学生眼界，提高毕业设计的水平

2. 毕业设计（论文）选题管理

(1) 毕业设计（论文）选题应本着科学性、实践性、创新性、前瞻性和综合性的原则，尽量从生产、科研和社会的实际问题中选定，并达到综合训练目的。其难度和工作量应适合学生的知识、能力和相应的实验条件；也可以选择模拟性质的题目，这类题目要保证教学需要，对学生应严格要求，选题与上两届重复率不超过 20%（但侧重点不同），杜绝抄袭现象。土建类专业毕业设计题目结合科研、生产的应达到 80%；毕业论文要理论与实践相结合，在实际调查研究或独立完成完整实验的基础上撰写有实用价值的论文，论点提出要正确，要有足够的论证依据如数据资料及相应的分析。毕业设计（论文）应尽量做到在某一方面有新意。

(2) 毕业设计（论文）的题目要坚持每人一题，应属于学生所学专业或相关专业范围，达到全面训练学生的目的。在做设计期间应完成一个完整的工作；做研究论文的学生在答辩前应达到独立完成一篇学术论文的水平；完成一个大题目中某一部分的学生应对整个题目有全面的了解；数名学生同做一个题目时也要各有侧重，反映出各自的水平。

(3) 毕业设计（论文）题目一般先由指导教师申报，也可以根据学生兴趣或毕业分配单位需要提出申报。选题工作开展于毕业设计（论文）工作的前一学期，也可从三年级开始选择毕业设计课题。选题一律填写毕业设计（论文）选题申报（审查）表。原则上毕业设计（论文）题目应多于学生人数。选定的课题，须经专业讨论通过。专业负责人应在《毕业设计（论文）选题申报（审查）表》上签署意见，并报学院备案。

(4) 课题确定后，于毕业设计（论文）开始的前一学期公布。题目的确定按照“双向选择”的原则进行，由专业最后调配、确定学生的毕业设计（论文）题目和指导教师。

(5) 毕业设计（论文）题目和指导教师确定后，由指导教师填写并下达《毕业设计（论文）任务书》。《毕业设计（论文）任务书》中包括：①对学生完成任务的内容、工作量、计划时间安排、应达到水平的具体要求（应符合学院或专业毕业设计细则的要求）；②专业负责人签字。课题一经审批确定，不得随意删减课题内容。如必须删减时，须重新履行手续。

(6) 无任务书不能进行毕业设计（论文）工作。

四、结论

综上所述，针对我国大学教育从精英教育向大众教育转变过程出现的新变化，探讨了学校土建类专业毕业设计（论文）选题现状，提出选题原则和办法，选题要遵循：符合培养目标及教学基本要求原则；有利于综合能力培养原则；与生产、科研相结合原则；因材施教原则；鼓励学生自组命题的原则；充分利用现有的实践教学条件原则；提倡跨专业、跨学科的原则。为保证毕业设计（论文）的选题质量，制定了毕业设计（论文）选题的管理办法。这些原则可用于毕业设计选题工作指导和作为毕业设计选题审核的参考依据。

参考文献

[1] 柴保明，周殿春，刘志民. 加强毕业设计管理培养高质量创新型人才[J]. 河北工程大学学报(社会科学版)，2010(03)：33-34.

[2] 孟凡康，王显军. 建筑工程类多专业协同本科毕业设计实践[J]. 土木建筑教育改革理论与实践，2010(12)：215-217.

[3] 姚勇. 土木工程专业毕业实践环节教学管理探讨[J]. 西南科技大学《高教研究》，2006(1)：31-33.

[4] 万虹宇，黄林青. 浅谈土木工程专业毕业设计选题[J]. 重庆科技学院学报(社会科学版)，2010(23)：178-179.

[5] 王毅娟. 交通土建工程专业本科生毕业设计选题探讨[J]. 高等建筑教育，1998(3)：33-34.

[6] 朱珍，陈章，王军. 工科毕业设计选题原则、类型及方法[J]. 高教论坛，2004(2)：62-56.

[7] 杨平，王志萍，李平. 论大学毕业设计的选题原则[J]. 中国电力教育，2010，27：121-125.

[8] 汤美安，潘珍妮. 工程管理专业毕业设计选题探讨[J]. 大学教育，2014(4)：31-33，51.

面向“卓越工程师”培养需要的土建类专业毕业设计改革
——多学科团队式毕业设计改革与实践

武　鹤　张莉娟　王慧颖　葛　琪　杨　扬

（黑龙江工程学院土木与建筑工程学院，哈尔滨　150050）

摘　要　紧密结合土建类专业特点及建筑教育发展趋势，在国内外相关研究基础上，黑龙江工程学院土木与建筑工程学院结合自身实际，分析土建类专业毕业设计现存问题，提出适应新形势，满足社会需求的多学科团队式土建类专业毕业设计模式。

关键词　土建类专业，多学科团队式，毕业设计，培养模式

一、引言

毕业设计是培养学生全面的工程系统能力和创新能力的重要环节，是工程类专业，尤其是土建类专业本科教学最重要的实践性教学环节。我国高等工程教育几十年来的发展虽然在毕业设计的题目选择和项目内容上，特别是适应性、实践性和综合性等方面有了很大的改进和提高，质量也不断提升，但毕业设计却较多停留在“一师多生、一师多导”的基本模式上。

高等工程教育是一个开放的和应用的专业教育。所培养的人才应是能够将科学理论应用于实际，能创造性地解决实际问题的工程师[1]。随着用人单位对工程技术人员素质要求的不断提高，传统的“单一专业”毕业设计教学方法，由于处于视角局限的状态，毕业设计无法与真实的实际建设工程紧密相连，无法将现代工程建设多学科、多专业、多工种合作的特点融入毕业设计。用人单位反映，无论是毕业于重点院校还是普通院校的工科毕业生，普遍存在动手能力差，专业面窄、合作沟通能力不足等问题[2]。

多学科团队式土建类专业毕业设计模式的构建旨在培养学生综合运用知识，解决实际工程问题，培养学生大系统观、大工程观以及实践能力、创新精神和团队协作意识，提高学生综合能力与素质，适应现代工程建设的需要。

二、土建类专业的特点及团队式毕业设计的内涵

1. 土建类专业特点

土建类主要专业包括建筑学、土木工程、给水排水工程、建筑环境与能源应用工程和建筑电气工程等。一项实际的建筑工程项目设计必须由这些专业相互配合协作，共同完成。土建类专业具有涉及学科多、专业口径宽，实践性、创新性、综合性强，人文素质要求高等特点。学生所接受的团队互动质量和数量将会极大地影响其本身成长发展的速度。近年来，建筑技术飞速发展，建筑与工程实践的结合越来越紧密，多学科跨专业的技术结合也成为工程建设发展的方向。因此，加强土建类专业人才培养模式的改革，尤其是毕业设计方式方法的改革尤为重要，它是架在学校与社会需求之间的一座桥梁。

作者简介：武鹤（1963—），男，黑龙江人，黑龙江工程学院土木与建筑工程学院院长，教授，硕士生导师，从事教学研究与教学管理工作（E-mail：hgcwh@163.com）。

基金项目：黑龙江省高等教育教学改革项目（JG2013010479）。

2. 团队式毕业设计的内涵

“多学科团队式土建类专业毕业设计”就是将学院土建类专业，包括建筑学、土木工程、建筑环境与能源应用工程、给排水科学与工程等专业的毕业生有机组合，共同完成一项综合性建筑工程的设计。通过对实际工作环境的模拟，搭建一个有利于各专业学生相互沟通、互相配合、共同设计的工作和交流平台，提高学生在工程设计中处理解决多专业、多工种、多需求的矛盾与冲突的能力，培养学生良好的职业操守，强化学生的团队协作精神。同时亦可有效解决传统建筑类专业毕业设计各自独立、互不往来、缺乏交流、不成体系以至于缺少应用价值的弊端，使学生毕业后能尽快进入角色，适应社会需求，对提高适应现代大工程建设需要的高素质复合型人才培养质量具有重要的现实意义。

三、国内外研究现状

当今，土建类学科的教学及实践日益开放多元，特色成为追求的目标，创新性和实践性进一步加强，人才市场对毕业生素质提出了新的要求，尤其是适应岗位需求的能力。探索适合自身办学定位、培养学生系统建造能力、创新精神和团队合作意识是土建类专业教育的核心目标；培养学生综合运用知识能力与工程实践能力是根本方向。

1. 国内团队式毕业设计的研究

工程教育在中国高等教育体系中一直占据着十分重要的地位，培养规模占高等教育总体培养规模的30%～40%，位居世界第一。我国高等工程教育基本建立起了相对比较完整、结构较为合理、规模最大的适应社会经济发展的体系[3]。毕业设计是架在学校和社会需求之间的一座桥梁。当前，大学毕业生综合素质与社会需求严重脱节，学生毕业后往往需要较多的岗前培训和较长的时间，才能适应用人单位岗位的要求。

无论从实践经验、知识应用能力、创新意识，还是团结协作精神及与人交流沟通能力都与社会需求存在较大差距。这与我国传统的教学模式密切相关，而作为毕业设计这一重要环节，问题尤为重要。国内一些学科已经进行了跨专业、团队式毕业设计改革的初期探索，积累了一些经验，但针对土建类，尤其是涵盖多学科的毕业设计改革，研究成果较少。

2. 国外团队式毕业设计的研究

“团队协作”毕业设计教学，在国外已有着几十年开发与研究的历史，其特征就是将实际工程项目的运作模式引入毕业设计教学环节，将社会实际需要作为条件任务指导毕业设计，使各专业学生在毕业设计中理解并掌握合作的方式和策略。通过营造多边互动的教学环境，在平等交流探讨的过程中，进而激发学生的主动性和探索性，达到提高学生综合素质与工程系统能力的效果。

德国土建类专业指导教师中配备相当数量的多学科背景的工程实践人员，学生只有圆满完成基础学习和涵盖大量工程实践环节的专业学习阶段后才能被认为受到了理论及实践两方面完善的教育。团队协作的互动交流会更快促进学生掌握实践需求，更快的进入岗位角色。

四、土建类专业毕业设计问题分析

1. 各自独立缺乏协作与配合

目前，土建类各专业在进行毕业设计时大多各自独立，不进行协作与配合，在设计计算时缺乏整体考虑。建筑设计是一项整体工程，建筑、水、暖、电等多个专业既要各司其职又应紧密配合、相互协作才能顺利完成设计任务[4]。

以建筑学专业为例，作为设计的龙头，建筑专业应当负责提供给其他专业准确详尽的平面条件，并对所设计的建筑提出设计文字要求作为基本依据。如果不了解相关专业的要求，不经常进行沟通交流，就会积累矛盾，增加后续过程的返工量，甚至造成不可行。学生缺乏相互协作的平台，不利于团队精神的培养。

2. 选题方面的问题

选题是毕业设计工作的一个重要环节，直接决定了毕业设计质量，影响学生综合素质培养效果。土建类各专业在进行毕业设计选题上存在一定的盲目性，脱离工程实际，忽视“产、学、研”的结合。设计题目多年重复使用，同质化程度高，差异性不足。选题的难易程度也很难把握，出现选题太难、太大或者太易、太小的现象，降低学生毕业设计的积极性，导致毕业设计质量不高。

3. 指导教师的问题

指导教师是保证毕业设计质量的核心及关键。对于土建类专业毕业设计指导，教师不仅应具备扎实的理论知识、高度的责任心以及丰富的教学经验，还应具备一定的工程实践经历，而实际情况是在各建筑类院校中“双师型”教师相对匮乏。高校的扩招，使师资力量的发展落后于学生数量的增长。生师比过高，毕业设计的指导效果难以保证。由于种种原因，缺乏真正的校企合作，毕业设计指导教师中来自设计单位的具有丰富实践经验的工程师数量过少。不利于学生工程素质的培养。

4. 学生自身的因素

由于高校毕业生规模扩大和社会经济等因素的影响，学生就业压力增大，学生忙于考研或参加各种招聘会和面试，急于落实工作单位，以至用于完成毕业设计时间缩短，精力投入不足，重视程度不够，缺乏毕业设计创作激情，以敷衍、勉强的心态完成设计任务，毕业设计质量有所下降。

五、土建类专业团队式毕业设计指导模式的构建

1. 制定多学科团队式土建类专业毕业设计改革方案

多学科团队式土建类专业毕业设计改革，涉及建筑学专业、土木工程专业（建工、道桥、隧道）、建筑环境与能源应用工程、给排水科学与工程等土建类专业，结合各个专业对毕业设计的要求，制定多学科团队式毕业设计实施方案[5]。明确研究内容和目标，协调各专业之间的分工协作，确定实施的具体步骤及措施。同时加大与建筑设计单位校企合作力度，在此基础上解决设计选题、补充师资、学生就业等诸多问题。

2. 确定科学合理的毕业设计选题

毕业设计选题是实现毕业设计教学环节、教学目标的关键性步骤。不仅要具有较强的综合性，还必须与工程实际相结合，具有较强的实践性，还应该紧密联系本专业的发展趋势与前沿技术，具有创新性和前瞻性。考虑到团队各组既有分工又有合作，共同开展项目设计工作，聘请企业导师结合工程实际，拟定了综合度较高的毕业设计题目，满足不同专业的毕业生能以团队的形式完成毕业设计。

我校 2013 届多学科团队式毕业设计以“鹤岗——黑河高速公路二所至长青段（含大型服务区）”为工程设计背景，分为交通土建项目和大型服务区建筑设计项目；2014 届毕业设计分为两个大课题团队，第一团队为土木建筑团队，以“哈西新城商业综合体规划与建筑设计”为背景，完成土木建筑设计内容；第二团队为交通土建团队，以“福建省省道 S303 高速公路梅花至

玉华段工程设计"为背景，完成交通土建设计内容。团队式毕业设计选题与工程实践结合，整体性强、内在联系紧密，能有效地反映团队成员间的实质性协作与配合。同时设计理念定位上紧密结合北方寒区自然条件、地域生态文化特征，与专业发展趋势一致。

3. 构建高素质多学科的指导教师团队

良好的师资队伍是保证教学质量、实现培养目标的前提和基础。学校依托长期形成的校企合作优势，成立由企业导师和各个专业教师组成的指导教师团队。其中校内指导教师由具有丰富的工程实践经历，持有国家职业注册资质证书的双师型教师组成；校外指导教师由来自黑龙江省公路勘察设计院、交通科研所、黑龙江建设集团、哈工大建筑设计院、方舟建筑设计有限公司等资深工程师组成，共同负责跨专业的毕业设计团队的指导工作。通过过程指导和专业交流，发挥导师的引领作用，带给学生更深入的影响，探索校企合作育人的新机制。

4. 开展多学科下的学生团队合作

此次毕业设计团队是由土木工程、交通运输工程、建筑学、工程管理等多学科、多专业组成的设计团队。如何进行学生的分工与合作；如何提升学生的协作能力和团队意识；如何提高学生在工程设计中处理解决多专业、多工种、多需求的矛盾与冲突的能力，是多学科下学生团队合作研究的重点。

学校 2013 届土建类专业毕业设计，分为道路设计、桥梁设计、隧道设计、建筑设计、结构设计、暖通设计 6 个小组，每个团队不少于 3 名学生；2014 届土建类毕业设计分为两个大课题团队，第一团队为土木建筑团队，分别由建筑设计组、结构设计、暖通设计 3 个小组，8 名学生组成；第二团队为交通土建团队，分别由道路设计、桥梁设计、隧道设计个 3 个小组，10 名学生组成。毕业设计团队并不需要全部由精英型的学生组成，进入团队的学生，能力有层次差别，需要指导教师合理引导，通过布置调研任务、师生讨论会等考察学生的能力，使得人尽其能，安排动手能力强、善于沟通的学生为团队负责人，把学生个人凝聚为一个有共同目标的团体。

5. 教学方法与手段

根据土建类专业特点及团队设计模式，采取分阶段讨论式教学指导。增强学生学习的自主性。根据规定的进度框架，由学生自己完成每一阶段的设计任务，并做阶段性成果汇报并送教师讨论和批阅。在具体的指导过程中，考虑到毕业设计是以提高知识综合运用能力为主要目标的教学环节，指导教师应注重使学生从知识型向知识能力型转换，因此采用讨论互动的方式更能发挥学生自主学习的主动性和积极性。

建立毕业设计实施过程的"阶段性控制体系"。每个阶段设定关键的设计问题，引导学生逐层深化，使之面对复杂、综合问题时，能够借助一种系统的、循序渐进的方法，找出解决问题的思路，以此来增强设计的系统性和可操控性，加强团队协作。五个阶段分别是"设计准备阶段的调查分析"、"设计前期的快题式总体构思"、"设计分组子课题的实施与完成"、"各专业设计方案的协作与深化"、"设计成果的表达、评价与反馈"。

6. 确立评价标准

制定合理、有效的毕业设计质量评价标准，要体现学科的交叉性，突出"大工程、大系统、大视野、大土木"的理念培养。

毕业设计考核成绩由平时成绩、指导教师评阅成绩、评阅教师评阅成绩、答辩成绩等四部分组成。对多学科团队毕业设计而言，这四方面的成绩评定均应特别关注学生的团队协作能力、实践能力及创新精神，结合平时讨论、阶段汇报、中期评审、学生答辩等多方面进行考核。多学科团队毕业设计采用联合答辩形式，由各分项组长介绍课题总体成果，而后各成员均须就各自的分工作汇报并介绍取得的成果，对于一些牵涉多专业的问题，允许学生团队成员讨论回答。

7. 建立毕业设计过程管理及质量保障体系

通过采用阶段控制目标管理的方法，确保毕业设计达到预期效果。通过开题答辩、阶段汇报、中期检查、后期评审、综合答辩等环节，毕业设计的质量保障水平得到有效提升。其中，毕业设计开题、中期检查和毕业答辩环节均采用学生汇报答辩、企业导师提问的形式进行，提高了学生的沟通交流能力和表达应对能力。

六、结语

为实施卓越工程师教育培养计划，适应建设市场的多元化发展，使土建类专业毕业生尽早进入实际工作角色，尽快适应现代建筑行业多专业协同合作的特点和要求，必须对现有人才培养模式进行改革。基于多学科团队式的土建类专业毕业设计改革就是利用多学科交叉的优势，注重学生综合工程设计能力的培养，为各专业学生搭建一个有利于相互沟通，相互配合，共同开展项目设计的工作平台，让学生树立“大工程、大系统、大视野、大团队”的工作理念，对“大土木”有一个深刻的理解，提高学生适应现代工程多专业、多工种、多需求的能力，在土建类专业中实现宽口径培养。

参考文献

[1] 赵继龙，张建华. 面向区域创新建筑人才培养模式[J]. 中国高等教育，2009，(7)：34-35.

[2] 武鹤. 基于 CDIO 理念的土木工程专业毕业设计改革与实践[J]. 高等建筑教育，2013，(3)：119-121.

[3] 张长森. 应用型本科院校毕业设计团队培养模式的构建[J]. 理工高教究，2009，28(6)：118-121.

[4] 李富荣，荀勇，王照宇. 土建类毕业设计团队指导模式研究[J]. 中国电力教育，2011，(11)：140-141.

[5] 武鹤. 培养现代“卓越工程师”的创新发展之路——黑龙江工程学院土木工程专业发展纪实[N]. 中国教育报，2013-06-19.

实验教学法在毕业论文教学中的应用探索

吕伟华　刘　成　陈　国

（南京林业大学土木工程学院，南京　210037）

摘　要　本文以岩土工程专业学生毕业论文开展时选用模型实验为研究对象，介绍自制卸门实验模型在研究土拱效应的发展机理中的作用，对实验教学法促进学生对已学相关专业理论知识的具体应用进行了相关探讨，通过让学生全面参与实验方案的制定、实验模型的制作、实验过程的操作、数据的采集与处理和结果的规律分析，激发学生自己动手、主动思考和主动学习的积极性，增强学生对土力学相关概念的直观认识。

关键词　岩土工程，卸门实验，土拱效应，直观认识

一、引言

一般本科生在经历了系统的岩土工程相关基础与专业课程学习后，必须要参加学业结束阶段的本科生毕业论文（设计）才能正式完成学业。虽然在三年多时间的学习过程中，学生基本掌握了土力学的基础知识，也大体上了解在具体工程背景中所涉及的知识点应用[1]，但是，对于基本的原理认识则主要是以阅读教材本身和教师的教授方式获取，更多的是通过反复记忆的条件反射在大脑中的映射重现，而学生本身缺乏积极自主的能动性理解与形象直观的触动感受。因此，有必要对已学的一些知识概念进行有效的升级，这样对学生在今后的研究生培养甚至工作中对工程问题的深刻理解都有所帮助。以岩土工程本科毕业论文开展中采用模型实验为例，培养学生设计实验方案，选取适当的实验器材，获取相关的物理力学特性，并进行实验操作方法的具体设计与实施以及对采集有效数据的结果分析[2]，这一整套的实践教育方法来提升学生对土力学相关概念的直观认识。

二、培养学生认知实际工程背景中隐含的科学问题

科学研究就是不断地发现、理解、解决工程研究对象问题。这个过程涉及科研选题，在获取足够的实际工程客观信息量的基础上，筛选工程问题的次要因素，抓住关键风险节点，上升到理论的高度，运用科学思维方法对事实进行加工整理从而对问题做出理论上的回答，用理论去解决问题[3]。问题和事实作为科学研究的开端，对科研的深度和广度有直接的影响。

如以桩-网复合地基课题为例，高速公路修建过程中，会遇到地基承载力不足或软弱地基的工程地质条件，需要对其进行地基加固处理，采用桩、土工加筋等材料进行加固后形成桩-网复合地基。对桩、网进行设计时，首要问题就是确立桩-网复合地基的荷载分担特性，而它是由基底桩土相对位移下发生的土拱效应作用支配的，因此，需要搞清楚土拱效应的作用机理，更要从定量的角度对其进行分析计算。作为一般的本科学习，并不需要学生实际足尺的进行现场实验研究，可以从比例模型甚至是简单模型实验入手，对基底发生相对位移下填料荷载下的简化分配机制进行研究。

作者简介：吕伟华（1983—），男，江苏溧阳人，博士，讲师，主要从事岩土工程中地基处理技术与理论方面的教学与科研工作。

E-mail：whlnjfu@njfu.edu.cn.

毕业论文在开展这类问题的研究时，可以追溯问题本身的研究现状。通过查阅相关文献知道，Terzaghi[4]进行的“卸门实验”是进行土拱效应理论研究的开创，鉴于该实验不但抓住了问题的核心，而且实验的过程简单易重复，而且很多地方仍可以不断地拓展改进，因此，本文以“卸门实验”为载体，探讨其在岩土工程本科毕业论文开展过程中的实践教育意义。

三、确立实验目标，精选实验内容，精心设计实验模型

通过认识实际工程背景的科学问题后，首先确立实验研究目标。“卸门实验”研究的是散体填筑材料基底在设定滑动卸门的向下相对周边托底一定位移条件下的荷载重新分配，即在不同的相对位移下堆体材料自重或者上覆荷载在基底不同位置的分担比例。

确立实验研究目标后，围绕该目标精选实验内容。考虑“卸门实验”的特点，引导学生需要研究的内容包括这样几个方面：

(一) 卸门尺寸对土拱效应的影响

这是一个二维的模型实验，不考虑第三方向的应力与位移，只考虑水平与竖向的位移与应力变化。在施加不同基底相对位移条件时，改变卸门的尺寸即宽度，对上覆填土的荷载重新分配影响明显。当卸门下滑时，卸门之上的部分填料与两侧保持静止的填料之间存在滑移面，基于散体材料抗剪破坏模式，卸门尺寸变化时滑移面的开展与剪应力随卸门位移大小而变化，因此可以设计3～5个由小到大的卸门宽度，分别进行卸门实验，以分析其对土拱效应的影响规律。

(二) 填料基本物理力学特性对土拱效应的影响

选取填料的基本物理力学特性应该包括这样几个方面：颗粒级配组成、密度与相对密度、抗剪强度指标（黏聚力、内摩擦角）。这些指标需要在卸门实验开展之前进行测定，每一个指标的变化都会对实验的结果有实质的影响。以砂土填料为例，通过筛分实验分析粒径大于0.075mm（过筛粒径0.25mm、0.5mm、1.0mm、2.0mm、5.0mm）的颗粒组成级配，由于选用不同的颗粒级配组分砂土实验效果的区别难以控制，可直接以不同粒径范围的砂土分3到5组进行反复实验；按照《公路土工实验规程》JTG E40—2007[5]进行砂的相对密实度实验，得到砂土在实验状态或经过压实后的松紧情况和土粒结构的稳定性；由于砂土属于无黏性土，因此在抗剪强度指标的获取时，只需要知道砂土的内摩擦角即可，可以通过实验时砂土自然落体填筑条件，进行砂土的天然休止角的测定来等效获取。获取了前述三项指标后，分别只改变其中的某一个指标参数进行卸门实验，以研究其对土拱效应的影响。

(三) 填筑高度对土拱效应的影响

填料的高度对土拱效应的发展规律有直接的影响，因此可以控制3到5个不同的填料的填筑高度，进行土拱效应的变化规律研究。分析填料高度影响时，在选定填料高度为1.4倍的卸门宽度上下位置时（此处是土拱效应容易发生突变的位置）需要至少选定2个不同高度位置分别进行研究。

针对要实现这几项实验内容的要求，精心设计实验模型。要确定比例模型尺寸，可以参考前人的研究成果[6]，又要考虑模型制作的方便，此处选定长×宽×高＝25cm×10cm×35cm的模型槽，如图1所示，模型槽侧面三面围硬质木板，一面为透明有机玻璃板以方便目视观测，透明有机玻璃面板上规则描绘正方形边长为2.5cm的尺寸线；模型槽底部卸门选用5块宽度分别为5.0cm的规则木块，设计卸门滑块的下滑相对位移分别为1cm、2cm、3cm、5cm；为了观测基底荷载分担，埋设微型土压力盒（电阻应变式）进行土压力的测定，选用Datataker DT

80G 数据采集仪,以全桥电路接法放大微变电压,测量精度控制在 5% 以内;在填筑砂土过程中,在指定位置放置颜色标记钉以便在实验过程中观测此处位移,位移精度为 0.1mm。

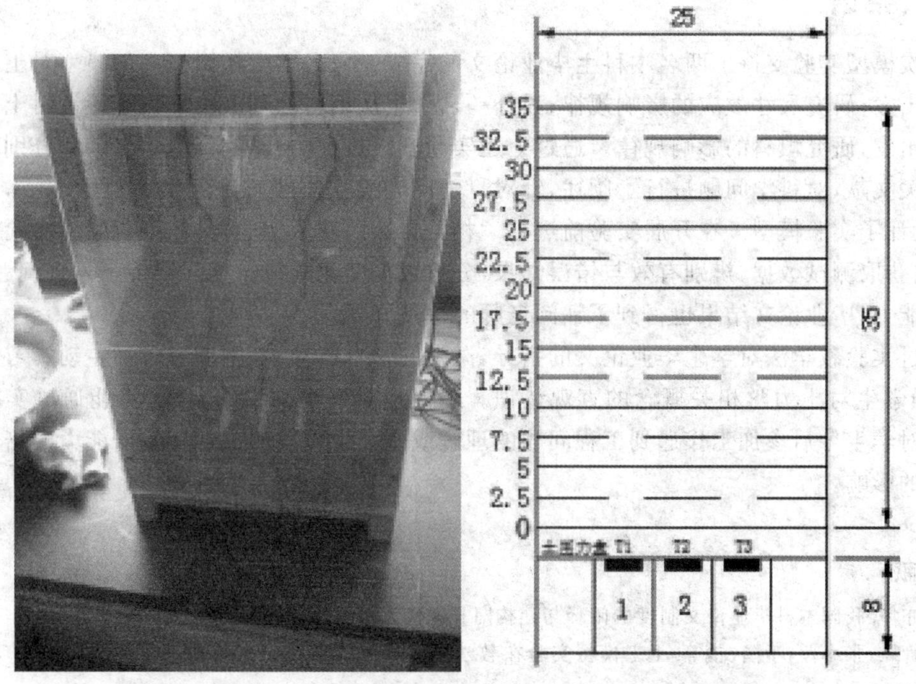

图 1　实验模型槽装置(单位:cm)

四、有效数据采集与结果分析

正式开展实验之前,需要确立卸门、传感器工作状态良好,确保采集得到有效的数据。因此,必须保持实验前期验证阶段与实验进行阶段工作状态的一致。首先,埋设土压力盒时,用实物接触压力传感器,观测采集数据的变化是否灵敏,在实际模型槽中直接用不同粒径的砂土填筑来标定每一个高度下面的土压力传感器输出数据,在 Excel 中整理分析得到其标定曲线。

本次卸门实验监测的数据包括:基底不同位置土压力(σ)、填料不同高度处的竖向位移(ω);分析的数据结果包括:基底不同位置处的应力比(n)、荷载分担百分比(ξ)、表征土拱效应的土拱率(λ)。分析的影响因素为:卸门宽度(b)、砂土粒径(d)、天然休止角(φ)、填料高度(H)。如表 1 所示,在分析数据时,需要将错误的信息过滤,剔除明显畸变点。

表 1　　　　**数据分析框架表**

影响参数 / 分析结果	b	d	φ	H
n	实验结果			
ξ				
λ				

以其中一组数据为基本组,分析某一影响因素的监测结果变化规律。分别制作以影响参数为横坐标,监测结果为竖坐标的变化规律曲线,锻炼学生分析数据结果的能力,按如下的步骤进行:①分析影响参数增加或减少时,结果的总体变化趋势;②找到变化趋势中发生突变或转折的数据点,分析其发生的原因;③结合土拱效应理论本身,找到土力学理论依据;④参阅前

人类似研究成果，分析与其异同的地方，试图创新。

五、结语

本次模型实验支持了两名本科生毕业论文的完成。一名学生从卸门几何尺寸对土拱效应的影响出发，研究尺寸效应的影响规律；另外一名学生从填料的基本物理力学特性对土拱效应的影响出发，研究填料的影响规律。通过上述实验教学过程的开展实施，两名学生分别开始查阅了相关文献，对科学问题进行了阐述，针对科学问题确立需要解决的实验目标，凝练了实验内容，设计了实验模型。在开展实验前进行了相关参数的获取实验，具体细化模型实验操作过程，如何获取测试数据，辨别有效与错误结果，分析数据变化规律。期间锻炼了发现问题、解决问题的能力，毕业论文结果也得到了评阅老师的一致好评。

通过实验教学法对学生毕业论文的指导，激发同学自己动手、主动思考和主动学习的积极性，增强学生对土力学相关概念的直观认识。不但是对书本知识的温故，更能通过实践而知新。这对学生今后参加工作遇到工程问题的理解或研究生阶段的再学习科研能力的培养都有很重要的影响。

参考文献

[1] 蒋亦华. 我国本科毕业论文制度的阐释与建构[J]. 现代大学教育，2009，2：101-106.

[2] 田管凤，张小萍，于国友，等. 土工模型实验在教学中的应用探索[J]. 东莞理工学院学报，2009，16(5)：115-118.

[3] 余伟. 试论"科学研究从科学问题开始"[J]. 南昌航空工业学院学报，2001，3(1)：75-77.

[4] Terzaghi K. Stress distribution in dry and in saturated sand above a yielding trap door[C]. Proc. of the First International Congress on Soil Mechanics and Foundation Engineering, Cambridge, Mass., 1936, June, 1, pp. 307-311.

[5] 中华人民共和国行业标准. JTG E40-2007　公路土工实验规程[S]. 北京：人民交通出版社，2007.

[6] Chen YM, Cao WP, Chen RP. An experimental investigation of soil arching within basal reinforced and unreinforced piled embankments[J]. Geotextiles and Geomembranes, 2008, 26(2), 164-174.

关于建筑工程联合毕业设计模式的创新与实践

赵柏冬　俞　萧　陈培超

（沈阳大学建筑工程学院，沈阳　110044）

摘　要　当前，我国的社会处于高速发展过程中，社会竞争压力越来越大，在这样的大环境下，社会对于人才的综合能力要求不断提高。建筑产业是国家经济社会建设的支柱性产业，因此建筑产业对于人才的要求更是与日俱增，而高等院校作为建筑人才的主要输出产地，因此关于建筑人才的培养方式的选择尤为重要。毕业设计作为高校对于人才培养的综合能力的检验方式，其内容与方式直接关乎人才培养的成败。然而，现在许多高校的毕业设计模式并没有与时俱进，更多是采用多年来沿袭下来的方式与经验，这样就会造成毕业设计缺乏创新性，更多的是模式化教学，这样的方式不利于建筑人才综合能力的培养与提高。本文通过采用多专业联合毕业设计和校企联合指导毕业设计的模式对于毕业设计的教学方式进行了改革，详细阐述了联合毕业设计的具体内容和方式，并通过实践结果对于联合毕业设计这种教学模式的优点进行了阐述。

关键词　教学模式改革，校企联合指导毕业设计，多专业联合毕业设计

一、引言

随着社会的不断发展，社会对于人才的综合能力要求不断提高，在这样的社会环境中，高等院校为了能够培养出创新能力更强，更能适应我国经济社会发展需要的实用型工程技术人才，各院校都在不断努力，进行教学模式的改革，做到理论与实践相结合，争取为社会的发展输送更多具有创新能力的人才。

大学的人才培养目标是对培养对象在知识、能力和素质方面提出的理想预期，而课程体系则决定了培养对象所能具有的知识、能力和素质结构，决定了教育理想能否成为教育现实。因此，课程体系的设计与构建是大学人才培养目标实现的一项关键任务。[1]在大学教育中，毕业设计是提高学生综合素质与创新能力的关键一环，也是高校教学工作中的一项常规性内容，是学生大学学习的总结与归纳。毕业设计是实现培养目标的重要教学环节。但是，因为学校条件和师资所限，毕业设计往往假题假做，设计的过程往往进行简化和理想化，设计计算深度和图纸与工程实际相差较大，学生的工程实践能力得不到真正的锻炼，毕业生工作后感觉在学校学的和设计院要求的内容有“天壤之别”，导致毕业生工作适应期较长。同时，通过多年指导毕业设计，我们发现学生常常受到自己所学专业的限制，还没能做到设计的系统化，而且动手能力也有待提高。同时，由于现代工程需要学科交叉和集成，这就要求工程师按照项目逻辑而不是学科逻辑开展工作，需要工程师团队运用不同学科的知识协同解决问题；要求工程师既具有所在工程领域的理论知识和实践能力，又具有沟通交流和团队协作的能力。[2]所以毕业设计教学改革势在必行，将各个专业相结合，提高学生对综合知识的掌握能力和动手能力是此次教学改革的最终目标。

作者简介：赵柏冬（1962—），辽宁沈阳人，教授，主要从事建筑结构研究。

基金项目：辽宁省重点科技平台项目。

二、构建联合毕业设计体系

早在20世纪70年代，著名科学家钱学森就提出，要加强标准、标准化工作及其科学研究以应对现代化、国际化的发展环境。进入21世纪，我国高等教育逐渐融入全球化体系，更加注重高等教育质量的提高，更加追求教育管理的科学化，教育相关标准问题广受关注。[3]为了贯彻落实《关于实施卓越工程教育培养计划的若干意见》和《“十二五”期间卓越工程师教育培养工程实施意见》，紧扣地方院校“地方性、应用性、综合性”办学定位，以优化结构、提高质量、凸现特色为中心，积极探索实施符合卓越工程师要求的本科人才培养模式。依据卓越计划培养标准，遵循工程的集成与创新特征，以强化工程实践能力、工程设计能力与工程创新能力为核心，重构课程体系和教学内容。

我们的培养目标是以“工程教育”为特色，培养创新能力强、适应我国经济社会发展需要的实用型工程技术人才。“厚基础，宽口径”的“通才教育”模式与“基础够、口径宽、重实践、讲实效”的应用型人才培养模式的统一问题。加强跨专业、跨学科的复合型人才培养。着力推动基于问题的学习、基于项目的学习、基于案例的学习等多种研究性学习方法，加强学生创新能力训练，“真刀真枪”做毕业设计。创立高校和企业联合培养机制。高校和企业联合培养人才机制的内涵是共同制订培养目标、共同建设课程体系和教学内容、共同实施培养过程、共同评价培养质量。学习企业的先进技术和先进企业文化，深入开展工程实践活动，参与企业技术创新和工程开发，培养学生的职业精神和职业道德。树立“面向工业界、面向未来、面向世界”的工程教育理念。以社会需求为导向，以实际工程为背景，以工程技术为主线，着力提高学生的工程意识、工程素质和工程实践能力。

1. 多专业联合毕业设计

“多专业交叉人才培养”的思想在国外已经出现了很多年，积累了丰富的实践经验，取得了很好的效果。麻省理工学院在20世纪中叶后大力发展交叉专业，实力不断增强，跻身世界一流大学之列。而在20世纪80年代，著名科学家钱三强就提出了学术发展即将进入“交叉专业的新时代”观点。30多年间，“多专业交叉人才培养”的思想在国内进行了许多实践。随着现代科学技术和社会经济文化的发展，人类社会许多贡大问题的解决越来越取决于多学科的协同攻关。同时，科学技术以高度综合为主要特征加速发展，造成了许多新兴交叉学科的出现，原有学科间的界限正在不断淡化。这就在客观上要求高等院校必须以培养具有多学科交叉能力的复合型人才作为教学目标。

沈阳大学建筑工程学院共有四个专业，分别是建筑学、土木工程、建筑环境与设备工程和给水排水工程，它们几乎涵盖了建筑工程的全部内容。建筑业有其重要的属性：综合性，社会性，实践性，统一性。此次改革的内容就是组织建筑工程学院四个专业的学生组成设计团队对某一建筑进行系统设计。建筑设计由建筑学专业的学生完成，之后进入结构设计，并且由建筑环境与设备工程专业和给水排水专业的学生就建筑进行配套设施的设计。这样，通过四个专业的联合设计，可以完成一个建设项目完整的系统设计。同时根据各相关专业的特点，联合毕业设计设立了一个整体设计任务，并将设计任务以扩散的形式分配给小组的每一个成员，这就要求各设计小组应该相应地设立一个共同目标，共同目标根据课题特点，由相关专业的指导教师与学生商议协调制定出来，小组成员为获得共同的目标而进行交流和合作。同时，小组的成员应有个人的设计目标，而且在设计定位的整体思想的指导下，各成员都有自己不同的目标，只有每个成员按时完成了自己的目标，整个系统设计才能完成，小组成员的共同目标才能达到，联合毕业设计也才能获得成功。这一模式最大的优势在于能够使学生完成本专业毕业设计的同时，学会与其他专业进行配合，这与设计院的模式是一致的。多专业联合毕业设计非常有利于对学生工程实践能力、团队协作精神以及创新精神的培养，目前正在积极推广，这一做法得到了教育部本科教学水平评估专家沙爱民教授的高度评价。

2. 学校企业联合指导毕业设计

通过多年来的教学经验，我们发现学生在日常学习生活中缺乏实践经验。产生这种现象的原因很多，主要是由于学生规模大，实践要求与实践条件之间存在很大反差。从内部看，学生在校的实验条件严重不足，实验分组越来越大，真正让学生自己动手的机会越来越少，有的实验甚至只是教师演示、学生观摩。从外部看，学校与企业联系薄弱，学生到企业去实践的机会很少。学校方面缺乏相关经费，对学生实习纪律等方面的教育也不够，怕学生到企业去捅娄子；而企业也怕麻烦，不愿接受学生去实习。[4]所以校企联合指导毕业设计这种模式具有很强的实践意义。校企联合指导毕业设计即由校内教师和设计院工程师共同指导学生的毕业设计。学生毕业设计“全天候”在设计院进行，设计院根据现有工程项目情况，将学生分配到各项目组，学生的毕业设计题目就是设计院正在进行的工程项目，设计院各项目组组长或国家注册结构工程师负责对学生的具体指导，校内教师起协助和协调作用，学生要参与设计院的例会、讨论、项目论证等工作环节，使学生得到了“真刀真枪”的锻炼。

近几年在学校与学院的共同努力下，我们已经与辽宁建筑纺织设计院、沈阳市建筑设计院、沈阳新大陆设计有限公司、沈阳新四维建筑设计公司、中国建筑设计院沈阳分院、沈阳铝镁建筑设计院、沈阳沈大建筑设计院等30余家企事业单位合作，签订了长期合作的协议，并且制订了《校企联合指导毕业设计管理规定》，建立了学生的选拔程序以及毕业设计过程中指导教师与企业指导教师的职责，以及培养质量的评价准则，在制度上保障了校企联合培养的学生的质量。另外对于培养方案与课程体系的设置，学院定期邀请企业的高层与工程技术人员座谈指导，适应社会对于学生的要求。开展了“多专业联合毕业设计”和“校企联合指导毕业设计”改革，取得了很好的效果，得到了用人单位的高度认可。以毕业设计的教学改革为纽带，加强校企合作，我院许多学生通过毕业设计阶段，确立学院在企业中的位置，工作能力也得到用人单位的肯定，稳定了学生的就业情绪及心态，拓宽学生就业渠道，缓解就业压力。

校企联合指导毕业设计的具体过程也与学生在校毕业设计不同。学生到设计院后，首先要进行2周的规范集中学习，设计院的指导教师会对学生学习规范的情况进行考核，就工程设计中的实际问题组织学生进行讨论，引导学生提出解决方案。这种做法使学生体会到了参加实际工作的真实感受和压力，极大地调动了学生的学习热情和积极性。

毕业设计过程中我们要求学生要按照设计院时间上下班，要积极主动承担打扫卫生、打开水等日常事务，主动和设计院工作人员沟通，学生的交往沟通能力、团队协作能力得到了锻炼，为他们今后参加工作打下了较好的基础。

并且，在校企联合毕业设计的条件下，专业教师及时了解和掌握科学研究动态，广泛涉猎和收集信息资料更新知识结构，提高专业素质，对本学科领域的有关问题进行深入研究，拓宽知识面，改善知识结构，提高学术水平及解决实际问题的能力，促进理论知识与实际的结合。

校企联合设计有助于形成产学研的良性循环。首先能够营造良好的现场教育环境，有利于培养学生的实践能力、动手能力、创新能力与交际能力，培养应用型创新人才，学生在“准就业”的状态下积极投身实际工作，在实践中发现问题，运用所学到的知识与技能分析并解决问题，同时加深学校对人才的需求了解，促进学校专业设置的调整，有利于学校进行课程体系、教学内容的改革，使培养的人才更适应于社会的需要。其次，化整为零的毕业设计模式缓解了企业与学校的压力，可以获得更多的科研项目与经费，有利于教师队伍整体素质的提高，提高学校的办学实力。最后通过毕业实习与毕业设计的有机结合可以让学生深入到实际生产中去，及时发现企业存在的实际问题，充分利用学校的资料解决企业的一些实际问题。

校企合作定向培养应用型专业人才，具有重要的理论和实践意义。主要体现：一与知名企业合作，能实现学校、企业、学生三方共赢。学校实现了开门办学，及时把握市场动态和学科前沿，教育教学效果明显提高；企业培养一批热爱企业的精英队伍，促进了企业的发展；学生能有效提升其综合素质，培育团队精神，增强竞争力，拓宽了发展空间。二以定向模式与企业合作培养专业人才，对高等院校尤其是工科院校应用型专业培养目标进行符合市场需求的重新定位，是深化教育教学改革和实现教育创新的重要举措。三通过校企合作定向培养模式探索应用型专业办学出路问题，为高等教育院校应用型专业深化教育教学改革提供有益经验。四以定向模式与企业合作培养的毕业生，有较好的吃苦耐劳精神，毕业后上岗快，适应能力强。

三、结论

随着社会经济的不断发展，人民的生活水平不断提高，人们及社会对建筑功能、造型和美观的要求越来越高，这就对建筑设计提出了更高的要求，所以建筑设计的重要性也越来越大。但是建筑工程设计是一个系统工程，其中不仅仅包括建筑设计，还包括结构设计、暖通空调设计、给水排水设计、电气专业设计等，这些专业就像是一个机器的各个零件一样，只有相互配合，相互协作才能运行起来。例如，在设计过程中，若仅仅考虑建筑工程的造型美观，而忽视了结构专业，这样就导致了建筑工程的外观造型成为一种空中楼阁，难以实现；而若仅仅考虑建筑专业和结构专业而忽视其他相关专业，这样的后果是直接造成了材料的大量浪费，不适合我国可持续发展的基本国策。所以将建筑设计过程中的各个专业问题进行综合考虑十分必要，这就要求高等院校在日常的教学过程中努力培养学生的综合思维能力。综上所述，我们进行了本次关于建筑工程联合毕业设计模式的创新与实践的课题研究。在此次课题的研究过程中我们取得了许多成果：

1. 人才质量显著提高

近几年来，我院毕业生整体上基础理论扎实，专业技能强，综合素质高，受到了用人单位的普遍好评。近年来多家企业主动与我院建立长期的用人关系，学生就业率逐年提高，2012 年就业率 92.8%，2013 年就业率上升到 98.3%，2014 年就业率 100%。其中，9 人已是国家一级注册结构工程师，10 余人是项目经理或项目负责人，两人已为设计院重要领导阶层，并担任设计院院长职务。领导设计院已建设多个高层住宅小区，为我国的建筑行业做出了突出的贡献。

2. 获得较高的社会评价

毕业设计是实现本科培养目标的重要教学手段，通过毕业设计可以培养学生综合运用所学的基础知识去发现问题、分析问题、解决问题的能力。而联合毕业设计不仅能很好地完成毕业设计的教学任务，同时能够通过毕业设计使得学生综合能力和整体素质得到很大的进步。近几年来，共有 100 余名学生到设计院进行校企联合毕业设计，实践证明，参加了校企联合设计的学生在对规范的理解和掌握、工程设计软件的应用和专业技术协调能力等方面明显好于未参加的学生，且毕业设计深度基本达到施工要求，毕业设计质量较高。用人单位反馈表明，参加校企联合设计的毕业生工程实践能力突出、适应能力强，许多同学工作不到半年时间就可以独立进行主体工程设计，较未参加校企联合毕业设计的同学缩短了至少半年的适应期。参加工作的毕业学生在用人单位里，因为突出的工作能力，受到了用人单位的好评，并且担任了单位里重要的领导职务。

综上所述，联合毕业设计这种模式在建筑工程教学领域有着很好的应用前景，并经过实践证明对于建筑工程人才的培养有着明显的推动作用，毕业设计的改革与创新使学生工程设计能力得到了大幅提高，学生的交往沟通能力、团队协作能力、社会责任感等方面得到加强，增进了企业与学生、企业与教师、企业与学校的相互了解，达到了学校与企业的双赢。

参考文献

[1] 林健.面向“卓越工程师”培养的课程体系和教学内容改革[J].高等工程教育研究，2011(05):1-9.

[2] 李培根，许晓东，陈国松.我国本科工程教育实践教学问题与原因探析[D].武汉：华中科技大学硕士学位论文，2012.

[3] 陈国松，许晓东.本科工程教育人才培养标准探析[J].高等工程教育研究，2012(02):37-42.

[4] 朱高峰.中国工程教育的现状和展望[J].高等工程教育研究，2011(06):49-53.

基于设计院模式的多工种配合土木工程专业毕业设计综合改革与实践
——以广州大学为例

刘 坚　童华炜　崔 杰　陈 原　张春梅　郑志敏

(广州大学土木工程学院,广州 510006)

摘 要 基于设计院模式的多工种配合土木工程专业毕业设计综合改革与实践,可以在很大程度上消除闭门办学造成的教育质量弊端,通过对土木工程学院的本科生的毕业设计进行改革,从选题上将土建类所有专业(包括土木工程、给水排水工程、建筑环境与能源应用工程和电气工程及其自动化专业建筑电气方向)的毕业生有机地组合,模拟建筑设计院的工作环境,共同完成一项综合性建筑工程的设计;其考核方式也进行了改革,在集中公开答辩中采用盲答方式,这些改革充分发挥了校企合作的优势,均有利于培养适合社会需要的人才,有利于毕业设计实践教学内容的更新,有利于将科技成果转化为生产力。

关键词 多工种配合,设计院模式,毕业设计,综合改革,实践

一、引言

针对目前高校土木工程专业毕业设计选题单一化、模拟化、形式化、假想化等问题,毕业设计作为大学生从学校到社会工作角色转变的最后一步,在大学最后阶段起着重要的作用。然而,无论是从普通院校还是重点院校毕业生普遍存在着进入工作单位后动手能力差,专业面窄等问题。在建立了校外毕业设计实践基地、广州大学--广州建筑集团有限公司土建专业群工程实践教育国家级基地的基础上,广州大学土木工程学院提出了基于设计院模式的多工种配合土木工程专业的毕业设计综合改革模式[1]。将建筑类所有专业(包括土木工程、给水排水工程、建筑环境与能源应用工程和电气工程及其自动化专业建筑电气方向)的毕业生有机地组合,模拟设计院的工作环境,共同完成一项综合性建筑工程的设计。基于设计院模式的多工种配合毕业设计的直接目的[2]是:通过对建筑设计院工作环境的模拟,搭建一个有利于各专业学生相互沟通、互相配合、共同设计的工作和学习平台,锻炼学生的工程实践能力和创新意识,培养学生良好的职业操守,强化学生的团队协作精神,让部分毕业生从事来自工程建设的实际课题设计这一毕业设计特色形式,培养学生综合分析和解决工程实际问题的能力与科学创新能力。

自 2010 年起,广州大学土木工程学院在充分分析人才市场需求和当前工程教育存在问题的前提下,结合学院"大土木"、国家特色专业"土木工程"的优势,在学校率先建立了基于设计院模式的毕业设计团队。为了让学生了解设计院的工作环境和方式,组织设计团队到广东省建筑设计研究院、广州市设计研究院等单位参观学习,在设计中理论联系实际,对学生进行指

作者简介:刘坚(1964—),湖南人,教授,博士,主要从事钢结构与组合结构研究及土木工程教学研究。

基金项目:土木工程专业创新性应用型人才培养模式的构建与实践(2010 广东省高等教育教学成果奖培育项目)、校企合作工程应用型人才培养模式实践(2010 年广州大学重点:教研项目)、广州大学——广州市建筑集团有限公司工程实践教育中心国家级基地建设(2012—2015)、土木工程专业钢结构课程体系与教学内容改革与实践(2012 年广州市教育局教研项目)、地方性土木工程应用型卓越人才培养方案与课程体系的研究与实践(2013 年广州大学重点教研项目)。

导。通过几年的实践，取得较好的教学效果，本项改革获得 2014 年第六届广州大学教学成果奖一等奖。

二、土木工程专业毕业设计实践教学现状分析

我国高校现行土木工程毕业设计的形式参考苏联的教学模式，一般由指导教师模拟命题，多为模拟题或少量真题，一般为假题假作，真题假作，通常让学生在校内指定地点集中一段时间完成。这种模式已开始显现出一些弊端，如多数学生利用相对自由的校内毕业设计时间找工作，电脑技术的普及更方便了学生答辩前的互相抄袭或篡改，由于是模拟题假作，因此设计或论文完成的好坏与对错都无伤大雅，学生和教师都缺乏责任感，毕业设计的整体质量逐年下滑[3]。欧美一些国家高校多是在毕业前安排一个时期，推荐学生或学生自荐到有关设计院或施工企业进行有目的性的毕业前实践锻炼，再返回学校根据各自实践内容做毕业论文[4]。这种模式有利于学生将不同的社会实际课题带入校园，毕业论文也不再是同一或类似模拟题下的相似面孔，学生完成毕业论文的积极性和紧迫感明显提高。目前我国已有很多高校正在摸索改变以往的固有模式，尝试把学生放到生产实践单位去做毕业设计或毕业论文，采用基于设计院模式的多工种配合专业毕业设计（也称为跨专业团队毕业设计），但多因经费投入不足、运行机制不健全、建立校外实践基地条件有限、甚至得不到部分领导和教师的理解等因素，大多都还处在摸索研究阶段[5,6]。

三、基于建筑设计院模式的多工种配合毕业设计的培养目标

毕业设计环节是工程类专业，尤其是土建类专业本科教学最重要的实践性教学环节，是毕业生进入工作岗位前的最后一次实战演习。针对传统建筑类专业毕业设计环节各自为政、互不往来、缺乏交叉的弊端，土木工程学院于 2010 年在广州大学率先提出了基于设计院模式的跨专业团队毕业设计的综合改革方案和教学方法，尝试对旧有模式进行改革，其具体做法是：将土建类所有专业（包括土木工程、给水排水工程、建筑环境与能源应用工程和电气工程及其自动化专业建筑电气方向等）的毕业生有机地组合，模拟建筑设计院的工作环境，共同完成一项综合性建筑工程的设计。

1. 毕业设计综合改革的目的

通过对设计院工作环境的模拟，搭建一个有利于各专业学生相互沟通、互相配合、共同设计的工作和学习平台，锻炼学生的工程实践能力和创新意识，培养学生良好的职业操守，强化学生的团队协作精神。尽管传统的工程教学模式设置了部分跨专业课程，在一定程度上考虑到了高等工程教育的综合性和跨专业人才的培养问题，但是，由于传统的教学模式没有设置一个将以上跨专业课程整合应用的实践性教学环节，一方面导致学生学习这些课程的目的性不强，积极性不高的现象，另一方面也导致学生在解决实际工程问题过程中各专业之间的“碰、撞、漏”等现象，致使设计与实际严重脱节。而基于设计院模式的多工种配合土木工程专业的毕业设计恰恰可以将学生所学的跨专业课程进行有效整合，并应用于工程实践，克服传统教学模式的弊端。

2. 毕业设计综合改革的培养目标

力争培养具有扎实专业基础、宽广视野、较高综合素质和一定创新意识的工程技术人才。其特色在于应用型、综合性和高层次，所谓“应用型”就是能熟练运用专业知识，具有较强的解决实际工程技术问题的能力，胜任建筑工程领域各种岗位的工作要求。所谓“综合性”就是具备良好的沟通交流能力、团队工作能力、终身学习能力，同时具有高尚的人文与自然伦理道德

和严格的职业操守。所谓"高层次"就是要通过基于设计院模式的多工种配合土木工程专业毕业设计的培养能够从事大型复杂建筑工程的设计工作和专业的基本研究工作。

四、基于设计院模式的多工种配合毕业设计综合改革与实践

1. 毕业设计的选题

毕业设计的选题工作是实现毕业设计教学环节、教学目标的第一步。一个好的毕业设计课题不仅要涵盖本专业绝大部分的专业领域，具有较强的综合性，还必须与工程实际相结合，具有较强的实践性，同时还应该与本专业的发展趋势与前沿科技紧密联系，具有一定的前瞻性和创新性。近几年，我们结合土木工程实践，学生毕业设计选题增加了高层钢结构、高层型钢混凝土结构、高层钢管混凝土结构、水厂的混凝土结构等。与传统的各专业单兵作战教学模式不同，跨专业毕业设计的选题工作尤其重要。所选的课题不仅要具有以上特点，同时还必须符合所有参与专业的要求。

基于设计院模式的多工种配合土木工程专业毕业设计试行以来，从指导教师到学院教学管理部门，对团队毕业设计的选题工作给予了充分的重视，形成了严格的选题申报和审查制度。通常，跨专业毕业设计的选题工作在毕业设计的前一学期中后期开始，由参与团队毕业设计指导工作的所有教师集中商议，提出本专业对所选课题的基本要求并汇总，在此基础上选择2～3个备选课题进行筛选，最终确定一个最优的课题作为团队毕业设计的课题，并报学院教务部门审查。学院教务部门再组织本学科的专家对所选课题进行论证，获得通过后才可最终确定为团队毕业设计的课题。为凸现所选课题的真实性、实践性和创新性，所选课题必须为真题，还必须与当前建筑领域的"节水、节能、环保"等趋势联系紧密。

2. 毕业设计的过程管理

过程管理是实现教学目标最重要的环节。与传统的毕业设计模式不同，基于设计院模式的多工种配合土木工程专业毕业设计的学生来自不同的专业，平时较为分散，管理难度更大。为此，学院建立了严格的团队毕业设计管理制度。

首先，学院为跨专业毕业设计团队设立了专门的设计教室，为学生营造了一个类似建筑设计院的工作环境，要求团队成员必须到指定教室共同完成设计课题，增加了不同专业学生之间相互交流、互相沟通、协调商议和团队合作的机会。

其次，指导教师为团队毕业设计的进程制订明确的进度计划。学院要求基于设计院模式的多工种配合土木工程建筑结构方向毕业设计，不仅要有整个团队的总体进度计划，各专业的指导教师还必须在此基础上为学生量身定制本专业的具体进程安排，并形成进度计划安排表报学院教务部门备查。

此外，学院还对指导教师的指导时间进行了严格规定。学院要求参与团队毕业设计的所有指导教师除按规定完成本专业指导工作外，还必须每周集体与学生见面1～2次，以集中商讨学生不能协调解决的相关问题。

3. 毕业设计的考核方式

对基于设计院模式的多工种配合土木工程专业毕业设计的考核方式也进行了改革，一种考核方式是学院组织的集中公开答辩，由各专业教师组成答辩委员会，基于设计院模式的多工种配合土木工程专业毕业设计团队项目组负责同学采用PPT综合介绍10～15分钟，参加项目的每位同学采用PPT分别介绍个人承担部分内容8分钟左右，然后答辩委员对每位同学答辩提问时间10～15分钟，最后评定每位同学答辩成绩；另一种考核方式是土木工程专业组织

的集中公开答辩，采用盲答方式，邀请相关专业教师参加，答辩方式同上。

盲答目的：体现答辩过程的公平、公正；改革毕业答辩方式；解决以往毕业答辩中存在的问题；提高毕业设计质量；盲答也是为了促进下一届毕业设计指导工作，使得学生更加重视毕业设计工作。

土木工程毕业设计答辩盲答方案：学生图纸、计算书在答辩前均不签署学生和指导教师、评阅教师名字；但图纸签字栏中必须填好学生的学号和答辩代码（设计签字栏左侧手写答辩代码）、计算书中文扉页中必须填上学生的学号和答辩代码（学生签字栏左侧手写答辩代码）；图纸签字栏，及计算书中文扉页中指导教师、评阅教师左侧必须手签教师工号；学生答辩自述时，不能提及指导教师，否则视为违规，取消答辩；答辩委员提问时，不能问其指导教师；学生和教师答辩代码在答辩当天公布；为防止别的同学再拿该同学的资料去答辩，学生答辩后，答辩组长必须在图纸图签和计算书中文扉页中审定教师处签名确认，见图 1、图 2。

<table>
<tr><td colspan="5">广州大学土木工程学院毕业设计</td><td>设计
题目</td><td colspan="2"></td></tr>
<tr><td>设　计</td><td></td><td colspan="4" rowspan="4"></td><td>学　号</td><td></td></tr>
<tr><td>校　核</td><td></td><td>图　别</td><td></td></tr>
<tr><td>指导教师</td><td></td><td>图　号</td><td></td></tr>
<tr><td>审核教师</td><td></td><td>页　次</td><td></td></tr>
<tr><td>审定教师</td><td></td><td>专　业</td><td></td><td>班　级</td><td></td><td>日　期</td><td></td></tr>
</table>

图 1　毕业设计图纸图签

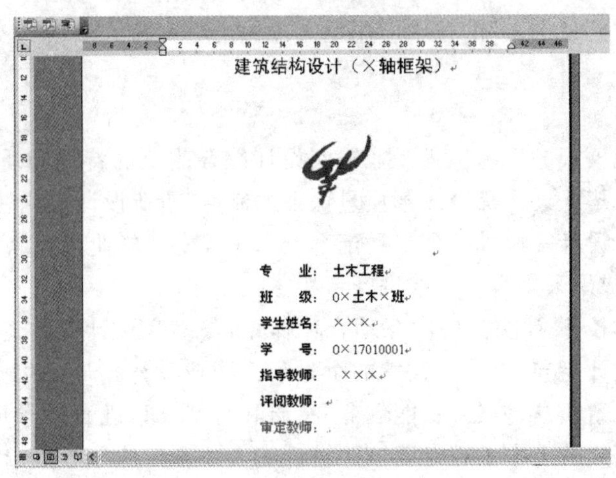

图 2　毕业设计计算书扉页

五、基于设计院模式的毕业设计综合改革与实践的主要收获

1. 增强了学生自觉、主动地进行毕业设计的动力

基于设计院模式的多工种配合土木工程专业毕业设计是土木工程专业对学生的一种挑战，毕业设计题目来源于工程实践，面对一个实际问题，毕业设计团队同学就要思考能否应用已学过的专业知识、方法去解决实际问题。在这个过程中，勇敢迎接挑战的精神、品质和毅力就得到了培养，而这一切常规的教学是难以做到的。另外，更重要的是通过这个学习过程，让学生获得一种学而能用的愉快和喜悦，从而增强了学生自觉、主动地学习的动力。

2. 培养了学生学习的主动性、创造性和协作精神

基于设计院模式的跨专业配合多工种配合土木工程专业毕业设计教学环节包含了合作学

习、自主学习、团队精神和探究性学习等诸多因素和作用。土木工程专业知识的掌握不完全是教出来的，而是自己做出来的。在完成毕业设计课题过程中，学生把学习知识、探索发现、使用各种国家、行业规范规程、标准图集、专业设计软件和专业知识结合起来，学生们在这个过程中得到了实际工程设计的体验，从而达到了学习土木工程设计方法、提高素质、增长才干的目的。

3. 提高了学生对知识的综合应用和解决实际问题的能力

基于设计院模式的跨专业配合多工种配合土木工程专业毕业设计课题是有一定难度的，需要把学过的专业基础和专业知识综合运用，不少还是课堂上没有讲过的知识，需要学生翻阅参考书去自学和探索。正好是学生学习实际工程设计方法，使用各种国家、行业规范规程、标准图集、专业设计软件，应用所学土木工程专业知识的一个学习过程，从而学生对所学专业知识的综合应用和解决实际问题的能力得到了培养。

4. 基本扭转了以往土木工程毕业设计实践教学的被动局面

经过几年来的不懈努力，毕业设计实践教学的被动局面得到了扭转，具体表现在：

(1) 学生学习的动力和积极性有了较大的提高；

(2) 学生学习的态度有了明显的转变；

(3) 学生毕业设计成绩有了明显的提高。

经过这几年基于设计院模式的多工种配合土木工程建筑结构方向毕业设计实践教学环节的改革实践，我们积累了一些经验，也发现了一些有待进一步完善和改进的地方。我们将继续努力、踏实地投入到土木工程毕业设计的实践教学改革工作中去，为进一步提高毕业设计的教学质量、为培养更多"能说会做"的技术应用型人才做出更大的贡献。

六、结语

依据基于设计院模式的土木工程专业毕业设计综合改革的特点和质量目标要求，建立了学院和土木工程专业毕业设计综合改革质量保证的制度、毕业设计实践教学和评价方法，形成了系统而完整的基于设计院模式的多工种配合土木工程专业毕业设计综合改革的管理制度和评价体系，毕业设计成果采用盲答方式进行考核。

建立并实践了学校-设计院深层次互动合作体系，与多家设计院共建合作办学协议，设计院参与毕业生毕业设计指导、人才选拔等的全过程。毕业设计指导采用师徒制、双师制，使毕业生具备了"能力强、素质高、爱创新、能创业"特质和"产学研"教育背景成为企业希望聘请的人才。基于设计院模式的土木工程专业毕业设计综合改革解决了校企合作的机制问题，开辟了产学研合作的新模式。克服了本科教学中校企合作难以深入、止步于一般性参观、指导实习生的局限，使企业愿意出人、出项目，参与人才培养全过程，使学生愿意从事应用型课题研究并在毕业后进入企业创业，可以实现学生、学校和企业的三赢。

自 2010 年改革实行以来，学院毕业设计同学参加"广厦杯"粤港澳高校结构设计信息技术大赛，分别获得一、二等奖各 1 项，三等奖 6 项，优秀团体奖 1 项；高伟同学获得中国土木学会颁发的 2011 年度高校优秀毕业生奖；毕业设计同学参加综合毕业设计，连续几年多名同学获得广州大学优秀毕业论文(设计)创新奖，可见基于设计院模式的多工种配合土木工程专业毕业设计综合改革成果喜人，收获丰富，效果明显。

参考文献

[1] 焦楚杰,张俊平,刘坚,等.地方高校土木工程特色专业毕业设计教学改革探索[J].高等建筑教育,2010,19(5):112-116.

[2] 李伟,王晓初.高校土木工程专业毕业设计教学改革与实践创新[J].沈阳教育学院学报,2009,11(2):63-65.

[3] 孙德发,赵全振,江平.土木工程专业毕业设计教学改革研究与实践[J].高等建筑教育,2009,18(1):98-100.

[4] 张亦静,何杰,肖芳林.基于团队协作的土木工程专业毕业设计模式探讨[J].湖南工业大学学报,2008,22(3):107-109.

[5] 王国林,丁文胜,赵海东.应用型本科院校土木工程专业毕业设计教学改革研究与实践[J].高等建筑教育,2014,23(2):119-122.

[6] 舒赣平,卢瑞华,吴京,等.土木工程专业毕业设计教学改革研究[J].高等建筑教育,2007,16(2):105-112.

浅谈校企联合毕业设计模式

刘沈如　赵宪忠　王　婉

（同济大学土木工程学院，上海　200092）

摘　要　企业招聘不到适合企业需求的人才，毕业学生找不到满意的工作，这已经成为目前人才市场屡见不鲜的一种现象。造成这种现象的根本原因是学校培养的毕业生在知识、技能和观念方面不能适应社会经济发展的需要，不能适应企业所提供的职位和岗位的要求，而企业从自身经济效益考虑，要求新进员工马上适应岗位要求，为企业创造价值。本文结合近几年实行的校企联合毕业设计的模式，提出毕业实习和企业招聘相结合是校企双赢的有效实习模式，可为今后的毕业设计工作提供借鉴。

关键词　毕业实习，企业招聘，实践模式

一、引言

在我国经济建设进入快车道，科技与教育呈现快速发展之际，如何培养满足社会和企业需要的优秀应用型人才，一直是教育部门关注的焦点，也是卓越工程师培养的基本要求。毕业生作为学校的“产品”，企业并不是一拿来就可以用，往往还要经过自己的培训和“加工”才能用得顺手。这就说明学校培养人才的方式存在问题，学生所学的知识缺乏实用性，缺乏与实践的结合点。毕业生急需就业安置，企业急需专门人才，但在传统的人才培养方式下，双方的目标都很难实现。因此，在经济高速发展的今天，这种人才培养方式的弊端越来越明显地暴露出来，已经远远跟不上时代的步伐，不能满足社会的需求。培养社会建设需要的高质量高素质的优秀人才是高等学校的社会责任，也是高等教育的培养目标。毕业实习是一个重要的实践性教学环节，学生在校期间学习了许多课程，但利用学过的知识解决实际问题的能力普遍不高，知识要转化为能力，必须通过实践，知识要内化为素质也必须通过实践，培养创新精神更离不开实践，毕业实习教学质量也是检验一个学校、一个专业教学水平的重要内容。土木工程是我校的传统强势专业，该专业实践性强，工程经验积累很重要，而最近十几年由于社会发展的快节奏和工程设计的高效性，很难为学生提供合适的实习机会，毕业设计往往是真题假作，指导教师责任不够，学生马虎应付，导致毕业设计收效不大。针对这一情况，院系与企业合作，采用企业实习和企业招聘相结合的校企联合毕业设计模式，部分学生到企业搞毕业设计，既满足企业的招聘，又为学生提供了就业机会，收到了双赢的效果。

二、影响毕业设计效果的原因分析

近年来毕业设计质量出现了滑坡现象，造成毕业设计质量滑坡原因是多方面的，主要有以下几点：

1. 高校扩招后师资队伍建设速度相对滞后

随着我国高等教育的发展，高等教育由精英教育的培养模式进入大众化教育的培养模式，高等学校招收人数迅速增加后，高校师资队伍建设速度相对滞后的矛盾日益突出，严重影响毕

作者简介：刘沈如，女，同济大学土木工程学院副教授，Email：huangliu103@163.com。

基金项目：同济大学 2013—2014 教改项目“质量保证体系与信息化管理建设”。

业设计质量。高校扩招后，某些专业师生比例失调，教师教学任务加大，一个教师需要带的学生太多，精力投入不足，指导上难免顾此失彼，如何谈到保证质量。

2. 学生就业找工作与做毕业设计时间冲突

随着毕业生人数逐年增加，毕业生就业的压力加大，毕业生在寻找用人单位投入的精力也越来越多。每年三、四月份是毕业生承受压力最大的时期，一方面许多学生为寻找工作而奔波，另一方面还要为毕业设计焦心，两相比较、取舍，毕业设计只能为找工作让路，最后毕业设计投入精力不够，勉强应付、凑合。

3. 组织管理上的困难

毕业设计质量很大程度上是由主观因素决定的，高校的扩招、学生就业找工作等因素的影响，给毕业设计工作的组织管理带来了困难。一方面指导毕业设计的教师与学生的比例失调，一个教师带的学生太多，指导上难免顾此失彼。另一方面为了不影响学生就业，有些教师对学生的要求降低，提供给学生的题目太小，个别指导教师责任心不强，精力投入不足，学生做毕业设计的工作量严重不足。[1]

三、校企联合毕业设计的实习模式

在20世纪80年代，由于企业人才紧缺，所以企业欢迎毕业生到企业毕业设计实习，为企业做点事情，当时采取校内指导和校外实习相结合的方式，普遍反映校外实习效果较好，真题实做，理论与实践紧密结合起来，一毕业马上参与到单位的实际工程中去。但近十几年，由于就业形势严峻，企业人才也日趋饱和，在这种情况下，企业不太欢迎学生到本单位实习，一方面学生来实习，毕业后不一定留下来，另一方面，学生去实习，企业要派专人辅导，同时又要腾出地方给学生，有时还要支付部分实习费，刚培养能够上手就又可能离开，企业没有派上用处，现在社会节奏如此之快，企业需要马上能够利用的人才，所以前几年毕业设计无法安排学生到校外实习。对于毕业设计，我们一直强调“真题实做”，强调理论联系实际，其实校企联合毕业设计是最好的途径，采取企业实习与企业招聘相结合的方式，对企业而言，通过学生到企业实习，企业可对学生进行考察，对学生各方面能力有所了解，从而选择优秀人才留在企业中，更利于企业今后的发展，而对学生而言，也比较乐意到企业实习，既能把理论与实践紧密地结合起来，又能学到很多书本上学不到的知识，为今后就业创造了更多机会。2008年建工系有6名学生到上海美建钢结构公司实习，学生每天到企业上班，企业委派3名高工进行现场指导，学校指派一名指导教师进行监管，使其达到学校毕业设计的要求，保证毕业设计的质量，之后几年也有学生被安排到上海高新铝业工程股份有限公司、上海建工集团等大型企业进行毕业设计。实践结果表明：这种校企联合指导的模式，达到双赢的效果，一方面满足企业对人才的需求。企业可以通过实习对实习学生的人品、综合素质和专业业务能力进行实际观察和考核，最终选择和招聘到符合企业要求的优秀人才；另一方面学校可培养学生工程设计和实践能力，使学生了解和掌握实际工程的全过程，符合卓越工程师的培养要求。企业的实际课题，任务明确，时间性强，真题实做，能激发学生的工作热情和主动性，增强学生的事业心和责任感，同时为学生就业提供了一个很好的机会。对于学生而言，通过实习，不仅能把理论和实践结合起来，综合运用已学知识解决实际工程问题，而且在实习期间能学到很多书本上没有的知识，从企业高工那里学到工程实践经验，为今后就业提供优势。校企合作开展毕业设计，是学生走上工作岗位前的一次极有意义的实战演习，这既为学生今后走上新的工作岗位奠定了良好的基础，更提高了学生在人才市场的竞争力。

四、校企联合毕业设计的实习效果

按照卓越工程师培养要求，强化校企合作，从而提高学生的实践能力和工程素质，保证实习与设计工作的顺利实施。我院与工程设计、建设公司和施工单位开展了广泛的联系和合作，与各企业分层次建立实习基地、人才培养基地、人才培养与产学研合作基地；同时，强化与企业的合作与人才联合互动，在课程设置、课程体系优化、实践体系建设、校企联合培养学生、教师见习及科研合作、企业员工培训等方面深度合作。目前已构建了全方位的校企合作模式，以培养卓越工程技术人才。2012 年同济大学土木学院成功申报了 1 个国家级校外实习教育基地、3 个国家级工程实践教育中心。只有建立了长期的实习基地，学生的实习才有保证，实习质量和实习效果才会更好。

校企合作模式是卓越工程师培养的要求，参与高校人才培养成为企业的一部分任务，企业对高校人才培养的参与是全方位的参与和深层次合作，管理上也实行一体化管理。企业可以以资金、设备、技术等多种形式向高校注入股份，进行合作办学，从而以主人的身份直接参与办学过程和学校人才培养，不仅可以为自己培养人才，还可以分享办学效益。

不同的方式，各有所长，对于合作双方来说，重要的是因“地”制宜，不管采用什么方式，重点在与把握好“结合”二字。因“地”制宜，就是要根据学校条件、专业要求和企业的要求来确定校企合作形式。对于学校而言，有了合作企业，学生可以随时将学到的书本知识拿到实践中检验，再将实践中发现的问题带到课堂研究解决，这就实现了“带着问题学”、“理论与实践相结合”的良性循环，不仅拉近了教学与实践的距离，提高了办学水平，而且为毕业生求职打下了坚实的基础；对于企业而言，与高校合作的目的是为本企业或本行业培养适用人才，与高校合作后，它们就可以把自己的人才标准和人才理念注入培养过程之中，这样培养出来的人才在专业性和岗位适应性方面都大大加强，学生在校时已经是企业的“准员工”，毕业后马上就可以上岗工作，满足了企业的人才需求。[2]

在校企合作中，要充分利用和发挥企业的技术优势和设备优势。企业能不能及时提供这些服务，学校能不能充分重视和利用这些服务，是人才培养能否取得良好效果的重要前提。能力的培养最重要的就在于把知识转化为技能，增强人才的实用性，而企业的技术和设备在在这方面起着重要作用，只有双方都注意充分利用和发挥企业的这些优势，并以此来调整专业设置和确定培养目标，才有可能培养出真正适应当今社会需要的素质型、技能型人才。

传统的高校人才培养方式下，教学知识与实践脱节，实用性不强，不符合现代社会对人才的要求，给毕业生就业和企业招聘人才都带来了难题。而校企合作的人才培养方式，“为用而学，学有所用”，是解决这个难题的一条有效途径，对于学校和企业也是一个“双赢”的局面。

五、结语

毕业设计是本科教学一个重要的实践性环节，它反映了一个学校的办学水平和教学质量，同时毕业设计也须不断改革和创新，以适应社会需求，满足学生就业需要。通过近几年毕业设计的实践，不断探索新的模式，毕业设计的组织和管理工作比较规范，同时也在不断探索一些创新机制，除了校企联合毕业设计外，还有中外联合毕业设计等等，不管哪一种毕业设计模式，都是让学生多接触实际，培养学生解决工程实际问题的能力，从而有效地提高了毕业设计质量。学生通过毕业实习，就业面扩大了，能很快地适应社会需要和新的工作岗位，为在新的岗位上做出成绩打下坚实的基础。总之，确保毕业设计质量，培养土木工程卓越人才，是社会赋予高校的责任，而校企联合毕业设计是首选，符合卓越工程师的培养要求。

参考文献

[1] 刘继红.谈高校毕业设计(论文)质量滑坡及其提高的对策[J].中国高教研究，2000(3)：84-85.

[2] 范立南.提高信息学科毕业设计创新能力与实践能力的探索[J].计算机教育，2008(6)：12-15.

土木工程专业毕业论文中的多层次拓展研究

刘　成　刘艳军　吕伟华　吉　尼　汤昕怡　张　希

（南京林业大学土木工程学院，南京　210037）

摘　要　本文以土木工程专业毕业论文指导为研究对象，以土力学中落锥法试验为落脚点，对土木工程专业毕业论文指导工作的多层次拓展研究进行初步探讨。介绍了落锥法试验在研究玻璃珠-膨润土混合物锥入深度和强度特性的功能，对实践过程中如何开展多层次拓展研究进行探讨，并对毕业论文相关试验内容和方法的拓展和创新提出相关建议，拓展了实践的手段，改进了教学的效果。因此，在毕业论文中开展多层次拓展研究具有重要的理论和实践意义，对其他相关专业毕业论文的指导工作也有参考价值。

关键词　落锥法试验，强度，锥入深度，多层次，拓展研究

一、引言

培养土木工程设计、施工、管理等工程技术人才是土木工程专业教学和实践的重要目标，而毕业设计（论文）是土木工程专业重要的教学实践环节，是完成了三年半大学相关基础课、专业基础课和专业课程后的一个重要教学和实践考察环节，是土木工程专业学生将课本所学知识进行有效回顾和应用的重要步骤[1-3]。

开展毕业论文指导，通过一个到多个室内试验的演练和多层次拓展研究，将课本知识、相关试验规范、仪器操作说明以及数据处理和后续分析综合起来，形成了一个相对独立又较为完备的教学体系，这不仅对土木工程专业毕业的学生，也对指导教师，均是一个非常有意义的尝试[4,5]。

毕业论文中的试验研究是课程实验教学的深化和总结，因为平时课程实践教学工作尚无法让学生形成一个独立研究的思路，从理论到熟练应用尚有一段路要走。试验研究也为毕业论文撰写工作提供直接数据来源，是理论知识的再次提炼和应用。土木工程专业毕业论文中的多层次拓展研究包含多个方面，例如：(1)理论、试验、研究、理论递进式教学深化；(2)研究背景、试验方法和研究思路的多层次拓展研究。这里从论文研究背景、试验方法和数据处理等多层次拓展研究为出发点，结合本科生毕业论文落锥法试验指导，对多层次拓展研究进行初步探讨。

二、从论文研究背景出发进行拓展

通过玻璃珠-膨润土混合物锥入深度的研究，可以得到混合物锥入深度和玻璃珠-膨润土混合物质量比和含水率之间的关系。类似的研究可以应用于不同的工程，如核废料处置工程、地基处理工程、盾构隧道施工工程等。不同研究背景下研究对象、研究思路和研究方法存在一定的差异。因此，从论文研究背景出发拓展思路是开展相关研究的初始阶段。

随着核电技术的发展，核废料处置的研究愈显重要。目前国内外对核废料处置中缓冲、回

作者简介：刘成（1982—），男，江苏宿迁人，博士，讲师，主要从事地下渗流、动力分析及离散元等方面的研究与教学工作。

基金项目：江苏省青年基金项目（××待给出）；教育部博士点基金资助项目（20133204120014）；住建部基金项目（2013-K3-16）；江苏高校优势学科建设工程资助项目；南京林业大学高学历人才基金项目（GXL201211）；南京林业大学自制实验教学仪器设备项目（NLZZYQ200312）。

填材料的膨润土加砂混合物的物理力学性质研究方兴未艾，包括强度试验、渗透试验、压缩试验、基本性质测定等研究。核废料处置工程中，膨润土加砂可以优化缓冲回填材料的热传导性和可施工性。因此研究的重点是掺砂率、干密度和含水率对混合物强度、变形、本构关系和热传导性的影响。可以引入孔隙结构假说，对界限掺砂率进行估计，并结合相关微观结构测试手段进行分析。

地基处理工程中通过将粗粒材料置换细粒材料或细粒材料注入粗粒材料，可以提高地基土的抗剪强度，满足地基承载力和稳定性要求；改善地基变形性质、渗透性和渗透稳定，改善地基土的抗震性能，消除湿陷性或膨胀性。因此研究的重点是以满足上述目的为研究目标，而研究手段和方法主要围绕相关研究目的来考虑。

盾构隧道施工工程中从保证开挖面稳定、减少工程沉降、减少工程施工风险等角度向地层中注入膨润土泥浆、水泥浆液，改变土层渗透性、强度和变形特性。因此研究重点是浆液注入后形成混合物的渗流特性、强度特性和变形特性，并采用相应的研究方法进行研究。

从上述不同工程背景看，砂土(玻璃珠)-膨润土混合物均有一定的研究，有共通的地方，也存在差异，虽然不能将这些方法完全组合起来，但可以拓宽研究思路，为毕业论文研究方法和数据处理方法的拓展打下基础。

三、从论文研究方法出发进行拓展

不管膨润土加砂混合物、还是浆液与原状土形成的固结体，其主要研究内容是从宏观和微细观不同尺度进行研究。从宏观角度来看，可以采用常规试验仪器对相关物理力学性质进行研究，通过宏观现象的观测和数据整理获得干密度、含水率和掺入比等参数的影响规律。从微细观角度分析各个材料之间以及与水之间的相互作用机制，从机理上对宏观现象予以解释。两者的研究是相辅相成的。

论文研究可以从理论分析、试验分析和数值分析等角度进行考虑，不同研究手段或研究方法可以从不同方面培养学生的思考能力和实践能力。从土木工程专业本科生毕业生未来从事的行业或工作来看，采用试验分析和数值分析可能对学生就业有更大的帮助，而理论分析则是部分即将读研的学生的一个较好选择。不同的方法会带来不同的培养效果，因此，土木工程专业毕业论文指导应该侧重一到两点的培养，但是要兼顾其他方面知识的获取，需要进行相关研究方法的拓展。

以混合物的强度试验研究为例，采用宏观角度分析，可以采用直剪试验、落锥法试验、无侧限抗剪强度试验、三轴试验、动力冲击试验等不同仪器来开展研究。采用落锥法试验研究土的强度是落锥法试验设计的初始目的，但目前较多地应用于软土的液塑限测定。将落锥法试验拓展到研究混合物强度的研究具有简单方便、易于重复、变化规律较为明显等特点。

玻璃珠-膨润土混合物的锥入深度反映混合物的强度特性，主要受混合物中玻璃珠和膨润土的质量比、含水率和玻璃珠粒径等因素的影响。由于玻璃珠-膨润土混合物是非饱和土，涉及玻璃珠或膨润土与水的作用，而膨润土的基质吸力与蒙脱石含量有关，与含水率直接相关。

采用落锥法对玻璃珠-膨润土混合物锥入深度的研究是本科生毕业设计的一个课题，也是两个优本生的培养课题，遵循着从基本原理的研究到试验研究、由浅入深、逐步推进的思路和原则进行研究方案的设计和试验数据的处理分析。

为增强本科毕业论文中学生的动手能力和创新能力，针对目前土木工程专业本科生毕业论文试验研究现状，对常规的液塑限试验方法进行了如下多层次拓展研究：

(1) 采用光滑的玻璃珠替代粗糙度较大的砂土进行试验；

(2) 将锥入深度与混合物强度联系起来进行分析；

(3) 采用类别划分，定义相对含水率分析混合物的强度；

根据土木工程专业本科生的知识结构和认知水平，主要采用引导、沟通的方式与学生进行深入交流，加深学生对试验原理和土水相互作用机理的认识，为逐步明确研究目标，构建研究内容和研究路线打好基础。

四、从论文数据处理手段出发进行拓展

规范中规定了锥入深度和含水率之间的关系一般采用双对数坐标来处理，根据数据点确定液塑限值。在毕业论文中可以考虑将该要求进行拓展，包括使用普通坐标、半对数坐标和双对数坐标进行对比分析，这是第一层次拓展；在分析玻璃珠-膨润土混合物锥入深度时，可以将常规含水率的定义进行拓展，用相对含水率的定义作为横坐标进行分析，这是第二层次拓展。第一层次拓展可以分析不同数据处理方法对结果的影响，这个可以培养学生从不同思维角度思考问题，容易催生出新的问题增长点，也避免使用规范的教条化和模式化。第二层次拓展是对问题和基本原理的再认识，再思考，可以培养学生从问题本质思考问题，便于催生对老问题的再认识，往往可以起到柳暗花明又一村之功效。

五、结论

文中以土木工程专业毕业论文为研究对象，以土力学中落锥法试验为落脚点，对土木工程专业毕业论文指导工作的多层次拓展研究进行初步探讨。主要从论文研究背景、论文研究方法和论文数据处理手段出发开展多层次拓展研究，主要结论如下：

(1) 土木工程专业毕业论文既是培养学生的动脑能力，也是培养学生动手能力的重要教学实践环节，应该拓展学生对事物发展规律的认识深度，抓住事物的本质，并找到一个切实有效的研究方法和研究手段；

(2) 从论文研究背景出发进行拓展研究，可以培养学生对同一个问题找到不同的思考角度，转变固有思维，所谓他山之石可以攻玉；

(3) 从论文研究方法进行拓展研究，可以帮助学生找到解决相同问题的不同方法，利于发现不同方法得到结果的差异性，这是创新性研究的着力点。

(4) 从论文数据处理手段出发进行拓展研究，以培养学生从不同思维角度思考问题，容易催生出新的问题增长点，也避免使用规范的教条化和模式化。可以培养学生从问题本质思考问题，便于催生对老问题的再认识。

通过这些多层次的拓展研究，使得土木工程专业毕业生对相关问题的看法和观点有更为广阔的视野，能够激发学习兴趣，培养学习激情，为更好地完成相关毕业设计任务打下坚实的基础。

参考文献

[1] 孙德发，赵全振，江平. 土木工程专业毕业设计教学改革研究与实践[J]. 高等建筑教育，2009(1).

[2] 李永梅，赵均. 高校土木工程专业毕业设计教学环节的改革与实践[J]. 高等理科教育，2008(01).

[3] 肖鹏，李琮琦，康爱红. 基于系列化模式的土木工程专业课程设计教学改革[J]. 高等建筑教育，2010(05).

[4] 刘勇健，李友群，刘广静. 加强实践性教学 培养土木工程专业学生的创新能力[J]. 高等建筑教育，2008(05).

[5] 鲍先凯，薛刚. 土木工程专业岩土与地下方向毕业设计教学改革研究[J]. 中国电力教育，2010(32).

土木工程毕业设计中本科生与研究生互动探索

李振宝　马　华　付　静　张芳亮　李汉杰

（北京工业大学建筑工程学院，北京　100124）

摘　要　毕业设计（论文）是本科生毕业前都要经历的一个环节。为了提高本科生毕业设计质量，本文提出研究生助教监管本科生毕业设计，通过研究生助教制定详细计划并实施，加强对毕业设计全过程的指导、监督和管理。有利于提高本科生创新能力及毕业设计质量，有效提高研究生自身的学术能力、创新能力、交流能力。

关键词　毕业设计，研究生助教，本科生，综合能力，互动探索

一、引言

毕业设计是培养学生综合能力和工程素质的一个重要环节。但目前，某些高校的毕业设计质量处于下滑阶段，并且本科生能力的提高也不容乐观。经过实践分析，主要原因是就业压力给学生带来的不利的影响、专业指导教师的缺乏、硬件资源不足、学生在毕业设计上投入的精力不容乐观、前辈提供的经验越来越少、网络发达以至于出现买卖毕业设计等现象。这些问题都给提高毕业设计质量及本科生能力带来很大的困难。早期一些学者做了多方面的研究，并取得了较大的成果。坎标等人[1]提出，在毕业设计阶段，对本科生高效学习能力、科学思维能力、创新创造能力、交流表达能力的培养方法。曹成茂等人[2]提出影响毕业设计质量的因素。本科毕业设计分为研究型指导模式[6]、群组指导模式[7]、大项目小课题指导模式[8]等，本文提出研究生助教监管本科生毕业设计，通过研究生助教自行制定详细计划并实施，这有利于提高本科生能力及毕业设计质量[3-5,9,10]，并有效提高研究生自身的学术能力、创新能力、交流能力。

二、毕业设计中本科生与研究生互动计划及过程

1. 实施计划

本计划是作者践行研究生助教参与土木工程结构专业毕业设计环节所制定的，内容具有真实性、可行性，并且得到了检验，成果非常可观。

参加毕业设计的本科生为11人，其中1人写学术论文，另10人（包括一名留学生）做建筑结构施工设计。为了方便本科生的管理，四名研究生接管毕业设计任务，每名研究生分别检查2名或3名本科生毕业设计，另写论文的学生由其中两名研究生助教跟进。

由于每个学生的能力及知识储备不同，根据学生的需求研究生助教制定了详细的计划，见表1。本计划主要以锻炼学生自主学习能力为主。自主学习的内容分为以下几个方面：1. 自主选择毕业设计课题，并按照自己的想法及建筑结构要求，设计建筑图。2. 自主进行结构设计，按照规范要求进行结构选型及计算等。3. 除基本计算内容外，自己选择创新点，进行小课题研究。

2. 实施过程

为保证毕业设计顺利进行，每周安排一次集中会议时间，及一次一对一检查时间，主要进

作者简介：李振宝，男，教授，主要从事结构与工程抗震研究及教学。

项目支持：北京工业大学教育教学研究项目（ER2013C14）。

行进度检查及答疑工作。考虑到学生及老师的时间，以及学生做毕设的情况。其余时间为毕业生自行学习时间，毕业生亦可单独预约进行答疑。

集中会议，主要是对表1中的计划安排，研究生助教从细节入手，详细地讲解毕业设计内容，理清学生的毕业设计思路。为增加互动，活跃授课气氛，帮助本科生理解、巩固、消化学习内容，学习过程中由授课研究生进行随机提问，力争将问题解决在集体讨论学习的过程中，以便合理安排学习时间。考虑到学生接受知识的能力不同，光凭借周二集中会议讲课不能提出一些问题。因此我们要求学生在周二会议之前，通过自主学习详细了解本周所做毕业设计内容，并提出相关问题，待周二会议上一同解决。这将有利于开发学生动手动脑的积极性，有效地提高了毕业设计质量，以及毕业设计进度(表1)。

表1　　毕业设计详细计划

周次	周工作进度	阶段成果要求
1	熟悉设计资料，自主设计建筑方案	建筑设计方案
2	绘制建筑图、设计结构方法(结构形式及截面选择)、进行PKPM软件学习及试算	结构设计方案
3	荷载统计、建筑图(平、立、剖4张)、外文翻译第一阶段、准备开题报告	荷载统计结果及建筑图
4	手算：结构刚度及周期；外文翻译第二阶段	提交计算书及翻译
5	手算：水平荷载作用下的框架内力计算(有能力的学生可以横向及竖向地震均计算)	提交计算书
6	手算：竖向荷载作用下的框架内力计算	提交计算书
7	手算：荷载效应组合计算、中期检查预答辩	整理计算书
8	手算：框架梁柱截面设计及配筋、中期检查资料	提交计算书及中期报告PPT
9	手算：楼梯结构计算、基础设计(有能力的学生可以换一种基础形式计算)；外文翻译第三阶段	提交计算书及翻译
10	手算：整理计算书；完成PKPM电算(有能力的学生可以进行参数的对比小课题)	提交计算书及电算结果
11	完成结构图纸一套	建筑图及结构图
12	施工组织设计	施工设计方案
13	施工组织设计	施工设计横道图
14	施工组织设计	施工设计环境图
15	施工组织设计、准备答辩PPT进行预答辩	整理内容及完成答辩PPT
17	毕业论文答辩	

一对一检查，主要是将本周完成的毕业设计内容交予研究生助教进行检查，以及进行简要的答疑。对于做得比较好的学生，研究生助教可以提前讲解下一步的工作，并要求学生课下自主学习，多查阅相关资料，也可以进行一些小的相关课题。对于有困难的毕业生，研究生可根据学生情况调整计划，并预约时间单独答疑。

本次制定的实施方案是经过实践检验的，有效地提高了毕业设计质量以及毕设进度。这样的实施过程有效减小了学生毕业设计后期的压力。并且学生有更多的时间可以进行修改、整理、准备毕业设计答辩。

三、本科生创新能力及毕业设计质量提高

1. 能力提高

本次研究生助教参与本科生毕业设计环节，取得了不小的成果，对本科生的能力有很大的提高。提高比较突出的能力有学习能力、思维能力、创新能力、表达能力。

(1) 学习能力

学习能力是指一个人能按照社会发展的要求，主动地获取新知识，不断弥补完善自身知识

结构的能力。上文中有提到，本次毕业设计主要是以学生自主学习为主，研究生助教辅助教学为辅。毕业生集中查阅资料，了解和掌握课题背景以及相关知识和技能。毕业生能够集中精力，更有利于学生主动学习相关技能。

(2) 思维能力

思维能力即分析解决问题的能力。做毕设的过程中，毕业生积极主动答疑，自行查阅文献解决问题，结合学过的知识系统分析，有效提高学生的思维能力。

(3) 创新能力

创新思维是创造过程的基本环节，它是优化组合多种思维方法，而取得新成果的综合思维。做毕设过程中，毕业生发挥思维活跃的特点，敢于质疑、敢于探索。研究生助教注重学生对一般创新创造方法的学习和运用、鼓励学生提出新想法或新理论，开发新的学习方法，理解更多知识，有助于学生创新能力的提高。

(4) 表达能力

表达能力是指在口头语言及书面语言的过程中运用字、词、句、段的能力。每周的会议为学生提供一个交流的平台，大家一起交流学习心得。当学生遇到并不擅长或熟悉领域中的难题时，通常会与很多人进行交流并寻求帮助，包括指导教师、同学、研究生助教等。这些过程都可以锻炼学生交流表达能力。

2. 毕业设计质量提高

在毕业设计过程中，通过毕业生自主学习以及研究生助教对相关专业知识做进一步的讲解，毕业生对毕业设计相关知识了解得很深刻，毕业生积极主动提问，自行查阅文献解决问题，调动他们的积极性，因此学生能够快速进入到毕业设计当中，并且在做的过程中更会很轻松。研究生助教引导启发本科生的创新意识，毕业生可以提出新问题、新方法，有助于毕业设计的进行，有效地提高了毕业设计质量。

四、研究生综合素质得到锻炼和提高

1. 研究生助教工作对研究生发展的重要性

研究生助教工作对研究生自身的发展有着非常重要的作用。第一，研究生助教工作的实施能够为研究生创新能力的培养提供一个良好的发展平台。研究生可以在最短时期内将知识转化为能力，在这个过程中，研究生可以发现自我，锻炼自我。第二，研究生助教工作对研究生尽快进入学术学习具有重要的意义。研究生将本科时代所学的内容，运用到毕业设计环节，将知识总结归纳。第三，研究生助教工作，既可以激励研究生踊跃投入到科学研究中去，又可以与导师进行进一步的交流，有利于研究生学习导师的学术经验。第四，研究生助教工作，需要研究生肩负重任，研究生将全身心投入到教学当中，学习知识。

2. 研究生能力提高

研究生助教参与本科生毕业设计环节，这段时间所积累的教学、逻辑思维与表达、人际交往等有助于综合能力的提高。主要有组织能力、创新能力、实践能力、科研能力、人际交往及逻辑思维表达能力等。

(1) 组织能力

在毕业设计过程中，从毕业设计初期，研究生助教就要根据不同学生的特点，制定不同的学习方案；联系讲课教室以及讲课器材；根据不同学生的需求，合理安排时间等。面对不配合的学生，需要研究生助教来劝解，并制定解决方案。这将有效地提高研究生的组织能力。

(2) 创新能力

研究生将会真正独自进行教学、探索创新,并要启发毕业生的创新能力。让研究生真正以创新的精神来研究问题,解决问题。

(3) 实践能力

目前研究生的理论知识较强,但是将理论知识运用到实际上的能力比较薄弱。通过研究生助教工作,将有效提高研究生的实践能力。在参与毕业设计过程中,可以逐渐熟悉教学环节以及教学方式,锻炼其授课能力。在毕业设计过程中,研究生积极参与毕业设计,将本科所学的理论知识运用到本科生毕业设计指导当中,培养研究生独立完成研究工作的能力。

(4) 科研能力

研究生从事助教工作可以使其得到教学等多方面素质的培养和锻炼。在参与本科生毕业设计教学的过程中,可以熟悉相关专业课程的内容,在以后的科研中也会用到这些知识。研究生助教在学校制度以及导师的要求下,要遵循相关制度,培养良好的科研工作态度。

(5) 人际交往及逻辑思维表达能力

在毕业设计过程中,研究生需要与性格迥异的本科生交流,并且还要与导师交流。这将大大锻炼研究生的人际交往能力。在帮助毕业分析问题以及解决问题的过程中,研究生将问题进行系统的分析,并加以解决,有效提高研究生的思维能力。

五、结论

实施研究生助教监管毕业设计制度,对于毕业生毕业设计完成质量、进度把握以及提高本科生创新能力等有显著效果。研究生作为助教,可巩固其自身的理论知识,锻炼其综合能力,为研二展开科研工作打好基础。本文中提出的研究生参与本科生毕业设计的实施计划以及过程都是经过实践检验过的,有着很好的成果。因此,本文提出一些中肯的建议与经验。

(1) 拓展研究生的职责形式,扩大研究生助教的参与数量。

(2) 把握研究生的个人素质与专业素质。

(3) 锻炼毕业生自行思考和讨论的能力。

参考文献

[1] 坎标.本科毕业设计环节中学生综合能力的培养[J].中国科学创新导刊,2012(31):172.

[2] 曹成茂.毕业设计质量的影响因素与对策研究[J].安徽农业大学学报,2007,16(5):113-118.

[3] 耿浩然,刘福田,芦令超,王冬至.关于研究生协助指导本科生实验课教学模式的探索[J].教书育人,2011(06):109-110.

[4] 邱立友,高玉千,戚元成.理科硕士研究生创新性人才培养模式的探索[J].高教论坛,2009(10):26-28.

[5] 高笑娟.土木工程毕业设计质量的全过程控制方法探索[J].高等建筑教育,2011,20(1):127-130.

[6] 章亚男,钱晋武,沈林勇,陆林海.本科毕业设计指导的研究型模式尝试[J].中国科教创新刊,2012(31):49-50.

[7] 高琪,李位星.本科毕业设计中群组指导模式的实证研究[J].实验室研究与探索,2011,30(10):383-386.

[8] 章勇高,高彦丽,黄江平,蔡穆英.工科毕业设计的大项目小课题指导模式研究与探索[J].教育与教学研究,2012,26(03):81-84.

[9] 沈赤冰.提高理工科本科生毕业设计质量的探讨[J].高等教育研究学报,2007,30(2):49-51.

[10] 陈春生,谢常.对提高本科生毕业设计质量的思考[J].教育学术月刊,2010(1):58-59.

提高土木工程留学研究生毕业论文质量研究

马　华　李振宝　张芳亮　Diane Amba Mfinda

(北京工业大学建筑工程学院,北京　100124)

摘　要　随着高等教育的国际化进程,留学生尤其是留学研究生的培养工作成为现代高等教育的重要内容,而留学研究生的毕业论文质量是检验教育质量的重要标志。土木工程专业的留学研究生在毕业论文的写作上有选题范围广,思路开阔等优点,但是由于文化、语言的差异,也存在对课题理解不够深入或存在偏差的情况。本文将针对土木工程专业留学研究生毕业论文的选题、内容和指导中存在的问题,提出相应的措施和建议。

关键词　土木工程,留学研究生,毕业论文,选题,指导

一、引言

近几十年,世界各地自然灾害频发,给人民的生命财产造成巨大损失。为更好推动土木工程学科的发展,我们不仅要关注结构、建筑方面的关键科学问题,更要关注土木工程学科优秀科研人员的培养。随着高等教育的国际化进程,留学研究生培养工作的重要性愈加凸显。近年来,土木工程专业留学研究生不断增加,留学研究生培养工作的经验也不断积累[1-3]。如何更好地培养和深入挖掘留学研究生的创新能力和科研能力,是研究生教育领域的重要课题[4-6],但目前针对留学研究生毕业论文的选题、内容和指导方面还存在一些问题,需要引起必要的关注。

二、土木工程留学研究生毕业论文现状

近几年,高校留学研究生招生规模不断扩大[7],而扩招后的留学研究生毕业论文质量却不尽如人意。土木工程专业留学生毕业论文质量不高的现象广泛存在[8-10],其论文原创新、前沿性程度均较低,目前多数高校通过制定和实施毕业设计环节的政策措施来规范毕业论文的管理,而监管力度与执行力度又不强,但论文评阅结果却屡屡合格率很高。土木工程留学研究生毕业论文出现这种问题的原因是多方面的,需要引起教育专家学者的广泛关注。

三、留学研究生毕业论文中存在的问题

留学研究生作为一个特殊的研究生群体,由于其语言、文化的差异,对其毕业论文的指导提出更高的要求,在不断探索过程中发现的问题有:

(一) 留学生方面

1. 选题过大,缺乏深度

毕业论文的完成过程包括毕业论文选题、文献查阅、方案设计、试验研究、数据分析与处理、毕业论文撰写等多个阶段,而选题是毕业论文的起点,也是决定论文方向与内容的关键因素,因此,合理选题是毕业论文顺利开展的重要前提。留学研究生基于各自民族、文化、国家的

作者简介:马华,女,副研究员,主要从事结构与工程抗震研究及教学。

基金项目:北京工业大学教育教学研究项目(ER2013C14)。

特点对比在中国接触到的事物，形成多元文化意识和对比意识。这一点在汉语言文化学习上尤其突出，在土木工程毕业论文选题上也存在同样的倾向，留学研究生习惯选择“对比”类课题，但这种课题形式如果把握不好，往往过于宽泛，难以有深度地展开研究。土木工程专业特点要求选题不要太大，着眼于现阶段研究生自身土木工程方面知识积累情况，选择在一点上把问题解释清楚即可，防止题目宽泛而流于范范之谈。

另外，在处理对比类课题时，留学研究生使用的对比方法偏简单，常采用先 A 后 B 的罗列式，而非 A 与 B 交叉的对比论证式，只分析异同，却没有分析异同的原因，缺乏充分科学的理论依据。

2. 论文写作水平较差

1）部分中文理解不到位

部分留学生可使用中国政府奖学金学习汉语一年，通过汉语和科技汉语等课程的学习，提高留学生应用汉语听课和阅读科技文献的能力。虽然效果显著，但是毕竟对汉语的完全掌握不是一朝一夕能实现的，加之土木工程专业术语多而繁琐，留学研究生即便经过专业课程的学习，日常口语的训练，还是只有少数可以较为灵活地运用汉语，较为快速地理解科技文献的专业知识。经常出现如下情况，比如留学研究生查找土木工程方面的参考文献费时耗力，总结的综述却还是缺少重点；比如给定毕业论文写作格式及模板，留学研究生却经常因为理解问题，出现错误的论文格式，或者对模板提供的信息不敏感，不知道哪些方面是规范论文的要求。

2）论文内容逻辑性稍差

大部分留学研究生在毕业论文之前从未撰写过论文，毕业论文出现内容层次不清晰，语句不通顺，图表不规范等问题，而土木工程专业是要求精细度、严谨思维能力的工科学科，这种情况下，即使研究生对课题有一定了解，但由于撰写论文水平有限影响毕业论文的质量。

（二）导师方面

1. 管理力度不够

毕业论文与其他课程不同，要求留学研究生在一定的时间内在导师的指导下自主完成。从中国到各高校，一直给予留学研究生的培养管理以宽松的政策环境，要求为其建设一流环境，提供人性化服务。这会引导导师对留学研究生“另眼相看”，放松对留学研究生的时间管理和学习任务管理，可能出现留学研究生毕业论文期间与导师汇报交流次数太少，导师无法全程把控留学研究生毕业论文的各个阶段并及时给予相应的指导，以及导师对其毕业论文要求降低等情况。

2. 对导师自身能力要求高

与留学研究生正常交流要求研究生导师具备相当的英文水平，还包括有关毕业论文专业学术问题的英文表达及指导能力，并且留学生教育需要教师具有激情和创新性。而目前高校针对留学研究生导师的队伍建设并没有完全达到这个要求，某些自身老教师仍然是传统中国式研究生论文指导方式，不能适应留学研究生的学习需求。

（三）学校方面

1. 毕业论文过程管理不规范

各高校各学院均设置毕业论文管理规定，但实施细则不够详细，缺乏严谨的控制程序严格检验并评定研究生在研究生选题、文献阅读、方案设计、试验进行、数据处理以及整个论文撰写过程中的表现及成绩。尤其对留学研究生更是缺乏相关具体的条文规定。并且由于执行力度不足导致留学研究生对毕业论文管理规定的忽略，最终导致留学研究生毕业论文质量的下降。

2. 科研资源利用有限

科研资源和水平也是影响留学研究生毕业论文质量的重要因素，目前我国已经初步具备了留学研究生做科学研究和课题项目的条件，但是由于各单位缺乏协调，资源共享不充分，造成留学研究生某些关键问题得不到解决，限制了科研的进展与高水平毕业论文的发表。

四、提高留学研究生毕业论文质量的策略和建议

针对留学研究生毕业论文中存在的问题，着重提出下面三点建议：

1. "三合一"选题思路

留学研究生选题必须结合学生具体情况、结合导师科研项目、结合学科前沿和发展动态，这对提高留学研究生毕业论文质量，有十分重要的意义。

(1) 结合学生具体情况，因材施教

留学生来自世界上不同的国家，各自的教育体制、教育水平不尽相同，与中国文化差异很大，加之语言障碍，使得留学研究生的毕业论文指导更具有复杂性，同时留学生在土木工程专业上的知识和技能也因人而异。在选题过程中，导师必须掌握留学研究生自身特点，制定详细的毕业设计指导策略和毕业论文题目范围，引导留学研究生合理选择课题题目，并按照时间节点严格把控，确保留学研究生按时完成毕业论文。

爱因斯坦曾说过："兴趣是最好的老师"。在导师的配合与支持下，留学研究生在选题过程中着眼自身兴趣，主动参与的积极性是日后完成文献阅读整理、课题开展及撰写毕业论文的内在动因，会鼓励其对毕业论文中所遇到问题的思考，引导其开发创造性思维寻求解决问题的方案。

(2) 结合导师科研项目，有的放矢

留学研究生的毕业论文选题可以依照自己兴趣点自行确定，当然，留学研究生介入导师的科研课题同样是提高毕业论文创新性的有效措施。导师申请课题的前提是对这一课题经过深思熟虑有了比较成熟的想法和思路，比如土木工程专业导师横向及纵向课题申请都比较方便，留学研究生选择导师大课题中的某个问题点作为研究重点，不仅能够使留学研究生快速了解导师的课题研究情况，同时保证导师对研究生毕业论文的指导力度，而且也能帮助留学研究生更快了解本专业的前沿科技、最新动向。

(3) 结合学科前沿和发展动态，培养创新能力

土木工程留学研究生毕业论文的科学性、新颖性是培养留学研究生创新能力的重要因素，选题不仅要符合土木工程学科特点，更要不断探索土木工程前沿的研究方向，跟随最新的发展动态，鼓励留学研究生大胆创新，培养其创新意识及创新能力。随着社会的不断发展，诸如关于高层、超高层结构的抗震问题，纤维复合增强材料的研究与应用以及土木工程计算机技术的应用等必然是土木工程领域研究的热点问题。

总之，留学研究生选题是保证毕业论文完成质量的重要前提，因此必须引起足够重视。但是选题的范围宜小不宜大，留学研究生的选题能够将一个工程学科的技术或科学问题解释清楚即可。

2. "1+1"毕业论文内容控制机制

留学研究生毕业论文内容出现写作不规范等问题，为提高留学研究生毕业论文质量，应当从导师和学校两个方面共同提出解决方案。如出现科研资源有限的问题时，导师及学校应相互配合，尽力实现不同部门之间资源共享，使留学研究生科研得以顺利进行。

(1) 导师加大毕业论文管理力度

留学研究生来华深造确实存在诸如语言、文化冲击等不利因素，导师需要在生活上给予关心爱护，但科研方面还需要一视同仁，才能真正培养出合格的高水平的留学研究生。建议首先由留学研究生自行制定，并与导师协商确定毕业论文进度计划表，然后导师按照时间节点与留学研究生进行课题内容的探讨，明确下一步研究方向。同时，为解决留学研究生论文撰写能力较差的问题，提出在毕业论文前期安排研究性学习任务，导师提出问题，留学研究生查阅文献，思考整理后提交解答并进行讨论，这种学习方法可以不断激发留学研究生自行解决问题的能力与积极性，并通过书面报告的撰写训练为毕业论文的撰写打下良好的基础，导师还可通过一次次小型训练指引留学研究生找到不同问题的分析方法，着重培养留学研究生的科研能力和创新能力。

(2) 学校建立健全的毕业论文过程管理制度

学校对研究生毕业论文控制主要是开题、中期、终期汇报的形式，届时邀请相关领域的专家学者协助把关。建议高校学院针对留学研究生成立专门的毕业设计管理委员会，针对其选题进行严格的审查，并加大毕业设计过程中的监控和检查力度。通过中期报告及时了解其课题研究情况，发现问题并及时纠正。建议对每一次评估均设置评分项并严格执行，作为历次答辩成绩计入终期汇报总成绩。

3. 导师与留学研究生建立良好互动的指导模式

导师应与留学研究生之间形成最直接的交流平台，这对导师英文水平及专业水准提出更高的要求。良好的点对点互动交流模式，有助于专业知识信息的传递以及留学研究生高质量毕业论文的顺利发表。

另外，导师可鼓励中国研究生与留学研究生多多互动，增进交流的同时探讨课题，互相提高，中国研究生帮助留学研究生理解常用土木工程专业术语，留学研究生则可帮助中国研究生提高英文能力。

五、结语

为提高留学研究生毕业论文质量，本文针对土木工程专业留学研究生毕业论文的选题、内容和指导中存在的问题，从留学研究生、导师及学校三个方面指出问题的原因，并从土木工程留学研究生毕业论文的选题、内容与指导三个方面分别相应地提出解决措施和建议。希望土木工程专业留学研究生的毕业论文指导工作走上规范化、科学化的轨道。

参考文献

[1] 杨建昌.外国留学生工作研究[M].北京:北京新闻出版,2004.

[2] 刘小军.研究生层次外国留学生培养的几点思考[J].学位与研究生教育,2006(07).

[3] 柳福女.研究生层次留学生培养、教学管理过程中存在的问题及策略研究[J].青年与社会,2014,(7):252-252.

[4] 潘东芳.试论导师在留学生培养中的重要作用[J].高等农业教育,2013,(11):57-59.

[5] 李艳.地方高校外国留学生管理策略浅析[J].学术探索,2006,05:129-132.

[6] 张扬舟.加强我国高校外籍留学生教育管理的几点思考[J].科技信息,2009,19:545-546.

[7] 吴应辉.北京市高校外国留学生快速增长途径研究报告[A].北京高校来华留学生教育研究[C].2008:15.

[8] 李春根,罗丽.研究生学位论文:质量现状及提升措施——基于研究生创新能力培养的视角[J].高等财经教育研究,2012,02:62-66.

[9] 余峰.基于创新能力的研究生培养模式改革研究[D].华中师范大学,2009.

[10] 高阳.研究生培养质量评价研究[D].哈尔滨工程大学,2013.

土木工程专业毕业设计与留学生创新能力培养

马　华　李振宝　李汉杰　ZAVODSKOY DMITRY

（北京工业大学建筑工程学院，北京　100124）

摘　要　近年来华求学的留学生日益增多，其在华的教学和能力培养，是高校学习管理中的一项重要工作。土木工程作为一门范围广阔的综合性学科，毕业设计能综合反映留学生在华学习的效果，能检验其所学的基础理论与专业知识。通过完成毕业设计，留学生独立分析和解决问题的能力也得到锻炼。毕业设计的指导工作在于激发留学生的创新意识，结合学生的升学与就业，引导其主动结合课本知识与实际工程，加强综合素质的培养。本文从土木工程专业毕业设计全过程探索留学生创新能力培养的方法。

关键词　土木工程，留学生，毕业设计，能力培养，创新能力

一、引言

1. 留学生自身情况

随着我国的发展与进步，来华求学的留学生日益增多。据统计，2011 年在华学习的外国留学人员总数首次突破 29 万人，创新中国成立以来新高。留学生来华的主要目的是求学，尽管所学专业有所不同，学习时间长短不一[1]，求学的主要目的是获取新的知识，锻炼独立思考与解决问题的能力。对知识掌握程度的直接体现就是学业成绩，留学生大都重视通过自身努力之后所取得的结果，对知识的掌握与理解程度。毕业设计，作为留学生在本科期间的收官之作，能够体现他们本科期间的所学所得。通过毕业设计的指导，能够激发留学生的创新意识和主动解决问题的积极性。因此科学的计划与管理，对留学生在毕业设计中的引导，对其创新意识和能力的培养具有举足轻重的作用。

2. 留学生教育情况

留学生来华之后可能由于环境改变的问题，缺乏学习动力与目标。因此，进入学习前需要使其了解中国大学的文化、校规以及作为学生的责任和义务。同时在明确留学生的目标之后，作为教育者也要进行相应的改变与提升，如在专业课授课时，应该尽量采用英语授课，土木工程专业是老牌的学科，很多中文的专业名词都有英文原版。中文授课虽然能解决选用教材、教师配置等问题，但是英文授课能够让留学生对课堂更感兴趣，激发其对学科的兴趣，并且有助于教学水平的提高，符合国际发展趋势，与国际接轨。目前的教学方法停留在课本知识的灌输，并未将现代教学的精神贯彻到留学生的专业教学当中[2]。在课堂上应增加教师与留学生之间的互动，以增强其学习的自信心。利用课堂完成知识的传播，时间是十分紧张的，为了提高课堂时间的效率，可以提前发放教学资料给留学生。由于留学生自身语言的原因，教师应更有耐心，对其不懂的知识点多次讲解，循序渐进的让其掌握知识点，并利用课后作业对其知识掌握程度进行检验。在课堂上多引出开放性的问题，引导留学生在课堂上的积极思考，并且成立讨论小组，让留学生在融入同学的同时对知识点有更深层次的认识。对知识点时，引导留学

作者简介：马华，女，副研究员，主要从事结构与工程抗震研究及教学。

基金项目：北京工业大学教育教学研究项目（ER2013C14）。

生定向思考，并在讲解后确定留学生的掌握情况。土木工程作为一门综合性的学科，其包含的内容有：基础课程、专业基础课程和专业课程，合理设置课程和选择教学内容促进留学生进一步理解知识有着至关重要的作用。因学时有限，且留学生对中文教材的思路、内容并不熟悉，在选择内容时应以学科的经典内容为基础，以学科前沿作为拓展教学，利用实际工程来促进留学生对学科知识的感性认识。留学生的教育是我国发展壮大、日益国际化的具体体现，采用英语授课是与国际接轨的一种教学方式。留学生的课程学习为其毕业设计奠定了基础。

二、土木工程专业毕业设计

1. 毕业设计的现状

近年来，我国经济的飞速发展，社会对土木工程专业人才的需求量增大，对其质量的要求也日渐提高。土木工程作为一门范围广阔的综合性学科，毕业设计是检验留学生能否运用在本科所学的基础理论只是和基本技能解决实际问题的重要环节。但是大学的只是传播主要以课堂教学为主，留学生对专业知识的掌握不够统一，比较分散，缺乏对工程问题的从整体到细部的划分能力，课堂仅仅给留学生传播已知求解的学习方法，未能对工程问题有整体性的感知和认识。毕业设计的目的在于培养留学生的综合素质和激发学生的创新意识，为留学生走向工作岗位或者进入更深层次学习打下坚实的基础[3]。留学生作为大学生里面不可缺少的团体，毕业设计能深化其对知识的理解，是学习、研究与实践的全面结合。通过毕业设计，能够反映留学生的创新思维、综合素质和工程素养。而想要达到留学生学习质量的全面提高，毕业设计的指导工作必不可少。

2. 留学生因材施教

留学生在中国大学校园里是一道亮丽的风景线，不同的国家、不同民族的人都有各自不同的生活方式。生活环境和后天培养，造成了他们具有不同的学习能力。这一复杂的现象，在来华求学的留学生中显现地颇为突出，对知识的接受、理解和掌握，他们变现出明显的差异。有的留学生的数学基础好，对解方程、力学的受力分析掌握比较快，因此更有信心地学习、更有耐心地询问，不断进步；有的留学生没有扎实的数学基础，对基本的数学方程的求解也不知从何入手，导致心情烦躁，对学习产生厌烦心理，丧失信心。针对不同的学习基础，制定不同的学习计划能够更好地帮助他们对知识的掌握。对于前者，能够给他们更多的自由和挑战，对于后者应该给予他们更多的耐心。在选题的方面大体有两种方向，一种是结构的分析计算，另一种是施工组织设计部分。目前在校学生多数选择的是前者，这就导致了学生在施工组织和经济因素上有所欠缺，导致毕业设计的覆盖面过少[4]。而选择后者的学生存在对毕业设计的内容缺乏整体认识，钻研深度不够、设计水平不高的问题。对于基础较为扎实的学生，应该在选题方面给予更多的空间，例如可以根据自己的实力选择实际课题还是虚拟课题，把建筑图的制定、施工图的绘制和施工计划的敲定整个设计流程都走一遍。甚至可以建议其选择奇异的建筑外形，选择复杂的结构形式。对于基础相对不扎实的留学生，应该制定相对固定的流程，目的在于引导其运用本科所学的知识，完成整个结构计算与分析的过程，达到综合运用所学的知识进行工程设计实际训练的目的。

本科的毕业设计不再仅仅是一门考试，其已经演化成学习、实践与创新相互结合的过程。随着社会的不断发展，本科生的毕业设计也面临许多的现实问题，留学生普遍只注重理论知识的应用，习惯于套公式，套例题。设计的程序显得古板、复杂与繁琐。脱离指导书就不知所措，与实际工程脱钩。这样的现象在留学生中也屡见不鲜，其不仅未能检验留学生综合运用知识的能力，更不利于激发留学生的创新意识。

因此，在土木工程毕业设计指导工作上，要特别注重留学生综合运用知识和创新能力的培养，不仅要强化基础知识和专业知识，而且要活学活用。同时需要鼓励留学生发挥创新能力，主动把平时所学所得渗透、运用到毕业设计的全过程中。

三、留学生创新能力培养

1. 创新能力培养的特点

随着时代的进步和社会的发展，我们也需要与时俱进，改变以上课讲课传授知识的教学思路，以激发和培养留学生创新意识和实践能力为目标，从教学思想到教学方式上，破旧立新，从原始的课堂中解放出来，通过案例分析、实际问题的解决锻炼留学生的从不同角度不同方面思考和解决问题。创新能力培养主要是要培养留学生的创新意识、思维和方法，本质的提高留学生分析和解决问题的能力。创新能力是一种超越前人、超越权威的能力，留学生在校期间就应该学习、理解和分析课本上知识，并且积极主动地去思考、丰富和发展课本上的知识。同时还要培养留学生的个性，留学生在中国本来就已经属于少数群体，很容易在大环境中失去归属感，而个性的保留和发展，才能使留学生在创新方面有所突破。因此作为教师应该鼓励留学生，激发其斗志与"野心"，弘扬个性，给留学生提供能够充分发展的空间。

2. 创新能力培养的意义

当今世界，科技迅速发展，创新能力的培养是时代的要求。学校是创新、传播和应用知识的主要凭条，是培养人才的和孕育创新精神的摇篮。而留学生来华求学的成果集中体现在毕业设计当中，在毕业设计指导过程中，培养留学生的创新能力是时代赋予教师的使命。并且大多数留学生是国家公费派遣来华求学，学成回国建设家乡的[5]。培养留学生的创新能力，有助于其回国进行创新工程建设。创造性人才，在改良生产，创造新技术方面具有关键作用。积极引导学生创造性解决问题，可以为国家创新工程提供人才保证。

3. 创新能力培养的方法

(1) 开设附加课程

留学生由于对汉语不熟悉，通常在开始课程学习前都需要至少一年的语言训练，但是这一年的培训仅仅只能满足日常生活的需要用语，未能在专业学习的课堂上消化和掌握复杂繁多的专业词汇。并且有的留学生的数学基础较差，未能很好的进入土木工程这个学科的专业学习。因此，开设附加的语言班和数学班对留学生在高年级的表现会有明显的影响，可以提高整体的教学质量。开设附加课程，这样的做法目的性较强，留学生能根据自身的缺点选报适合自己的附加课程，这对他们今后的深入学习和顺利毕业提供了保障。同时，在教室当中也应该增设外国语言班，能够在课堂上利用英语对专业名词进行更加生动和形象的描述，帮助留学生对该词的印象和理解。

(2) 毕业设计

毕业设计是大学本科教育最后一个而又不可缺少的教学环节。毕业设计的目的和创新能力的培养是一致的。毕业设计要求留学生运用本科所学的基础理论和知识，独立创造地解决问题，完成科学研究和工程设计，取得设计成果。在这一过程当中，留学生能从中学习到科学研究的方法，独立的思考能力和动手能力。把毕业设计细分到每个月，每一天需要做什么，把遇到的每个问题都对应到已学的知识，并且为了解决问题而学习新知识的这一过程就是创新能力培养的过程。

毕业设计包括有选题、调研、开题、设计与答辩等环节。为了在毕业设计中锻炼与培养学生的创新能力，需要在每个环节都给予指导与建议。

首先，应该要求留学生掌握毕业设计中所要用的基础知识，做好知识储备。文献检索、运用已学的基本原理和毕业设计的基本常识等技能都是必须掌握的。毕业设计做得好与坏跟前期的工作有直接的关系，积累一定的文献阅读量，翻看别人的优秀毕业设计都会对自己毕业设计的进行有着指导的作用。开设一些开发性、创造性的讲座，启发学生从毕业设计中结合现实情况发挥主观能动性，锻炼其创造思维，如建筑的奇异外形，复杂的结构形式等。

其次，要合理选择毕业设计的题目。毕业设计的题目不仅要有现实可行性，还需要具有创新性。题目要来源于生产、科研等，结构本科教学的难度，知识点要覆盖土木工程专业的主干课程，做到一人一题不重复。为了调动留学生的主观能动性，可以在选题的时候多给学生一些选择，或者让留学生自行出题，最后由教师审定。

再次，合理安排时间在整个毕业设计当中具有很重要的地位。毕业设计的整体安排，不应该过于详细、死板，教师应该理解学生的个性，鼓励留学生根据自己的想法对毕业设计的整体进行细分和安排，对其中明显不恰当的做法予以引导。在毕业设计过程中，教师应该根据留学生题目的不同和进度不同，针对不同的问题对留学生进行答疑和指导。答疑时需要耐心，不要直接给出答案，利用引导的方法让留学生自行得出答案。可以定期进行小组学习，让留学生与留学生之间进行问题的交流，相互解答，增进留学生之间的联系，这样可以各取所长，相互提高。在毕业设计完成得出成果时，应该鼓励和建议留学生将自己的探索和成果撰写成科技论文，并力争发表，是毕业成果尽快产生社会效益。

(3) 案例分析

为了验证以上方法对创新能力培养的可能性，对 2010 届应届毕业的留学生进行毕业设计指导工作。从选题到答辩准备都给予了留学生足够的发挥空间。在选题方面，该学生对本来是四层的结构进行改造加至七层，主动要求增加计算量。并且自行学习国内计算软件，通过建模计算先确定方案可行，再用该学生本国的计算软件进行校核。在手算部分，该学生能够做到不懂就问，追根溯源地清楚荷载的传递途径，力的传递关系，仔细学习画图软件，一笔一画的结构图、施工图绘制完成。作为指导老师，我们仅是对其明显错误的地方提出要求，对其余自行创新的地方均予以支持和鼓励。最终该名学生在答辩中表现良好，虽不能说百分百达到要求，但是已经取得了很大的进步，获取了良好的成绩。案例分析说明，上述关于创新能力的培养方法是可行的，并且对学生的信任和鼓励，往往能够达到双赢的局面。

四、结论

毕业设计作为本科教学中最后一个重要环节，对于毕业生知识的巩固、能力培养和创新意识的激发都占有重要的地位。毕业设计教师应该进行有目的、有计划的引导，这样才有利于创新能力的培养。留学生属于比较特殊的群体，在自主学习的方面可能还需要教师的指导，因此毕业设计指导工作的关键在于激发他们的主观能动性，让其学会创造性地解决问题。在毕业设计的指导中，选题和设计方法和内容方面留给留学生足够的发挥空间，帮助他们的个性发展，在问题分析到问题解决的过程中，除非严重性的错误，否则都应给予留学生自主选择的权利，这样才可以充分发挥他们的个性，发掘他们的潜能。因此，通过毕业设计对留学生的创新能力培养，是适应时代，培养创造性人才的关键一环。

参考文献

[1] 史成瑞.外国留学生来华留学心理特征分析[J].江西社会科学，2000 (3)：154-156.

[2] 杨风暴,刘兴来.毕业设计与创新能力培养[J].中北大学学报:社会科学版,2010 (1):40-42.
[3] 宋文彬.本科毕业设计中素质与能力培养的思考[J].中国科教创新导刊,2009 (16):113-113.
[4] 彭建新,刘小燕,张建仁.土木工程专业留学生教学方法探索[J].中国电力教育:中,2013 (1):50-51.
[5] 孟德光,龙颖,董艳英.创新能力培养与土木工程专业毕业设计相结合问题探讨[J].青春岁月,2013(8).
[6] 朱镜人.全球化背景下的高等教育发展新动向及其对策[J].高等教育研究,2010 (3):105-109.
[7] 陈兴荣,苗秀花,刘鲁文.关于留学生高等数学课程教学的若干思考[J].当代教育理论与实践,2013,4 (12):72-74.
[8] 汤美玲,葛谢飞.理工类高校开拓来华留学教育市场的几点建议[J].商业文化(学术版),2009,6:139.
[9] 刘心,张子迎,苏丽.留学生教育理念与教学改革研究[J].教育教学论坛,2013 (38B):47-48.
[10] 刘平秀.中国发展留学生教育存在的差距与对策[J].对外经贸实务,2009 (7):82-84.

E 教学管理与师资建设

浅谈对土木工程专业评估新标准内涵的认识

何若全

（苏州科技学院土木工程学院，苏州　215011）

摘　要　高等教育土木工程专业评估标准修订之后（第五版，2014 年），一级指标从原来的三个增加到七个，其内涵也发生了很大的变化。正确理解土木工程专业评估新标准的意义，明晰各指标之间的内在联系，对于建立提高办学质量的有效机制具有重要的作用。文章从评估主体、目标导向、持续改进、优势特色四个方面对新的评估标准进行了个人解读。作者建议相关高校从培养目标、毕业要求、教学管理、师资队伍、资源条件、质量保障等方面进行全面梳理，从而在专业评估（包括复评）中获得最大的收益。

关键词　评估，学生发展，达成，持续改进

一、专业评估的主体是学生

多年来高等学校经历过一些不同的评估，有的着力于完善学校的规章制度和规范教师的教学行为，有的注重学科实力的增长和师资队伍科研水平的提高。土木工程专业评估把促进学生的发展作为首要任务，一方面从学生来源、成才环境、学生指导、过程跟踪四个方面进行评价，另一方面把学生毕业要求的达成度作为衡量专业教育质量的标准，并使二者相互呼应。

1. 学生发展是专业评估的首要任务

土木工程专业评估的目的和所有工程教育认证一样，是满足教育标准的一种评价性审查。评估不提倡在学校之间进行横向对比，无论“985”高校还是一般地方院校，都必须把学生发展放在首位。学校能否通过硬件设施和政策环境吸引到相对优秀的学生，学校和专业的定位是否与学生来源、分布相吻合，考生是否能够通过有效途径了解专业的培养目标，专业的志愿录取率如何、生源质量是否稳定等，都是专业评估所关注的问题。同时，校园环境、课外活动和社会实践平台、自由发展空间，专业、方向和课程的选择权等，是土木工程专业学生更好发展的必要条件。在大学的四年中，专业是否能够为学生提供充分的指导至关重要，这些指导不仅是专业学习上的，也包括在职业规划、就业过程、心理辅导等方面的。如果专业能对学生在整个学习过程的表现进行跟踪与评估，能够拿出充分数据和资料证明学生能力的达成，学校能够采取相应的措施保证学生在毕业时能达到毕业要求，学校专业评估的措施也就到位了。可以说，专业评估的主体不是教师，不是教学成果，更不是办学条件，评估的首要任务是对学生发展的评价。

2. 评估的考察对象必须是全部学生

优秀学生的学习成果固然能从一个侧面反映出办学水平，但评估的视角更多的落在全体学生身上。出于某种原因，专业负责人习惯于重点总结少部分学生的成绩，如全国结构大赛和建模竞赛中获奖、创新活动的成绩等，容易忽视全体学生的状况。从认证的角度看，往往“最后一名”获得学位的学生代表了专业水平的“门槛”。学校规定的毕业条件是否能够达成，在他（她）成绩单上的取证最有说服力。另一方面，学校制定的政策和采取的措施是否能够调动所

作者简介：何若全（1949—），广东兴宁人，教授，主要从事高等教育管理研究、钢结构研究。

有学生的积极性，购置的教学设备仪器是否充分用于所有学生的教学活动（与此相关的还有图书借阅率等），学校为学生提供的服务是否顾及到了所有学生的利益，专业的办学质量是否得到所有学生的认可等等，其侧重点均与全体学生有关而不是少数优秀学生。

3. 学生发展的目标是达到知识、能力、素质三方面的要求

"学生发展"下的二级指标分别是学生来源、成才环境、学生指导、过程跟踪，它们是构成学生发展的充要条件。但衡量学生发展的标志则是学生在毕业时达到知识、能力、素质三个方面的要求，也称"毕业要求"。土木工程专业的学生毕业后要面对较为复杂的工程问题，除了必须具备专业知识外，还要具有工程科学的应用能力、技术基础的应用能力、解决实际问题的能力、信息收集、沟通表达的能力以及应对危机与突发事件的能力等，除此之外，还须具备人文素质、科学素质和工程素质。这十二方面的毕业要求（五方面知识、四种能力和三项素质）缺一不可。我们注意到，由于这些要求不易量化，为数不少的高校在人才培养中并没有把它们逐一落实到位，虚化、弱化毕业要求的情况并不少见，应该引起足够的重视。

二、目标导向的实质是两个达成

培养合格的毕业生是土木工程专业评估的最终目标，评估标准的所有条款都要为这个目标服务。在专业建设过程中，一切计划、政策、措施都要为目标的实现而设定，其成效的检验也要由目标的达成度为主要判据。在专业评估的所有动作中，培养目标的达成和毕业要求的达成是两个关键的环节。

1. 培养目标及其达成是专业的顶层设计

每个学校的土木工程专业都对培养目标有一定的描述，但许多学校大同小异。这不但与实际情况不符，也违背了多样化办学的要求。主要为研究生阶段输送人才的重点大学和主要为中小型企业培养施工管理人才的高校，二者之间培养目标和培养规格的差距是相当大的。不同的培养目标不但决定了差异化的课程设置、实践安排、师资队伍，而且决定了实验室、图书馆的建设重点，更决定了教材选用和考试内容。不同的培养目标还决定了校园文化的风格，学生活动的特色等。在满足《专业规范》基本要求前提下，根据学校定位做好顶层设计、重新审视培养目标，是专业建设中的头等大事。

培养目标一般是指学生毕业五年左右所达到的规格要求。尽管他们已经离开了学校，但他们的职业行为、综合素质都代表了所毕业学校的人才培养水平。不同的培养目标决定了不同的毕业要求。评估标准不强调哪个学校的培养目标更高远，更但始终注重考察培养目标是否符合学校的实际情况，是否与生源匹配，是否有较高的达成度。

2. 达成毕业要求的有效途径

如何衡量不易量化的知识、能力和素质要求，学校如何做到、专家如何取证，在实践中都会遇到一定的困难。对此，三个方面的途径非常重要。

（1）把教学计划中的核心知识与能力要求、素质要求一一对应，形成目标关系矩阵，使能力和素质要求落实到每个教学环节中，责任到人、任务到课。这个途径的关键在于把所有指标落实到教学环节中，没有遗漏。

（2）实践环节是达到知识、能力、素质要求的重要的环节。学生通过动手实验、现场参观、工地实习、完成工程设计和参与创新训练，不仅完成教学计划规定的内容，更重要的是得到工程师的初步训练。这个途径的关键在于所有实践环节不走过场，均达到教学大纲的要求。

（3）通过第一课堂、第二课堂，学生活动、校园环境等系统工程，循序渐进，在泡菜坛子里

“熏”出学生的能力和素质。这个途径的关键在于主线清晰,各个环节有机搭配,循序渐进,形成合力。

因此,需要把支撑毕业要求的所有硬件和软件建设好,精心设计、落实每一个教学环节和课外活动,跟踪每一个学生的学习状况。在现场视察时,校外专家完全可以通过课堂、座谈、其他教学活动直接感受到学生的思与行,从校风的点点滴滴对学生的能力和素质做出判断。

三、持续改进机制是专业评估追求的目标

评估文件首次把专业的持续改进作为二级指标单独列出来,其重要性显而易见。建立持续改进制度并使其逐步上升为机制,全体教职工在日常工作中能够共同维护并使该机制运行良好,是专业评估的真正目的。

1. 学校首先要完善已有的制度

所有学校都有完备的管理制度,这些制度涉及学生、师资、教学、设备等。从持续改进的角度看,某些传统的制度往往缺少反馈、问责、自我修正等条款,没有形成闭环,不具备可持续的功能。比如学校都有学生座谈会反馈教学质量、用人单位座谈会调查毕业生质量等制度。但是问题反馈回来之后是否有跟进,相关部门能否对所反馈的问题进行改正,监督改进的责任人是否明确,是否对改进的效果进行了评估等,往往成了空缺而没有规定。因此,重新审查并完善已有的制度,是实施持续改进的第一步。

2. 重要的是把制度上升为机制

汇集具有持续改进功能的制度和规定,并不代表形成了持续改进的机制。机制是一种自动运行的、不具有争议性的、雷打不动的常态,机制的形成需要靠法制。持续改进机制运行之初,需要院系领导班子身体力行、依法行事,不打折扣。如果责任到位、持之以恒,机制就基本形成了。这种不受负责人更迭的固有机制,是教学质量的良性循环的关键。

3. 持续改进渗透于所有指标中

持续改进是一个新的二级指标(评估指标 7.3,下同),但土木工程专业评估标准的所有指标都需要持续改进,这也是一个硬性要求。土木工程专业的培养目标和毕业要求虽然是纲领性的,也需要随着市场和生源的变化而不断调整、持续更新(2.2)。培养目标和毕业要求的调整需要经过市场调查、征求师生意见、必须有企业深度参与,需要持续的调整和更新(7.1 和 7.2)。许多指标本身是递增性的:教学经费的投入需要逐年增加(5.1);生源质量要用于本专业的纵向比较以衡量生源质量的变化(专家工作指南 1.1);自评时要求学校提供最近一次教学计划修订的原因、依据和修订内容(专家工作指南 3.1)等。也有许多指标隐含着循序提高的要求,如专业教师应该知道自己在教学质量提升中的责任(4.2.1),青年教师需要落实个人发展规划(4.2.4)等。

从某种意义上说,土木工程专业评估之所以定量指标少、定性指标多,之所以不搞学校之间的横向对比,持续改进要求是原因之一。持续改进着眼未来、着眼发展,体现了以评促建。众所周知,专业评估强调满足基本条件的门坎标准,不评价学校办学水平的高低,但被评估专业是否具有全方位的持续改进机制是相当重要的因素。

四、土木工程专业评估的特色

2013 年 6 月在韩国首尔投票之后,中国工程教育作为预备会员加入了华盛顿协议。申报材料中,土木类专业(土木工程、市政工程、建环能源设备)作为重要的一员跃然纸上。近年来,

住建部人事司领导多次受邀在工程教育认证协会组织的全国会议上介绍专业评估经验，中国工程教育认证协会两个下属机构中均有土木工程专业的专家成员。个人认为，由于历史原因和自身的特殊性，我国的土木工程专业评估比其他工程类专业认证具有下列特点和优势：

历史长、范围广。土木工程专业评估已经开展了20年，积累了比较多的经验。截至2014年，已经有78所学校通过了专业评估，这些学校包括"985"高校、"211"高校、地方院校、军队院校等。除贵州、青海、西藏、宁夏、海南、台湾外，每个省都有通过评估的学校。无论在专家队伍建设、程序和办法等制度建设上，都积累了丰富的经验。已经通过土木工程专业评估的高校为行业输送了的卓越工程师占比很高，毕业生得到了企业和社会的普遍认可。

与执业资格的注册制度紧密挂钩。实际上，教育与国际接轨并不是专业评估的目的，与行业的执业资格注册制度衔接才是最终目标。20年前建设部能够既抓教育又抓工程师的注册制度，当时的"政府行为"促使二者之间完成了历史性的对接。时至今天，我国其他工科专业与相应执业资格注册制度衔接的难度非常大。教育部和其他行业协会之间无缝对接的动力要么来自政府之手，要么来自社会需求，而这两种可能在短期内都难以冲破壁垒。

土木工程专业评估除了具备专业认证的职责之外，也同时保留了"以评促建"的功能。主要体现在，视察过程中专家不仅扮演认证员的角色同时也能随时随地与学校交换意见；评估结束时视察小组除了做出视察结论之外也要在小范围给出专家的个人建议；视察报告中除了对每个指标做出评价之外还保留有"优势与特色"的文字描述；评估结论中除了对每个二级指标给出符合评估标准"是"或"否"之外也适当考虑发展趋势，这些都是土木工程专业可取的传统做法。

除此之外，土木工程专业评估与国际有关机构实行了互认、与国内的企业界有密切的合作等都是重要的优势和特色。

土木工程专业的新评估标准已经正式公布实施了。在实践中不断学习、研究才能深刻理解专业评估和专业认证的内涵。建议参加初评和复评高校的有关人员逐条解读每个评估指标，深刻理解其内涵，认真清理本专业的弱项、不确定项和不合格项，不断努力，共同提高土木工程专业的整体办学水平。

参考文献

[1] 住房城乡建设部高等教育土木工程专业评估委员会.全国高等学校土木工程专业教育评估文件(第5版)[CP].2014,9.

[2] 高等学校土木工程学科专业指导委员会.高等学校土木工程本科指导性专业规范[M].北京：中国建筑工业出版社，2011.

[3] 中国工程教育专业认证协会秘书处.工程教育认证工作指南(2014版)[M].北京：[s.n.]，2014.

[4] 李国强，熊海贝.土木工程专业教育评估国际互认的探索与实践[J].高等建筑教育，2013.

[5] 何若全，邱洪兴.土木工程专业评估与专业教育的持续发展[J].中国建设教育，2013.

基于评估标准的土木工程专业人才培养方案修订

王连坤　周　利　刘红军

(五邑大学土木建筑学院,江门　529020)

摘　要　土木工程专业评估是提高专业教育水准和质量,加强专业教育宏观管理的重要手段,也是专业注册师制度的必要基础,通过专业评估可以促进专业建设,提高专业办学质量。介绍了五邑大学土木工程专业根据专业教育评估标准制定2011版人才培养方案的过程、特色和运行过程中发现的缺点;并在此基础上,根据新的评估标准对能力培养达成度和持续改进的要求,对新版培养方案的修订做了说明,以期为其他地方高校的人才培养方案制定和修订提供借鉴。

关键词　土木工程,评估标准,培养方案,修订

一、引言

土木工程专业评估是我国工程学士学位专业中按照国际通行的专门职业性专业鉴定(professional programmatic accreditation)制度进行评估的首例[1],是随着建设行业注册师制度的建立而应运而生的[2,3]。受教育部的委托,住建部于1993年成立了全国高等学校土木工程专业教育评估委员会并陆续制定了《全国高等学校土木工程专业教育评估文件》等的一系列评估文件。其目的是加强国家对土木工程专业教育的宏观指导和管理,保证和提高土木工程专业的教育基本质量,更好地贯彻教育必须为社会主义建设服务的方针,并且使我国高等学校土木工程专业毕业生符合国家规定的申请参加注册考试的教育标准,为与国际上发达国家互相承认同类专业的学历创造条件。土木工程专业评估不仅是提高专业教育水准和质量,加强专业教育宏观管理的重要手段,而且是专业注册师制度的必要基础,是我国工程教育加入《华盛顿协议》的重要环节,通过专业评估可以促进专业建设,提高专业办学质量。

评估标准是评估的核心内容,也是国际互认的重要内容,中国土木工程教育专业评估标准包括三个组成部分:教学条件、教学过程和教学质量。其中最重要的是教育质量的智育标准,体现了对未来职业注册工程师所应具备的基本专业教育要求[4]。2013版《全国高等学校土木工程专业教育评估文件》确立了学生发展、专业目标、教学过程、师资队伍、教学资源、教学管理、质量评价七个一级指标、25个对应二级指标和61个评估观测点。五邑大学土木工程专业历来注重学生工程实践能力的培养,自2008年学校通过本科教育水平评估之后就将专业教育评估列入了日程。在专业建设的过程中结合具体评估指标,积极开展教育教学改革,围绕人才培养模式,进行了培养计划、课程建设、教学内容和方法、实践教学体系、师资队伍、产学合作基地建设、质量评价等系列配套改革和实践,探索出了许多行之有效的培养措施,逐步形成了"企业嵌入式土木工程专业应用型人才培养模式(EEME)"、"能力导向"人才培养方案、"项目驱动"专业实践教学模式和"双师型"专业教学团队等特色成果,于2010年7月荣获国家特色专业建设点,2013年6月被教育部批准为地方高校第一批"专业综合改革试点"项目[5]。

作者简介:王连坤(1977—),河北人,副教授,博士,主要从事钢结构设计理论与土木工程教育研究工作。

五邑大学校级教学质量工程项目:专业人才培养质量标准建设及评估试点项目(ZP2013002)。

二、2011 版培养方案的特色与缺点

学院在 2011 版土木工程专业人才培养方案制定的过程中，依据五邑大学的办学定位，根据土木工程专业历届毕业生就业去向分析(在设计单位、施工单位、建设管理单位就业分别占 30%、45%、20%，另有 5%毕业生分别为升学、公务员、其他)，和企业走访 432 份调查问卷进行了社会用人单位对学生知识、能力、素质要求的调查研究(发出调查问卷 500 份)，将人才培养定位于工程应用型，主要是工程技术型。确立了培养德、智、体全面发展，知识、能力、素质协调成长的土木工程领域应用型高级工程技术人才，让学生具有坚实的土木工程设计、施工、管理运行等方面知识、技术、能力和素质，其核心是工程实践能力，并获得职业工程师基本训练的培养目标。

1. 人才培养方案的制定过程

(1) 人才培养特色研究。根据五邑大学“办学定位”，结合我院 25 年来的办学特色以及土木工程特色专业建设点的建设要求，进行顶层设计、研究并确定人才培养特色。

(2) 人才知识、能力、素质结构体系设计。根据毕业去向和企业调查问卷反馈信息，由土木工程系全体教师参与设计并组织讨论。设计过程为：统一设计的思想→对调查反馈信息进行统计分析→教师每人提出一个本专业知识、能力、素质结构设计方案→在全系大会上进行讨论→学院学术委员会和教学委员会研究→最终确定。

(3) 人才知识能力素质实现途径分析。

(4) 根据上述实现途径对课程分解和重组。

(5) 确定人才培养的理论课程体系。

(6) 确定实践教学目标和体系以及实现途径[6]。

2. 人才培养方案的特色

2011 版土木工程专业人才培养方案基于企业嵌入式(EEME)人才培养模式，从教育理念(大工程观)、培养目标、课程设置、教学方法等方面全方位多角度关注大学生工程实践能力的培养。建立了知识、能力、素质大纲，并对大纲进行逐级分解，形成知识(能力、素质)单元(点)，从而聚合成课程，提出了基于“学习领域”重构课程的方法，重新构建的课程体系包括：工程通识课、工程分析类课程、工程能力综合类课程，实践教学类课程。体现了强调综合、强化实践、注重能力的特点，实现了从学科导向型向能力导向型课程体系的转变。具有以下特点：

(1) 专业培养目标与培养标准关联。

(2) 避开现行学科课程体系，以知识单元组织培养环节，为课程体系创新提供了便利。

(3) 支持不同培养环节组合和课程体系的整合。

(4) 以学生为中心的课程设计原则，较好地实现了学生个性化发展。

(5) 每个培养环节(课程)承担明确的知识和能力培养任务，为教学方法创新奠定基础。

3. 2011 版人才培养方案的缺点

在土木工程专业评估中，对学生能力的评估已成为考察重点，2013 版《全国高等学校土木工程专业教育评估文件》确立了七个一级指标、25 个对应二级指标和 61 个评估观测点，加强了学习效果考察、学生能力培养达成度以及持续改进方面的要求。五邑大学 2011 版人才培养方案总体上突出了学生实践能力的培养，但在学生发展、课程与教材、教学方式方法、教学管理、质量评价特别是目标达成度的评价和持续改进等方面，开展的工作还不多。并且部分课程的设置与土木工程专业指导性规范的最低要求尚有偏差，在运行的过程中也反映出一些操作

方面小的瑕疵，如培养计划的课程进度未根据选修和必修进行归类，未能很好地体现“获得工程师基本训练”和以设计、施工人才为主的培养目标，边讲边练环节未进行讲和练各环节具体时间的划定等。

三、2014版土木工程专业人才培养方案的修订

土木工程专业指导委员会在学习和借鉴国外先进经验和总结国内办学特点的基础上提出了新版《高等学校土木工程本科指导性专业规范》，各高校的土木工程专业也在不同程度上根据自身办学条件，结合卓越工程师培养计划，制定了相应的培养方案[4]。学院2014版土木工程专业人才培养方案的修订继续贯彻落实“企业嵌入式多目标应用型人才培养模式(EEME)”，以社会需求为导向，以实际工程为背景，以工程实践为主线，促进学生工程意识、工程素质和工程实践能力的全面发展。明确将五邑大学土木工程专业培养的应用型人才定位于工程技术类人才，而且应以工程实践型人才为主，兼顾创新实践型和技术实践型人才。培养目标是，培养适应社会主义现代化建设需要，具有远大抱负和人生理想，德智体美全面发展，掌握土木工程学科的基本原理和方法，获得工程师基本训练，能胜任建筑等各类土木工程设施的设计、施工与管理，具有扎实基础理论、较宽厚专业知识和良好实践能力与一定创新能力的高素质应用型工程技术人才。毕业生能够在有关土木工程的设计、施工、管理、研究、教育、投资和开发、金融与保险等部门从事技术或管理工作。在专业能力培养方面，以施工、设计人才为主，兼顾管理和其他人才的需求。

1. 培养标准

依据《高等学校土木工程本科指导性专业规范》制定培养标准，提出学生应达到的知识、能力与素质(Knowledge，Ability，Quality，简称KAQ)的专业要求。根据原培养方案的知识、能力与素质结构体系的设计过程，再次进行分解和组合，形成三级指标体系。

2. 教学内容

教学内容应是以工程实践能力培养为核心的一体化课程体系，各学科内容与大纲中的KAQ要求之间进行明确关联。具体分为专业知识课程体系(由工具性知识体系、人文社会科学知识体系、自然科学知识体系、专业知识体系四部分组成)、专业实践体系(包括实验领域、实习领域、实训领域和设计领域)和创新训练体系，在此基础上将KAQ三级指标继续进行逐级分解，直至分出各个知识、能力和素质点，再根据培养标准，将已经分解出的KAQ点按学习训练规律和工程活动过程，划分成各个综合的、跨学科的教学单元，即“学习领域”，以促进学习效率的提高和活动能力的发展。该“学习领域”就是通常所说的课程。

按照“能力导向”的要求，重新制定的五邑大学土木工程专业教学进程计划具有以下特点：

(1) 注重学生个性发展。按照多目标培养的要求，设置了注册结构师和注册建造师两个模块，充分考虑了不同知识基础和就业意愿学生的需求。

(2) 依据《高等学校土木工程本科指导性专业规范》的最低要求，结合学院的培养特色，对部分“学习领域”即课程的内容、学时、学分等进行了调整，如增设了“大学化学”、提高了“混凝土结构”的学分、压缩“画法几何与工程制图”的学时等。

(3) 突出了实践能力培养。在培养计划中实践学分的比例达34.6%。

(4) 专业设计课采取边讲边练。将传统上单列的课程设计任务与设计理论课的作业合并，做到边讲边练，既节约了课时，又加强了专业课的实践设计训练，提高了训练效率。

(5) 设置了创新训练体系。通过设置“科技交流”和“专业拓展项目”两门课程，配合学生课外科技活动和学科竞赛，培养学生的创新意识和能力。

(6) 加强了校企协同培养。以企业的实际工程项目为依托，校企双导师指导，以加强工程素质和实践能力的培养。在培养计划中，学生企业实践学分达 21.6%。

3. 企业培养方案

特别指定了企业实践培养方案，本科阶段的企业培养主要包括以下两大实践环节：实习与设计。除社会实习和毕业实习可由学生自主联系实习企业外，原则上由学院本科生教学管理部门统一联系并安排相关的实习和设计，主要在学校、院系与相关企业联合建立的企业学习基地进行。

企业培养的总时间接近一年，实行“校内指导教师+企业指导教师”的“双导师”制度，并根据需要成立联合指导小组，并对参与校企联合培养的企业条件进行了明确规定。学校与企业共同制订各阶段企业学养标准和考核要求，共同对学生在企业学习阶段的培养质量进行评价。评价采用多元化方式，包括大作业、综述报告、在企业实习的综合表现、企业导师评价、实习答辩等，并增加对能力的要求、对工程训练和工程实践的要求和毕业设计的要求等。

四、结语

土木工程专业评估是提高专业教育水准和质量，加强专业教育宏观管理的重要手段，而且是专业注册师制度的必要基础，是我国工程教育加入《华盛顿协议》的重要环节。而评估标准是评估的核心内容，也是国际互认的重要内容，评估标准把实践教学所占的比重和效果、校内外实习基地的建设、对学生知识能力和素质的综合评价方法、企业对高等专业教育的参与度等因素也作为评估标准的重要指标，保证了工程教育质量的不断提高。实现评估标准的关键在于“能力导向型”培养方案的制定、落实和持续改进。五邑大学土木工程专业在两版人才培养方案制定的过程中，紧扣专业教育评估标准和土木工程专业指导性规范的要求，注重学生工程实践能力的培养，进行了多方面的改革和实践，形成了“企业嵌入式土木工程专业应用型人才培养模式(EEME)”、“能力导向”人才培养方案、“项目驱动”专业实践教学模式和“双师型”专业教学团队等特色成果，为以后申请专业评估奠定了坚实的基础。

参考文献

[1] 王磊，刘宝臣．评建结合加快土木工程专业建设[J]．中国电力教育，2011，(213)：77-78.

[2] 毕家驹．中国工程专业评估的过去、现状和使命——以土木工程专业为例[J]．高教发展与评估，2005，(1)：40-42.

[3] 高延伟．中国土建类专业评估认证与注册师制度回顾与思考[J]．高等建筑教育，2009，(2)：1-4.

[4] 李国强，熊海贝．土木工程专业教育评估国际互认的探索与实践[J]．高等建筑教育，2013，(1)：5-12.

[5] 蒋启平，周利，李本强．实施 EEME 模式的土木工程人才培养方案，高等学校土木工程专业建设的研究与实践[M]．长沙：科学出版社，2010：117-119.

[6] 王连坤，李本强，周利．地方高校土木工程专业实践教学体系改革研究[J]．武汉理工大学学报(社科版)，2013，26(sup)：35-38.

后评估时期土木工程专业人才培养体系构建与实践

杨　杨　许四法　曾洪波

（浙江工业大学建筑工程学院，杭州　310014）

摘　要　分析专业评估导向下高校土木工程专业教育特点，结合地方、区域社会发展的态势，在专业评估常态化背景下对土木工程专业人才培养体系进行了调整，初步取得了一些效果。

关键词　专业评估，人才培养体系，构建，实践

一、引言

土木工程专业评估是我国“高等学校本科教学质量与教学改革工程”的一项重要内容，是保障高等教育质量重要形式，在促进高校加强教学建设、规范教学管理、提高教育质量等方面发挥了重要作用[1]，其评估标准已成为专业建设、专业发展、专业改革的主要依据，对人才培养体系的构建具有很强的规范与导向作用。

但是，土木工程专业在后评估时期如何依据本地资源条件以及社会需求协调好“评估标准”与“办学特色”之间的关系，根据地方、区域社会发展的态势适时调整专业教育的方向与内容，构建合理高效的教学管理体制与运行机制是专业评估常态化背景下高校土木工程专业人才培养体系改革的重要内容。本文结合浙江工业大学土木工程专业建设，就土木工程专业后评估时期人才培养体系改革进行探讨。

二、人才培养体系亟须解决的问题

1. 协调“评估标准”与“办学特色”之间的矛盾

土木工程专业评估大多评估指标属于“基本型” 要求，指标具有一般化、普遍化特征；而各地办学条件、办学资源都具有自己的特点，社会对人才的需求具有多元性。因此，如何依据本地资源条件以及社会需求办出自己的“特色”，切实协调好“评估标准”与“办学特色”之间的关系，以确保专业办学特色在教学过程中能够得到充分体现，既是高校发展的内在要求，也是社会进步的客观需要。

2. 完善人才培养质量的评价反馈与自适应机制

土木工程专业评估指标体系具有相对稳定的特性，但社会经济发展是动态的、持续的，不是一成不变的，特别是当今社会，经济高速发展，对人才规格的需求也在不断地发生变化。因此，如何根据地方、区域社会发展的态势适时调整专业教育的方向与内容，建立一种人才培养质量的评价反馈与自适应机制，这是土木工程专业评估背景下的人才培养必须直面审视与解决的问题，也是专业办学必须清醒认识并重点关注的问题。

3. 构建合理高效的教学管理体制与运行机制

由于土木工程专业评估是动态的、周期性的，评估结论有年限限制的，因此避免了“一评定终生”、“有上没下”的现象，从制度上促使评估学校主动地保持和提高专业教育的质量和水平。

作者简介：杨杨（1962—），江苏人，教授，主要从事土木工程教学科研和管理工作。

基金项目：浙江工业大学教学成果培育计划项目。

学校在明确人才培养特色定位、建立人才培养质量反馈机制的基础上，如何通过构建合理高效的教学管理体制与运行机制，来确保学校不断提高专业教育水平，这是高校专业办学的核心任务，也是专业评估的根本目的。

三、人才培养体系的构建和实践

学院结合土木工程专业评估指标体系，探索和构建专业评估导向下的人才培养体系，对于学校人才培养质量的自觉的、全程的掌握与控制具有重要意义，确保培养的学生适合社会的需要。学院在深化"以浙江精神办学、与浙江经济互动"的办学特色基础上，紧密结合国家经济社会发展需要，根据土木工程专业的特点，分析社会与学生需求和未来本行业的发展形势，以培养注册工程师为主要目标，结合专业的实际和特点，重新审视与改革人才培养体系[2]。

(一) 创建基于行业共性基础上的个性化人才培养体系

将土木工程专业评估指标的共性与高校专业自身条件的个性相结合，将行业知识的共性要求与社会需求的个性特点结合，实现"和而不同"的特色办学。清醒认识学院土木工程专业毕业生要想保持竞争力，能够实现择业与就业的优势，需要在专业评估的导向下创新教育理念，重新审视与改革人才培养模式，深化办学特色。

1. 创新教育理念

在专业评估的导向下创新教育理念，根据土木工程专业的发展需求，确定专业人才培养的目标；结合地方经济、行业发展需要和学校人才培养精神，分解改革专业人才培养方案；注重基础教育，重视理论与实践的结合，把培养专业能力作为一项重要指标；对教学管理机制和教学队伍等方面进行相应的改革，提升人才培养质量。

2. 深化办学特色

紧密结合国家经济社会发展需要，根据土木工程专业的特点，以基础理论、基本知识为主线，加强基础教育和通识教育；以培养学生的创新精神和实践能力为重点，推进素质教育；拓宽专业口径，突出优势和特色；构建知识结构，整改课程体系；继承与创新相结合、专业发展与社会需要相结合，短期目标与长远发展相结合[3]。并把重点放在优化课程体系、强化科技创新意识和实践能力等方面。

学院根据专业指导委员会的要求，结合学校自身特点，近五年内对土木工程专业培养方案作了3次比较大的调整，形成一个宽专相兼的个性化课程体系、两个扎实的基础课程平台、三个特色鲜明的课群组、四个内外结合的教学模式的培养体系。学院还根据土木工程学科特点和社会发展需要，深化专业内涵，加强技术与经济的融合，实施以强化技术型人才的经济、管理能力提升为目标的复合型人才培养实践，跨学科构建课程和实践环节一体化设计的土木工程＋工程管理培养计划，强化学科交叉的复合型人才培养。复合型人才培养成效明显，毕业生社会反响较好。

(二) 建立工程实践特质显著的"双师型"教师队伍

为支撑土木工程专业应用型工程化人才的培养，采取引进与培养并重的原则，兼顾兼职教师培养的方式，大力加强师资队伍建设。开展新教师助课制度和导师制，通过老教师的传帮带，为青年教师教学技能、教学水平的提高、教学规范性的加强奠定基础。实施了青年教师参加工程设计和施工实践活动的制度，要求所有新引进教师到生产设计单位一线从事工程实践锻炼半年以上，有效地增强教师指导学生处理实际工程问题的能力，为课堂教学奠定基础。鼓励年轻教师积极进修提高、到国内外知名院校访问研修，学习先进的教育理念，拓宽视野，全面提高教师的学历层次和理论水平。通过教学讲座、座谈会、参加专业指导委员会会议、教学研究等形式拓展教师知识结构，提高教学技能和专业技能。通过校企合作等形式聘请行业内工程技术与管理专家、设计院等单位的工程师作为兼职教师开展讲座、指导毕业设计，有效提高学生的工程实践意识和实战能力。

经过多年的努力，师资队伍中的“双师型”教师比例明显提升，学院现有45人次具有国家一级注册建筑师、国家注册城市规划师、一级注册结构工程师、注册岩土工程师、一级注册建造师、注册监理工程师、注册造价工程师的资质。师资队伍整体工程实践经验的提升，使教学内容贴近实际，教学水平提高，教学活动的工程化特质明显，有力地保证专业应用型工程化人才培养目标的实现。

(三) 构建以专业核心课程为主体的课程建设体系

课程建设是人才培养模式实施的落脚点，真正提高质量，提高水平，提高品位就必须与时俱进，下大力气进行课程的清理、革新与重构。强化教师的课程意识，提升教师对于课程的主体地位，采取倾斜政策，鼓励和引导教师积极进行教学研究、课程改革。发挥课程组的作用，提高课程的教学质量。课程组是教学活动中的最基本单位，由课程组制定相关课程的教学内容、教学进程等，这有利于吸收学科发展的新知识，也保证了不同课程的相互衔接[4]。学院以《建筑工程学院业绩点计算办法》为导向，建立教学与科研的等效评价机制，积极倡导教师开展教学研究和课程建设工作。

近五年来，学院土木工程专业以核心课程群建设为主线，在课程建设、教学改革、教材建设等方面持续做出了可喜的成绩。土木工程专业教师共承担“十一五”国家级规划教材研究项目1项，省级教学建设项目2项，校级教学建设项目29项，共发表教学研究论文22篇。

(四) 搭建以工程实践能力培养为导向的教学平台

实践教学环节与内容对土木工程专业学生的工程教育与实践能力的培养具有重要的作用。依据土木工程专业教学计划设置与专业的开放式办学理念，专业实践教学平台主要从专业实践(验)课、专业实习和专业讲座三个方面进行建设。

1. 专业实践平台建设建设

在专业评估的导向下，加大土木工程专项实验平台建设力度，改善教学条件、提高管理水平。近几年，学院逐步建成了土木工程实验教学省级示范中心、土木工程专项实验室、工程结构防灾减灾实验室、道路工程专业能力实践基地、绿色结构与岩土工程研究中心等实验平台。

2. 建设校内外学生科技竞赛基地

在校内建设“浙江省大学生土木工程创新实验基地”，在校外与省内外大型工程企业联合建立“大学生生产实践基地”，为学生课外科技活动提供平台支撑。

3. 校企合作

与浙江省建设投资集团和浙江省建筑设计研究院等省内知名工程设计、施工单位开展校企合作，建设本科教学实习基地，完善基地建设、管理与合作机制，保证学生实习质量。

4. 行业内专家、学者引入讲坛

通过“励志讲堂”计划和《工程实践教学讲座(报告)》计划，将土建行业内专家、学者引入讲坛，进一步强化学生的工程意识、工程素质、工程实践能力和工程创新能力。近三年，已举办报告五十多场。

学生参加各种科技创新和学科性竞赛积极性高，每年仅参加结构设计大赛的学生有80组240多人。通过各种科技创新，提高了学生的实践能力。近五年，土木工程专业学生主持国家和省部级大学生创新性实验计划和课外科技立项20余项、校级立项120余项，其中30余项获省部级以上奖励；土木工程专业学生获全国大学生结构设计竞赛二等奖等各类竞赛奖项100多项。

(五) 构建基于教学全程监控的管理体制与运行机制

将校内的教学质量评价与行业的外部评价相结合，形成一种长短期相结合、强制性与主动性相结合的一套合理高效的管理体制与运行机制，掌控专业教育过程，用严谨、规范化的教育过程可以保证专业培养计划按照标准实施，实现专业特色化的培养目标。在整体校、院二级管理构架下，构建院内教学管理构架、教学管理制度、教学质量监控等方面措施，为专业教学保驾护航。

制定出台一系列针对土木工程专业特点的管理规定和管理细则，从制度层面保证教学运行与管理。成立以系为核心的教学管理模式，确立"学院→教学系→课程组"三级管理组织机构。聘请校外知名教授、土建领域的专家学者、政府土建职能部门领导以及校友代表组建专业建设指导委员会，共同指导专业教学工作的规划、发展与建设，调整学科与专业的发展方向。负责及时对行业的人才需求做出反馈，对人才质量提出要求，指导专业培养计划的修订，把脉专业建设目标和特色。

(六) 创建适应社会评价与需求的动态人才反馈机制

建立包括学生培养过程与毕业工作过程的"二段式"人才培养质量评价反馈机制。除校内对学生培养过程进行评价之外，加强毕业学生的质量评价，通过建立毕业生跟踪管理档案等各种制度，通过走访、信函、电话、传真和 E-mail 等形式对毕业生所在的单位进行了调查。调查结果一方面可以掌握专业培养的学生能够适应社会的需求，肯定或及时修正专业办学定位、培养方向和培养目标；另一方面也可以动态掌控社会对土建专业人才需求的变化，反馈微调专业人才培养方案。最终通过"二段式"人才培养质量评价反馈机制，实现利用资源社会参与办学，及时会诊把脉，并通过计划调整与管理调度，及时更新配置各类教学资源，适时地转变人才培养的目标定位，确保人才培养的时效性，实现有效办学。

四、人才培养体系改革成效

在专业评估导向下，通过几年的改革与实践，专业办学实力得到明显的提升，浙江工业大学土木工程专业在浙江省重点专业的基础上，2012 年升格为浙江省"十二五"优势专业。经过四年的系统培养，土木工程专业毕业生以专业知识扎实，工程实践能力强，综合素质全面，肯吃苦而受到社会各界的广泛好评，深受众多研究所、设计院、房产公司、建筑施工企业等相关单位的青睐。近五年，学生一次就业率保持在 93％以上，考取研究生和出国深造比例逐年较高，近三年都接近 25％，且基本都在同济大学、天津大学、东南大学、浙江大学、哈尔滨工业大学、西安建筑科技大学等国内知名院校和美国伊利诺伊大学香槟分校、美国德州理工大学、英国邓迪大学、香港中文大学等国际知名院校深造。

参考文献

[1] 安勇，王强，朱永林. 建立以专业评估为平台的评估管理模式[J]. 中国高等教育，2011(11)：43-44.

[2] 周亦唐，王东，陶忠，王俊平，费维水. 面向执业能力的土木工程人才培养模式[J]. 高等学校土木工程专业建设的研究与实践——第十届全国高校土木工程学院(系)院长(主任)工作研讨会论文集，2010(10).

[3] 周亦唐，王东，费维水，王俊平. 以土木工程教学计划为基础的新的人才培养模式[J]. 昆明理工大学学报(社会科学版)，2007(12).

[4] 陈昌耀. 非研究型高校如何加强学科、专业和课程建设[J]. 江苏高教，2008(11).

“双证通融”的土木工程卓越工程师培养模式研究

郭声波　徐福卫　王丽红　聂维中

（湖北文理学院建筑工程学院，襄阳　441053）

摘　要　介绍了以执业资格制度为导向的土木工程卓越工程师人才培养模式的改革实践，为工科专业的应用型人才培养改革提供参考。

关键词　双证通融，培养模式

一、引言

自1992年起，我国在土木与建筑领域开始实施执业资格制度，对高校土木与建筑类专业的办学产生了很大的影响。建设部高等教育土木工程专业教育评估的目的就是要更好地贯彻教育必须为社会主义建设服务的方针，使我国高等学校土木工程专业毕业生符合国家规定的申请参加注册考试的教育标准，为与国际上发达国家互相承认同类专业的学历创造条件。

经济全球化和高等教育的国际化发展，以及国家重大工程项目设计、投资、建设、管理的规范化，对土木与建设类专业的工程技术人员提出了越来越高的要求。土木与建筑企业（包含设计、施工、监理和检测等企业）为了资质达标、升级，需要企业工程技术人员获得本领域各类执业资格注册证书，以提升企业的竞争力。

2010年，教育部联合有关部门和行业协（学）会，共同实施“卓越工程师教育培养计划”，其主要目的是强化主动服务国家战略需求，主动服务行业企业需求的意识，确立以德为先、能力为重、全面发展的人才培养观念，创新高校与行业企业联合培养人才的机制，高校和企业共同设计培养目标，共同制定人才培养方案，共同实施培养过程。改革工程教育人才培养模式，提升学生的工程实践能力、创新能力。

执业资格制度与卓越工程师计划在培养应用型人才特别是提升学生的工程实践能力、创新能力上是可以并且能够相互通融的。执业资格制度，要求培养学生获取执业资格注册证书的能力；卓越工程师教育培养计划要求工程教育回归工程本质，培养与执业资格制度相适应的创新创业型人才。两者通融的结果，旨在培养“双证通融的土木工程高级应用型人才”，即培养能将成熟的土木工程结构设计、施工、检测和工程项目管理技术及理论熟练地应用到实际的生产和生活中去，并在工作中能不断创新的高级工程技术人才。

我们尝试的“双证通融”的卓越工程师培养模式，就是要以国家注册工程师制度为导向，改革现有的土木工程人才培养方案，解决工科教育理科化、轻技术、轻实践的问题。将注册工程师考试所必备的知识体系、分析与解决工程实际问题的能力等，有机地融入理论与实践教学全过程，使学生在完成规定得学业取得学历学位证的同时，得到获取执业资格证所需能力的培养，为尽早具备执业资格打下良好的基础。

本着“面向工程、面向世界、面向未来”的工程教育理念，我们在改革中充分注重普通本科教育的基础性和阶段性，充分注重社会需求的适应性和对接性，充分注重行业就业的准入性和

作者简介：郭声波（1962—），四川泸州人，教授，主要从事建筑材料研究。

基金项目：湖北文理学院2014年教学研究项目。

资质性，按照教育部“卓越工程师培养计划及工作方案”要求，遵循“解放思想、开放借鉴、校企共赢、精心组织、持续改进”的原则，以实际工程为背景，以执业资格能力为导向，以工程技术为主线，深化土木工程教育本科专业人才培养模式改革，努力体现卓越工程师教育培养计划的特点，努力探索与工程师执业资格注册政策、法规及国际惯例相协调的工程教育改革新路径。

二、“双证通融”的卓越工程师培养目标、规格和标准

在培养目标上，土木工程专业强调了培养“应用型工程技术人才”，明确了土木工程专业的人才定位，即培养面向国家建设需要，适应未来科技进步，德智体全面发展，掌握土木工程学科的相关原理和知识，基础理论扎实、专业知识宽厚、实践能力突出，能胜任各类土木工程项目的设计、施工、管理，具有继续学习能力、创新能力、组织协调能力、团队精神和国际视野，获得注册工程师基本训练的“双证通融”的高层次应用型工程技术人才。

在培养规格上，土木工程专业要求根据本标准培养的工学学士，须掌握一般通用素质和知识、土木工程专业的基本知识和技能以及土木工程专业的核心知识和技能，能够从事土木工程的设计、施工与项目管理工作，具有初步的项目规划、研究开发与创新能力，达到土木工程助理工程师技术能力要求，同时获得注册建造师、注册结构师的基本训练。

在培养标准上，特别彰显了“双证通融”的特色，强调了工程项目评价、分析与决策能力；培养学生吃苦耐劳的敬业品质、较强的人际交往能力，善于通过团队协作和交流，合理分工，共同完成工作目标；明确工程师在社会、企业、项目中的定位与责任，具备土木工程师应有的环境适应能力、信息收集与逻辑推理能力以及竞争合作能力；能够自信、灵活地处理新的和不断变化的人际环境和工作环境。这都是未来的工程师所必须具备的与专业理论知识同样重要甚至更为重要的能力。

三、“双证通融”的卓越工程师培养模式改革方案之课程体系

为实现上述培养目标要求，结合本校及本专业特色，确定了以培养注册结构师和注册建造师为导向的课程体系。

传统土木工程专业教育思想指导下的课程体系存在着课程结构松散、课程之间缺乏联系的问题，一些课程各自为重，过分强调自身体系的独立，课程之间内容重叠，使学生难以建立整体的知识结构。我们将不同的知识在整个学科体系中进行整合，使它们得以互相支撑、互相配合，以适应注册工程师的要求，并最终与学生能力的培养建立起一种直接的对应关系。

根据土木工程执业资格制度要求，我们建立了完整的素质、能力和知识体系，包括为普通本科生的素质要求的通识教育平台（思想政治理论、大学英语、计算机基础、高等数学、体育等）；为注册结构师、建造工程师的基础要求的土木学科基础平台（力学系列、工程材料、工程制图、工程测量等）；为注册结构工程师的专业要求的工程结构设计平台（混凝土结构、钢结构、地下工程结构等）；为注册建造工程师的专业要求工程技术管理平台（土木工程施工、工程概预算、工程经济等）。

课程体系改革中坚持以本科教育的基础性为前提，注重专业基础知识的宽厚。土木工程注册类考试都要求土木工程专业人才掌握基本专业基础知识，这也是为了土木工程专业人员能够适应不断发展的土木工程事业，故对基础知识的强化尤为重要。加强基础教学并不是一味强调课程内容的完整，而是重视课程体系的整合，优化课程结构，构建课程模块，我们已经建立了力学系列课程模块、结构工程系列课程模块和工程技术管理模块。

课改中坚持以行业执业的准入性和资质性为核心，加强综合能力培养。执业资格考试的

专业考试中,大部分的考题是连锁的计算型选择题,非常注重综合能力的测试。综合性是工程的重要本质特征,综合能力又是解决实际工程问题的必备能力,新的方案中加强了对学生综合能力的培养。

以混凝土结构课程为例,混凝土结构基本构件的设计,是综合材料的选择、截面尺寸的选择、各种荷载的综合分析以及各种内力的组合分析、钢筋的选配、施工方法和施工技术的确定等方面。涉及的内容较广,没有综合的知识和技能是无法完成的。综合能力的培养必须从教学体系上向注册工程师的培养模式转变。我们通过将课程设置做相应的变革,实现了这一目标。

为加强学生综合能力的培养,在完成通识教育平台课程和学科基础平台课程后,我们又加入了3—4项以实际工程为背景的项目教学。从第五学期开始,组合了一部分课程,将单层工业厂房设计、砌体结构、钢结构设计、高层建筑结构设计、工程抗震、施工技术、施工组织设计、工程概预算、计算机辅助设计等课程融合在一起,以完成混凝土框架结构设计、混凝土框架—剪力墙和剪力墙结构设计、钢结构单层工业厂房设计、砌体结构设计的项目教学。

以一个项目作为主体,重组教学内容,选择包含建筑设计、结构设计、施工技术及施工组织管理和工程概预算内容,编写讲义、教材。教师讲解时,十分注重对我国现行规范规程的介绍,通过项目教学,提高了学生综合应用知识解决实际问题的能力。

我们以社会需求的适应性为重点,模块化建设实践教学体系。从近几年学院毕业生就业方向的调查统计可知,土木工程专业毕业生的工作去向90%以上分布在生产和管理一线,大部分受聘于建筑施工企业、监理公司、造价审计等单位,用人单位一般均要求新进人员具有较强的实际工作经验,能够很快上岗工作。因此,加强土木工程专业实践教学环节的改革非常重要。

围绕“双证通融”人才培养目标,结合专业和行业标准,按学业的不同阶段,我们将实践环节分为认知、技能培养、工作能力培养、创新能力培养四个阶段。

认知阶段为基础实践教学环节,以现场参观为主要教学形式,引导学生认知土木工程的内涵,建筑空间的划分,建筑物和构筑物的组成和各自作用为目的,以提高学生学习兴趣,明确学习内容为考核目标。涵盖现有土木工程概论实习和房屋建筑学认识实习两个环节,安排在第一和第三学期。

技能培养阶段为专业实践教学环节,以具体实验为主要教学形式,以培养学生实际操作能力为目的,以掌握工具,现场处理为考核目标。涵盖现有工程实训B、工程测量实验、工程测量实习、土木工程材料实验、土力学实验和施工技术实习等环节,安排在第三和第四学期。

工作能力培养阶段为综合实践教学环节,在初步掌握一定的学科知识的基础上,以学生独立完成一个项目的某个组成部分为主要教学形式,以培养学生将单个知识实际应用为目的,以按时保质完成实际应用为考核目标。涵盖现有房屋建筑学课程设计、混凝土楼盖课程设计、单层厂房结构课程设计、高层建筑结构设计课程设计、施工技术课程设计、钢结构设计课程设计、工程概预算课程设计、施工组织课程设计等环节。在此阶段可以以项目的形式加以连续,连续安排在第三至第六学期。

创新能力培养阶段为在综合实践应用全部学完学科知识的基础上,在某个环节加以创新的教学环节,以进一步培养学生综合应用为目的,以能适当创新为考核目标。涵盖现有建筑结构试验、计算机辅助设计、专业实习和毕业论文(设计)等环节。

新的课程体系中还加强了学生工程质量意识、环境保护意识和职业道德教育。

四、与之关联的系列改革

为了完善“双证通融”的卓越工程师人才培养计划的改革与实践，我们还进行了一系列的改革尝试，主要有：

1. 课程教学改革

基于项目学习模式的结构设计类专业课程的教学改革包括内容、活动、情景和成果四个要素和选定项目、制定计划、活动探究、作品制作和成果展示等操作流程；与结构设计类课程不同，施工预算类课程没有太多难以理解的理论知识，更加需要通过大量的实践来熟悉、掌握课程内容并且与其他专业课程融会贯通，因而，在施工预算类课程中运用项目教学法有着更为有效的成果。另外，施工预算类专业课程教学还采取“双师制”，即校内教师讲解理论知识部分，校外兼职教师结合案例讲解理论知识在工程上的应用，结合案例讲解执业资格考试中工程实务的考试要点，将理论知识在实践中的应用更充分地展示给学生，做到理论知识的传授与实践有效结合。

2. 课程考核和学业评价

将课程考核与评价体系划分为理论知识的考核与评价、技术技能的考核与评价和学习过程的考核与评价三个方面；对课程考核与评价原则、课程考核与评价方式、考核结果的应用以及企业导师在评价中的作用等都有了全新的诠释。

3. 毕业设计与论文

尝试了在“双证通融”的人才培养方案下，基于 CDIO[构思(Conceive)、设计(Design)、实现(Implement)和运作(Operate)]的毕业设计理念和采用的三种毕业设计模式：即设计院模式、与毕业实习紧密结合的模式及与导师的科研项目相结合模式，还有基于团队的毕业设计模式及校内教师群体指导模式等。

4. 师资队伍建设

培养“双证通融”的卓越工程师，必须有一批“双证通融”的教师队伍。通过实施“企业培训工程”、聘用技能型兼职教师和施行教师参加注册执业资格考试的激励机制等措施打造“双师型”队伍，目前学院已有 40%的教师具有国家注册建筑、结构、岩土、建造、造价工程师等执业资格，校企合作单位的一批企业导师也从原先单纯的实习指导，逐渐深入毕业设计和课堂教学。

5. 开展教学研究

围绕“双证通融”的卓越工程师培养模式，对各类教学研究类项目给出申报指南，帮助和鼓励广大教师积极投身教研教改工作，全体教师都积极参与了项目的实施过程。

6. 实行执业资格模拟考试

执业资格模拟考试针对“双证通融”的卓越工程师培养模式开设，考试的形式和内容都完全参照国家的注册工程师考试制度，合格后发放“湖北文理学院注册结构工程师、注册建造师执业资格证模拟考试合格证”，进一步将作为毕业的必需条件。

7. 深化校企合作

“双证通融”的卓越工程师培养模式的实施，必须得到企业的大力支持。在近年来与本地国有大中型建筑企业和建筑行业协会广泛深入合作的基础上，进一步明确了校企合作的组织形式、校企合作理事会的主要任务以及各方的权利与义务等，为加快培养“双证通融”的高层次应用型工程技术人才、促进产学研紧密合作和实现校企双赢搭建了共商合作发展建设事项的机构和平台。

五、结语

“双证通融”的卓越工程师培养模式，探索与工程师执业资格注册政策、法规及国际惯例相协调的工程教育改革新路径，为工科专业的应用型人才培养提供改革参考，使得土木工程专业的本科教育能有效与建筑行业、企业对人才的需求进行对接。

“双证通融”的卓越工程师培养模式，根据注册执业资格的要求开展教学，使得土木工程专业教育兼顾工程教育和注册执业资格教育的双重特点，实施的注册执业资格模拟考试，使得本专业培养的毕业生具备毕业后考取相关注册执业资格证书的能力。

通过“双证通融”的卓越工程师人才培养模式研究，进一步探索企业深度介入人才培养全过程的实施途径和以实现校企双赢为基础的校企合作新模式，为工程类专业的卓越工程师人才培养中企业参与度问题探索新路径。

参考文献

[1] 张云峰，詹界东，李文.土木工程专业教学改革必须与国家注册工程师制度接轨[J].高等建筑教育，2005，(3)：14-16.

[2] 李隽，刘宏伟.桌越工程师培养与注册工程师制度相结合的土木工程专业教学改革研究[J].科技信息，2012，(34)：464.

注册工程师制度对道路桥梁与渡河工程专业教学改革的启示

贾　亮　李　萍　王　英

（兰州理工大学土木工程学院，兰州　730050）

摘　要　随着社会的进步，人才竞争日趋激烈，必须通过教学改革提高本科生的核心竞争力。我国注册工程师制度的推行，标志着国家对工程建设从业人员提出更高层次要求，为适应新形势下社会经济发展对人才培养的需求，道路桥梁与渡河工程专业教学改革迫在眉睫。道路桥梁与渡河工程专业要注重加强学生对基本概念、基本理论和基本方法的掌握，在制定新的教学大纲编制新教材时，应当适当拓宽教学范围，以适应工程生产实践对本科生提出的要求。

关键词　注册工程师制度，教学改革，培养目标

一、引言

道路桥梁与渡河工程专业主要培养能够从事道路工程及桥梁工程设计、施工、养护、管理等方面的高级专门人才。通过推行注册工程师执业资格制度，可选拔一批业务素质较高的专业人才，有利于提高从业队伍的整体素质；市场经济体制的建立，要求行业管理从现有的单位资质管理为主逐步过渡到以个人资格管理为主的轨道上，工程师执业资格制度建立后，将逐步推行单位资质管理与个人执业资格管理相结合的市场准入管理机制，有效规范市场秩序，有利于促进行业管理体制改革；同时，通过开展国际互认，为我国专业技术人员走向国际市场创造条件，有利于与国际市场接轨[1]。

二、道路桥梁与渡河工程专业相关的注册工程师执业资格考试概况

1. 勘察设计注册工程师

勘察设计注册工程师是指经考试（或考核）取得中华人民共和国勘察设计执业资格证书，并依法注册后，从事勘察设计的专业技术人员。道路桥梁与渡河工程专业相关的勘察设计执业资格考试主要有：一级（二级）注册结构工程师、注册土木工程师（岩土）、注册土木工程师（道路）等。

（1）注册结构工程师

注册结构工程师是指经全国统一考试合格，依法登记注册，取得中华人民共和国注册结构工程师执业资格证书和注册证书，从事房屋结构、桥梁结构及塔架结构等工程设计及相关业务的专业技术人员。

（2）注册土木工程师（岩土）

注册土木工程师（岩土）是指取得《中华人民共和国注册土木工程师（岩土）执业资格证书》从事岩土工程工作的专业技术人员。注册土木工程师（岩土）可在下列范围内开展执业工作：（一）岩土工程勘察。与各类建设工程项目相关的岩土工程勘察、工程地质勘察、工程水文地质

作者简介：贾亮（1978—），甘肃会宁人，副教授，主要从事路基工程方面的研究。

基金项目：2014 年度兰州理工大学教学研究项目。

勘察、环境岩土工程勘察、固体废弃物堆填勘察、地质灾害与防治勘察、地震工程勘察。(二)岩土工程设计。(三)岩土工程检验、监测的分析与评价。(四)岩土工程咨询。

(3) 注册土木工程师(道路)

注册土木工程师(道路),是指取得《中华人民共和国勘察设计注册土木工程师(道路)执业资格证书》从事道路工程专业设计及相关业务的专业技术人员。适用于从事道路(包括公路、城市道路、林区、厂矿及其他专用道路)工程专业设计及相关业务的专业技术人员。

2. 注册建造师

2002年12月5日,人事部、建设部联合印发了《建造师执业资格制度暂行规定》,规定必须取得建造师资格并经注册,方能担任建设工程项目总承包及施工管理的项目施工负责人。建造师分为一级注册建造师和二级注册建造师。一级建造师设置10个专业:建筑工程、公路工程、铁路工程、民航机场工程、港口与航道工程、水利水电工程、矿业工程、市政公用工程、通信与广电工程、机电工程。二级建造师设置6个专业:建筑工程、公路工程、水利水电工程、矿业工程、市政公用工程、机电工程。

3. 公路水运监测工程师(员)

公路水运监测工程师考试开始于2006年,公路工程和水运工程工程师考试科目分为公共基础科目和专业科目,检测员仅设置专业科目。公路检测工程师(员)考试专业科目分为:材料、公路、桥梁、隧道、交通安全设施和机电工程。

三、注册工程师制度下教学的培养目标与要求

随着社会的进步以及国际市场竞争的日益激烈,人才的竞争也日趋激烈,传统的教学方法、教学目标及教学要求也越来越显得滞后。为了适应新形势下社会经济发展对工程建设人才培养的要求,道路桥梁与渡河工程专业教学改革也迫在眉睫。由传统的培养专业化(专才教育)人才向培养宽口径、厚基础、复合型、高素质和具有国际竞争力的创新型高级专门人才的转变,已成为一种必然趋势,这也是目前众多教育工作者所关心和研讨的问题。

四、立足实际,抓住契机,深化改革,培养专业化复合型人才

注册工程师制度的推行,为我国建设行业的发展起着指导性作用,也为全国开设道路桥梁与渡河工程专业高等院校的教学改革提供了依据。现就道路桥梁与渡河工程专业教学改革提几点个人看法。

1. 课程体系变革框架

高等院校普遍存在注重理论知识,但对学生动手能力的培养不足,欠缺学生动手能力和实践环节的培养,这样的学生无法满足用人单位的需求。就道路桥梁与渡河工程专业而言,设计、施工、监理等企业不仅要求学生掌握扎实的基础理论知识,更看重学生的实际动手能力,希望他们能尽快取得本行业的“上岗证”——国家注册工程师资格,为企业发展、升级创造条件,贡献力量。作为培养未来国家各类注册工程师的摇篮——高等院校必须对目前的现状有一个清醒的认识,加快课程体系的改革,以尽快适应国家推行的注册工程师考试制度[2,3]。

2. 优化教学计划,使学生符合社会发展需求

高校教育作为知识创新和技术创新体系的基础,其目的就是为了培养专业化高素质人才,培养符合社会发展需要的人才。要实现这一人才培养计划,制定科学、合理的教学计划是培养高素质综合人才的基础,合理的知识结构是培养学生终身学习能力的重要保障。当前高校根

据自身特点制订的教学计划都有所差异，但培养的学生只能满足某一行业或者某一层次的要求，并不能很好地满足国家对建设行业人员更高层次的要求。所以，开设道路桥梁与渡河工程专业的院校可以参照注册工程师考试要求[4]，结合自身实际，有计划、有步骤地对教学计划进行优化，使培养的专业技术人员符合社会发展的需求。

3. 提高教师队伍的专业技能水平

随着高校对教师队伍要求的不断提高，教师中高学历、高职称的比例逐年上升，专业知识和水平也不断提高。尽管有很多优势，但很多都缺乏实践经验，工程意识欠缺，在实际教学过程中只能是纸上谈兵，对提高学生解决实践工程的能力影响不大。因此，学校要积极组织教师，特别是中青年教师参加工程实践锻炼。有条件的学校可以安排教师到国外进行学术交流，提高教师队伍的专业技能水平，以利于提高教学水平、改进教学方法、拓宽教学思路，为培养高素质、专业化人才创造条件。

4. 加强校企合作，提高学生在工程实践方面分析问题、解决问题的能力

道路桥梁与渡河工程专业是一门实践性很强的专业，除了培养学生熟练掌握各种过程中实际操作技能外，更重要的是培养学生分析问题、解决问题的能力。虽然，各高校都建立了校内外实习基地，并开设了一些实践课程，但是，这只是起到了巩固和强化理论课学习的作用，而对解决实际工程应用方面的能力却有所欠缺，显得力不从心，降低了学生的工作能力和社会竞争力。为了提高学生在实践工程方面分析问题、解决问题的能力，除了要巩固已有的实习基地外，还应鼓励学生参加校外的工程实践锻炼。更重要的是，可以依托学校的资源优势，加强校企合作，为学生提供更多解决实际工程问题的机会，使其在走上工作岗位后，能较快地融入工作角色。

五、结语

注册工程师制度的推行，在一定程度上反映了道路桥梁与渡河工程专业人才培养的发展方向。为此，在培养符合我国社会主义市场经济及社会发展所需的人才方面，高校在制订培养方案和教学大纲的同时，可以参照注册工程师考试大纲的相关要求，进行适当的调整，为道路桥梁与渡河工程专业教学改革提供有力的保障。

参考文献

[1] 韩晓燕，张彦通. 美国注册工程师制度的现状问题及改革方向[J]. 科技进步与对策，2007，24(1)：145-148.

[2] 马嵘. 论土木工程专业教改与国家注册工程师的统一[J]. 嘉兴学院学报，2002，14(s1)：226-228.

[3] 孙爱琪. 国家注册工程师制度对我校卓越工程师培养改革的启示一以东南大学土木工程专业为例[J]. 热点，2013，(12)：97-98.

[4] 韩晓燕，张海英. 专业认证、注册工程师制度与工程技术人才培养[J]. 高等工程教育研究，2007，(4)：38-40.

创新人才培养模式下教学质量保证体系探讨

刘沈如　赵宪忠　苏　静

（同济大学土木工程学院，上海　200092）

摘　要　教学质量保证体系是规范管理的一项重要举措，是对高校教学工作进行全过程、全方位的质量监控，是教学质量稳定和提高的保障。本文结合试点学院建设和人才培养体系的创新思路，按照卓越工程师的培养要求，对我院教学质量保证体系进行探讨，明确创新人才培养模式下教学质保体系构建的具体要求，提出教学质保体系运行的有关措施，从而进一步完善教学质量保证体系，确保人才培养质量。

关键词　教学质量，保证体系，创新人才培养，构建，运行

一、引言

在高等教育大众化背景下，教学质量问题成了各高等学校生存和发展所面临的严重挑战，如何保证高等教育质量问题，如何构建与新世纪高等教育的人才培养目标和要求相适应的、突出高素质创新型人才培养质量特点和可操作的教学质量保证体系，促进教学秩序的稳定和教学质量的整体提高。因此，建立和完善符合创新人才培养的教学质量监控与评估体系，以保证和提高教学质量，实现高校教学质量的稳步、持续发展，已成为当前高校工作的重大课题。本文结合同济大学 2013—2014 教改项目“质量保证体系与信息化管理建设”，对同济大学土木工程学院教学质量保证体系做了相关的研究，从而进一步完善教学质量保证体系。

土木工程专业是同济大学的传统优势学科，整体实力强，土木专业方向齐全，各课群方向发展均衡，内涵丰富，人才培养理念先进，架构合理，教学管理体系完善；同时，本科教学师资力量雄厚，教学基本建设不断完善，人才成长环境优越，学生学风良好，课堂教学及实践教学正常有序，国际化交流及合作办学不断推进。同时，学院始终坚持人才培养理念和培养机制的探索与创新，积极探索工程教育改革，注重学生工程素质和实践能力的培养和提升，承担了国家教育体制改革的试点学院任务，在校院两级教学质量保证体系基础上，开展本硕博一体化培养方案的制定，积极探索人才培养体系、人才成长环境、人才培养保障措施等综合改革，与时俱进，培养具有实践性、创新性和国际化特质的优秀人才，以实现高质量的创新人才培养。

二、创新人才培养模式下的教学质保体系

传统的教育模式衡量教育质量高低主要就看学生掌握了多少知识和技能，能不能解决当前的“现实”问题，而很少顾及未来的发展。创新人才是指具有创新意识、创新思维、创新能力和创新人格的人才，创新人才不仅是全面发展的人才，更是在此基础上不断对社会物质文明和精神文明做出较大的贡献的人才。培养拔尖创新人才既是时代的强烈呼唤，也是整个社会和民族的责任，而培养具有创新精神和创新能力的高素质人才，是一项复杂的系统工程。因此，必须建立适应创新人才培养的新机制，采取切实可行的措施，有力、有效地推动创新人才的培

作者简介：刘沈如，女，同济大学土木工程学院副教授，E-mail：huangliu103@163.com。

基金项目：同济大学 2013—2014 教改项目“质量保证体系与信息化管理建设”。

养。要转变教育思想，破除传统的人才观，培养高素质创新型人才，必须牢固树立“以学生为中心”的理念；更新教学内容，精简陈旧落后的课程内容，增加现代高科技基本原理，介绍学科的新发展、新成果，拓宽专业面；改革教学方法，变“满堂灌”为“启发式”，调动学生自主学习的主观能动性；建立有利于创新人才脱颖而出的评选指标体系，要形成一种宽松的学术风气，激发学生学习兴趣和创新潜力，采取一系列激励措施，为学生的个性化发展提供保障。为此，学院按照卓越工程师的教育培养要求，提出人才培养模式为：共性基础＋个性培养，培养面向未来的拔尖创新人才和世界一流学生，即以科学研究和工程实践成果以及雄厚师资力量为依托，创建了以递进式中英文精品课程群为课堂教学链、以规范化教学实验平台和实践基地为创新实践链、以高频次短期交流和国际竞赛为交流合作链、以毕业设计（论文）为综合能力表现的立体化、开放性的卓越人才培养体系，激发学生的学习兴趣，并培养出一批具有创新特质和国际视野的优秀人才。围绕这一人才培养理念，学院做了以下一些教学改革：

（1）结合试点学院建设，以人才培养模式为指导，进行机制和岗位调整。

（2）根据人才培养目标，进行培养方案修订，制定本硕博一体化的培养方案。

（3）按照卓越工程师的培养要求，完成核心课程大纲修编和课程档案建设工作。

（4）进一步深化课堂教学、实践创新和交流合作三个链条，培养世界一流学生。

（5）建立和完善同济大学土木工程学院本硕博一体化培养质量保证体系。[1,2]。

培养高素质创新型人才，必须建设高水平师资队伍，教师在人才培养过程中扮演着极其重要的角色；

顶层设计的人才培养理念是创新人才培养的核心；而质量保证体系是创新人才培养的根本保障，保证人才培养理念在整个教育过程中的实施。以上几个方面相辅相成，缺一不可，贯穿人才培养的整个过程。

三、教学质保体系的构建

从教学质量目标和管理职责、教学资源管理、教学过程管理、教学质量监控分析和改进等多方面着手，建立了全方位监控、循环闭合的质量保证体系，使学生从入学到毕业的整个过程始终处于受控状态，形成日常监督、定点监督、定期监督和公众监督的闭路监督系统。对教学质量进行全过程、全方位的监控，必须构建完善的质量保证体系，2005 年土木工程学院在《同济大学本科教学质量保证体系》基础上制定了完整的《同济大学土木工程本科教学质量保证体系》，2011 年结合“卓越工程师教育培养计划”特点，进一步完善了该本科教学质保体系，其中包括了四大控制节点，即：教学质量目标和管理职责控制节点、教学资源管理控制节点、教学过程管理控制节点和教学质量监控分析和改进控制节点；每个控制节点包含若干执行项目和监督项目，其中执行项目按质量标准执行，监督项目按质量指标进行监控。

1. 教学质量目标和管理职责控制节点

由院长和企业主管领导负责，工作内容包括卓越工程师培养指导思路、卓越工程师培养标准、校企联合培养模式与标准、校企各部门职责、权限和沟通、质量控制标准制定和完善、管理评审和教学评估、年度教学质量报告。

2. 教学资源管理控制节点

由院长、分管教学副院长和企业分管领导负责，工作内容包括校企人力资源管理、教学经费管理、校内教学基本建设与管理、校外教学基地建设与管理、卓越工程师培养改革与研究。

3. 教学过程管理控制节点

由分管教学副院长、分管学生工作分党委书记和企业分管领导负责，工作内容包括卓越工程师培养计划制定与实施、卓越工程师培养学生遴选与招生、人才培养全过程和教学文件档案管理。

4. 教学质量监控分析和改进控制节点

由分管教学副院长和企业分管领导负责，工作内容包括教学质量监控、教学质量分析和教学质量改进。

参与以上教学质量四大控制节点的人员除院长、书记和企业分管领导外，还有学院教务委员会、院长助理、各系(所)正副主任和专家教授会、院督导专家、校外督导、学院教务科和院质管办。教学质保体系所制定的质量标准、质量指标以及形成的教学管理文件须由学院教务委员会审核确定。学院教学管理机构是教学质量监控体系中最基本的主体，具体执行学校和教务处关于教学管理的有关规定，落实教学任务和组织教学运行。学院教务部门和质管员对学院的质保体系的执行情况进行日常监督；学院组织院系领导和校内外督导专家进行定点监督；还组织各种专业评估进行定期监督；通过教师评学、学生评教、学生期中座谈会、毕业班座谈会、用人单位调研等形式进行公众监督。按照"检查—反馈—改进—建设—检查"的机制，对每一个影响本科教学质量的关键因素和人才培养过程中的关键环节严加把关，尽快发现、处理和解决教学问题，确保人才培养质量。[3]

四、教学质保体系的运行

为确保同济大学土木学院本科教学工作质量保证体系的运行，培养面向未来的卓越工程师，对师资力量、培养计划、教学大纲、课程设置等方面进行调整，同时对教学质量提出了更高的要求。在人才培养过程中，建设是基础，监控是保障，评价是手段，质量是核心。对教学质量进行监督和评价，使教学质量达到预期目的。学院主要从以下几个方面实现教学质保体系的运行。

1. 加强本科教学师资队伍建设

结合试点学院建设，我院形成了以院士、千人、长江、杰青为核心，以具有国际教育背景的中青年教师为后备、国家一流学者和一线工程技术人才为补充的师资队伍，要求教授必须承担本科生课程。结合卓越工程师培养，聘请设计院或建设单位的总工为兼职教授，定期为学生进行讲座，或学生到企业进行实习；对刚毕业的新教师，须有累计半年及以上"产学研践习"时间。

2. 修订教学管理文件，规范教学管理

为确保本科教学有序进行及人才培养质量，学院在学校管理文件的基础上，对原有教学管理文件进行制定或修订，并量化了教学质量评价指标，使得教学管理有章可依。主要修订的教学文件如下：本科教学管理的若干规定；"平行班"课程教学管理及课程责任教授的若干规定；新任授课教师的若干规定；教师助课的实施办法；教师调课的若干规定；教师教学质量评价体系与实施办法；本科教学教材选用的若干规定；本科生毕业设计(论文)指导的若干规定；院外督察员制度与实施办法；教学资料归档的若干规定；期末考试的若干规定；推荐免试研究生工作操作办法。

3. 制定"本硕博一体化"培养方案

根据"卓越人才培养计划"的理念和整体思路，制定"本硕博一体化"培养方案，包括试点学院顶层设计、岗位类别设置、试点学院运行机制、培养方案修订等。在"课程档案"编制基础上，实现基于知识点的课程体系一体化和本硕博课程体系的贯通，为本硕博 4＋M 人才培养机制的运行奠定基础。确定试点学院的人才培养方案，对招生制度、人才培养过程、教学硬件建设及教学管理机制等方面进行改革。进一步进行试点学院改革，在校院两级教学质量保证体系基础上，开展本硕博一体化培养方案的制定。

4. 强化校企合作，建设人才培养基地

实践平台建设方面，形成课程设计、教学实验、实习实践三位一体的培养框架，建设了一批以国家级工程实践教育中心为核心的人才培养基地，强化与企业的合作与人才培养互动，在课程设置、课程体系优化、实践体系建设、校企联合培养学生、教师见习及科研合作、企业员工培训等方面深度合作，取得了双赢的效果，为卓越人才的培养提供了条件。

5. 重视学生第一课堂和第二课堂建设

第一课堂与第二课堂分别指课堂教学与课外实践，联合培养模式是前两种模式的结合，既涉及教学环节，但又不限于此，拔尖创新人才培养需要多样化的培养模式，比如组织学生参加国内国际的各类竞赛，指导学生参加大学生创新实践训练项目，鼓励学生通过“进课题、进实验室、进团队”的“三进”方式参与教师的科研活动。

6. 加强国际交流与合作

积极开展国际交流活动和国际合作办学，形成良好的国际合作与交流氛围，教师和学生国际视野得到明显增强，本学科在国际上影响力得到极大提高；

7. 完善教学质量监控与评价体系[4,5]

教学监控系统是教学质量监控与评估体系的基础，主要由校院两级教学督导制度、教学检查制度、领导干部和同行听课制度、毕业生跟踪调查制度组成，通过教学全过程的监控，在各项监控信息收集之后，及时准确的进行信息反馈，可以了解教师的教学情况、学生的学习情况和思想动态。

(1) 建立校院两级教学督导制度

教学督导制度是加强对教学质量管理系统的监控与管理的重要手段。通过听课、督察教学秩序和各项专项检查，及时了解和分析师生教与学的情况，发现教学课程中的一些存在问题，并及时提出改进建议。督导有校级督导和院级督导，校级督导由校质管办统一安排，院级督导由本学院和外学院的老师组成，学院要求每位督导听同一平台课的所有老师上课，并给出好差排序，这样可了解教师的教学情况。

(2) 进行三段式教学检查制度

包括开学、期中、期末检查。期中教学检查是重点，检查内容为：教学环节、常规教学的组织与管理、教研教改活动、学院教学档案的建立和归档情况；检查方式采用学院自查、学校抽查和各年级学生座谈会的方式进行；检查结束后，学院须撰写期中教学检查总结并报教务处，教务处对全校各教学单位教学工作中存在的优点和不足之处全面总结后报学校领导。通过期中教学检查，教学管理部门可以全盘地了解教学情况，为改进以后的教学及管理工作奠定基础。

(3) 院系领导和同行听课制度

领导听课制度明确规定校领导、院领导、系主任、教学秘书、教务处及相关部门负责人深入课堂听课，使学校各级领导干部深入教学第一线，倾听师生意见，掌握教学动态，及时发现并解决教学中存在的问题；同行相互听课制度，使教师间相互学习借鉴，促进教学不断改进教学方法，更新教学内容，提高教学质量。

(4) 毕业生跟踪调查制度

通过建立毕业生跟踪调查和用人单位对人才需求情况调查制度，了解和掌握毕业生整体质量和用人单位对毕业生的评价以及社会对人才的需求状况，为学校改革教学管理、调整专业结构、改革人才培养模式、优化人才培养方案提供决策依据。

另外，应尽快建立教学管理信息化平台的质量监控和评价系统。依托数据平台，开发“教学管理在线平台”，“教学质量评价系统”等，为教学质量实时监控、过程管理和动态管理提供技术保障。

五、结语

构建一个比较完善的教学督查、质量监控和评价系统，对提高教学质量是十分必要和重要的，是保障高等学校教学质量不断提高的一种有效机制，也是当前高等教育管理和改革的重要内容。通过教学质量的监控与评价，及时获得教学过程中各个环节的信息反馈，对教学过程进行准确客观的监控、评判与调整，使教学质量持续提高并进入良性循环的轨道。创新人才培养模式下教学质保体系除了传统的教学督导和听课制度外，又增添了很多创新内容，对这部分如何监控和评价，比如如何建立并完善校企合作的教学质量监控、评价与保障体系；对校外兼职导师如何监控和评价；学生的创新学分如何评价；第二课堂如何监管，等等，这些质量保障体系有待进一步补充和完善。加强学生参与质量评价的力度，吸引企业参与人才培养计划制定，进行教学质量监控和评价，从而进一步完善教学质量保障体系。

参考文献

[1] 赵宪忠. 本-硕-博一体化培养方案制定[R]. 上海：同济大学，2014.

[2] 刘沈如. 2012 年土木工程学院本科质量保证工作年度报告[R]. 上海：同济大学土木学院，2012.

[3] 同济大学土木工程学院. 土木工程学院本科教学质量保证体系.

[4] 石伟芬. 高等学校教学质量监控与评估体系的探索和思考[J]. 安徽理工大学学报(社会科学版)，2007(9)：65-67.

[5] 朱永江. 构建高校内部教学适量监控体系的探索[J]. 高教发展与评估，2005(21)：51-53.

专业层面教学资源与管理网络化建设探索

吴　珊　郝瑞霞　丁　飞

（北京工业大学建工学院，北京　100124）

摘　要　结合给排水工程专业新修订的培养方案要求，探索利用现代网络信息技术，初步建设专业层面教学资源与教学管理过程的辅助平台，开发包括新生研讨课板块、主干理论课程板块、实践环节管理板块等若干子系统，意图通过完整的顶层框架设计，融合已有网络资源，推进专业层面教学管理模式改革，以“资源共享”的理念，推进专业教学资源网络共享，使整体教学在时间和空间上得以延伸，既有助于提高教学质量，也是提高学生主动参与教学过程的重要途径，同时也在专业教学管理的途径与手段方面进行的有益尝试。

关键词　教学，管理，资源，信息化，网络

一、引言

当今社会信息技术的飞速发展对教育所产生的影响是巨大的。不仅表现在教育形式、传授知识的手段和学习方式的重大变化，如网络化是其最显著特征之一；同时也对教育理念、管理模式和方法等产生了深刻影响，教学管理手段的信息化成为必然趋势。可以说，教育信息化是我们从观念到实践必须面对的一个挑战，教学管理的信息化建设成了高校现代化管理重要组成部分；而教育资源网络化互动平台的建设则是将教育管理重点转向教学实践的积极途径，因此，教学资源与教学管理信息化两者的有效结合是提高学生学习积极主动性和教学管理水平的有益尝试，通过利用网络平台把教学过程中的各个环节相互联系和沟通，实现信息的自由流动，达到教学资源的优化配置，教与学的互动，教与管呼应，将信息技术与教育全面深度融合，充分体现以学生为主体的教学理念，创建良好的、互动的教学环境与学习环境，有助于提高教育质量和管理效率[1-3]。

二、研究背景与基础

由于水资源短缺和水环境污染日趋严重，水危机已成为我国社会经济发展的重要制约因素。城市水业在保障水的良性社会循环、支撑社会经济可持续发展方面的战略地位和重要作用日渐凸显。作为水业高级人才培养和科技发展的重要支撑，土木工程一级学科下属的给排水工程学科与专业也在发展过程中内涵逐步丰富，外延不断拓展，从传统的城市上下水道工程向以实现水的良性循环为目标的方向发展，逐步形成以水的社会循环为研究对象，以水质为中心，研究水质和水量的运动变化规律以及相关的工程技术问题的工程技术学科，相应地对人才培养的质量也提出了更高的要求。

2012 年，北京工业大学给排水科学与工程专业在学校和学院统一部署和指导下，完成了针对新的发展目标和行业人才需求的本科专业教学培养计划的修订，新增设了针对大一学生以专业导航为主线的“新生研讨课”，完善了课程结构，确定了包括学科基础课和专业课在内的 10 门主干课程，充实了包括专业实习和毕业设计在内的主要校内外实践环节，从而形成了全新的专业培养框架。系一级作为最基层的教学管理单元，如果想要使这个新的培养方案达到预期的实施效果，不仅需要对每个教学环节进行精心的设计，在实际运行过程中，还需要有高

效地管理手段来配合。从教学环节来说，除了教师的课堂教学，开发相应的网络辅助教学平台已经是近年被教学实践证实的一个十分有效的途径，也符合现代学生的求知特点、兴趣和能力。近年来，结合本校“十一五”本科教学基地建设，市政工程系的很多教师都不同程度地参与了一系列相关的教学研究和网络课程建设工作，包括水分析化学、水处理微生物学、水质工程学实验多媒体教学课件的开发制作；水质工程课程群建设；水工程专业实验课程建设和教学改革研究以及水质工程创新实验课教学内容与教学组织的研究与实践；等，为本项目的开展与实施奠定了良好的基础，积累了丰富的实践经验，具有十分有利的条件。因此，完全有可能结合新修订的给排水工程专业培养方案中的总体教学安排与要求，开展针对专业层面的教学资源与教学管理信息化建设的探索研究。

三、主要目标

本研究项目旨在探索利用现代网络技术，全方位的建设基本覆盖培养计划全过程的辅助教学系统平台，包括开发新生研讨课板块、主干理论课程板块、实践环节管理与互动板块和配合卓越工程师计划的校外企业板块等若干子系统，通过完整的顶层框架设计，充分利用现代教育技术的网络化和多媒体教学辅助手段，融合已有网络资源，指导课程辅助教学平台开发，推进校外实践环节的管理模式改革与创新，以“资源共享”的理念，积极推进专业网络资源利用和共享平台建设，为学生提供优质教育资源，通过现代化的网络和通信技术，把学习者的需求和各类教育资源的供给更及时而有效地连接起来，完善学生自主学习和自我管理的支持服务体系，使整体教学在时间和空间上得以延伸，既有助于提高教学质量，成为吸引学生注意力与兴趣，积极主动参与教学过程的重要途径，也是着力培育本专业教学及管理特色的途径与手段之一。同时，信息化建设有利于教师转变教学观念、提高信息技术应用能力，有利于师生通过网络学习与交流互动，为师生提供学习互动平台。

四、研究思路和板块设计

研究过程采用“广泛调研→适用性分析→总体结构设计→分系统开发→试用及信息反馈、总结→调整→教学实践”的思路，通过调研、文献资料研究、专家咨询等方法，首先研究确定了该平台系统的总体设计分为新生研讨课子系统、主干理论课程（十门）子系统、实践环节管理与互动子系统。之后，逐一确定各子系统组成所需板块主要内容和框架，如，在“新生研讨课子系统”中设立了包括“课程导航”、“了解你的专业”、“名师风采”、“精彩案例”、“杰出学子”、“走出校门”、“学长寄语”等板块；在“主干理论课程子系统”中，以十门给排水科学与工程专业的主干课程作为串联板块，每门课程网页基本参照精品课程网站的形式进行构建，既可以利用已经建设的精品进行链接，也可以把本次所建设的课程网页作为今后申报学校相关课程建设项目的基础；而在“实践环节管理与互动子系统”中，则突出本校特有的工作实习阶段和在实际单位完成毕业设计阶段时的教师和系的管理需求以及相应阶段学生对单位和课题选择的信息需求的特点来进行考虑，着重建设了“院系通知”、“管理文件”、“校外导师介绍”、“课题选择”、“实习单位”、“实习小组”、“实习日记”、“我的成果”、“实习风采（照片）”、“联系教师”、“联系学生”、“申请及表格下载”、“历年就业单位名录”等板块，针对需求，提高实用性和时效性。并将在使用与管理实践中加以调整和总结完善。

研究工作计划分为两个阶段，第一阶段从 2013 年 5 月—2014 年 5 月，主要开展调研，资料收集，系统开发整体结构设计，完成各系统框架建设，基本完成新生研讨课模块；第二阶段从 2014 年 6 月—2015 年 12 月，完善并最终完成各系统开发建设、调试和试运行，并对初步的教学实践进行总结。

目前，整体研究工作如期顺利进行，按照完成一个试运行一个，在使用中修改完善的原则，“新生研讨课子系统”和“实践环节管理与互动子系统”已经逐步投入使用。但是，在实际工作过程中也发现一些问题，遇到一些困难，最主要的困难是各子系统的主要栏目板块及资料来源需要积累，优质资源建设有待推进，包括课程网站的电子音像资料、媒体素材、课件、案例、文献资料、题库；考虑知识产权等原因，有些资料内容不易链接，影响内容的丰富性和权威性。另外，每个子系统中的“在线交流”板块受到信息安全管理要求的限制(要求每周 7 天×24 小时有专人值守监督)，使用受到一定的影响。整个系统目前完成后的成果在校内网络上布置，学校在校外访问时，首先需要进入校园网，有时也受到 VPN 系统连接问题的影响而使用受限。

综上所述，从系级层面开发“给排水科学与工程”专业的教学资源与教学管理信息化系统，首次构建完成从新生研讨课到主干专业课再到校内外实践教学的基本覆盖专业培养计划全过程的完整的一套辅助教学系统平台，从项目总体结构设计到各子系统的开发，板块设置、基本内容和栏目确定的研究都是富有挑战性的工作，需要整个系里教师的密切合作和配合。项目的建成将为学生提供更多更好网络教学资源，有助于提高人才培养质量并希望通过在使用中逐步完善最终培育成为本专业的一个教学与管理的亮点。总之，教学管理信息化是现代化教学发展的必然趋势。教学管理信息化是一项综合的系统工程，具有长期性和复杂性，各个不同的管理层级需求和工作重点不同，建设应结合管理的实际情况，从增强意识、完善系统、健全制度、优化素质入手，不断探索完善教学管理信息化建设的策略，只有这样，才能促进教学手段的创新和教学管理信息化水平的提高，进而提高人才培养质量，保障高等教育改革的深化进行。

参考文献

[1] 田富鹏.高校信息技术环境建设探索与实践[J].中国教育信息化，2008(15).

[2] 甄静波.信息技术环境下教师群体专业知识扩散路径研究[J].浙江师范大学，2011.

[3] 王一军，龚放.高等教育大众化阶段高校教学定位的再思考[J].高等教育研究，2010(02).

[4] 张莉，毕亚凡，余训民，等.水污染控制工程“案例—实验—设计”一体化实践教学创新模式的探索教学理论[J].化工高等教育，2008，25(4).

[5] 黄爱华.新生研讨课的分析与思考[J].中国大学教学，2010(4).

[6] 王媛媛，李太平.基于标准课程的教师专业性研究[J].高等教育研究，2012(2).

[7] 许建领.高校课程综合化的渊源及实质[J].教育研究，2000(3).

民族地区高校土木工程专业师资队伍建设经验与探索

王　岚　韩伟新

（内蒙古工业大学土木工程学院，呼和浩特　010051）

摘　要　以内蒙古工业大学为例，针对民族地区土木工程专业师资队伍建设的现状、存在的问题进行分析，进一步明确了民族地区高校师资队伍建设目标和特色。构建具有民族地区特色的土木工程专业师资队伍建设体系，通过外引内培、校企合作、建立健全聘用考核机制等举措不断提高师资队伍建设水平，从而促进教育教学质量的提高，以全方位提升土木工程专业建设水平，更好地为地方经济建设服务。根据师资队伍建设过程中存在的问题提出了下一步的建设目标和措施。

关键词　师资队伍建设，土木工程专业，民族地区

一、引言

高等教育质量是高校教育水平的体现，而提高教育质量最关键的是师资队伍建设。师资队伍的整体水平标志着一所大学的办学水平。师资队伍建设水平，是决定学生培养质量的决定性因素。教师是科学教育观的践行者，是组织与实施教学内容的主体，教师是教学活动的组织者、实践者，是教学方法的设计者、实施者。教师在教育过程中居于主导地位，这是由高校的主要任务所决定的[1]。

为实现现代大学的办学目标，适应新时期高等教育改革和发展以及人才培养的需要，高校师资队伍建设将临新的问题和挑战。土木工程专业是一门实践性很强的学科，不仅需要教师具有很强的理论知识，还要同时具有丰富的实践能力、科技创新能力才能成为一名合格的教师。内蒙古属于西部少数民族地区，经济发展水平及各方面条件与内地存在一定差距。论文将针对民族地区高校土木工程专业目前师资队伍现状，分析存在的问题，总结已有经验，提出具有民族地区特色大学土木工程专业的师资队伍建设理念和具体措施。

二、民族地区土木工程专业师资队伍现状

内蒙古民族地区由于所处地理位置、经济等条件的限制，多年来在高校人才引进方面存在很大的困难，这在一定程度上限制了高校各专业建设和发展的速度。以内蒙古工业大学为例，就土木工程专业师资队伍情况作一介绍。

1. 学校及土木工程专业基本情况

内蒙古工业大学前身是始建于1951年的绥远省高级工业学校。1958年在清华大学、天津大学等支援下成立内蒙古工学院，曾隶属机械工业部、农业机械部等，1983年划归内蒙古自治区，1993年更名为内蒙古工业大学。

学校是一所以工为主，工、理、文、经、管、法、教育相结合，具有本科、硕士和博士完整人才培养体系的特色鲜明的多科性大学。现有本科专业70个，博士授权一级学科3个，博士授权二级学科13个，硕士授权一级学科18个，硕士授权二级学科85个，工程硕士专业学位授权领域17个。

土木工程专业现具有土木工程一级学科硕士授予权，其中涵盖岩土工程，结构工程，供热供燃气通风与空调工程，防灾减灾工程及防护工程和市政工程五个二级学科硕士授予权。拥有建筑与土木工程领域的工程硕士授权点。

土木工程专业共有专职教师 48 人，其中教授 10 人，副教授 21 人，具有硕士以上学位的教师 36 人，博士研究生导师 4 人，硕士研究生导师 21 人。

2. 土木工程专业师资现状及存在的问题

(1) 人才引进困难，教师学缘结构不合理

由于学校地处中西部欠发达地区，经济和工作条件相对落后，面临目前土木工程行业热潮，缺乏对高层次人才的吸引力，同时学校原有教师经过学历提升后存在较严重的流失现象。从教师来源来看，80%的教师都源于本校，形成近亲繁殖的现象，不利于学术思想的交流与相互促进。此外，缺乏有影响力的学科带头人，科研队伍实力还有待于进一步加强，这在一定程度上制约了专业的发展和水平提高[2]。

(2) 教师现有业务素质难以适应高等教育改革和发展的需要

由于地处欠发达地区，与先进地区及国内知名大学交流机会相对较少，一些教师的上进心不足、紧迫感不强，不能坚持学习来不断提高自身业务素质，而是满足于现状。部分教师缺少主动地进行教育教学改革、教学研究和科技创新活动。思想上存在较大的惰性，造成知识陈旧、知识面窄，对学科前沿了解少等现象，专业技术水平提高受到限制，直接影响了教学质量，无法适应新形势下的教育改革和发展需要。此外，在学科建设方面，承担高水平科研及教研项目少，高水平成果少，虽然在内蒙古地区具有一定影响，但在国内同行业内缺乏影响力。

(3) 部分教师缺乏工程实践经验，难以胜任专业课程教学

土木工程专业是一个实践性很强的专业，因而需要教师除具有相应的理论知识外，还需要具有很强的实践能力。目前情况是青年教师往往是由学校到学校，缺少参与工程实践锻炼的机会，使得他们的理论知识和实践能力往往是脱节的，因而课堂上只能是照本宣科，课堂枯燥无味，教学效果差等问题存在[3]。特别是一些实践性强的教学环节，如课程设计、毕业设计、生产实习等的指导往往存在较多的问题。

(4) 教师的培养工作需要完善

近年来，学校先后出台了相应的人才引进、青年教师培养等政策，在一定程度上使得情况有所改善。但同时也遇到一些现实问题，如青年教师的海外研修计划、到区外攻读学位政策，虽然为青年教师提供了很好的提升机会，但许多青年教师由于考虑到家庭、经济等原因往往宁愿在本校或本地攻读博士学位，这样一来造成以下问题，一是本校招生名额有限，二是这样势必又会造成大量近亲繁殖的现象，况且在职学习由于精力投入、各方面条件等限制，势必造成学习效果无法与脱产相比，教师专业水平提高慢。

(5) 教师的聘用、考核及激励机制有待进一步完善

教师业务素质的提高，不仅需要教师自身的上进心和敬业精神，更需要有切合实际，更加有效的考核、聘任和激励机制。目前存在教师的聘任和考核间不够协调统一的现象。学校虽然也建立了许多激励机制，但从取得的成果看效果似乎并不明显，特别是高层次成果仍然很少。

三、民族地区土木工程专业师资队伍建设目标及措施

作为欠发达少数民族地区高校，在相对于内地缺乏高水平人才队伍、良好的科研学术氛围及教学科研硬件条件等情况下，如何提高师资队伍建设水平、保持师资队伍的稳定性、激发教

师的教学及科研活力是需要我们不断探索的关键问题。

1. 民族地区土木工程专业师资队伍建设目标

按照学校2020年将建成教学研究型大学的总体建设目标，土木工程专业师资队伍建设将在学校宏观管理和政策指导下，通过内培外引、激励考核，改善教学科研条件，用感情和政策留人等措施，逐步形成师资结构合理、具有良好的职业道德、理论知识过硬、实践能力强的一支具有良好综合素质的师资队伍，为土木工程专业建设提供保障。

2. 师资队伍建设的举措

(1) 克服人才缺乏困难，坚持内培与外引相结合

首先，要加大对青年教师的培养力度，制定青年教师培养计划和制度，通过内部培养、学历提升、进修及培训等多种方式进行师资队伍建设。建立导师制度，通过"以老带新"使每位青年教师都进入一个课程组，实行助课制度，由经验丰富的老教师传授教学经验、教学方法。同时，通过制定培训计划，定期选派教师到相关院校、科研院所及工程实践单位学习，并通过举办"青年教师技艺大赛"、观摩教学及教学讲座等活动，为他们提供更多的理论、课堂教学和实践学习机会。此外，根据每个教师的学科专长和兴趣将青年教师纳入到现有科研团队中，带领和指导他们参与科学研究和申报各类基金项目，不断提高他们的专业知识水平和实践能力[4]。

在人才引进方面，不拘泥于刚性引进，可以结合实际需求和可能性进行柔性引进，本着"不求所有，但求所用"的理念，通过优惠的政策和优厚的条件吸引高层次人才，并按照项目管理模式签订合作协议，制定目标和任务，对其进行目标考核。通过此项措施实现对人才的有效管理。使其更好地发挥带队伍、上层次、提水平师资队伍建设的目标。

(2) 注重青年教师实践能力培养

制定政策，分期分批派青年教师到工程实践单位实习，提高他们的实践能力，真正做到理论和实践的结合和统一。这样不仅能够丰富他们的课堂教学内容，而且还会大大提高课堂教学水平。通过实践还可以发现工程中存在问题，激发他们解决实际问题的积极性。

(3) 建立切实有效的聘用、考核和激励机制

建立健全一套完善的聘用、考核及激励机制是师资队伍建设的关键。如何综合考虑学历、资历、科研业绩、教学教研工作业绩及对专业建设、学科建设的贡献等方面是一个关键问题。特别是应考虑土木工程专业的特点，不仅要考虑一个人的理论水平，同时要考量其将理论应用于实践的能力，解决实际问题的能力。要根据学校土木工程专业师资队伍的现状，制定切实合理的聘用、考核及激励机制，使教师有压力、有动力和有激情去不断提高自身的专业技术水平，并积极参与专业和学科建设工作。逐步建立以学术水平、教学工作能力及综合贡献为主的聘任评价，以履职情况为主的绩效考核评价，探索多元化评价方法，优化评价程序，推行多劳多得、优劳优酬的激励机制，全面推进教师聘任、考核及激励制度的改革[5]。

(4) 注重产学研，加强校企结合，服务地方经济

积极与地方企业联合，建立产学研一体的培养基地。与企业联合进行技术开发和技术服务工作，联合申报科研课题，解决工程实际中的技术难题，把教学、科研和生产衔接起来，真正把理论、科研、实践纳入到课堂教学中。利用高校的技术优势为地方经济建设服务[6]。

(5) 注重人文关怀，用感情留人

在地域、经济条件等先天劣势的条件下，给予青年教师更多的人文关怀，在政策上为他们提供更多的支持，在生活上多关心他们的疾苦，营造有利于教师成长的学术氛围，努力为他们创造更好的工作条件。

四、结语

师资队伍建设是高校建设发展的重要基础，欠发达民族地区由于其先天的劣势，更需要根据自身的特点，建立切实可行、行之有效的人才队伍建设方案，为土木工程专业、学科建设发展提供保障，同时为促进地区经济建设发展发挥重要作用。

参考文献

[1] 姜建明. 关于高水平大学师资队伍建设的思考[J]. 华南理工大学学报(社会科学版)，2010，12(1)：1-5.

[2] 任世强，陈宁. 西部地方高校师资队伍建设面临的问题及对策[J]. 西南交通大学学报(社会科学版)，2011，12(5)：81-85.

[3] 詹学文，詹秋文. 地方应用型本科高校师资队伍建设研究[J]. 黄山学院学报，2013，15(4)：102-104.

[4] 唐新平. 地方高校师资队伍建设应处理好的几个关系[J]. 高校论坛，2010：200-202.

[5] 姜永志. 地方高校师资队伍建设的良性发展策略[J]. 广角，2012(4)：56-59.

[6] 翁细金. 地方高校人才强校战略若干问题探讨[J]. 江苏高教，2012，(3)：34-37.

加强优秀教学团队建设，提升专业办学特色

郝贠洪　曹　喜　王玉清　吴安利　时金娜　贺培源

（内蒙古工业大学土木工程学院，呼和浩特　010051）

摘　要　土木工程专业是内蒙古工业大学校传统特色专业，2006 年被评为内蒙古自治区品牌专业，2012 年通过住建部土木工程专业教育评估。在专业教学中将特色办学的思想贯穿于整个教学过程，以优秀教学团队建设带动教师队伍建设，着力打造精品课程，优化课程体系，深化教学改革，加强实践教学，强化毕业设计，培养出的毕业生理论基础扎实、工作踏实、动手能力强，普遍受到用人单位的好评。

关键词　特色专业，优秀教学团队，精品课程，实践教学环节

一、引言

我国土木工程专业经过各高等学校多年不断的探索，在专业指导委员会的指导下，制定出明确的培养目标；培养适应社会主义现代化建设需要，德智体全面发展，掌握土木工程学科的基本理论和基本知识，获得土木工程师基本训练，具有创新精神的高级工程科学技术人才。毕业生能从事土木工程的设计、施工、监理与管理工作，具有初步的工程项目规划和研究开发能力。同时各高校也根据各自所在的地域位置及各自特色和发展情况制定出与此相适应的，适合自身发展的培养目标。

内蒙古工业大学坐落在内蒙古自治区呼和浩特市，前身是始建于 1951 年的绥远省高级工业学校。1958 年在清华大学等支援下成立内蒙古工学院，曾隶属机械工业部、农业机械部，1983 年划归内蒙古自治区，1993 年更名为内蒙古工业大学，内蒙古工业大学作为一所少数民族地区的多科性教学型大学，秉承六十年的优良办学传统，形成了明确的办学指导思想：坚持社会主义办学方向，全面贯彻党和国家的教育方针，遵循高等教育规律，落实科学发展观，以人为本，注重内涵，强化特色，持续发展；坚持以人才培养为根本任务，培养德智体全面发展，具有扎实的基础知识、较强的实践能力与创新精神的高级应用型人才；坚持“发挥人才培养和学科优势，服务民族地区经济社会发展”的办学特色，强化自治区高级工程技术人才培养基地、工程技术应用研究与开发基地作用，为内蒙古经济建设和社会发展服务；坚持以学科建设为龙头，以师资队伍建设为关键，加强科学研究，全面提高学校的教育质量、学术水平和综合实力。

学校土木工程专业源于 1951 年的绥远省高级工业学校土木科，经过 60 余年的建设和发展，土木工程专业成为学校的传统特色专业，2005 年被学校列为首批建设的“校级品牌专业”；2006 年被评为“内蒙古自治区品牌专业”，2012 年土木工程专业通过住建部土木工程专业教育评估。在专业教学中将特色办学的思想贯穿于整个教学过程，以优秀教学团队建设带动教师队伍建设，着力打造精品课程，优化课程体系，课程设置突出地域特色，加强实践教学环节，强化毕业设计，培养出的毕业生理论基础扎实、工作踏实、动手能力强，普遍受到用人单位的好评。

作者简介：郝贠洪(1977—)，男，教授、博士，内蒙古工业大学土木工程学院副院长，从事学院教学管理、土木工程专业的教学和研究工作。

二、特色办学思想贯穿于专业建设全过程

为了体现土木工程专业特色，在学校办学思想指导下，根据学院和土木工程专业自身的特点，明确土木工程专业的办学思想：以学科建设为龙头，强化师资队伍建设；以本科教学为中心，加强科学研究；坚持立足内蒙古、面向全国的办学定位；构建厚基础、强实践，具有协作精神、奉献精神、创新精神和实践能力的土木工程高级应用型人才的培养模式和教学体系；全面提高人才培养质量和办学水平。并加强培养以下四方面：

(1) 培养爱祖国、爱专业，有高度社会责任感、职业道德和法律意识的社会主义建设事业的接班人。培养基础扎实、工作踏实、作风朴实、综合能力强的人才。

(2) 遵循教育教学基本规律，全面提高学生综合素质、创新精神和实践能力，培养适应社会经济发展的需要、德智体美全面发展、具有市场竞争力的创新型人才。

(3) 保持传统优势，拓宽专业领域，坚持立足北疆、立足西部，为民族地区、祖国北疆和西部经济和社会建设培养人才和提供科技服务。

(4) 实施工程教育，强化工程师基本训练，提倡求真务实。

特色办学思想的确立，进一步明确了土木工程专业的办学方向，规范了专业办学进程，取得了明显效果。

三、以优秀教学团队建设促教师队伍建设

“致天下之治在人才，成天下之才在教化，成教化之业在教师”，要培养高素质的人才，师资是根本。要提高教育质量关键在于建设好一只具有良好道德修养和学术水平，从教能力强的高素质教师队伍。学院一直十分注重教师业务水平的提高，采取鼓励教师进修、攻读学位、访问交流及选留、引进等措施，造就了一支业务素质高、教学经验丰富、科研能力较强的师资队伍。

1. 专业教学师资结构和素质

学院目前承担土木工程专业教学的共有专职教师 46 人(教授 11 人、副教授 19 人、讲师 13 人)，其中博士生导师 3 人，硕士生导师 20 人，具有副教授及以上职称的教师占教师总数的 59%；学历结构方面为博士 11 人、硕士 26 人，博士、硕士学位的教师占 78%；年龄结构为 45～55 岁之间的教师占 20%，35～44 岁之间的教师占 39.1%，35 岁以下的教师占 32.6%；专业教师既有本校毕业生，也有来自清华大学、哈尔滨工业大学、天津大学、长安大学、大连理工大学、北京工业大学、哈尔滨工程大学、西安科技大学等全国知名大学的毕业生，毕业于外校的教师占教师总数的 54.3%。另承担土木工程专业课程实验的专职实验人员 12 人，其中高级实验师 2 人，实验师 5 人，助理实验师 3 人和高级技师 2 人。

2. 专业教师团队的构建

目前组建学术团队有钢筋混凝土结构的基本理论及应用技术、高层及大跨度钢结构基本理论及应用技术、钢筋混凝土结构的基本理论及应用技术、高层及大跨度钢结构基本理论及应用技术、工程结构抗震及设计理论、土木工程施工新技术与安全防控、工程结构可靠度研究、工程结构鉴定理论与加固技术、特殊环境(寒冷、风沙和盐碱等)下工程结构及材料耐久性研究、土的工程特性及特殊土改良与加固技术和环境岩土工程及岩土工程的防灾减灾。建立课程教学团队有力学课群组、土木工程材料课程组、混凝土结构课程组、钢结构课程组、土木工程施工及项目管理课群组和土力学与基础工程课程组。学院通过组建学术团队和建立课程组教学团队有效促进师资队伍的建设。

3. 专业教师特色

学院不断加强专业教师的工程实践能力,学院开辟各种渠道为年轻教师创造参加工程施工、工程设计实践的机会,使青年教师积累工程经验、提高工程实践能力,这在一方面提高了教师的课堂教学水平,另一方面在指导实验、实习、课程设计和毕业设计中发挥了重要作用,部分教师在建筑设计院、市政规划设计院兼职担任技术顾问,副教授以上的教师多为内蒙古住建厅和交通厅的专家库成员。教师积极参加土木工程领域的科学研究和工程实践,熟悉土木工程专业的最新法规和规范,了解土木工程学科的最新发展动态,并能运用于教学中,这也是专业特色之一。

四、以精品课程建设带系列课程建设

课程建设和教学改革是实现特色办学思想的重要途径,因此,我们多年来一直重视精品课程的建设和课程体系的优化改革。

1. 通过精品课程建设带动系列课程建设

在土木工程专业建设中,从单门专业课程建设发展到系列课程建设,以工程结构为主线,整合多门课程内容、课程教学方法、教材建设及教师队伍建设等,形成了力学课群组、混凝土结构理论及应用、钢结构理论及应用、土木工程施工及项目管理等课群组教学团队,将土木工程主干课程打造成精品课程来带动专业系列课程建设。目前"结构力学"、"混凝土结构基本原理"和"钢结构设计原理"已建成学校和自治区两级精品课程,今后三年将进一步建设"土木工程材料"和"土木工程施工"校级精品课程。由"结构力学"课程带动"建筑力学"和"弹性力学"课程建设,由"混凝土基本原理"带动"荷载与结构设计方法"、"高层建筑结构"、"砌体结构"和"建筑结构抗震设计"等课程建设,由"钢结构设计原理"带动"荷载与结构设计方法"、"房屋钢结构"和"大跨度建筑结构"等课程建设。

2. 课程设置突出地域特色

由于学校地处祖国北部边疆和西北地区,结合地域特点,对具有北部边疆和西北地区特色的寒旱环境和风沙环境对工程材料和结构耐久性和安全性影响、湿陷性黄土地基及处理、防灾减灾工程等融入课程教学内容。同时该地域地处地震区,我们强化"建筑结构抗震设计"课程教学。并经常面向本科生和研究生开设正对北部边疆和西北地区特色课题的科技讲座,使教学服务于祖国北部边疆和西部经济建设,体现为祖国北部边疆和西部培养人才的特色。

五、加强实践性教学环节

土木工程专业具有很强的实践性,通过实践教学使学生理论联系实际,提高学生的动手能力,培养学生分析问题和解决问题的能力,锻炼吃苦耐劳和爱岗敬业的精神。我们在加强课程实验和实习实践性教学环节的基础上,强化了毕业设计。

毕业设计是学生在学校期间必修的最后一个实践性教学环节,是对四年所学知识的总结和综合应用。要求学生做到理论联系实际,具有独立分析和解决一般工程技术问题的能力,设计内容包括初步建筑设计和结构设计,结构设计需要完成结构选型、结构体系布置、计算简图选取、荷载和内力计算、构件和基础设计和施工图的绘制。设计过程要使学生掌握工程结构设计的基本思路、设计方法和程序,训练使用设计手册和规程规范等基本技能。我们对毕业设计的质量进行严格监控,从毕业设计选题、毕业设计工程辅导与考勤、毕业答辩等环节监控,毕业设计整体效果良好。近三年来,在自治区建筑节能协会建筑结构专业委员会举办的全区土建类专业优秀毕业设计评选中获优秀毕业设计 18 项。

六、结语

由于学校土木工程专业不断加强优秀教学团队建设，教育教学质量稳步提高，为土建行业培养出了一批批建设人才。用人单位普遍认为毕业生政治思想好、业务水平强，分析和解决问题的能力表现突出，具有开拓和进取精神。

我们将继续立足祖国北部边疆和西部地区，面向全国，发展特色，办出水平，培养出更多的适应国家建设需要的综合素质高、业务能力强、具有创新精神和能力的复合型建设人才。

参考文献

[1] 陈晓琳.基于课程组的教学团队建设模式探索[J].中国大学教学，2011(7):72-74.

[2] 王正斌，汪涛.高校教学团队的内涵及其建设策略探讨[J].中国大学教学，2011(3):75-78.

[3] 张子照，朱晟利.谈地方本科院校教学团队建设中存在的问题与对策[J].教育探索，2012(2):91-93.

[4] 李运庆.高校教学团队建设的主要方法与途径[J].当代教育理论与实践，2012(4):66-68.

导师在研究生思想政治教育中的作用

纪金豹　闫维明　李炎锋

（北京工业大学建筑工程学院，北京　100124）

摘　要　面对以“90后”为主体的研究生思想政治教育的新形势，重点探讨了信仰危机、就业压力和社会文化等方面对研究生思想政治倾向的影响，从社会角色转变、人生观塑造、学术道德和认知、心态动机与观念培养等方面提出了强化研究生导师参与思想政治教育工作的若干看法和建议。

关键词　研究生培养，导师，思想政治教育

一、引言

古语云：“选贤任能，首善者，德才兼备也；次之，则德高才疏者；而才高德疏者，须屏之！德才兼备、以德为先。”“德才兼备、以德为先”既是国家选人用人的标准，也是高素质人才培养的重要政策和原则。当前研究生思想政治教育的形势不容乐观，研究生自杀、犯罪等现象时有耳闻，一方面反映出我国研究生历年扩招引起研究生数量激增后素质有所下降，另一方面也反映出在研究生教育新阶段，研究生思想政治教育方面遇到了一系列新矛盾和新困难。如何根据国家对高素质专业人才的要求，强化研究生的综合素质培养，如何充分发挥导师在研究生思想政治教育方面的影响和作用，已成为高校研究生教育的重大课题之一。

在现有导师负责制的培养体制下，研究生导师在研究生的专业技能培养、科研能力训练和综合素质培养上发挥着重要作用，作为研究生培养的第一责任人，在思想政治教育方面也具有高校其他部门或人员难以具备的突出优势和条件[1]。充分发挥导师在研究生思想政治教育中的作用，不仅是研究生顺利完成专业研究工作的需要，也是贯彻研究生培养方案，实现研究生德、智、体全面发展的关键环节。本文结合对研究生思想政治教育工作新形势的分析，探讨如何从研究生培养制度、导师队伍建设、导师主观因素等方面促进导师在研究生思想政治教育中发挥应有的作用。

二、现阶段研究生思想政治教育所面临的问题

研究生是我国科研群体的重要组成部分。作为优秀的青年群体，经历了中学、大学阶段系统的思想政治教育，研究生的总体精神面貌状况良好，大部分研究生能够做到遵守社会公德、遵纪守法、具有投身科研的决心和动力。但是也应看到，随着我国经济的发展和社会的转型，研究生群体的道德观念和价值选择更加开放与多元化[2]，社会舆论和价值导向、鱼龙混杂的互联网影响、就业压力和信仰缺失等对对研究生思想政治教育构成了现实的冲击和潜在挑战。具体分析主要体现在如下几个方面：

1. 研究生的主体特征发生很大变化

除少数参加工作后考研的研究生外，目前研究生群体基本都是“80后”和“90后”群体。

作者简介：纪金豹（1974—），男，汉族，河北藁城人。高级实验师，研究方向为结构振动控制、结构实验技术。E-mail:jinbao@bjut.edu.cn

"80后"主体为计划生育政策施行后所出生的独生子女人群，社会争议一直较大。有人说"80后"群体最大的特点就是"自我"，就是在相对优越的成长环境下自主意识很强，其在价值行为、道德观念和人生态度上具有独立意识强烈、个性意识鲜明的时代特征。"90后"研究生对主流价值观的取舍更具有批判性，对自我和社会具有独到的认识，具有宽容接纳、聪明灵活的个性特点，同时普遍缺乏艰苦奋斗、吃苦耐劳的精神风貌，反映到思想政治方面，单纯的知识灌输和道德说教很难引起新生代研究生的认同，这对思想政治教育提出了新的要求，需要导师和研究生教育工作者及时调整思路来适应这种变化。

2. 研究生的教育条件发生很大变化

经济发展和全球化以不同的方式影响着"象牙塔"内的"天之骄子"，对外开放不断扩大，社会主义市场经济向纵深发展，信息技术的爆发式发展，以互联网和手机通信技术为代表的现代传媒的兴起，为研究生的思想政治工作带来了前所未有的冲击和挑战。高校是"网络化"技术的发展前沿，开放的互联网为研究生提供了方便快捷的学习和信息获取方式，也对高校学生的行为模式、价值取向、政治态度、心理发展、道德观念等产生越来越大的影响[3]。在"网络时代"加强对研究生的思想教育，就成为一个无法回避且亟须解决的重大课题。

3. 社会环境变化引发"信仰危机"

随着经济全球化的不断发展，研究生接触各种思想文化的机会大为增加，面对西方文化思潮和价值观念的冲击，一些网络媒体中一些消极因素对研究生群体产生某些影响。而价值观的多元化的趋势又导致有的研究生理想信念发生动摇，对国家和社会的发展信心不足；有的社会责任感差，集体观念淡薄，过分看重和追逐个人利益；有的心理承受力差，精神空虚，在不良习惯中自我放纵等等。思想政治教育应该在经济全球化、文化多元化、教育国际化的现实背景下重新审视和思考，引导研究生在吸收人类优秀文明成果的同时，批判、抵御西方一些腐朽落后的思想文化。

4. 社会环境变化引发"就业危机"

研究生就业难度的增加，是受社会整体就业形势影响的。伴随着国际范围内社会竞争的日趋激烈，研究生的学习和就业压力也日益增大。很多学生因为就业难考取了硕士研究生，毕业时发现就业危机更为严重。抛开"就业危机"的成因不谈，单从"就业危机"的危害看直接导致研究生对自身评价的降低、部分热衷考证和勤工助学影响学业、对社会分配不公的无奈和抱怨、新读书无用论的兴起和泛滥，甚至成为研究生心理问题的根源。如果不能帮助研究生正确面对就业问题，无疑会降低思想政治教育的针对性和实际效果。

三、导师在研究生思想政治教育中所发挥的作用

研究生导师开展研究生思想政治工作有着得天独厚的条件[4]，作为有着类似求学切身体验的"过来人"，导师可以有所侧重的结合专业指导在培养和提高研究生品德教育方面发挥应有的作用。

1. 为人师表、言传身教

教育家叶圣陶说："教育工作者的全部工作就是为人师表。"导师是研究生的第一模仿对象，导师在学术研究过程中所表现出的政治立场、思想品行、处世哲学、治学态度、道德情操、仪表行为以及成才经历等都会对研究生产生耳濡目染、潜移默化的示范作用。导师在生活中表现出来的豁达乐观、积极向上，在工作中表现出来的一丝不苟、精益求精、锲而不舍、勇于创新等作风，也将对研究生的成长产生积极影响，加强研究生思想政治教育必须以提高导师队伍的

师德为根本。虽然国内导师队伍整体较好，但是也不同程度上存在政治立场不明确、漠视学术道德、缺乏合作意识和敬业精神等现象[6]。“打铁先要自身硬”，研究生导师应当是“德行的指导者，行为、价值判断规范的榜样”，任何时候都应牢记自己的教育者身份，只有不断提高导师自身的政治素养、思想道德和治学态度，才能真正发挥言传身教、率先垂范的作用。

2. 科研业务指导中贯彻品德教育

研究生，顾名思义就是要做研究[7]，研究生学习期间的核心任务就是要学会如何做科研。思想品德教育应当有机地渗透在科研能力培养整个过程中，在课程学习、文献搜集与阅读、综述撰写、选题与开题、计算分析、试验与实践、论文写作等环节培养研究生勇于开拓的创新精神、求真务实的科研作风、踏实严谨的科研态度。在学术道德培养方面导师的作用更为关键，导师对待科研工作的功利性、责任心、诚信水平对研究生的治学态度产生直接影响。

3. 研究生“情商”培养

情商也称为情绪商数，是一种自我情绪控制能力的量化指数。情商的形成往往伴随着一个人的成长过程，其培养有时与个人的努力无关，而与成长环境、个人性格、家庭和学校教育等关系更加密切。情商是一个人意志品质、心理素质、人格力量的综合体现，涉及一个人的修养、智力、心理等诸方面，在很大程度上决定了一个人的成功与否[8]。作为当代青年的高素质群体，研究生因为心理素质差、人际关系紧张、社会责任感不强以至于不能完成学业或勉强毕业但找不到接收单位的也不乏其人，这一方面反映出应试教育对情商培养的缺失，也说明研究生阶段的情商培养对其成才和发展具有深远的意义。情商教育和素质教育是强调全面发展的教育，旨在促进研究生综合素质的整体协调发展。社会、高校和研究生导师应当共同努力，在重视科研能力培养的同时，同时关注研究生心理素质和情商的培养。研究生导师可以结合自己的成长经历，在研究生的人生规划、职业规划等方面给予正确引导。

4. 研究生人文素养培养

人文素养是指包括知识、理性、情感、意志、思维等多个方面沉积而形成的品质，最终表现为一个人的人格、德行、气质、修养以及价值取向。随着社会的发展，高素质人才培养不仅需要研究生掌握坚实的专业知识，还应当掌握包括心理学、人文学、管理学、社会学、哲学以及计算机等方面的知识[9]。人文素质教育是传承中华古老文明的需要，是当代人才竞争的需要，是塑造青年理想人格的需要。人文素质培养已经成为研究生思想政治教育中一个不可分割的组成部分，当前比较普遍的现象是忽视思想政治素质教育的同时，对于理工科研究生还漠视人文素质的培养，而文科研究生则缺乏自然科学方面的素质，其结果是个人综合能力难以进一步提高，也不利于创造能力的发挥和思想修养的塑造。研究生导师如果具有高尚的思想情操、丰富的知识素养、健康的兴趣爱好，必然对研究生群体的人文素质培养产生积极的效应，如果能与系统的人文素质教育相结合，将有效地提高研究生的综合素质。

四、加强导师在研究生思想政治教育的对策

在现有“师徒模式”的研究生教育体制下，研究生导师的科研造诣、品德修养、言行举止将对研究生群体的价值取向产生直接的影响，强化导师在研究生思想政治教育的地位和作用应当从研究生导师队伍建设入手，具体而言有以下几点：

1. 加强研究生导师队伍建设，提高导师自身综合素质

教育成败，系于教师，教师素质重在师德。高层次人才的培养需要导师队伍的职业道德素质的不断提高。从目前的情况看，高校普遍看重导师的科研能力或教学能力，而对导师的师德

水平缺乏有效的评价与考核,市场经济下教育过程和评价体系的功利化和短期行为化导致高校导师重科研轻教学的现象相当普遍,甚至在导师队伍中出现的拜金主义、个人主义的思潮,严重损害了导师队伍的形象,对研究生德育产生了消极的影响。加强研究生队伍建设,既要深化教育改革、加强导师队伍的精神文明建设,又要将师德水平引入评价指标体系,加强研究生思想政治教育要从提高导师队伍的师德入手。

2. 教育方式方法要与时俱进,实现核心价值观的正确定位

思想政治教育应避免脱离实际讲大道理。作为研究生而言,直接面对着经济、就业、学业、婚姻等问题,如果脱离其正常需求空谈理想和奉献,显然是苍白而无力的。作为研究生导师,既要注意解决研究生所面对的各种具体实际问题,又要注意其正确人生观的塑造。研究生阶段要实现从课堂学习到科研工作的转变,从学习专业知识到掌握科研能力的转变,只有在日常科研工作中逐渐完成研究生社会角色的认同,学术道德和社会责任感的培养,学会正确看待社会中的各种现象,正确处理日常生活中所遇到的问题,其观点才能为研究生群体所接受,思想政治教育才能真正发挥"育人"的目的。

3. 科学使用计算机网络,引导研究生形成正确辨别能力

毋庸置疑,互联网技术彻底改变了现代人获取信息的方式,计算机网络作为思想政治教育的新战线已受到各界人士的关注。在互联网时代,世界不同思想文化交流日益频繁,不同世界、价值观的交锋日益直接。在网络世界里已经无法回避同各种消极、反动思潮的斗争,而必须正确引导研究生群体以科学、健康的态度认识网络中的各种观点和舆论,尤其要形成正确的辨别能力。建设、利用和管理好网络,业已成为时代提出的重大课题。作为研究生导师和高校各级领导,应当充分认识到网络的"双刃剑"特征,正确加以运用是关键中的关键。应当积极引导研究生充分利用网络获取最新科研资料,避免将时间用于聊天、玩游戏等有害无益的活动。

五、结语

研究生指导工作本身,是一项需要深入研究的科研课题。如何充分发挥导师在研究生思想政治教育工作中的作用并没有一个普遍适应的固定模式,需要因时代、环境、因人而异不断地探索、改革、研究和总结。作为研究生导师,应当意识到自己在研究生思想政治教育中所具有的不可替代的地位和作用。作为高校管理者和研究生培养政策的制定者,也应当意识到思想政治教育所面临的新形势和新变化,积极创造条件加强和促进导师在研究生思想政治教育发挥应有的作用。

参考文献

[1] 金永东,李侠. 研究生导师在研究生教育管理中角色转换探索[J]. 思想教育研究,2010,4:91-94.

[2] 相羽. 导师参与研究生思想政治教育工作的困境与思考[J]. 金卡工程(经济与法),2010,3:236.

[3] 邓雪娇. 大学生思政工作:适应新环境迎接新挑战[N]. 中国教育报,2009-10-28.

[4] 苏宝利,牛玉岫,徐淑凤. 导师在研究生思想政治教育工作中的地位和作用研究[J]. 高教探索,2009,1:85-89.

[4] 张运菊. 导师在研究生思想政治教育中的作用及对策[J]. 北京教育(德育),2009,4:23-25.

[6] 何晶晶. 论研究生导师师德建设[J]. 科技咨询导报,2007,28:220-222.

[7] 黄仰模,陈纪藩,廖世煌,刘晓玲,林昌松. 担任研究生导师的点滴体会[J]. 中医教育,2008,1:52-53.

[8] 张广美,刘媛媛,张旸旸. 新形势下医学研究生高情商的培养[J]. 西北医学教育,2007,15(4):643-644.

[9] 夏雨晴. 医学专业研究生人文素养的缺失及其对策[J]. 医学教育探索,2006,5(11):1069-1071.